AF671485

Industrie 4.0, China 2025, IoT

Wolfgang Babel

Industrie 4.0, China 2025, IoT

Der Hype um die Welt der Automatisierung

Wolfgang Babel
Babel Management Consulting
Weil der Stadt, Deutschland

ISBN 978-3-658-34717-8 ISBN 978-3-658-34718-5 (eBook)
https://doi.org/10.1007/978-3-658-34718-5

Die Deutsche Nationalbibliothek verzeichnet diese Publikation in der Deutschen Nationalbibliografie; detaillierte bibliografische Daten sind im Internet über http://dnb.d-nb.de abrufbar.

Planung/Lektorat: Reinhard Dapper
Springer Vieweg ist ein Imprint der eingetragenen Gesellschaft Springer Fachmedien Wiesbaden GmbH und ist ein Teil von Springer Nature.
Die Anschrift der Gesellschaft ist: Abraham-Lincoln-Str. 46, 65189 Wiesbaden, Germany

Vorwort

Es ist uns eine große Freude und Ehre die Gelegenheit zu haben ein Vorwort zu diesem umfassenden Werk von Dr. Wolfgang Babel schreiben zu dürfen. Es ist dem Autor in einer unvergleichlich vielfältigen Weise gelungen ein halbes Jahrhundert der Automatisierungstechnik als Katalysator und zentrales Element innerhalb einer sich rapide entwickelnden Systemintegration umfassend darzustellen. Dieses Buch ist ein wertvolles Nachschlagewerk für Studierende, Entwickler, Wissenschaftler und Technikinteressierte gleichermaßen, denn es wurde hierbei ein unvergleichlicher historischer Bogen gespannt ohne die notwendigen tiefgehenden sowohl technischen als auch mathematische und wirtschaftlichen Aspekte der ingenieurmäßigen Integration zugrundeliegender Mechanik-, Software- sowie elektronischer Hardwarekomponenten zu vernachlässigen.

Dadurch gelingt diesem Buch eine einzigartige Kombination aller Facetten der Automatisierung und diese einer breiten Leserschaft verständlich nahe zu bringen, mit kontinuierlichen Brückenschlägen aus der Historie und gegenwärtigen Entwicklungen in die zukünftigen Herausforderungen von Industrie 4.0, ‚Made in China 2025', Internet-of-Things (IoT) sowie auch Künstlicher Intelligenz (KI). Dies adressiert der Autor insbesondere in der evolutionären Darstellung der unterschiedlichen Ebenen in der Kommunikationstechnik, Feldbusse, Vernetzung, Robotik und Messtechnik. Dr. Babel hat viele dieser Entwicklungen und Projekte in der Automatisierungs-, IT- und Kommunikationstechnik selbst erlebt und teilweise auch federführend mitgestaltet, wodurch der enorme Erfahrungsschatz seines in zahlreichen Industriebranchen erfolgreichen beruflichen Werdegangs in diesem Buch technisch und professionell weitergegeben wurde.

In den letzten zehn Jahren hat sich die Rolle der Automatisierung- und Kommunikationstechnik innerhalb der gesamten Systemintegration von Hardware/Software Systemen aufgrund vor allem technologischer Fortschritte sehr dynamisch weiterentwickelt. Heute spielen geeignete Werkzeuge, Standardisierung und umfassende Simulations- sowie Testmethoden beim Entwurf elektronisch/mechanischer Systeme eine unverzichtbare Rolle um die anvisierten Time-to-Market-, Kosten-, Qualitäts- und Leistungsziele zu erreichen. Diese oftmals divergierenden Kräfte einhergehend mit den stetig wachsenden Systemkomplexitäten erfordern innovative Lösungen von neuen geeigneten rechnergestützten Methoden und Werkzeugen in den nächsten Jahren. Die Forschung auf dem Gebiet der Automatisierungstechnik auf höheren Ebenen wird weltweit fortgesetzt, wobei viele der verwendeten Techniken aus früheren Ansätzen unterschiedlich angepasst wurden, insbesondere in den Implementierungstechnologien und Automatisierungs- bzw. Systemanforderungen. Dies erfordert in der heutigen Forschung neue praktische Entwurfstechniken und algorithmische Verfahren auf hoher Ebene zum Finden der richtigen Kombination von Methoden und Tools für bestimmte Problemdomänen.

Wir freuen uns sehr dieses Buch als eine einzigartige Sammlung, verständliche Dokumentation und Übersicht modernster Technologien bzw. Methoden für erfolgreiche System- und Produktintegrationsschritte anzukündigen, aus der Perspektive der Automatisierungstechnik und insbesondere für neue Studierenden auf dem Gebiet des Systems Engineering. Der Text ist zudem ein hervorragender Ausgangspunkt für die Entwickler neuer Automatisierungslösungen und auch für potenzielle Benutzer solcher Systeme.

Institut für Technik und Informationsverarbeitung (ITIV) am KIT-Karlsruher Institut für Technologie Karlsruhe
Im Februar 2021

Prof. Dr.rer.nat. Wilhelm Stork
Prof. Dr.-Ing. Dr.h.c. Jürgen Becker

Danksagung

Mein Dank gilt den Herren Professoren Prof. Dr.rer.nat. Wilhelm Stork, Leiter des Forschungsbereiches Mikrosystemtechnik und Optik sowie Prof. Dr.-Ing. Dr. h.c. Jürgen Becker, Leiter des Instituts für Technik und Informationsverarbeitung (ITIV) am KIT, die mich mit lebhaften und informativen Diskussionen sowie vielfältigen Fachmaterial hinsichtlich KI und Hardware tatkräftig unterstützt sowie das Manuskript fachlich begleitet haben. Weiterhin danke ich Beiden für ihr brillantes und fundiertes Vorwort zu diesem Buch.

Ebenso gebührt meine besonderer Dank Herrn Dr. Joachim Jonuscheit vom Fraunhofer-Institut für Techno- und Wirtschaftsmathematik Fraunhofer ITWM, der mich beim Abschnitt Terahertz sehr unterstütze.

Insbesondere danke ich den Firmen AIM Systems GmbH, Beckhoff Automation GmbH & Co. KG (Beckhoff), Belden Inc. (Belden), Emerson Process Management GmbH & Co. OHG (Emerson), Hitachi High-Tech Analytical Science, KROHNE Messtechnik GmbH (KROHNE), Knick Elektronische Messgeräte GmbH & Co. KG (Knick), KUKA Group (KUKA), Picosens GmbH und SIEMENS für die Bereitstellung ihrer ausgezeichneten Bildmaterialien und Fachunterstützung.

Weiterhin möchte ich mich bei meiner Grafikerin Frau Sylvia Mauch bedanken für das exzellente Design der Bilder und die sorgfältige Korrektur der Bildtexte sowie Frau Dr. Julia Schneider und Herrn Kleinn von Menold Bezler für den rechtlichen Beistand bezüglich Veröffentlichungsrechte und Vertragsgestaltung in jeglicher Hinsicht.

Besonderen Dank aber insbesondere meiner Frau Margret für das Korrekturlesen des nicht ganz einfach zu lesenden Manuskriptes und ihren anregenden Diskussionen, meinem Sohn Thomas für die Hilfe bei Literaturrecherchen und Korrektur des Manuskriptes. Ein ganz spezieller und sehr herzlicher Dank gebührt meiner Tochter Christine für die Unterstützung ‚Alles rund um den Rechner', die Diskussion der Grafiken und die fachliche Korrektur des umfangreichen Manuskriptes.

Inhaltsverzeichnis

Über den Autor

Wolfgang Babel hat als zweifach promovierter Elektroingenieur über 38 Jahre Berufserfahrung in den Konzernen DIEHL, Endress+Hauser, Belden Inc., KROHNE, Fischer Gruppe sowie der Babel Management Consulting sammeln können.

Schwerpunkte seiner Karriere sind Industrie 4.0, Automatisierung, Kommunikationsstrukturen, Feldbussysteme, Künstliche Intelligenz (KI),Einsatz von Künstlichen Neuronalen Netzwerken (KNN), Mustererkennungsverfahren, Bildverarbeitung, Sensortechnologien in nahezu allen Wellenlängenbereichen für hochauflösende Sensorsysteme sowie Sensoren im niederen Kostenbereich (Low Cost Sensoren), Echtzeitsysteme vom 94 GHz MMW System, über Spektrometrie bis hin zum Terahertz-System. Weiterhin beschäftigte er sich in vielen Anwendungen und Entwicklungen hardware- und softwaremäßig mit Ultra Low- Power Signalverarbeitung und deren Resistenz gegenüber EMV und Umwelteinflüssen.

Von 1983 bis 1993 war er bei DIEHL als Entwicklungsingenieur und in leitenden Funktionen verantwortlich für Algorithmen-, Hardware- und Software-Entwicklung sowie Multisensorik-Anwendungen. Dazu gehörten vor allem hochtechnologische Echtzeitsysteme für Radar-, Radiometrie und Infrarotsysteme sowie hochauflösende Bilderkennung und Spektrometrie.

1993 folgte die technische Geschäftsführung bei der Bildverarbeitungsfirma Autronic. Echtzeitalgorithmen für die Mustererkennung bei Inline-Anwendungen in der Lederindustrie, der Transportbranche sowie Medizintechnik gehörten zu seinen Aufgaben.

Von 1993 bis 2007 hat er bei Endress+Hauser zur Weiterentwicklung der Analysenmesstechnik innerhalb des Konzerns als Entwicklungsleiter und Geschäftsführer sowie als Miterfinder und Umsetzer der Memosens-Technologie wesentlich beigetragen. Schwerpunkt war es die Analysenmessgeräte mit standardisierten Schnittstellen in die Welt der Automatisierung zu integrieren.

Zudem brachte er bei Endress+Hauser als Geschäftsführer von Process Solution und Mitglied des Vorstandes das Systemgeschäft und den Lösungsverkauf voran. Dazu gehörte u. a. der Technologietransfer eines Leit- und Assetmanagement-Systems von smar (Brasilien) als Basis für das heutige Automatisierungsgeschäft des Konzerns.

Als Mitglied des Vorstands gestaltete er aktiv in den Anfängen die Gremien PACTware und FDT/DTM™ und somit die Standardisierung der heutigen Automatisierung entscheidend mit.

Von 2007 bis 2009 hat er als Board-Mitglied von Belden Inc. (USA) und Hauptgeschäftsführer in der Firma Hirschmann entscheidend für die Weiterentwicklung der Kupfer- und Lichtwellenleitertechnologie, sowie der Switchtechnologie und PoE beigetragen. Auch das Vertriebsnetz EMEA unter Einbezug der damals neuen Funktechnologie (WLAN / Wi-FI) wurde von Wolfgang Babel mit aufgebaut.

2009 gründete er die Babel Management Consulting und berät seitdem Firmen in Sensortechnologie und Connectivity unter dem Aspekt der Automatisierung.

Von 2011 bis 2015 hat er bei KROHNE die Analysenmesstechnik inklusive des globalen Vertriebes aufgebaut sowie die Vermarktung und Integration der Analysen-Produkte in das Portfolio der KROHNE Gruppe arrangiert. Ein besonderer Aspekt war dabei die Integration der Messstellen unter den Standards der Automatisierung.

Als Miterfinder des SMARTPAT gelang es zum ersten Mal einen pH-Sensor für die Analysen-Messtechnik zu entwickeln, der mit einem 4...20 mA HART 7 Feldbus direkt an fast jede marktübliche SPS unter Ex- wie Nicht-Ex Bedingungen angebunden werden konnte. Dieser Sensor erfüllte auch die Schnittstellen aller handelsüblichen Gateways und Prozessanschlüsse.

Von 2015 bis 2019 war er als CEO der mehr als 20 Firmen umfassenden Fischer Gruppe in der Schichtdickenmessung und Materialanalyse tätig. Zu seinen Aufgaben gehörten die Einführung des Themas Inline- und Online- Automatisierung hinsichtlich Entwicklung und weltweitem Vertrieb, die Etablierung des Lösungsgeschäftes unter Einbezug von prädiktiver Wartung sowie die Entwicklung Automatisierung eines Terahertz-Systems für den Automotive-Bereich. Unter seiner Leitung wurde die Integration der elektromagnetischen Schichtdickenmessung inklusive von Funkverfahren zur Anbindung an Handys (Androit und iOS), PC's mittels WLAN und Bluetooth in einen Sensor mit ca. 130 mm x 20 mm miniaturisiert und in den Markt eingeführt. Neben diesen Aufgaben strukturierte er den Konzern neu und führte eine globale Matrixorganisation ein.

Während seiner Laufbahn war er weltweit in unterschiedlichsten Industrien tätig. Zahlreiche Automatisierungsprojekte wurden von ihm begleitet und verantwortet. Dazu gehörten u. a. Automotive, Solar-, Halbleiter und Elektronikindustrie, Galvanik, Umwelt, alternative und konventionelle Energien, Schiffsbau, Flugzeugbau, Bergbau, Pulp & Paper, Chemie, Oil & Gas, Pharmazie sowie Gebäudeautomation.

Wolfgang Babel lebt in Weil der Stadt und berät mit der Babel Management Consulting seine Kunden mit dem Fokus auf:

- Automatisierungs- und Lösungsgeschäft:
- Industrie 4.0, China 2025, Internet of Things (IoT)
- Organisationsaufbau für Kernprozesse (Marketing, Vertrieb & Service, F&E Produktion & Logistik)

- Globale Vertriebs- und Marketingstrukturen
- Interim Management für 1. und 2. Führungsebene
- Innovations- und Produktstrategie sowie Produkt-Roadmaps
- Mustererkennung: Expertensysteme, Neuronale Netzwerke
- Prädiktive Wartung
- Erschließung neuer Märkte, Wettbewerbsanalyse
- Logistik & Produktion – Smart Manufacturing

1 Motivation – warum dieses Buch

‚Schuster, bleib bei deinen Leisten‘ besagt ein altes Sprichwort, das viel Wahrheit beinhaltet. Das gilt auch für Industrie 4.0, ‚Made in China‘ Iot (IIoT) und Künstliche Intelligenz (KI) – allesamt Schlagworte der Neuzeit, von Politik und Industrie zum Hype erkoren. Industrie 4.0, ‚Made in China 2025‘, IoT (IIoT) und KI verkörpern aber jedoch nur das, was sich schon über viele Jahre in der Geschichte der Automatisierung und der Technik evolutionär entwickelt hatte.

Was sind denn jetzt ‚Cyber Physical Systems‘, IoT (Internet of Things), Cyber Security? Und es geht gerade so weiter: Digitalisierung, Wertschöpfungserhöhung, intelligente Maschinen (Smart Machines), Intelligente Benutzeroberflächen (Intelligent User Interfaces), Selbstlernende Maschinen (Selfoptimizing Machines), den Menschen überflüssig machende Roboter, Ferndiagnose (Remote Maintenance), Zustandsüberwachung von Maschinen (Condition Monitoring), virtuelle Maschinen (Virtuel Machines), Intelligente Fertigung (Smart Factory), Fertigungsmanagementsysteme (Manufacturing Execution System – MES), One-Piece-Flow, Netzwerksicherheit.

Hunderte von Schlagwörtern, die Jeder so interpretiert, wie er sie gerade glaubt zu verstehen. Je mehr ich mich persönlich mit der Sache die letzten Jahre intensiv beschäftigte, kam in mir immer häufiger die Frage auf, was ist nun wirklich neu daran, an Industrie 4.0, Künstlicher Intelligenz (KI), Made in China 2025 sowie IoT?

Man bedenke, dass die Mondlandung bereits am 21. Juli 1969 stattfand. Diese selbst war in meinen Augen eine technische Meisterleistung, was Elektronik, Software, Algorithmen, Mechanik, Antriebstechnik und Materialbelastung anbelangte. Beeindruckend kann man das im Raumfahrtzentrum Cape Canaveral nachvollziehen [1]. Viel umweltrobuste Satelliten mit hochintegrierter Elektronik und intelligenter SW wurden seit den 70er Jahren bis heute in den Weltraum verbracht. 1971 startete die NASA die erste Sonde, Mariner 9, die den Mars dauerhaft umkreiste.

W. Babel, *Industrie 4.0, China 2025, IoT,* https://doi.org/10.1007/978-3-658-34718-5_1

Im Jahr 1969 proklamierte man die dritte industrielle Revolution und ordnete dieser die Mikroelektronik und die PC-Welt zu. Ab 1971 nahm diese mit der Einführung des 1. Mikrokontrollers von Intel richtige Konturen an.

Dabei hatte die 3. Industrielle Revolution seine Vordenker schon im 18. Jahrhundert. Charles Babbage gilt mit seinem Buch ‚Analytical Engine' als Vordenker des individuell programmierbaren Computers [2].

Der deutsche Ingenieur Konrad Ernst Otto Zuse entwickelte mit dem Z3 im Jahr 1941 (!) den ersten funktionsfähigen Computer der Welt – er war programmgesteuert, frei programmierbar und vollautomatisch.

Das Schlagwort Industrie 4.0 wurde von der Politik geschaffen und wird häufig als ‚Fabriken im Wandel' bezeichnet. Aber ist dieses Thema nicht schon mehr als 150 Jahre alt? Hat die Menschheit sich nicht schon immer um eine Erhöhung der Wertschöpfung, verbesserte Produktionsabläufe, geringere Lagerbestände, bessere Margen gekümmert, einhergehend mit zur Verfügung stehenden Technologien?

Insbesondere dachte ich aber bei allem Trubel um KI und Industrie 4.0 auch an Salvador Allende, der bereits 1970 das sozialistische Cybersyn-Projekt (spanisch: Proyecto Synco) in Auftrag gab. Entwickler war der Engländer Stafford Beer, der 1971 dem Staatspräsidenten von Chile seinen von der Kybernetik gesteuerten Idealstaat vorstellte. S. Beer hatte bereits 1959 den Bestseller ‚Kybernetik und Management' veröffentlicht. Dabei ging es um modernste Kommunikationsmethode, Informationen direkt von der Produktionsfront zu erhalten, um Lieferengpässe, Überproduktionen und andere Probleme zu erkennen, um dann mit entsprechenden Gegenmaßnahmen zu reagieren. Gefüttert wurde das dezentrale ‚Expertensystem' (KI) mit den Daten aus den in Chile verstaatlichten Branchen Energie, Kupfer, Stahl, Petrochemie, Fischfang und Transport. Das sogenannte ‚Cybernetz' bestand schon damals aus ca. 500 Knoten (Fernschreiber), welche die Software, die auf einer IBM 360/50 installiert war, online fütterten (siehe Retro Ausgabe 1.2018: Das Cybersyn-Projekt) [3]. Übrigens, ebenfalls im Jahr 1970 begann auch das Zeitalter der modernen Robotik.

Nicht zu vergessen ist dabei auch die Entwicklung des Programms ‚Safeguard' der Amerikaner aus dem Jahr 1970, ein Programm zur Abwehr von sowjetischen und chinesischen Interkontinentalraketen [4].

‚Safeguard' umfasste zwei Datenverarbeitungssysteme für die integralen Bestandteile des Perimeter Acquisition Radar zur Warnung eines Raketenangriffes und auch Vorhersage vorläufiger Flugbahnen von bedrohenden Raketen sowie das Missile Site Radar zum Abfangen bedrohlicher Raketen. Beides waren computergesteuerte Phased-Array-Radarsysteme [5]. Das Kontrollsystem (Central Logic and Control (CLC)) bestand aus einem 10-Wege-Multiprozessor Design, das 10 bis 20 MIPS (Millionen Anweisungen pro Sekunde) leisten konnte. Schon damals arbeitete man zur Berechnung der Flugbahnen (Trajektorien) von eigenen wie von fremden Flugkörpern mit vielen prädiktiven Algorithmen [4].

Jetzt ist in Industrie 4.0 ‚prädiktive Wartung' das Schlagwort aller Innovationen unter Verwendung aller Technologien, die seit mehr als 50 Jahren im Einsatz sind.

Wie rasant die Entwicklung und Miniaturisierung von Hardware (HW) voranschritt zeigt das Beispiel des Motorola 68040 µ-Controllers von 1990 (Motorola 68030 im Jahr 1986), der bereits in der Lage war, 40 MIPS (Mega Instruction Per Second) zu leisten. Im Jahr 1969 galten jedoch schon 20 MIPS als großartig. Bemerkenswert ist, dass bereits im ‚Safeguard-Projekt' die Softwareentwicklung (für kritische Teile der SW) in der Hochsprache Safeguard Nike-X) das größte und umfangreichste Teilprojekt im Gesamtprojekt war.

Mit diesem Programm wird aber auch klar, welchen Vorsprung die wehrtechnischen Programme gegenüber den zivilen Programmen hatten. Ich erlebte diesen Sachverhalt bei einer renommierten US-Firma über mehr als zwei Jahre aktiv mit, als es um einen Technologietransfer eines hochauflösenden Puls-Doppler-Radars im 94 GHz ging [6, 7] und die Entwicklung eine FMCW Dauerstrichradar im 35 GHz Frequenzband (Frequency-Modulated-Continuous-Wave Radar) [8] zur Abstandsmessung und Mustererkennung von Fahrzeugen ging. Persönlich sehe ich diese Entwicklungen in den frühen 80er Jahren als die Grundlage für die heute verfügbaren Abstandsradars im Automotive.

Generell lässt sich sagen, wie bereits erwähnt, dass viele Anwendungen ihren Ursprung jeweils in der Wehrtechnik hatten. So entstanden auch das Internet durch die ‚USA-Wehrtechnik', der DARPA (Defense Advanced Research Projects Agency; deutsch: Organisation für Forschungsprojekte der Verteidigung) [9], ebenso wie viele Errungenschaften im modernen Flugzeugbau.

Vergleichbar ist dies heute im Automotive, wo viele technologische Neuheiten bei Autos auf den Ergebnissen der Formel 1 basieren [10]. Für Mercedes ist die Formel 1 das schnellste Entwicklungslabor der Welt. Das Marketing ist ein weiterer Aspekt.

Was also ist neu an Industrie 4.0 mit seinen proklamierten KI-Techniken? Ist Industrie nicht nur eine Evolution von Industrie 3.0 und bedurfte es wirklich um diesen Hype?

Für mich ist klar, dass Industrie 4.0 keine neue Erfindung ist, sondern mehr ein ‚Modewort' oder Hype, um das Thema Automatisierung auf breiter Ebene zu etablieren.

Weiter möchte ich zeigen, dass die sogenannte vierte industrielle Revolution der Technik ‚Industrie 4.0' eher eine fast logische evolutionäre Entwicklung, basierend auf dem jeweils zu seiner Zeit vorhandenem Stand der Technik und somit keine Revolution in dem propagierten Sinne ist.

Dieser Sachverhalt reizte mich, das Ihnen vorliegende Buch auf populärwissenschaftlicher Basis zu verfassen, um die Schlagwortpolitik zu hinterleuchten und der traditionellen evolutionären Entwicklung in der Automatisierung gegenüberzustellen.

Mir ist daran gelegen, die Geschichte der Automatisierung mit allen seinen Facetten zu beleuchten, Teilaspekte aufzuzeigen und verständlich zu machen, wie es zur Proklamation von Industrie 4.0, China 2025, IoT und KI überhaupt kam oder kommen musste.

Weiterhin möchte ich einen Überblick ab den 70er Jahren geben, die Industrie 4.0 seit Anfang 2014 so populär machten: Dazu gehören Hardware-/Elektronikentwicklungen, Softwareentwicklungen, -architekturen und -sprachen sowie mechanische und umweltmäßige Robustheit mit ihren jeweiligen Designzielen.

Bestandteil dieses Themas sind mathematische Algorithmen vom einfachen PID-Regler und Kalman-Filter [11] für Zustandsschätzungen (prädiktive Wartung) bis hin zu KI-Entwicklungen, Kommunikationstopologien, Feldbusse, Komponenten für Vernetzung und Automatisierung, Robotik, Produktentwicklungen für die Messtechnik.

In diesem Gesamtüberblick geht es mir darum zu zeigen, wie sich alle technischen genannten Aspekte evolutionär gegenseitig bedingt vorangetrieben haben bis hin zu einem Stand der Technik, wie er heute im 21. Jahrhundert vorhanden ist.

Da ich diese Entwicklung in der IT, Kommunikation und Automatisierung in meinem beruflichen Werdegang miterleben durfte und teilweise mitgestalten konnte, liegt es mir auch daran, meine Erfahrungen zu diesem Thema an dieser Stelle weitergeben.

Aufzeigen möchte ich insbesondere den roten Faden der Entwicklung in der Automatisierungstechnik in Verbindung mit KI sowie den Stand der Technik, wie wir ihn heute täglich erleben.

Eine etwas tiefergehende Betrachtung in der Automatisierung kommt dabei den Feldbussen zu, von denen ich die wichtigsten Bussysteme mit ihren Spezifika aufzeige.

So gesehen sind Industrie 4.0, Künstliche Intelligenz, Made in China 2025, IoT für mich Begriffe, die sich über mehr als fünf Jahrzehnte evolutionär entwickelten. Vielleicht bedurfte es der erneuten Proklamation dieser Bezeichnungen, um die Wichtigkeit der Automatisierung neu zu fokussieren und dem globalen Trend mehr Aufmerksamkeit zu geben.

Denn eines sei nun auch gesagt: Noch heute haben viele, hauptsächlich kleinere Unternehmen, Probleme mit der neuen Technik und mit der Welt der Automatisierung zurecht zu kommen.

Viele mittelständische Unternehmen, vor allem in der Messtechnik für Qualitätssicherung, stehen heute im Zuge der Globalisierung mit der Automatisierungstechnik relativ unwissend da und sie handeln nach eigenem Ermessen.

Wie sie Industrie 4.0 und KI in den Griff bekommen können, auch hierfür soll dieses Buch eine kleine Unterstützung sein, basierend auf meinen mehr als 40 Jahren Erfahrung in diesem Umfeld.

Natürlich lässt sich ein gewisser Tiefgang in einem so umfangreichen Thema nicht vermeiden, ich habe jedoch versucht diese Zusammenhänge populärwissenschaftlich zu beschreiben, sodass das Buch vielen weiterhelfen kann, für die Industrie 4.0, IoT, Made in China 2025, KI, Digitalisierung von besonderem Interesse ist.

Ich möchte, dass Ihnen das Buch weiterhilft, das Thema Industrie 4.0 richtig einordnen zu können und Sie zum anerkannten Experten dieses sehr heterogenen und lebhaft diskutierten Themas macht.

Es sei noch erwähnt, dass aufgrund unterschiedlicher Vertriebsarten des Buches in Form von einzelnen Kapiteln usw. einige Informationen redundant hinterlegt sind, um einen geschlossenen Eindruck der jeweiligen Kapitel zu vermitteln.

Literatur

1. TURN ON: 50 Jahre Mondlandung: Diese Technik wurde 1969 genutzt; aktualisiert 25.07.2019. https://www.turn-on.de/tech/topliste/50-jahre-mondlandung-diese-technik-wurde-1969-genutzt-501238. Zugegriffen: 30. Jan. 2021
2. Industrie-wegweiser, 18. Dezember 2020: Industrie 1.0 bis 4.0 – Industrie im Wandel der Zeit; https://industrie-wegweiser.de/von-industrie-1-0-bis-4-0-industrie-im-wandel-der-zeit/. Zugegriffen: 30. Jan. 2021
3. Retro Ausgabe 1.2018: das Cybersyn-Projekt
4. https://www.srmsc.org/. Zugegriffen: 6. Jan. 2021
5. All-Electronic.de: ENTWICKLUNG VON PHASED-ARRAY-RADARSYSTEME VEREINFACHEN, 30.05.2018; Plug-&-Play-Antennen-Chip; Plug-&-Play-Antennen-ChIP. https://www.all-electronics.de/abkuerzungsverzeichnis/. Zugegriffen: 6. Jan. 2021
6. Pulse Doppler Radar. http://user.engineering.uiowa.edu/~ece195/2006/docs/Doppler.pdf. Zugegriffen: 5. Jan. 2021
7. Britannica: Pulse Doppler radar. https://www.britannica.com/technology/pulse-Doppler-radar. Zugegriffen: 6. Jan. 2021
8. radarturoial.eu: Frequenzmoduliertes Dauerstrichradar (FMCW Radar). https://www.radartutorial.eu/02.bASIC's/Frequenzmodulierte%20Dauerstrichradarger%C3%A4te.de.html. Zugegriffen: 4. Jan. 2021
9. Jacobsen, A.: The Pentagon's Brain: An Uncensored History of DARPA, America's Top-Secret Military Research Agency. Little, Brown and Company, New York 2015, ISBN 9780316387699.
10. Auto Bild: Formel 1; Technologietransfer: 5 Dinge, die Mercedes aus der Formel1 lernt, 23.1.2018. https://www.autobild.de/artikel/formel-1-technologietransfer-14321815.html. Zugegriffen: 6. Jan. 2021
11. Kalman, R.E.: A New Approach to Linear Filtering and Prediction Problems (= Transaction of the ASME, Journal of Basic Engineering). 1960, S. 35–45 (unc.edu [PDF; abgerufen am 24. März 2017]); http://www.cs.unc.edu/~welch/kalman/media/pdf/Kalman1960.pdf. Zugegriffen: 6. Jan. 2021

2 Industrie 4.0, China 2025, IoT (Internet of Things), KI

Kap. 2 gibt einen Überblick über die Automatisierungstechnik seit 1970 bis 2020 und deren Zukunft.

Insbesondere geht es um die Fragestellung, was ist Industrie 4.0 (Abschn. 2.1.1) und KI (Künstliche Intelligenz), ‚Made in China 2025', kurz: China 2025, (Abschn. 2.1.2) sowie IoT (Abschn. 2.1.3) – ein Hype oder einfach die systematische Weiterentwicklung der Automatisierungstechnik im Zusammenhang mit den jeweils zur Verfügung stehenden, technologischen Möglichkeiten. Ist Industrie 4.0 und KI eine Revolution oder Evolution oder auch nur ein Hype, der nötig war, um die viel gelobte Digitalisierung ins Bewusstsein zu rücken?

Beschrieben werden die Meilensteine der Automatisierung vom Beginn der Robotik, Ethernet- und der Feldbussystem-Entwicklungen, die Entstehung des OSI-Modell (engl.: Open Systems Interconnection Model) und der Automatisierungspyramide. Das OSI-Modell repräsentiert dabei das Referenzmodell für Netzwerkprotokolle als Schichtenarchitektur.

Wesentlicher Teil dieses Abschnitts ist die Entstehung von Künstlicher Intelligenz (KI) – engl.: Artificial Intelligence (AI) -, Künstlichen Neuronalen Netzwerken (KNN) – engl: Artificial Neural network (ANN) – (Abschn. 2.2) und ‚prädiktiver Wartung' – engl.: Predictive Maintenance – (Abschn. 2.3) sowie deren Anwendungen in der Automatisierung seit über mehr als 50 Jahre in Abhängigkeit der verfügbaren Technologien von Elektronik und Software. Das heißt KI, Künstliche Neuronale Netzwerke und vorhersagende oder prädiktive Wartung sind nichts Neues in der Welt der Technik, sondern sie sind und waren vielmehr eine Frage von verfügbarer Rechenleistung und Entwicklung von entsprechenden Sensorplattformen.

Für alle intelligenten Verfahren mit KI, KNN, prädiktiven Systemen und Verarbeitungsalgorithmen in der Industrie sowie in der Forschung und Entwicklung (F&E) sind Programmiersprachen die wesentliche Grundlage. Seit Einführung des Assemblers

W. Babel, *Industrie 4.0, China 2025, IoT,* https://doi.org/10.1007/978-3-658-34718-5_2

haben sich viele Programmier-Hochsprachen entwickelt. Die wichtigsten Programmier-Hochsprachen wie Fortran, C, C++und STEP 7 werden in diesem Kapitel besprochen und gegenübergestellt (Abschn. 2.4).

2.1 Geschichte der Automatisierung

Genaugenommen ist Automatisierung schon in der Antike aufgetreten [1]. Die Griechen verehrten die Göttin Automatia (selbstständiges Handeln).

Einigen ist sicher aus dem Physikunterricht noch die Erfindung Heron's [2] von Alexandrien ‚die Dampfkugel' bekannt: Diese ist genaugenommen der eigentliche Ursprung für die Dampfmaschine.

Ebenso seien die Automatentheater der Antike aufgeführt [3].

Basierend auf Heron's Dampfmaschinenexperimente entwickelte 1616 Giovanna Branca [3] eine kleine Dampfmaschine, indem austretender Dampf ein Schaufelrad antrieb.

Im Mittelalter waren es die automatischen Uhren mit Figurenspiele. Die grundlegende Idee hierzu kam aus der Antike.

Bereits in der Renaissance und im Barock eroberten erste Automaten die Fabriken. Ab 1784 gab es mechanische Webstühle mit Dampf und Wasser angetrieben.

Ab dem Jahr 1830 brach das Zeitalter der Dampflokomotiven an: Kolbendampfmaschine, atmosphärische Dampfmaschine, Niederdruck-, Hochdruckdampfmaschine, Verbunddampfmaschine, waren die Innovationen im 19. Jahrhundert.

Als Geburtsstunde der Automatisierung galt jedoch die Einführung des Fließbandes. Henry Ford griff die Idee einer Fließbandproduktion bei Westinghouse auf und 1913 wurde das Model T [4] in einer solchen Produktionsart gefertigt.

Ab 1950 begann die Entwicklung von mechanischen Steuerungen hin zu elektrischen Steuerungen. Ab diesem Zeitpunkt wurde verstärkt mit Erforschung und der Entwicklung neuer elektronischer Schaltkreise und Halbleitertechnologien begonnen.

Bereits 1953 begann die Geschichte der modernen Robotik. Und wieder hatten die Amerikaner die Nase vorn: ‚Unimat hieß' der erste Roboterarm, erfunden von Engelberger und George.

Die Blütezeit der Roboterentwicklung fand bereits in den 70er Jahren statt. KUKA brachte seinen ersten Schweißroboter 1973 heraus. Dieser Roboter wurde bei Daimler eingesetzt und löste das Problem vom amerikanischen Unimat, der nicht für hohe Lasten ausgelegt war. (Näheres dazu in Abschn. 7.1: ‚Automatisierung der Automobilbranche im Zeitraffer') [5]. In diesem Zeitraum übernahmen die Japaner im Robotergeschäft die Marktführerschaft.

Im Jahr 1953 erfolgte die Patentanmeldung von SIEMENS von einer speicherprogrammierbaren Steuerung (SPS) mit dem Markennamen ‚SIMATIC'. SIMATIC wurde zum Inbegriff (Synonym) für die Automatisierung in Europa [1].

Ab 1967 begann das Zeitalter der speicherprogrammierbaren Steuerungen (SPS). Deutschland schreckte aber wieder einmal technologisch gesehen vor einer Realisierung aufgrund des Risikos einer funktionell unerprobten Technik zurück.

SIEMENS wollte zu Beginn gleich wieder ein ‚perfektes System schaffen' (Hoch modular, für alle Anwendungen einsetzbar), was nicht gelang.

So kam es, dass 1969 der Amerikaner Richard E. Morley die erste SPS demonstrierte. Serienreif wurde die SPS schließlich durch die Firmen Modicon und Allen Bradley (1985 von Rockwell Automation übernommen) [6] gemacht. Im Gegensatz zu Deutschland setzten die Amerikaner bei ihrer SPS Entwicklung weniger auf Modularität, sondern auf einfachste Strukturen und Abläufe!

1973 kam schließlich SIEMENS mit der SIMATIC S3 [7–9] auf den Markt. Dabei sprach Rolf Hahn von SIEMENS von einem relativ komplexen Baugruppenprogramm, so dass jeder Anwender seine individuelle SPS zusammenstecken konnte [1].

Ganz im Gegensatz dazu, nutzten die Amerikaner die Einfachheit der SPS Struktur (siehe Abschn. 4.2.4), was SIEMENS erst einige Jahre später gelang. Problem bei allen speicherprogrammierbaren Steuerungen (SPS) waren die geringen internen Speichermöglichkeiten. Stattdessen waren teure Magnetbänder an der Tagesordnung.

Die Entwicklungen in Software und Hardware gingen rasant voran. Immer mehr Rechenleistung und Softwaresprachen entstanden: Fortran, C, C++, STEP für SPS, um nur einige Beispiel zu nennen.

Auch die Speichermedien verbesserten sich kontinuierlich.

Im Jahr 1989 brachte die Firma Beckhoff die erste PC-basierten freiprogrammierbaren SPS unter dem Betriebssystem MS-DOS (Microsoft Disk Operating System) auf den Markt. MS-DOS war dabei Microsofts erstes Betriebssystem für x86-PCs und weiterhin ebenso das Referenzsystem für PC-kompatible DOS-Systeme. Die Hardwareanbindung erfolgte über einem der ersten Feldbusse, mit Lightbus.

Bereits ab den achtziger Jahren waren Automatisierungen in allen Branchen zu finden. Hinzu kamen ab diesem Zeitpunkt in der Automatisierung verstärkt die Mustererkennungsmethoden, Fuzzy-Logik (Unscharfes Wissen), KI, Künstliche Neuronale Netzwerke und prädiktive Wartung (Predictive Maintenance).

Ethernet wurde ebenfalls in den siebziger Jahren aus der Taufe gehoben. 1976 begann die Arbeitsgruppe IEEE 802 [10, 11] die Arbeiten zur Ethernet Standardisierung. Bis Mitte der achtziger Jahre waren die Programmierhochsprachen bis hin zum C++ bereits im Einsatz.

Ende der achtziger Jahre schließlich begann das Internetzeitalter mit all seinen globalen Vernetzungsmöglichkeiten.

Das OSI-Schichten Modell oder OSI Referenzmodell (Open System Interconnection Model) legte die Grundlage für alle Bussysteme sowie -protokolle und trug entscheidend für die Definition der Automatisierungspyramide bei, welche die Grundlage der heutigen Automatisierungstechnologie ist.

In den neunziger Jahren begann das intensive Harmonisierungsbestreben: Gremien, wie die PROFIBUS-Nutzerorganisation (PNO) oder HART Communication Foundation (HCF) und viele andere, wurden ins Leben gerufen. Das Zusammenwirken von Feldgeräten der Messtechnik und Aktoren mit den Feldbussen wurde zur großen technischen Herausforderung. Wir werden im weiteren Verlauf des Buches viel darüber erfahren.

Somit gab es schon mindestens seit den achtziger Jahren die populäre ‚Industrie 4.0' in der Praxis:

Schon zu diesem frühen Zeitpunkt kamen Vernetzungstechnologien und Vernetzungstopologien in der Datenkommunikation zum Einsatz, die sich im Laufe der Zeit kontinuierlich zu unterschiedlichsten Netzwerk-Topologien, Informations- und Bussystemen weiterentwickelten.

Alle diese Systeme hatten schon immer zum Ziel, die Anlagen und Fabriken zu vernetzen, dezentrale Informationen von Sensoren kaskadenmäßig zu verdichten (zentralisieren) und auf den Prozessschaubildern im Kontrollraum oder in der Leitwarte darzustellen, zu beobachten und zu kontrollieren. Und umgekehrt galt es vom Kontrollraum aus, aufgrund der zur Verfügung stehenden Informationen, die Prozesse in der Anlage und Fabrik remote zu steuern oder zu regeln. Dieser Sachverhalt ist auch heute nach wie vor derselbe und geht bis hin zur stringent standarisierten und globalen Kommunikation über Clouds: Weltweit vernetzte Fabriken, Gebäude und Prozesse in der Industrie sind bereits seit Jahren vor Industrie 4.0 selbstverständlich geworden.

Wie gesagt, niemand sprach in den 80ziger Jahren von Industrie 4.0, IoT, Made in China 2025. Vierzig Jahre zurückblickend, kann ich mich noch gut an mein erstes Praktikum bei einem renommierten Kraftwerkshersteller erinnern, bei dem ich unter MS-DOS einen Kraftwerksprozess mit den zugehörigen Pumpen und Ventilen programmierte. Diese Grafikoberfläche und Bediensoftware wurden damals für den Kontrollraum entwickelt.

Die Technik in der Automatisierung entwickelte sich seitdem permanent fort und niemand machte vor ca. 20–50 Jahren ein großes Aufsehen diesbezüglich.

Blickt man genauer hin und ist man sich selbst gegenüber kritisch, so handelte es sich hier eigentlich schon immer um die mittlerweile populäre ‚Industrie 4.0' oder die sogenannte vierte industrielle Revolution, nur benutzte damals niemand dieses Hype-Schlagwort.

Wie aus Abb. 2.1 ersichtlich gab es die Automatisierung genaugenommen schon vor der ersten industriellen Revolution, bei der sich der Mensch den Dampf und das Wasser zunutze machte, um die Maschinen zu betreiben. Auch die zweite industrielle Revolution bediente sich der Automatisierung um Produktionslinien verkettet für Massenproduktion zu nutzen. In der dritten industriellen Revolution seit 1969 kam die IT hinzu, gefolgt von Industrie 4.0 mit globaler Vernetzung, dem ‚Cyber Physical System' und der Kommunikation. KI zählt man mittlerweile vielerorts auch zu Industrie 4.0.

Die Systeme haben jedoch schon immer aufgrund voranschreitender Technik in allen Bereichen an Komplexität zugenommen. Insofern wurde mit Industrie 4.0 vielleicht

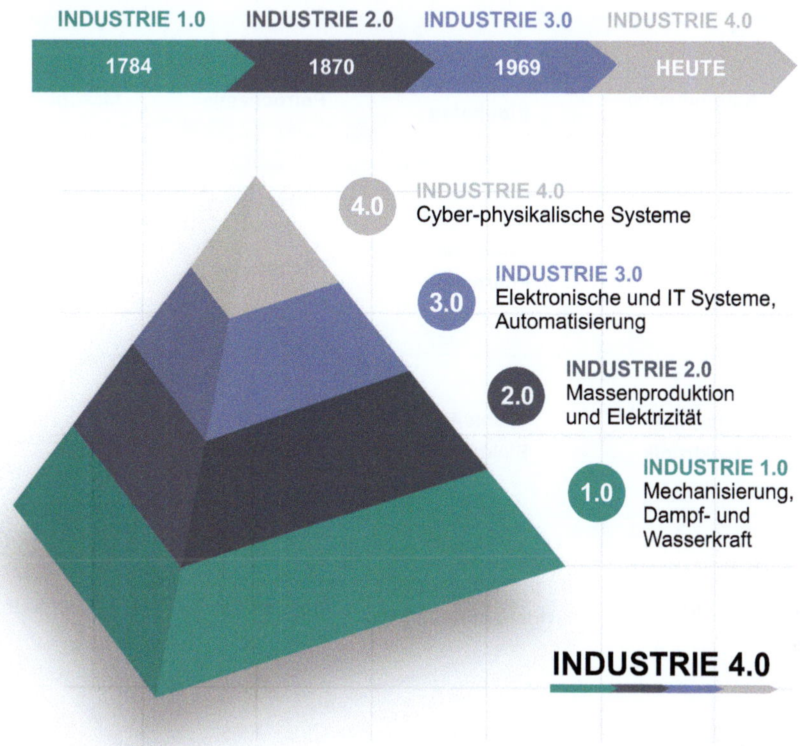

Abb. 2.1 Die vier industriellen Revolutionen

einem Trend Rechnung getragen, der das Thema Automatisierung fokussierte und wieder besser zur Geltung brachte, aber im Grunde aus meiner Sicht nicht viel Neues bedeutet.

Generell gibt es heute kaum eine Industrie, die nicht von Automatisierung und somit von Industrie 4.0, China 2025 und IoT betroffen ist. Alle Industrien, wie in Abb. 2.2 dargestellt, sind heute in dieses Thema mehr oder weniger stark involviert!

Persönlich habe ich diese Entwicklung der Automatisierung hautnah seit Beginn meines Studiums 1978 miterlebt und war über mein gesamtes Berufsleben hinweg in vielen unterschiedlichen Gebieten der in den in Abb. 2.2 aufgezeigten Industrien der Automatisierung tätig.

Deswegen möchte ich noch einmal betonen, dass mir daran gelegen ist, meine Erfahrungen in diesem Buch einzubringen und an alle Leser weiterzugeben. Insbesondere möchte ich die Leser auch in die Lage versetzen, dass sie den Hype Industrie 4.0 als Experten richtig einordnen zu wissen und in der Lage sind, bei Diskussionen zu diesem Thema fachlich aktiv mitwirken zu können. Besonders wichtig ist mir dabei Industrie 4.0 als Evolution tradierter Technologien zu sehen und keinesfalls als Revolution.

Autoindustrie	Flugzeugindustrie Flughafen	Petrochemie	Maschinenbau
Eisenbahn	Chemie Pharmazie	Schiffsbau	Wind/Solar Energie
Leiterplatten Elektronik	Halbleiter Elektronik	Wasser Abwasser	Transportindustrie
Nahrungsmittel	Infrastruktur Hochspannung	Papierindustrie	Bergbau

Abb. 2.2 Einige Schlüsselindustrien – Industrie 4.0, China 2025. IoT

2.1.1 Industrie 4.0

Historisch wurde der Begriff Industrie 4.0 von Henning Kagermann, Wolf-Dieter Lukas und Wolfgang Wahlster geprägt [12, 13]. Im Jahr 2011 wurde Industrie 4.0 auf der Hannovermesse HMI proklamiert. Im Oktober 2012 wurden der Bundesregierung Umsetzungsempfehlungen übergeben. Am 14. April 2013 wurde auf der Hannover-Messe der Abschlussbericht mit dem Titel Umsetzungsempfehlungen für das Zukunftsprojekt Industrie 4.0 des Arbeitskreises Industrie 4.0 vorgelegt. Der Arbeitskreis stand unter dem Vorsitz von Siegfried Dais (Robert Bosch GmbH.) und Henning Kagermann (acatech).

Es kam in der Arbeitsgruppe Industrie 4.0 zu einem Zusammenschluss der Branchenverbände Bitkom, VDMA und ZVEI. Die Plattform Industrie 4.0 wurde weiter ausgebaut und steht inzwischen unter der Leitung der Bundesministerien für Wirtschaft und Energie(BMWi) sowie Bildung und Forschung (BMBF).

Industrie 4.0 hat zur Aufgabe Mensch, Maschinen und Produkte direkt miteinander intelligent zu vernetzen: ‚Die vierte industrielle Revolution hat begonnen‘, so sinngemäß das Bundesministerium für Wirtschaft und Energie [13, 14].

Unter intelligenter Vernetzung versteht man dabei:

- Flexible Produktion
- Wandelbare Fabrik
- Kundenfokussierte Lösungen
- Optimierte Logistik
- Standardisierte Datenvernetzung
- Ressourcen schonende Kreislaufwirtschaft
- Digitalisierung der Produktion
- Digitale Transformation ‚Made in Germany'

Wenn ich diese obigen Punkte so lese, stellt sich für mich an dieser Stelle die Frage, ob das wirklich revolutionär sein soll oder ob das nicht schon immer der Fall war unter diesen Randbedingungen die Wirtschaft kontinuierlich voranzubringen.

Aber es sei, wie es ist: Seit circa sechs Jahren ist aus meiner Sicht bei uns die bewährte und tradierte Technologie unter dem Schlagwort Industrie 4.0 der große ‚Renner' geworden und die Evolution des Fortschrittes ist kontinuierlich vorangeschritten. Dieser Sachverhalt wird im weiteren Verlauf des Buches genauer ausgeführt.

Wie oben gelistet, soll die Forschungsplattform 4.0 die industrielle Produktion mit moderner Informations- und Kommunikationstechnik durch intelligente Systeme, digital standardisiert und vernetzt werden: In diesem Sinn sollen Menschen, Maschinen, Anlagen, Logistik und Produkte direkt miteinander kommunizieren und kooperieren. Genau genommen geht es dabei darum, die gesamte Wertschöpfungskette über den Produktlebenszyklus zu verbessern und zu optimieren. Die uneingeschränkte Kommunikation vom Sensor bis ins Internet ist die Voraussetzung für Industrie 4.0. Die Frage ist: War aber genau das nicht schon immer die Prämisse seit es Computer und µ-Controller gibt?

Es sei hervorgehoben, dass sich diese Forderungen in der Systemarchitektur der Automatisierungspyramide, die seit 1985 (!) definiert ist, wiederfinden. Die Automatisierungspyramide, die wir noch eingehend besprechen werden, basiert auf dem OSI-Modell, das bereits 1983 zum Standard erklärt wurde und die Basis für nahezu alle Bussysteme darstellt.

Doch zurück zu Industrie 4.0:
Wie ich bei vielen Kunden- und Messebesuchen sowie Podiumsdiskussionen in den letzten Jahren national und international feststellen konnte, wussten viele Kunden, Hersteller und Anwender nicht wirklich etwas mit dem Schlagwort ‚Industrie 4.0' anzufangen. Jeder hatte so seine eigenen Vorstellungen. Für die Einen war es ‚Predictive Maintenance' (prädiktive Wartung), für die Anderen die automatisierte Fabrik ‚ohne' Mensch. Dritte deklarierten sogar SAP als Industrie 4.0 – und das alles bis ins Jahr 2020: In China begegnete ich einigen Unternehmern auf Kongressen zum Thema ‚Made in China 2025', Industrie 4.0, die das genauso sahen: SAP ist Industrie 4.0.

Beliebig ausschweifend waren deswegen auch meine Kunden- und Podiumsdiskussionen auf Messen, an denen ich mehrmals in China, Europa und USA teilnahm.

Ich selbst erinnere mich noch an die ersten Vorträge von Firmen nach der Proklamation von Industrie 4.0, dass man nun alles vernetzen kann und den Menschen nicht mehr bräuchte. Man sah plötzlich die all umfassende Lösungen ohne Menschen in der Automatisierungskette: Anstelle des Menschen traten selbstlernende Roboter, die den Menschen ablösen, ‚Smarte Fabriken' ohne Eingriffe von Menschen. Weltweite autonome Vernetzung von Systemen. Aus meiner Sicht: Welch ein Fortschritt oder auch vielleicht welch ein Irrtum!

Ich führte viele Fachdiskussionen in diese Richtung und ich kann es nur immer wieder wiederholen: Bei dem Programm Industrie 4.0 oder die sogenannte vierte industrielle Revolution handelt es sich einfach ausgedrückt, lediglich um eine vernetzte industrielle Produktion mit moderner standardisierter Informations- und Kommunikationstechnologien, die zur Aufgabe hat die Wertschöpfungskette zu optimieren und das Life Cycle Management von Anlagen und Fabriken in weltweiter Vernetzung zu verbessern.

Und sieht man sich heute diverse TV-Sendungen zum Thema Industrie 4.0 an, so staune ich nicht wenig, was diesem Begriff Alles zugeordnet wird, unter anderem sogar die Manufaktur eines berühmten Taschenmesserherstellers.

2.1.2 Made in China 2025 oder kurz: China 2025

Vorweg: Zunächst ist es wichtig zu wissen, dass die Chinesen seit der Proklamation von Industrie 4.0 nicht hintenanstanden, sondern das Programm ‚Made in China 2025' ins Leben riefen (2015). Dies wurde in Deutschland gar nicht so richtig wahrgenommen [15–18].

Ich habe versucht aus den zahlreichen Literaturangaben eine Kurzfassung des überaus wichtigsten chinesischen Programms zur Erreichung der industriellen weltweiten Wirtschaftsmacht Nummer 1 bis 2049 wiederzugeben.

Fast zeitgleich zur Industrie 4.0 wurde ‚Made in China 2025' oder auch oft kurz ‚China 2025' ins Leben gerufen. Für dieses Programm investierte China bis heute viele Milliarden USD pro Jahr und wird dies auch zukünftig tun.

Aus eigener Erfahrung kann ich sagen, dass die Konsequenz, mit der dieses Projekt in China verfolgt wird, weltweit seinesgleichen sucht.

Auch IoT (Internet of Things) [19] oder ‚Internet der Dinge' in USA verfolgt das Motto ‚Alles was vernetzbar ist wird vernetzt, Haushalte, Fabriken, Gebäude'. Allerdings existiert IoT, wie wir im nächsten Abschnitt sehen werden, auch schon seit 1999!

Doch zunächst eine etwas genauere Ausführung zu ‚Made in China 2025', welches ich für sehr strategisch und weitreichend halte. Etwas genauer auch schon deswegen, weil der Hintergrund zu diesem Programm oft nicht bekannt ist und weit über die Grenzen von Industrie 4.0 hinausgeht. China 2025 ist nicht nur ein technologisches

Programm, so wie ich Industrie 4.0 verstehe, sondern ein Programm zur Erreichung der Weltwirtschaftsmacht Nr. 1.

Made in China 2025 [18] ist ein strategischer Dreistufenplan des chinesischen Premierministers Li Keqiang und dem chinesischen Staatsrat vom Mai 2015 (!). Das ‚Center for Strategic and International Studies' beschreibt den Plan als eine ‚Initiative zur umfassenden Aufwertung der chinesischen Industrie', die direkt von der deutschen Industrie 4.0 inspiriert sei [18]. Ziel ist es die chinesische Produktion und Wertschöpfungskette des Landes drastisch zu steigern. Ein weiteres Ziel ist die Erhöhung des inländischen Anteils von Kerntechnologien und Grundwerkstoffen bis 2025.

Der Plan zielt u. a. auf High-Tech-Bereiche wie Umwelt, Elektronik, Leiterplatten-, Solar-, Halbleiter-, Flugzeugindustrie und Automotive ab, die derzeit noch weitgehend von ausländischen Unternehmen beherrscht (u. a. auch von Deutschland) werden.

Eine Hauptforderung von China 2025 ist, wie ich auf einem Messekongress in Shanghai erfuhr, dass jedes Unternehmen ab einer bestimmten Größenordnung, in jedem Jahr bis 2025 mindestens ein Automatisierungsprojekt mit einem vorgegebenen Geldvolumen durchführen muss!

Ich selbst habe in dieser Richtung einige Automatisierungsprojekte in China realisiert und habe live in Projekten der Leiterplatten-, Halbleiter- und Solarindustrie mitbekommen, wohin die Reise in China geht.

Was für mich immer wieder erstaunlich war, mit welcher Dynamik und Konsequenz die Automatisierung in China vorangetrieben wird und dabei als Selbstverständlichkeit angesehen wird: Nach chinesischem Gedankengut (so jedenfalls wird es seitens der Regierung angepriesen) läuft alles im Einklang mit der WTO (Welthandelsorganisation). Hier könnten wir in Deutschland einiges davon lernen: Statt viel reden und politisieren wird in China auf kurzen ‚bürokratischen' Wegen entschieden und gehandelt – ein Vorgehen, das bei uns in einem demokratischen und föderalistischen System kaum denkbar ist. Daran muss man nur einmal an das Thema Digitalisierung oder auch die aktuelle Pandemiebekämpfung von COVID-19 denken und sich verinnerlichen, was Alles kommuniziert wird und was tatsächlich geschieht.

Genaugenommen ist ‚Made in China 2025' ein Programm, das Chinas Transformation zur Industriemacht in drei Phasen bis 2049(!) realisieren soll. Dazu wurden neun strategische Ziele formuliert und fünf landesweite Initiativen entwickelt. Insgesamt fokussiert sich die Strategie auf zehn Schlüsselindustrien [15, 18].

Laut dem strategischen Plan wird China im ersten Schritt bis ca. 2020 als erste Phase die Fertigungskapazitäten festigen und die Automatisierung (Digitalisierung) in der Fertigung steigern (siehe auch Abschn. 2.2.1 und 2.2.2, Industrie 4.0, IoT). Zusätzlich sind Kerntechnologien in den Schlüsselindustrien zu verbessern, in Märkten in denen China führend ist. Die Wettbewerbsvorteile müssen entsprechend ausgebaut und die Produktqualität verbessert werden.

Bis 2025 wird angestrebt, die Gesamtqualität der Fertigung drastisch zu verbessern und dabei die Wertschöpfung zu erhöhen. Chinas Position muss nach den Vorgaben als Fertigungsnation gestärkt hervorgehen und die Innovation deutlich gesteigert werden.

Die IT und Digitalisierung ist dabei das Kernelement der Industrie. Der Energie- und Materialverbrauch sowie die Schadstoffemission in den wichtigsten Industrien sollen das Niveau einer hoch entwickelten Volkswirtschaft erreichen.

Im zweiten Schritt bis 2035 hat China das Ziel sich im oberen Mittelfeld der Industriemächte zu platzieren, große Durchbrüche in den Hauptbereichen zu erwirken und die allgemeine Wettbewerbsfähigkeit signifikant auszubauen.

Im letzten Schritt bis 2049, zum hundertjährigen Bestehen der Volksrepublik, soll China als führende Industrienation an der Weltspitze stehen. China wird bis dahin die Fähigkeiten besitzen, Innovationen und fortschrittliche Technologien sowie industrielle Systeme zu entwickeln. Ein Zeichen dieser Entwicklung ist mit Sicherheit auch, dass China mit ca. 40.000 Patentanmeldungen im Jahr 2019 zum ersten Mal deutlich vor der USA stand.

Strategische Aufgaben und Schlüsselindustrien für China auf dem Weg zur Industriemacht sind in ‚Made in China 2025' folgende Punkte [15]:

- Maschinen für die Landwirtschaft
- Schiffbau und Meerestechnik
- Energieeinsparung und Elektromobilität
- Informations- und Kommunikationstechnologien der neueren Generation.
- High-End gesteuerte Werkzeugmaschinensysteme und Robotertechnologie.
- Elektrizitätsanlagen
- Anlagen für Luft- und Raumfahrttechnik
- Neue Werkstoffe und Materialien
- Moderne Anlagen für den Schienenverkehr
- Hochleistungen in der Biomedizin und der Medizintechnik

Zudem wurden folgende neun strategische Aufgaben formuliert [15]:

- Steigerung der Innovationsfähigkeit in der Fertigungsindustrie
- Intensivere Integration von Informationstechnologien in die Industrie
- Verstärkung der industriellen Basisfähigkeiten
- Verbesserung des Marken- und Qualitätsbewusstseins chinesischer Marken
- Förderung umweltfreundlicher Produktion
- Förderung von technologischen Durchbrüchen in den oben aufgeführten Schlüsselindustrien
- Förderung der Umstrukturierung von produzierenden Branchen, indem nicht mehr Masse das Ziel ist, sondern die Qualität
- Aktive Entwicklung von serviceorientierten Produzenten und Dienstleistern
- Entwicklung der fünf Initiativen in der Fertigungsindustrie auf internationale Ebene

‚Made in China 2025' sieht fünf landesweite Initiativen vor [15]:

- Aufbau von 15 neuen Forschungs- und Entwicklungszentren bis 2020 und 40 weitere Zentren bis 2025. Diese sollen zu Innovationen und technologischen Durchbrüchen in den Schlüsselbereichen führen
- Entwicklung innovativer industrieller High-End Projekte in den Schlüsselindustrien
- Entwicklung von Projekten mit Fokus auf Green Manufacturing (umweltfreundliche Produktion). Dabei sollen Projekte unternommen werden, um die Energieeffizienz zu steigern und den Ressourceneinsatz zu senken. Des Weiteren soll die Umwelt geschützt werden. Ziel ist es, 1000 grüne Firmen und 100 grüne Parks bis 2020 zu bauen und den Emissionsausstoß um 20 % zu senken
- Projektwicklungen mit Fokus im Bereich Smart Manufacturing fokussieren. Ziel ist es, bis 2020 die Betriebskosten, Produktionszeit und Ausfallquoten um 30 % zu senken und anschließend auf 50 % bis 2025
- Errichtung von vier Forschungszentren um die Entwicklung von Materialien, industriellen Kernkomponenten und Techniken zu beschleunigen. Ziel der Initiative ist es bis 2020 die Selbstversorgung für die Rohstoffe und Komponenten in den Schlüsselindustrien auf 40 % und bis 2025 auf 70 % zu steigern

Made in China 2025 versus Industrie 4.0 [16]:

Made in China 2025 wird oft mit der deutschen Industrie 4.0 gleichgesetzt. Ich sehe es so, dass Industrie 4.0 ein kleiner Teil der chinesischen Gesamtstrategie ist; Made in China 2025 geht nach meinen ganz persönlichen Erfahrungen weit über Industrie 4.0 hinaus. Wer die Entwicklung einiger Pilotstädte in China so wie ich sie in den letzten 20 Jahren miterlebt hat, kann das nachvollziehen. Während bei Industrie 4.0 technische Fortschritte im Vordergrund stehen, geht es bei der chinesischen Strategie darum, die gesamte Industrie zu restrukturieren, um diese international wettbewerbsfähig zu machen, bis hin zur weltweiten Marktführerschaft. Hinter ‚Made in China 2025' steckt von höchster Regierungsseite eine glasklare Strategie.

Spekulationen und Mutmaßungen wie bei Industrie 4.0 sollte man meinen sollte es nicht geben: Trotzdem war ich bei den Symposien und Fachkongressen immer wieder überrascht, dass auch in China über dieses Thema in der Breite der Bevölkerung sehr viel Unkenntnis vorhanden ist. Auf der anderen Seite war ich in den letzten vier Jahren aber auch erstaunt mit welcher Kraftanstrengung Kongresse, Messen und Symposien mit ausländischer Teilnahme stattfanden und diese Philosophie regelrecht in den Markt gepusht wird.

2.1.3 Internet of Things (IoT) oder das Allesnetz

Man kann die Industrie 4.0 und China 2025 sehen, wie man will, eines ist jedoch klar: IoT [19, 20] oder heute auch IIOT (Industrielles Allesnetz) war lange vor Industrie 4.0

oder China 2025 das Thema für Vernetzungsstrukturen und Kommunikation. Selbst wenn einige Themen bezüglich des Datenschutzes und der Datenerfassung (auch bei autonomen Fahrzeugen) bei IoT kritisch zu sehen sind, beinhaltete die damalige IoT-Strategie schon die nun ‚wiederbelebten‘ Themengebiete von Industrie 4.0 und ‚Made in China 2025‘.

Internet of Things (IoT) oder das ‚Allesnetz‘ stammt von Kevin Ashton aus dem Jahre 1999 und tauchte somit weit vor Industrie 4.0 und China 2025 auf. IoT wurde in Anlehnung an das Internetzeitalters proklamiert. IoT ist zusammengefasst ein Sammelbegriff für Technologien für eine globale Informationsinfrastruktur, die es erlaubt, physische und virtuelle Gegenstände miteinander zu vernetzen. Das ‚Allesnetz‘ ist somit in der Lage, plattformunabhängig mittels Informations- und Kommunikationsstrukturen zusammenzuarbeiten. Heute wird es in Industrie 4.0 auch oft als IIot (Industrial Internet of Things) bezeichnet,

Mit diesen implementierten Funktionen sind Interaktionen zwischen Menschen und beliebig vernetzten Maschinen, Computern, Fertigungslinien, elektronischen sowie mechanischen Systemen in Kombination möglich. Diese Art der Kommunikation kann den Menschen bei seinen Tätigkeiten entscheidend unterstützen: Immer kleiner werdende Computer ermöglichen immer mehr Leistung bei demselben Platzbedarf und erlauben heute bereits eine Vernetzung in kaum vorstellbaren Dimensionen.

Die ursprüngliche Idee von IoT war, mit Sensoren ausgestattete Objekte nahtlos in die Umgebung zu integrieren. Somit wurde oftmals die automatische Identifikation mittels RFID (Radio Frequency Identification) [21] als Grundlage für IoT gesehen.

Zum besseren Verständnis:
RFID ist eine Technologie für Sender-Empfänger-Systeme zum automatischen und berührungslosen Identifizieren und Lokalisieren von Objekten und Lebewesen mit Radiowellen. RFID ist seit den 70er Jahren auf dem Markt und wurde seit den 1980er Jahren stark durch die Entscheidung mehrerer amerikanischer Bundesstaaten sowie Norwegens gefördert. RFID-Transponder werden heute im Straßenverkehr für Mautsysteme eingesetzt. Bereits in den 1990er kam die RFID-Technik, wie beispielsweise der E-ZPass, der als Mautsystem seit 1993 in den nordöstlichen Vereinigten Staaten und in Südostasien, zum Einsatz.

RFID ist allerdings nur ein Vorläufer von IoT, da die Kommunikation über Internet fehlte. Sensoren in der Feldebene der Automatisierung (z. B. Automotive) erweitern die Funktionalität durch Erfassen von Zuständen, Auswertung und Einleitung von Aktionen via Aktoren.

Generell ist das Ziel von IoT u. a. automatisch Informationen von Prozessen in der Umwelt oder Fabrik zu erfassen, miteinander zu verknüpfen und dem Internetnetzwerk für die Weiterverarbeitung zur Verfügung zu stellen. Das Netzwerk kann als VPN (Virtual Personel Network) oder mit Internet über Firewalls verbunden sein. Solche Informationen können weltweit zwischen globalen Standorten ausgetauscht und verwertet werden, so wie es bereits heute über die Cloud (siehe Abschn. 5.21.4) und OPC

UA (siehe Abschn. 5.21.5) realisiert wird. Die zwischen Standorten ausgetauschten Daten können vom Benutzer z. B. für Früherkennung von prädiktiver Wartung oder zum rechtzeitigen Austausch von Maschinenersatzteilen zur Verhinderung eines Ausfalls von Fertigungslinien ausgewertet werden: Sie können auch zur Verbesserung der Fabrikbedingungen oder Prozessabläufen herangezogen werden. Heute spricht man auch von ‚prädiktiver Wartung' oder ‚predictive Maintenance'!

In einem weiteren Schritt können digitale Services als Teil des IoT die Parametrierung der Geräte erleichtern und verbessern.

Wichtig bei IoT sind für Teilnehmer, die im IoT integriert sind [19, 20]:

- Standardisierung der Komponenten und Dienste im IoT
- Einführung einer einfachen, sicheren und generellen Netzwerkanbindung für alle Geräte mit mindestens einem μ-Controller
- Reduktion der Gerätekosten, Inbetriebnahme-Kosten, Anschlusskosten, Wartungskosten
- Entwicklung von kostenarmen, automatisierten (bis hin zu autonomen) digitalen Services im Netzwerk durch Vorteile der Netzbenutzung

Das IoT unterscheidet sich von der ‚Selbststeuerung logistischer Prozesse', die u. U. keine Internetstrukturen verlangen. Dennoch werden in der Forschung und Entwicklung fast immer beide Konzepte verknüpft.

Ohne Zweifel gibt es bei IoT viele Überschneidungen mit Industrie 4.0, kognitiven Systemen (Kognitive Systeme sind in der Lage, selbstständig Lösungen für menschliche Aufgabenstellungen zu erarbeiten), dem Internetprotokoll, den gängigen Kommunikationstechnologien, den ‚embedded' Systemen, dem Extranet und Intranet. Eines ist aber m. E. von hoher Bedeutung: Bereits vor 2000 hatte IoT den Ansatz, Information so weit wie möglich zu streuen, damit die Nutzung überall dort möglich wird, wo sie nützlich ist und bei Problemlösungen hilft. Ein Ansatz, der auch in Industrie 4.0 wiederzufinden ist.

Heute sind für IoT hardwareseitig ‚System-on-a-Chip' als integrierte Lösungen vorhanden, softwareseitig stehen Betriebssysteme mit niedrigem Speicherverbrauch und einem Netzwerkstack zur Verfügung. Beispiele für IoT gängige Betriebssysteme Systeme sind ‚Windows 10 IoT' und ‚Android Things'.

Es muss gesagt werden, dass auch bei IoT wie bei Industrie 4.0 mehr eine Technologie beschrieben ist, weniger eine Strategie zur Erreichung der Marktführerschaft. Insofern ist ‚Made in China 2025' eine umfassende verlinkte politische, wirtschaftliche und technische Strategieansage gegenüber allen anderen Industrienationen. Hinzukommt, dass genau diese technische Strategie wie IoT von der Regierung Chinas mit stringenter und eiserner Energie intensiver verfolgt wird als irgendwo anders. Natürlich verbunden mit immensen staatlichen Subventionen. Ich denke dabei z. B. an die Einführung von Bezahlungssystemen im chinesischen Markt, bei dem schon seit mehr als 5 Jahren das Handy als Bezahlungstool mit mehrdimensionalen Barcodes verwendet werden konnte.

Wenn man dann auf die technische und wirtschaftliche Entwicklung seit 1990 blickt (Anfänge von IoT), so muss ich aus meiner Sicht feststellen, dass Industrie 4.0 zu großen Teilen eine Reanimation und Publikation einer Technologiefortschreibung ist, die seit mehr als 5 Jahrzehnten im Gange ist!

Mit KI (Künstliche Intelligenz), wurde in 2018 ein weiteres Schlagwort im Markt reanimiert: Intelligente Maschinen, Produktionslinien, vorhersagende Wartung und Instandhaltung benötigen intelligente Auswerteverfahren und Algorithmen. Ein Sachverhalt der in den letzten 40–50 Jahren ohnehin mit Verbesserungen der Hardware, Software, Automatisierung, Miniaturisierung stattgefunden hat und somit auch nur als eine Evolution der Dinge zu sehen ist.

2.2 Industrie 4.0, Künstliche Intelligenz (KI), Künstliche Neuronale Netzwerke (KNN)

Im Jahr 2018 gesellte sich aus meiner Sicht dann zu Industrie 4.0 und ‚Made in China 2025‘ als neues Schlagwort die Künstliche Intelligenz (KI oder engl.: AI Artificial Intelligence) sowie Künstliche Neuronale Netzwerke (KNN oder engl.: Artificial Neural Network ANN) als neuer Hype hinzu.

Plötzlich sprach die gesamte Industrie von KI. Es war anscheinend alles geregelt, was das Verhältnis Mensch zu Maschine betraf. Es wurde so getan, als ob man den Stein der Weisen [22] gefunden hatte. Dabei geht die Gründungsveranstaltung der Künstlichen Intelligenz auf das Jahr 1956 zurück, als am Dartmouth College in New Hampshire ein Workshop mit dem Titel ‚Dartmouth Summer Project on Artificial Intelligence‘ von John McCarthy veranstaltet wurde. Marvin Minsky, Nathaniel Rochester und Claude Elwood Shannon nahmen daran teil [23, 24].

Die Geschichte von KI ist bereits seit dem letzten Jahrhundert ein hochwissenschaftliches und auch populäres Thema. Allen Newell (1927–1992) und Herbert A. Simon (1916–2001) formulierten die ‚Physical Symbol System Hypothesis‘: Gemäß dieser Hypothese ist Denken Informationsverarbeitung und somit ein Rechenvorgang zur Manipulation von Symbolen [25].

Eine Maschine zu bauen, die menschliche Fähigkeiten besitzt oder das menschliche Denken zu automatisieren, geht schon auf das im Jahr 1748 veröffentliche Werk von Julien Offray de la Mettrie ‚L'Homme Machine‘ [26] zurück.

KI ist seit den 80er Jahren ein Teilgebiet der Informatik, welches sich mit der Automatisierung intelligenten Verhaltens und dem maschinellen Lernen befasst.

Zum damaligen Zeitpunkt waren auch die Mustererkennung von Heinrich Niemann [27] oder die Fuzzy-Logik von Lofti Zadeh die großen Themen in der Industrie. Die Fuzzy-Set-Theorie [28, 29], die unscharfe Mengenlehre, wurde bereits 1965 von Lotfi Zadeh an der University of California, Berkeley entwickelt und zur Klassifikation von Mustern verwendet.

Mit den heute wie auch damals gängigen KI-Expertensystemen (wissensbasierten Systemen) werden in endlosen ‚if–then'-Bedingungen eine Form von rationaler Intelligenz modelliert.

So sind Expertensysteme fähig, auf eine Frage des Benutzers auf der Grundlage formalisierten Fachwissens (das aber eingelernt werden muss) aus logischen gezogenen Schlüssen Antworten zu liefern.

Im Zusammenhang mit KI erinnere ich mich so um 1985 an einen Besuch bei einer damals renommierten Luft- und Raumfahrtgesellschaft in Deutschland, bei dem man durch den Blick in die Kamera aufs Firmengelände eingelassen wurde. Es fand dabei eine Gesichtserkennung aufgrund des an der Pforte abgegebenen Personalausweises durch ein KI-System statt. Das Verfahren wurde ähnlich durchgeführt, wie heute die automatische Passkontrolle auf Flughäfen. Der einzige Unterschied ist, dass heute aufgrund der verbesserten Technologie die Erkennung im Millisekunden-Bereich in hochminiaturisierten Chips stattfindet, gegenüber damals, wo die Erkennung im Sekundenbereich auf Großrechnern stattfand.

Ich arbeitete mit KI-Systemen schon bei meiner ersten Arbeitgeberin den 80er Jahren: So entwickelte ich über mehrere Jahre Expertensysteme in Verbindung mit Künstlichen Neuronalen Netzwerken, z. B. für die Fehlstellenerkennung in Kuhhäuten zur Schnittoptimierung von Schuhsohlen.

Weiter entwarf ich dort, basierend auf KI-Methoden in Verbindung mit Künstlichen Neuronalen Netzwerken, Mustererkennungsverfahren zur Erkennung der Schlaftiefe des Menschen, z. B. bei chirurgischen Eingriffen während der Narkose. Ebenso entwickelte ich Künstliche Neuronale Netzwerke zur Unkrautbekämpfung auf Bahnanlagen oder zur Fahrzeugidentifikation. Für die Entwicklung eines Abstandsradars habe ich zum damaligen Zeitpunkt ebenfalls mit KI-Methoden gearbeitet.

In den 90er Jahren konzipierte ich mit KI-Methoden, Neuro-Fuzzy und Künstlichen Neuronalen Netzwerken Methoden zur Regelung von industriellen und kommunalen Kläranlagen. Dabei veröffentlichte ich als Mitautor von Prof. Walter Bonfig in seinem Buch ‚Sensorik Band 7', einen entsprechenden Artikel [31].

Während meiner Promotion von 1988 bis 1993 beschäftigte ich mich eingehend mit Künstlichen Neuronalen Netzwerken und deren Lernverfahren mit Beispielen aus der Verkehrs- und Medizintechnik. Hierzu veröffentliche ich ein Buch über Einsatzmöglichkeiten neuronaler Netze in der Industrie [32].

Weiterhin setzte ich bereits zum damaligen Zeitpunkt in meinen Arbeiten solche Expertensystemen zur Fehlererkennung im Rahmen von prädiktiver Wartung in der Produktion ein. Hieraus ist erkennbar, dass das Thema KI schon lange existent war, bevor es 2018 mit Industrie 4.0 proklamiert wurde.

Heute werden Roboter, die auf Basis von KI-Methoden, Künstlichen Neuronalen Netzwerken und Fuzzylogik arbeiten, vielerorts in automatisierten Fabrikanlagen als selbstverständlich eingesetzt. Es findet einfach statt, ohne dass es der Allgemeinheit so richtig bekannt ist.

Somit ist für mich persönlich KI in der heutigen Zeit eine Fortschreibung des Technologiefortschritts aus den 80ziger Jahren und keine Innovation. Der Unterschied zu damals ist:

Miniaturisierte Echtzeit-Elektroniken mit großen integrierten Speichern, komplexeren Algorithmen, komfortablere Softwaresprachen und extrem hoher Massendatenverarbeitung ermöglichen diese konsequente Evolution der Künstlichen Intelligenz.

Selbst heute ist die Literatur von Heinrich Niemann [27] und von Lofti A. Zadeh [29, 30] immer noch ein fundamentales Nachschlagwerk, wenn es um die aktuellen Themengebiete der im Jahre 2018 ‚neuen' publizierten KI geht.

Persönlich sehe ich insbesondere Lofti A. Zadeh mit seiner Theorie der unscharfen (fuzzy) Mengen (1965) als einen entscheidenden Vorreiter der modernen Mustererkennung und Künstlichen Intelligenz. Lofti Zadeh wurde 1921 in Baku geboren und starb am 6. September 2017 in Berkeley, Kalifornien. Er war ein US-amerikanischer Mathematiker, Informatiker, Elektroingenieur und emeritierter Professor der Informatik an der University of California, Berkeley.

Mit seiner Veröffentlichung der Fuzzylogik in 1973(!) schaffte Lofti Zadeh bahnbrechende Grundlagen für die moderne Mustererkennung. Zudem prägte Zadeh im Jahr 1994 auch er den Begriff des ‚Soft-Computings', welche in der Informatik Teilgebiete sind, die sich mit approximativen Lösungsverfahren beschäftigen – also die Basis für jegliche Mustererkennung.

Man kann es nicht oft genug wiederholen, dass es beliebig viel Literatur gibt, die belegen, dass die Begriffe KI, Künstliche Neuronale Netzwerke, Fuzzy-Logik in den 80er und 90er Jahren schon sehr gut bekannt waren und die entsprechenden Methoden damals vielseitig angewendet wurden.

Der Begriff KI verschwand so um Mitte der 90er Jahre wieder vom Markt.

Persönlich machte ich im Zeitraum 1990–1995 die Erfahrung, als versucht wurde, ähnlich wie jetzt bei Industrie 4.0, einen Hype aus KI zu machen: Parolen wie, ‚Der Mensch wird ersetzt durch künstliche Intelligenz' oder ‚Das Gehirn kann man durch Rechner ersetzen' waren schon damals aktuell, trugen aber letztlich nicht zum Erfolg dieser Technologie bei, da die Aussagen zum Teil total überzogen waren und sie letztlich den Beweis schuldig blieben.

Und so kam es, wie es kommen musste, wenn man Dinge überstrapaziert: KI war binnen einem Jahr nicht mehr das Thema. Offensichtlich passte der Begriff KI zu dieser Zeit noch nicht ins Weltbild: Die Denke des Menschen hinkte den Technologiemöglichkeiten weit hinterher oder sie war zu euphorisch und die hochgeschraubten Erwartungen konnten nicht erfüllt werden.

Tatsache ist, dass seit dem Verblassen des KI-Begriffes Mitte 1990 immer intensiver an dieser Thematik gearbeitet und geforscht wurde und diese Technologien in immer mehr Produkten, Anlagen und Systemen implementiert wurden.

So spielen mittlerweile die KI-Methoden in vielen Industrien eine wichtige Rolle, u. a. auch beim autonomen Fahren.

Heute scheint es mir fast, dass der Begriff Industrie 4.0 und die erneute Proklamation von KI im Rahmen von Industrie 4.0 notwendig waren, um die Wiederbelebung dieser bewährten Methoden der Mustererkennung in Jahr 2018 zu ermöglichen. Dabei hat sich aber aus meiner Sicht in der Evolution der KI-Methoden nichts Wesentliches verändert. Es gab diesbezüglich keinen ‚Gap'. Der Unterschied zu den 80er und 90ern Jahre ist, dass heute mehr als 30 Jahre später, die Technologiefortschritte z. B. in der µ-Chip-Miniaturisierung so immens sind, dass sich auf allen technologischen Gebieten Möglichkeiten auftun, von denen um die Jahrtausendwende nur geträumt werden konnte.

Beispielsweise belegen diesen Sachverhalt Software- und Hardware-Entwicklungen sehr eindrücklich.

Zum Abschluss dieses Abschnittes möchte ich noch einmal betonen, dass es sich bei KI nur um spezielle Technologieverfahren und Algorithmen handelt, die im Einklang zu den Aspekten von Industrie 4.0 stehen und nichts Neues darstellen, sondern nur eine Weiterentwicklung der Technik in Hardware und Software ist, die über Jahrzehnte bereits im Gange war und weiterhin ist.

2.2.1 Mustererkennung, Künstliche Neuronale Netze und Polynomklassifikatoren

Ich meine, es lohnt sich an dieser Stelle auch noch einmal vertiefende Zusammenhänge hinsichtlich des Themas KI in Verbindung mit Künstlichen Neuronalen Netzwerken aufzuzeigen. Schon allein aus dem Grund, da diese Methoden heute Standard in der Automatisierungstechnik sind und in allen Ebenen der Automatisierungspyramide, Feldebene, Steuerungsebene (Speicherprogrammierbare Steuerungen SPS oder engl.: Programmable Logic Controller PLC), Prozessleitebene und Betriebsebene mehr oder weniger (siehe Kap. 3) zum Einsatz kommen.

Einfach ausgedrückt und wie bereits im vorherigen Abschnitt aufgezeigt, liegen den KI-Verfahren die Methoden der Mustererkennung, der Musteranalyse mit Künstlichen Neuronalen Netzwerken, Fuzzy-Logik und Expertensysteme zugrunde.

Künstliche Intelligenz ermöglicht es unter den oben angegebenen Verfahren, Bilder und Formen zu erkennen und zu analysieren. Beispiele sind u. a. Handschrifterkennung, Identifikation von Personen durch Gesichtserkennung, Abgleich der Fingerabdrücke, DNA-Abgleiche, Irisabgleich, industrielle Qualitätskontrolle und Fertigungsautomation und Vieles mehr.

Um auf den heutigen Stand der Technik zu gelangen musste intensiv über Jahrzehnte geforscht und entwickelt werden, bis derartige Systeme industrietauglich waren. Es muss einfach bewusst sein, dass wir bereits heute seit vielen Jahren mit solchen ‚KI-Techniken' vertraut sind und sie anwendeten, lange zuvor, bevor die KI-Methoden wieder über Industrie 4.0 im Jahr 2018 zum Schlagwort wurden.

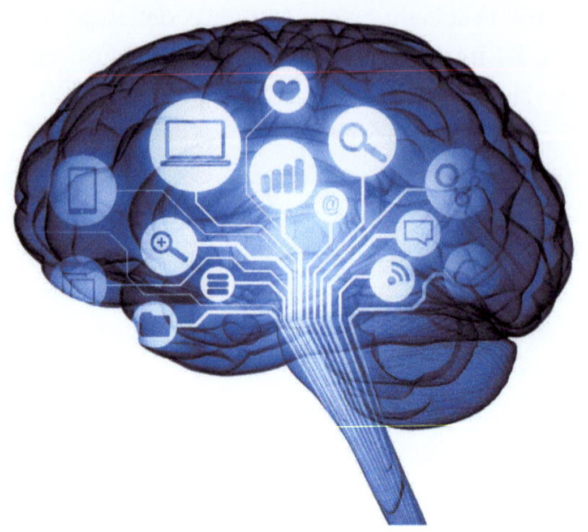

Abb. 2.3 Das menschliche Gehirn als Vorbild für Modellbildungen in der künstlichen Intelligenz Eine der Möglichkeiten zur Nachbildung des Gehirns sind Künstliche Neuronale Netzwerke (KNN)

Bei allen KI-Verfahren geht es im weitesten Sinne darum die Eigenschaften des menschlichen Gehirns wie in Abb. 2.3 dargestellt mathematisch und somit algorithmisch in einem irgendwie gearteten Modell nachzubilden.

Bei Künstlichen Neuronalen Netzen (KNN) (engl.: Artificial Neural Network ANN) [32], Fuzzy Sets [33] und Expertensystemen (charakterisiert durch ‚if–then'-Entscheidungen) handelt es sich um nichtlineare Mustererkennungsverfahren.

Polynomklassifikatoren hingegen sind lineare Mustererkennungsverfahren [31, 32]. Die Literatur ist sehr umfangreich. Hier sei lediglich das Wesentliche zusammengefasst, um einen ersten Einblick in dieses Thema zu bekommen.

Die Idee hinter KNN's (ANN's) ist, dass man versucht das menschliche Gehirn Abb. 2.3 in einer Art Modell abzubilden, das insbesondere auf die Verbindungsvielfalt der Synapsen einzugehen versucht. Die Idee stammt bereits aus dem Jahr 1943 von Mc Culloch & W. Pittson mit ‚Threshold Logic Neuron' und D. Hebb im Jahr 1949 mit seiner Publikation ‚Neuron Learning Rule' [34].

Die Geschichte der neuronalen Netzwerke fasst Tab. 2.1 in einer Übersicht zusammen:

Ein allgemeines Schema eines Klassifikator-Systems ist im untenstehenden Abb. 2.4 gezeigt.

Ein notwendiger Schritt für die effiziente Klassifikation von Bildern oder Mustern u(t) ist die Merkmalsextraktion, die im Merkmalsvektor $\underline{X}$ zusammengefasst werden. Dieser Schritt diente in den Anfängen der Mustererkennung dazu, die Datenmengen zu reduzieren. Wichtig für die Auswahl der Merkmale ist deren Trennbarkeit in Bezug auf die zu entscheidenden Klassen. Merkmale sind üblicherweise statistisch verteilt, z. B. Lognormalverteilung, Gaußverteilung, usw.. In der Theorie wird oftmals die Gaußverteilung von Merkmalen zugrunde gelegt.

Tab. 2.1 Historie der Künstlichen Neuronalen Netzwerke

1943	Mc Culloch & W. Pitts	Threshold Logic Neuron
1949	D.Hebb	Neuron Learning Rule
1957	A.N. Kolmogorov	Function Representation Theorem
1959	F.Rosenblatt	Perceptron
1960	B.Widrow & M.E. Hoff	Widrow Hoff Learning Rule ADALINE
1967	S. Amari	Theorem of Adaptive Pattern Classifiers
1968	S. Grossberg	Instar, Outstar Avalanche ART
1969	M. Minsky & S. Papert	Theory of Perceptron
1970	J.A. Anderson	Associative Memory
1974	T.Kohonen	Associative Memory
1974	P. Werbos	Error Back Propagation (PhD Thesis)
1980	Fukushima	Neocognitron
1982	J. J. Hopfield	Stochastic Binary Net
1982	T. Kohonen	Kohonen Feature Map
1983	S. Kirkpatrick, c.Gelatt, M. Vecchi	Stimulated Annealing
1984	J.J. Hopfield	Deterministic Graded Hopfield Net
1985	D. Parker	Error Back Propagation(Rediscovery)
1985	D. H. Ackley, G. Hinton,	Boltzmann Machine
1986	D. Rumelhart, G.F. Hinton, E.J. Williams	Multilayer Perceptron
1987	R. Hecht Nilson	Generality of Three Layer Network

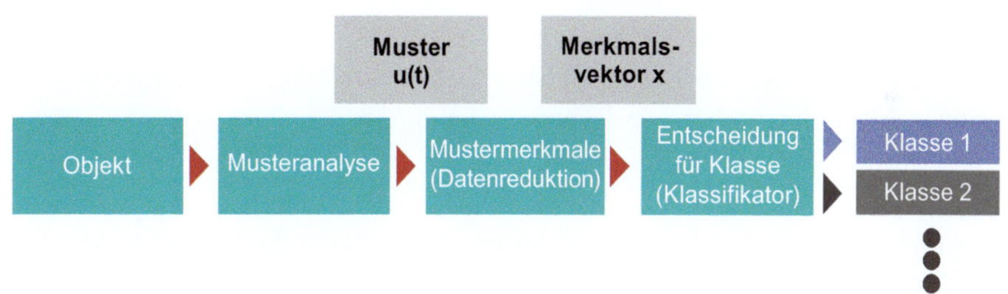

Abb. 2.4 Modell für die allgemeine Mustererkennung

Abb. 2.5 zeigt die Ermittlung für eine Klassifikator-Entscheidungsstruktur d(X̲) bezüglich eines gegebenen Merkmalsvektor X̲ und entsprechenden zu unterscheidenden Klassen y̲.

Die Auffindung in Abb. 2.5 einer optimalen Entscheidungsstruktur d(X̲) findet nach dem mittleren minimalen Fehlerquadrat statt: d. h. die Gewichte w̲ in einer Entscheidungsstruktur d(X̲) zu einer Trennung von Mustern X̲ werden solange optimiert,

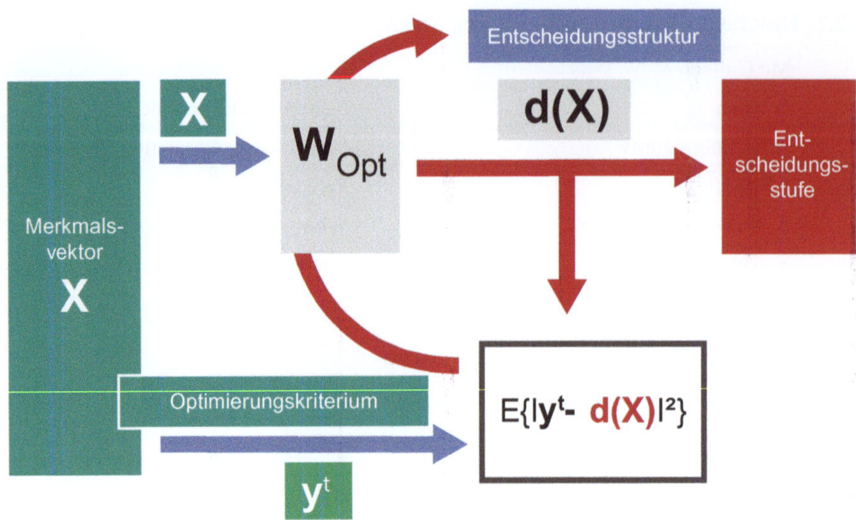

Abb. 2.5 Mathematisches Modell für die Mustererkennung

bis der mittlere quadratische Fehler $E\{I\underline{y}^t - d(\underline{X})I^2\}$ zwischen dem Sollwert und der Entscheidungsstruktur des Modells unter Einbeziehung aller Merkmale (Erwartungswertbildung) ein Minimum erreicht. Für die Optimierung wird oftmals das Gradientenabstiegsverfahren [32] angewendet.

Als Entscheidungsstruktur zum Trennen der Klassen kann man zum Beispiel einen Polynomklassifikator, ein Künstliches Neuronales Netzwerk oder auch ein Expertensystem heranziehen.

Polynomklassifikatoren haben den Vorteil, dass sie ein lineares mathematisches Verhalten haben und schnell zur Lösung führen. Viele Mustererkennungsaufgaben sind mit Polynomen 2. Ordnung lösbar. Die Trennfunktion in Abb. 2.5 lautet hierfür [27, 32]:

$$d(\underline{X}) = \underline{w}_0 + \underline{w}_1\underline{X} + \underline{X}^T\underline{w}_2\underline{X}$$

Seit mehr als 30 Jahren werden aber zur Lösung nichtlinearer Systeme u. a. auch Künstliche Neuronale Netzwerke (KNN) für die Entscheidungsstruktur eingesetzt, die man in der Mustererkennung auch als nichtlineare Klassifikatoren bezeichnet. Abb. 2.6 und Abb. 2.7 zeigen eine vereinfachte Modellbildung des Gehirns (Abb. 2.6) mithilfe eines Künslichen Neuronalen Netzwerkes.

Dabei ist das Künstliche Neuronale Netzwerk in einer vereinfachten Form der Struktur des Gehirns aus verketteten Synapsen, wie in der Struktur in Abb. 2.7 gezeigt.

Jede J-te Synapse (Neuron) hat w_N Verbindungen (Dendriten) mit anderen N Synapsen. Die gewichteten $w_{i,\ i=1\ldots N}$ und aufsummierten Eingänge der J-ten Synapse mit den anderen N Synapsen führen bei Überschreitung eines vorgegebenen Schwellwerts (Aktivierungsfunktion $Sgn(d(\underline{X}))$ zur ‚Zündung' der Synapse J und diese leitet ihr

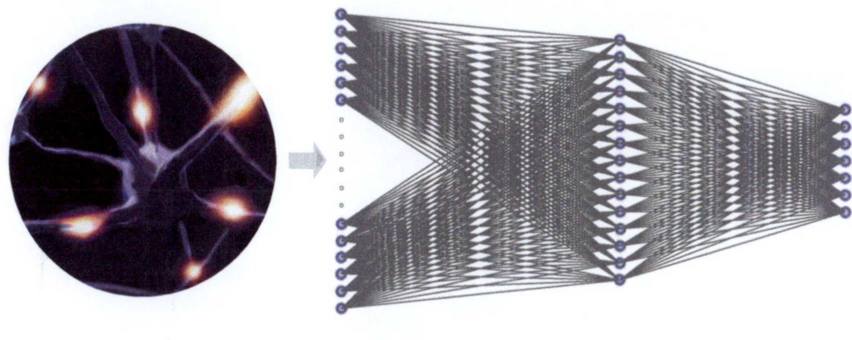

Vernetzte Synapsen im Gehirn ➡ Modellbildung ANN (Artificial Neural Network)

Abb. 2.6 Von den Synapsen im Gehirn zum Modell eines KNN

Ergebnis bildhaft gesprochen zu den nächsten M Synapsen weiter. Die Verkettung von N Eingangssynapsen mit J Synapsen in der ersten verdeckten Schicht (1. Hidden Layer) und mit den M Synapsen in der zweiten verdeckten Schicht (2. Hidden Layer) usw., führt modellhaft zu einem Künstlichen Neuronalen Netzwerk (KNN). Als Schwellwertfunktion zur ‚Zündung' wird häufig die Sigmoidfunktion sgn [d(x)] [32] entsprechend Abb. 2.8. gewählt.

In allen Anwendungen geht es darum, aus einer Menge von Rohdaten eine allgemeine Regel zur Klassifikation der zugehörigen Muster abzuleiten. Dabei müssen diese Entscheidungsstrukturen gemäß Abb. 2.5 an definierten Mustern oder Daten eingelernt werden.

Zur Erkennung von Mustern, Bildern oder Merkmalen handelt es sich in der Regel, wie bereits gesagt, um eine Optimierung des mittleren quadratischen Fehlers zwischen dem Ist- (Muster) und der Sollfunktion (Klassifikator-Zielwert). Bildhaft kann man sich das vereinfacht so vorstellen: Zu entscheiden ist, ob das Bild (Muster) ein Auto oder ein Baum (Muster) ist. Die beiden Muster (Auto und Baum) werden nun solange durch Verstellen der Gewichte im Netzwerk eingelernt, bis die Entscheidungsstruktur $d(\underline{X})$ tatsächlich das Muster ‚Auto' als Auto und das Muster ‚Baum' als Baum klassifiziert.

Das Einlernen dieser KKN-Netzwerke ist jedoch aufgrund der verdeckten Schichten und den nichtlinearen Sigmoidfunktionen siehe Abb. 2.8 ADALINE (Adaptive Linear Element) nur iterativ (d. h. inkrementale Nachjustierung der Gewichte) möglich und sehr zeitaufwendig.

Bei der Optimierung selbst sind dabei die Startparameter von Bedeutung. Von diesen hängt eine erfolgreiche Optimierung ab. In der Regel werden aufgrund des hohen nichtlinearen Verhaltens beim KNN nur suboptimale Lösungen erzielt wie in Abb. 2.9 für eine zweidimensionale Fehlerfläche beispielhaft dargestellt.

Hier verweise ich auf meine Promotion an der Friedrich Alexander Universität Erlangen-Nürnberg 1993 mit dem Thema ‚Lernverfahren für neuronale Netze' und an mein in 1997 veröffentlichtes Buch ‚Einsatzmöglichkeiten neuronaler Netze in der Industrie – Mustererkennung anhand überwachter approximativer Lernverfahren' – mit

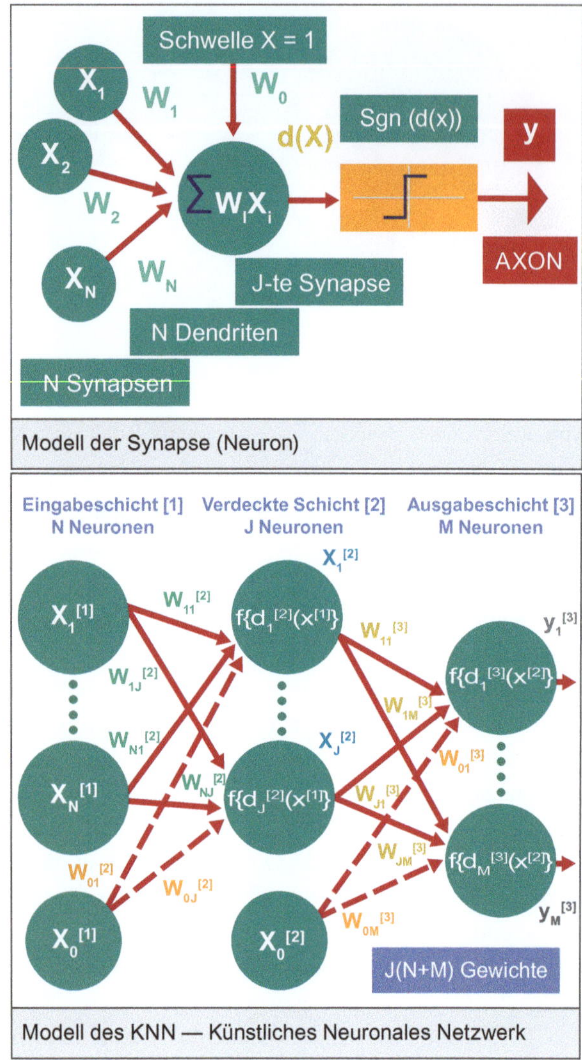

Abb. 2.7 Vom Modell der Synapse ADELINE (Adaptive Linear Element) zum Modell des KNN im Detail

Beispielen aus der Verkehrs- und Medizintechnik, die solche Phänomene untersuchten und mit Standardklassifikatoren, wie z. B. lineare Polynomklassifikatoren verglichen.

Vereinfacht heißt das: Wenn man beispielsweise in einem neuronalen Netzwerk und in einem Polynomklassifikator gemäß der Entscheidungsstruktur aus Abb. 2.5 zwei Optimierungsparameter w_1 und w_2 zweidimensional darstellt, so erhält man die in Abb. 2.9 aufgezeigten Fehlerflächen.

Durch die Wahl der Anfangsparameter bestimmt man in beiden Fällen den Startpunkt der iterativen Optimierung. Bei beiden Klassifikatoren werden sämtliche

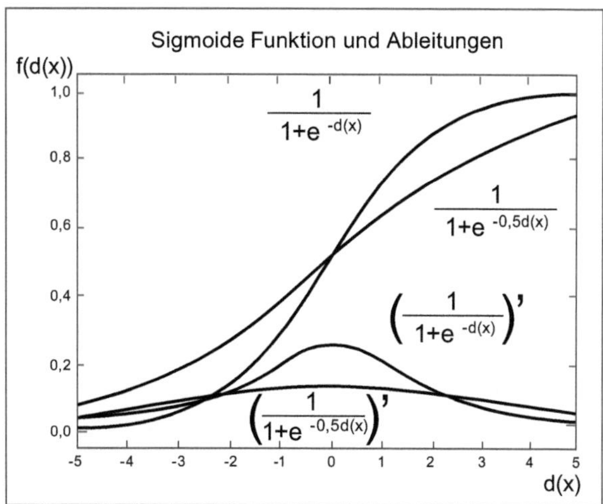

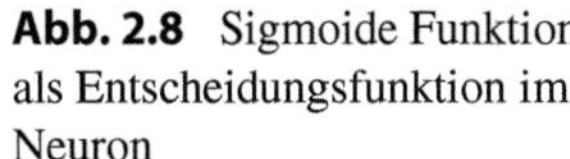
Abb. 2.8 Sigmoide Funktion als Entscheidungsfunktion im Neuron

Anfangsparameter $w_{i,\ i=0,N}$ statistisch ausgewählt. Es ist einsehbar, dass man beim Polynomklassifikator gemäß Abb. 2.9 immer in das absolute Minimum der Fehleroberfläche gelangt (siehe ‚roter Pfeil'), wobei dies beim KNN nicht der Fall ist: Je nach Startpunkt gelangt man bei der iterativen Optimierung meistens nur in ein suboptimales Minimum.

Ein weiterer Vorteil der Polynomklassifikatoren ist, dass es sich um lineare Approximationen oder Optimierungen handelt, deren Lösungen geschlossen berechnet werden können. Dies garantiert, dass man für jeden Polynomklassifikator mit zugehörigen Lernmustern stets die optimale mögliche Lösung im Rahmen seines Polynomgrades erhält.

Bleiben wir beim einfachen Beispiel ‚Auto' und ‚Baum' und nehmen an, dass die Merkmale für Auto und Baum trennbar sind, dann ist es egal mit welchem Parameterset ich die Klassifikation beim Polynomklassifikator beginne: Man gelangt mit nur einem Optimierungsschritt zur optimalen Entscheidung $d(\underline{X})$, d. h. Auto und Baum sind eindeutig unterscheidbar. Beim KNN gelingt das in der Regel nur mehreren Iterationsschritten.

Letztlich wurde nachgewiesen, dass ein neuronales Netz mit nur einem verdeckten Layer alle Probleme unter dem Ansatz minimaler Kosten für Falschentscheidungen lösen kann [32].

Künstliche Neuronale Netzwerke und deren Einlernverfahren werden auf Computern softwaremäßig simuliert (µ-Controller, Digitale Signal Prozessoren). Es kommen aber auch entsprechende Hardwaresysteme zum Einsatz. In den achtziger Jahren wurden Künstliche Neuronale Netzwerke häufiger mit Transputersystemen realisiert. Heute sind es beispielsweise FGPA (Field Programmable Gate Array), ASIC's (Application-Specific Integrated Circuit oder Anwendungsspezifische integrierte Schaltung) sowie System on Chip-Technologien.

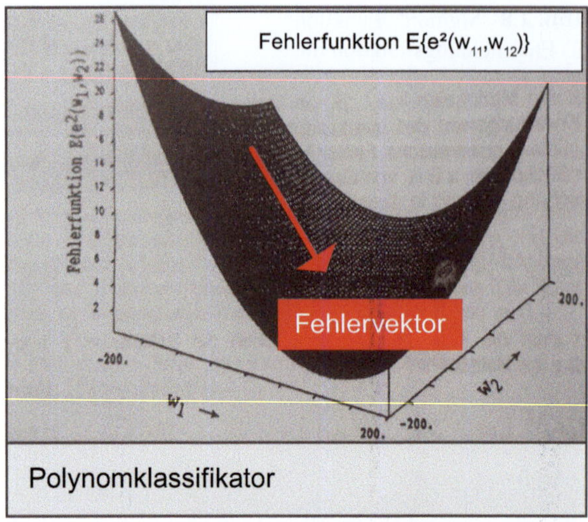

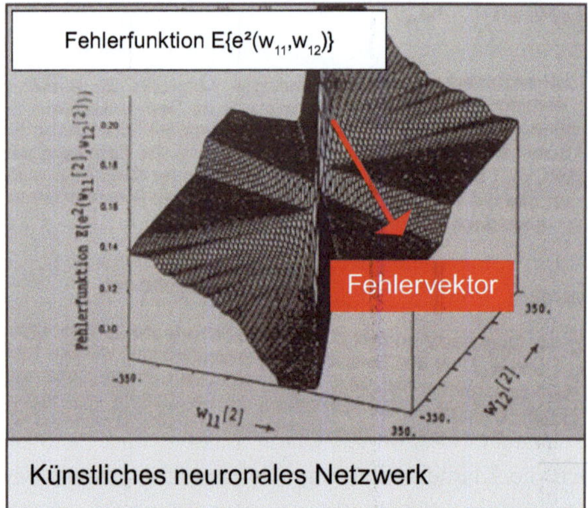

Abb. 2.9 Fehleroberflächen bei einem zwei-elementigen Linear-Kombinierer (Polynomklassifikator) sowie Nichtlinear-Kombinierer (KNN)

Heute gibt es bereits Module für Speicherprogrammierbare Steuerungen (SPS), die Künstliche Neuronale Netzwerke realisieren wie in Abb. 2.10 gezeigt.

Mittlerweile gibt es vielfältigste KI-Anwendungen in allen Bereichen der Industrie. KNN's und Expertensysteme werden heute bei Robotern eingesetzt um wiederholbare Vorgänge und Prozesse mit hoher Präzision (Fertigungen) zu realisieren. Ebenso werden diese Algorithmen in der Automatisierung für alle Arten der Qualitätskontrolle, für Schweißen oder Lackieren von Multi-Korrosionsschutzschichten im Automobilbau, Schiffsbau, Flugzeugbau usw. eingesetzt.

Weitere Anwendungsgebiete von KI und KNN sind: Spracherkennung, Sprachanalyse, Telefonie, Medizin, Analyse von Akten, Versendung von Werbe-E-Mails im Bereich Marketing und Vertrieb, Computer- und Gesellschaftsspielen (Schach, Backgammon),

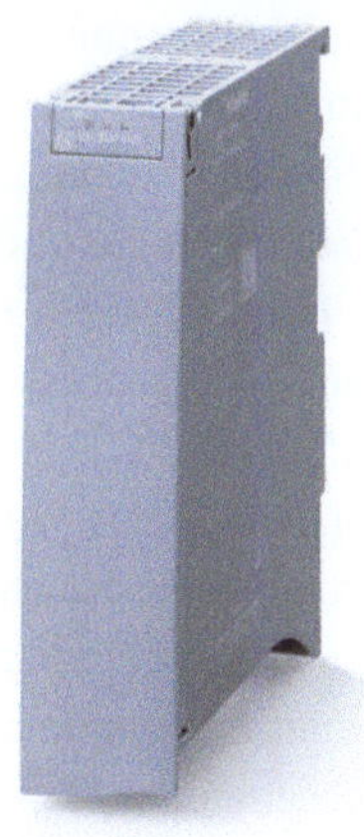

Abb. 2.10 Modul S7-1500 TM NPU (Neural Processing Unit), ausgerüstet mit dem Intel Myriad X Vision: Effiziente Verarbeitung von einem Künstlichen Neuronalen Netzwerk. (*Quelle* SIEMENS)

Global Positioning Systems (GPS) Routenplanung und -findung (GPS), Schlaftiefenbestimmung bei Narkose, Bilderkennung, Personenidentifikation, Fahrzeugerkennung, Rundlauf von Lägern bei Transportmitteln, autonomes Fahren, prädiktive Wartung und viele weitere Anwendungen.

KI-Methoden sind seit Jahrzehnten in der Industrie nicht mehr wegzudenken.

2.2.2 Spracherkennung als ausgewähltes Beispiel für Anwendungen in der KI

Die Spracherkennung nutzt seit Jahren die Methoden von Künstlicher Intelligenz [35–37].

Spracherkennungssysteme erleichtern In allen Dienstleistungsbereichen und in der Telefonie die Arbeitsabläufe und minimieren die Personalkosten. Im Rahmen der Automatisierungstechnik in den Fabriken spricht man mittlerweile im wahrsten Sinne des Wortes mit seinen Maschinen und Automaten. Auch beim Autofahren funktioniert heute schon Vieles mit Spracheingabe: Navigation und Telefonie sowie Bedienung von der Innenraumbeleuchtung bis hin zum Radio sind bereits möglich, wenn auch teilweise noch nicht optimal. Überall sind entsprechende Lernverfahren und Nachoptimierungsverfahren für Sprachsysteme im Einsatz. Mit jeder Eingabe justiert sich das System nach (‚selbstlernend‘ nach definierten Regeln) und wird komfortabler.

Die automatische Spracherkennung [36] ist wie die KI, ein Teilgebiet der Informatik. Sie beschäftigt sich mit der Entwicklung von Verfahren, die gesprochene Sprache der automatischen Datenerfassung den Automaten und Computern zugänglich macht.

Auch in der Thematik Industrie 4.0 spielt mittlerweile Spracheingabe und -ausgabe eine immer größere Rolle: So wird heute bereits mit Maschinen ‚gesprochen‘.

Die Spracherkennung hatte ihre Anfänge im Labor bereits in den 1960er Jahren. Aufgrund mangelnder Rechnerleistung geriet das Vorhaben jedoch ins Stocken. 1984 stellte IBM ein Spracherkennungssystem mit ca. 5000 Wörtern vor, welches jedoch noch einen Großrechner benötigte und weit entfernt von Echtzeit war. 1987 setzte Texas Instruments (TI) den TMS 320C17 zur automatischen Spracherkennung ein. Dies war der erste konzipierte Signalprozessor, eigens für Sprachverarbeitung entwickelt. Das erste Sprachsystem auf einem PC war die Software Dragon. 1991 stellte IBM diese Software auf der CeBIT vor. Ende 1993 wurde von IBM ein Spracherkennungssystem ‚Personal Dictation System' vorgestellt, das auf dem PC lief.

Für die Spracherkennung sind Homophone, Formanten und Konsonanten erforderlich, die man im Frequenzband (Spektrum) auswertet. Zum Beispiel konzentrieren sich die Frequenzanteile gesprochener Vokale auf bestimmte unterschiedliche Frequenzen, die Formanten genannt werden. Erst in den Jahren 1982–1985 gelang es Homophone, Formanten und Konsonanten über statistische Auswertungen zu unterscheiden. Beispielsweise sind für die Unterscheidung der Vokale die zwei tiefsten Formanten von Bedeutung: Die tiefere Frequenz liegt im Bereich von 200 bis 800 Hz, die höhere im Bereich von 800 bis 2400 Hz. Dazu werden die gesprochenen analogen Worte in den digitalen Bereich gewandelt und per µ-Controller ausgewertet. Die Fast Fourier Transformation (FFT) oder Diskrete Fourier Transformation (DFT) ist das Verfahren, das die zeitliche analoge Sprache in den digitalen Frequenzbereich wandelt, wo es dann mithilfe von Mustererkennungsverfahren, wie z. B. Künstlichen Neuronalen Netzwerken ausgewertet werden kann.

Meine Erfahrungen mit Sprachverarbeitung datieren aus dem Jahre 1982, während meines Studiums. Damals führte die Post die digitale Telefonie ein. Sprache wurde zur Datenreduktion in ihre wesentlichen Parameter (z. B. Formaten etc.) zerlegt und übertragen. Beim Empfänger wurde die Sprache wieder in ein analoges Signal synthetisiert. Technisch ausgedrückt hieß das, welche Bandbreite oder wieviel ‚Bits' mussten für die Wandlung eines analogen Sprachsignals in den digitalen Bereich verwendet werden und wieviel abstrakte Information musste übertragen werden, sodass sich das aus dem digitalen in den analogen Bereich zurückgewandelte Signal für den Teilnehmer natürlich anhört.

Die Entwicklung ging seit den 90er Jahren rasant voran. Heute ist es beispielsweise möglich, einen geschriebenen Text in Sprache (Sprachsynthese) und umgekehrt einen gesprochenen Text in einen geschriebenen Text umzuwandeln (Spracherkennung). So können Verträge heute einfach korrigiert werden, indem man den gesprochenen synthetischen Text unmittelbar mitlesen kann. Auch kann man heute gesprochenen Text sehr einfach in geschriebenen Text umwandeln und direkt korrigieren.

2.3 Prädiktive Wartung oder ‚Predictive Maintenance'

Industrie 4.0 hat entsprechend Abschn. 2.1.1 unter anderem zum Inhalt, ‚prädiktiven Service' oder ‚Predictive Maintenance' [38, 39] für Maschinen und Anlagen zu leisten. Damit ist gemeint, aufgrund des aktuellen Anlagen- oder Maschinenzustandes vorherzusagen, wann z. B. eine Maschinenkomponente durch ein Ersatzteil ausgetauscht werden muss bzw. wie es um die Einsatzdauer der betriebenen Maschine steht und wann ein Service ansteht.

Immer mehr statistische Verfahren werden entwickelt und kommen zum Einsatz, um die Vorhersagen immer präziser treffen zu können. Mit dem vorhersagenden Service entwickeln sich momentan neue Geschäftsmodelle, wie z. B. das Outsourcing von Services an Dritte, die zentral die globale Wartung übernehmen und ganz gezielt bezüglich ihrer Kunden die Servicekapazitäten ortsnah vorhalten [40].

Aus der Sicht der Messtechnik sehe ich in der vorhersagenden Instandhaltung von Anlagen und Messequipment (Predictive Maintenance) innerhalb ‚Industrie 4.0 und der Automatisierung' eine der größten Wertschöpfungen und eines der innovativsten Themen. Hinzu kommen die Möglichkeiten der Vernetzung via Cloud Computing für globales Assetmanagement.

Es sei betont, dass prädiktive Wartung (Predictive Maintenance) ebenfalls auf KI-Methoden basiert. In diesem Zusammenhang zeigt Abb. 2.11 entsprechend Abschn. 2.1.1 in einer Zusammenfassung die Hauptaspekte von Industrie 4.0:

Abb. 2.11 Die Hauptaspekte von Industrie 4.0

Aus Abb. 2.11 ist ersichtlich, dass KI-Methoden, prädiktive Wartung, globales Assetmanagement in Zusammenhang mit der Erhöhung der Wertschöpfungskette eine wichtige Rolle bei Industrie 4.0 einnehmen.

Sehr gut beschreibt die ‚Prädiktion' übrigens das Zitat von Jeff Hawkins [41, 42] (übersetzt): „Vorhersage ist nicht einfach nur eines der Dinge, die dein Gehirn tut. Sie ist die Hauptfunktion des Neocortex und das Fundament der Intelligenz."

2.3.1 Prädiktive Systeme in der Industrie

Jeder von uns kennt heute prädiktive Wartung in seinem persönlichen Umfeld, wie zum Beispiel beim Auto. Sobald das Auto zum Service kommt, werden aus dem Autoschlüssel alle wesentlichen Motor- und Betriebsdaten ausgelesen und jeder Servicetechniker kann sofort erkennen, wie der Fahrer mit seinem Auto im vergangenen Serviceintervall umgegangen war. Basierend darauf stellt er eine Diagnose, was zu tun ist.

Ein weiteres Beispiel: Bereits 2000 km vor dem eigentlichen Servicedatum wird dieser angekündigt. Ebenso geschieht das bei Öl- oder Bremsflüssigkeitswechsel oder beim AddBlue. Dabei wird in der Vorhersage das individuelle Fahrverhalten für die Prädiktion einbezogen.

Prädiktive Algorithmen als Teilgebiet der vorhersagenden Wartung haben heute in allen Technologien Einzug gehalten [40]. Prädiktion beginnt bei der linearen Extrapolation der linearen Regression, geht über den bekannten alpha-beta-Tracker (GPS-Positionsbestimmung im Auto) [43], dem Kalman Filter bis hin zu Künstlichen Neuronalen Netzwerken mit mehrfachen verdeckten Schichten (‚Hidden Layers'). Typische Fragestellungen, die man vorhersagen will, sind: Wohin muss ein Fahrzeug steuern? Was passiert demnächst in der Anlage oder der Maschine? Wie lange läuft das Gerät noch einwandfrei? Welche Ersatzteile muss ich wann vorhalten?

Viele der Vorhersagen basieren auf Ereignissen, die auf der Vergangenheit beruhen.

Die einzelnen Stufen für die Prädiktion sind dabei:

- Die Datenerfassung
- Das Reporting (Was ist in der Anlage, was ist im Produkt geschehen, warum wird es passieren, was ist das Optimum)
- Die Analyse der Daten (wann, wer, was, wie)
- Das Monitoring (was passiert momentan in der Anlage, im Produkt)
- Die eigentliche Prädiktion (Vorhersage)

Mathematisch gesehen handelt es sich dabei einfach ausgedrückt, um extrapolierte Regressionen, die eine optimale Gerade nach dem mittleren minimalen Fehlerquadrat durch die über die Zeit erfassten Messpunkte legen und somit mit hoher Wahrscheinlichkeit die Vorhersage treffen können [38].

Prädiktive Wartung bietet auch den Vorteil, dass z. B. nicht nur ein bestimmtes Objekt in einem Signal oder Bild erkannt wird (Mustererkennung), sondern auch anhand einer ganzen Serie von aufeinanderfolgenden Signalen und Bildern mit einer gewissen Vertrauenswürdigkeit statistisch vorhergesagt werden können, welche Signale oder Reaktionen als nächstes folgen werden.

D. h. aber auch, dass die dahinterstehenden Systeme laufend nachgelernt werden müssen, wobei jeder Lernzyklus die Stabilität des Vorhersagesystems wiederum erhöht.

Abb. 2.12 zeigt in einer Übersicht wie vorhersagende (prädiktive) Algorithmen oder Klassifikatoren in der Industrie entwickelt werden.

Es werden zwei Phasen unterschieden: Das Offline-Einlernverfahren und der Online-Betrieb mit eingelernten Algorithmen.

Prinzipiell muss beim Einlernverfahren definiert werden, was vorhergesagt werden soll.

Dementsprechend sind die entsprechenden Eckpunkte der Prädiktion zu definieren und vor allem welche Messdaten hierfür benötigt und aufbereitet werden müssen, um den ,Prädiktor' einzulernen.

Die Daten sind zu erfassen (Aufzeichnung) und müssen ausgewertet werden. Es müssen Merkmale zur Charakterisierung der gewünschten Zustände gefunden werden, die mittels Klassifikator trennbar sind und den prädiktiven Eckpunkten zugewiesen werden können. Die Merkmalsextraktion ist heute aufgrund der hohen zur Verfügung stehenden Rechenleistungen nicht unbedingt mehr nötig, dennoch aber empfehlenswert.

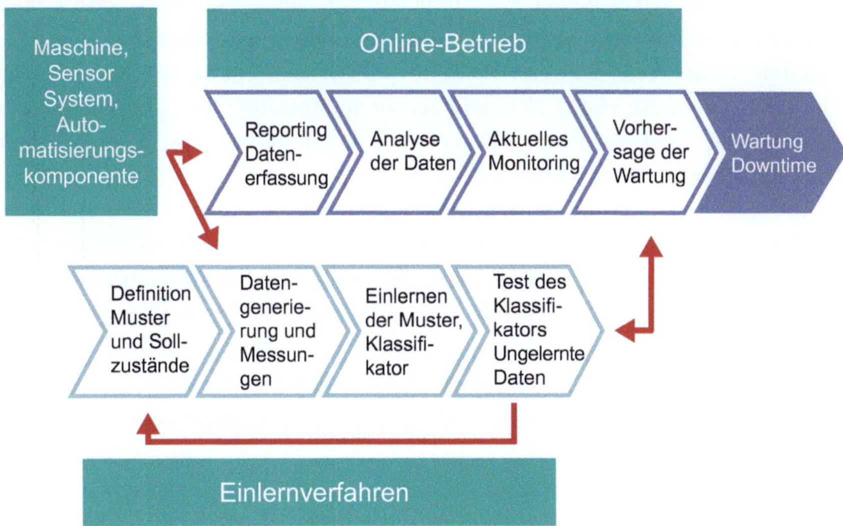

Abb. 2.12 Funktionsweise der prädiktiven Wartung – Offline einlernen, Online auswerten

Mit den Mustern oder Merkmalen wird der Klassifikator offline eingelernt und bezüglich seiner Funktionalität überprüft. Bei neuronalen Netzen kann das oftmals Stunden oder Tage dauern, bis die iterativen Lösungen zufriedenstellend sind.

Danach wird der Klassifikator an ungelernten Daten getestet, die in der Prädiktion zu erwarten sind. Sollte der Klassifikator den Anforderungen nicht entsprechen, so wird er mit zusätzlichen Mustern nachgelernt oder eine andere Entscheidungsfunktion gewählt. Dieser Vorgang ist der eigentliche ‚Zeitfresser' in der Entwicklung.

Genügt er den Ansprüchen so wird der Prädiktionsalgorithmus in die Hardware des Messystems oder der Maschine implementiert. Das Gerät ist fertig für den Produktionseinsatz.

Im Onlinebetrieb werden die Muster in Echtzeit verarbeitet und liefern das Ergebnis (Prädiktion). Die aktuell erfassten Daten werden dabei für das weitere Nachoptimieren des Prädiktors (Klassifikators) gespeichert. Diese Daten werden dann von Zeit zu Zeit zum Nachlernen des Algorithmus im Offline-Betrieb verwendet.

Der Prädiktor wird mit zunehmender Datenmenge immer robuster und ‚treffsicherer' in seinen Ergebnissen. Neu ermittelte Parameter für den Prädiktor werden auf das in der Produktion befindliche Gerät heruntergeladen und im weiteren Betrieb Inline oder Online angewendet.

Es sei ausdrücklich darauf hingewiesen, dass die Entwicklung solcher Systeme bei aller Euphorie nur so gut funktioniert, wie die zugrunde liegende Datenbasis ist. Das heißt in der Tat, man muss sich vorher genau überlegen, was das System leisten soll.

Die Entwicklung erfordert relativ gesehen einen hohen Zeitaufwand, denn im Vorbeigehen funktioniert die Entwicklung eines derartigen Prädiktionssystems nicht.

Wie bereits oben angeklungen, werden heute zunehmend prädiktive ‚cruise control' Algorithmen speziell auch bei Automobilfirmen und Flugzeugen eingesetzt.

Weiterhin werden beispielsweise im Auto seit der Einführung von Bussystemen an den CAN Bus (siehe Abschn. 5.19) viele Sensoren angeschlossen: Ultraschallsensoren, Temperatur- und Infrarotsensoren, Kameras und Infrarotkameras, Beschleunigungssensoren, Radarsensoren und andere Sensoren.

Die Informationen von diesen Sensoren werden an die Zentraleinheit (CPU) übertragen. Dort werden die Informationen in Echtzeit ausgewertet und entsprechende Steuer- und Kontrollfunktionen eingeleitet: Abstand, Geschwindigkeitskontrolle, Einhaltung von Fahrbahnmarkierungen, Personenerkennung, Antischlupf und vieles mehr. Alle diese Verfahren benutzen Korrelationsverfahren und prädiktive Algorithmen, basierend auf KI-Methoden (Expertensysteme, Künstliche Neuronale Netzwerke usw.).

Diese Algorithmen finden auch im modernen Assetmanagement oder in der Prozessregulierung Anwendung:

Ob in der Fabrikautomation durch Druck-, Durchfluss-, Temperaturmessung, optische Sensoren zur Steuerung von Fertigungsprozessen oder in der Prozessautomation zur Regelung des Sauerstoffgehaltes im biologischen Klärbecken sowie zur Neutralisation in industriellen Wasseraufbereitungen, überall werden dieselben Verfahren und Algorithmen eingesetzt.

Nicht von ungefähr beschäftigen sich deshalb mittlerweile viele Unternehmen seit mehr als 20 Jahren mit diesen prädiktiven Regel-Verfahren und jeder stattet seine Produkte und Geräte mit entsprechender Software, Hardware und Algorithmik aus. Auch ein Umstand der evolutionär zu sehen ist und technologisch in Industrie 4.0 nichts wesentlich Neues darstellt.

Neueste Gerätegenerationen, Automaten, Maschinen und Antriebe werden mit zusätzlichen Sensoren ausgerüstet, welche die unterschiedlichsten Parameter, wie z. B. die Temperatur- und Druckdaten, die Luftfeuchtigkeit, die mechanischen Beanspruchungen wie Drehzahl, Querbeschleunigungen und vieles mehr erfassen, um daraus letztlich eine Aussage über den Anlagen- und Gerätezustand zu treffen. Insbesondere wird versucht vorherzusagen, welches Gerät welchen Service und vor allem wann erfordern wird.

Ein weiterer Zweck dieser Messungen und Prädiktionen dient mittlerweile auch zur Überwachung der Produkthaftung: Wie oft werden Aussagen getroffen, das Gerät geht nicht mehr, die Qualität ist schlecht und Ähnliches.

In vielen Fällen handelt es sich oftmals um den Betrieb der Geräte außerhalb der zulässigen Toleranzgrenzen und Spezifikationen. Und dann sind wir wieder beim oben bereits erwähnten Fall vom Auto: Garantie-, Gewährleistungs- und Serviceansprüche können über die aufgezeichneten Kontrolldaten verifiziert werden.

2.3.2 Beispiel prädiktive Wartung bei Schichtdickenmessgeräten

Ein weiteres Beispiel, wie prädiktive Algorithmen entwickelt werden, sei bei Geräten zur Schichtdickenmessung und Materialanalyse erklärt.

Schichtdickenmessungen von Lackierungen, Legierungen und Materialanalysen werden unter anderem mit taktilen Messgeräten oder Röntgenfluoreszenzgeräten wie in Abb. 2.13 gezeigt und durchgeführt. Das wartungsintensivste Bauteil beim Röntgenfluoreszenzgerät ist die Röntgenröhre. Die Lebensdauer der Röntgenröhre ist abhängig von:

- Anwendung (z. B. Goldmessung oder Gold auf Kupfer)
- Bestrahlungszeiten der Proben
- Anzahl der Ein- und Ausschaltvorgänge der Röhre
- Verwendete Leistung (bis 4 kV bis 60 kV)
- Blindstrom (Maß für die Evakuierung der Röhre)
- Effektive Betriebsdauer
- Betriebstemperatur
- Außentemperatur
- Umgebungsfeuchtigkeit
- Temperaturschwankungen
- Transport und Installation (Vibrationen)

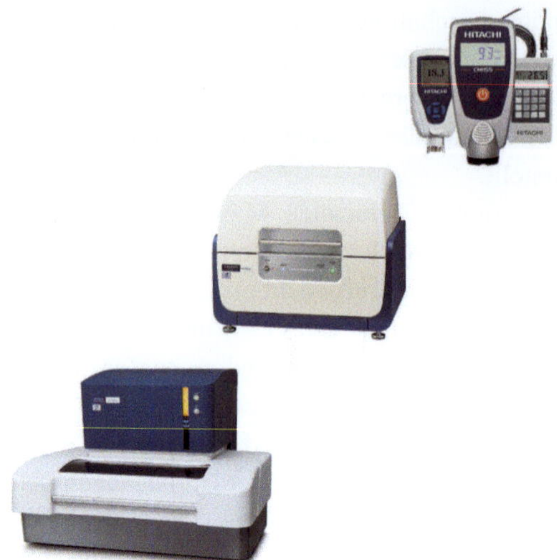

Abb. 2.13 Schichtdickenmessgeräte für Leiplattenfertigung und RoHS FT160 und für wie Prozess- und Qualitätskontrolle von Zement oder Schlacken EA1400; Taktile Messtechnik US, Magnetisch-induktiv. (*Quelle* © images courtesy of Hitachi High-Tech Corporation)

Überseetransporte zählen zu den häufigsten Ausfallerscheinungen dieser Geräte: Durch z. B. zu hartes Aufsetzen der Transportpalette oder zu hohe Vibrationen bei der Luft- und/oder Seefracht.

Diese Ursachen haben Einfluss auf die Lebensdauer der Röntgenröhre und bestimmen die Zeit, wann die Röhre getauscht wird und das Gerät neu kalibriert werden muss. Bildlich gesehen heißt das: Jede Toleranzüberschreitung des Datenblattes oder der normale Betrieb der Röhre verkürzt die Lebensdauer der Röntgenröhre und irgendwann muss diese erneuert werden.

In der Regel werden heute deswegen die Röntgenfluoreszenzgeräte systematisch mindestens einmal oder mehrmals pro Jahr nach einem Wartungsplan gewartet. Oftmals passiert es dabei, dass die Wartung entweder nicht notwendig ist oder dass vor der Wartung der Worst Case eintritt und das Gerät aufgrund von Überbeanspruchung oder nicht sachgerechter Behandlung ungeplant ausfällt.

In den neuen Generationen der Röntgenfluoreszenzgeräte werden deshalb zukünftig prädiktive Algorithmen zur Wartungsvorhersage eingesetzt. Dazu ist jedoch nötig, dass auch entsprechende Sensorik, Hardware, Algorithmen und SW (Human Machine Interface oder HMI) in das Röntgenfluoreszenzgerät integriert werden.

Wesentliche Sensoren zur Erfassung der Zustandsgrößen für einen prädiktiven Röntgenfluoreszenzalgorithmus sind z. B. Temperatursensor, Drucksensor, Beschleunigungssensor, Luftfeuchtigkeitssensor, Hardware- und softwaremäßige Maßnahmen zu Zählratenbestimmungen.

Hat man diese Sensoren integriert, erfolgt die Definition der Datenbasis für die Lernmuster sowie deren entsprechende Datenerfassung (siehe hierzu Abb. 2.12).

Wichtig sind dabei die für die Prädiktion zutreffenden Merkmale zu erfassen und zu katalogisieren. Den Mustern werden definierte Sollzustände bezüglich der zu entscheidenden Prädiktion zugewiesen.

Anschließend werden die Muster und Sollzustände einem Klassifikator mit dem Ziel, beispielsweise das nächste Wartungsintervalls innerhalb gegebener Grenzen vorherzusagen, eingelernt.

Das Einlernen selbst ist einer der aufwendigsten Entwicklungsschritte. Zur Stabilisierung der Prädiktion müssen im laufenden Einsatz immer wieder neue Messdaten nachgelernt werden. Unter Berücksichtigung der oben aufgeführten Punkte ist leich einzusehen, welcher Aufwand für die Entwicklung eines funktionierenden Prädiktors notwendig ist. Denkt man auch noch an den globalen Einsatz der Geräte in Ländern mit unterschiedlichsten klimatischen Bedingungen, so wird einem das Ausmaß der notwendigen Entwicklungsarbeiten erst recht deutlich.

Genau daran scheitern heute oft kleinere mittelständische Unternehmen, die sich zum Teil vorstellen, die Prädiktion so im ‚Vorbeigehen‘ zu erledigen. Genau das funktioniert aber nicht!

2.4 Programmiersprachen, Fortran, C, C++, STEP7

Seit es Hardware, µ-Controller, Digitale Signalprozessoren, Transputer [44] und Großrechner gibt, seitdem gibt es auch Software [45]. Keine Automatisierung oder Algorithmik wäre ohne Programmiersprache denkbar. Es gibt heute viele hunderte Programmiersprachen. Angefangen bei der Maschinensprache Assembler [46], die einen bestimmten Befehlsvorrat für eine spezifische Prozessorarchitektur zur Verfügung stellte, hat sich im Laufe der Zeit in der Automatisierungstechnik C++ entwickelt und herauskristallisiert. Heute wird C++ als objektorientierte Hochsprache in der gesamten Automatisierungspyramide für das MES-System (siehe Abschn. 4.4) bis hin zu den Feldgeräten verwendet. C++ bietet den entscheidenden Vorteil, dass es neben Benutzeroberflächen, HMI (Human Maschine Interface), Algorithmen, Vernetzungen, Cloud Computing auch hardwarenah für die SW der µ-Controller, DSP's und FPGA's verwendet werden kann. Dies war früher zum größten Teil nur durch Assembler möglich. Mittlerweile wird bereits heute für wissenschaftliche Anwendungen neben Fortran ebenfalls zunehmend C++ verwendet.

Historisch gesehen waren Fortran, C, C++ sowie STEP7 Meilensteine in der Automatisierung und werden deshalb hier etwas genauer besprochen.

2.4.1 Programmiersprache Fortran

Wir haben über KI, KNN, prädiktive Wartung und über Algorithmenentwicklung gesprochen. Neben der Theorie ist die Umsetzung der Theorie in Algorithmen die Herausforderung. Eine der ältesten Software-Programmiersprachen in diesem Zusammenhang ist FORTRAN (FORmula TRANslation) [47, 48], das von John W. Backus von IBM entwickelt wurde und bereits 1957 (!) erschien.

Seit diesem Zeitpunkt wurde Fortran für numerische Berechnungen in Wissenschaft, Technik und Forschung eingesetzt. Fortran ist eine prozedurale Sprache und seit 2003 auch objektorientiert. Die Schreibweise für FORTRAN ist bis zur Version FORTRAN 77 mit großen Buchstaben; spätere Versionen haben ‚Fortran' als Schreibweise.

Persönlich habe ich FORTRAN 77 von 1978 bis 1983, während meines Studiums für die Studien- und Diplomarbeit eingesetzt. Auch während meiner beiden Promotionen benutzte ich verstärkt FORTRAN 77. Besonders schätzte ich an FORTRAN 77 den Umgang mit komplexen Zahlen und das Programmieren von ‚Schleifen' beispielsweise zur Abarbeitung einer Digitalen Fouriertransformation (DFT- Discrete Fourier Transformation, FFT- Fast Fourier Transformation).

FORTRAN gilt heute als die erste Programmierhochsprache.

Der zugehörige Compiler wurde ebenfalls von J.W. Backus entwickelt. Der Entwicklungsbeginn war bereits 1953, doch erst 1957 war Fortran marktreif und wurde mit jedem IBM-704 System ausgeliefert. Aktuell werden Fortan-Compiler unter anderem von IBM, SUN, HP, Intel und anderen Herstellern vertrieben[48].

Fortran wurde kontinuierlich erweitert: FORTRAN I, FORTRAN II, FORTRAN IV, FORTRAN 66, FORTRAN 77 (Fortran 8x). Ab FORTRAN 66 war die Programmiersprache durch die ISO standardisiert. Erst 1991 kam der Standard Fortran 90 als Nachfolger von FORTRAN 77 auf den Markt. Einmal mehr zeigte sich, wie lange Entwicklungszeiten dauern können und welche personellen Kapazitäten (Manpower) notwendig sind, um derartige Programmiersprachen marktreif zu bekommen.

Im Jahr 2018 wurde ‚Fortran 2018' freigegeben, welches die Interoperabilität mit C erfüllen musste. Ein Vorteil von FORTRAN 77 war, dass mit dieser Programmiersprache bereits die strukturierte Programmierung mit Schleifen möglich gewesen ist, was vorher nicht der Fall war. Das hieß, wie oben bereits erwähnt, dass eine schnelle Fouriertransformation mit FORTRAN 77 mit wenig Aufwand programmiert werden konnte.

FORTRAN hatte u. a. auch Einfluss auf die Programmiersprachen Algol 58, PL/I (ehemals: NPL (New Programming Language)) und BASIC.

In der Automatisierungstechnik habe ich persönlich FORTRAN 77 bisher nicht vorgefunden. In technischen Anwendungen (Mustererkennung, KI) jedoch ist Fortran nach wie vor häufiger anzutreffen.

Mit der Programmiersprache C und C++ beschäftigte ich mich zum ersten Mal bei meinem ersten Arbeitgeber von 1983–1993, obwohl C schon seit 1972 und C++ seit 1985 verfügbar war.

2.4.2 Programmiersprache C

C ist eine imperative und prozedurale Programmiersprache [49–51], die Dennis Ritchie in den frühen 70ern an den Bell Laboratories für das Betriebssystem Unix entwickelte. Die Anwendungsbereiche von C liegen in der System- und Anwendungsprogrammierung. Bereits 1973 schrieb man in C den Unix-Kernel für die PDP-11. Den Einsatz von C in wissenschaftlichen Anwendungen erlebte ich persönlich ab 1986.

Es ist bekannt, dass C als Programmiersprache für alle Unix Systeme und die Systemkernels vieler Betriebssysteme benutzt wurde. Bei Unix handelt es sich um ein Mehrbenutzer-Betriebssystem für Computer [52]. Dieses wurde im August 1969 von Bell Laboratories zur Unterstützung der Softwareentwicklung entwickelt. Heute steht Unix allgemein für Betriebssysteme, die entweder ihren Ursprung im Unix-System von AT&T haben oder dessen Konzepte implementieren. Sprachen wie beispielsweise C++, Objective-C, JavaScript [53], PHP (Personal Home Page Tool: Seit 1995; seit November 2020 Version 8.0) [54]; Val **(effiziente Programmierung von Robotern)** [55] und Perl (plattformunabhängige und interpretierte Programmiersprache) [56] orientieren sich an C.

Die Programmiersprache ‚C' steht nahezu allen Computer-Systemen global zur Verfügung. ‚C' wurde erst relativ spät mit einer genormten C-Standard-Bibliothek herausgebracht. Ab dem Jahr 1989 (!) gab es diesen offiziellen C-Standard, der aber sehr schnell an Bedeutung gewann, da es vorher jede Menge von proprietären Versionen gab, die nicht miteinander kompatibel waren. Der fehlende Standard verzögerte die Verbreitung von C sehr stark.

Nicht umsonst hielt ich deswegen über viele Jahre FORTRAN 77 die Treue. Speziell sammelte ich Erfahrungen mit Borland Turbo C von 1987, das von der Firma Borland 1983 entwickelt wurde. Borland [57], ein Softwareunternehmen mit Hauptsitz in Austin, Texas, USA und seit 2009 ein Tochterunternehmen von Micro Focus, wurde durch die Entwicklungsumgebung in Verbindung mit der Programmiersprache Turbo-Pascal für das MS-DOS Betriebssystem bekannt.

Unter Microsoft Windows wurde dieses Produkt zu Borland Delphi weiterentwickelt. Weitere Turbo Entwicklungsumgebungen folgten von Borland z. B. für BASIC und Prolog. Letztlich konnten sich aber nur Delphi und Borland mit ihren C++-Implementierungen durchsetzen. Bekannt wurde die Firma Borland auch durch seine Datenbank dBASE [57].

1983 wurde durch ANSI (American National Standards Institute) mit der Arbeitsgruppe X3J11 das ANSI C entwickelt, das wiederum erst 1989 zur internationalen Norm ‚ISO/IEC 9899:1990' wurde [58, 59]·

Heute liegt der Fokus der C-Programmierung in der Systemprogrammierung, insbesondere von embedded Systemen, Treibern und Betriebssystemkernen. Insofern spielt C in der Automatisierungstechnik eine wesentliche Rolle.

Im Laufe der Entwicklungen wurde C immer mehr an die objektorientierte Sprache C++ angepasst.

2001 erschien von Microsoft Windows C Sharp oder ‚C#' [60]. C Sharp ist eine objektorientierte Allzweck-Programmiersprache. Architekt der Sprache war Anders Hejlsberg im Auftrag von Microsoft. Die Sprache ist plattformunabhängig, wurde aber im Rahmen der .NET-Strategie entwickelt, ist auf diese optimiert und meist nur in deren Kontext zu finden. Mit.NET Core wird offiziell GNU/Linux und macOS unterstützt. C# wird generell für die Entwicklung von Web-Apps, Desktop-Apps und mobile Apps sowie Spiele verwendet. Die erste Version gab es 2002. Seit September 2019 gibt es C8.

Historisch wurde C Sharp exklusiv für Windows entwickelt. Durch Xamarin [61] ist es inzwischen aber auch möglich mit C Sharp für macOS, iOS und Android zu entwickeln.

2.4.3 Programmiersprache C++

C++ [62, 63] ist eine von der ISO normierte Programmiersprache. Entwickelt wurde sie von Bjarne Stroustrup bei AT&T als Erweiterung von C. Der Vorteil zu allen anderen Programmiersprachen ist, dass C++ sowohl für maschinennahe Algorithmik als auch von Betriebssystemen (hohes Abstraktionsniveau) zur Programmierung eingesetzt wird. Deswegen wird C++ verstärkt auch in der Automatisierungstechnik genutzt.

Für C++ gibt es eine Standardbibliothek. C++ ist 1985 auf dem Markt erschienen. Sehr stark wurde die Entwicklung von C++ von der objektorientierten Programmiersprache Ada (entwickelt in den 70er in der USA Wehrtechnik) Jahren beeinflusst, mit der ich persönlich von 1983–1985 viel Erfahrung gesammelt habe.

C++ ist eine strukturierte Programmiersprache mit statischer Typenbindung [64, 65].

Typische Anwendungen für C++ sind ebenfalls Betriebssysteme, embedded Systeme, virtuelle Maschinen (Cloud Computing), Treiber, Signalprozessoren

(auch ARM, ×86, ×64-Prozessoren). C++ erfüllt oft die prozessornahen Anforderungen, die früher nur mit Assemblerprogrammierung bewerkstelligt werden konnten oder C vorbehalten waren.

Aufgrund der geforderten Kompatibilität musste C++ auch einige Nachteile von C mitübernehmen. Hierzu zählt gemäß meiner Erfahrung die etwas schwer verständliche Syntax.

Heute existiert bereits die seit 2017 veröffentlichte Version C++17. Derzeit ist C++20 in Arbeit.

Wie sehr gut ersichtlich ist, wuchsen die Hochsprachen in der Programmierung mit den Systemen mit. In der industriellen Automatisierung werden heute von der SPS, über das SCADA/HMI bis hin zum MES–System insbesondere die Hochsprachen C und C++ mit ihren Entwicklungsumgebungen eingesetzt.

2.4.4 Programmiersprache STEP 7

Wenn man über Automatisierung und Programmiersprachen spricht, darf STEP 7 (siehe [7–9]) (*ST*euerungen *E*infach *P*rogrammieren) nicht fehlen.

STEP 7 ist, wie z. B. Fortran, eine strukturierte Programmiersprache.

STEP 7 ist in der Automatisierungstechnik insbesondere für Speicherprogrammierbare Steuerungen die Programmiersprache schlechthin. STEP 7 ist die Programmiersprache der SIMATIC-S7-Familie der SIEMENS AG, die mittlerweile so gut wie ein Standard ist. STEP 7 ist der Nachfolger von STEP 5 für die SIMATIC-S5-Controller, die heute noch immer die am meisten verbreitete SPS ist.

Die Geschichte der SIMATIC S7 (STEP 7 ist die Programmiersprache) begann im Februar 1995 unter Windows 3.11.

Die Version S7-400 lief unter Windows 95.

Die Version 3.2 lief ab Mai 1999 unter Windows NT. Es folgte in 2000 die Version S7-5.1, lauffähig unter Windows 95, Windows 98 und Windows NT.

Version S7–5.2 lief unter Windows XP. Im Jahr 2004 erfolgte das Lizenzkonzept für S7. Bis 2006 kamen 4 verschiedene Service Pakete auf den Markt, um zum Beispiel unterschiedliche Sprachen wie chinesisch und japanisch zu unterstützen.

Seit 2010 läuft STEP 7 auch unter Windows XP (32 Bit). Im August 2010 wurde STEP 7 in der Version 5.5 unter Windows 7 – 64 Bit lauffähig.

Seit 2017 läuft STEP 7 auch unter Windows 10 Pro und Enterprise sowie MS Windows Server.

Im Juni 2009 wurde eine neue STEP 7 Generation eingeführt. Zur Messe in Nürnberg ‚SPS/IPC/DRIVES 2017' stellte SIEMENS die Version 12 und die neue SIMATIC S7 -1500 als Teil des ‚Totally Integrated Automation' Portals (TIA) [9] vor.

Die Geschichte der STEP 7 zeigt, wie umfangreich eine Softwarenentwicklung bezogen auf ein Betriebssystem ist und welche kontinuierliche Anstrengung es bedeutet, mit der permanenten wachsenden Technik Schritt zu halten. Natürlich zeigt dieses Beispiel auch, dass die Betriebssystemhersteller ebenso versuchen durch stetige Innovation ihre Marktanteile zu sichern und sich gegenseitig abzugrenzen.

Die Programmiersprache STEP 7 basiert auf dem Standard IEC 61131-3. Die IEC 61131-3 [66] ist Teil der offenen internationalen Norm IEC 61131 für speicherprogrammierbare Steuerungen und in der Version des Jahres 2013 veröffentlicht und gültig.

Diese Norm umfasst folgend Bausteine:

- Funktionsbausteinsprache (FBS)
- Kontaktplan (KOP)
- Anweisungsliste (AWL)
- Strukturierter Text S7-SCL (Structured Control Language)
- Grafisch programmierbare Ablaufsprache S7-Graph

- S7-HiGraph
- S7-Continuous Function CHART (CFC)

Die letzten beiden Optionen erleichtern das Arbeiten mit der S7 erheblich.

Die Programme in der Anweisungsliste (AWL) entsprechen der herkömmlichen Assemblerprogrammierung.

‚AWL' und der strukturierte Text ‚SCL S7' gehören beide zu den textbasierten Programmiersprachen. Alle anderen Module sind grafikorientiert. Das Erlernen der S7 Programmierung ist aufgrund er grafischen Module nicht schwierig.

Mittlerweile gibt es viele Engineering-Tools sowohl für die Diagnose und Simulation als auch für die Parametrierung von Regelkreisen.

SIMATIC Controller, die mit S7 programmiert sind, haben die gleiche Datenbasis wie die Bedien- und Beobachtungsgeräte sowie I/O-Geräte, was ein großer Vorteil ist für Installation, Inbetriebnahme und Bedienung ist. SIEMENS vermarktet diesen Sachverhalt als ‚Totally Integrated Automation' [9].

Mittlerweile gibt es von der Firma Saia-Burgess Electronics mit der Saia PCD Serie xx7 und der Firma VIPA mit der Serie SPEED 7 kompatible Steuerungen für die SIMATIC S7. Dennoch empfinde ich persönlich, dass SIEMENS mit der S7 das am meisten abgerundete Konzept besitzt.

2.4.5 Zusammenfassung Programmiersprachen

Auch die Versionsvielfalt bei den verschiedenen Softwareentwicklungen zeigt, dass ebenso wie in allen Teilgebieten der Technik auch in der Software eine stetige Weiterentwicklung stattfinden muss, um sich an die zunehmende Komplexität der Hardware anzupassen. Somit ist auch die Software einem ständigen evolutionären Wandel unterzogen.

Meiner Erfahrung nach, ist heute C++ das Bindeglied in den Systemen der Automatisierungstechnik vom MES-System bis hin zur Feldebene. Dies gilt für Algorithmen, Betriebssysteme und embedded Systeme von Mehrkernprozessoren.

Zukünftig benötigt die Software gegenüber der Hardware immer mehr Entwicklungsaufwand. Zunehmend wird die Hardware standardisiert und die Produkte unterscheiden sich nur noch durch Softwareversionen. Ganze Businessmodelle im Vertrieb basieren auf diesem Sachverhalt. Cloud Computing in Verbindung mit der Open Platform Communication Unified Architecture (OPC UA) [67], auf das in Abschn. 5.21 noch detaillierter eingegangen wird fordert global immer mehr Sicherheitssoftware. Kosten für die Softwareentwicklung übersteigen mittlerweile um ein Vielfaches die Kosten der Hardwareentwicklung. Ein Sachverhalt, den viele Unternehmen des Mittelstandes immer noch nicht verinnerlicht haben: ‚Wir verdienen unser Geld mit Hardware' ist auch heute noch oft der Tenor, obwohl das Zeitalter von Softwareverkauf in Verbindung mit Hardwareplattformkonzepten schon lange Einzug gehalten hat. In der industriellen

Automatisierung folgt man schon seit Mitte 1990 diesem Trend. Renommierte Firmen der industriellen Messtechnik machen heute bereits einen signifikanten Anteil ihres Umsatzes mit Software.

Nach diesem kurzen Exkurs in die Software kehren wir nun zu Industrie 4.0 zurück.

2.5 Industrie 4.0, Mensch und Maschine

Trotz aller Euphorie um Industrie 4.0, ‚Made in China 2025', IoT und KI- Methoden, was damit alles möglich sei, steht meines Erachtens bei jeder Technologie der Mensch nach wie vor im Mittelpunkt. Denn woher das Wissen für diese Systeme letztlich kommt, steht wohl außer Frage.

Auch hier war und ist beim Menschen seit jeher, insbesondere aber auch seit der ersten industriellen Revolution eine Evolution im Gange, die im Grunde immer mehr technisches Wissen, Einsatzbereitschaft und Erfindertum erfordert.

Für mich bedeutet, dass bei Industrie 4.0, der sogenannten vierten industriellen Revolution, zunehmende Technologieverbesserungen mit fortschreitendem Ausbildungsniveau in Bezug auf Technologiemöglichkeiten und -erkenntnissen im Einklang stehen müssen.

Zum Beispiel: Wo früher Mitarbeiter mit Werkzeugen und Ölkannen unterwegs waren, sind es heute die Software- und Hardwarespezialisten mit Laptops sowie intelligenter Service- und Bediensoftware, welche die Maschinen sowie Vernetzungs- und Kommunikationsstrukturen warten und in Betrieb halten müssen.

Wenn einmal genau und etwas kritischer in den großen Fabriken hingesehen wird, dann erkennt man sehr schnell, wie trotz modernster Technologie vermehrt Servicemitarbeiter im Einsatz sind, um die Maschinen- und Analgenstillstandzeiten (Downtime) zu minimieren.

Ein guter Indikator für diesen Sachverhalt sind beispielsweise auch Messebesuche, bei denen man oft das Glück haben muss, eine neue ‚hochintelligente' Anlage funktionierend zu sehen.

Je höher die Vernetzung und Automatisierung in Fabriken ist, desto ausgefeilter müssen die Servicekonzepte bei modernster Technologieverfügbarkeit sein, um den Betrieb profitabel am Funktionieren zu halten und um die Stillstandzeiten (Downtime) zu minimieren.

Eine Fabrik ohne maßgebliche Einflussnahme des Menschen? Aus meiner Sicht eine Illusion. Meines Erachtens wird es bei aller Euphorie von Industrie 4.0 und KI mit hoher Wahrscheinlichkeit nicht möglich sein, ohne Menschen auszukommen! Denn, hinter allem verbirgt sich der Mensch mit seinem Wissen, seiner Intelligenz und Intuition; Faktoren, die im Laufe der Jahrzehnte bei der Automatisierung ebenso mitgewachsen sind wie die Technologien und Produkte.

Dieser Trend wird auch in Zukunft nicht anders sein. Das Ausbildungsniveau wird weiter ansteigen, das Wissen wird zunehmen, die Qualifikation der Mitarbeiter wird sich auf ein immer höheres Niveau weiterentwickeln. Maschinen und Vernetzungstechnologien werden die Spielwiese des Menschen bleiben. Und jeder Roboter lernt das ‚Laufen' durch einen vom Menschen ‚eingehauchten Algorithmus'. Und ob es das autonome Autofahren je geben wird hängt entscheidend vom Erfindergeist und Einfallsreichtum des Menschen ab!

Literatur

1. Kluger, R., Stotz, I.: Die Geschichte der Automatisierung: Mit zündenden Ideen in die Zukunft 1.8.2018 /Elektrotechnik /Automatisierung /Vogel. https://www.elektrotechnik.vogel.de/die-geschichte-der-automatisierung-mit-zuendenden-ideen-in-die-zukunft-a-736560/. Zugegriffen: 21. Jan. 2021
2. Stodola, A.: Die Dampfturbinen; Springer, 1910, S.1 (archive.org)
3. Rausch, M.: Heron von Alexandria: Die Automatentheater und die Erfindung der ersten antiken Programmsteuerung. ISBN 978-3-8428-8632-2. https://www.diplomica-verlag.de/geschichte_24/heron-von-alexandria-die-automatentheater-und-die-erfindung-der-ersten-antiken-programmsteuerung_154823.htm. Zugegriffen: 6. Jan. 2021
4. George, H.: Damman: Illustrated History of Ford. Crestline Publishing, Sarasota (1970)
5. Unger, A.: Die Geschichte der Robotertechnik begann 1954; 18.Mai 2017 NEXT (robotic.html). https://www.ke-next.de/robotik/die-geschichte-der-robotertechnik-begann-1954-108.html/. Zugegriffen: 6. Jan. 2021
6. Bradley, A.: Allen-Bradley, Rockwell. https://www.rockwellautomation.com/en-us/company/about-us.html. Zugegriffen: 6. Jan. 2021
7. Hans, B.: Automatisieren mit SIMATIC, 5.überarbeitete und erweiterte Auflage (2012). ISBN 978-3-89578-386-9
8. Berger, H.: Automatisieren mit SIMATIC S7 –1200, 2. überarbeitete und erweiterte Auflage. (2013). ISBN 978-3-89578-384-5
9. Berger, H.: Automatisieren mit SIMATIC S7 –400 im TIA Portal. (2012). ISBN 978-3-89578-403-3
10. Overview and Guide to the IEEE 802 LMSC. IEEE 802. September 2004, S. 3, 20. Oktober 2017 (englisch). https://grouper.ieee.org/groups/802/802%20overview.pdf. Zugegriffen: 5. Jan. 2021
11. Elektronik Kompendium: IEEE 802. https://www.elektronik-kompendium.de/sites/net/0509111.htm/. Zugegriffen: 5. Jan. 2021
12. Bundesministerium für Wirtschaft und Energie Bundesministerium für Bildung und Forschung: Was ist Industrie 4.0. https://www.plattform-40.de/PI40/Navigation/DE/Industrie40/WasIndustrie40/was-ist-industrie-40.html. Zugegriffen: 4. Jan. 2021
13. Kagermann, H., Lukas, W.-D., Wahlster, W.: Industrie 4.0: Mit dem Internet der Dinge auf dem Weg zur 4. industriellen Revolution. VDI Nachrichten, April 2011. Zugegriffen: 12. Okt. 2020
14. BMBF/Forschung: Industrie 4.0. https://www.bmbf.de/de/zukunftsprojekt-industrie-4-0-848.html/. Zugegriffen: 6. Jan. 2021
15. Christoph, A., Thomas, K.: Von ‚Made in China' zu ‚Invented in China'- China auf dem Weg zur Industrie Supermacht? In: Freimuth, J., Schädler, M. (Hrsg.) Chinas Innovationsstrategie in der globalen Wissensökonomie (2017)

16. Tian, S., Pan, Z.: Made in China 2025 and Industry 4.0-In motion together. In: Sendler, U. (Hrsg.) The Internet of Things, S. 87–113. Springer, Heidelberg (2018)
17. Sendler, U.: Industrie 4.0 grenzenlos. Springer, Heidelberg (2016)
18. Ma, H., Wu, X., Li, Y., et al.: Strategic plan of made in China 2025 and ist implementation. In: Tavana, M., Brunet-Thornton, R., Martinez, F. (Hrsg) Analyzing the Impacts od Industry 4.0 in Modern Business Environments: IG Global, S. 1–23 (2018)
19. Bullinger, H.-J., Ten Hompel, M. (Hrsg.): Internet der Dinge. Springer, Berlin (2007)
20. Engemann, C., Sprenger, F.: Internet der Dinge: Über smarte Objekte, intelligente Umgebungen und technische Durchdringung der Welt. Transcript, Bielefeld (2015). ISBN 978-3-8376-3046-6
21. Digital Pioneers: Radio Frequency Identification Internet der Dinge. https://t3n.de/magazin/internet-dinge-radio-frequency-identification-rfid-219434/2/. Zugegriffen: 6. Jan. 2021
22. Doberer, K.K.: Die Goldmacher. Zehntausend Jahre Alchemie, 2. Aufl. Universitas-Verlag, München (2003). ISBN 3-8004-1124-5
23. Dreyfus, H.L.: Die Grenzen künstlicher Intelligenz: Von den Grenzen der Denkmaschine und dem Wert der Intuition. Rowohlt rororo, Reinbek 1986 (englisch Original: Mind Over Machine: The Power of Human Intuition and Expertise in the Era of the Computer. Free Press, New York 1986)
24. Popper, K.R., Eccles, J.C.: Das Ich und sein Gehirn. Piper, München (1982) (englisch Original: The Self and ist Brain. Springer, Heidelberg 1977)
25. Newell, A., Simon, H.A.: Computer science as empirical inquiry: symbols and search. Comm. ACM. **19**(3), 113–126 (1976)
26. Aram, V.: La Mettrie's L'Homme Machine: A Study in the Origins of an Idea, S. 2–12. Princeton University Press (1960)
27. Niemann, H.: Klassifikation von Mustern (1983). ISBN 978-3-624-47517-7
28. Dirk H.T.: Einführung in die Fuzzy Logik. SpringerLink. https://doi.org/10.1007/978-3-322-99590-2
29. Zadeh, L.A.: Fuzzy Sets. 1965 Information and Control **8**:338–353
30. Yager, R.R., Zadeh, L.A. (Hrsg): An introduction to fuzzy logic applications in intelligent systems. The Springer International Series in Engineering and Computer Science (1992)
31. Bonfig, K.W.: 10 Mitautoren: Neuro-Fuzzy, Bd 7, Sensorik. Expert Verlag (1995). ISBN 3-8169-1172-2
32. Babel, W.: Einsatzmöglichkeiten neuronaler Netze in der Industrie. Mustererkennung anhand überwachter Lernverfahren mit Beispielen aus der Verkehrs- und Medizintechnik. Expert Verlag (1997). ISBN3-8169-1404-7
33. Klir, G., Yuan, B.: Fuzzy sets, fuzzy logic, and fuzzy systems, Selected Papers By Lofti A Zadeh, 30.5.1996, World Scientific Publishing EAN: 9789814261302
34. Widrow, B., Lehr, M.A.: 30 years of adaptive neural networks. In: Perceptron Madaline, an Backpropagation Proceedings of IEEE, Bd. 78, No. 9,9/90
35. Lawrence, R.R., Ronald, W.S.: Digital Processing of Specch Signals (1978). ISBN 0-13-213603-1
36. Ernst, G., Schukat-Talamazzini, E.G.: Automatische Spracherkennung. Grundlagen, statistische Modelle und effiziente Algorithmen, Vieweg, Braunschweig/Wiesbaden (1995). ISBN 3-528-05492-1
37. Pirani, G. (Hrsg): Advanced algorithms and architectures for speech understanding, Bd. 1. Springer Science & Business Media. ISBN 978-3-642-84341-9.
38. Mobley, R.K.: An introduction to predictive maintenance, 2. Aufl. Butterworth Heinemann. ISBN 978-0-7506-7531-4.

39. Amruthnath, N., Gupta, T.: Fault class prediction in unsupervised learning using model-based-clustering approach. https://www.semanticscholar.org/paper/Fault-class-prediction-in-unsupervised-learning-Amruthnath-Gupta/72a5fd5e656869579f2992bb5f1b4624351a4f79 (2018). Zugegriffen: 6. Jan. 2021
40. How much does predicitve maintenance save you money? https://www.oemupdate.com/feature/how-predictive-maintenance-saves-money. Zugegriffen: 6. Jan. 2021
41. Hawkins, J.: On intelligence (Book). https://numenta.com/resources/on-intelligence/) Numenta. Archified (https://archive.today/20190509233954/https://numenta.com/resources/on-intelligence/) from the original on May 9, 2019. Zugegriffen: 23. Febr. 2021
42. Hawkins, J.: On Intelligence. Times Books, Henry Holt and Co (2004)
43. Balzer, P.: 22.12.2015, Motorblock. https://www.cbcity.de/alpha-beta-filter-der-kleine-bruder-vom-kalman-filter. Zugegriffen: 6. Jan. 2021
44. Geschichte von Inmos und Transputer. http://www.inmos.com/inmos_legacy.htlm auf inmos.com. Zugegriffen: 7. Dez. 2009
45. Wexelblat, R.L. (Hrsg): History of programming languages, S 25–74. Academic Press, New York (1982). ISBN: 0-12-745040-8
46. Niemeyer, G.: Einführung in das Programmieren in ASSEMBLER. Systeme IBM, SIEMENS, Univac, Comparex, IBM-PC/370, 6. bearbeitete und erweiterte Aufl. de Gruyter, Berlin (1989). ISBN 3-11-012174-3 (De-Gruyter-Lehrbuch)
47. Kühme, T., Witschital, P.: Die FORTRAN-Fibel. Strukturierte Programmierung mit FORTRAN 77. Lehr- und Arbeitsbuch für Anfänger, 3. Durchgesehene Aufl. Oldenburg, München (1991). ISBN 3-486-22016-0
48. Chapman, S.J.: Fortran 90/95 for Scientists and Engineers, 2. Aufl (International edition). McGraw Hill Higher Education, Boston (2004). ISBN 0-07-123233-8
49. Erlenkötter, H.: C. Programmieren von Anfang an, 22. Aufl. Rowohlt, Reinbeck bei Hamburg (2015). ISBN 978-3-499-60074-6.
50. Klima, R., Selberherr, S.: Programmieren in C, 3. Aufl. Springer, Wien. ISBN 978-3-7091-0392-0.
51. Kernighan, Brian, Ritchi, Dennis: The C Programming Language, 2. Aufl. Prentice Hall, Englewood Cliffs (1988)
52. Ritchi, D.M., Thompson, K.: The UNIX time-sharing system. The Bell System Tech. J. **57**(6): 1897–2312 (1978)
53. JavaScript History: https://wiki.selfhtml.org/wiki/JavaScript/History. Zugegriffen: 6. Jan. 2021
54. php: Was ist PHP; (rekursives Akronym für PHP: Hypertext Preprocessor). https://www.php.net/manual/de/intro-whatis.php. Zugegriffen: 5. Jan. 2021
55. Stäubli: VAL 3 Programmiersprache. https://www.staubli.com/de-de/robotics/produkt-programm/robotersoftware/val3-robot-programmierung/val-3-programmiersprache/. Zugegriffen: 6. Jan. 2021
56. Christiansen, T., Foy, B.D., Wall, L.: Programming Perl, 4. Aufl. O'Reilly, Sebastopol (2012). ISBN 978-0-596-00492-7
57. Micro Focus: Borland is now part of Micro Focus. Borland History. https://www.microfocus.com/en-us/products/borland/overview. Zugegriffen: 5. Jan. 2021
58. ANSI-C: https://web.archive.org/web/20161223125339/http://flash-gor don.me.uk/ansi.c.txt. Zugegriffen: 4. Jan. 2021
59. ISO: ICS > 35 > 35.060, ISO/IEC 9899:1990; Programmiersprachen – C Veröffentlichungsdatum 1990-12, Status: zurückgezogen. Zugegriffen: 3. Dez. 2021
60. w3schools.com: C-Tutorial: C# (C-Sharp). https://www.w3schools.com/cs/default.asp. Zugegriffen: 6. Jan. 2021
61. Microsoft: Xamarin. https://dotnet.microsoft.com/apps/xamarin/. Zugegriffen: 21. Jan. 2021

62. Isenhagen, R., Helmke, H.: Softwaretechnik in C und C++. Das Kompendium, Modulare, objektorientierte und generische Programmierung. ISO-C90, ISO-C99, ISO-C++98, MS-C. NET, 4, vollständig überarbeitete Aufl. Hanser, München (2004) ISBN 3-446-22715-6
63. Stroustrup, B.: Die C++-Programiersprache: Aktuell zu C++11. Hanser (2015). ISBN 978-3-446-43961-0 (Standardwerk zu C++, Grundkenntnisse in C von Vorteil)
64. Breymann, U.: C++ lernen- professionell anwenden- Lösungen nutzen, 4. Übearbeitete Aufl. Addison-Wesley (2015) ISBN 978-3-446-44346-4 (C++ – Einführung aus dem Hochschulumfeld)
65. Wikibooks: C++ Programmierung/ Einführung in C++. https://de.wikibooks.org/wiki/C%2B%2B-Programmierung/_Einf%C3%BChrung_in_C%2B%2B. Zugegriffen: 6. Jan. 2021
66. SIEMENS: Normerfüllung nach IEC 61131-3. https://cache.industry.SIEMENS.com/dl/files/932/8790932/att_82256/v1/norm_tab.pdf. Zugegriffen: 6. Jan. 2021
67. Mahnke, W.: Stefan-Helmut Leitner. OPC Unified Architecture. Springer, Matthias Damm (2009)

3 Automatisierung und Qualitätskontrolle in Industrie 4.0

Nachdem wir in Kap. 1 und 2 schon einige Zusammenhänge für den neuen Hype Industrie 4.0 und die Welt der Automatisierung etwas näher beleuchtet haben, vertiefen wir in diesem Abschnitt die Entwicklung der Automatisierung in den letzten Jahrzehnten. Im Einzelnen beschäftigen wir uns dabei mit der Qualitätskontrolle, die bezüglich der Automatisierung für das Thema Industrie 4.0, ‚Made in China 2025' und IoT (IIoT- Industrial Internet of Things) von Bedeutung ist:

Die Automatisierung der Qualitätskontrolle ist in vielen Industrien aufgrund der Komplexität der Anforderungen der letzte Schritt in der heutigen Automatisierung von Produktionslinien.

Sehr eingehend ist dieser Sachverhalt in der Analysenmesstechnik, die mit ihren optischen und elektrochemischen Parametern in Abgrenzung zu den physikalischen Parametern wie Druck, Füllstand, Durchfluss und Temperatur steht, nachzuvollziehen. Dieser Sachverhalt wir uns in den folgenden Abschnitten immer wieder begegnen.

In diesem Kapitel wird anhand einer ‚Komplexitätspyramide' (Abschn. 3.1) aufgezeigt, welche Gegebenheiten zur zeitlichen Einführung von Messgeräten in die Automatisierung aufgrund ihrer diversen technischen Komplexität geführt haben. Insbesondere wird dabei auf die Offline-, Online und Inline- Automatisierung (Abschn. 3.1.1) in ihrer Entstehung eingegangen.

Denn die unterschiedlichen Herausforderungen von der Instrumentierung aus dem Labor heraus in die Fabrik oder in den rauen Prozess hat wiederum wie bereits gesagt, entscheidenden Einfluss auf die zeitliche Abfolge der Automatisierung selbst.

Dabei werden folgende Themen näher besprochen:

Umweltverträglichkeit hinsichtlich elektromagnetischer Verträglichkeit (EMV) (Abschn. 3.1.2) ist heute der Fokus einer jeden Entwicklung.

Die damit verbundene CE-Kennzeichnung (Abschn. 3.1.3) und deren Auswirkungen auf die Produktentwicklung stehen im unmittelbaren Zusammenhang und werden

W. Babel, *Industrie 4.0, China 2025, IoT,* https://doi.org/10.1007/978-3-658-34718-5_3

eingehend diskutiert. Insbesondere wird auch auf den Zusammenhang zwischen der CE-Konformität und der Funkzulassung in Verbindung mit der EMV-Verträglichkeit eingegangen (Abschn. 3.1.4).

Die Schutzart IP (Abschn. 3.1.5) ist entscheidend in welchen Anwendungen Applikationen Produkte und Systeme eingesetzt werden können. Die Unterschiede und Möglichkeiten werden näher aufgezeigt. Dabei wird auch dargelegt, welche Bedingungen vom Labor ins Feld über der Zeit gesehen erfüllt werden mussten.

Ein weiterer Themenkreis ist der Explosionsschutz und die Sicherheitsanforderungen in explosionsgefährdeten und korrosiven Umgebungen (Abschn. 3.1.6). Diese weisen in den verschiedenen Ländern, wie beispielsweise in USA und Europa, große Unterschiede auf. Der Explosionsschutz ist ein zentrales Entwicklungs- und Zulassungsthema, auf das in diesem Zusammenhang näher eingegangen wird.

Ein Thema, das seit 2000 die Entwicklungen erheblich prägt, ist der funktionale Sicherheitslevel SIL (Safety Integrity Level), welcher die maximale Fehlerauftrittswahrscheinlichkeit für ein zu verbringendes Produkt vorschreibt. SIL ist heute in vier Stufen unterteilt.

Bei SIL-Entwicklungen sind Kosten und zeitliche Markteinführung entscheidende Faktoren, die es zu berücksichtigen gilt (Abschn. 3.1.7).

3.1 Komplexitätspyramide der Automatisierung

Die Problematik von Themen ‚vom Labor in den Prozess‘ und den damit verbundenen Schwierigkeiten lässt sich ähnlich wie die später diskutierte Automatisierungspyramide ebenfalls sehr gut in einer Komplexitäts-Pyramide entsprechend Abb. 3.1 darstellen.

Diese Pyramide stellt die Grundlage für die folgenden Ausführungen dar. Je nachdem, welche Art der Automatisierung realisiert wird, gelten andere Anforderungen.

Die Automatisierungsarten Offline, Online, Inline (Abschn. 3.1.1) finden im Labor, in der Fabrikautomation und in der Prozessautomation statt. Zur Branche ‚Labor‘ zählen in der Automatisierungstechnologie nicht nur die Labore in der Fabrik/Fertigung sondern auch Universitäten und Behörden. Zur Fabrikautomation gehören u. a. die Halbleiter-, Elektronik- PCB-, Solarenergie und galvanische Betriebe. Ebenso zählen Automotive sowie Luft- und Raumfahrt dazu. Zum Prozess gehören die Kraftwerks- und Umweltbranche (z.B. Kläranlage und Trinkwasseraufbereitungsanlagen), die Pharmazie, die Chemie, Oil & Gas sowie der Bergbau und die Holzindustrie.

Alle Geräte und Systeme unterliegen heute der CE-Kennzeichnung. Bei der CE-Kennzeichnung spielt die elektromagnetische Verträglichkeit oder auch EMV (Abschn. 3.1.2 bis Abschn. 3.1.4) in der Automatisierung die wesentliche Rolle. Ausgehend vom Labor in Richtung Prozessautomation werden die EMV-Bedingungen zunehmend schwieriger. Als Beispiel sei hier die Anbringung der Sensoren/Messgeräte am Roboter genannt, dessen starke Magnetfelder einen hohen Störeinfluss auf die

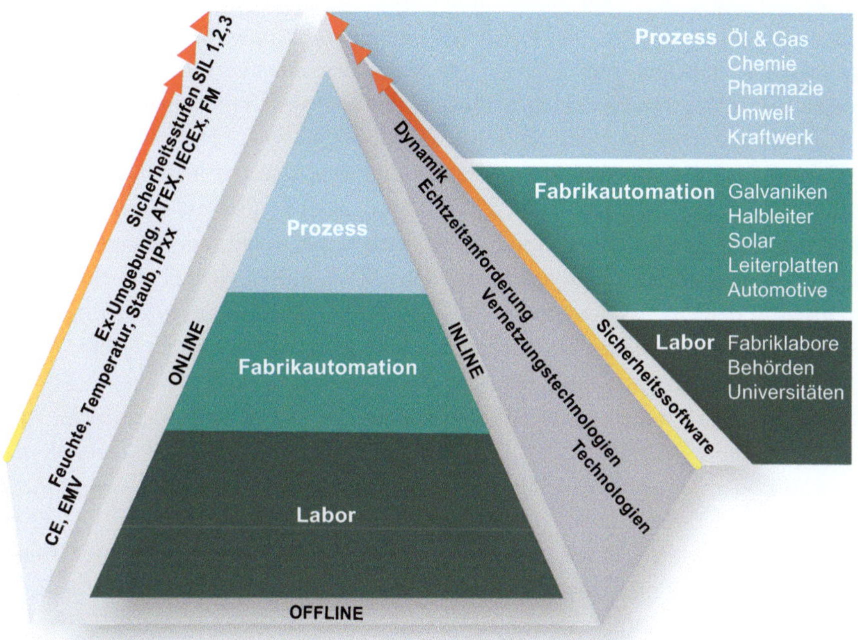

Abb. 3.1 Komplexitätspyramide bei Produkten und Automatisierungsprojekten

elektronischen Geräte und die Datenübertragung haben. D. h. die EMV-Maßnahmen im Gerät werden zunehmend komplexer.

Im Laborbereich herrschen häufig klimatisierte Bedingungen und der Schutz der Geräte gegen Temperaturschwankungen, Luftfeuchtigkeit und Staub kann in diesen Fällen relativ klein gehalten werden, d. h. man kommt in der Regel mit geringen Schutzmaßnahmen der Geräte (z. T. IP20) aus (Abschn. 3.1.5).

EMV-Maßnahmen und Gehäuse stehen in unmittelbarem Zusammenhang, d. h. EMV Maßnahmen sind für Polymergehäuse gegenüber Metallgehäusen komplett unterschiedlich. Je mehr man sich in die Fabrik und in den Prozess begibt, desto mehr spielen Temperatur- und Feuchtigkeitsschwankungen, korrosive Dämpfe und staubbehaftete Umgebungen eine Rolle. Zwangsläufig werden zunehmend Anforderungen an die Schutzart gestellt. In der Regel sind heute Schutzarten bis IP54 in der Fabrikautomation und bis IP67 oder größer in der Prozessautomation üblich. Natürlich gibt es in jedem dieser Bereiche auch Ausnahmen.

Je mehr man in Richtung Prozessautomatisierung geht, desto häufiger trifft man explosionsgefährdete Umgebungen an (Abschn. 3.1.6). Dies gilt insbesondere für die Branchen Oil & Gas, Chemie und Pharmazie. Hier müssen die Geräte spezielle Anforderungen erfüllen so, dass ein Funke im Innern des Gerätes keine Explosion auslösen kann. Für den Explosionsschutz müssen diese Geräte entsprechend entwickelt werden. Zum Beispiel sind intrinsische Sicherheit in Europa (ATEX) und Druckkapselung in USA (FM) gefordert. ATEX und FM (Zusammengefasst in der IECEx) sind typische Zertifikate für Geräte in explosionsgefährdeten Umgebungen für Europa und USA.

Als weitere Sicherheitsanforderung müssen Geräte, je weiter man in die Prozessautomation geht, zunehmend gemäß den SIL-Anforderungen (Safety Integrity Level) entwickelt und zertifiziert werden. Heute gibt es bereits SIL 3-zertifizierte Geräte.

SIL 4 ist das nächste Ziel. Man unterscheidet 4 Stufen, wobei die Stufen 2,3 am häufigsten in der Prozessindustrie zu finden sind. Diese Zertifizierung bedingt die Ausfallmöglichkeit einer Anlage auf geringstem Niveau zu halten und die größte Sicherheit für den Menschen zu garantieren (Abschn. 3.1.7).

Für alle Entwicklungen bezüglich unterschiedlicher Automatisierungsgrade, Umweltbedingungen sowie Schutz- und Sicherheitsbestimmungen sind die Technologie, die Komplexität der Anlage (Produkte und Systeme), die Vernetzungstopologie, die Echtzeitanforderungen, und die Systemdynamik eine weitere Dimension, welche ausgehend vom Labor in Richtung Prozess immer größer wird. In allen diesen Bereichen der Automatisierung und Vernetzung spielt mittlerweile die Sicherheitssoftware in der Kommunikation eine dominante Rolle.

3.1.1 Automatisierung – Offline, Online, Inline

Bezogen auf Abb. 3.1 ist bezüglich der Automatisierungstechnologie die Definition von Offline-, Online- und Inline-Automatisierung wichtig, da sie uns im weiteren Verlauf der Ausführungen immer wieder begegnen wird. Diese Arten der Automatisierung finden im Labor, in der Fabrikautomation und in der Prozessautomation statt.

Offline
Die Messung wird außerhalb einer automatisierten Linie durchgeführt. Das kann im Labor stattfinden oder das Prüfsystem kann auch direkt neben der automatisierten Produktionslinie aufgestellt sein. Beispiele sind die Feststoffmessung in einer Kläranlage, die Materialanalyse von Stählen oder Schichtdickenmessungen von Legierungen bis hin zu Lackmessungen im Automotivbereich. Entsprechende Messmethoden bei Schichtdickenmessung und Materialanalyse können dabei sein: Taktile (Berührende Messtechnik, siehe auch Abb. 2.13), Röntgenfluoreszenzverfahren, Ultraschall, LIBS (engl.: Laser-Induced Breakdown Spectroscopy oder laserinduzierte Plasmaspektroskopie) sowie optische Messtechnik im UV- und IR- Bereich.

Bei einer automatischen Offline-Qualitätsprüfung von Leiterplatten mit Röntgenfluoreszenz können beispielsweise bis zu 100 Leiterplatten oder auch mehr in einem Magazin abgelegt und über Nacht vermessen werden.

Online

Die Messung erfolgt direkt über dem laufenden Produktionsband und die Messergebnisse werden in den Kontrollraum (SCADA-System) übertragen und gemonitort (Abb. 3.2). Es besteht keine Rückkopplung des Messgerätes zur Produktionslinie. Vielmehr steuert der Mensch die Anlage aus dem Kontrollraum, durch Vorgabe der Parameter an die speicherprogrammierbare Steuerung (SPS) oder interaktiver Regelmaßnahmen (SCADA-System: Supervisory Control and Data Acquisition System). In vielen Fällen steuert der Mensch sogar immer noch vor Ort die Parameter der Produktionslinie, nur aufgrund der vom Online-Gerät angezeigten Werte. Für diese Art der Prüfung gibt es renommierte Hersteller in der Industrie, deren Geräte in der Bandgalvanik z. B. für die Steckerindustrie eingesetzt werden und dort z. B. die Gold-Nickel Beschichtung auf Kupfer analysieren. Die Regelung und Steuerung nimmt dort der Mensch direkt am Galvanikband vor.

Inline

Die Messungen erfolgen bei komplett integriertem Messgerät in der Linie, d. h. das Messgerät ist im Steuer- und Regelsystem der Gesamtanlage integriert. Das Messgerät oder die Sensorik in der Feldebene (Fabrik oder Industrieprozess) ist mit der SPS

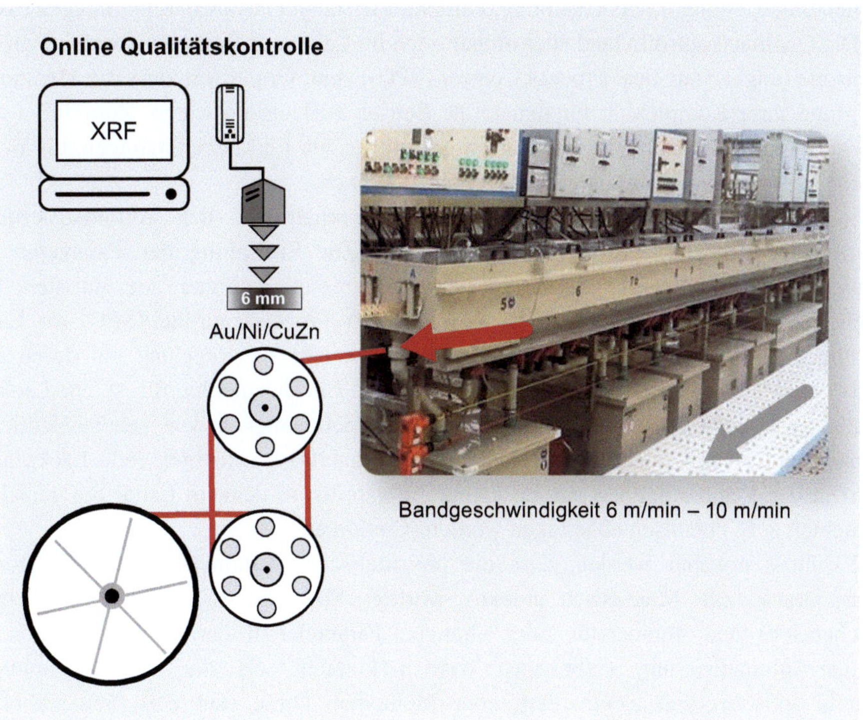

Abb. 3.2 Band zu Band (Reel to Reel) Galvanik mit online Steckkontaktekontrolle

verbunden. Bei Über- oder Unterschreiten der Messwerttoleranzen stoppt das Messgerät den Produktionsprozess.

Aus dem Kontrollraum werden die Steuer- und Regelparameter überwacht und ggfs. Inline modifiziert. Eine Einstellung der Parameter vor Ort durch den Menschen ist üblicherweise nicht mehr notwendig. Beispiel ist wieder die Schichtdickenmessung aus Abb. 3.2. In diesem Fall können die Geräte zur Analyse auch inline verwendet werden und direkt mit einem SPS–Interface (SoftPLC) aufgerüstet werden.

Zu beachten ist, dass für Inline-Betrieb ausgelegte und eingesetzte Messgeräte m. E. unbedingt Serviceverträge benötigen, denn hier führen die Stillstandzeiten (Downtime) der Anlage aufgrund von Fehlentscheidungen oder Messgeräteausfall unmittelbar zu Verlusten in der Produktion. Die Leistungskennzahlen oder Key Performance Indicators (KPI's), die hierfür vertraglich geregelt sein müssen, sind u.a. ‚Downtime' und ‚MTBF' (Mean Time in Between Failures). MTBF ist dabei die Zeit zwischen zwei Ausfällen (die mittlere Betriebsdauer) für produzierende Einheiten.

Doch nun zurück zur Historie:
Längst waren Produktionslinien weitestgehend automatisiert und liefen mechanisch und elektrisch verkettet. Beispiele hierfür sind Automotive, Leiterplatten-, Solarzellenherstellung, Leiterplattenbestückung, Abwasserreinigung, Trinkwasseraufbereitung, Tablettenherstellung, Lackherstellung, Farbenherstellung, Galvanisierungsanlagen usw..

Die Qualitätskontrolle fand aber immer noch im Labor auf Basis statistischer Prozesskontrolle (engl.: Statistical Process Control (SPC)) statt. Grund war, dass die Messungen aufgrund ihrer Komplexität für den Inline-Betrieb zu langsam waren. Zum Teil waren die Verfahren aber auch zu wenig robust gegenüber den Einsatzbedingungen, um in das laufende Produktionsband integriert werden zu können.

Insbesondere traf dieser geschilderte Sachverhalt bei den Automatisierungsbestrebungen in der Analysenmesstechnik zu: Zur Ermittlung der Parameter von Steuerungs- und Regelungseinheiten eines Prozesses jeglicher Art mussten hier noch immer vermehrt Verfahren der statistischen Prozesskontrolle (SPC) im Labor durchgeführt werden. Zum Teil konnten die Parameter zur Regelung nur durch eine zerstörende Messung der Samples ermittelt werden. Ein Beispiel hierfür ist eine Lackierstraße von Automobilen, die minimal vier Schichtendicken von unterschiedlichen Lacken und Farben (siehe auch Abschn. 7.3, Terahertz) beschichtet. Jede Lackschicht wird in der Regel am Ende der Lackierstraße geprüft, in dem im Labor die einzelnen Schichten z. B. chemisch abgetragen werden (Coulometrie).

Es muss erwähnt werden, dass die physikalischen Parameter, wie z. B. Durchfluss, Druck (z.B. Magnetisch induktiv, Vortex), Füllstand (z. B. Radar, Ultraschall, mechanisch) und Temperatur oder ähnliche Parameter früher in die Inline- oder Online-Automatisierung einbezogen werden konnten, als die Analysenparameter mittels optischer und elektrochemischer Methoden. Diese sind z. B. Schichtdickenmessung mittels XRF, LIBS, Spektrometer, Bildverarbeitende Systeme, Sauerstoff, pH, Trübung, Chlor, Feststoff, Ammonium, Nitrat, Phosphat. Denn in diesem Fall sind die elektrochemischen Qualitätsmessungen teilweise sehr zeit- und materialaufwendig und werden deswegen noch heute bei vielen Anwendungen im Labor durchgeführt. Neben der notwendigen Beobachtungszeit einer Probe für eine geforderte Auflösung herrschen im Labor zudem auch in der Regel klimatisierte Bedingungen bezüglich Temperatur und Luftfeuchtigkeit. Deshalb werden somit weit weniger Anforderungen an die Geräte gestellt als in der Fabrik oder im freien Feld.

Global gesehen gibt es aber viele Länder, wie z.B. Indien, Südchina und Südostasien, in denen Labore oftmals über keine Klimaanlagen verfügen. Die Messgeräte in den Werkstätten und Labors sind somit permanent Schwankungen von Luftfeuchtigkeit und Temperatur ausgesetzt und müssen dort ganz andere Anfordernisse erfüllen als in den meisten Labors in der EU oder Nordamerika. Diese Umstände trugen wesentlich dazu bei, dass sich die Online-, bzw. inline Qualitätskontrolle für die Analysenmesstechnik in den 70–80er Jahren weiter gegenüber den physikalischen Parametern verzögerte. Viele kleinere Firmen innerhalb der EU mussten hier bei ihren Produktentwicklungen von Messtechnik viel Lehrgeld bezahlen, um diesen Sachverhalt bei ihren Produkten in den Griff zu bekommen.

Auch von starker elektromagnetischer Strahlung war im Labor nicht unbedingt auszugehen. Deswegen wurden Messgeräte für Labors einfach spezifiziert und entwickelt, d. h. diese Geräte waren meistens nicht für die Fabrikautomation oder der Prozessautomation robust genug. Magnetfelder von Robotern, Maschinen sowie Antrieben und Stellgliedern brachten deswegen viele Analysenmessgeräte in den Anfängen der Automatisierung häufig zum Absturz.

Bezogen auf diesen oben genannten Themenkreis habe ich in den letzten 20 Jahren sehr viele Erfahrungen in Indien und Südostasien im Goldmarkt, in Galvanikfabriken sowie in Trinkwasser- und Klärwasseranalagen gesammelt: Immer wieder sind Messgeräte, die für den europäischen Binnenmarkt entwickelt wurden, zunächst in den fernöstlichen Ländern aufgrund des oben ausgeführten Sachverhaltes verstärkt ausgefallen und erzeugten permanente Servicekosten innerhalb von Garantiezeiten. Sehr viele kleine und mittlere Unternehmen, die noch immer mitten in der Globalisierung stecken zahlen hierfür auch heute noch hohe Summen an Geld.

Verfahrenstechnik, verfügbare Rechenleistung, steigende Datenübertragungsraten, Miniaturisierung, Echtzeit, Elektromagnetische Störeinflüsse, Robustheit und Umweltverträglichkeit waren maßgeblich dafür verantwortlich, dass die Online- und Inline-Qualitätskontrolle insbesondere in der Analysenmesstechnik in Fabriken und Prozessen relativ spät den Eingang in die Automatisierung fanden.

Generell fand die Integration der Inline- und Online-Analysenmesstechnik hinsichtlich der 100%- Qualitätskontrolle verstärkt erst ab den 90er Jahren statt, d. h. in diesem Zeitraum wurden die Qualitätsverfahren und -messungen in zunehmendem Maße aus dem Labor in die Fabrik- und die ‚harte' Prozesswelt verlagert. Zunächst waren es die sogenannten ‚einfachen Parameter' wie pH, konduktive Leitfähigkeit, Redox, Chlor, Sauerstoff, später folgten spektroskopische Verfahren, Röntgenverfahren und bildverarbeitende Systeme.

So wurde in der Analysenmesstechnik erst ab ca. 2000 begonnen Online- und Inline-Messungen chemischer und optischer Verfahren (z. B. optische Sensoren im UV- und NIR-Bereich) systematisch für den Prozess- und die Fabrikautomation zu entwickeln.

Um 2005 begann auf diese Weise auch der Einsatz von Spektrometern in der Umwelttechnik, nachdem diese die Schutzart IP65 erfüllten und eine entsprechende Robustheit gegenüber Temperaturschwankungen und EMV aufwiesen.

Als Beispiel sei zur Verdeutlichung das Problem anhand der Abwasserreinigung und Trinkwasseraufbereitung geschildert:

Vor der Verbringung der Messgeräte in den Prozess vor Ort dauerte es von der der Probenahme für pH, Ammonium, Phosphat, Nitrat, Chlor und Trübung usw. bis zur Auswertung oftmals einige Stunden, bis der biologische Prozess in einem Kläranlagen-Belebungsbecken nachgeregelt werden konnte. Es ist leicht einsehbar, dass diese Zeitverzüge auf die Qualität, Effizienz und somit auf die Kosten des Prozesses erheblichen Einfluss haben konnten. Denn häufig änderten sich zwischen Auswertung und Nachregelung des Prozesses die Umweltbedingungen so drastisch, dass die im Labor getroffene Regelstrategie nicht mehr den aktuellen Wetterverhältnissen entsprach (z. B. Abkühlung, Regen und Gewitter usw.).

Bei der Verlagerung aus dem Labor in den Prozess, aber auch bereits für die installierten Geräte in der Fabrik- und der Prozessindustrie wurden folgende Parameter immer wichtiger:

- elektromagnetische Robustheit (EMV Verträglichkeit)
- Temperatur- und Luftfeuchtigkeitsschwankungen
- Spritzwasserfestigkeit
- Echtzeitauswertung
- Einsatz für explosionsgeschützte Umgebungen und Räume, wie z. B. auf Chemieanlagen, in der Petrochemie, in Faultürmen von Kläranlagen
- Schutzmaßnahmen zur Datenübertragung

Die Entwicklung all dieser Schutzmaßnahmen waren mit hohen Kosten verbunden.

Insbesondere mussten bei allen Geräten die Messgenauigkeit, Funktionalität und die funktionale Sicherheit unter allen Umständen und möglichen Einflüssen erfüllt werden.

Viele dieser Anforderungen hatten die physikalischen Parameter wie Durchfluss, Füllstand, Druck und Temperatur in Anlagen bereits gelöst, während die Analysenmesstechnik selbst in den 80er Jahren diesbezüglich noch ganz am Anfang stand.

Bezogen auf alle gestellten Anforderungen wurde vor allem die Elektromagnetische Verträglichkeit (EMV) zum immer größeren Thema: Wie bereits erwähnt, Messtechnik, die nahe bei Transformatoren, Maschinen, Robotern, Pumpen, Stellglieder und Antrieben angebracht war, wurde massiv durch deren starke elektromagnetische Felder, in deren Messgenauigkeit gestört und die Geräte fielen häufig aus. Das einfachste Beispiel von elektromagnetischen Störeinflüssen hat, so meine ich, jeder von uns schon einmal beim

Telefonieren unter Hochspannungsleitungen erfahren müssen, indem die Verbindung gestört oder abrupt beendet wurde.

Nichts ist schwieriger in den Griff zu bekommen als EMV Störungen. Die Entwicklung eines im hohen Maße EMV sicheren Gerätes war, ist und wird immer irgendwie eine Art ‚Sisyphus-Arbeit‘ bleiben. Ich habe das in meinen vielen Entwicklungsprojekten immer wieder erleben müssen: Immer dann, wenn ich dachte, man sei mit der Entwicklung fertig, kam ein weiteres Problem hinzu; zu vielfältig sind die Anforderungen an EMV. Das Thema wurde mit zunehmender Automatisierung und zunehmender Komplexität in der Technik immer wichtiger. Je komplexer die Technik wurde, umso mehr Aufwand musste an EMV-Maßnahmen geleistet werden.

Da EMV heute alle unsere Bereiche im Haushalt genauso wie in der Industrie betrifft, möchte ich dem Thema einen separaten Abschnitt widmen. Denn auch heute sind sich noch immer viele kleinere mittelständische Unternehmen nicht bewusst, was es heißt, ein Messgerät entsprechend den Normen und der Gesetzgebung unter EMV Aspekten zu entwickeln.

3.1.2 Elektromagnetische Verträglichkeit (EMV)

Wenn man heute von EMV-Verträglichkeit spricht ist das direkt mit der Anbringung des CE-Zeichens am Produkt verbunden. Das gilt für alle in den Verkehr gebrachten Produkte und Systeme. Die Anforderungen an die elektromagnetische Verträglichkeit (EMV) wird immer anspruchsvoller, je weiter ich vom Labor über die Fabrikautomatisierung in die Prozessautomatisierung gehe. Einfach ist das einsehbar, wenn ich die Messsysteme an Robotern befestige, deren starke elektromagnetische Felder die Sensoren nicht stören dürfen.

Von der Übergangszeit in der Technik, als versucht wurde in den 90er Jahren mit eingeschränkten Normen Altgeräte CE-konform und EMV-fest nach zu entwickeln, könnte ich vieles erzählen, da es ein äußerst komplexes Thema war und auch heute noch ist.

Die Übergangszeit bis zur endgültigen gesetzlichen CE-Einführung im Jahr 1993 nutzten viele Firmen, ihre neuen Produktgenerationen zu entwickeln, da Nachentwicklungen für die meisten Altgeräte nicht möglich waren. Gemäß meiner Erfahrungen wurden damals fast 40 % aller Entwicklungsressourcen über fast ein Jahrzehnt von Firmen dafür aufgewendet, um CE-konforme Neuprodukte oder Nachentwicklungen durchzuführen.

Es ist bemerkenswert, dass auch heute, nach mehr als 25 Jahren der Einführung das CE-Zeichen bei manchen kleineren Firmen die CE-Kennzeichnung immer noch ein mitunter großes Problem darstellt und nicht zur Routine geworden ist.

Ich kann nur jedem Unternehmen dringend empfehlen, diese CE-Richtlinien bezüglich ihrer gesetzlichen Auswirkungen strikt einzuhalten! Weiterhin sei gesagt, dass man sich auch international, wie z. B. in China, Indien, usw., mittlerweile an den EU-Richtlinien orientiert und ähnliche angepasste EMV-Richtlinien länderspezifisch eingeführt hat.

Aufgrund der Brisanz der CE-Kennzeichnung seien hier noch einmal vertiefende Ausführungen zu dem in der (Automatisierungs-) Industrie so wichtigen Thema erläutert.

Bereits in den achtziger Jahren begannen die Gremienarbeiten zur EMV [1–3]. Die erste EMV-Richtlinie wurde bereits 1989 unter der Nummer 89/336/EWG[4] veröffentlicht. Diese wurde durch die Richtline 2004/108/EG ersetzt, die bis 19.04.2016 Geltung hatte. Sie wurde durch die 2014/30/EU abgelöst [4, 5].

Die EMV (Elektromagnetische Verträglichkeit) oder engl.: EMC (ElectroMagnetic Compatibility) der Messgeräte (ganz allgemein von Produkten im Haushalt und in der Industrie) betrifft die Ein- und Abstrahlung von elektromagnetischen Wellen und deren Störverhalten im Wechselspiel mit anderen Geräten.

3.1.3 CE-Kennzeichnung

Die Harmonisierung der EMV-Richtlinien war und ist seit ihren Anfängen ein zentrales und internationales Bestreben, nachdem es zunächst viele länderspezifische Richtlinien gab: Letztlich erfolgte im Jahr 1993 die Harmonisierung der Anforderungen für die CE-Kennzeichnung oder die CE-Konformität [5–8] als durchgängige Norm.

Der Begriff CE stand 1985 in vier von neun EG-Amtssprachen für Communauté Européenne, Comunidad Europea, Comunidade Europeia und Comunità Europea, auf Deutsch ‚Europäische Gemeinschaft' (EG).

Aus diesem Grunde wurde CE in den 1980er Jahren in Deutschland rechtsförmlich mit EG gleichgesetzt und das ursprüngliche „CE-Zeichen" hieß in Deutschland EG-Zeichen. Heute verbindet man mit dem CE-Zeichen in der Automatisierungstechnik und Industrieautomation schwerpunktmäßig die Einhaltung der EMV-Richtlinien, der Maschinenrichtlinie und der Niederspannungsrichtlinie.

Wie bereits ausgeführt, wurde die CE-Kennzeichnung bis 1993 noch „CE-Zeichen [9] genannt. Diese Bezeichnung wurde für alle bereits verabschiedeten Harmonisierungsrichtlinien eingeführt und führte durch die Richtlinie 93/68/EWG[10] vom 22. Juli 1993 zur Änderung der Richtlinie 89/336/EWG (elektromagnetische Verträglichkeit) von 1989.

Mit Einführung der CE-Kennzeichnung, erklärt der Hersteller und Inverkehrbringer oder der EU-Bevollmächtigte, gemäß der Verordnung 765/2008 [11], dass das Produkt den geltenden gesetzlichen Anforderungen genügt, die in den Harmonisierungsvorschriften festgelegt sind. Seit 1994 wird das CE-Zeichen auf Produkte aufgebracht. Seit 2009, mit Inkrafttreten des Vertrages von Lissabon bestätigt der Hersteller, dass das Produkt den geltenden europäischen Richtlinien entspricht [12].

Die CE-Kennzeichnung beinhaltet aber weit mehr als nur die EMV. Im Folgenden seien deshalb auch einmal die Teilgebiete aufgeführt, auf welche die Richtlinie 93/68/ EWG [12] innerhalb der Automatisierungstechnik Einfluss nimmt:

- 2006/42/EG (Maschinen)87/404/EWG (einfache Druckbehälter)
- 87/404/EWG (einfache Druckbehälter)
- 73/23/EWG (elektrische Betriebsmittel zur Verwendung innerhalb bestimmter Spannungsgrenzen) (veröffentlicht im ABl. EG Nr. L 220/1 vom 30. August 1993).
- 91/263/EWG (Telekommunikationsendeinrichtungen)
- 90/396/EWG (Gasverbrauchseinrichtungen)
- 89/686/EWG (persönliche Schutzausrüstungen)
- 92/42/EWG (mit flüssigen oder gasförmigen Brennstoffen beschickte neue Warmwasserheizkessel) und
- 89/106/EWG (Bauprodukte)

Für Hersteller von Messtechnik für die Automatisierung kommen für die CE-Konformität erfahrungsgemäß insbesondere die folgenden Gesetzte oder Richtlinien in Betracht [10, 11]:

- EMVG Gesetz über die elektromagnetische Verträglichkeit von Geräten und ortsfesten Anlagen und Systemen. Das sind Produkte, die elektromagnetische Störungen verursachen können oder die durch elektromagnetische Störungen beeinträchtigt werden
- Elektro- und Elektronikgeräte-Stoff-Verordnung (ElektroStoffV); hier handelt es sich um Geräte für den Betrieb mit Wechselspannung von bis zu 1000 V oder Gleichspannung, die bis maximal 1500 V ausgelegt sind.
- RoHS-Richtlinie 2011/65/EU[13] der EU zur Beschränkung der Verwendung bestimmter gefährlicher Stoffe in Elektronik und elektrischen Geräte in deutsches Recht umgesetzt. Diese Richtlinien sind gesetzlich zwingend einzuhalten! Viele Firmen waren in diesem Zusammenhang mit der Einführung des bleifreien Lötens konfrontiert. Dies ist auch heute ein noch durchaus aktuelles Problem in kleineren Firmen
- Verordnung zur Produktsicherheit (1.ProdSV)
- Produktsicherheitsgesetz (ProdSG), welches maßgeblich Einfluss auf die Befugnisse der Marktüberwachungsbehörden hat

Für die sachgerechte CE-Kennzeichnung sind folgende Schritte durchzuführen:

Schritt 1

Die Durchführung des Konformitätsbewertungsverfahren nach den Gesetzen und Verordnungen (vgl. § 3 Abs. 2 ElektroStoffV, § 17 EMVG, § 7 Abs. 2.1. ProdSV) [13]. Hier stellt der Hersteller sicher, dass sein Produkt den Anforderungen entspricht. Von der EU-Kommission gibt es den sogenannten Blue Guide (vom 9. Juli 2008) zur Umsetzung der Produktvorschriften.

Schritt 2
Die Ausstellung der EU-Konformitätserklärung, die für einen Zeitraum von mindestens 10 Jahren ab der Inverkehrbringung aufbewahrt werden muss.

Schritt 3
Die Anbringung des CE-Zeichens. Eine erfolgreiche Konformitätsbewertung wird an dem Produkt durch Anbringung des CE-Zeichens bestätigt (vgl. § 8 Abs. 2 S. 2 EMVG, § 7 Abs. 2. S. 2.1. ProdSV sowie § 12 ElektroStoffV).

Dabei ist zu beachten, dass das CE-Zeichen gesetzlich vorgeschrieben ist und somit keine freiwilligen Angaben des Herstellers sind.

Die CE-Kennzeichnung darf nur durch den Hersteller angebracht werden!

Eine Konformitätsbewertung muss allen einschlägigen rechtlichen Normen entsprechen und ist zwingende Voraussetzung für die CE-Kennzeichnung.

Die CE-Kennzeichnung erfordert keine Prüfungen durch externe Institutionen. Der Hersteller muss jedoch sicherstellen, dass seine gemachten Messungen der Wahrheit entsprechen und eindeutig zu jeder Zeit bei evtl. Kontrollen reproduzierbar sind!

Tab. 3.1 zeigt zusammenfassend aus meiner Sicht und Erfahrung ein typisches Formblatt zur EMV-Prüfung, mit den in der Automatisierung und Messtechnik notwendigen Normen. Generell ist für die elektromagnetische Verträglichkeit die Richtlinie 89/336/EWG[10] maßgeblich.

- Leitungsgebundene Abstrahlung, EN 55011 [14]
- Störaussendung 30 MHz-1 GHz, EN 55011 [15]
- Oberwellenströme, EN 61000-3-2 [16]
- ESD, EN 61000-4-2 [17]
- HF-Feld, EN 61000-4-3 [18]
- Burst (schnelle Transienten), EN 61000-4-4 [19]
- Surge (Stoßspannungen), EN 61000-4-5 [20]
- Leitungsgeführte Hochfrequenz asymmetrisch, EN 61000-4-6 [21]
- Magnetfeld, EN 61000-4-8 [22]

3.1.4 CE-Kennzeichnung und Funkzulassung

Da wir später bei den Kommunikationsprotokollen und -vernetzungen noch auf WLAN, Bluetooth und WirelessHART zu sprechen kommen, sei bereits an dieser Stelle das Thema Funkzulassung im Zusammenhang mit der CE-Zulassung erläutert, die eine weitere nicht zu unterschätzende Anforderung stellt. Dies gilt insbesondere unter dem Aspekt der Industrietauglichkeit in der Automatisierungstechnik.

Für die Funkzulassung [23] ist zunächst die CE-Konformität notwendig, d. h. nur wer die CE-Richtlinien erfüllt, darf seine Geräte für die drahtlose Übertragung zulassen.

Tab. 3.1 EMV-Prüfrichtlinien in der Automatisierung – Ein Teil der CE-Konformität

PRÜFPLAN Nr.	**Gerät**	**Serien-Nr.**	**Prüfphase** □ □ □ Num. offen beendet			**Ort, Datum**			
			Prüfung bestanden			Erläuterung der Messergebnisse		Nachprüfung bestanden	
Prüfungskriterien		**Norm EN ...**	nicht zutr.	ja	nein	Fehlerbeschreibung	notwendige Änderung	ja	verantwortlich
Leistungsgebundene Abstrahlung	Klasse A	55011[14]	□	■	□			□	
Störaussendung 30 MHz-1GHz, 2 GHz, 3 GHz	Kriterium A	55011[14]	□	■	□			□	
Oberwellenströme	Kriterium A	61000-3-2[15]	■	□	□			□	
ESD 4 kV Kontaktentladung	Kriterium A		□	■	□			□	
8 kV Luftentladung	Kriterium A	61000-4-2[16]	□	■	□			□	
HF Feld (AM modulierte Strahlung) 0,0 80 GHz-1 GHz → 10 V/m; bis 2 GHz → 3 V/m; -2,7 GHz → 1 V/m	Kriterium B	61000-4-3[17]	□	■	□			□	
Burst (schnelle Transienten) 2 kV auf Wechsel & Gleichspannungsleitungen	Kriterium B	61000-4-4[18]	□	■	□			□	
1 kV auf Eingangs- & Ausgangsleitungen	Kriterium B		□	■	□			□	
Surge (Stoßspannungen) Wechsel- & Gleichspannungsleitungen 1 kV Leitung gegen Erde	Kriterium B		■	□	□			□	
2 kV Leitung gegen Leitung	Kriterium B	61000-4-5[19]	□	□	□			□	
Ein- /Ausgangsleitungen (>30 Ohm) 1 kV Leitung gegen Erde	Kriterium B		□	■	□			□	
Leitungsgeführte Hochfrequenz asymmetrisch 3 V auf Wechsel- & Gleichspannungsleitung	Kriterium A	61000-4-6[20]	□	■	□			□	
3 V auf Ein-/Ausgangsleitungen (>3m)	Kriterium A		□	■	□			□	
Magnetfeld (50/60 Hz → 30 A/m)	Kriterium A	61000-4-8[21]	□	■	□			□	

Für den Vertrieb von Funkanlagen und/oder -geräte ist die EU-Richtlinie 2014/53/EU [5] maßgeblich. Diese Richtlinie wir durch das Funkanlagengesetz (FuAG) [23] in deutsches Recht umgesetzt. Dieses Gesetz wiederum betrifft Funkgeräte oder Funk-Systeme, die bestimmungsgemäß Funkwellen für drahtlose Kommunikation ausstrahlen und/oder empfängen. Darunter fallen auch Antennen und weiteres Zubehör (vergl. § 3 Abs. 1 Nr.1 und Nr. 2 FuAG) [24].

Es gibt viele länderspezifische Funkzulassungen. Die Zertifizierungsvorschriften und -standards variieren von Land zu Land und erfahren häufig Änderungen. In allen Ländern müssen im Bereich Funktechnologie Zertifizierungen eingeholt werden. Es gibt heute Firmen wie Cetecom [25], [26] oder 7Layers [27], die diese Funkzulassungen weltweit durchführen. Es sei gesagt, dass dies mit erheblichen Kosten für den Hersteller verbunden ist.

Voraussetzung für eine Funkzulassung ist jedoch, wie bereits gesagt, die nachgewiesene CE-Konformität speziell im Bereich der elektromagnetischen Verträglichkeit.

Es ist leicht einzusehen, dass hier eine große Komplexität vorhanden ist, die in einer gewissen Abhängigkeit der Messungen untereinander zu sehen ist.

Mit zunehmend komplexer werdender Hardware, höheren Datenraten, wachsenden Software-Applikationen, größerer Miniaturisierung und höherer Leistungsfähigkeit der Elektronik (DSP, FPGA, System-on-Chip usw.), Echtzeitanforderungen, Programmierhochsprachen (Assembler, Fortran, C++, C Sharp, STEP 7), dynamischeren Systemen sowie Echtzeitsystemen erhöht sich zwangsläufig der Entwicklungsaufwand für die elektromagnetische Verträglichkeit, die mich über mein gesamtes Berufsleben in vielen Facetten hinweg begleitete und bei Entwicklungen immer ein kritischer Punkt war.

3.1.5 Schutzarten IP

Neben der elektromagnetischen Verträglichkeit (EMV) ist bei der Verlagerung von Geräten aus dem Labor hinaus in die Fabrik oder den Prozess die Robustheit bezüglich Umgebungs- und Umweltbedingungen von entscheidender Tragweite. Dabei müssen Geräte bei Temperatur- und Feuchtigkeitsschwankungen ebenso ihre Messgenauigkeiten und Robustheit beibehalten wie bei korrosiven Umgebungen, z. B. chlorhaltiger Luft in galvanischen Betrieben. Auch die UV-Strahlung ist bei im Freien aufgestellten Geräten nicht zu unterschätzen, denn so manches Kunststoffgehäuse ist den Strahlungseinflüssen nicht gewachsen, indem es rasch ausbleicht und spröde wird.

Es sei explizit darauf hingewiesen, dass insbesondere in der Analysenmesstechnik viele dieser aufgeführten Bedingungen und Gegebenheiten zu großen Verzögerungen der Sensormessstellen vom Labor hinaus in die Automatisierungsumgebungen führten.

Je weiter man in der Komplexitätspyramide gemäß Abb. 3.1 nach oben geht, desto höher werden die Anforderungen an die Geräte und die Zertifizierungen nehmen zu.

Dabei spielen die Schutzarten IPxy (International Protection) [28], die Zertifizierung für explosionsgefährdete Umgebungen und die Betriebssicherheit (SIL: Safety Integrity Level) eine wesentliche Rolle. Da diese Kriterien seit mehr als 50 Jahren eine immer wesentlichere Rolle in der Automatisierungstechnik spielen, möchte ich hier ein paar Ausführungen dazu machen. Insbesondere möchte ich diese unter dem Aspekt beleuchten, dass die Entwicklung umso aufwendiger wird, je höher man die Anforderungen definiert.

Die Schutzarten sind nach DIN EN 60529 [29] eingeteilt. Für die Schutzart steht IPxy.

‚x' steht für den Schutz gegen Fremdkörper und Berührung, ‚y' steht für den Schutz gegen Wasser.

Kurz beschrieben gibt die Schutzart die Einsatzmöglichkeiten von Messtechnikprodukten für verschiedene Umgebungsbedingungen in allen Industrien an. Sie sind aber auch gleichzeitig ein Maß für den Schutz des Menschen. Generell gibt es Schutzarten von IP00 bis IP69K.

War man im Labor vielerorts noch mit der Schutzart kleiner als IP40 zufrieden, wurden bereits in den 70er Jahren in der Automatisierungstechnik die Schutzarten IP54 und IP65 sehr schnell zur gängigen Anforderung.

Das lag vor allem daran, dass beispielsweise im Prozess (Umwelt) die Geräte zum Teil in der freien Umgebung oder wie auch beispielsweise in galvanischen Betrieben in korrosiver Umgebung eingesetzt wurden.

Vom Labor in die Fabrik oder in den Prozess bedeutete aber in der Regel: Staubschutz, Spritzwasserschutz, Korrosionsbeständigkeit.

Die Materialeigenschaften der Gehäuse von Messgeräten wurden zum zentralen Thema: Nicht jeder Kunststoff vertrug die Sonne und bleichte, wie oben bereits erwähnt, durch die UV- Strahlung aus. Nicht jeder Edelstahl war unter gewissen Umwelteinflüssen und Umgebungen in der Fabrik gegenüber Rost resistent.

Ein typisches Beispiel hierfür ist: In der Galvanik für die Steckerbeschichtung (z. B. Gold (Au) auf Palladium (Pd) auf Kupfer (Cu), kurz: Au/Pd/Cu) und Kabelherstellung oder Lackierstraßen im Automotive sind Korrosion, bedingt durch Säuren (Chlorhaltige Luft), Laugen, Öle, Feuchte, Wasser, Dämpfe und unterschiedliche Temperaturen, zentrale Themen. Messwertumformer, Sensoren und Automatisierungskomponenten mussten für den Feldeinsatz gegenüber diesen Einflüssen resistent gemacht werden, was enorme Entwicklungsanstrengungen mit sich zog.

Weitere Faktoren, gegen welche die Geräte geschützt werden mussten, waren das Eindringen von Fremdkörpern und Staub oder die mechanische Beanspruchung durch Stoßeinwirkungen.

Im Zuge der Automatisierungstechnik behalf man sich vor allem in den Anfängen oft damit, die Messgeräte mit geringer Schutzart (kleiner oder gleich IP40) in entsprechende Schaltschränke einzubauen, die eine höhere Schutzart (z. B. größer oder gleich IP54) hatten. Doch dies war nur als vorübergehende Lösung zu sehen. Unter dem Kostenaspekt und dem Platzbedarf waren entsprechend mit hohen Schutzarten vorhandene Geräte seit jeher bevorzugt, nur es fehlten die Mittel um diese preisgünstig herzustellen.

Deshalb war der Trend, die Messgeräte und Automatisierungskomponenten, z. B. Input/Output (I/O), SPS, Gateways, immer robuster und resistenter gegenüber allen Störeinflüssen zu entwickeln, nicht aufzuhalten.

Die Messstellen, insbesondere auch in der Analysenmesstechnik, mussten im Prozess immer näher an den Ort der Messungen installiert werden, um z. B. Sensoren mit möglichst kurzen Kabellängen zur Störeinflussreduzierung an den Messwertumformer anschließen zu können.

Ab 2000 mussten in der Analysenmesstechnik viele Messparameter gerade unter diesem Aspekt, falls möglich, nachentwickelt werden. Dabei muss auch gesagt werden, dass die Entwicklung einer speziellen Schutzart selbst wiederum unmittelbaren Einfluss auf das EMV-Verhalten hatte. Dabei galt die Regel: Je kürzer die analoge Verbindung zwischen Sensor und Auswerteelektronik war, umso weniger EMV Probleme gab es: Speziell die pH-Messtechnik litt unter diesem Problem bis ca. 2007 über Jahre hinweg (Hochohmige Messung). Ein weiteres Problem waren die Gehäuse, bezüglich Ein- und Abstrahlung. Oftmals werden heute immer noch Polymergehäuse innen metallisch bedampft oder die Schaltungen mit Alufolien umwickelt.

Ein weiterer Problemkreis ist, dass bei vielen Anwendungen in der Fabrikautomation und der Prozessmesstechnik Geräte und Systeme zunehmend unter immer härteren Umweltbedingungen noch sicherer und genauer arbeiten müssen.

Bezüglich ihres Einsatzbereiches für verschiedene Umgebungsbedingungen in der Fabrik und im industriellen Prozess werden Messwertumformer und Systeme (elektrische Betriebsmittel) mit entsprechenden Schutzarten IPxy ausgewiesen.

Normierung der IP-Schutzarten

Für die IP-Codes gibt es verschiedene deutsche und internationale Normen. Für in der Automatisierungstechnik einsetzte Produkte ist die DIN EN 60529 (VDE 0470-1):2014-09 Schutzarten durch Gehäuse (IP-Code) (IEC 60529:1989+A1:1999+A2:2 013); Deutsche Fassung EN 60529:1991+A1:2000+A2:2013, früher VDE 0470-1 von Bedeutung [30, 31].

Es gibt beliebig viele gültige Normen. Sie haben jedoch unterschiedliche Änderungsstände und Detaillierungsgrade. Deshalb ist bei der Angabe einer IP-Schutzangabe wichtig, die Bezugsnorm und das Datum der Veröffentlichung anzugeben. Da es hier beliebig viel Literatur gibt sei auf weitere Ausführungen verzichtet.

Tab. 3.2 zeigt tabellarisch die unterschiedlichen Schutzarten.

Im Hinblick auf die Automatisierung sei hier im Weiteren lediglich auf die interessierende Nomenklatur eingegangen. Es gibt die ISO 20653- und die EN 60529-Normenklatur, die im Wesentlichen übereinstimmen [29]. Die ISO verwendet in der ersten Stelle (x) 5 K und 6 K gegenüber der EN Norm mit 5 und 6, sowie in der zweiten Stelle (y) 9 K für Hochdruck und Dampfstrahlreinigung. Dampfstrahlanwendungen kommen beispielsweise in der Lebensmittelindustrie oder Pharmazie vor.

Es gibt wahlweise eine 3. und 4. Stelle in der Schutzart IPxyab, welche gefährliche und aktive Teile (a) bzw. Hochspannung sowie bewegte Teile und Wetterbedingungen (b) mit einbezieht. Diese kommen aber in der Automatisierungstechnik sehr selten vor und können in der Literatur nachgelesen werden.

An dieser Stelle sei auch noch einmal kurz zur Stoßfestigkeit etwas gesagt: Früher wurde als 3. Ziffer des IP-Codes in Frankreich teilweise die Stoßfestigkeit angegeben,

Tab. 3.2 Nomenklatur der Schutzarten x und y nach DIN EN 60529 [30]

	Schutzart IPxy			
x	Kennziffer x: Schutz gegen Fremdkörper und Berührung		y	Kennziffer y: Schutz gegen Wasser
	Schutz gegen Fremdkörper	Schutz gegen Berührung		
0	Kein Schutz	Kein Schutz	0	Kein Schutz
	Geschützt gegen Fremdkörper	Geschützt gegen den Zugang		Schutz gegen
1	Durchmesser >50 mm	Mit Handrücken	1	Tropfwasser
2	Durchmesser >12,5 mm	Mit einem Finger	2	Fallendes Tropfwasser, wenn Gehäuse bis 15 ° **geneigt ist**
3	Durchmesser >2,5 mm	Mit einem Werkzeug	3	Fallendes Sprühwasser, bis 60° gegen die Senkrechte
4	Durchmesser >1 mm	Mit einem Draht	4	Sprühwasser von allen Seiten
5	Staub in schädlicher Menge	Vollständiger Schutz geg. Berührung	5	Gegen Strahlwasser
6	Staubdicht	Vollständiger Schutz geg. Berührung	6	Starkes Strahlwasser
			7	Zeitweiliges Untertauchen
			8	Dauerndes Untertauchen
			9	Wasser bei Hochdruck u. Dampfstrahlreinigung

was heute nicht mehr häufig vorkommt. Vielmehr werden die Messtechnikgeräte nach Normen zur Vibrationsresistenz und Stoßfestigkeit (z. B. Postfalltest) entwickelt.

Mit Schwingprüfanlagen [32] sind grundsätzlich alle Arten von dreidimensionalen Schwingungsprüfungen möglich. Eigenschaften vieler elektronischer und mechanischer Baugruppen sind stark von der Umgebungstemperatur abhängig. Daher ist speziell in der Luft- und Raumfahrt sowie der Automobil- und Militärindustrie die kombinierte Prüfung von Schwingung und Klima vorgeschrieben. Prüfungen mit Kraftvektoren von 90 kN in Verbindung mit Frequenzen von 3 Hz bis 3000 Hz sind hier üblich.

Als häufige Schutzarten in der Fabrik- und Prozessautomation sind typischerweise IP54 und IP65, seltener IP67, gefordert. In Schaltschränken sind Geräte bis IP20 eingesetzt. Beim Automotive ist IP55 bis IP67 je nach Komponente gefordert. Bei Verwendungen im Katastrophenschutz, in der Wehrtechnik, offen zugänglichen Einbauorten und im Motorraum von Fahrzeugen wird IP66 bis IP69 verlangt. Teilweise sind auch Kombinationen der Schutzarten in Verwendung.

Abb. 3.3 veranschaulicht noch einmal, wie Geräte, die für den industriellen Einsatz für IP67 auszulegen sind, getestet werden. Gezeigt wird in der Abbildung der Staubtest

Abb. 3.3 IP65 Test eines Auswertegerätes Industrieumgebung-Staubdichtigkeit. (Quelle: © images courtesy of Hitachi High-Tech Corporation)

eines Gerätes für diese Schutzart. Hierzu wird das Gerät evakuiert, damit der Staub in das Innere des Gerätes gezogen wird, falls Undichtigkeiten vorhanden wären. Ansonsten ist der Staubbelag des Gerätes signifikant.

3.1.6 Explosionsgefährdete Umgebungen ATEX, FM, IECEx

Automatisierungen in der Prozessindustrie, z. B. Chemie, Petrochemie, Oil & Gas, Bergbau aber auch auf Kläranlagen (Applikationen im Faulturm) erforderten durch Verlagerung der Messstellen vom Labor in den Prozess in zunehmenden Maße Geräte, die mit entsprechenden Zertifizierungen in explosionsgefährdeten Umgebungen eingesetzt werden konnten. Für diese Anforderungen sind in der EU insbesondere die Richtlinien 2014/34/EU [33, 34] und 94/9/EG [35] von Bedeutung.

Das Thema Schutz gegen Explosion beschäftigte schon seit jeher den Menschen. Mit Verbringung der Messstellen vom Labor in das Feld und in die Fabrik wurde das Thema immer wichtiger.

Explosionen wie 1921 in Deutschland im Stammwerk der BASF in Ludwigshafen-Oppau, bei der 561 Menschen ums Leben kamen oder 2001 in Toulouse (Explosion von 300 t Ammoniumnitrat) machen die Notwendigkeit für den Ex-Schutz deutlich. Viele Organisationen beschäftigen sich weltweit mit dem Ex-Schutz sowohl technisch als auch von der Reglementierung und Gesetzgebungen her [35, 36].

Tab. 3.3 Internationale Institutionen für Ex-Zertifizierungen

ANSI	IEEE
ATEX	ISO
CCC	ITU
CENELEC	NEMA
Cml Ex	NIST
EAC Ex	SA US
EX	TIIS
ExNEPSI	TIIS Japan
FM Approved	UL
IECEx	GOST Russland

Automatisierungen, immer schneller werdende Prozesse, größere Produktionsvolumina in Chemie, Petrochemie, Oil & Gas, Bergbau aber auch im Umweltbereich auf Kläranlagen (Applikationen im Faulturm) und in der verarbeitenden Holz- und Textilindustrie erforderten durch Verlagerung der Messstellen in den Prozess in zunehmendem Maße in vielen Anwendungen den Explosionsschutz.

Seit den 70er Jahren mussten somit Messgeräte zunehmend für explosionsgefährdete Umgebungen sowie erhöhte umwelttechnische Anforderungen entwickelt und entsprechend gekennzeichnet werden.

ATEX, IEC (Europäischer Explosionsschutz nach Richtlinie 2014/34/EU) [33], FM (amerikanischer Explosionsschutz), CSA (kanadischer Explosionsschutz), UL, CSA GP (amerikanische und kanadische Sicherheitsanforderungen für Geräte), NEPSI (chinesischer Explosionsschutz) und TIIS (japanischer Explosionsschutz) sind heute gängige geforderte Ex-Zertifizierungen, nach denen Geräte geprüft werden müssen, um die Genehmigung zum Einsatz in explosionsgefährdeten Umgebungen zu erhalten.

Tab. 3.3 zeigt einige der wichtigsten Zertifizierungen [37], verdeutlicht aber auch die globale Vielfalt. Da in der Regel alle Zertifizierungen mehr oder weniger Unterschiede aufweisen, müssen sie die Geräte länderspezifisch entwickelt und zertifiziert werden. Hinzukommt, dass auch entsprechende Produktionen und Standorte zertifiziert werden müssen. Alles zusammen kostet heute globalen Herstellern erhebliche Summen an Geld pro Jahr. Ich selbst habe damit reichlich Erfahrungen gesammelt: Kosten für diese Art von Zertifizierungen und Rezertifizierungen sind immer ein wichtiger und beachtlicher Budgetposten. Beispielsweise musste unsere Fabrik in USA quartalsweise bezüglich FM rezertifiziert werden.

Seit dem 30. Juni 2003 dürfen in der EU nur solche Geräte, Komponenten und Schutzsysteme für die Verwendung in explosionsgefährdeten Bereichen in den Verkehr gebracht werden, die der ATEX-Produktrichtlinie entsprechen. Bis zum 20. April 2016 war dabei noch die Richtlinie 94/9/EG (auch inoffiziell als ATEX 95 bezeichnet) gültig.

Prinzipiell werden 3 Klassen zum Explosionsschutz [38, 39] unterschieden:

- Primärer Explosionsschutz zur Vermeidung einer explosionsfähigen Atmosphäre
- Sekundärer Explosionsschutz ist die Vermeidung wirksamer Zündquellen, wie z. B. Blitzschlag, Flammen, Potentialunterschiede, elektromagnetische Aufladung usw.
- Tertiärer Explosionsschutz bedeutet Auswahl von geeigneten Betriebsmitteln zur Reduzierung der Explosionsgefahr auf das Minimum

Weiterhin werden gemäß [40] die explosionsgefährdeten Umgebungen in 3 Zonen unterteilt:

- Zone 0 (Chemie, Petrochemie, Oil & Gas): Es ist eine explosionsfähige Atmosphäre aus Luft und brennbaren Gasen, Dämpfen oder Nebeln ständig oder über eine längere Zeit (>50 % während des Betriebes) vorhanden
- Zone 1 (häufigster Ex-Schutz in nahezu allen Branchen): Es ist gelegentlich eine explosionsfähige Atmosphäre als Gemisch aus Luft und brennbaren Gasen, Dämpfen oder Nebeln vorhanden. Maßgeblich ist eine Zeitdauer von 30 min Jahr aber geringer als 50 % des Betriebes oder gelegentlich
- Zone 2 (ist die Regel): Im Normalbetrieb tritt eine gefährliche explosionsfähige Atmosphäre als Gemisch von Luft und brennbaren Gasen sowie Nebeln nicht auf

Tab. 3.4 veranschaulicht die Einteilung in Ex-Zonen (explosionsgefährdete Zonen).

Im Laufe der globalen Industrialisierung und der Automatisierung entwickelten sich zwei wesentliche Richtungen: Der Ex(d)-Schutz und der Ex(i)-Schutz.

Der Ex(d)-Schutz (engl.: explosion proof) wird hauptsächlich in Amerika (USA) angewendet. Die Funktionsweise beruht darauf, dass eine Explosion, die im Innern eines

Tab. 3.4 Einteilung in Ex-Zonen mit Wahrscheinlichkeit ihres Gefährdungspotenzials [40]

Brennbare Stoffe	Einstellung explosionsgefährdeter Bereiche	Geräte-gruppe	Gerätekategorie für Ex-Atmosphäre	Auftretende Wahrscheinlichkeit
	Zone 0	II	1G	Ständig oder häufig
Gase & Dämpfe	Zone 1	II	1G oder 2G	Gelegentlich
	Zone 2	II	1G oder 2G oder 3G	Wahrscheinlich nicht
Stäube	Zone 20	II	1D	Ständig oder häufig
	Zone 22	II	2D oder 3D	Wahrscheinlich nicht

Gehäuses entsteht, nach außen hin keine Wirkung zeigen darf. Dick gepanzerte Gehäuse und Verkabelungen waren die Folge.

Der Ex(i)-Schutz ‚Eigensicherheit' (engl.: Intrinsical Safe), wird schwerpunktmäßig in Europa angewendet. Es handelt sich um eine Elektronikdesign-Maßnahme.

Während meiner Laufbahn erlebte ich, wie sehr die unterschiedlichen Technologien Paradigmen in den jeweiligen Erdteilen waren. Es war in den Anfängen fast unmöglich in USA ein Gerät mit Ex(i) Schutz zu verkaufen. Letztlich mussten wir als globaler Player der Messtechnik die Entwicklungen für beide Schutzarten durchführen und zulassen, was eine sehr kostspielige Angelegenheit war.

Die Eigenschaften für Ex-Geräte gemäß PTB (*Physikalisch-Technische Bundesanstalt)* [41, 42] sind:

- betriebsmäßige Funken erlaubt
- Arbeiten unter Spannung möglich
- Begrenzung von Strom und Spannung
- Begrenzung von inneren und äußeren
- Induktivitäten und Kapazitäten
- Begrenzung der max. Oberflächentemperatur
- Begrenzung der max. Bauteiletemperaturen

Die Geräte müssen den Normen EN 60079-0 (allgemeine Anforderungen) und EN 60079-11 (Geräteschutz durch Eigensicherheit) [43] genügen.

Es ist zu bemerken, dass die in USA (NEC-Richtlinie, National Electrical Code) und Europa (ATEX-Richtlinie) angewendeten Normen und gesetzlichen Vorgaben unterschiedlich sind.

Der beste Eindruck, wie vielfältig dieses Thema ist, lässt sich aus einem Beispiel der Kennzeichnung in Abb. 4.4 erkennen.

Die Kennzeichnung von Geräten für den Betrieb in explosionsgefährdeten Bereichen erfolgt nach ATEX-Produktrichtlinie 2014/34/EU (siehe oben), Anhang II,1.0.5. Auch hier spielt die CE-Kennzeichnung wiederum eine Rolle.

Die in Abb. 3.4 angegebene Kennzeichnung setzt sich wie folgt zusammen:

- CE-Zeichen
- 0102 steht die Physikalisch-Technische-Bundesanstalt (PTB)
- ‚Ex-Zeichen' ATEX-Logo für Explosion
- Gerätegruppe ‚I' für Bergbau, ‚II' für alle anderen explosionsgefährdeten Bereiche
- Kategorie gemäß Definition in ATEX-Richtlinie 2014/34/EU: 1G, 2G, 3G, 1D, 2D, 3D.Der Buchstabe „G" steht für Gas, „D" für Staub, jeweils 3 Level. 1G bedeutet sehr hohes Maß an Sicherheit für die Ex-Atmosphäre Gas
- Kennzeichnung entsprechend der angewendeten Normen ‚EEx'. Die Normen EN 50.014 und EN 60079-0 wurden bis 12/2004 mit ‚EEx' abgekürzt. Mit der Übernahme der IEC-Norm als EN-Norm wurde nur noch ‚Ex' verwendet

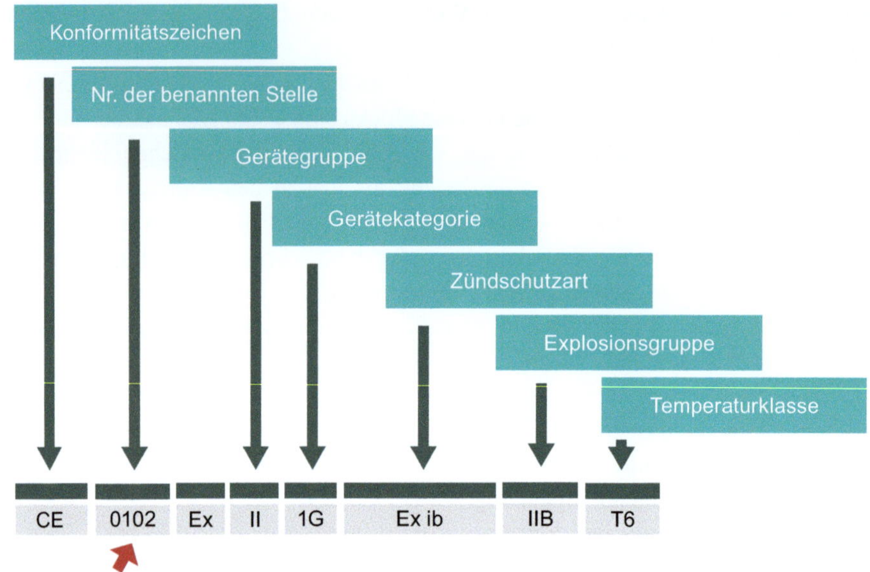

Abb. 3.4 ATEX-Nomenklatur nach 2014/34/EU [4]

- Zündschutzart, z. B. ‚i' ‚ia/ib/ic', ‚e', ‚m', ‚d' usw., Ex ib bedeutet Eigensicherheit für Zone 1 und Zone 2
- IIB bedeutet Geräte zur Verwendung in explosionsgefährdete Staub- und Gasatmosphären
- Temperaturklasse T6 bedeutet max. Oberflächentemperatur bis 85 °C

Die Zündschutzarten, mit denen ich in der Automatisierungstechnik zu tun hatte, sind in Tabelle Tab. 3.5 zusammengefasst. Am häufigsten begegneten mir bei den Entwicklungen jedoch die Schutzklassen i, d, m, e, o.

Tab. 3.6 zeigt ergänzend die unterschiedlichen maximalen Oberflächen-Temperaturklassen, die bei den Ex-Bereichen zu berücksichtigen sind. Am häufigsten fand ich in der Automatisierungstechnik die Temperaturklase T4 und T6 für Zone 0 und Zone 1 vor. In vereinzelten Fällen, besonders in der Chemie, fand ich auch die Temperaturklasse T3 vor. Die Temperaturklasse T5 kommt so gut wie nicht vor.

Alle Geräte für Zone 1 und Zone 0 müssen explizit auf dem Typenschild ausgewiesen werden.

Es muss gesagt werden, dass bei allen elektronischen Schaltungsentwicklungen für die Ex-Fähigkeit nach wie vor auch die EMV vollumfänglich erhalten bleiben muss. Ein Sachverhalt, der bei allen Entwicklungen für den explosionsgeschützten Bereich meistens zu zusätzlichen Entwicklungsschleifen von Optimierungen führt.

Tab. 3.5 Verschiedene Zündschutzarten [36, 37]

i	Eigensicherheit (Intrinsic safe)	Die Versorgung der Elektronik wird über eine Sicherheitsbarriere geführt, die Strom und Spannung so begrenzt, dass eine Mindestzündenergie und Zündtemperatur nicht erreicht werden kann Ex ia für Zone 0 und 1, Ex ib für Zone 1 und 2. Die in Europa häufigtse Zertifizierung
d	Druckfeste Kapselung (explosion proofed)	Zündungsauslösende Komponenten sind in einem Gehäuse eingebaut, das dem Explosionsdruck standhält und keine Explosion nach außen ermöglicht. Die in USA häufigtse Zündschutzart
o	Flüssigkeitskapselung	Teile der elektrischen Betriebsmittel, von denen eine Zündung ausgehen könnte sind meistens mit Öl umgeben. Siehe hierzu Röntgenröhren mit Hochspannungskaskade bei Schichtdickenmessgeräten
m	Vergusskapselung (encapsulation)	Mögliche Zündquellen der Elektronik sind so vergossen, dass ein Lichtbogen nicht auftreten kann. Siehe Memosens-Elektronik von Endress + Hauser und SMARTPAT-Elektronik von KROHNE
t	Schutz durch Gehäuse	Nur für Staub-Explosionsschutz. Sichere Abdichtung von Gehäusen nach EN60529
c	Konstruktive Sicherheit	Nur für nichtelektrische Geräte. Konstruktion ist so angelegt, dass durch mechanische Fehler kein Zündfunken entstehen kann
e	erhöhte Sicherheit	Funken, Lichtbogen oder Temperaturen, die als Zündquellen dienen könnten, werden durch Zusatzmaßnahmen verhindert
p	Überdruckkapselung	Das Gehäuse ist mit Zündschutzgas gefüllt. Überdruck verhindert das Eindringen von Gasgemischen zu möglichen Zündquellen im Innern des Gehäuses

Tab. 3.6 Einteilung Temperaturklassen bei Ex-Anwendungen [35, 40]

Temperatur- klasse	Maximale Temperatur (Oberfläche)	Typische Chemikalien
T1	**450°C**	Wasserstoff, Propan, Methan, CO
T2	**300°C**	Acetylen, Cyclohexan
T3	**200°C**	Schwefelwasserstoff
T4	**135°C**	Diethylether, Acetaldehyd
T5	**100°C**	Kaum angewendet
T6	**85°C**	Schwefelkohlenstoff

Ein weiterer kritischer Punkt bei allen elektronischen Entwicklungen für explosionsgefährdete Umgebungen ist der Verguss der Elektronik. Dabei spielt insbesondere der Miniaturisierungsgrad der Elektronik eine bedeutende Rolle: Nicht jeder Verguss ist für die Baugruppe Leiterplatte und Elektronik sowie Gehäuse geeignet. Zu berücksichtigen sind hierbei die Umweltbedingungen. Meiner Erfahrung gemäß verlangt es sehr viel Knowhow aber auch Fingerspitzengefühl, um beispielsweise zu vermeiden, dass bei gewissen geforderten Temperaturen die Bauteile durch die Expansion des Vergusses von der Leiterplatte gerissen werden oder die Feuchte zwischen Leiterplatte und Verguss kriechen kann.

Oft ist man aus den oben genannten Gründen zu einem zweischichtigen Verguss gezwungen, dessen Verträglichkeit untereinander eine weitere Herausforderung bezüglich Temperatur und Ausdehnungskoeffizienten ist.

Alle diese zum Teil leidlichen Erfahrungen habe ich bei einem der führenden Hersteller von Analysemesstechnik schon vor ca. 20 Jahren machen müssen. Letzten Endes ist ein Ex-fähiges Design im Zusammenhang mit der EMV eines Messgerätes immer ein ‚Trial und Error'-Vorgehen!

In Hinblick auf die Automatisierung (Kap. 5), gibt es drei voll Ex-taugliche Feldbusse:

- 4…20 mA HART
- PROFIBUS PA
- FF H1

Diese werden wir noch eingehend in den Abschn. 5.13 und 5.14 erläutern. Neuerdings gibt es auch Ethernet-APL (Advanced Physical Layer) von Pepperl+Fuchs für explosionsgefährdete Umgebungen, das in den kommenden Jahren sicher eine große Rolle spielen wird.

3.1.7 Funktionale Sicherheit oder SIL – Safety Integrity Level

Bei zunehmender Instrumentierung und Automatisierung der Anlagen in der Fabrik wie auch im Prozess rückte die Anlagensicherheit und somit die Produktsicherheit immer mehr in den Vordergrund. Seit ungefähr dem Jahr 2000 wurde zunehmend die Funktionale Sicherheit oder SIL-Zulassung (Safety Integrity Level) von Messgeräten nach IEC 61508 [44] /IEC 61511 [45] gefordert. Sie wird auch als Sicherheitsstufe oder Sicherheits-Integritätslevel bezeichnet.

SIL dient laut den genannten Normen zur Beurteilung von elektrischen, elektronischen sowie programmierbaren elektronischen Systemen hinsichtlich der Zuverlässigkeit von Sicherheitsfunktionen. Aus dem angestrebten Level ergeben sich die für die angestrebte Sicherheitsstufe die Konstruktionsprinzipien sowie Hardware- und Software-Anforderungen, die eingehalten werden müssen, damit das Risiko einer Fehlfunktion minimiert werden kann.

Tab. 3.7 zeigt die SIL-Anforderungen in tabellarischer Form.

Entsprechend meiner Erfahrungen lag der Fokus der Entwicklung von SIL-Geräten zunächst wieder auf den physikalischen Parametern wie Durchfluss, Füllstand, Druck und Temperatur. Bereits 2003/2004 brachten bekannte Hersteller von Messtechnik und Automatisierungskomponenten ihre Produkte für die physikalischen Parameter mit SIL 2 Zertifizierung auf den Markt.

Tab. 3.7 SIL-Level gemäß IEC 61508/IEC 61511 [44, 45]

SIL Level	Ausfall- wahrscheinlichkeit	Risikoreduktionsfaktor	Wahrscheinlichkeit eines Fehlers pro Stunde	Mittlere Zeit zwischen zwei Fehlern in Stunden (MTBF)	Mittlere Zeit zwischen 2 Fehlern in Jahren (MTBF)	Ein (1) gefährlicher Ausfall
1	10 %–1 %	10–100	10^{-5} bis 10^{-6}	10^5 bis 10^6	Ca. 11 bis 114	in ca. 1 Jahr
2	1 %–0,1 %	100–1000	10^{-6} bis 10^{-7}	10^6 bis 10^7	Ca. 114 bis 1142	in ca. 10 Jahren
3	0,1 %–0,01 %	1000–10.000	10^{-7} bis 10^{-8}	10^7 bis 10^8	Ca. 1142 bis 11.416	in ca. 100 Jahren
4	0,01 %–0,001 %	10.000–100.000	10^{-8} bis 10^{-9}	10^8 bis 10^9	Ca. 11.416 bis 14.155	in ca. 1000 Jahren

Die Analysenmesstechnik folgte zeitlich gesehen erst später und brachte die ersten SIL 2 zertifizierten Messgeräte und Sensoren ab 2007/2008 heraus. Sehr bald folgten für Druckgeräte SIL 3 zertifizierte Produkte. Mittlerweile ist SIL 4 in der Prozessmesstechnik im Fokus. Es zeigt, welche hohen Anforderungen bezüglich Sicherheit gestellt werden. Meine Erfahrungen beruhen auf der Entwicklung von SIL 2 Geräten, die für die kritischen Bereich eine mehrfache Hardware- und SW- Redundanz erfordern.

Es bleibt festzuhalten, dass alle diese Anforderungen einen erheblichen Entwicklungsmehraufwand und dementsprechend Mehrkosten gegenüber früheren Produktentwicklungen bedeuteten.

Insbesondere sind gemäß Anforderungen bei SIL-Entwicklungen die EntwicklungsDokumentationen extrem aufwendig: Die Entwicklung eines Zweidraht-Messwertumformers in der Analysenmesstechnik für eine SIL 2 Zertifizierung betrug ungefähr die doppelte Zeit gegenüber ohne SIL-Zertifizierung.

Zum damaligen Zeitpunkt waren wir auf Grund der Neuheit des Themas gezwungen externe Berater hinzuziehen, da die neue Thematik alle bisher praktizierten Entwicklungsmodelle, wie z. B. das V-Modell als Entwicklungsstandard [46] außer Kraft setzten und niemand mit SIL vertraut war. Es war eine intensive Lernkurve. Zertifizierungen für SIL und explosionsgefährdete Umgebungen (Ex) sind prinzipiell nur durch unabhängige Institutionen möglich.

Wie Tab. 3.3 zeigt, haben unterschiedliche Länder ihre länderspezifischen Zertifizierungen, die bei den Herstellern von SIL- und Ex-Geräten sehr viele Kosten verursachen. Jedes Land verstand es, eigene Anforderungen festzulegen und ein eigenes Geschäftsmodell zu definieren. Selbst große globale Mittelständler stöhnten um die Jahrtausendwende unter den hohen Entwicklungs- und Zertifizierungskosten. Dieselbe Problematik trifft im Übrigen auch bei den Feldbussen (Kap. 5) zu.

Nachdem wir in diesem Abschnitt sehr viel über die Problematik bezüglich von Anforderungen der zu entwickelnden Produkte ‚vom Labor ins Feld' erfahren haben, wenden wir uns im Kap. 4 dem seit 1985 angewendeten Modell für die Vernetzungstopologie in der Automatisierung zu, die unter dem Namen Automatisierungspyramide bekannt ist.

Literatur

1. Schwab, A.J., Kürner, W.: Elektromagnetische Verträglichkeit, 6., bearbeitete und aktualsierte Aufl. Springer, Berlin (2011). ISBN 978-3-642-16609-9
2. Williams, T.: EMC- Richlinien und deren Umsetzung. Elektor, Aachen (2000). ISBN 3-89576-103-6
3. European Standards. Harmonised Standards. Webseite der Europäischen Kommission. Abgerufen am 14. September 2015. https://ec.europa.eu/growth/single-market/european-standards/harmonisedstandards/. Zugegriffen: 2. Febr. 2021.
4. WEKA: Produktsicherheit, CE-Richtlinien 2014/53/EU, 2014/35/EU und 2014/30/EU. https://www.weka.de/produktsicherheit/ce-richtlinien-201453eu-201435eu-und-201430eu/. Zugegriffen: 6. Jan. 2021
5. Bundesnetzagentur: Inverkehrbringen von Produkten EU Richtlinie 2014/30/EU und 2014/53/EU. https://www.bundesnetzagentur.de/DE/Sachgebiete/Telekommunikation/Unterneh-men_Institutionen/Technik/InverkehrbringenvonProdukten/inverkehrbringenvonprodukten-node.html. Zugegriffen: 5. Jan. 2021
6. Europäische Kommission: The Blue Guide on the implementation of EU product rules, 2014, Abschnitt 4.5.1 („CE Marking"). Download (PDF). http://ec.europa.eu/DocsRoom/documents/4942/attachments/1/translations/en/renditions/native/. Zugegriffen: 23. Nov. 2020
7. Rose, G., Hohmann, E.: CE-Kennzeichnung. Ein Wegweiser für Unternehmen. DIHK, Berlin (2006)
8. Hahn, H.P.: CE-Kennzeichnung für Maschinen. Praxisleitfaden – Konformitätsbewertung und Zertifizierung. Beuth, Berlin (2001). ISBN 978-3-410-13293-6.
9. Beschluss Nr. 768/2008/EG des Europäischen Parlaments und des Rates vom 9. Juli 2008 über einen gemeinsamen Rechtsrahmen für die Vermarktung von Produkten und zur Aufhebung des Beschlusses 93/465/EWG des Rates (Text von Bedeutung für den EWR). In: Europäische Union (Hrsg.): Amtsblatt der Europäischen Union. 13. August 2008; europa.eu; https://eur-lex.europa.eu/legal-content/de/TXT/?uri=CELEX:32008D0768 {abgerufen am 16. Juni 2019}] Artikel R12, Absatz 3).
10. Bayerisches Staatsministerium für Wirtschaft, Infrastruktur, Verkehr und Technologie CE-Kennzeichnung. Merkblatt zur EU-Richtlinie 93/68/EWG; file:///C:/Users/Wolfgang%20Babel/Downloads/Merkblatt%20CE-Kennzeichnung%20(2).pdf. Zugegriffen: 5. Jan. 2021
11. Arbeitssicherheit.de:Verordnung (EG) Nr. 765/2008 des Europäischen Parlaments und des Rates vom 9. Juli 2008. https://www.arbeitssicherheit.de/schriften/dokument/0:3416923,1.html. Zugegriffen: 6. Jan. 2021
12. European Commission: Internal Market, Industry, EntrepreneurshIPand SMEs. https://ec.europa.eu/growth/single-market/ce-marking/manufacturers_en. Zugegriffen: 6. Jan. 2021
13. Bundesministerium der Justiz und Verbraucherschutz, Bundesamt für Justiz: Verordnung zur Beschränkung der Verwendung gefährlicher Stoffe in Elektro- und Elektronikgeräten, (Elektro- und ElektronikgeräteStoff -Verordnung – ElektroStoffV). https://www.gesetze-im-internet.de/elektrostoffv/ElektroStoffV.pdf/letzter. Zugegriffen: 23. Jan. 2021

14. Beuth publishing DIN: DIN E1N 55011:2018-05;VDE 0875-11:2018-05; VDE 0875-11:2018-05: Industrielle,2020 wissenschaftliche und medizinische Geräte – Funkstörungen – Grenzwerte und Messverfahren (CISPR 11:2015, modifiziert + A1:2017); Deutsche Fassung EN 55011:2016 + A1:2017; Englischer Titel
15. Industrial, scientific and medical equipment – Radio-frequency disturbance characteristics – Limits and methods of measurement (CISPR 11:2015, modified + A1:2017); German version EN 55011:2016 + A1:2017; Ausgabedatum 2018-05. https://www.gesetze-im-internet.de/elektrostoffv/ElektroStoffV.pdf/. Zugegriffen: 6. Jan. 2021
16. WEKA: DIN EN 61000-3-2: Elektromagnetische Verträglichkeit (EMV) Teil 3-2: Grenzwerte – Grenzwerte für Oberschwingungsströme, Geräte-Eingangsstrom 16 A je Leiter. https://www.weka.de/produktsicherheit/din-en-61000-3-2-elektromagnetische-vertraeglichkeit-emv-teil-3-2-grenzwerte-%c2%96-grenzwerte-fuer-oberschwingungsstroeme-geraete-eingangsstrom-16-a-je-leiter/. Zugegriffen: 5. Jan. 2021
17. Beuth publishing DIN: DIN EN 61000-4-2:2009-12;VDE 0847-4-2:2009-12, VDE 0847-4-2:2009-12:Elektromagnetische Verträglichkeit (EMV) – Teil 4–2: Prüf- und Messverfahren – Prüfung der Störfestigkeit gegen die Entladung statischer Elektrizität (IEC 61000-4-2:2008); Deutsche Fassung EN 61000-4-2:2009; Englischer Titel: Electromagnetic compatibility (EMC) – Part 4–2: Testing and measurement techniques – Electrostatic discharge immunity test (IEC 61000-4-2:2008); German version EN 61000-4-2:2009, Ausgabedatum 2009-12. https://www.beuth.de/de/norm/din-en-61000-4-2/121631837. Zugegriffen: 3. Jan. 2021
18. Beuth publishing DIN: DIN EN 61000-4-3:2011-04;VDE 0847-4-3:2011-04,VDE 0847-4-3:2011-04: Elektromagnetische Verträglichkeit (EMV) – Teil 4–3: Prüf- und Messverfahren – Prüfung der Störfestigkeit gegen hochfrequente elektromagnetische Felder (IEC 61000-4-3:2006 + A1:2007 + A2:2010); Deutsche Fassung EN 61000-4-3:2006 + A1:2008 + A2:2010; Englischer Titel Electromagnetic compatibility (EMC) – Part 4–3: Testing and measurement techniques – Radiated, radio-frequency, electromagnetic field immunity test (IEC 61000-4-3:2006 + A1:2007 + A2:2010); German version EN 61000-4-3:2006 + A1:2008 + A2:2010; Ausgabedatum 2011-04 https://www.beuth.de/de/norm/din-en-61000-4-3/137982416. Zugegriffen: 6. Jan. 2021
19. Beuth publishing DIN: DIN EN 61000-4-4:2013-04;VDE 0847-4-4:2013-04, VDE 0847-4-4, 2013-04 : Elektromagnetische Verträglichkeit (EMV) – Teil 4–4: Prüf- und Messverfahren – Prüfung der Störfestigkeit gegen schnelle transiente elektrische Störgrößen/Burst (IEC 61000-4-4:2012); Deutsche Fassung EN 61000-4-4:2012; Englischer Titel: Electromagnetic compatibility (EMC) – Part 4–4:Testing and measurement techniques – Electrical fast transient/burst immunity test (IEC 61000-4-4:2012); German version EN 61000-4-4:2012 Ausgabedatum 2013-04. https://www.beuth.de/de/norm/din-en-61000-4-4/170176502. Zugegriffen: 6. Jan. 2021
20. Beuth publishing DIN: DIN EN 61000-4-5:2019-03;VDE 0847-4-5:2019-03,VDE 0847-4-5:2019-03: Elektromagnetische Verträglichkeit (EMV) – Teil 4-5: Prüf- und Messverfahren – Prüfung der Störfestigkeit gegen Stoßspannungen (IEC 61000-4-5:2014 + A1:2017); Deutsche Fassung EN 61000-4-5:2014 + A1:2017; Englischer Titel: Electromagnetic compatibility (EMC) – Part 4-5: Testing and measurement techniques – Surge immunity test (IEC 61000-4-5:2014 + A1:2017); German version EN 61000-4-5:2014 + A1:2017; Ausgabedatum 2019-03 https://www.beuth.de/de/norm/din-en-61000-4-5/298704035. Zugegriffen: 6. Jan. 2021
21. Beuth publishing DIN: DIN EN 61000-4-6:2014-08;VDE 0847-4-6:2014-08,VDE 0847-4-6; 2014-08: Elektromagnetische Verträglichkeit (EMV) – Teil 4–6: Prüf- und Messverfahren – Störfestigkeit gegen leitungsgeführte Störgrößen, induziert durch hochfrequente Felder (IEC 61000-4-6:2013); Deutsche Fassung EN 61000-4-6:2014;Englischer Titel:Electromagnetic compatibility (EMC) – Part 4–6: Testing and measurement techniques – Immunity to conducted disturbances, induced by radio-frequency fields (IEC 61000-4-6:2013); German version EN 61000-4-6:2014; Ausgabedatum 2014-08. https://www.beuth.de/de/norm/din-en-61000-4-6/207261371. Zugegriffen: 6. Jan. 2020

22. Beuth publishing DIN: DIN EN 61000-4-8:2010-11;VDE 0847-4-8:2010-11,VDE 0847-4-8:2010-11 : Elektromagnetische Verträglichkeit (EMV) – Teil 4–8: Prüf- und Messverfahren – Prüfung der Störfestigkeit gegen Magnetfelder mit energietechnischen Frequenzen (IEC 61000-4-8:2009); Deutsche Fassung EN 61000-4-8:2010; Englischer Titel: Electromagnetic compatibility (EMC) – Part 4–8: Testing and measurement techniques – Power frequency magnetic field immunity test (IEC 61000-4-8:2009); German version EN 61000-4-8:2010;Ausgabedatum 2010-11. https://www.beuth.de/de/norm/din-en-61000-4-8/133581594. Zugegriffen: 6. Jan. 2021
23. Dipl.-Ing. Hendrik Härter: ELEKTRONIK PRAXIS, Internationale Funkzulassungen kompakt; 10.2.2013. https://www.elektronikpraxis.vogel.de/internationale-funkzulassungen-kompakt-a-394168/
24. Carsten Schucht: FuAG Funkanlagengesetz Kommentar. Beck, ISBN 978-3-3406-73179-2. https://www.lehmanns.de/shop/recht-steuern/44893600-9783406731792-fuag?PHPSESSID=6o8stjljvpj5i9tchs2plhmcogiuec1h. Zugegriffen: 6. Jan. 2021
25. CETECOM: Passgenaue Strategien für weltweiten Marktzugang. https://www.cetecom.com/de/. Zugegriffen: 6. Jan. 2021
26. CETECOM: Elektromagnetische Verträglichkeit testen – nach internationalen Anforderungen in unseren EMV Prüflaboren. https://www.cetecom.com/de/testen/emv-pruefungen/. Zugegriffen: 6. Jan. 2021
27. 7Layers: Funkprüfung, EMV Prüfung, IoT Beratung. https://www.7layers.com/de/. Zugegriffen: 6. Jan. 2021
28. Brennennstuhl/Professional Line: IP-Schutzklassen-Welche ist wann nötig, IPSchutzarten nach DIN EN 60529. https://www.brennenstuhl.com/de-DE/themenwelt/sicherheit/ip-schutzklassen-welche-ist-wann-noetig. Zugegriffen: 6. Jan. 2021
29. DIN EN 60529 (VDE 0470-1):2000-09 Schutzarten durch Gehäuse (IP-Code) (IEC 60529:1989 + A1:1999); Deutsche Fassung EN 60529:1991 + A1:2000. VDE, Berlin
30. Lienig, J., Brümmer, H.: Elektronische Gerätetechnik. Springer Vieweg, Berlin (2014). ISBN 978-3-642-40961-5, S. 42–43. https://doi.org/10.1007/978-3-642-40962-2. Zugegriffen: 22. Dez. 2020
31. DKE VDE DIN: NORMEN.MACHEN.ZUKUNFT: DIN EN 60529 (VDE 0470-1):2014-09; Schutzarten durch Gehäuse (IP-Code) (IEC 60529:1989 + A1:1999 + A2:2013); Deutsche Fassung EN 60529:1991 + A1:2000 + A2:2013. https://www.dke.de/de/normen-stan-dards/dokument?id=7045374&type=dke%7Cdokument#:~:text=DIN%20EN%2060529%20%28VDE%200470-1%29%3A2014-09.%20Code%29%20%28IEC%2060529%3A1989,Deutsche%20Fassung%20EN%2060529%3A1991%20%2B%20A1%3A2000%20%2B%20A2%3A2013. Zugegriffen: 5. Jan. 2021
32. RMS: Schwingprüfanlagen. https://rms-testsystems.de/produkte/elektrodynamische-schwingpruefanlagen/. Zugegriffen: 6. Jan. 2021
33. EUR-Lex: Richtlinie 2014/34/EU des Europäischen Parlaments und des Rates vom 26. Februar 2014 zur Harmonisierung der Rechtsvorschriften der Mitgliedstaaten für Geräte und Schutzsysteme zur bestimmungsgemäßen Verwendung in explosionsgefährdeten Bereichen (Neufassung). https://eur-lex.europa.eu/legal-content/DE/TXT/?uri=CELEX:32014L0034. Zugegriffen: 6. Jan. 2021
34. 28. 1. 2000 DE Amtsblatt der Europäischen Gemeinschaften L 23/57: RICHTLINIE 1999/92/EG DES EUROPÄISCHEN PARLAMENTS UND DES RATES vom 16. Dezember 1999 über Mindestvorschriften zur Verbesserung des Gesundheitsschutzes und der Sicherheit der Arbeitnehmer, die durch explosionsfähige Atmosphären gefährdet werden können. https://eur-lex.europa.eu/legal-content/DE/TXT/PDF/?uri=CELEX:31999L0092. Zugegriffen: 3. Jan. 2021

35. EUR-Lex: Richtlinie 94/9/EG des Europäischen Parlaments und des Rates vom 23. März 1994. https://eur-lex.europa.eu/legal-content/DE/TXT/?uri=CELEX:31994L0009. Zugegriffen: 3. Jan. 2021
36. Dyrba, B.: Kompendium Explosionsschutz. Carl Heymanns, Köln (2013)
37. Bartec: Technische Entwicklung des Explosionsschutz. https://www.bartec.de/de/safety-academy/grundlagen-explosionsschutz/. Zugegriffen: 6. Jan. 2021 Bartec; Zündschutzarten. https://www.bartec.de/de/safety-academy/grundlagen-explosionsschutz/zuendschutzarten/
38. International Electrotechnical Commission: Spotlife on safety. https://www.iec.ch/. Zugegriffen: 20. Dez. 2020
39. Bartknecht, W.: Explosionsschutz: Grundlagen und Anwendung. Springer, Berlin (1993)
40. Dyrba, B.: Praxishandbuch Zoneneinteilung. Carl Heymanns, Köln (2010)
41. PTB Homepage. https://www.ptb.de/cms/. Zugegriffen: 3. Jan. 2021
42. Bortfeld, J., Hauser, W., Rechenberg, H. (Hrsg.): 100 Jahre Physikalisch-Technische Reichsanstalt/Bundesanstalt 1887–1987. (= Forschen – Messen – Prüfen. Bd. 1) Homepage PTB, Braunschweig, Berlin (1987), ISBN 3-87664-140-3
43. Beuth Publishing DIN: DIN EN IEC 60079-0:2019-09;VDE 0170-1:2019-09. Explosionsgefährdete Bereiche – Teil 0: Betriebsmittel – Allgemeine Anforderungen (IEC 60079-0:2017); Deutsche Fassung EN IEC 60079-0:2018. https://www.beuth.de/de/norm/din-en-iec-60079-0/296879101. Zugegriffen: 3. Jan. 2021
44. IEC International Standard: IEC 61508-1:2010, Functional safety of electrical/elctronic/programmable electronic safety- related systems-Part 1: General requirements (see Functional Safety and IEC 61508,Edition 2.0, Ausgabedatum: 2010-04,VDE-Artnr.: 217177. https://www.vde-verlag.de/iec-normen/217177/iec-61508-1-2010.html. Zugegriffen: 4. Jan. 2021
45. Beuth publishing DIN: DIN EN 61511-1:2019-02;VDE 0810-1:2019-02 VDE 0810-1:2019-02 Funktionale Sicherheit – PLT-Sicherheitseinrichtungen für die Prozessindustrie – Teil 1: Allgemeines, Begriffe, Anforderungen an Systeme, Hardware und Anwendungsprogrammierung (IEC 61511-1:2016 + COR1:2016 + A1:2017); Deutsche Fassung EN 61511-1:2017 + A1:2017; https://www.vde-verlag.de/iec-normen/217177/iec-61508-1-2010.html. Zugegriffen: 4. Jan. 2021
46. Wolfgang Dröschel, Manuela Wiemers: Das V-Modell 97. Der Standard für die Entwicklung von IT-Systemen mit Anleitung für den Praxiseinsatz. Oldenbourg, München (1999). ISBN 3-486-25086-8

Automatisierungspyramide und Lösungsgeschäft

4

Im ersten Abschnitt dieses Kapitels wird der Lösungsverkauf oder das sogenannte ‚Consultative Value Selling' behandelt (Abschn. 4.1): Mit zunehmender Automatisierung und Komplexität der Feldgeräte entwickelte sich im Laufe der Jahrzehnte der ‚Lösungsverkauf' oder auch ‚Consultative Value Selling' als neues Vertriebs-, Marketing- und Engineering-Werkzeug [1, 2], um Kundenlösungen effizient und zur Kundenzufriedenheit zu realisieren. Die prinzipielle Vorgehensweise wird in Abschn. 4.1 beschrieben. Es werden die acht wichtigsten Phasen des lösungsorientierten Verkaufs besprochen. Dabei wird beispielhaft auf die Vertrags- und Servicevertragsgestaltung eingegangen. Ein Beispiel für die Punkte, die für einen lösungsorientierten Verkauf maßgeblich sind, wird anhand einer Online-Automatisierung für Schichtdickenmessung in diesem Abschnitt besprochen.

Weiterhin wird in Abschn. 4.2 die seit 1985 existierende Automatisierungspyramide [3] die auf dem OSI-Schichtenmodell [4] (OSI-Modell, siehe Abschn. 5.6) basiert. Die Entwicklung des OSI-Modells wurde im Jahre 1978 begonnen und 1984 zum ISO-Standard. Es werden die 5 (7) Kommunikationsebenen oder -schichten der Automatisierung diskutiert und der zeitliche Wandel in den Schichten hinsichtlich unterschiedlicher Synergien vorgestellt. Eingehend wird auf die Feldebene (Abschn. 4.7), die SPS- oder Kontrollschicht (engl.: Programmable Logic Controller, PLC) (Abschn. 4.6), die Überwachungssteuerungs- und Datenerfassungsschicht (engl.: Supervisory Control And Data Acquisition, SCADA) (Abschn. 4.5), das mehrschichtige Fertigungsmanagementsystem oder Produktionsleitsystem (engl.: Manufacturing Execution System, MES) (Abschn. 4.4) und auf die Unternehmensplanungsschicht (engl.: Enterprise-Resource-Planning, ERP) [5] (Abschn. 4.3) eingegangen. Ein Schwerpunkt der Diskussion ist dabei das SAP [6], eines der am Weltmarkt führenden ERP-Systeme. Die Diskussion der Automatisierungspyramide erfolgt im Sinne ‚vom Kunden zum Kunden', beginnend vom ERP-System zur Feldebene oder Fabrikebene.

W. Babel, *Industrie 4.0, China 2025, IoT,* https://doi.org/10.1007/978-3-658-34718-5_4

Detailliert wird die über Jahrzehnte wachsende Komplexität der Feldgeräte und deren Integration in die Automatisierung anhand der Analysenmesstechnik aufgezeigt, um ein Gefühl wiederzugeben, welche Anstrengungen für automatisierungsgerechte Produkte betrieben werden müssen (Abschn. 4.7).

Abgerundet wird dieses Kapitel anhand eines Beispiels, was eine ‚Smarte Fabrik' im Jahr 2000 gegenüber Industrie 4.0 bedeutet: Klar ist erkennbar das zwischen beiden Ansätzen erstaunlicherweise wenig Unterschied besteht, was das Thema dieses Buches untermauert.

4.1 Lösungsgeschäft in der Automatisierung oder ‚Consultative Value Selling'

Längst waren die Produktionslinien in vielen Industrien wie z. B. Leiterplattenherstellung, Solarzellenherstellung, galvanischen Betrieben, Chemie-Prozessanlagen, Oil & Gas-Anlagen, Kläranlagen, Trinkwasseraufbereitungsanlagen (Abb. 2.2) in hohem Maße automatisiert.

Was über lange Zeit hinweg nicht in automatisierten Anlagen und Prozessen integriert war, sind die optischen, chemischen und physikalischen Qualitätskontrollen gewesen: Bildverarbeitungssysteme, Spektrometer, Röntgengeräte, Terahertzsysteme und viele mehr. Selbst heute steckt man in vielen Bereichen noch in den Anfängen, was diese Art der Automatisierung betrifft.

Dabei sind es aber gerade die Inline-Qualitätskontrollen (siehe Abschn. 3.1.1), welche die Kosten einer Produktion oder eines Prozesses entscheidend senken können. Das zeitnahe Erfassen und Auswerten von Daten und die direkte Steuerung der Prozesse ist ein effizientes Mittel in der Produktion für Kostensenkungen. Dieses Mittel konnte lange Zeit aus den in Kap. 3 aufgezeigten Gründen nicht genutzt werden, da man in der Analysenmesstechnik die physikalischen und chemischen Größen zur Regelung der Prozessparameter im Labor ermitteln musste.

Wie bereits in Abschn. 3.1 ausgeführt, wurden deshalb bei der Analysenmesstechnik für die Qualitätskontrolle in der Fabrik- und Prozessautomation zunächst Offlinesysteme entweder im Labor oder direkt neben den Produktionsbändern eingesetzt (Statistische Prozess Kontrolle).

Trotz einer zunehmenden Inline-Integrationist die 100 % Qualitätskontrolle oftmals aufgrund physikalischer oder chemischer Randbedingungen nicht immer möglich: Entweder sind oder waren die Geräte nicht robust genug oder die physikalischen Bedingungen wie Beleuchtungszeit und Verweilzeit der Messsysteme/Sensorik auf dem Messobjekt oder dem Prüfling konnten nicht mit der Dynamik des Systems in Einklang gebracht werden, d. h. die eingesetzten Messsysteme sind teilweise bezüglich Messdatenerfassung und Verarbeitungszeit immer noch zu langsam gegenüber den laufenden Produktionslinien oder ablaufenden Prozessen.

Als typisches Beispiel sei die Schichtdickenmessung mittels Röntgenfluoreszenzverfahren in der Solarzellenherstellung, Steckerkontakt- oder Leiterplattenherstellung (PCB) genannt: Für Schichtdicken im Bereich 10 µm oder darunter muss für eine entsprechende Auflösung der Prüfling von 1 s bis z. T. 30 s oder länger mit Röntgenstrahlung bestrahlt werden. Bei Bandgeschwindigkeiten während der Produktion von 1 m/min bis 10 m/min korreliert dabei die notwendige Bestrahlungszeit nicht mit den vorbeilaufenden Solarzellen- oder Leiterplattenpanels. Selbst mit dem Band mitlaufende Sensoren zur Erhöhung der Beobachtungszeit erfüllen oftmals nicht die Anforderungen an Genauigkeit, da sie durch entsprechende Vibrationen der Messmusters nicht exakt messen können. Weiterhin ist taktile (berührende Messtechnik) Materialanalyse (siehe Abb. 3.2) oft nicht möglich, da die Produktionsbänder nicht getaktet sind oder angehalten werden können. Ganz allgemein sei auch gesagt, dass der Trend heute immer mehr weg geht von der taktilen Messetechnik hin zur kontaktlosen Messtechnik.

Vergleichbare Problematiken für Schichtdickenmessung und Materialanalyse gibt es in der Goldanalyse, im Lackierbereich bei der Automobilproduktion und in den galvanischen Betrieben bezüglich der Kontakt-Steckerproduktionen.

Dennoch bringt eine Inline-Qualitätskontrolle, die nicht 100 % prüft, immer noch Vorteile gegenüber der Offline-Qualitätskontrolle, da der Prozess nicht unterbrochen werden muss und relativ zeitnah die Fehlerquellen erkannt werden. Dabei sind die Ansätze dahin gehend, dass die Qualitätskontrolle durch Aus- und Einphasen der Panels oder der Prüflinge im Takt der laufenden Produktion automatisch realisiert wird.

Wie leicht einsehbar ist, erfordert der Übergang von der Offline-Qualitätskontrolle im Labor hin zu Online- und Inline-Technologien die Erarbeitung einer geeigneten Lösung. Diese Lösung muss im Zusammenwirken mit dem Kunden erarbeitet werden. Das heißt neben dem Produktverkauf z. B. eines Röntgenfluoreszenzgerätes handelt es sich hier im Speziellen um die Erarbeitung einer auf die Anlage des Kunden zugeschnittenen Lösung.

Wie bereits eingangs dieses Abschnittes erwähnt, wird hier auch vom Lösungsverkauf gesprochen. Das moderne Schlagwort für Lösungs- und Applikationsverkauf wird heute oftmals als ‚Consultative Value Selling' bezeichnet. Hierüber gibt es zahlreiche Literatur, welche diese B2B Vertriebsmethode beschreiben [7]· Im Grunde ist es eine neue Art des Verkaufens, die weit über den Produktverkauf hinausgeht und ein hohes Maß an übergreifendem Wissen vom Vertriebsmitarbeiter erfordert. Bedingt durch diesen Sachverhalt sind Produktvertrieb und Lösungsvertrieb oft in getrennten Organisationen wiederzufinden.

Jede Lösung in der Automatisierung, insbesondere auch die Qualitätskontrolle, erfordert den in Abb. 4.1 aufgezeigten Ablauf, der zum Gelingen eines Projektes stringent eingehalten werden muss!

Dabei beinhaltet gemäß Abb. 4.1 der Lösungsverkauf (Consultative Value Selling) folgende Schritte:

1. *Basic Engineering oder Erarbeitung der grundlegenden Lösung* mit dem Kunden. Bereits an dieser Stelle müssen die späteren Servicerandbedingungen mit einbezogen werden. Denn je nach geforderter maximaler Anlagenstillstandszeit (‚Downtime') seitens de Anwenders variieren die Serviceleistungen erheblich.

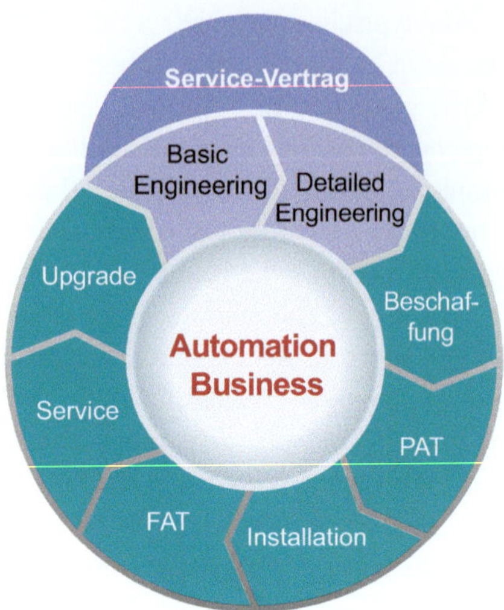

Abb. 4.1 Notwendige Abfolge des Lösungsverkaufes

2. *Detailed Engineering oder detaillierte Erstellung der Lösung* bis hin zum Schaltschrankbau und Stromlaufplänen. R&I-Fließschema (Rohrleitungs- und Instrumentenfließschema in der Anlagen- und Verfahrenstechnik) [8] und P & ID (Piping and Instrumentation Diagram) [9] sind ebenfalls Bestandteile des Detailed Engineering.
3. Der *Vertrag* und der *Servicevertrag* müssen erstellt werden. Dabei ist die Aufteilung der Kosten von wichtiger Bedeutung. Typisch sind z. B. 25 % bei Auftragserteilung, 30% bei erfolgten *PAT (Preliminary Acceptance Test beim Hersteller),* 35 % bei erfolgtem *FAT (Factory Acceptance Test oder Werksabnahme beim Kunden),* 10 % nach einem zu definierendem Zeitraum x. Ferner müssen hier die vertraglichen Abnahmepunkte für die unterschiedlichen Testphasen sehr genau definiert werden.

   Das Designreview erfolgt zwischen Kunde und Hersteller nach definierten vertraglichen Kriterien.
4. *Beschaffung oder Procurement*: Der Hersteller des Messsystems beschafft alle notwendigen Bauteile, Baugruppen und baut die Anlage funktionsfähig bei sich in der Fabrik auf.
5. *Preliminary Acceptance Test (PAT)* oder vo*rläufiger Abnahmetest:* Der Kunde nimmt die Anlage nach den im Vertrag definierten Kriterien beim Hersteller als ‚vorläufig' ab.
6. *Installation*: Nach Abnahme wird die Anlage beim Hersteller abgebaut und zum Kunden verschickt sowie beim Kunden in seine Gesamtanlage integriert. Beim Kunden erfolgt zuvor noch eine offizielle Übernahme des Equipments.

   Es folgt der Final Function Test (FFT) oder Finaler Funktionstest des firmenspezifischen Automatisierungsmoduls auf der Anlage beim Kunden. Die Prüfung findet noch n i c h t in der Gesamtanlage statt, sondern es wird nach dem Transport zunächst

noch einmal das einzelne spezifische Modul auf Gesamtfunktion und Fehlerfreiheit hin geprüft.
7. *Factory Acceptance Test (FAT) genannt oder der endgültige Test:* Die spezifische Lösung wird in der Gesamtanlage mit allen Automatisierungskomponenten nach vertraglich definierten Kriterien zwischen Herstellern und Kunden abgenommen.
8. Beginn der Phase des vertraglich definierten Service.
9. Ende des Lebenszyklus sowie Upgrade der Automatisierungsanlage.

4.1.1 Vertrag

Da in einem Automatisierungsprojekt in der Regel neben dem Generalunternehmer viele Zulieferer mitwirken, ist die Vertragsgestaltung eine relative komplizierte Angelegenheit.

Nach meinen Erfahrungen sind einige Zyklen der Verhandlungen notwendig, um den Vertrag zu erstellen. Insbesondere in China und Indien ist die Vertragserstellung ein mühsames Thema. Bei der Vertragsgestaltung spielen die Haftungsrisiken eine dominante Rolle. Besonders unter dem Aspekt von Ausfallzeiten der Produktion durch den Stillstand des gelieferten Messsystem-Moduls in der Gesamtanlage werden sehr lange Verhandlungen geführt. Ich kann nur Jedem empfehlen, der in diese Verhandlungen involviert ist, hier sehr akribisch vorzugehen: Die Stillstandkriterien müssen im Vertrag sehr genau definiert werden.

Dies trifft für nahezu alle Industrien zu, wie z. B. Automobilindustrie, Leiterplattenherstellung, Solarzellenherstellung, Steckerherstellung in den galvanischen Betrieben und Assemblagen, Tablettenherstellung in der Pharmazie, Herstellung von Chemikalien.

Es müssen besonders intensiv und aufmerksam die Verpflichtungen seitens des Herstellers und dem Anwender der Messtechnik definiert und vereinbart werden. Oftmals geraten an diesem Punkt die Projekte in massive Verzögerungen, da man wenig Kompromisse auf beiden Seiten zulassen möchte. Um einen Eindruck zu geben, wie vielfältig die Vertragsgestaltung ist, sei eine grobe Gliederung einer Vertragsstruktur für einen Automatisierungsvertrag gegeben.

Typische Punkte in einem Vertrag für ein Automatisierungsprojekt sind (Vertragspunkte):

- Präambel
- Terminologie
- Vertragsziele
- Ziele von Lieferung, Leistung und Dienstleistungen
- Besprechungsabfolge und Demonstration nach definierten Kriterien des Equipments für Käufer
- Assemblierung und Installation unter Zeitplangesichtspunkten
- Sicherheitskriterien für Equipment
- Bestandteile und Module des Equipments

- Anforderungsprofil seitens des Käufers
- Projektplan mit Meilensteinen und Abnahmekriterien
- Designreview
- Planung, Entwicklung, Produktion und Lieferung des Equipments
- Zertifizierungen des zu entwickelnden Moduls (CE, UL, SIL, etc.)
- Anwendungsbereiche des Equipments (Umwelt, Stressbedingungen)
- Dokumentation (Lieferumfang, Servicehandbuch, Betriebsanleitung)
- Preliminary Acceptance Test (PAT)
- Final Function Test (FFT), Abnahmekriterien des Automatisierungsmoduls beim Hersteller.
- Test (FAT), Definition und Abnahmekriterien für die Gesamtabnahme der Anlage beim Kunden mit allen Herstellern unterschiedlicher Komponenten
- Lieferung zum Kunden (Termine, Fracht)
- ‚Equipment Übernahme Test' für dauerhaften Betrieb in der Gesamtanlage
- Lieferdatum
- Servicebedingungen!
- Vertragliche Strafen bei Projektverzug, Nichtfunktionalität nach Spezifikation (WICHTIG!); Begrenzung der Haftbarmachung
- Trainingsleistungen und -umfang für den Kunden
- Garantie- und Instandhaltungsbedingungen
- Preis, Raten der Bezahlung
- Patente, Exklusivität
- Geheimhaltung
- Regelungen für Unterlieferanten
- Bezahlungsgarantie, Rücklagen, Bürgschaften
- Versicherungen
- Ort der Gerichtsbarkeit

4.1.2 Servicevertrag

Neben dem eigentlichen Vertrag sind auch die Serviceverträge bei einem Automatisierungsprojekt von zentraler Bedeutung, die ebenso intensiv verhandelt werden müssen.

Der Servicevertrag und dessen Bedingungen muss bei einem Automatisierungsprojekt parallel zum Hauptvertrag verhandelt werden und bis zum eigentlichen Vertragsabschluss nach dem detaillierten Engineering (Detailed Engineering) ebenfalls unterzeichnungsreif sein.

Im Wesentlichen beinhaltet der Servicevertrag viele der bereits oben aufgeführten Vertragspunkte. Hinzukommen im Servicevertrag die folgenden Punkte:

- Serviceumfang
- Servicekonzept
- Serviceantwortzeiten
- Preisgestaltung
- Vertragsdauer
- Preisänderungen und Verpflichtungen

Die Hauptpunkte bei den Serviceverhandlungen sind die Forderungen des Kunden bezüglich der Anlagen-/Maschinen-Stillstandzeit (Downtime) im Fehlerfall und den damit zusammenhängenden Servicekonzepten.

Denn mit dem Abschluss des Servicekonzepts wird unmittelbar das Ersatzteilkonzept festgelegt. D. h. es kann aufgrund kurzer geforderter Anlagen-Stillstandzeiten der Fall sein, dass Ersatzteile auf der Anlage des Kunden gelagert werden müssen. Im Extremfall kann dies bis zum permanenten Aufenthalt eines Servicetechnikers vom Hersteller in der Fabrik des Kunden gehen. Dies war bei mehreren internationalen Firmen in meiner Vergangenheit der Fall, speziell in der Chemie, im Halbleiter- und Automotiv-Bereich.

Je mehr die Messtechnik für den Inline-Betrieb ausgelegt werden muss, desto höher ist der Beratungsaufwand. Die Vorgehensweise beim beratenden Verkauf oder Consultative Value Selling sei im nächsten Abschnitt anhand eines Beispiels näher ausgeführt.

4.1.3 Schichtdickenmessung als Beispiel zum Lösungsverkauf oder ‚Consultative Value Selling' in der Automatisierung

Für das Zustandekommen eines Automatisierungsgeschäftes ist das Basic Engineering entscheidend. Hier geht es unter anderem für den Kunden um die ROI- (Return On Investment) Betrachtung, d. h. wann amortisieren sich die Kosten des Anwenders für ein Automatisierungsprojekt. Erfahrungsgemäß möchte der Kunde in der Regel spätestens nach maximal 2 Jahren seine Investitionskosten wieder eingespielt haben.

Wie beratender Verkauf oder ‚Consultative Value Selling' im Automatisierungsgeschäft funktionieren kann, sei hier am Beispiel der Produktion von Steckerkontakten (Reel to Reel Anwendung) in der Galvanik (siehe Abb. 3.2) erklärt.

Firmen wie Tyco Elektronik, Amphenol, FCI, Molex und viele andere mittelständische Unternehmen haben für die Herstellung von Beschichtungen ihrer Steckerkontakte, wie z. B. Gold auf Nickel auf Zink (Au/Ni/Zn) oder Gold auf Nickel auf Kupfer-Zink (Schreibweise: Au/Ni/CuZn) ihre eigenen galvanischen Fabriken.

Die Beschichtung erfolgt in nacheinander verketteten ‚Bädern', teilweise in bis zu 20 Becken oder mehr, aufgeteilt in Beschichtungs- und Reinigungsbecken. Viele dieser galvanischen Betriebe werden heute noch manuell nachgeregelt, was einen immensen Arbeitsaufwand bedeutet.

Generell wird die Güte von Fertigungsprozessen in allen Industrien bezüglich des Prozessfähigkeitsparameter C_p oder C_{pK} optimiert [10–13].

$$C_p = (O_{GW} - U_{GW})/(6 * \sigma) > 1.33$$
oder
$$C_{pk} = \min(\mu - U_{GW},\ O_{GW} - \mu)/3 * \sigma)$$

C steht für Capability, p für process und K [13] für Katajori (japanisch), d. h. ‚Bias'. Der C_p-Wert gibt das Verhältnis der vorgegebenen Toleranz zur Prozessstreuung an, der C_{pK} beinhaltet auch die Lage des Mittelwertes zur vorgegebenen Toleranzmitte. Liegt der Prozessmittelwert C_p in der Mitte des Toleranzbereiches so ist $C_p = C_{pK}$, ansonsten ist $C_{pK} < C_p$.

Diese Beziehungen gelten generell nur für *normalverteilte Merkmale* oder *Gauß-Verteilung.*

Bezogen auf einen Fertigungsprozess für eine Beschichtungsdicke, z. B. bei Steckkontakten die Beschichtung von Gold auf Palladium (Grundwerkstoff), ist O_{GW} dabei die obere zulässige Grenze und U_{GW} die untere zulässige Grenze für die Schichtdicke des Goldes: Diese Grenzwerte sind für den Ausschuss entscheidend.

Die Streuung der Schichtdickenwerte in einem derartigen Prozess sind oftmals normalverteilt und die oben angegebenen Beziehungen sind gültig.

Sollten sie nicht normalverteilt sein müssen die Beziehungen nach DIN 22514-2 angewendet werden, in der die allgemeinen Berechnungen für alle Verteilungsmodelle [11, 12] definiert sind.

Der Wert C_{pK} wird aus dem Mittelwert μ und der zugehörigen Standardabweichung σ sowie dem oberen Grenzwert O_{GW} als auch dem unteren Grenzwert U_{GW} berechnet. Oft wird für die Prozessgüte der $C_{pK} = 1$ gefordert, d. h. der Abstand der nächstgelegenen Toleranzgrenze vom Prozessmittelwert beträgt minimal 3 * σ.

Heute fordert man in der Regel für die nächstgelegene Toleranzgrenze zum Prozessmittelwert 4 * σ, was dem Zahlenwert 1,33 entspricht (siehe oben) [12], d. h. in diesem Fall erlaubt man, um bei unserem Steckerkontaktbeispiel zu bleiben, bei einer Anzahl von 1.000.000 Messungen bis maximal 66 Toleranzüberschreitungen, was 66 Teile Ausschuss bedeutet.

Je nach Forderung für die obere und untere Grenze der Schichtdicke ergibt sich somit die geforderte Güte des Prozesses, die unmittelbar im Zusammenhang mit einem tolerierbaren Ausschuss steht.

Sehr ausführlich werden diese Sachverhalte in der oben aufgeführten Literatur behandelt.

Zusammengefasst sei gesagt, ohne weiter auf die Mathematik einzugehen, dass je nach Anforderungen an den Prozess eine theoretische Beschichtungsdicke in µm für einen tolerierbaren Ausschuss ausgerechnet werden kann.

Das Einfahren eines Beschichtungsprozesse für die Steckerkontakte kann je nach geforderter Güte des Prozesses unter Umständen mehrere Tage dauern.

Im eingeschwungenen Produktionsprozess ist die Qualitätskontrolle der beschichteten Bänder mit Steckkontakten von Bedeutung. Denn jeder Prozess hat mehr oder weniger Driften, die um den Sollwert schwanken und dementsprechend nachjustiert werden müssen.

Für die Qualitätskontrolle werden dabei unterschiedliche Methoden angewendet und jeder Hersteller hat seinen eigenen Qualitätsprozess.

Ziel einer jeden Qualitätskontrolle ist es, den Prozess bei Abweichung wieder auf den Sollwert zu regeln.

Oft genug habe ich erlebt, dass diese Regelung heute in vielen galvanischen Betrieben immer noch manuell durch Einstellung der Potentiometer an den verschiedenen Galvanisierungs- und /oder den zwischengelagerten Reinigungsbecken geschieht. Es ist leicht einsehbar, welches Fingerspitzengefühl oder Knowhow die ausführenden Operatoren haben müssen.

Für die Qualitätskontrolle gibt es dabei unterschiedliche Methoden:

Einige Hersteller unterziehen ca. 5–20 Prüflinge oder engl.: Samples (z. B. Steckerkontakte) am Anfang und am Ende der Rolle (engl.: ‚Reel‘) einer Qualitätskontrolle. Diese Firmen haben ihre Beschichtungsprozesse relativ gut im Griff, zumal auf die Rollen oft 250 m bis 1000 m beschichtetes Steckerkontaktband aufgespult werden. Sollte am Ende die Qualität nicht stimmen, werden die Rollen in vielen Fällen entsorgt, was ein großer Kostenfaktor ist! Diese Vorgehensweise habe ich mehrmals in Indien und China erlebt. Deswegen haben diese mittelständischen Firmen in Indien und China oft nur kurze Bänder bis maximal 50 m produziert. Dennoch ist bei einem 50 m Band der Verlust an Gold immer noch relativ hoch!

Einige Hersteller habe ich gesehen, welche die Sampleentnahme am Ende der Inline-Beschichtung in sogenannten Pufferstationen durchführen. Das gepufferte Band wird erst dann aufgerollt, wenn die Qualitätsprüfung erfolgt ist. D. h. die Pufferlänge steht in Korrelation zur Zeit der Qualitätskontrolle und des in dieser Zeit produzierten Bandes. Dadurch wird der eigentliche Prozess nicht unterbrochen.

Wieder andere Hersteller, die erst am Ende messen, geben bei der Beschichtung ein gewisses Maximum vor, dass über dem theoretischen Grenzwert liegt, um den Ausschuss in Grenzen zu halten. Dabei fiel mir auf, dass insbesondere kleinere Firmen wesentlich mehr zusätzliche Schichtdicke vorgeben als die Marktführer, die ihre Prozesse relativ gut unter Kontrolle haben.

Bei den *oben angewendeten Verfahren* zur Schichtdickenqualitätsbestimmung habe ich jedoch bei allen Herstellern erlebt, dass sie die Schichtdicke des Golds gegenüber dem theoretischen Wert erhöht haben, um auf Nummer sicher zu gehen. Somit können die Hersteller in der Regel sicherstellen, dass die unteren Toleranzgrenzen auf alle Fälle eingehalten werden. Nicht selten stellen dabei die Hersteller ihren Prozess auf +25 %(!) vom theoretischen Sollwert ein, d. h. bei einem theoretischen Schichtdickenwert von 4,0 µm beschichten sie mit 5,0 µm um die Qualität sicherzustellen.

Viele der genannten großen Hersteller haben heute die Automatisierung der Qualitätskontrolle im Fokus und kommen selbst mit Anforderungen für die Automatisierung zum Hersteller. Kleinere Firmen hingegen müssen in der Regel erst von der Automatisierung überzeugt werden.

Ob nun großer oder kleiner Hersteller, für alle ist der ROI (Return on Investment) der entscheidende Parameter, ob eine Investition getätigt wird oder nicht.

Genau auf diesen Punkt zielt das ‚Consultative Value Selling' im Basic Engineering ab.

Bleiben wir bei unserem Beispiel der Schichtdickenmessung, der ‚Reel to Reel' Anwendung, Beschichtung von Gold auf einem Grundmaterial.

Im ersten wichtigen Schritt geht es darum mit dem Kunden festzulegen, welche Forderungen an den Automatisierungsprozess gestellt werden. Im zweiten Schritt geht es darum, wie die Lösung aussehen könnte und was die Automatisierungslösung kosten wird. Im letzten Schritt geht es dann um den ROI.

Im ersten Schritt des Basic Engineering ist deshalb ein Fragebogen mit dem Kunden zu erarbeiten bzw. auszufüllen. Bezüglich des Beispiels zeigt Abb. 4.2 eine Möglichkeit eines Fragebogens, ohne dabei den Anspruch auf Vollständigkeit zu erheben.

Gemäß Abb. 4.2 gilt insbesondere, die vorhandene Automatisierungslösung, z. B. Bandgeschwindigkeit, Beschreibung des Prüflings (Sample) bezüglich Größe und Prüfpattern, Geometrie der Werkzeugträger, Art der Bandfortbewegung zu diskutieren. Ebenso spielen die Anforderungen für die Ergebnisse der gewünschten Qualitätskontrolle eine wesentliche Rolle. Handling-Systeme (Roboter) und Messgeräteeigenschaften stehen hier im Fokus.

Den Anforderungen des Kunden ist die Leistungsfähigkeit des möglichen Messinstruments des Herstellers gegenüberzustellen: Einbausituation (verfügbarer Platz) und Bandgeschwindigkeit sind entscheidende Einflussgrößen. Die Geometrie der zu vermessenden Proben/ Produkte des Kunden, gewünschte Messpunktanzahl pro Probe/ Produkt sind gegenüber der notwendigen Auflösung (Bestrahlungszeit im Falle des Röntgenfluoreszenzverfahrens) hinsichtlich der Genauigkeit und Wiederholbarkeit aufeinander abzustimmen. Dieses Vorgehen trägt letzten Endes entscheidend für eine mögliche Lösung bei vorgegebenen Kosten bei.

Eine weitere entscheidende Größe für den Prozess des Kunden ist seine akzeptierte Zeit des Anlagenstillstands (Downtime) im Fehlerfall und seine geforderte zeitliche mittlere Fehlerhäufigkeit (MTBF). Der Stillstand einer Anlage kann in der Automatisierung je nach Anwendung (Offline, Online, Inline) typischerweise von 0,1 h bis 48 h betragen. Beides sind für den Hersteller entscheidende Faktoren, nach denen er sein Servicekonzept mit dem Kunden ausarbeiten und verhandeln muss. Je nach Kundenanforderung kann es wie bereits erwähnt notwendig sein, die Ersatzteile in der Fabrik des Kunden vorzuhalten oder ob ein Servicemann vom Hersteller permanent im Unternehmen des Kunden präsent sein muss oder nicht.

Firmenangaben				**Addresse Kunden**	
Kundenprojekt				Straße	
Vertriebsmanager				Stadt	
Projektmanager				Land	
Projektleiter Kunde				Tel.:	
Herstellenangaben				**Kundenangaben (Beispiele)**	
Systemdaten				Anforderung (Beispiele)	Maßangaben
System/Gerät für Automatisierung					
Fragen zur Erarbeitung der Lösung					
Gewünschte Betriebsart					
	Offline			Offline	
	Online			Online	
	Inline			Inline	
Abgaben zur Automatisierung					
Bandgeschwindigkeit der Anlage				2-8	m/min
Bandbetrieb	kontinuierlich			z.B Steckerproduktion	
	getriggert			Intervall zwischen Samples	sec
Spannungsversorgung				380V, 3 Phasen, 50Hz	
geforderte Messgenauigkeit	Sample-Beschreibung			Stecker........	µm, %,
Anzahl von Samples pro Panel				12	Samples/Panel
Geometrie von Panel / Prüfsample	Kreis / Scheibe	ja	nein	Durchmesser	mm
	Rechteck	ja	nein	l x b x h	mm x mm x mm
	sonstige	ja	nein	Beschreibung	
Länge in Bandrichtung				1-1000	mm
Breite 90 Grad zur Bandrichtung				1-1000	mm
Werkzeugträger Band					mm x mm
Magazine Typ, bei Offline	Hersteller		TYP		Dimensionen
Einbausituation L x B x H					mm x mm x mm
Handlingsystem					
	Mehrachsen-Roboter	ja	nein	TYP/Firma	
	Dimensionen / Gewicht				mm x mm x mm
	Positioniergenauigkeit			10	plus/minus µm
	3-D System	ja	nein		
	Dimensionen / Gewicht				mm x mm x mm
	Positioniergenauigkeit			10	plus/minus µm
	Ansaug-Unit	ja	nein	Typbeschreibung	
Übergabegeschwindigkeit				2-10	Panels /min
Zykluszeit				2-6	Proben /min
Bei Inline : Messintervall				2-50	Objekte /min
Abstand der Panels				100	mm
Umgebungsbedingungen					
	Klimatisiert	ja	nein		
	Temperatur			10-60	Grad C
	rel. Luftfeuchte			20-80	%
	korrosive Luft	ja	nein	Stoff: z.B Chlor	mg/l
Vernetzung/Kommunikation					
SPS		ja	nein	z.B S7/Siemens	
SCADA System		ja	nein	z,B Schneider Elektr.	
MES System		ja	nein	z.B Rockwell	
ERP System		ja	nein	z.B SAP	
Busanbindung an MES/SCADA				PROFIBUS DP	
Busanbindung an Feld/SPS				PROFINET	
Busanbindung	Sonstiges		Typ	z.B EtherNet/IP	
HMI	Firma /Customized			customized	
Cusotomized Anbindung		ja	nein	Beschreibung	
Finanzen					
Budget				z.B.180.000 Euro	
ROI				1-2 Jahre	

Abb. 4.2 Beispiel eines typischen grundlegenden Fragebogens für Automatisierungs- Lösungen (beliebig erweiterbar)

Nicht selten stehen die harten Anforderungen des Kunden im Widerspruch zur Leistungsfähigkeit des Gerätes der Hersteller und die Erarbeitung von Kompromissen sind notwendig.

Es gibt viele Beispiele für Automatisierungsanlagen, bei denen die 100%-Inline-Qualitätskontrolle nicht möglich ist und trotzdem muss eine Lösung gefunden werden. Der Kompromiss könnte sein, dass man beispielsweise batchweise prüft oder die Qualitätskontrolle nur für jedes x-te Muster oder Prüfobjekt Inline durchführt. Ein Beispiel hierfür ist die Solarzellenprüfung in Abschn. 5.21.5 oder die Fahrzeuglackierprüfung mit Terahertz in Abschn. 7.3.

Bezüglich der Gegebenheiten kann man dann eine Simulation für den ROI erstellen, wie sie für die Reel to Reel-Anwendung in Abb. 3.2 gezeigt ist.

Im Beispiel Abb. 4.3 ist gezeigt, wie eine Reduktion des eingestellten Schichtdickensicherheitswert von 6 µm (siehe oben) auf den theoretischen geforderten Wert von 5 µm bei den gegebenen Parametern der Galvanikproduktion (Bandgeschwindigkeit, Arbeitszeit pro Jahr im Schichtbetrieb etc.) bei einem gegebenen Goldpreis von 51.000 €/kg zu einer Einsparung von 273.973 € führt. Sind die Kosten für die Automatisierungsanlage von ca. 250.000 € gegeben, erhält man bereits einen ROI nach etwa einem Jahr.

Ein weiterer Aspekt für solche Berechnungen kann das Driftverhalten bei Beschichtungsprozessen sein, die üblich sind.

Abb. 4.4 zeigt hierzu das passende Beispiel zu den gegebenen Daten von Abb. 4.3 für eine Beschichtungsdrift von 1 µm pro Stunde.

In Abb. 4.4 ist unten eine typische Messdatenerfassung dargestellt und oben die zugehörige Simulation für eine Drift von 1 µm/Stunde. Regelt man nun alle 20 min, was

Breite der Goldbeschichtung	Eing	6.00 mm				
Theoretischer Wert Schichtdicke Gold	Eing	0.0500 mm				
Sicherheitwert Schichtdicke Kunde	Eing	0.0600 mm	Differenz	+		0.0010 mm
Bandgeschwindigkeit Anlage	Eing	600.00 cm/min				
				Schichten /Tag	Schicht in Stunden	Tage/Jahr
Produktionsdauer/Jahr in Stunden		4,800.00 hr/a	Eing	3	8	200
Goldpreis	Eing	51,000.00 Euro/kg		Stand:		
Golddichte		19.30 g/cm³				
Volumen Gold		6,22,080.00 cm³				
Gewicht Gold		32.23 kg				
Verbrauchtes Gold in EURO		16,43,838.34 Euro				
Theorie verbrauchtes Gold		5,18,400.00 cm³				
Einsparung Gold in Volumen		1,03,680.00 cm³				
Eingespartes Gold		5.37 kg				
Einsparung Gold pro Jahr		**273.973,6 Euro**				
Kosten der Anlage (Vertrag)		250.000 Euro				
ROI		**0.91 Jahre**				

Abb. 4.3 Beispiel einer ROI-Berechnung für eine Schichtdickenmessung ‚Reel to reel'

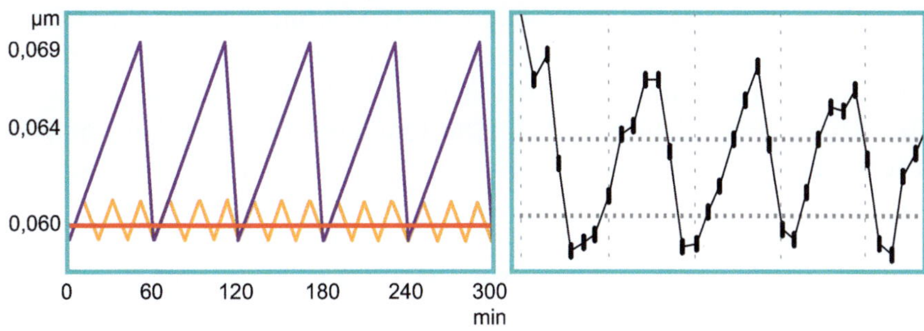

Abb. 4.4 Driftverhalten und seine Auswirkungen auf die Materialkosten

nur durch Automatisierung möglich ist (orange Linie) anstelle 60 min (violette Linie) für die manuelle Qualitätskontrolle, so kann durch die automatisierte Beschichtung bereits eine Einsparung von ca. 7 % des Goldpreises erreicht werden.

Durch Inline-Automatisierung kann man deswegen nahezu den theoretischen Sollwert fahren und es gilt dann die in Abb. 4.3 aufgezeigte Kostenersparnis.

Sollte man keine Automatisierung durchführen, sondern lediglich eine manuelle Qualitätskontrolle durchführen, so verteuern sich die Goldkosten bis zu 10 %–20 % gegenüber der auf den theoretischen Sollwert geregelten Automatisierung (siehe Abschn. 3.1.1, Prozessfähigkeitsparameter).

Es sollte weiterhin nicht unerwähnt bleiben, dass in galvanischen Betrieben die Luft oft chlorhaltig ist. Dementsprechend muss das Messgerät konstruktiv geschützt werden. Diese Maßnahmen haben erheblichen Einfluss auf die Kosten.

Im weiteren Verlauf des Basic Engineerings müssen für die Automatisierung die Schnittstellen zu den übergeordneten Systemen bekannt sein, denn hier muss das Messgerät im Inline- aber auch Online-Betrieb kompatibel (synchron) zur SPS arbeiten und die Datenübertragung in die höheren Ebenen wie SCADA- oder MES-System berücksichtigt werden (Abschn. 4.2 Automatisierungspyramide).

Zusammengefasst wird an diesem Beispiel einigermaßen verständlich, wie komplex ein Lösungsgeschäft sein kann. Deswegen sind für diese Art des Vertriebes spezielle Mitarbeiter systemseitig mit einem breit aufgestellten Wissen und Erfahrung notwendig.

Wichtig ist aus meiner Erfahrung heraus, dass bei der Realisierung einer Automatisierung mit dem Kunden realistische Zeiträume von vornherein fixiert werden. Man darf sich nicht verleiten lassen, dem Kunden uneingeschränkt bezüglich seiner zeitlichen Anforderungen nachzugeben.

Meiner Erfahrung nach sind Projekte im Lösungsgeschäft (ab 200.000 € aufwärts) komplexe Aufgabenstellungen und erfordern deswegen mindestens Zeiträume von 6 Monaten bis zu 12 Monaten, gegebenenfalls mehr. Alles andere ist sehr ambitioniert.

Es sei an dieser Stelle noch einmal explizit darauf hingewiesen, dass die Serviceverträge bereits in der Phase des Basic Engineerings und des Detailed Engineerings mit definiert werden müssen, um während des Projektes Irritationen auf beiden Seiten zu vermeiden.

Hier gilt es besonders im chinesischen Markt u. a. die Barriere hinsichtlich der Serviceverträge zu überwinden, da dort Service noch immer als ‚schmutzig' angesehen oder mit schlechter Produktqualität verbunden wird. Oft erlebte ich wie Servicekosten bei den dort ansässigen Firmen einfach nicht verrechnet wurden, nur um das Gesicht nicht zu verlieren.

4.2 Automatisierungspyramide von 1985 – Industrie 4.0, ‚Made in China 2025', IoT

Wie bereits mehrfach ausgeführt ist für mich die so genannte vierte industrielle Revolution mehr eine Evolution und Fortschreibung der Technologiegeschichte, angefangen bei der dritten industriellen Revolution ab ca. 1969, dem Beginn des IT-Zeitalters.

Mit Einführung der *µ-Controller* und *Signalprozessoren* in den frühen siebziger Jahren kamen zunehmend die speicherprogrammierbaren Steuerungen in die Automatisierung, mit denen immer mehr Fertigungsprozesse gesteuert und geregelt wurden. Das heißt, es wurden analoge Sensoren entwickelt, die ihre Signale in der Regel zunächst an einen analogen Messwertaufnehmer (Transducer), Messwertumformer oder Transmitter übertrugen, dort ausgewertet und dann mittels dem weltweit standardisierten *4…20 mA Signal* (später quasidigital mittels dem Feldbus 4…20 mA HART und WirelessHART) an die speicherprogrammierbaren Steuerungen (SPS) übertragen wurden.

Die Regelungen erfolgten zunächst analog. Mit fortschreitender Entwicklung des digitalen Zeitalters wurden analoge Spannungs- und die Stromsignale digitalisiert (A/D Wandler). Die digitale Regelungstechnik folgte der analogen Regelungstechnik. Mit zunehmender Technologiefortschreibung wurden die Informationen in der SPS in unterschiedliche Kommunikationsprotokolle gewandelt: z. B. PROFIBUS, FF, Modbus, PROFINET, EtherNet/IP, EtherCAT, um nur einige zu nennen und über die wir in Kap. 5 noch eingehend sprechen werden. Über diese Protokolle gelangte die Information anschließend in der Regel zum SCADA-, MES- und letztlich zum ERP-System.

Die SPS wurde somit zur ‚Sammelstelle' vieler Sensoren, die für einen Produktionsprozess ausgewertet wurden. In der SPS wurde bei Abweichungen gegenüber Sollwerten die Regelungen in den Prozessen automatisch durchgeführt. Dabei wurden Stellglieder, Ventile und Motoren für Verfahrensprozesse so geregelt, dass der Prozess bei Abweichungen kontinuierlich wieder auf den Sollwert zurückgeführt wurde.

Beispielhaft sei hier die Neutralisation von alkalischen oder sauren Industrieabwässern genannt oder auch die Beschichtung von Kupferbändern sowie die Beschichtung von Steckerkontakten mit Gold, Palladium und Nickel (Galvanisierung). Diese einfachste Arte der Steuerung und/oder Regelung wurde im Laufe der Zeit immer mehr ausgebaut und perfektioniert. Heute finden Regelungen mit PID Filtern, Kalman-Filtern, KI-Methoden, Künstlichen Neuronalen Netzwerken oder Neuro-Fuzzy (siehe Kap. 2) statt.

Die Schaltschränke nahmen an Größe zu und immer mehr Routineprozesse wurden automatisiert. Einfache Algorithmen wurden durch prädiktive, intelligente Algorithmen abgelöst.

Im Folgenden werden diese Punkte vertieft.

Die Grundlage aller oben aufgeführten Kommunikationsarten und deren Schnittstellen ist die Automatisierungspyramide, die auch in Industrie 4.0 ihre Gültigkeit besitzt [1, 14, 19] (siehe Abb. 4.5). Diese wurde bereits im Jahr 1985(!) definiert und basiert auf dem OSI-Modell.

Diese in der Automatisierungspyramide definierte Netzwerk-Topologie findet seit Jahren Anwendung bei der Vernetzung von der Fabrik- oder Prozessebene bis zum Firmenmanagement (z. B. SAP).

Viele sehen mit Industrie 4.0 das Ende dieser Pyramide. Ich sehe das nicht so: Für mich ist es vielmehr mit zunehmender wachsender und komplexer werdender Technologie immer wieder eine Umverteilung der Intelligenz innerhalb der verschiedenen Ebenen, ohne dabei die Systematik außer Acht zu lassen.

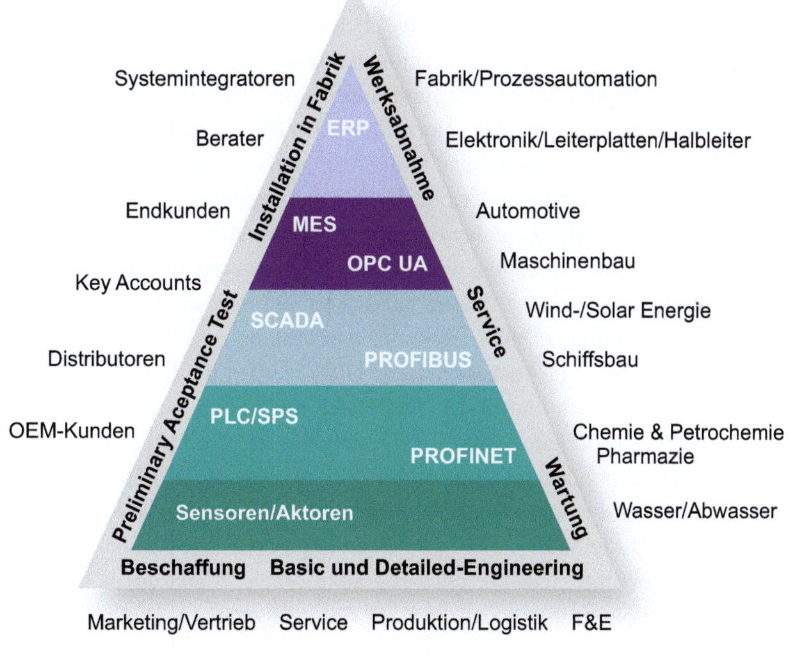

Abb. 4.5 Die Automatisierungs- oder Kommunikationspyramide von 1985, Anwendung bei Industrie 4.0, ‚Made in China' und IIOT

Die Struktur der Automatisierungspyramide ist u. a. ein Bestandteil von Industrie 4.0, Made in China 2025 und IoT (IIoT). Dabei handelt es sich um eine Kommunikationsstruktur, die jede Ebene untereinander sowie auch mit den nächsthöheren und darunterliegenden Ebenen (Leveln) vernetzt.

Die klassische Kommunikations- oder Automatisierungspyramide ist durch die IEC 62264 [15–18] genormt und umfasst die unten beschriebenen fünf verschiedenen Ebenen 1…5 (Schichten 1 bis 5 oder auch engl.: Level 1 bis 5) der Kommunikation. Dabei handelt es sich um eine internationale Normenreihe, die von der IEC (International Electrotechnical Commission) erarbeitet wurde und die Integration von Unternehmens-EDV und Leitsystemen definiert.

Mehr als 25 Automatisierungspyramiden existieren heute in der Literatur und variieren in Anzahl der Ebenen und Benennungen [1, 19]. Zum Teil entfallen je nach Priorität des Sachverhaltes die oberen oder die unteren Ebenen bzw. sind zusammengefasst.

Der Begriff Automatisierungspyramide stammt aus den achtziger Jahren und umfasste zunächst die Ein- und Ausgabeebene (I/O), die Automatisierung und die Mensch-Maschine-Schnittstelle, auch Human Machine Interface (HMI) oder Grafical User Interface (GUI) genannt.

In den Anfängen gab es auch noch die CIM-Pyramide (Computer-Integrated Manufacturing) welche die oberen 3 Level beinhaltete. Seit den frühen 90er Jahren sind jedoch *alle* Ebenen oder Level in der Automatisierungspyramide zusammengefasst!

Die Norm wurde vom SC 65A System Aspects der IEC erarbeitet. Basis der Norm ist die ISA-95 Spezifikation [20]. Die Norm *ISA-95* selbst ist gültig für die Integration von Unternehmens- und Betriebsleitebene in die Automatisierung.

Die fünf Ebenen (Schichten oder Level) der Automatisierungspyramide sind im Detail:

Die 1. Ebene ist die *Feldebene* oder Sensoren-/Aktorenebene und umfasst die branchentypischen Vorrichtungen wie Sensoren/Sensorsysteme jeglicher Art, Motoren, Ventile, Stellglieder (Aktoren). Dabei handelt es sich um schnelle, einfache und automatische Datensammlung, Datenreduktion, Auswertung und Weiterleitung an die SPS-Ebene. Über Eingabe- und Ausgabemodule (I/O) werden die Sensoren und Aktoren mit der SPS-Ebene verbunden und in der Regel auch mit Energie versorgt. Allerdings ist bis heute auch noch das Vierleiterprinzip verbreitet, bei dem die Datenweiterleitung zur SPS und die Energieversorgung der Transmitter oder Messgeräte vor Ort separat mit je zwei Drähten gehandhabt werden. Dies trifft insbesondere für die Analysenmesstechnik zu.

Die 2. Ebene ist die *Steuerungs- oder Regelungsebene.* Sie beinhaltet die Steuerungs- und Regelungselemente wie speicherprogrammierbare Steuerungen (SPS) oder auch engl.: Programmable Logic Controller (PLC). SPS-Steuerungen regeln oder steuern die Maschinen, Antriebe, Ventile, Pumpen und Sensoren. Die SPS wird heute frei programmiert und ist dadurch sehr universell einsetzbar (siehe Abschn. 2.4.4 STEP 7).

Wie bereits angesprochen gelang SIEMENS der Durchbruch von speicherprogrammierbaren Steuerungen erst im Jahr 1979 mit der SIMATIC S. 5, wie sie in Abb. 4.6 gezeigt ist. Die frei programmierbare SPS hat sehr schnell die Vorgänger, die ‚festver-

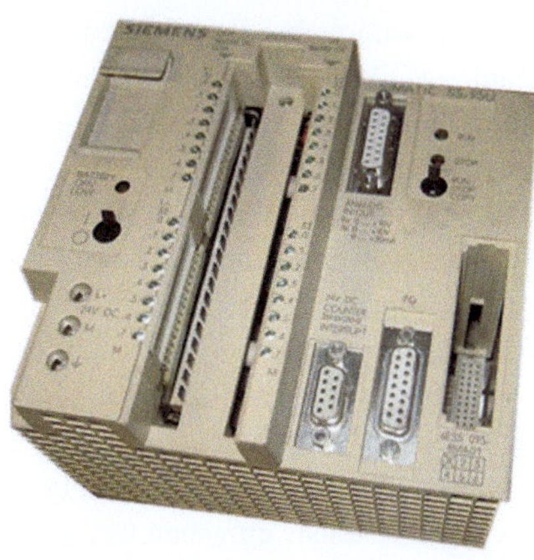

Abb. 4.6 SIMATIC S5 mit STEP 5 – Durchbruch in der Automatisierungstechnik. (*Quelle* Autor: Raizy; Titel: Siemens S5–95U; URL: https://commons.wikimedia.org/wiki/File:Siemens_S5-95U.jpg/ letzter Zugriff 13.02.2021; Lizenzvermerk: CC BY-SA 3.0, https://creativecommons.org/licenses/by-sa/3.0/deed.en/ letzter Zugriff 13.02.2021; Abb. 4.6 zeigt den Ausschnitt des unveränderten Originals)

drahteten', verbindungsprogrammierten Steuerungen (VPS), die seit April 1958 auf den Markt waren, abgelöst.

Die 3. Ebene ist die *Prozessleitebene,* die auch oftmals als Kontrollraum bezeichnet wird. Diese wird im englischen auch SCADA-Level (Supervisory Control and Data Acquisition-Level) genannt.

Hier werden die Daten erfasst, ausgewertet sowie die technischen Prozesse überwacht und gesteuert: Bedienen und Beobachten sowie Messwertarchivierung sind die Aufgaben in dieser Ebene.

Die 4. Ebene ist die *Betriebs- und Planungsebene* mit den Fertigungsmanagementsystemen. Diese Ebene wird auch als MES-Level bezeichnet (MES: Manufacturing Execution System). Produktionsfeinplanung, Produktionsdatenerfassung, Ermittlung der Schlüsselkennzahlen oder ‚Key Performance Indicators' (KPI), Qualitätsmanagement und Materialwirtschaft sind die Hauptthemen dieser Ebene.

Die 5. Ebene der Pyramide ist die *Unternehmensebene* oder der *ERP-Level (Enterprise-Resource-Planning).* Sie umfasst das System für das Firmenmanagement vom Kunden zum Kunden. Beispielsweise ist SAP, das 1971/1972 aus der Taufe gehoben wurde, eines der bekanntesten ERP-Systeme weltweit, (siehe hierzu Abschn. 4.3.1): Bestellabwicklung, Produktionsgrobplanung, Lagerhaltung und Einkauf sind wichtige Themen.

Wichtig ist es nun, dass alle diese Ebenen über standardisierte Kommunikationsprotokolle, Bussysteme (Hardware und Software) oder Schnittstellen (Interfaces, Gateways) miteinander verbunden sind. Dies trifft sowohl innerhalb einer bestimmten Ebene wie auch zwischen den jeweils darüber- und darunterliegenden Ebenen zu. Dementsprechend vielfältig sind die Produkte für jede dieser Kommunikationsebenen.

Wie bereits gesagt: Es gibt zahlreiche verschiedene Ausführungen der Automatisierungspyramide (Anzahl an Ebenen und Benennungen). Je nach Anwendung entfallen einige der Ebenen. Manchmal werden die Unternehmensebene und die Betriebsleitebene als Managementebene zusammengefasst. Die Leitebene hat in bestimmten Branchen spezielle Namen, z. B. Prozessleitebene, Verkehrsleitebene, Gebäudeleitebene, Kontrollebene oder Kontrollraum.

Die Feldebene wird manchmal zusätzlich noch in Ein-/Ausgabe-Ebene und Sensor-/Aktor-Ebene unterteilt. Grundsätzlich folgen sie aber immer dem Grundmodell der Automatisierungspyramide und der damit verbundenen Kommunikations- und Vernetzungsphilosophie, basierend auf dem OSI-Modell.

Für die Automatisierungstechnik war bei den Feldbussen besonders die Echtzeitfähigkeit von Bedeutung, auf die wir noch intensiv eingehen werden.

Je nachdem, ob man sich in einer Kommunikationsstruktur im Prozess oder in der Fabrik befindet, gibt es standardisierte Kommunikationsprotokolle und/oder Feldbusse. Die bekanntesten Echtzeit-Feldbusprotokolle waren zu Beginn der digitalen Prozessautomatisierung die Echtzeitprotokolle (ab ca. 1980) 4...20 mA HART, PROFIBUS PA, PROFIBUS DP und Fieldbus Foundation (FF) sowie in der Fabrikautomatisierung EtherNet/IP, EtherCAT und PROFINET. Zunehmend ist heute das Ethernet-APL (Advanced Physical Layer) für explosionsgefährdete Umgebungen, was vermutlich in naher Zukunft beginnen wird, die traditionellen ex-fähigen Feldbusse HART, PROFIBUS PA und FF H1 abzulösen. Hier werden wiederum Neuanlagen, wie schon beim Übergang von HART auf PROFIBUS PA eine wichtige Rolle spielen. (Quelle: STAHL: PROZESSAUTOMATIN DER ZUKUNFT – MIT ETHERNET-APL; https//r-stahl.com/de/global/systeme/systemloesungen-fuer-die-automatisierung/ethernet-apl/)

Die Einzelheiten und Besonderheiten von diesen Protokollen werden in Kap. 5 erläutert.

Vor Einführung der digitalen Protokolle wurden Sensoren und Antriebe seit ca. 1958 mit festverdrahteten Steuerungen mit dem bekannten 4…20 mA-Signal instrumentiert. 4…20 mA HART war dann der erste Vorbote für die digitale Welt in der Automatisierung.

Die Firma Rosemount (heute: Emerson) begann 1980 mit wenig technischem Aufwand dem 4…20 mA-Signal ein digitales Protokoll zu überlagern (siehe Abschn. 5.14). Dadurch konnten tausende von Messstellen im Laufe von Jahrzehnten ohne hohe Kosten nachgerüstet werden.

Dabei ist erwähnenswert ist, dass die Vernetzungsstrukturen damals bei noch geringerer Rechenleistung einfacher waren als heute. Vom Prinzip her hat sich aber nicht viel geändert: Kommunikation über standardisierte Hardware- und Software-Schnittstellen. Dies ist auch eine Forderung von Industrie 4.0, aber zusammengefasst nichts Neues.

Alle grundlegenden Erkenntnisse und Weiterentwicklungen sind letztlich als Thema in der Einführung des Begriffes Industrie 4.0 im Jahr 2013 zusammengefasst.

Wir gehen nun im Folgenden detaillierter auf die einzelnen Ebenen ein, beginnend bei der ERP-Ebene, vom Kunden zum Kunden.

4.3 Unternehmensebene oder ERP-Level (Enterprise-Resource-Planning)

Enterprise-Resource-Planning ist die unternehmerische Aufgabe, Ressourcen wie Kapital, Personal, Betriebsmittel, Material sowie Informationsmittel und Kommunikationstechnik, im Sinne des Unternehmens bedarfsgerecht zu planen, steuern und zu verwalten [21]. ERP ist ein integriertes System zur Steuerung der wichtigsten Prozesse im Unternehmen [22–24].

Alle Prozesse vom Verkauf, Auftragseingang, Kundenmanagement (CRM), Einkauf, Materialbedarfsplanung, Fertigungsplanung, Produktion und Lager, Lieferung und Rechnungsstellung, Service und Finanzen greifen beim ERP auf *eine Datenbank* zu. Die entsprechenden Zugriffsrechte sind streng geregelt.

Eine der wichtigsten Aufgaben des ERP-Systems ist die Materialbedarfsplanung, die sicherstellen muss, dass alle zur Herstellung eines Produktes notwendigen Materialien an der richtigen Stelle, zur richtigen Zeit und in der richtigen Menge zur Verfügung stehen.

Abb. 4.7 fasst die Hauptaufgaben eines ERP-Systems noch einmal grafisch zusammen [25, 26].

Es sei bereits an dieser Stelle vorweggenommen, dass die Unternehmens-Ebene (ERP-Ebene) sowie die Betriebs- und Planungsebene (MES-Ebene) heute noch sehr viele Überlappungen aufweisen und zukünftig für die Systeme eindeutigere Aufgabenbereiche definiert werden müssen. Insbesondere haben heute ERP- und MES-System oftmals getrennte Datenbanken, was ich als das größte Problem einschätze: Doppelt gepflegte Datenbanken sind sehr fehlerbehaftet und enorm arbeitsintensiv.

Aktuell sind folgende bekannte ERP-Systeme [27, 28] für große Unternehmen und Konzerne auf dem Markt (es gibt jedoch noch viele andere ERP-Systeme):

- SAP S/4HANA
- Oracle ERP Cloud
- Microsoft Dynamics ERP

ERP-Lösungen für den Mittelstand sind beispielsweise:

- SAP Business All-in-One (Oft auch als ‚Business One‘ bezeichnet
- SAP Business ByDesign
- Infor
- Microsoft mit Microsoft Dynamics NAV

Einzelheiten zu ERP-Systemen werden im Folgenden am Beispiel von SAP aufgezeigt, welches mittlerweile eine globale Marktführerschaft erlangt hat.

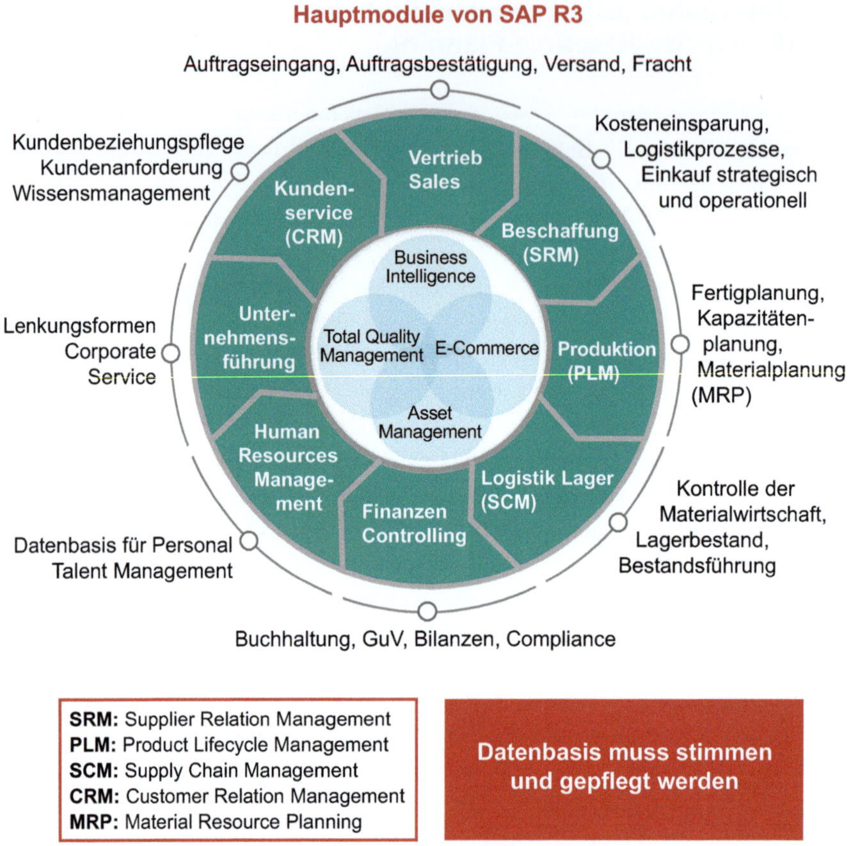

Hauptmodule von SAP R3

Auftragseingang, Auftragsbestätigung, Versand, Fracht

Kosteneinsparung, Logistikprozesse, Einkauf strategisch und operationell

Fertigplanung, Kapazitätenplanung, Materialplanung (MRP)

Kontrolle der Materialwirtschaft, Lagerbestand, Bestandsführung

Buchhaltung, GuV, Bilanzen, Compliance

Datenbasis für Personal Talent Management

Lenkungsformen Corporate Service

Kundenbeziehungspflege Kundenanforderung Wissensmanagement

Vertrieb Sales

Beschaffung (SRM)

Produktion (PLM)

Logistik Lager (SCM)

Finanzen Controlling

Human Resources Management

Unternehmensführung

Kundenservice (CRM)

Business Intelligence

Total Quality Management

E-Commerce

Asset Management

SRM: Supplier Relation Management
PLM: Product Lifecycle Management
SCM: Supply Chain Management
CRM: Customer Relation Management
MRP: Material Resource Planning

Datenbasis muss stimmen und gepflegt werden

Abb. 4.7 Aufgaben und Module eines ERP Systems am Beispiel SAP

4.3.1 SAP – Ein ERP-Baustein von Industrie 4.0

SAP ist heute eines der bedeutendsten Warenwirtschaftssysteme und rangiert unter den weltbesten ERP-Anbietern: SAP ist mittlerweile für große Konzerne wie auch für Mittelständler geeignet [29–31].

SAP steht für ‚Systeme, Anwendungen, Produkte' in der Datenverarbeitung.

SAP R/2 wurde für Großrechner, SAP R/3 für Client-Server-Systeme sowie SAP S/4HANA mit SAP Business ByDesign entwickelt. Alle Systeme stehen als das Synonym für ein integriertes betriebswirtschaftliches Standardsoftwarepaket.

Abb. 4.8 zeigt die Aufgaben vom Kunden zum Kunden und welche Aktivitäten vom SAP im Zusammenhang mit der Automatisierungspyramide ausgeführt werden.

Da SAP eines der führenden ERP-Systeme ist und somit auch maßgebliche Auswirkungen bei Industrie 4.0 und in der Automatisierungstechnik hat, möchte ich es an dieser Stelle basierend auf meinen Erfahrungen etwas detaillierter besprechen.

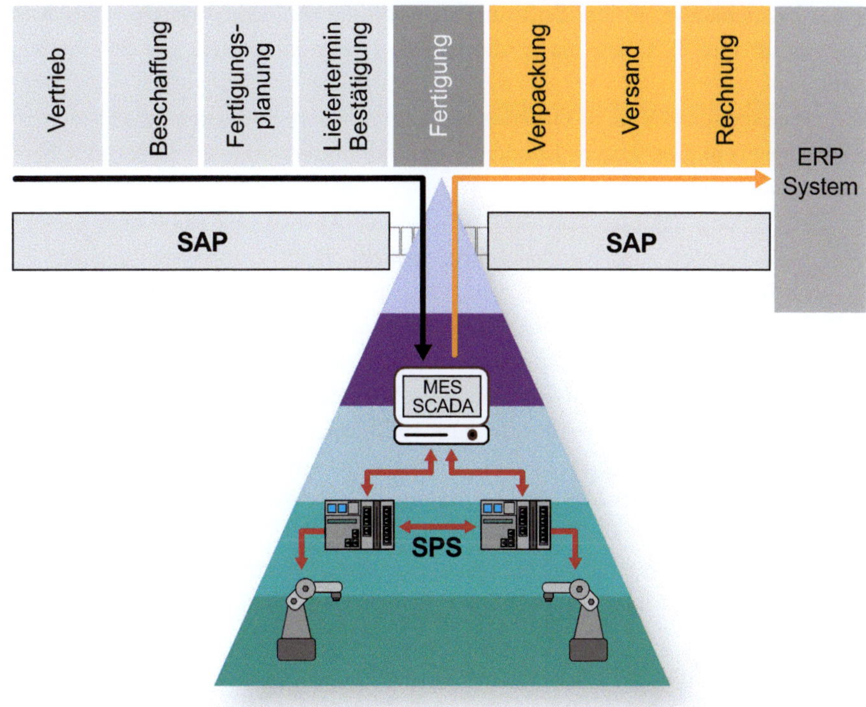

Abb. 4.8 SAP und Automatisierungspyramide

Beispielhaft ist die Entwicklung von SAP bezogen auf die Automatisierung der letzten 40 Jahre, da SAP softwareseitig parallel zu den rasanten Hardwareentwicklungen mitgehalten hat und mit SAP S/4HANA heute sicherlich das innovativste ERP-System auf dem Markt hat [32, 33].

SAP war somit sicherlich in vielen IT-Bereichen der Vorreiter der modernen ERP-Systeme. Entscheidend hierzu beigetragen hat Hasso Plattner, dessen Leitgedanke sinngemäß stets war: ‚Wer wartet, der verliert‘:

So begann die Erfolgsstory [34] von SAP mit Hasso Plattner [35], der 1968 in Karlsruhe sein Informatik-Diplom erwarb. Da er nicht promovierte ging er zu IBM nach Mannheim. Dort lernte er seine späteren Kollegen Dietmar Hopp, Claus Wellenreuther, Hans-Werner Hector und Klaus Tschira kennen. Zusammen entwickelten sie bei IBM Programme, welche die Lohnabrechnung und Buchhaltung auf den IBM-Großrechnern durchführten.

Ein Schlüsselerlebnis bezüglich einer Fehlerbehebung bei einem Kunden brachte die SAP-Gründer darauf, den Bildschirm als Ein- und Ausgabemedium zu nutzen und somit von den unbeliebten Lochkarten wegzukommen.

Später bezeichneten sie ihre Software als Realtime (Echtzeit)-System. Dies war der Grund, warum ihre Produkte bis in die späten 1990er Jahre stets ein ‚R‘ im Namen trugen.

Die erste Version der SAP-Gründer und ihrer neuen Softwareidee entstand dabei im Rechenzentrum des ersten Kunden ICI (Nylonfaserwerk der Imperial Chemical Industries).

Die Realisierung der Idee von der Software zur Abwicklung sämtlicher Geschäftsprozesse vom Kunden zum Kunden führte schließlich 1972 zur Gründung der Firma SAP GbR in Weinheim.

Schwerpunkte der ersten Entwicklung waren die Module (Bereiche) Controlling/Finanzen, Buchführung, Warenlogistik, Einkauf, Produktion und Lagerhaltung. Später folgten Personalwesen und TQM (Total Quality Management).

Der Vollständigkeit wegen sei gesagt, dass 1976 die ‚SAP GmbH Systeme‘ gegründet wurde, die ein Jahr später von Weinheim nach Walldorf umzog.

Bereits ab Anfang der 1980er Jahre wurde die Software von SAP in weiteren Sprachen angeboten.

Vier der fünf SAP-Gründer – Dietmar Hopp, Hasso Plattner, Klaus E. Tschira und Hans-Werner Hector – bildeten zur Gründungszeit den Vorstand.

4.3.1.1 SAP heute im Jahre 2020 – Geschichte

Die SAP SE ist mit einem Umsatz von knapp 28 Mrd. € (2019) und ca. 100.000 Mitarbeitern (ca. 19.000 Mitarbeiter in der Software-Entwicklung) der größte europäische und außeramerikanische Software-Hersteller sowie der weltweit viertgrößte Software-Hersteller überhaupt.

Zum Vergleich: Der Oracle Umsatz betrug 2019 ca. 39,5 Mrd. US$ und der ‚Salesforce‘-Umsatz betrug 2019 13,28 Mrd. US$.

Die SAP hat weltweit ungefähr 120 Tochtergesellschaften. Das Unternehmen betreibt neben dem Entwicklungszentrum am Unternehmenssitz in Walldorf noch weitere 16 Entwicklungsstandorte in 13 Ländern, die sogenannten SAP Labs, in den USA, Brasilien, Frankreich, Kanada, Israel, Indien, Australien, Japan, der Volksrepublik China, Bulgarien, der Slowakei, Ungarn und Polen. Diese entwickeln mittlerweile auf Basis der ‚SAP S/4HANA In-Memory-Plattform‘. Hier zeigt sich besonders, was für ein globales Unternehmen wichtig ist: Präsenz und Kundennähe auch insbesondere in der Entwicklung.

SAP hat heute über 335.000 Kunden, darunter viele Großunternehmen und DAX-Konzerne, und wird dabei von mindestens 12 Mio. Anwendern genutzt.

Der Marktanteil weltweit wird im ERP-Sektor mit ca. 30 %, in Deutschland größer 50 % angenommen.

Von Beginn an entwickelte SAP modulare Standardsoftware, was ein Riesenschritt in der modernen SW-Architektur bedeutete. Somit trug SAP sicherlich auch maßgeblich zu der heute in der ‚Industrie 4.0‘ geforderten Standardisierung bei, was wiederum die grundlegende Idee der Automatisierungs- oder Kommunikationspyramide ist.

Aus diesen damaligen sogenannten ‚Realtime-Systemen‘ entwickelten sich im Laufe der 1970er Jahre eine neue Art der Datenverarbeitung, die heute als Online Transaction Processing (OLTP) oder Online-Transaktions-Verarbeitung bezeichnet wird. Dabei handelt es sich um direkte interaktive Datenverarbeitung ohne Verzögerungen.

Der Begriff Realtime ist etwas verzerrend, da Auswertungen der Daten zum damaligen Zeitpunkt oft Stunden dauerten, dennoch war der Begriff bezüglich der langen Verarbeitungsgeschwindigkeiten von Wettbewerbern gegenüber SAP durchaus berechtigt.

Ein großer Vorteil der modularen SAP-Software-Architektur war, dass nun für viele Aufgaben (Auftragseingang, Materialbedarfsplanung, Produktionsplanung, Rechnungsstellung usw.) ein gemeinsames System mit nur *einer* Datenbank verwendet werden konnte (siehe auch Abb. 3.11).

Mit SAP R2 (1982–1991) hatte sich die ‚SAP AG‘ 1990 mit dem modularen StandardSoftware-Paket R/2 eine Monopol-Position auf dem Gebiet der kommerziellen Standardsoftware für IBM S/370-Rechner in Deutschland geschaffen: Das Softwarepaket R/2 lief damals nur auf IBM-Hardware und auf kompatiblen SIEMENS-Rechnern.

Zur CeBIT 1991 kam SAP R/3 (1992–2001) als Lösung für den Mittelstand auf den Markt. R/3 war für die damals neu angekündigte AS/400 von IBM konzipiert worden, jedoch war die IBM-Hardware mit dem neuen System überfordert.

Deshalb wich SAP auf UNIX-Workstations mit Oracle-Datenbanken aus und arbeitete im Client-Server-Prinzip. Die Ergebnisse lösten am Markt große Begeisterung aus und schnell begann das neue SAP R3 das alte SAP R2 abzulösen.

Was besonders beeindruckend ist, dass SAP durch SAP R3 den Umsatz zwischen 1991 (361 Mio. €) und 1996 (1.903 Mio. €) mehr als verfünffachen konnte!

SAP R3 besteht aus den Modulen FI (Finance), CO (Controlling), MM (Materials Management), SD (Sales and Distribution), PP (Production Planning) und HCM (Human Capital Management). Diese Module bilden schwerpunktmäßig die Hauptanwendungen.

Am 3. Februar 2015 wurde SAP S/4HANA [36] an der New Yorker Börse eingeführt.

Das System war am Markt eine große Innovation, da durch die neuen Datenbankstruktur SAP S/4HANA ein ‚quasi Realtime-System‘ entstand.

Auch die SAP Business Suite 4 nutzt die SAP S/4HANA-Datenbank (siehe auch unten Abschnitt ‚meine Erfahrungen‘). Wichtig ist zu wissen, dass SAP S/4HANA alle SAP-R/3-Lösungen sowie auch die Datenbanken von Oracle, Microsoft und IBM unterstützt.

Die SAP-Software erfüllt alle alltäglichen Prozesse eines Unternehmens. SAP S/4HANA kommt heute im täglichen Geschäft, in Fabrik- und Industrielösungen zum Einsatz und ist im Begriff den Markt aufgrund seiner Echtzeitfähigkeit (Realtime) zu erobern.

SAP S/4HANA selbst gilt bis heute als größter Innovationssprung in der ERP- und somit auch in der Automatisierungswelt.

Beeindruckend ist, dass es bis heute mehr als 3000 Implementierungen von SAP S/4HANA gibt. Mittlerweile gibt es allerdings von den großen Softwarehäusern wie

Oracle, Microsoft und Workday Inc. im Bereich „Software as a Service" Wettbewerbsprodukte.

Die wichtigsten Module von SAP sind neben dem SAP-ERP, SAP-CRM (Customer-Relationship-Management) für erweiterte Kundenbetreuung, SAP- SCM (Supply-Chain-Management) und SAP-PLM (Product-Lifecycle-Management).

Es gibt verschiedene Branchenlösungen, wie z. B. ‚SAP IS-Oil' für die Ölindustrie und ‚SAP für die Umwelttechnologie Wasser-, Stromindustrie'.

Ein weiteres Produkt ist SAP-NetWeaver [37], das als Grundlage für Service-Oriented-Architecture (SOA) dient. SAP-NetWeaver bietet die Möglichkeit, Anwendungen von Drittanbietern effizient in die SAP-Lösung einzubinden und stellt dafür umfangreiche Schnittstellen auf der Ebene der Anwenderoberfläche, der Daten und der Prozesse zur Verfügung.

SAP-NetWeaver verwendet offene Standards und ermöglicht die Integration von Informationen und Applikationen von unterschiedlichen Technologien. Im Rahmen von SAP-NetWeaver werden bestimmte Java-EE- und ABAP-Anwendungen ausgeliefert. ABAP ist eine proprietäre Programmiersprache der Softwarefirma SAP, die für die Programmierung kommerzieller Anwendungen im SAP-Umfeld entwickelt, d. h. in dem Fall, dass man mit den SAP-Instruktionen nicht auskommt, kann man eigene ergänzende Software schreiben (ABAP).

SAP-NetWeaver ist die Basis der SAP-Business-Suite, SAP-Business ByDesign und der SAP-NetWeaver-Composition Environment.

Durch SAP-NetWeaver unterstützte Plattformen sind: Windows -Produkte, IBM -Produkte, Linux, HP-UX Solaris. Vom SAP-NetWeaver unterstützte Datenbanken sind Microsoft SQL Server, IBM Informix Dynamic Server, SAP MaxDB Studio, IBM DB2, SAP S/4HANA, Sybase und Oracle.

Es sei an dieser Stelle hervorgehoben, wie universell und flexibel sich SAP immer wieder auf die Wettbewerbssituationen im Laufe der letzten 40 Jahre eingestellt hat.

Es gibt noch viel über SAP zu berichten, was aber den Umfang dieses Buches sprengen würde. Deshalb verweise ich auf die umfassende Literatur, die SAP in allen Einzelheiten behandelt und die ich versuchte in diesem Abschnitt auf das Wesentlichste zu fokussieren. Vielmehr möchte ich noch einmal auf meine eigenen Erfahrungen mit ERP-Systemen und im Speziellen auf SAP eingehen.

4.3.2 Persönliche Erfahrungen mit ERP-Systemen

Neben dem mächtigen SAP S/4HANA gibt es auch für typische Mittelständler das *SAP Business All-in-One* (2002) [38], später das Cloud-*basierte SAP-Business ByDesign* (2007) [39].

SAP Business All-in-One oder kurz ‚SAP Business One' habe ich in USA bei einer Firma in den neunziger Jahren eingeführt und sehr gute Erfahrungen im Zusammenspiel mit dem Hauptsystem in Deutschland gemacht.

SAP Business All-in-One ist für Unternehmen mit 1 bis 100 Mitarbeitern geeignet, wobei nicht alle Mitarbeiter auch Anwender sein müssen. Wichtig ist, dass die Architektur und Funktionalität keine Verbindung zur SAP-Business-Suite oder R/3 hat und somit völlig autonom arbeiten kann.

SAP Business All-in-One hat eine eigene GUI (Grafical User Interface), die unter Microsoft Windows läuft. Alle wichtigen Prozesse eines Unternehmens können abgebildet werden.

Unterstützte Datenbanken sind Microsoft SQL Server und SAP S/4HANA, wobei Letztere eine eigene, separate Installation ist.

SAP Business ByDesign [39] ist eine vollständig integrierte On-Demand-Unternehmenssoftware, die in Echtzeit Abfragen und Reports generieren kann. Als Lösung für den Mittelstand bietet diese Software die Möglichkeit einer effizienten Geschäftsprozessabwicklung mit einer durchgängigen Informationsverarbeitung. Die Software wurde am 19. September 2007 in New York offiziell vorgestellt und steht Kunden in 28 Ländern unter anderem in Deutschland, USA, Großbritannien, Frankreich, China, Indien und Südafrika zur Verfügung. Auch mit dieser Software habe ich bei einer Implementierung in Indien sehr gute Erfahrungen gemacht.

Genaugenommen habe ich seit fast 30 Jahren mit SAP-Systemen gearbeitet. Bei meiner ersten Messtechnik-Firma verwendeten wir bereits 1993 SAP R2 für die betriebswirtschaftlichen Verarbeitungen von beispielsweise Umsatz, Auftragseingang, Lagerbestandsveränderungen, GuV und Bilanzen. Aufgrund der immensen Datenmengen und der somit erforderlichen Rechenleistungen im Zusammenhang mit der Computer Architektur (Datenbank separat von der Recheneinheit) war die Aktualisierung der Daten nur über Nacht möglich. Echtzeit lag somit noch in weiter Ferne.

Mit der Einführung von SAP R3 ‚ein ERP-System vom Kunden zum Kunden‘ begannen wir zu Beginn 1994. Wir lösten im Jahr 1995 SAP R2 durch SAP R3 ab und starteten zum damaligen Zeitpunkt die Harmonisierung des SAP R3 Systems weltweit über alle unsere damaligen Niederlassungen.

Zu diesem Zeitpunkt entwickelte sich der Trend, dass immer mehr große Konzerne in der Chemie und Pharmazie ihre Messtechnik-Zulieferfirmen fast ‚gezwungen‘ haben SAP einzuführen, um die Ware direkt vom Hersteller bestellen zu können. Ziel in diesen Firmen war es damals die Fehlerrate in deren Logistik zu reduzieren.

Ich persönlich erlebte diesen Prozess bei einem großen deutschen Chemiekonzern mit, der von meiner damaligen Firma verlangte, umgehend in den SAP-Prozess eingebunden zu werden. Er legte uns klar dar, wenn wir es nicht tun würden, werden wir zukünftig von der ‚Vendor Liste‘ (Einkaufsliste) gestrichen. Es war zum damaligen Zeitpunkt ein enormer Aufwand die Logistik in diesem Sinn zu realisieren, aber wir schafften es.

Der schwierigste Punkt bei diesem Projekt war das Upgrade der SAP-Datenbank. Übrigens ein Punkt, der sich bis heute wie ein roter Faden bei der SAP-Implementierung durchzieht: Das SAP (jedes ERP-System) ist nur so gut wie seine gepflegte Datenbank. Wenn dieser Punkt nicht stimmig ist, nützt das beste ERP-System der Welt nichts!

Positiv zu sehen ist, dass im Zuge der prozessorientierten Zertifizierung ISO 9000 SAP damals vielen Firmen und zu einer prozessorientierten und kundenorientierten Auftragsbearbeitung verhalf. Der absolute Zwang zu einer sauberen Vorgehensweise in der Abwicklung von Geschäftsprozessen war durch das SAP gegeben.

In den letzten Jahren habe ich bei einem mittelständischen Unternehmen die Einführung des SAP S/4HANA und das Cloud-basierte SAP Business ByDesign realisiert. Die Firma hatte zu Beginn des Projektes ein veraltetes ERP-System mit getrennter Lagerhaltungssoftware. Außerdem waren im ‚Altsystem' die Stammdaten nur sehr rudimentär gepflegt. Die Mitarbeiter hielten sich wenig an die notwendigen ERP-Prozesse. Lieferzeiten über mehrere Monate waren zum Teil je nach Produkt die Konsequenzen.

Das schwierigste Problem bei einer Einführung eines präzis arbeitenden Warenwirtschaftssystems, egal ob SAP S/4HANA oder ein anderes ERP-System, ist nun einmal die strikte Einhaltung von drei Regeln:

Regel 1:
Die ERP Einführung ist ein umfassendes Firmenprojekt. Die Einführung eine SAP-Systems bedeutet, dass das Management hinter dem Projekt stehen muss und dies auch aktiv seinen Mitarbeitern demonstrieren muss. Die Projektmanager, Key User (Prozessverantwortliche), Berater und Mitarbeiter müssen im Abarbeiten Disziplin und Kontinuität beweisen. Dieser Punkt wird allzu häufig unterschätzt. Fehlen die Konsequenz und das Miteinander, so ist die Einführung eines ERP-Systems ein fortwährender zäher Prozess. Ebenfalls ist für die Einführung eines derartig mächtigen Systems ein konsequentes Projektmanagement erforderlich (siehe unten).

Regel 2:
Anpassung der Prozesse an SAP. Die Mitarbeiter müssen sich von den alten tradierten Prozessen lösen und sich an die SAP-Prozesse adaptieren (gewöhnen). Nur allzu bequem ist es, für seine gewohnten Prozesse einen sog. ABAP (Allgemeiner Berichtsaufbereitungsprozessor, siehe oben) [40, 41] in Form einer proprietären Software zu schreiben.

Dieses Problem erlebte ich hautnah über vier Jahre in einer Firma der Messtechnik, die Baan als ERP-System nutze (ERP LN). Hajren Baan [42] war ein niederländischer Hersteller von Standardsoftware zum Enterprise-Resource-Planning. Das Unternehmen Baan existiert nicht mehr, es wurde von SSA Global übernommen, welches im August 2006 von Infor Global Solutions übernommen wurde. Die Softwarelösung Baan bestand als Infor ERP LN i fort. Jedoch gab es zwischenzeitlich einige Upgrades, die zur damaligen Version in der Firma verwendeten Version nicht mehr kompatibel waren.

Das Problem in der erwähnten Firma war nun, dass genau aus dem Grund der Bequemlichkeit eigene Prozesse in proprietärer Software geschrieben wurde. Es entstand eine dreistellige Anzahl von ‚ABAP's', die bei einem Releasewechsel upgedatet werden mussten. Als dann eine nicht aufwärtskompatible Version von Baan eingeführt wurde, war das Unternehmen nicht mehr in der Lage die ABAP's anzupassen.

Die Folge war, dass man bei der alten Version verblieb und die Kluft zwischen den Versionen immer größer wurde. Als Inor dann die Uraltversion nicht mehr unterstützte, war die Firma gezwungen, sich bezüglich eines neuen Systems Gedanken zu machen.

Wenn man also ein neues System plant, dann gilt immer die eiserne Regel, keine ABAP's oder wenn schon unbedingt nötig, dann diese unter die Aufsicht eines Änderungsprozesses (Change Control Board) des Managements zu stellen.

Regel 3:
Pflege der Stammdaten. Das größte und gravierendste Problem bei jedem ERP-System ist jedoch das Erstellen und die Pflege der Stammdaten. Im Rahmen der Einführung von SAP S/4HANA während meiner letzten Tätigkeit, waren mehr als eine Hand voll Mitarbeiter über ein Jahr fast nicht genug, um eine saubere vollständige Pflege der Datenbank zu gewährleisten. Zu sehr litt man unter den Versäumnissen der Vergangenheit.

Bei der Pflege eine ERP-Datenbank müssen die Mitarbeiter permanent harte Disziplin zeigen. Es gilt nun einmal uneingeschränkt die Regel, dass ein ERP nur so gut ist, wie seine Stammdaten und Prozesse gepflegt sind. Ist man hier nicht konsequent, so hilft das beste ERP-System nicht und man kann sich unter Umständen Millionen von Euros sparen.

Dies kann ich nachdrücklich aus eigenen gemachten Erfahrungen bestätigen. Hierbei muss man wissen, dass ein SAP-System ‚gnadenlos' den Prozess unterbricht, sobald es Unstimmigkeiten in den Daten oder in den Prozessabläufen feststellt. Und erst dann, wenn alles manuell nachjustiert oder in Ordnung gebracht ist, setzt das SAP den Prozess fort.

Weniger mit dem SAP vertraute Personen neigen in diesen Fällen häufig zur Aussage ‚Das SAP läuft nicht', was definitiv falsch ist.

Wie bereits gesagt, das Einführen eines SAP-Systems erfodert eine große Disziplin. Manchmal dauert es bis zu 4 Jahren, um ein ERP wie das SAP einzuführen und es kann je nach Größe des Unternehmens mehrere Millionen Euro kosten.

Niemand kann so genau den Return on Investment (ROI) beziffern, der durch die Einführung eines solchen Systems entsteht. Diesen Sachverhalt erlebte ich besonders während meiner Tätigkeit in USA in einem an der Börse notierten globalen Unternehmen (Umsatz: ca. 2 Mrd. US$).

Beinahe ‚krampfhaft' hing der damalige CEO an dem ROI für die Einführung des SAP's, den man bei mehr als 30 Unternehmen weltweit einfach nicht fixieren konnte. Seine Strategie zielte damals immer darauf ab, wie viel Mitarbeiter er durch die Systemeinführung weniger benötigte, wenn ein ERP weltweit eingeführt würde. Letztlich hatten wir dann das Bluebook für SAP geschrieben und begannen sukzessive mit der Realisierung, ohne dabei eine exakte ROI- Rechnung gemacht zu haben.

Bei der Einführung von SAP S/4HANA habe ich mich auch u. a. davon überzeugen können, wie Business All-in-One in USA relativ problemlos mit dem SAP S/4HANA System in Deutschland harmonisierte. Auch die Integration von SAP Business ByDesign in Indien war relativ problemlos, welches ich für die Produktion 2018 einführte.

4.3.3 Wie funktioniert SAP und welche Fehler werden häufig gemacht – Beispiel

Die Frage ist nun, warum sich viele Firmen mit der SAP-Einführung relativ schwertun, insbesondere dann, wenn sie vorher eher sorglos mit dem einem vorhandenen ERP-System umgegangen sind. Zunächst sind einmal das A&O bei der Einführung die in Abschn. 4.3.2 aufgezeigten drei Regeln. Das Problem ist, trotz aller Sorgfalt bei der Einführung kann man nicht alle Gegebenheiten vorausplanen und abarbeiten. Vieles lernt man erst im Tun (‚Learning by doing'). Die Einführung eines ERP-Systems ist ein kontinuierlicher Lernprozess. Deshalb muss irgendwann im Laufe der Integration entschieden werden, wann man das SAP ‚scharf' schaltet (Going Live). Bei allen meinen Erfahrungen hat sich gezeigt, dass viele Firmen aufgrund ihrer Vorgeschichte, insbesondere im ‚saloppen' Umgang mit ihren ERP-Vorsystemen dann live gehen, wenn die Stammdaten zwischen 70 %–85 % eingepflegt sind.

SAP-Einführung heißt dann in den ersten 2–3 Monaten, im Prozess ‚Going live' einen gewissen Umsatzeinbruch hinzunehmen, da sich das SAP einschwingen muss. D. h. bei jeder Unstimmigkeit hält das SAP an und die Fehler müssen nachbehoben werden. Die häufigsten Ursachen sind fehlerhafte Stücklisten, falsche Arbeitspläne (Workflows), falsche Lagerbestände, die auf diese Weise nachgepflegt werden müssen. Es ist wichtig vor dem ‚Going live Prozess' entsprechende Lagerbestände aufzubauen, mit dem man die Umsatzeinbrüche während des Einschwingens von SAP kompensieren kann.

Insbesondere aber trägt bei der verzögerten Systemeinführung die unsachgemäße Behandlung der SAP-Prozesse durch Mitarbeiter bei. Hierzu ein paar Ausführungen:

Zum Steuern des täglichen Umsatzes eines Unternehmens sind in der Regel folgende Daten systemmäßig von Bedeutung:

- Umsatz
- Faktura Vorrat
- Offene Fertigungsaufträge (FAUF's)
- Offene Lieferungen
- Backlog [43] Fertigungsaufträge
- Backlog unbestätigte Kundenaufträge (KAUF's)
- Backlog Anteil- und bestätigte KAUF's
- Bei der täglichen Umsatzplanung sind alle diese Gegebenheiten zu berücksichtigen.

Abb. 4.9 gibt einen Grobüberblick über die Verzahnung der Prozesse vom Kunden zum Kunden. Bei Einführung des SAP (Going live) sind folgende Fehlerquellen möglich, die zu täglichen Umsatzeinbußen während der ersten 1–3 Monate führen können: Die Handhabung des Systems durch die Mitarbeiter, die sich erst an die SAP-Prozesse gewöhnen müssen, aber auch die generelle Sorgfältigkeit bezüglich der Datenpflege, Stammdaten und Arbeitspläne.

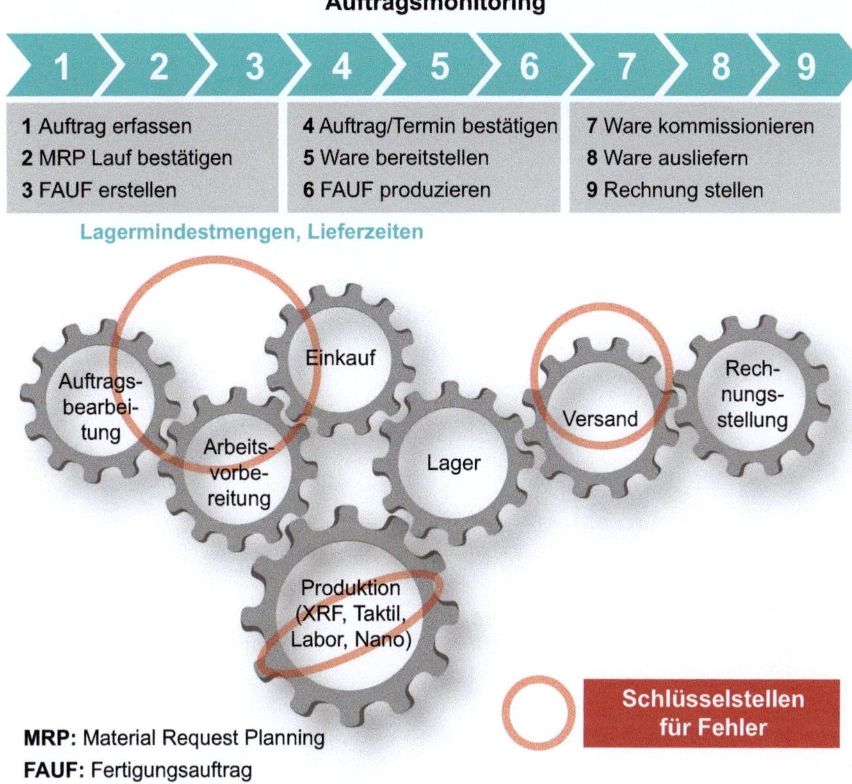

Abb. 4.9 Verzahnung der Prozesse im SAP

Die Problemzonen der Prozessabarbeitung für die tägliche Umsatzerreichung sind eingekreist. Das Prozedere des SAP's und seine Konsequenzen seien an einem Beispiel vertieft.

Tag 1 in einem Unternehmen entsprechend Abb. 4.10

Am Tag 1 kommen Aufträge vom Kunden und werden über die Auftragsabwicklung ins SAP-System eingegeben. Es besteht zu diesem Zeitpunkt eine aktuelle Fertigungsplanung für Kalenderwoche 1 (KW1) bis Kalenderwoche 4 (KW4).

Fehler 1:
Die Erfahrung zeigt, dass in der Übergangsphase vom alten zum neuen System der vorhandene Backlog von Fertigungs- und Kundenaufträgen oft nicht mit eingeplant wird.

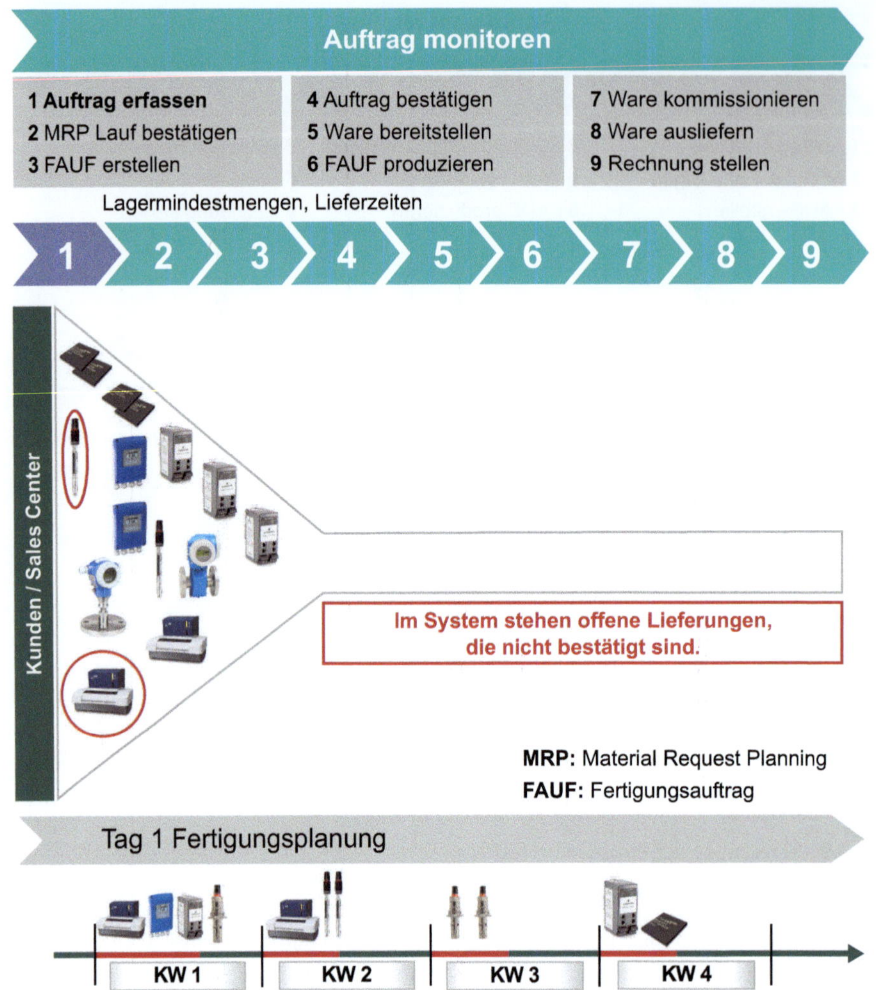

Abb. 4.10 SAP-Ablauf Tag 1: Neue Aufträge und aktueller Backlog. (*Quellen* der Produkte: Beckhoff Automation GmbH & Co. KG; *Courtesy Emerson Electric Co and affiliated;* Endress+Hauser; © images courtesy of Hitachi HighTech Corporation; Knick Elektronische Messgeräte GmbH & Co. KG, KROHNE)

Fehler 2:

Standardaufträge werden z. T. über Wochen nicht erfasst, was ein grundsätzliches Problem bei vielen kleineren Firmen ist.

Tag 2 in einem Unternehmen entsprechend Abb. 4.11

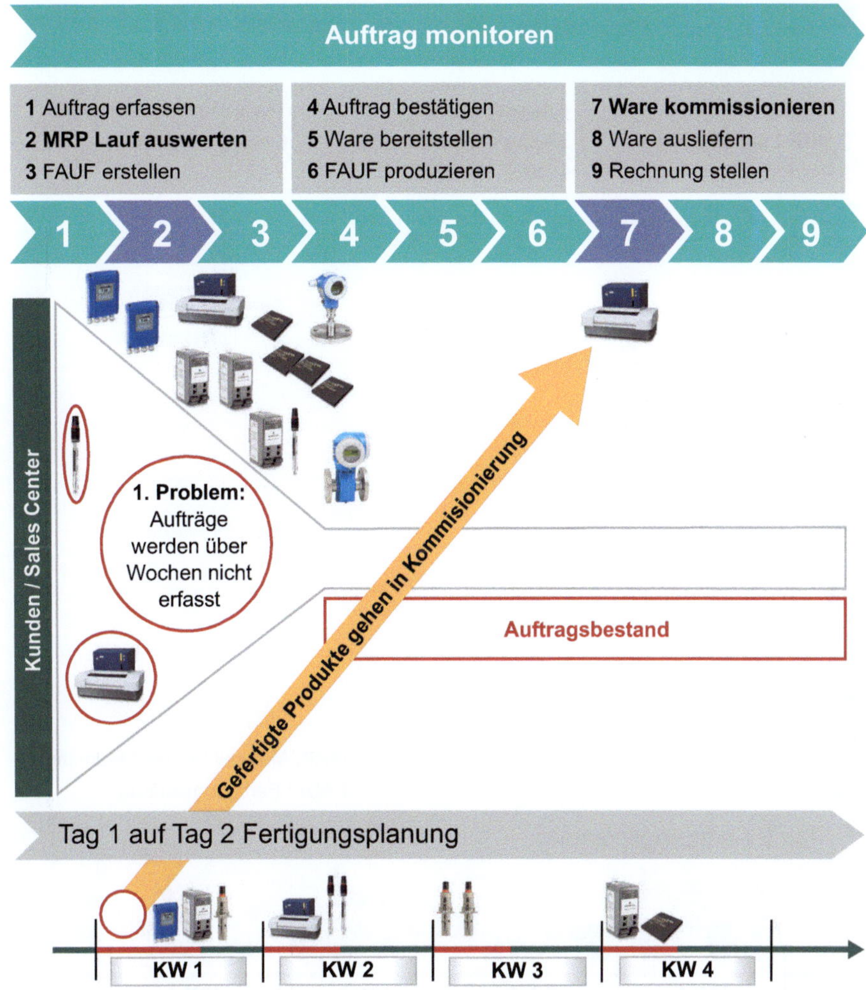

Abb. 4.11 SAP-Ablauf Tag 2: Materialbedarfsplanung oder engl.: Material Request Planning (MRP) bezüglich im System eingegebener Produkte/Aufträge. (*Quellen* der Produkte: Beckhoff Automation GmbH & Co. KG; *Courtesy Emerson Electric Co and affiliated;* Endress+Hauser; © images courtesy of Hitachi HighTech Corporation; Knick Elektronische Messgeräte GmbH & Co. KG, KROHNE)

Über Nacht von Tag 1 auf Tag 2 erfolgt im SAP das Update, der sogenannte MRP-Lauf (Material Request Planning oder die Materialbedarfsplanung). Das System schlägt bezüglich der vorhandenen Lagerbestände und den zu Verfügung stehenden Fertigungszeiträumen (Slots) für jedes eingegebene Produkt einen Fertigungstermin entsprechend Abb. 4.12 vor.

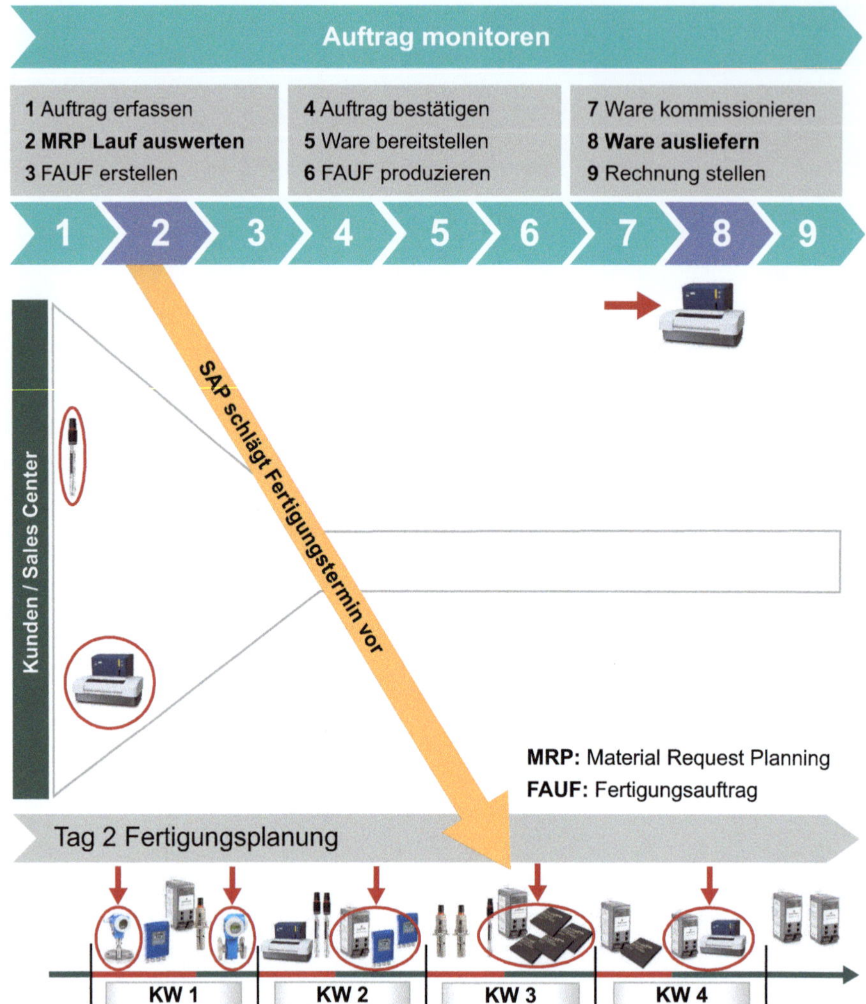

Abb. 4.12 SAP-Ablauf: SAP schlägt Liefertermine für *jedes* Produkt vor. (*Quellen* der Produkte: Beckhoff Automation GmbH & Co. KG; Courtesy Emerson Electric Co and affiliated; Endress+Hauser; © images courtesy of Hitachi HighTech Corporation; Knick Elektronische Messgeräte GmbH & Co. KG, KROHNE)

Gefertigte Produkte werden für die Kommissionierung (Zusammenstellung von Produkten für den Versand aufgrund von Aufträgen) gemeldet und ins Lager gebracht. Neue Kundenaufträge werden eingepflegt. Hier wird deutlich, wie wichtig die korrekte Pflege der Stammdaten bezüglich Lagerbestand, Materialverfügbarkeit, Stücklisten, Fertigungsarbeitsplan (Workflow) und Fertigungszeiten ist.

Wenn an dieser Stelle etwas nicht stimmig ist und SAP erkennt das, dann stoppt das System und der Fehler muss manuell nachkorrigiert werden. Dies verursacht vor allem wie bereits mehrmals gesagt die Verzögerungen in der Einführungsphase (‚Going live').

Fehler 3:
Der wichtigste Schritt ist, dass die Produktionsplanungs- und Steuerungssystem-Gruppe (PPS) nun *sämtliche* Vorschläge vollständig abarbeiten und bestätigen muss. Geschieht das nicht, so werden entsprechend Abb. 4.13 die nicht bestätigten Produkte, neben den

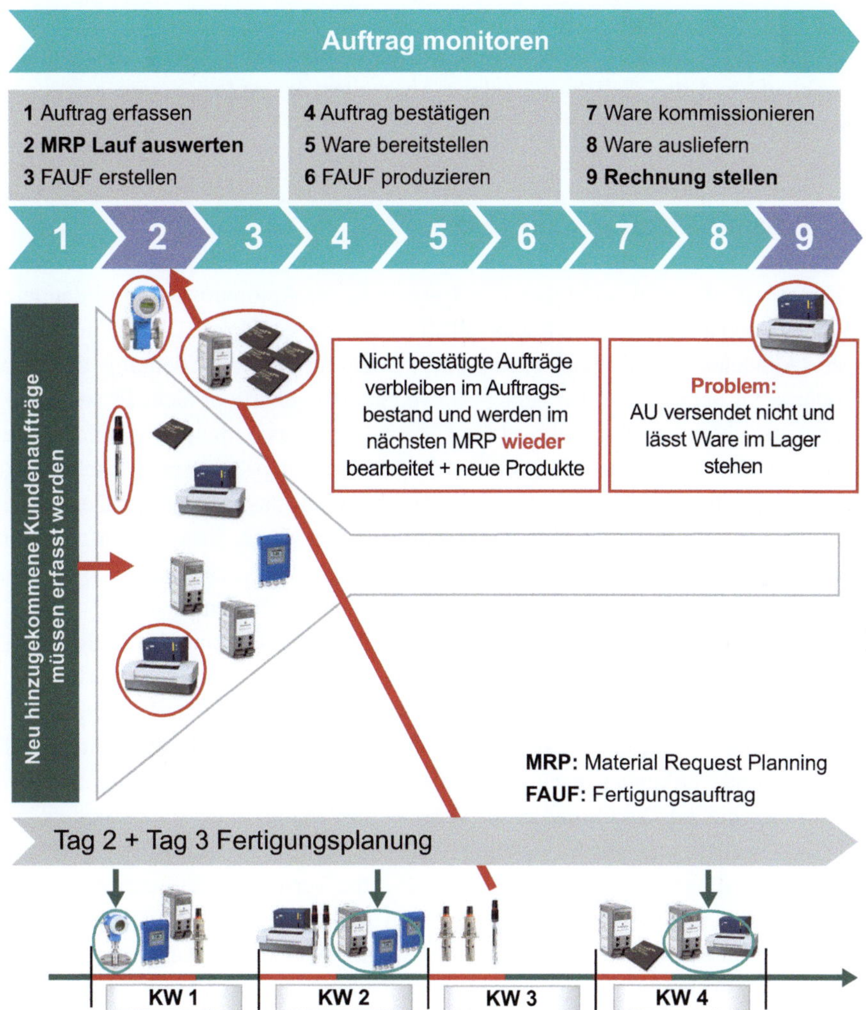

Abb. 4.13 SAP-Ablauf – *Neue Aufträge* und *nicht bestätigte Aufträge* werden im nächsten MRP (Material Request Planning) Lauf bearbeitet. (*Quellen* der Produkte: Beckhoff Automation GmbH & Co. KG; *Courtesy Emerson Electric Co and affiliated;* Endress + Hauser; © images courtesy of Hitachi HighTech Corporation; Knick Elektronische Messgeräte GmbH & Co. KG, KROHNE)

eingegebenen Neubestellungen, wieder in den anstehenden nächsten MRP-Lauf für den nächsten Tag mit eingebunden. Hier liegt eine der häufigsten Fehlerquellen, wenn dieses exakte Abarbeiten nicht eingehalten wird!

Fehler 4:
Verpackte Ware wird nicht ausgeliefert, sondern bleibt im Lager stehen, dadurch wird nicht fakturiert und es kommt zum ‚Überlaufen' des Lagers.

Es kommt zur Fehlerkumulierung der diversen Bestände im Orderhandling, MRP-Lauf (Vorschlag), Fertigungsbestätigung, Lieferung und Faktura. Die Folge ist, dass die Fertigung außer Kontrolle gerät, der Backlog sich akkumuliert und die notwendigen Umsätze Einbrüche erleben.

Noch einmal zusammengefasst: Für ein gut funktionierendes SAP sind Stammdaten, Prozessabläufe und das tägliche komplette Abarbeiten der Aufträge vom Kunden zum Kunden das Allerwichtigste.

4.3.4 Zusammenfassung ERP (SAP)

Wie sehr sich die Leistungsfähigkeit der Systeme in der Automatisierung in den letzten Jahrzehnten erhöht hat, gab eindrucksvoll die Festrede von Prof. Dr. hc. mult. Hasso Plattner (Aufsichtsratsvorsitzender von SAP) während seiner Verleihung der Ehrendoktorwürde im Februar 2020 wieder [44]. Sinngemäß äußerte er sich: Er wollte so ab 2005 noch einmal etwas Nachhaltiges für Unternehmensanwendungen schaffen: Vereinfachungen in der Bedienung, Rechnerarchitektur, Leistungssteigerung, Skalierbarkeit, Erweiterbarkeit und hohe Flexibilität waren für ihn damals das strategische Designziel.

Die daraus resultierenden Grundforderungen für ihn waren, dass alle Informationen permanent im Kernspeicher der Recheneinheit sein müssen und dass bei der Bearbeitung der Daten keine Zugriffe auf externe Speichermedien mehr notwendig waren!

Durch seine neue Arte der Datenbankrealisierung in Spalten anstelle Zeilen [44], so wie es bei IBM Oracle und Microsoft der Fall ist, schaffte es H. Plattner tatsächlich mit dem Release von SAP S/4HANA am 03.02.2015 in der ERP- Rechnerleistung ein quasi Echtzeitsystem zu schaffen [45, 46]. Sämtliche Betriebsdaten des Unternehmens stehen innerhalb weniger Sekunden nach Eingabe neuer Daten online zur Verfügung. Etwas, was es bis dato nie gab: Von Stunden der Verarbeitungszeit herunter auf Sekunden!

Die Universalität und die Modularität von SAP sieht man anhand der SAP Cloud Plattform PaaS (Platform as a Service) [47, 48], die verschiedene Systeme, z. B. Java (Kap. 2 [53]), an die SAP S/4HANA Plattform anzubinden erlaubt. Dadurch können vielen Unternehmen die Datenbank- und Anwendungsservices sowie mobile Dienste in der Cloud zur Verfügung gestellt werden. PaaS ist eine umfassende Entwicklungsplattform für kundenspezifische Erweiterungen in der Fabrik sowie in der Cloud, unabhängig davon, ob es sich um SAP- oder Nicht-SAP-Produkte handelt.

Zweifelsohne hat SAP die heutige Netzwerk-Topologie in der Automatisierungspyramide, was das ERP-System anbelangt, mitgeprägt und Einfluss für die standardisierte Vernetzung innerhalb der Industrie 4.0 genommen.

Die Einführung des SAP S/4HANA (SAP Suite 4) [49] im Jahr 2015 als ERP-System war sicher ein Meilenstein in der digitalen Welt und in der Automation.

Vielleicht kommt es nicht von ungefähr, dass Firmen, speziell in China, heute SAP als Industrie 4.0 ansehen, obwohl das nicht ganz den Sachverhalt trifft. Ich habe in diese Richtung viele Diskussionen, auch auf Fachsymposien geführt.

4.4 MES Betriebsebene (Manufacturing Execution System)

Nach dem ERP-System kommen wir jetzt zur zweiten Ebene der Automatisierungspyramide, dem MES-System [50, 51].

Es sei an dieser Stelle gesagt, dass bis heute in vielen Fertigungen und Produktionen immer noch die Denkstruktur der achtziger Jahre hinsichtlich den Unternehmensorganisationen vorherrschend ist: Das ERP dominiert fast alle Funktionsbereiche eines Unternehmens und ist quasi ein Mädchen für Alles. In vielen kleineren und mittelständischen Unternehmen ist ein richtiges MES-System [51] oft gar nicht vorhanden.

Sind heute MES- und ERP-System in einer Firma vorhanden, so haben diese meistens noch getrennte Datenbanken, was die effiziente Benutzung stark einschränkt, da beide Datenbanken akkurat gepflegt werden müssen. Dies ist jedoch in den allerwenigsten Firmen der Fall.

4.4.1 Funktionsweise des MES und Abgrenzung zum ERP-System

MES-Systeme liegen, wenn vorhanden in einer Softwarearchitektur unterhalb des ERP-Systems. Die Informationen der MES-Systeme werden in der Regel über Workstations (z. B. UNIX, Oracle) auf Bildschirmen (Prozessschaubild) im Kontrollraum dargestellt.

Wie in Abb. 4.14 verdeutlicht die dem MES zugedachten Funktionen:

Laut Definition wird als MES oder Produktionsleitsystem eine prozessnahe, meistens in Echtzeit operierende Ebene eines mehrschichtigen Fertigungsmanagementsystems bezeichnet, [51]. ERP-Systeme haben immer längere Rückmeldezeiten als MES-Systeme, Feinplanung und Maschinendatenerfassung sind nicht so ausgeprägt wie beim MES-System. Ein MES-System ist im Gegensatz zum ERP-System direkt an die dezentralen Einheiten der Prozessautomatisierung angebunden [51].

Bei der Produktherstellung kommt es heute laut Industrie 4.0 auf Termin-, Liefertreue, Flexibilität und Produktvielfalt an. Allerdings traf dieser Sachverhalt auch schon vor mehr als 40 Jahren zu!

One-Piece-Flow **(logistische Fließfertigung**) und kundenspezifische (customized) Produkte sind einige der Postulate in Industrie 4.0. Diese führen zu immer komplexeren

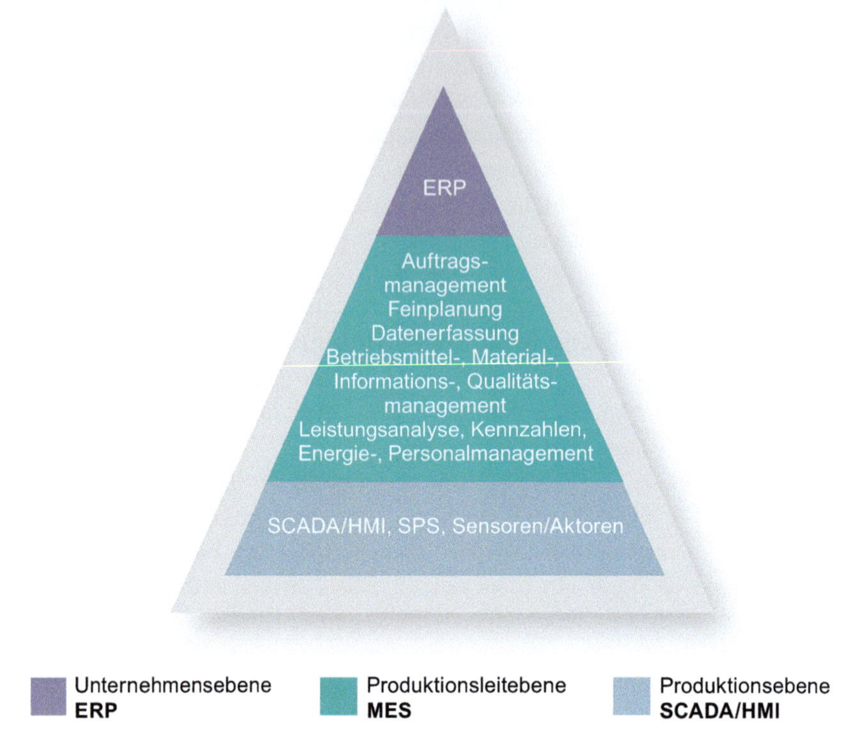

Abb. 4.14 Funktionen eines MES-Systems

Prozessen und kürzeren Produktionslebenszyklen. Auch in diesem Punkt bringt Industrie 4.0 aber keine neuen Aspekte.

Unter One-Piece-Flow [52–54] werden logistisch Fließfertigungen verstanden, bei denen die Mitarbeiter das Werkstück durch die verschiedenen Bearbeitungsgänge und unter Umständen sogar bis zu seiner Fertigstellung begleiten. Typisch Konzepte hierfür verfolgt unter anderem die Automobilindustrie.

Gruppenarbeit und ein hohes Ausbildungsniveau sind gefordert, da jeder Mitarbeiter alle Fertigungsschritte kennen muss. Wie gesagt, diese Art der Fertigung gab es aber auch schon Jahrzehnte vor der Proklamation von Industrie 4.0.

Das Konzept des One-Piece-Flow ermöglicht es auf Batchfertigung zu verzichten, wodurch Lieferzeiten verkürzt werden. Normalerweise plant das MES alle Vorgänge im Detail und fokussiert gemäß dem aktuellen Produktionsauftrag (ERP) auf Maschinendaten, Ausfallzeiten, Arbeitsanweisungen an Mitarbeiter, krankheitsbedingte Personalengpässe. Trendanalysen, Prüfmittelverwaltung, prädiktive Wartung, (siehe auch Abschn. 2.3: Prädiktive Wartung).

Ein Manufacturing Execution System ist somit ein mehrschichtiges Gesamtsystem, das als Bindeglied zwischen ERP- und SCADA/HMI- System (siehe Abschn. 4.5) agiert und den eigentlichen Fertigungs- bzw. Produktionsprozess in der Fertigungs- bzw. Automatisierungsebene abdeckt. Insbesondere dient das MES der fortlaufend steuernden Durchführung einer bestehenden und gültigen Planung sowie der Rückmeldung aus dem Prozess.

Das MES-System führt Regelungen, Steuerungen und Kontrollen gegenüber einem ERP-System in Echtzeit durch. D. h. alles das, was eine zeitnahe Auswirkung im Fertigungsprozess hat, wird durch das MES bewerkstelligt. Dazu gehören die Betriebsdatenerfassung (BDE), die Maschinendatenerfassung (MDE), DNC-Programmverwaltung (DNC: Distributed Numerical Control) bis hin zur Personaldatenerfassungen (PDE), die einen unmittelbaren Einfluss auf die Fertigungsleistung und den Fertigungsausstoß haben. DNC [55] bedeutet dabei die Einbettung von computergesteuerten Werkzeugmaschinen (CNC-Maschinen) in ein LAN (Local Area Network).

Nach VDI-Richtline 5600 [56] und Namur Arbeitsblatt NA 94 [57, 58] übernimmt ein MES neben den oben bereits aufgeführten Funktionen auch das Betriebsmittel-, Material-, Informations-, Qualitäts- und Energiemanagement sowie die kontinuierliche Leistungsanalyse der Prozesse [59].

Nahezu in allen Branchen muss ein MES heute folgende Mindestfunktionen bieten:

- Fertigungsablaufplan
- Fertigungsplanungssystem
- Hohe Flexibilität bei Varianten- und Kundenauftragsfertigung (weniger ERP-Systeme)
- Supply Chain Management (SCM)
- Ressourcenplanung und Fertigungsabläufe
- Mitlaufendes Monitoring und fortlaufende Belegungen der verwendeten Ressourcen
- Rückmeldung der Betriebsdaten
- Rückverfolgbarkeit, d. h. Produktionsnachweis, Erkennung von Produktionsfehlern, Qualitätsverbesserung, Eingrenzung bei Rückruf
- Automatisierte Rüstung von Maschinen mit Überprüfung der Rüstparameter
- Maschinenauslastung, Maschinenverfügbarkeit
- Produktausbeute FPY (First Pass Yield)

Viele MES-Systeme [59], besonders der großen Hersteller, bieten darüber hinaus:

- Verwaltung von Produktionsmitteln
- Sicherstellung von Wartungsarbeiten (prädiktive Wartung)
- Schnittstellen zur Konstruktion
- Schnittstellen zur Materialwirtschaft
- Kaufmännische Auftragsabwicklung

Vergleicht man die Aufgaben von ERP- und MES-System so ist ersichtlich, dass ERP und MES an vielen Stellen überlappen und die Grenzen heute fließend sind.

Dies bedeutet häufig, dass im ERP die Planung für die Produktion erstellt wird und dann der Produktionsplan an das MES-System übergeben wird. Das MES-System wiederum meldet den Abarbeitungsstatus der einzelnen Aufträge an das ERP-System weiter, sodass diese dort für die logistische Steuerung – z. B. dem Forecast – verwendet werden kann.

Betriebswirtschaftlich und technisch unterschiedliche Anforderungen, insbesondere die typischen Zykluszeiten für die Überarbeitung einer bestehenden Planung rechtfertigen die Trennung zwischen ERP-System und MES. Das ERP verwaltet das gesamte Unternehmen über Werke hinweg und ermöglicht eine logistische Optimierung auf übergeordneter Ebene.

Dies erfordert in der Regel keine Echtzeit. Ein MES-System hingegen monitort die einzelnen Produktionslinien wie z. B. eine Bauteile-Bestückungsanlage für Leiterplatten oder eine Messgeräteassemblage und muss dort neben den erforderlichen logistischen Steuerdaten auch beispielsweise technische Parameter wie die Fertigungsausbeute oder den sog. First Pass Yield (FPY), die Fertigungsauslastung usw. online erfassen, die für ein ERP-System nicht von Interesse sind.

Das MES ist somit der verlängerte Arm des ERP-Systems. Allerdings fehlen wie bereits erwähnt klare Zuweisungen von Aufgaben.

Abb. 4.15 zeigt die funktionale Aufteilung zwischen den einzelnen Ebenen der Automatisierungspyramide.

Das Interface für ERP und MES ist die ISA Richtlinie ‚ANSI/ISA-95.00.05-2007 Enterprise-Control System Integration, Part 5: Business-to-Manufacturing Transaction‘ [60–62].

Entsprechend Abb. 4.15 zeigen sich in der Produktionsplanung und Auftragsannahme bis hin zur Lieferung sehr große Überlappungsbereiche zwischen ERP-System und MES [63].

Es sei noch einmal gesagt, dass das MES-System ein fertigungsnahes mehrschichtiges Fertigungsmanagementsystem oder Produktleitsystem sein muss.

Aus meiner Sicht ist der wichtigste Aspekt, dass ein MES die Führung, Lenkung, Steuerung oder Kontrolle der Produktion *in Echtzeit* sicherstellt.

Hier unterscheidet sich ein MES von allen ERP-Systemen. Ein klassisches MES umfasst sämtliche Datenerfassungen und Aufbereitungen, d. h. Betriebsdatenerfassung (BDE), Maschinendatenerfassung (MDE) und Personaldatenerfassung (PDE). Darüber hinaus werden alle Prozesse eingeschlossen, die zeitnahe Auswirkungen auf den Produktionsprozess haben können.

Bis dato wurden die Stammdaten meistens für die Produktion im ERP gepflegt. Dabei waren insbesondere nur Daten im Sinne des ERP von Relevanz. Was keine Berücksichtigung fand, war der Datenaustausch zwischen ERP und Produktionssystemen, die heute durch das MES normalerweise geregelt werden.

D. h. das ERP- und das MES-System haben heute noch oft getrennte Datenbanken und beide pflegen die Produktionsstammdaten für sich. Diese doppelte Datenpflege ist

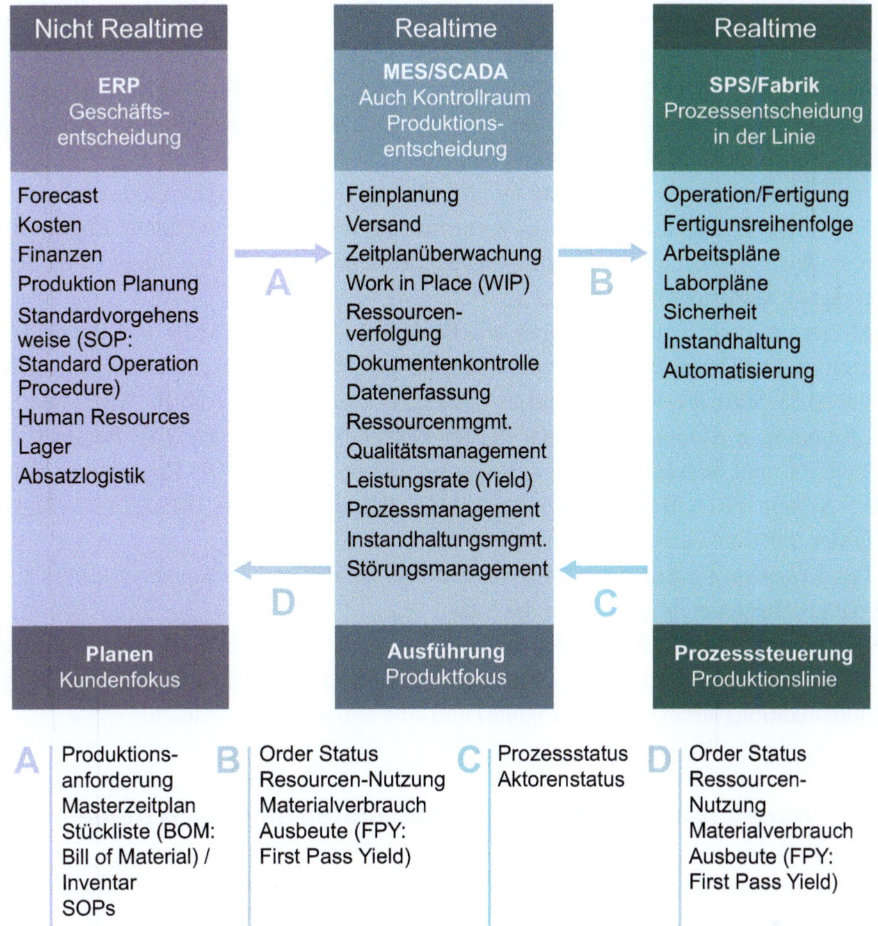

Abb. 4.15 Funktionale Aufteilung zwischen den Ebenen ERP-, MES-, SCADA- und SPS-System

aus meiner Sicht einer der gravierendsten Nachteile, da die doppelte Datenpflege sehr fehlerbehaftet ist.

Hinzukommt, dass in alten ERP-Systemen (siehe SAP R2, Infra, Baan) ein Tabellenchaos besteht, was es z. B. häufig nicht ermöglicht, einen nutzbaren Arbeitsplan zu erstellen. Deshalb sollte man m. E., wenn ein ERP- und ein MES-System vorhanden sind, die Produktionsdaten auch in der Produktion halten und nicht im ERP-System.

Dies ist zwar durch die ANSI/ISA-95 [62] so gefordert, wird aber oftmals nicht eingehalten. Ebenso besteht laut ISA-95 die klare Forderung, dass ein MES unabhängig vom ERP-System agieren können muss.

In USA hat man diesem Sachverhalt schon seit langer Zeit Rechnung getragen, während in Deutschland viele Firmen immer noch weitgehend am ERP ohne eindeutige Schnittstelle und Aufgabenbereiche festhängen und somit teilweise eine große Ineffizienz pflegen.

Stammdatenpflege im MES in Verbindung mit der Anbindung ans ERP ist, wie oben schon im Abschnitt SAP erläutert, eines der wichtigsten Kriterien für zukünftige kombinierte MES-ERP-Systeme. Die Verschmelzung von MES- und ERP Systemen hat zwar bereits begonnen, ist aber zukünftig ein noch nicht ausgeschöpftes Potenzial für Kostenreduktionen und Effizienzsteigerungen.

Auch entsprechende Planungstools, die für ein mehrschichtiges Produktionssystem wichtig sind, gibt es heute immer noch nur für sehr wenige MES-Systeme. Zu sehr hatte man an den Versprechungen der ERP-Systemhersteller geglaubt, die dieses Tools schon seit langem bereitstellen wollten.

Mittlerweile gibt es jedoch Firmen wie Preactor [64] oder DUALIS [65], die derartige echtzeitfähige Planungstools für die Integration ins eigene System zur Verfügung stellen.

Für MES-Software-Systeme gibt es momentan mehr als 100 Anbieter [59], wie z. B. PSI Automotive & Industry GmbH, All for ONE Group AG (auch SAP Berater), Atos IT Solution und Services GmbH, BMS bvbA (PlantMaster), BDE Engineering GmbH (MES-System PROefficient), Carl Zeiss MES Solutions GmbH (ZEISS GUARDUS), PROXIA Software AG und viel andere.

Das Kriterium für ein gutes MES-System sind Einhaltung der Standards der ISA und die daraus abgeleiteten Richtlinien des VDI.

Die besten Systeme haben eine hohe Adaptionsfähigkeit an die Realtime Prozesse in der Fertigung, eine hohe Flexibilität und eine gute Standardisierung in der Kommunikationsvernetzung (Protokolle) und sind einfach zu integrieren.

4.4.2 Normierungen und Verbandsaktivitäten für MES-Systeme

Als Zusammenfassung des Abschnitt MES noch einige Bemerkungen zu Verbandsaktivitäten, die doch erheblich umfangreicher sind, als man zunächst denkt.

MES-Systeme wurden erst im Jahr 2010 durch die Norm ANSI/ISA 95 normiert, was relativ spät gegenüber ihrer ersten Einführung in den Markt war.

In Deutschland sind der VDI, der ZVEI, der VDMA und die NAMUR zum Thema MES aktiv, wobei der VDMA massiv die Arbeiten des DIN NA 060-30-05 [66] unterstützt. Dabei bemüht sich insbesondere der Fachausschuss MES des VDI sehr nachhaltig um die Schaffung einheitlicher Definitionen und der Bewahrung des Begriffs MES.

Der Schwerpunkt fast aller Richtlinien liegt auf dem Nutzen, die der MES-Anwender erwarten kann und welche Produktionsprozesse und Teilprozesse durch ein MES unterstützt werden. Sie ermöglichen einen einfachen und fundierten Überblick über die Wirkungsweise und die Potenziale von MES-Systemen. Die Richtlinien können als objektive neutrale Beschreibung des möglichen „Leistungsumfangs“ und als Basis zur Erstellung von Lasten-/Pflichtenheften für MES dienen.

MES wird in Deutschland durch VDI 5600 und die Namur NA 94 definiert [58]. Die ISA (Standardisierungsgremium für Automatisierung) hat mehrere Standards veröffentlicht (ISA S95 und ISA 88 – Modellierung von Prozessen). Die Standardisierung wird durch die ISA im Projekt SP95 [67] vorangebracht. In der ISO ist die Automation und Integration Thema des Technischen Ausschusses (Committee) TC 184. Das SC4 des TC184 [68] behandelt Datenstrukturen, das SC5 befasst sich mit der Architektur, der Kommunikation, und Festlegungen zur Integration in der industriellen Automation und besteht aus ca. 9 laufenden aktiven Arbeitsgruppen, von der Modellierung der Unternehmen ISO 15704 [69] und ISO 19440 [70], Beschreibung der SW-Anforderungen ISO 16100 [71], Schnittstellen zur Messstellenintegration ISO 20242 [72], Diagnose und Wartung (Predictive Maintenance) für Leittechnik ISO/IEC 62264 [73], Kennzahlen für MES, Datenstrukturen ISO 15531 [74], Rahmenbedingungen für die Integration ISO 15745 [75].

Es zeigt auf, wie umfangreich und wichtig das Thema Automatisierung weltweit ist. Weiterhin sieht man aber auch anhand der Normen, wie lange es schon die Automatisierung gibt. In Deutschland wird das Thema ‚industrielle Automation' im Normenausschuss Maschinenbau (NAM) im DIN NA 060-30-05 [76] intensiv behandelt, u. a. auch getrieben durch das Thema Industrie 4.0. Die DKE, Fachbereich für Leittechnik pflegt die IEC 62624.

Mit MES befassen sich international die Verbände MESA und ‚Operations' and Maintenance Information Open System Alliance MIMOSA [77].

4.4.3 Zusammenfassung MES

Meines Erachtens sollte man aus heutiger Sicht und gerade im Zeitalter der Automatisierung und von Industrie 4.0 den Übergang zu ereignisorientierten Produktionssteuerungssystem für Echtzeit forcieren und wegkommen von den reinen Abrechnungssystemen. Meines Erachtens sollte sich das ERP-System zukünftig auf Abrechnungsfunktionen und Finanzen (GuV, Bilanz, Liquidität, Cashflow) beschränken und ein qualifiziertes MES-System zur Realtime Steuerung der Produktion herangezogen werden.

Oft sind die Grenzen zwischen ERP-, MES – und SCADA-System fließend und werden deshalb in kleineren Unternehmen zusammengefasst oder nicht konsequent gelebt bzw. gepflegt.

Aber auch in größeren Firmen ist der eindeutige Trend das ERP-System und MES-System immer weiter zusammenfassen, auch unter dem Aspekt der so wichtigen *Datenbankvereinheitlichung*. Hier liegt zukünftig ein immenses Potenzial für Kosteneinsparungen.

Wichtig ist, dass zukünftig für alle Systeme nur *eine* Datenbank – für ERP und MES – gepflegt werden muss!

4.5 Prozessleitebene, Kontrollraum oder SCADA-Level

Die SCADA-Ebene (Supervisory Control and Data Acquisition oder deutsch: Überwachung, Steuerung und Datenerfassung) ist in der Automatisierungspyramide die Verbindung zwischen dem MES- und der SPS- Ebene [78–80]. Oft wird SCADA auch als Kontrollraum, Kontrollebene, Prozessleitsystem oder Leitwarte bezeichnet. Im amerikanischen Raum spricht man oft auch von engl.: DCS-Systemen (Distributed Control System). Typische Vertreter hierfür ist das Prozessleitsystem DeltaV^{TM} von Emerson US, das ‚Freelance' von ABB und ‚SIMATIC PCS 7' von SIEMENS.

4.5.1 Geschichte von SCADA

Vor der Einführung der SCADA-Systeme in den siebziger Jahren mussten in vielen Unternehmen die Steuerung und die Überwachung manuell über Tasten und Regler eingestellt werden. Im Zuge der Globalisierung und den Anforderungen zur Steigerung der Effizienz kam der Bedarf an intelligenten und remote Steuerungen auf. Zunächst automatisierte man mit Relais und Zeitgebern, wobei die Fehlerbehebung relativ schwierig war.

Mit dem Einzug der Computer (siehe Kap. 8) verbesserten sich die Möglichkeiten zur Automatisierung (Steuern und Regeln) sehr schnell.

Mit Einführung der Mikroprozessoren und der SPS wurden die Überwachungssysteme zunehmend komplexer: Die Stunde der SCADA-Systeme war gekommen.

Heute sind es die web-basierten Anwendungen OPC UA [81] und relationale Datenbanken (SQL: Structured Query Language) [82]. Die Einsatzgebiete werden immer größer. SCADA-Systeme liefern dabei Echtzeitdaten über den Betriebszustand ihrer Anlagen und Prozesse, auf die durch das Web überall auf der Welt zugegriffen werden kann. Durch die Aufzeichnung und Wiedergabe von Daten wird die globale prädiktive Wartung oder Instandhaltung (Predictive Maintenance), unter anderem auch eine Leitlinie in Industrie 4.0, eine stark zunehmende Rolle spielen. Hierzu müssen aber die Produkte, wie bereits im Abschn. 2.3.2 anhand der Schichtdickenmessung mit XRAY gezeigt, gezielt entwickelt werden.

SCADA-Systeme werden an Funktionalität in den nächsten Jahren weiter stark zunehmen und eine immer größere Rolle in der intelligenten und smarten Fabrik und somit in der Welt der Automatisierung spielen. SCADA-Systeme bedienen sich heute schon an modernen IT-Standards. Aufgrund offener Systemarchitekturen wird der Einsatz von SCADA-Systemen immer universeller. Die Integration vom SCADA-System in ein MES- und ERP-System wird zunehmend erleichtert. Zusammen mit Cloud Anwendungen können Betriebs- und Geschäftssysteme immer effizienter vernetzt werden, der Datenaustausch wird immer einfacher.

4.5.2 Technik

Ein SCADA-System ist ein Computersystem, das technische Prozesse überwacht und steuert. Oft wird die SCADA Ebene, wie bereits gesagt, auch als Kontrollraum oder Leitebene bezeichnet. SCADA wird immer im Zusammenhang mit der Darstellungsebene gesehen. Es wird deswegen oft vom SCADA/HMI (SCADA/Human Machine Interface oder Grafical User Interface (GUI) [83] gesprochen.

In der Automatisierungstechnik hat ein SCADA-System oder ein ähnlich geartetes DCS (Distributed Control System) die Aufgabe mehrere Komponenten einer Anlage zu steuern oder mit diesen kommunizieren.

Typische Aufgaben des SCADA-Systems sind gemäß Abb. 4.14 u. a.:

- Vernetzte Automation Prozess
- Statistische Prozesskontrolle
- Daten Akquisition
- Datenspeicherung
- Kommunikation mit ERP/MES und der SPS
- Steuerung der Sicherheitssysteme

SCADA-Server, die zu einem SCADA-System zusammengefasst sind, kommunizieren über serielle und/oder proprietäre Schnittstellen und Verbindungen, zunehmend jedoch über Ethernet-Netzwerke, LAN (Local Area Network) und WAN (Wide Area Network). Neuere Implementierungen sind über Cloud Computing (Abschn. 5.21.4) verbunden und kommunizieren mittels OPC UA (Open Platform Communications Unified Architecture; Abschn. 5.21).

Ein typisches Leitsystem (Kontrollraum) ist in Abb. 4.16 dargestellt.

Die Übergänge zwischen MES- und SCADA-System sind ebenso fließend, wie vorher schon beim ERP- und MES-System ausgeführt. Oftmals gibt es nur das MES System, an das die Automatisierungslösungen in der Produktion mittels eines Feldbus- oder Bussystems angeschlossen sind. Beispiele hierfür sind PROFIBUS DP (Abschn. 5.13.4),

Abb. 4.16 Typischer Kontrollraum (SCADA/HMI). (Quelle SIEMENS (rechtes Bild); Abb. 4.16 zeigt den Ausschnitt des un veränderten Originals)

PROFINET (Abschn. 5.11.3) oder auch SECS/GEM (ein typisches Protokoll für die Halbleiter- und Solarindustrie Abschn. 5.21.5).

Der Terminus SCADA bezieht sich gewöhnlich auf zentrale/dezentrale Systeme, die eine spezielle gesamte Installation von mehreren Sensoren und Aktoren überwachen, visualisieren, steuern und/oder regeln. Der größte Teil der Regelung wird automatisch durch speicherprogrammierbare Steuerungen (SPS) in der Ebene 2 der Automatisierungspyramide durchgeführt. Die Vorgabe für die zu regelnden Parameter erfolgt vom SCADA-System.

Wie ein SCADA-System prinzipiell funktioniert ist in Abb. 4.17 an einem einfachen Beispiel bezüglich Füllstand und Durchfluss gezeigt, wie es in der Praxis häufig vorkommt.

Das SCADA-System liest über die SPS 1 die Durchflusswerte und über die SPS 2 die Füllstandwerte aus und stellt sie grafisch beispielsweise im Fließbild auf dem SCADA/HMI dar. Ebenso sind im Fließbild die Sollwerte angegeben, die durch den Operator

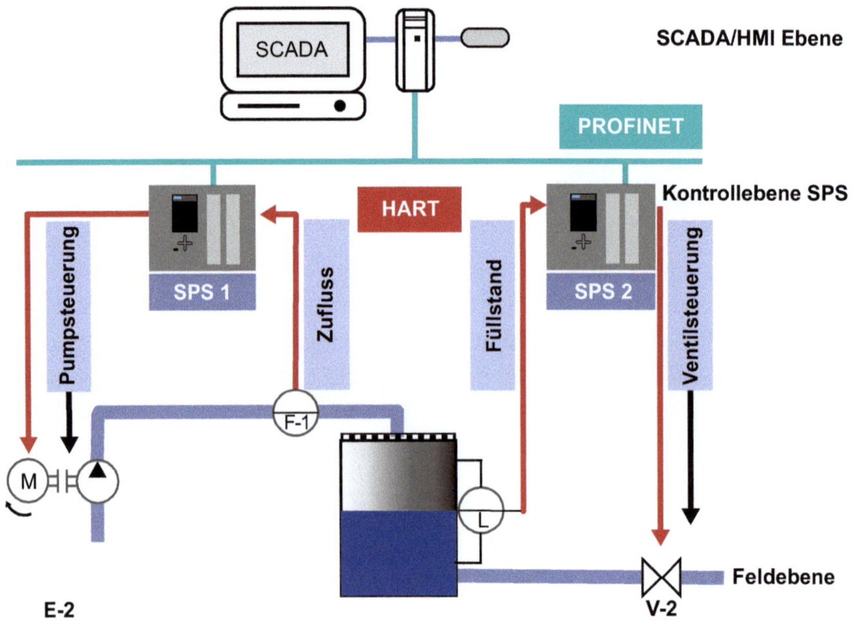

Abb. 4.17 SCADA-System und SPS

kontrolliert werden. Der Operator gibt nun die Sollwerte über Bildschirm ins SCADA-System ein und übermittelt die Sollwerte an die SPS 1 und SPS 2.

SPS 1 vergleicht kontinuierlich den gemessenen Zufluss und steuert die Pumpe E1 so dass der Zufluss den Sollwert einhält.

SPS 2 vergleicht kontinuierlich den gemessenen Füllstand mit dem Sollwert und steuert den Abfluss durch das Ventil V2 so, dass der Füllstand den Sollwert einhält.

Dieses Prinzip der Verarbeitung ist typisch für ein SCADA/SPS-System im Zusammenwirken mit den Feldgeräten. An ein dezentralisiertes SCADA-System können mehrere hundert bis tausend Sensoren/Aktoren angeschlossen sein. Im Kontrollraum werden dann gesamthaft die Fließbilder für alle Fertigungslinien oder Prozesslinien dargestellt.

Allgemein ist es die Aufgabe des SCADA-Systems (Ebene 3 der Automatisierungspyramide), die Prozesse zu optimieren, indem die zur Regelung notwendigen Stellgrößen und Sollwerte in die SPS übermittelt und eingestellt werden. Das SCADA-System ist mit dem MES-System verbunden, dass wie in Abschn. 4.4 ausgeführt, die Planung, Qualitätssicherung und Dokumentation der ‚Produktion' usw. durchführt.

Die Datenerfassung geschieht in der Ebene 1, der Fabrik oder dem Prozess mit Sensoren. In den Sensoren selbst oder in deren zugehörigen Messwertumformern werden die Daten zunächst ausgewertet (verdichtet) und die Ergebnisse an die SPS weitergeleitet. Die SPS gibt die Daten wiederum an das SCADA-System und führt gleichzeitig synchron die Regelung des Prozesses durch. Die SPS stellt über I/O's (Input/Output) die Werte von Ventilen, Motoren usw. entsprechend dem Regelalgorithmus ein. Im Kontrollraum wird der Prozess durch den Menschen kontrolliert oder beobachtet. Die Daten werden in einer benutzerfreundlichen Darstellung präsentiert (HMI oder GUI) und ermöglichen es, steuernd wiederum durch den Menschen in den Prozess einzugreifen.

SCADA-Systeme implementieren typischerweise eine verteilte Datenbasis von verschiedenen Sensoren und Aktoren. Bei einem Sensor/Aktor spricht man auch von einem Datenpunkt, d. h. ein Datenpunkt enthält einen Ein- oder einen Ausgangswert (I/O oder E/A), der vom SCADA-System überwacht und gesteuert wird. Der Regelalgorithmus ist normalerweise in der SPS Ebene angesiedelt. Die Vorgabe der Sollwerte erfolgt vom SCADA-System aus. Die Anbindungen zwischen SPS und SCADA/MES-System können auf unterschiedlichste Weise realisiert werden und hängen von der Instrumentierungsphilosophie des Herstellers von Produkten und dem Kunden ab.

Basierend auf meiner Erfahrung kann beispielsweise mit FabLink [84] mittels einer SECS/GEM-Schnittstelle [84] ein Automatisierungsmodul (Schichtdicken-Qualitätskontrolle) in der Halbleiter-, Leiterplatten- (PCB-Printed Circuit Board) sowie in LED- (LED: Lichtemittierende Diode oder englisch: Luminiszenz-Diode) und OLED-Display- Fertigungen (OLED: Organische Leuchtdiode oder englisch: Organic Light Emitting Diode) an das MES angebunden werden, ohne dass dabei ein separates SCADA-System vorhanden sein muss.

Es zeigt sich die Vielfalt der Schnittstellen und Busprotokolle, die eine standardisierte Kommunikation zwingend erfordert, um bei der Vielfalt der Verbindungen und

Netzwerktopologien absolut sichere Kommunikations-Verbindungen aufzubauen. Eine Anforderung, wie wir sie auch schon bei MES-Systemen gesehen haben.

4.5.3 Zusammenfassung SCADA-System

Zusammenfassend seien für diesen Abschnitt noch einmal die wesentlichen Vorteile einer SCADA/HMI Anwendung aufgelistet:

- Einfache Projektierung durch benutzerfreundliche Tools, grafische Vorlagen und Automatisierungslösungen
- Höhere Transparenz in Betriebsabläufen durch Echtzeitverarbeitung
- Hohe Effizienz in der Reaktion auf Echtzeitbedingungen
- Verbessertes Datenmanagement im Erfassen, Verwalten und Analysieren der Daten
- Benutzerfreundlichkeit durch HMI oder GUI Interface
- Frühe Fehlererkennung in Systemabläufen
- Fähigkeiten für vorhersagende Instandhaltung oder prädiktive Wartung
- Geringere Ausfallzeiten der Maschinen und Produktionslinien
- Einfache Integration zusammen mit MES und ERP sowie Realisierung der entsprechenden Datentransfers.
- Einheitliche Plattform im Rahmen der Automatisierung

Es gibt auch wie schon im Fall der MES-Systeme eine Vielzahl von Herstellern für SCADA/HMI-Systeme. ABB, COPADATA, Emerson, Endress+Hauser, InduSoft, MIAC Automation, Rockwell Automation, Scheider Electric, Zenon sind nur einige davon.

Es sei noch einmal darauf hingewiesen, dass ERP, MES und SCADA zukünftig immer mehr verschmelzen, aber mit klaren Schnittstellen der Aufgabengebiete. Der wesentlichste Punkt ist aber die *gemeinsame Datenbank* für alle Systeme.

4.6 SPS-Ebene (PLC-Level)

Definitionsgemäß ist die speicherprogrammierbare Steuerung SPS ein Gerät, dass zur Regelung und Steuerung einer Maschine oder Anlage eingesetzt wird und frei programmierbar ist. Sie kommuniziert über entsprechende I/O's mit Sensoren und Aktoren. Fast jeder renommierte Hersteller von Automatisierungskomponenten vermarktet heute seine eigene SPS, die nach wie vor ein sehr lukratives Geschäft ist.

4.6.1 Geschichte der SPS – Speicherprogrammierbare Steuerung

Wie bereits ausgeführt wurde ab ca. 1950 verstärkt mit der Entwicklung neuer elektronischer Schaltkreise und Halbleitertechnologien begonnen. Darunter fiel auch die Anmeldung der ‚SIMATIC' von SIEMENS im Jahr 1953 [85]. SIMATIC wurde zum Synonym für die Automatisierung. Ab 1967 begann das Zeitalter der speicherprogrammierbaren Steuerungen (SPS). Wie bereits in der Einleitung erwähnt, sind Richard E. Morley (Modicon) und Odo J. Struger (Allan Bradley) die Väter der SPS.

Zu Beginn der Entwicklungen war der Speicher die limitierende Größe einer SPS, denn man musste sich mit 1 kbyte Code zufriedengeben. Dies reichte aber in vielen Anwendungen nicht aus. So wurden als Speichermedium in den Anfängen der SPS häufig Magnetbänder eingesetzt, die sehr teuer waren. Aus diesem Grunde verlief vor allem in Deutschland die Verbreitung der SPS sehr zögerlich.

Beispielsweise schreckte Deutschland in den 60er Jahren u. a. deswegen nicht zum ersten Mal technologisch gesehen vor einer Realisierung zurück, da das Risiko und die Kosten einer funktionell unerprobten Technik sehr hoch eingeschätzt wurden. Um eine Größenordnung anzugeben: Ein vernünftiges Speichermedium hätte damals ca. 20.000 € gekostet, die SPS in Summe ca. 100.000 € [86].

Serienreif wurden die SPS durch die Firmen Modicon und Allen Bradley gemacht. 1973 kam SIEMENS endlich mit der SIMATIC S3 [86, 87] auf den Markt. Dabei sprach Rolf Hahn von SIEMENS [85] zunächst von einem Baugruppenprogramm, so dass jeder Anwender seine individuelle SPS modular zusammenstecken konnte. Ganz im Gegensatz zu diesem komplexen Ansatz nutzen die Amerikaner die Einfachheit der SPS Struktur, was den Deutschen erst in der nächsten Generation der SPS gelang. Heute sind SIEMENS im europäischen Markt und Allen Bradley im amerikanischen Markt die Marktführer [88].

4.6.2 Technik der SPS

Eine SPS besitzt generell eine CPU (Central Processor Unit), einen Kernspeicher und ein Betriebssystem. Die SPS hatte In den Ursprüngen einen Kernspeicher mit nur 1 kbyte und man war dadurch in den Anwendungen sehr eingeschränkt. Es wurden externe, teure Magnetbänder als Speichermedium beingesetzt. Heute besitzt die SPS mehrere Mbyte Kernspeicher, ein Betriebssystem (Firmware) und eine Basissoftware (z. B. STEP 7), die eine wortweise Verknüpfung, d. h. bitweise UND-Verknüpfung, bitweise ODER-Verknüpfung und bitweise Exklusiv-ODER-Verknüpfung, von E/A (I/O) Signalen erlaubt. Abb. 4.18 zeigt einige typische Speicherprogrammierbare Steuerungen mit unterschiedlichen Ausprägungen. Die Auswahl an SPS von verschiedensten Anbietern ist sehr hoch.

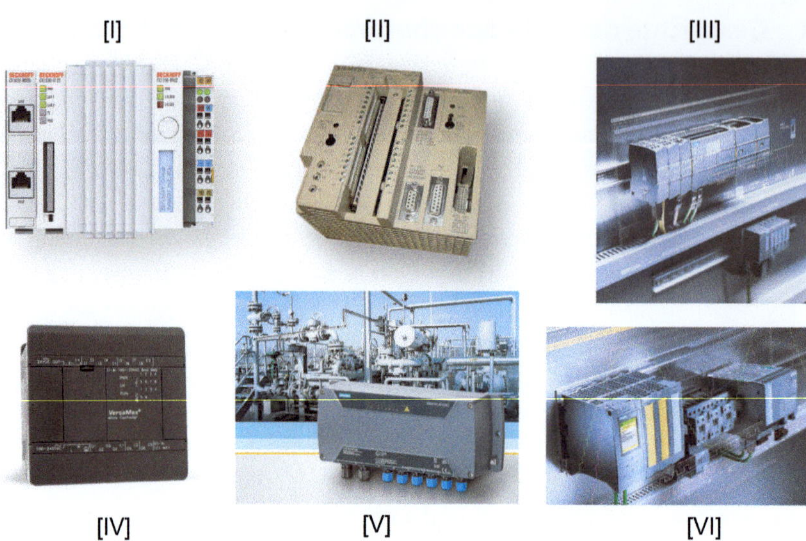

Abb. 4.18 Unterschiedliche speicherprogrammierbare Steuerungen (SPS) [I] Controller CX 1020-000x-CX1100 002. (*Quelle* Beckhoff Automation GmbH & Co. KG) [II] Siemens S5–95U; (*Quelle* Autor: Raizy; Titel Siemens S5–95U URL: https://commons.wikimedia.org/wiki/File:Siemens_S5–95U.jpg/ letzter Zugriff 13.02.2021; Lizenzvermerk: CC BY-SA 3.0, https://creativecommons.org/licenses/by-sa/3.0/deed.en/ letzter Zugriff 13.2.2021) [III] PLC1 CPU1214C Controller für PROFIBUS und PROFINET. (*Quelle* SIEMENS) [IV] Versamax-Controller. (*Quelle* Courtesy Emerson Electric Co and affiliated Emerson) – [V] SIMATIC AFDiSD Controller für PROFIBUS PA. (*Quelle* SIEMENS) [VI] SIMATIC S7–1500. (*Quelle* SIEMENS–Abb. 4.18 [II], [III], [VI] Abb. 4.6 zeigen Ausschnitte der unveränderten Originale)

Die SPS ist charakterisiert durch mehrere Ein- und Ausgänge (I/Os) sowie Interfaces zu SCADA/MES mit unterschiedlichen Busprotokollen, z. B. PROFIBUS PA, PROFIBUS DP, ASI-Bus, usw., das heißt die SPS ist das Bindeglied zwischen der Feldebene und dem SCADA-System (Kontrollraum). An den I/O Modulen (Eingangs-/Ausgangsmodulen) werden die Sensoren, z. B. Temperaturfühler (PT100, PT1000, NTC), Druck-, Füllstands-, Durchflusssensoren, Endschalter, Lichtschranken, pH Sensoren, Leitfähigkeitssensoren, Schichtdickenmesswerte über Feldbusse oder andere Interfaces angeschlossen. An den Ausgängen werden die Aktoren, z. B. Schütze, elektrische Ventile, Antriebssteuerungen, Drehzahl- und Schrittmotoren-Steuerungen usw., über Feldbusse oder andere Interfaces angeschlossen.

Das SPS-Programm legt die Interaktionen zwischen Ein- und Ausgängen fest. D. h. es finden Soll-/Istwert- Vergleiche statt. Die Sollwerte werden in der Regel vom SCADA/MES-System vorgegeben (siehe Abb. 4.17). Oftmals sind SCADA und SPS-System zusammengefasst.

In den Anfängen wurde die SPS gemäß dem sogenannten Kontaktplan (oder engl.: Ladder Diagramm) [89] programmiert, welcher einem Stromlaufplan sehr ähnlich ist. Richard E. Morley grenzte die SPS dadurch zu den Computern ab. Die SPS wurde zunächst in binärem Code oder Assembler programmiert.

Im Laufe der Zeit entwickelten sich Hochsprachen, die sehr komplexe Befehlsfolgen ermöglichen bis hin zur STEP 7, die heute in Europa als Marktführer gilt (Abschn. 2.4.4 und Abb. 4.18).

Der eigentliche Durchbruch der SPS fand im Jahr 1984 statt, als eine einheitliche Programmiersprache existierte und angewendet wurde. Definiert wird die Programmiersprache für die SPS in der DIN EN 61131-3:2014-06 [90, 91]. Die DIN EN 61131-3 (auch IEC 1131 bzw. 61131) ist die einzig weltweit gültige Norm für Programmiersprachen von speicherprogrammierbaren Steuerungen!

Parallel zur SPS entwickelten sich die Hardwaresysteme mit eigener Intelligenz sowie µ-Controller, Signalprozessoren, FPGA's (Field Programmable Gate Array) und ASIC's (Application-Specific Integrated Circuit) mit immer größeren Speichermedien.

Schließlich konnte die SPS mit den Kontaktplänen (engl.: Ladder Diagrammen), den Stromlaufplänen und den Funktionsplänen mit den in DIN- und IEC-Normen festgelegten Funktionssymbolen programmiert werden. In der Automatisierung haben sich heute fünf Programmiersprachen etabliert, die alle in der DIN EN 61131-3 (IEC 61131) ab 2003 [90] spezifiziert sind.

Vom Einsatz und Verarbeitungsablauf her betrachtet, laufen die meisten SPS-Module seit jeher zyklusorientiert, als Eingabe – Verarbeitung – Ausgabe, dem sogenannten EVA Prinzip (engl.: IPO, Input-Processing-Output). Dabei kontrolliert das Betriebssystem der SPS den ablaufenden Zyklus. Typische Zykluszeiten liegen bei 100 µs bis 10 ms.

Weiterhin gibt es die zyklisch arbeitende SPS, die mit Unterbrechungen arbeiten. D. h. beim Statuswechsel eines Sensors, wird ein Alarm (Interrupt) an das Betriebssystem gemeldet. Das aktuelle Programm wird zu diesem Zeitpunkt eingefroren, ein spezielles Anwendungsprogramm wird aufgerufen und abgearbeitet, danach wird das eigentliche Programm fortgesetzt. Ca. 5 % der SPS sind ereignisgesteuert und objektorientiert. Die Regel ist, dass alle von den Sensoren gemeldeten Status abgearbeitet werden müssen. Speziell die Objektorientierung wird u. a. zur Visualisierung verwendet [90].

Wie überall in der Automatisierung haben die Technologiefortschritte in der Miniaturisierung, Umweltrobustheit und Zertifizierungen über die Jahre entsprechend den technischen Möglichkeiten und Voraussetzungen zugenommen. So haben die Hersteller in den letzten Jahren auch die SPS- und Automatisierungskomponenten stetig miniaturisiert, um beispielsweise Platz im Schaltschrank zu gewinnen oder robuster gegen die Umwelteinflüsse zu werden. Es hat sich auch der Begriff Busklemmen oder der intelligenten Reihenklemme eingebürgert, die unterschiedliche Ein- und Ausgangssignale verarbeiten kann. Im Gegensatz zur klassischen Reihenklemme verfügt die Busklemme über eine smarte Elektronik [92].

Im Jahr 1989 kam Beckhoff [93] mit der ersten PC-basierten freiprogrammierbaren SPS unter DOS auf den Markt. Die Hardwareankopplung erfolgte ebenfalls im Jahr 1989 über einen der ersten Feldbusse, dem Lightbus [94].

Seit den 90er Jahren kamen immer mehr Feldbussysteme zum Einsatz und die Verdrahtungskomplexität nahm ab. Bis dahin waren die Verdrahtungen der SPS zunächst analog pro Element mit mindestens zwei Drähten ausgeführt.

In den späten 90er Jahren begann man die SPS auch durch den PC (Soft-SPS) abzulösen. Es gab SoftPLC's [95], Slot-PLC's und embedded Systeme. Eine Soft-SPS oder SoftPLC besteht in der Automatisierung aus einem Industrie-PC oder einem Embedded-PC, einer SPS-Software und den E/A-Bausteinen (I/O) oder Feldbus-Erweiterungen wie z. B. Busklemmen. Bei einer Slot-SPS handelt es sich um eine PCI-Steckkarte (Peripheral Component Interconnect). Diese ist ein Bus-Standard zur Verbindung von Peripheriegeräten mit dem Chipsatz eines Prozessors (z. B. ein PC. Eine Slot-SPS wird beispielsweise eingesetzt, um eine schnelle und effektive Datenübertragung zwischen der SPS und einer Anwendungssoftware zu ermöglichen. Gegenüber der SoftPLC ist sie unabhängig vom Betriebssystem [96].

Dennoch muss gesagt werden, dass heute immer noch mehr als 90 % aller Anwender bei Automatisierungslösungen nach wie vor die klassische SPS benutzen.

Auch für die SPS, galten in der Automatisierung seit jeher dieselben Anforderungen wie bei allen anderen Komponenten hinsichtlich Umweltrobustheit, Schutzarten, Ex-Anforderungen, CE-Tauglichkeit, Funkzulassungen usw. (siehe Kap. 3). Als Beispiel seien hier die IP-Schutzarten der SPS erwähnt, beginnend bei IP20 (Schaltschrank) bis hin zu IP67 im freien Feld. Die Firma Pilz brachte beispielsweise in diesem Zusammenhang erst 2017(!) die erste SPS mit IP67 auf den Markt [97].

In der Netzwerk-Topologie wird zunehmend Intelligenz in die SPS verlagert: So übernimmt aktuell die SPS auch die Visualisierung (HMI) sowie Alarmaktionen und Data Logging als Grundlage für prädiktive Anlagenwartung im nächsthöheren Kommunikationslevel, dem SCADA/HMI-System.

Weiterhin erfolgt mittlerweile in der vernetzten Fabrik auch die Datenhaltung von Fertigungsständen oder Lagerbeständen in der SPS mit direkter Anbindung an den MES-Level. Somit wird der Unterschied zwischen SPS, SCADA/Prozessleitsystem und MES immer geringer!

Erwähnenswert ist auch, dass bereits ab 1984 bis 1990 in der Automatisierung verstärkt die Mustererkennungsmethoden, KI, Künstliche Neuronale Netzwerke und predictive Maintenance in allen Kommunikationsebenen zum Einsatz kamen, die zum Teil auch schon in der SPS hardwaremäßig implementiert sind (siehe Abschn. 2.2.1).

Zusammengefasst gibt es mittlerweile viele Hersteller von I/O's, SPS und SCADA/HMI-Systemen. Tab. 4.1 zeigt einige bekannte Hersteller dieser Komponenten und Systeme, ohne den Anspruch auf Vollständigkeit zu haben. Bleibt zu erwähnen, dass viele der gezeigten Hersteller auch die entsprechenden Feldbusse, Bussysteme und Kommunikationsprotokolle unterstützen, die in Kap. 5 eingehend besprochen werden.

Auf weitergehende Vertiefungen zur SPS möchte ich auf die Literatur verweisen, die sehr umfangreich und vielfältig ist.

Tab. 4.1 Ausgewählte Hersteller von Systemen für I/O, SPS, SCADA/HMI, MES, Feld- und Bussystemen

ABB	HITACHI	Rexroth
AMETEC	Honeywell	RICHTER
B&R	hp	Rockwell AUTOMATION
BALLUFF	ifm	Rosemount
BECKHOFF	KEYENCE	SAMSON
BELDEN	Lumberg	SICK
Binder	MITSUBISHI MOTORS	SIEMENS
CONTRINEX	MOELLER	Telemecanique
Endress + Hauser	molex	TURCK
EATON	MURR ELEKTRONIK	VIPA
EMERSON	OMRON	WAGO
FANUC	Panasonic	Yokogawa
FESTO	Pepperl + Fuchs	Allen Bradley
HARTING	PHOENIX CONTACT	Und viele andere
Belden / Hirschmann	PILZ	

Für mich steht fest, dass die SPS auch zukünftig eine Schlüsselkomponente in der Automatisierung sein wird. Aufgrund ihrer Robustheit, Technologie- und Sicherheitstechnik und mit ihrer zunehmenden Leistungsfähigkeit ist sie momentan auch aus ‚Industrie 4.0‘ nicht wegzudenken, selbst wenn man es manchmal anders hört!

4.7 Feldebene Sensorik/Aktorik

Wie bereits in Abschn. 4.2 dargestellt, ist die SPS mit den I/O's die Verbindung und Kommunikationskomponente hin zur Feldebene und zur SCADA/HMI-Ebene der Automatisierungspyramide.

Die SPS empfängt die Signale (Input /I) von den Sensoren, wertet diese aus und bedient die Aktoren (Output/O). Die Sollwerte für die Steuerung und/oder Regelung werden in der Regel vom SCADA/HMI an die SPS übergeben.

Interessant ist die Geschichte der Feldebene. Denn getrieben durch die Problematik, wie wir sie in Kap. 3 bei den Anforderungen an die Messtechnik unter dem Aspekt vom Labor ins Feld diskutiert haben, waren viele der Sensoren, insbesondere für die Qualitätssicherung in der Analysenmesstechnik das letzte Glied in der Automatisierungskette.

In diesem Zusammenhang wiederum waren die Parameter der Analysenmesstechnik aus besagten Gründen hinter den physikalischen Parametern zu sehen. Einfache Sensoren in der Fabrikautomation waren mit vielen Komponenten der Automatisierung schon eingeführt, bevor die Prozessautomatisierung mit ihren hohen Anforderungen an Sensoren bezüglich Umwelt und Verarbeitung so richtig durchstartete.

Es sei betont, dass alle Sensoren und Aktoren der Prozessmesstechnik prinzipiell einen ähnlichen Verlauf hinsichtlich der Automatisierung genommen hatten: Zunächst im Feld als ‚Stand-alone-Geräte' vor Ort; dann als analoge Verdrahtung ins Leitsystem, gefolgt von ersten Digitalisierungen der Messwertumformer, aber immer noch mit analoger Kommunikation in die Leitwarte.

Später folgten die Kompaktsensoren mit digitaler Kommunikation, vom 4…20 mA HART bis hin zum PROFIBUS PA, FF H1, PROFIBUS DP, EtherNet/IP, PROFINET und EtherCAT. Die letzten drei genannten Feldbusse basieren auf dem Ethernet (siehe Kap. 5).

Jede dieser Entwicklungsschritte waren historisch gesehen begleitet von immer leistungsstärkeren Elektroniken sowie Softwarearchitekturen und -sprachen, höherer Miniaturisierung, höheren Sicherheitsanforderungen an die Umwelt sowie explosionsgefährdete Umgebungen und Handhabung, schnelleren Datenübertragungsraten und komplexeren Auswertealgorithmen.

Diese Abfolge lässt sich sehr durchgängig für die pH-Sensorik [98] aufzeigen, die in der Umwelttechnik, Chemie, Pharmazie, Nahrungsmittelindustrie, Bergbau, Energiewirtschaft und Holzindustrie und nahezu allen Industrien eingesetzt wird.

4.7.1 Entwicklung der Sensoren in der Analysenmesstechnik im Hinblick auf die Automatisierung

Die folgende Thematik der pH-Messtechnik [98] steht beispielhaft für alle Sensoren der Analysenmesstechnik und den physikalischen Parametern im Zusammenhang mit Kap. 3 ‚Vom Labor ins Feld'. Insbesondere trifft dieser Sachverhalt für Messstellen der Qualitätssicherung zu.

Zwei Probleme waren in der Prozessautomatisierung ab 1985 zu bewältigen:

- Die Robustheit und Umweltverträglichkeit gegenüber Feuchte, Temperatur und anderen Umwelteinflüssen wie EMV oder Einsatz in explosionsgefährdeten Umgebungen
- Die Feldbus-Kommunikation mit einer SPS. Zunächst wurde mittels dem analogen 4…20 mA-Signal [99] kommuniziert (Beginn 1950!), es folgten 4…20 mA HART [100, 101], PROFIBUS PA [102] und PROFIBUS DP [103] andere Feldbusse [104] (siehe Kap. 5)

Die Entwicklungen für die Automatisierung der pH-Messstellen in der Prozesstechnik sei anhand von Abb. 4.19 erläutert.

Wie bereits im Kap. 3 ausgeführt, wurden die qualitätssichernden Maßnahmen zunächst in den Labors durchgeführt. Dies galt in hohem Maße für die chemischen

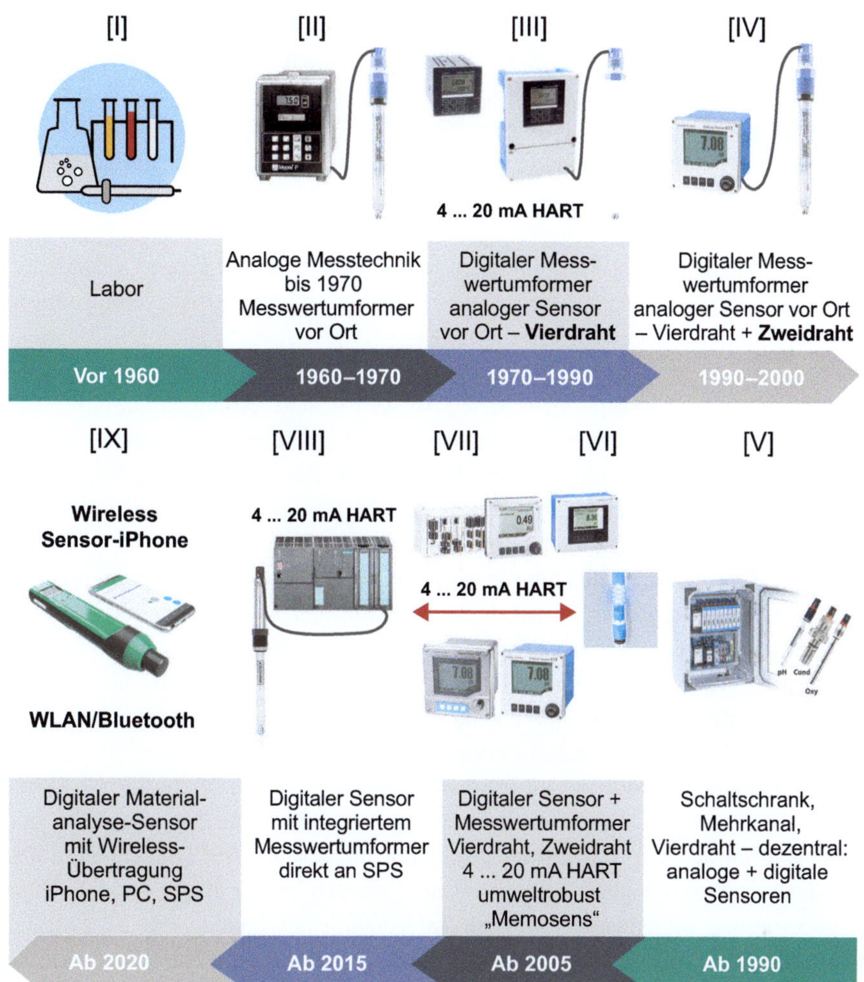

Abb. 4.19 Geschichte der Automatisierung für pH-Messtechnik [I] (Quelle: Sylvie Mauch, Heimat Seiten, Web-& Grafikdesign. *Quellen [II]–[IV]* Endress+Hauser: [II] Mypex CPM 340 4-Draht, Liquisys 4-Draht, Liquiline 2-Draht 4…20 mA [III] Liquisys Schalttafeleinbau- und Feldgerät [IV] 2-Draht und 4-Draht 4…20 mA Liquiline [V] ‚State of the Art' Schaltschrank – Hutschienenanbindung von Sensoren. *Quelle* Knick Elektronische Messgeräte GmbH & Co.KG [VI] Memosens-Technologie mit Liquiline 4…20 mA HART und Liqui line Mehrkanal. *Quelle* Endress+Hauser [VII] CM44P Hutschienengeräte mit Memosenstechnologie. *Quelle* Endress+Hauser [VIII] SMARTPAT 4…20 mA HART 7 – *Quelle* KROHNE– an SPS – *Quelle* SIEMENS– Abb. 4.6 zeigt den Ausschnitt des unveränderten Originals [IX] Materialanalyse mit Handyanbindung. *Quelle Picosens* GmbH)

Messparameter, wie z. B. die pH-Messungen, die eine hochohmige Messung [98] ist. pH-Messungen waren eine der sehr kritischen Messungen in der Analysenmesstechnik, da sie aufgrund ihres hochohmigen Messverfahrens sehr empfindlich gegenüber Umwelt (Feuchtigkeit und Temperatur) und EMV war.

Deshalb hatte die pH-Messung aufgrund ihrer Physik (hochohmige Messung) über fast ein Jahrhundert Probleme mit Feuchtigkeit. Besonders kritisch war dabei die Steckerverbindung zwischen Sensorstecker und Kabelkupplung.

Deswegen wurde die pH-Messung auch relativ spät direkt im Prozess installiert, wie beispielsweise am Belebungsbecken einer Kläranlage oder in einer Neutralisation der chemischen Verfahrenstechnik.

Während die physikalischen Messparameter wie Temperatur, Druck, Füllstand und Durchfluss als Kompaktversionen, d. h. Auswerte- und Kommunikationselektronik waren kompakt in einem Gehäuse untergebracht und direkt mit dem Sensor mechanisch fest verbunden, relativ früh ab ca. 1960–1970 am Ort der Messung aufgestellt wurden, war dies für die Flüssigkeitsanalyse, insbesondere für die pH-Messtechnik und Leitfähigkeitsmessung, erst ungefähr 10–15 Jahre später der Fall.

In den Anfängen waren die Sensoren analog und gaben Strom und Spannung wie z. B. der pH Sensor, zunächst an den Messwertumformer weiter, der ohne weitere Verbindung zu einem Schaltschrank stand. Die Messwertumformer oder auch Transmitter waren zu Beginn ebenfalls analog. Die Mitarbeiter gingen vor Ort, um Messwerte abzulesen und öffneten und schlossen die Stellglieder, Ventile (Aktoren) nach wie vor manuell. Dies erforderte sehr hohen Personaleinsatz.

Als dann die ersten SPS in der Prozessautomatisierung, ab Mitte 1965 –1970 eingeführt wurden, waren die Verdrahtungen zu der SPS zunächst ebenfalls analog: Jeder Sensor wurde vom Transmitter direkt mit mindestens vier Drähten mithilfe des klassischen 4…20 mA-Signals vernetzt. Dabei dienten in der Regel zwei Drähte der Energieversorgung und zwei Drähte zur Informationsübertragung des Messwertes in Form des analogen 4…20 mA-Signals. Die Messergebnisse in Form des 4…20 mA-Signal wurden ohne Nomenklatur (Stromversorgung und Signalinformation) übermittelt. Siehe hierzu auch das Mypex CPM340 von Endress+Hauser aus Abb. 4.20 als typisches Beispiel eines Vierdrahtgerätes für die pH-Messung.

Mit Beginn der Einführung von Leitwarten wurden die Stellmaßnahmen für Ventile und Stellglieder durch pneumatische und/oder elektrische Regeleinrichtungen remote vorgenommen. Die Werte der pH Messung wie auch aller übrigen Parameter wurden üblicherweise analog in die Werte in Form des 4…20 mA Signals in die Leitwarte übertragen.

Bei der Einführung von Leitwarten (Kontrollräumen) wurde jeder Sensor (Durchfluss, Druck, Füllstand, Temperatur, pH-Messung, Leitfähigkeit, Sauerstoff usw.) vom Messwertumformer und jeder Aktor einzeln in die Warte verkabelt. Für jeden Sensor und zugehörigem Aktor wurden je zwei Drähte verkabelt, d. h. es mussten hunderte von Kabeln in die Leitwarte verlegt werden sowie hunderte von analogen Bedien- und Beobachtungssystemen installiert werden.

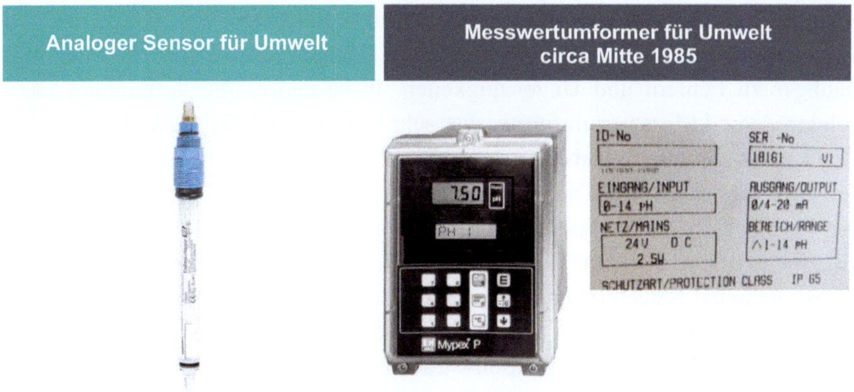

Abb. 4.20 Mypex CPM340 Messwertumformer mit analogem pH-Sensor CPS 11. Typische pH Messstelle um 1980–1985 (ex-fähig). (*Quelle* Endress+Hauser)

Jeder Sensor und jeder Aktor hatte seine analoge Anzeige und ggfs. seinen eigenen Schalter. Ich erinnere mich hier noch gut an die Leitwarte einer kleineren Kläranlage in Baden-Württemberg in den achtziger Jahren, wo der Leitstand von analoger Messtechnik überfüllt war. Der Leitstand war sehr groß und nur einem Insider transparent.

Durch die Einführung der µ-Controller im Jahre 1970 begann dann in meinen Augen die uns vertraute elektrische Automatisierung. Dabei ging es speziell bei der pH-Messung wie auch bei den anderen physikalischen Messparametern zunächst primär darum, die analogen Messwerte im Messwertumformer oder Transmitter mittels A/D Wandlung für die Digitale Auswertung aufzubereiten und am Display des Messwertumformers anzuzeigen.

Abb. 4.20 zeigt hierfür ein Beispiel einer Vierdraht-pH-Messung mit digitaler Auswertung und Anzeige (Mypex).

Ab ca. 1985 begann man verstärkt mit der Entwicklung der Zweidrahttechnologie. D. h. die 0…4 mA-Signale wurden zur Versorgungsenergie des gesamten Messgerätes verwendet. Die 4...20 mA wurden zur Signalübertragung wie bisher verwendet, darüber hinaus wurde zusätzlich ein Wert zwischen 21,5 mA bis 22 mA als Fehlersignal verwendet. Dieser Trend war eine Herausforderung für alle Messtechnikhersteller. Die physikalischen Parameter kamen relative schnell mit den ersten Lösungen von Zweidrahtgeräten, während die Analysenmesstechnik je nach Parameter 5–10 Jahre aus oben besagten Gründen hinterher war.

So ab den 88er Jahren erfolgte für die Übertragung vom digitalen Kompaktsensor (Messwertumformer- und Sensorelektronik) in Form eines 4…20 mA-Signals zur Leitwarte (Kontrollraum). Hierfür wurde das im Messwertumformer errechnete digitale Signal wieder D/A in ein 4…20 mA-Signal gewandelt. Dies galt für Zweidrahtgeräte ebenso wie für Vierdrahtgeräte. D. h. für die pH Messung: Die analoge pH-Spannung wurde zunächst von der pH-Elektrode zum Messwertumformer (Transmitter, Messwertumformer) übertragen und A/D gewandelt. Es erfolgte die Berechnung des pH-Wertes mit dem µ-Controller, der angezeigt wurde. Der berechnete pH-Wert wurde dann wieder D/A gewandelt und in die Leitwarte übertragen. Durch diese Art der Verarbeitung kam es häufiger zu Fehlern und Ungenauigkeiten. Insbesondere die Verbindung zwischen pH-Elektrode und Messwertumformer war sehr störanfällig [98] gegenüber Feuchte und EMV. Doppelt geschirmte Kabel waren notwendig, um das Problem EMV einigermaßen in den Griff zu bekommen. Diese Probleme wurden bei den physikalischen Parametern in der Regel durch die Kompaktmessstelle umgangen. Die 4…20 mA-Signale wurden mit Beginn der Digitalisierung der Leitstellen (Kontrollraum) erneut A/D gewandelt und in festverdrahteten Steuereinheiten (Vorläufer der SPS), später der SPS berechnet, die wiederum entsprechend Aktoren am Ort des Geschehens bedienten.

Ab ca. 1980 wurden auch die Leitwarten zunehmend sukzessive digitalisiert. Das Bedienpersonal wurde entlastet und die Anlagen konnten besser instrumentiert und optimiert werden.

Bis in die 90er Jahre wurden in großen Klär- und Wasseraufbereitungsanlagen bzw. Kraftwerksanlagen und anderen Industrien eine Vielzahl von Schaltschränken und Großrechner in der Leitwarte installiert.

Durch Einführung der ersten Workstations in den frühen 80er Jahren und der Personal Computer (PC) in der zweiten Hälfte der 80er Jahre begann in den Leitwarten kleinerer Industrieanlagen die Digitalisierung bzw. die Umrüstung größeren Industrieanlagen. Die Übersicht und der Aktionsradius des Bedienpersonals nahm seit Mitte der 80er Jahre dadurch immens zu.

Hinzu kamen verbesserte Visualisierungssysteme, welche erhebliche Verbesserungen für die Handhabung der Automatisierung mit sich brachten. Es wurden nun so viele Signale, wie möglich in die Warte übertragen, da die Informationsflut durch die steigende Leistungsfähigkeit der Computer immer besser verarbeitet werden konnte.

Für die pH-Messung in einer industriellen Kläranlage hieß das beispielsweise, dass die ersten Neutralisationen von sauren oder basischen Abwässern auf den neutralen Wert pH 7 automatisch geregelt werden konnten. Die Flexibilität wuchs, dennoch: Wenn der Zentralrechner ausfiel, stand die Anlage komplett still.

Mit Einführung von Workstations und PC's wurden ab ca. 1985 auch dezentrale Systeme eingeführt. Immer kostengünstiger wurden die Systeme aufgrund der sinkenden Preise im Halbleitermarkt. Auch für die Messstellen der pH-Messtechnik und allen anderen Messparmetern wurden aufgrund dieses Sachverhaltes die Messwertumformer in den neunziger Jahren erheblich kostengünstiger.

Die dezentralen Systeme ab 1987 wurden durch die stetige Preisabnahmen von Komponenten und Teilsystemen zunehmend lukrativer. Die Zeit der großen Zentralsteuerungen war vorbei. Zunehmend wurden die zentralen Steuerungen aufgelöst und entsprechend den Applikationen in dezentrale Teilsysteme vor Ort verlagert. Die Schaltschränke vor Ort wuchsen in ihren Dimensionen gewaltig an. In der Folgezeit war man deswegen gezwungen auch in den Schaltschränken befindliche Komponenten der Automatisierungstechnik zu miniaturisieren: I/O's, SPS und Messwertumformer für die Sensoren und Aktoren, alles wurde miniaturisiert und robuster entwickelt.

Ein Grund für immer größere Schaltschränke war neben der Anzahl von Messstellen auch, dass die Messwertumformer in der Analysenmesstechnik wegen ihrer immer noch relativen geringen Schutzarten der Messgeräte (<IP45) in Schaltschränken zusammengefasst werden mussten. So hatten die ‚Schalttafel -Messwertumformer' (96 mm × 96 mm oder 48 mm × 96 mm) eine Schutzart IP54 von der Frontseite gesehen, aber kleiner als IP54 für das Elektronikgehäuse. Dieses Problem konnte man sehr gut anhand der Analysenmesstechnik nachvollziehen, bei der Sensor- und Auswerteelektronik immer noch getrennt waren und die Schalttafeleinbau-Messwertumformer aufgrund ihrer geringen Schutzart in den Schaltschrank eingebaut werden mussten.

Eine typische Dezentralisierung sei hier für eine industrielle/kommunale Kläranlage aufgezeigt, die sich grob in die folgenden dezentralen Prozesse aufteilen lässt:

1. Neutralisation von Industrieabwässern
2. Regenüberlauf
3. Hebewerk, Rechen-Sandfang
4. Vorklärbecken
5. Biologische Reinigung (Belebungsbecken)
6. Nachklärung/Auslauf
7. Schlammfaulturm/Eindicker

Jeder dieser Prozesse wurde dezentral in einem Schaltschrank zusammengefasst [105].

Der Vorteil war, dass alle Steuerungen anwendungsspezifisch vor Ort vorgenommen wurden und nur die relevanten Messwerte und Sollparameter zwischen SCADA/HMI und den SPS-Einheiten im Schaltschrank ausgetauscht wurden.

Weiter hatte die Dezentralisierung schon einmal per se den großen Vorteil, dass bei Ausfall eines Teilprozesses nicht sofort die gesamte Anlage stillstand. In der zeitlichen Abfolge der Instrumentierung von Industrieanlagen fand eine Trennung zwischen Visualisierung im Kontrollraum und der Steuerung vor Ort durch die SPS statt, die wiederum die dezentralen anlagenspezifischen Steuerungen durchführte und ihre Sollwerte aus dem Kontrollraum erhielt. Ein weiterer Vorteil war die unmittelbare Anpassung an den Prozess. Im Beispiel der Kläranlage wurden die aufwendigen halbautomatischen Messungen Phosphat, Nitrat und Ammonium im Auslauf in einem ‚Messhaus', wie es Abb. 4.21 zeigt [106, 107], untergebracht.

Für die Übertragung zwischen den Sensoren und Messwertumformer war jedoch zunächst nach wie vor das 4…20 mA-Signal dominant. Von der SPS zur SCADA-Ebene kommunizierten ab ungefähr 1990 mehrere Recheneinheiten über verschiedene Bus-Systeme, wie z. B. über 4…20 mA HART, PROFIBUS FMS [109], später PROFIBUS DP [103], heute auch EtherNet/IP[108]. Wie gesagt, durch die Dezentralisierung wurde Redundanz geschaffen und der Ausfall eines Systems stoppte nicht die gesamte Anlage: Die Anlagenverfügbarkeit stieg an.

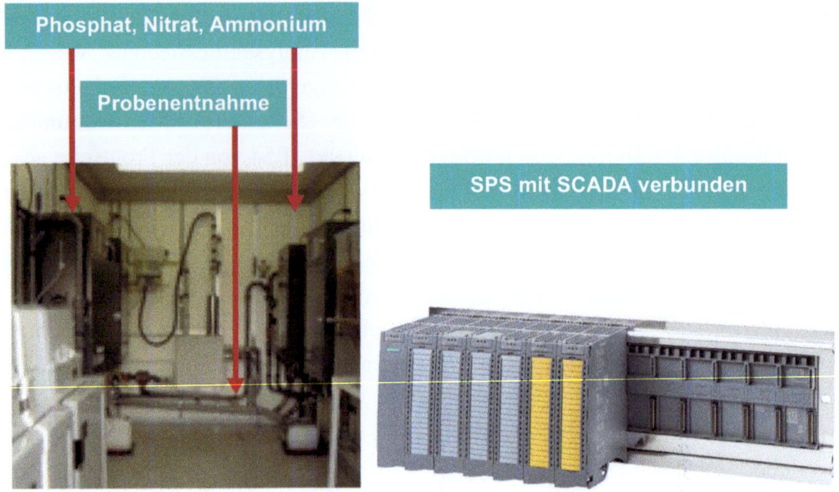

Abb. 4.21 Mögliche dezentrale Steuerung im Kläranlagenauslauf – Messung Phos phat Nitrat, Ammonium. (*Quelle* SIEMENS (rechtes Bild SPS))

Damit waren die ersten automatisierten Anlagen im Sinne der Automatisierungspyramide, die 1985 veröffentlicht wurde, vom Feld bis hin zum SCADA/MES-Level realisiert. Allerdings wurden dadurch die Bussysteme so beansprucht, dass die Anlagengröße wiederum sehr schnell limitiert wurde. Ab Mitte der 90er konnten die Kosten durch standardisierte PC-Architekturen und PC-Software weiter gesenkt werden. Ethernet [110] und auf Ethernet basierte Bussysteme (z. B. PROFINET) kamen zwischen den dezentralisierten Systemen vermehrt zum Einsatz.

Immer einfacher wurde die Verkabelung und die Einarbeitung sowie die Realisierung von solchen Systemverbindungen, denn auch die Tools für die Kommunikation wurden weiter vereinheitlicht und standardisiert.

Ab 1995 erfolgte dann die Busvernetzung für die physikalischen Parameter neben dem 4...20 mA HART Signal mit dem echtzeitfähigen PROFIBUS DP. Allerdings noch nicht für die Analysenmesstechnik.

Bezogen auf die Automatisierung der pH-Messtechnik wurde für die Kosten- und Platzminimierung in den neunziger Jahren der erste analog-digital ASIC für einen pH-Messwertumformer entwickelt.

Weiterhin wurde in diesem Zeitraum auch mit Automatisierungsbestrebungen in der pH-Reinigung und der pH-Kalibration von den renommierten Firmen der Messtechnik als dezentrale Messsysteme vor Ort begonnen.

Abb. 4.22 zeigt hierzu ein auf dem neuesten Stand der Technik basierendes Messsystem zur pH-Elektrodenreinigung und -kalibrierung, welches meistens auch in einem dezentralen Messhaus (Abb. 4.21) untergebracht war.

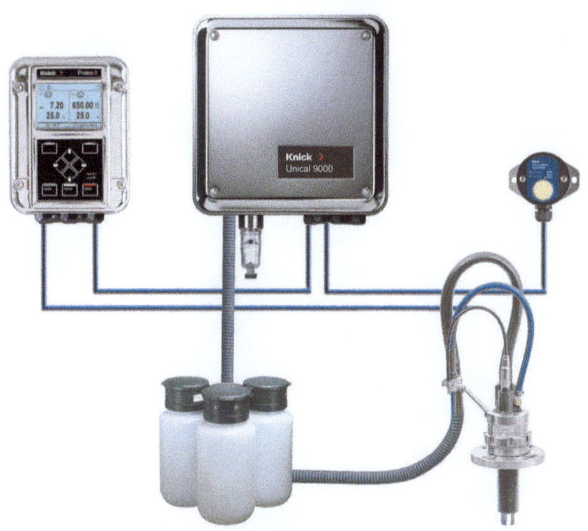

Abb. 4.22 Automatische pH-Elektrodenreinigung und –kalibrierung. (*Quelle* Knick Elektronische Messgeräte GmbH & Co.KG)

Erst ab ca. 1997 wurde begonnen, in der Analysenmesstechnik die ersten Zweidrahtgeräte mit 4…20 mA HART (Highway Addressable Remote Transducer) für die Flüssigkeitsanalyse (pH, Sauerstoff, Leitfähigkeit, Trübung, Chlor usw.) zu entwickeln. Zu diesem Zeitpunkt nutzten die physikalischen Parameter (Druck, Füllstand, Durchfluss, Temperatur) diesen Feldbus bereits 5 Jahre früher. HART selbst wurde, wie wir noch in Abschn. 5.14 sehen werden in den 1980er Jahren von der Firma Rosemount (Emerson) [111] für deren Feldgeräte Druck, Füllstand und Temperatur entwickelt. 1989 wurde der HART-Standard durch die HART Communication Foundation (HCF) [112] publiziert.

Bemerkenswert ist in diesem Zusammenhang, dass der Feldbus HART erst seit 2007(!) ein Teil der Feldbus-Norm IEC 61158 [113] wurde. (Siehe auch Kap. 5 Feldbusse und Kommunikationsprotokolle).

Gut ist mir in Erinnerung geblieben, welchen Aufwand es bedeutete, die neue Zweidraht-Transmittergeneration mit HART für die Flüssigkeitsanalyse einzuführen, um den Gleichschritt zu den physikalischen Parametern zu erreichen; d. h. die Implementierung der Analysenmessgeräte in die universellen Vernetzung-Topologien zu SPS/SCADA- und MES-Systemen.

Für diese neue Art der Vernetzung von Analysenmessgeräte kamen zwei weitere Aspekte hinzu: Während die physikalischen Parameter wie bereits mehrfach ausgeführt, in der Regel sehr kompakt gebaut waren, und direkt das 4…20 mA-Signal oder 4…20 mA HART-Signal an die SPS oder das SCADA-System lieferten, musste bei den Analyseparametern gemäß Abb. 4.23 immer noch ein Transmitter oder Messwertumformer zwischen SPS und Sensor (pH, Leitfähigkeit usw.) zwischengeschaltet werden. Zum damaligen Zeitpunkt war der pH-Sensor mit 14 mm Durchmesser einfach zu klein und man wagte sich erst ab ca. dem Jahr 2000 daran, die Elektronik für die pH-Elektroden zu miniaturisieren.

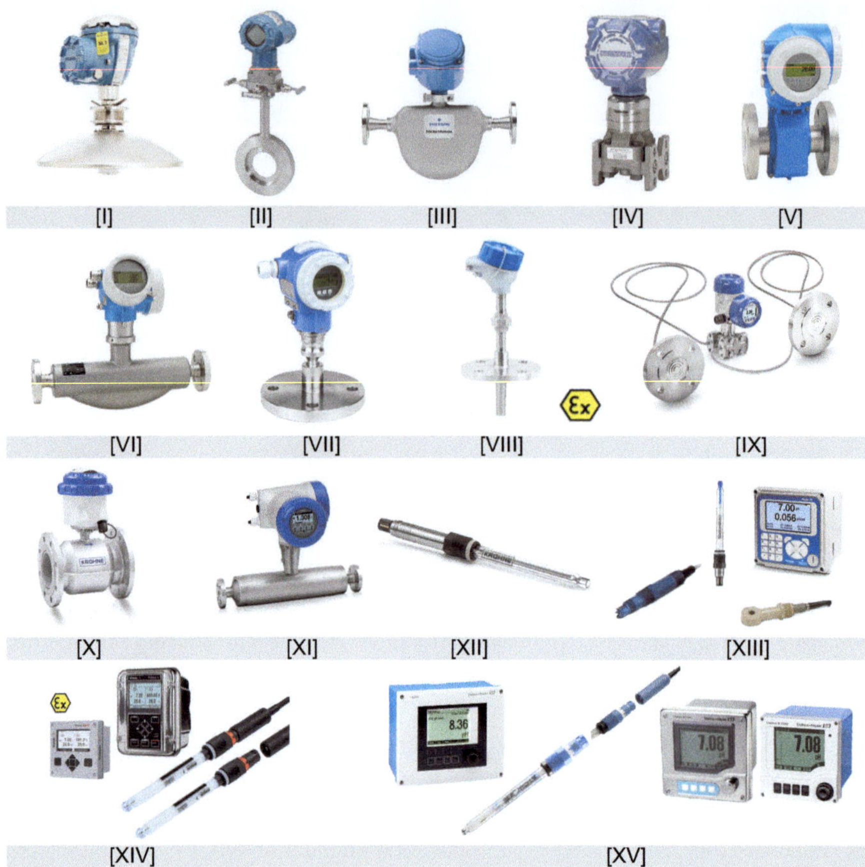

Abb. 4.23 Typische Messstellen für elektrochemische und physikalische Messparameter. (*Quelle* Courtesy Emerson Electric Co and affiliated – [I] Füllstand: Rosemount™ 5900S Radarpegelmessgerät [II] Durchfluss: Rosemount ™-2051cfc-wireless-orifice-plate-flowmeter [III] Durchfluss: Micro Motion ELITE CMFS040M Coriolis Meter, 3/8 Zoll (DN10), 316L Edelstahl [IV] Druck: Rosemount™ 3153K Nuklear-Qualifizierter Drucktransmitter [XIII] pH-Messung: Rosemount™ Model 56, Dual Channel und Rosemo unt™ Hx338: Dampf Sterilisierbarer & autoklavierbarer pH-Sensor Rosemount™ 228: Induktive Leitfähigkeit sowie Rosemount-3900-and-3900vp-sensor-1-white-end pH Elektrode. *Quelle* Endress + Hauser – [V] Durchfluss: Promag P300 [VI] Durchfluss Coriolis: Promass F 200 [VII] Druckmessung [VIII] Temperaturmessung: [XV] Analysenmesstechnik: Liquiline 4…20 mA HART, 2 Draht und pH- Messung mit Memosens sowie Liquiline CM44, 4-Kanal. *Quelle* Knick Elektronische Messgeräte GmbH & Co. KG – [XIV] Transmitter Stratos Multi und Protos II + Memosens alterna tive pH-Elektrode. *Quelle* KROHNE [IX] Druck: OPTIBAR_DS_capillary [X] Durchfluss: WATERFLUX_3070_C_IP6 [XI] Durchfluss: OPTIMASS_1400)

Hinzu kam gerade beim hochohmigen pH-Sensor, dass alle auf dem Markt erprobten Steckersysteme nicht verhindern konnten, dass in die Steckverbindung Feuchte eindrang und somit die Leistungsfähigkeit des Sensors nicht unter allen Umweltbedingungen gegeben war.

Im Jahr 2000 wurde versucht, die Steckkontakte aus PFA (Perfluoralkoxy-Polymere; vollständig fluorierte Kunststoffe mit einem Schmelzpunkt von 310°C) und PEEK (Polyetheretherketon; ist ein hochtemperaturbeständiger thermoplastischer Kunststoff mit einem Schmelzpunkt von 335°C) zu designen, doch der uneingeschränkte Erfolg blieb aus. Das Problem der Feuchtigkeit im hochohmigen Stecksystem konnte nicht zufriedenstellend gelöst werden.

Ab 2001 begannen die Entwicklungen der neuen pH-Generationen in zwei Schritten. Im *ersten Schritt* wurde das Problem der Hochohmigkeit des pH-Sensors durch die Firma Endress + Hauser und im *zweiten Schritt* die Transmitterthematik durch die Firma KROHNE gelöst.

Zwischen diesen beiden *Breakthroughs* in der Analysenmesstechnik lag noch die Miniaturisierung der Transmitter als Hutschienenmodule. Möglich wurde die bahnbrechenden Entwicklungen in der Analysenmesstechnik durch den Einsatz von miniaturisierten ‚Low Power'-Bauteilen der Größe 0204 und durch eine neue Generation von ‚Low Power'-Prozessoren (siehe unten).

4.7.1.1 Erster Schritt: Lösung des Feuchtigkeitsproblems beim pH- Sensor- Memosens [114]

Im Jahr 2001 begann man unter meiner Leitung im ersten Schritt durch die nun vorhandenen kleinen elektronischen Bauteile und ‚Low Power' µ-Controller die Elektronik der Energieübertragung und Informationsübertragung in den pH-Sensor zu integrieren. Dabei wurde das mechanische Steckersystem durch ein induktives Steckersystem (Kabelkupplung und Elektrodensteckkopf) ersetzt. Über dieses Interface wurde die Energie vom Messwertumformer in den Sensor eingekoppelt. Weiterhin erfolgte im Steckersystem auf einer Art Modbus-Protokoll [115] die induktive Datenübertragung von Mess- und Kalibrierdaten bidirektional.

Das mehr als 70 Jahre alte Problem des Verlustes der Hochohmigkeit durch Eindringen von Feuchte in das mechanische Steckersystem war somit gelöst und der unabhängige Einsatz von Sensoren und Transmittern war möglich, indem die Kalibrierdaten des spezifischen pH-Sensor im Sensorspeicher mitgeführt wurden. Bei der Verbindung eines beliebigen Sensors mit einem beliebigen Transmitter, wurden dessen Kalibrierdaten in den Messwertumformer hochgeladen und zur Auswertung der Messdaten verwendet. Aus dem analogen Sensor wurde eine digitale pH-Elektrode und mit ihr ein komplett neues Geschäftsmodell, was die Wartung und Handhabung der Sensoren betraf.

Durch die neue, moderne und hochrobuste pH-Messung (Umweltverträglichkeit) waren nun alle Anforderungen für die Automatisierung erfüllt. Es war einer ‚Breakthrough' für Sensoren der Flüssigkeitsanalyse durch die Firma Endress+Hauser:

pH-Sensoren und deren sicherer Einsatz in Prozessapplikationen unter allen Umweltbedingungen.

Die Funktionsweise des Steckersystems Endress + Hauser Memosens sei noch einmal etwas genauer in Abb. 4.24 erklärt.

Das Sensorstecker-System besteht aus einer Vierdrahtlösung zwischen dem Messwertumformer und dem Sensor: Zwei Leitungen dienten für die Energieübertragung und zwei Leitungen für die bidirektionale digitale Informationsübertragung via Modbus-ähnlichem Protokoll.

Der pH-Elektrodenstecker und Steckerkupplung besaßen je einen 8-Bit PIC µ-Controller (Firma *Microchip Technology Inc.*), die beidseitig bestückten Platinen für Steckkopf und Kupplung waren je ca. 4 cm × 1 cm groß und es waren ungefähr je 100 Bauelemente im Elektrodensteckkopf und in der Steckerkupplung. Die meisten Bauteile im Elektroden-Steckkopf und in der Stecker-Kupplung hatten die Größe 0402 (1,02 mm × 0,5 mm).

Die Sensor-Kalibrierdaten und wichtige Herstellungsdaten des Sensors wurden wie bereits oben ausgeführt im Elektroden-Steckkopf gespeichert. Somit wurde eine neue Art der Kalibrierung möglich, die den Sensor vom Messwertumformer unabhängig machte.

Bedingt dadurch führte das neue Servicekonzept und die Lagerhaltung sowohl beim Kunden und als auch beim Hersteller zu großen Kosteneinsparungen.

Die Weiterentwicklung der Technologie wurde rasant vorangetrieben und es folgten die ersten Memosens-Sensoren für pH und Leitfähigkeit für den Einsatz in explosionsgefährdeten Umgebungen, welche insbesondere in der Chemie erforderlich waren.

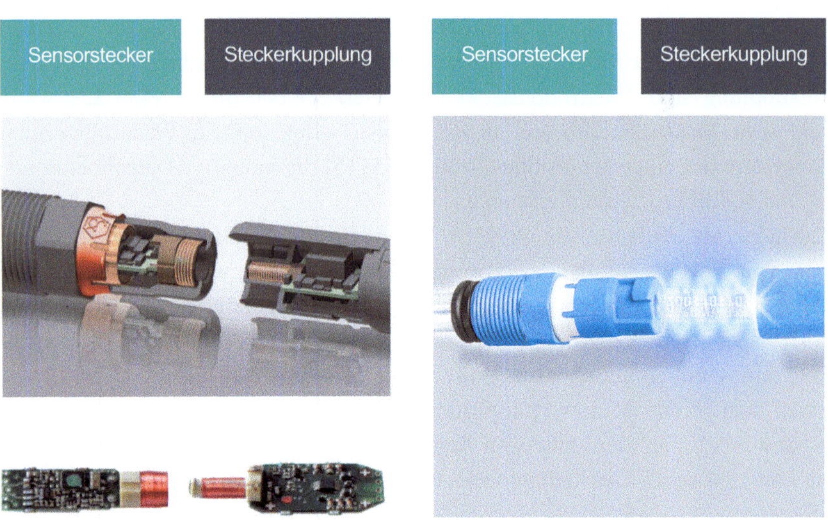

Abb. 4.24 Induktiv gekoppelter pH Sensor für Energie- und Datenübertragung. (*Quelle* Knick Elektronische Messgeräte GmbH & Co.KG – alternative Memosenstechnologie (links). *Quelle* Endress + Hauser – Memosens (rechts))

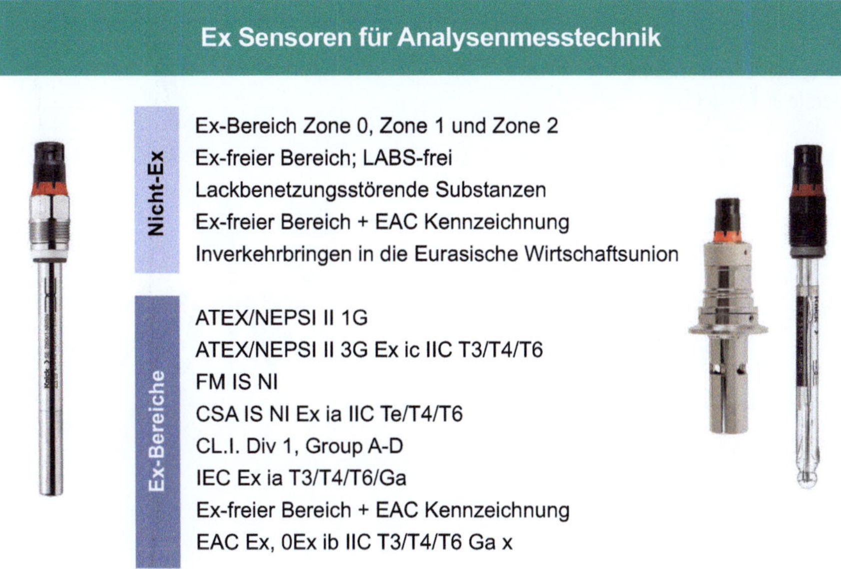

Abb. 4.25 Ex-pH Sensor (rechts) und Ex-Leitfähigkeitssensor und Ex-Sauer Stoffsensor (links) – siehe Abschn. 3.1.6. (*Quelle* Knick Elektronische Messgeräte GmbH & Co. KG)

Abb. 4.25 vermittelt einen groben Eindruck, wie vielfältig die Ex- Zulassungen waren (siehe auch Abschn. 3.1.6). Heute nutzen einige Hersteller von pH-Messstellen diese damals sensationelle Errungenschaft, die von Endress+Hauser patentiert ist.

Die Memosens-Sensoren für pH und Leitfähigkeit wurden in großem Stil in den Jahren 2004–2006 auf den Markt gebracht, nachdem das Memosens-Prinzip eine harte Einführungsphase in den verschiedensten Industrien über einen Zeitraum von knapp 3 Jahren hinter sich hatte.

Die physikalischen Parameter (siehe Abb. 4.22) hatten zu diesem Zeitpunkt (ca. 2005) bereits in ihren Messstellen die PROFIBUS PA und FF H1 Protokollanbindung implementiert.

In der Analysenmesstechnik arbeitete man zu diesem Zeitpunkt noch mit Hochdruck an der 4…20mA HART-Schnittstelle und erst danach an der PROFIBUS PA- und der FF H1-Lösung. 4…20 mA HART und die beiden Feldbusse sind Ex-fähige Feldbussysteme.

Mitte 2006–2008 waren dann die Analysemessstellen mit diesen Ex-fähigen Bussystemen ebenfalls im Markt verfügbar. Ab 2007 entstanden bei den unterschiedlichen Firmen im Sinne der Kostenreduzierung und Effizienzsteigerung für die Automatisierung ganze Plattformkonzepte, so wie beispielsweise Abb. 4.26 zeigt.

Trotz aller positiven Gegebenheiten des Memosens-Konzeptes: Es blieb in der Analysenmesstechnik immer noch der Messwertumformer, der die Signale auswerten musste und an die SPS und die Leitwarte weiterleitete. Somit war man noch nicht ganz auf dem Stand der physikalischen Kompakttransmitter.

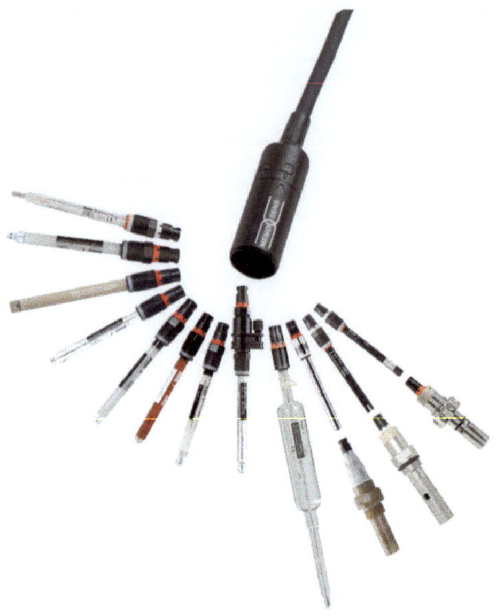

Abb. 4.26 Alternatives ‚Memosens Plattformkonzept'. (*Quelle* Knick Elektronische Messgeräte & Co. KG)

Erst mit der Einführung von Hutschienengeräten in Zusammenhang mit der SPS konnten man gegenüber den bis dahin üblichen Messwertumformern einen entscheidenden Schritt in Richtung Kostenreduktion erzielen. Diese Hutschienenmodule wurden 2010 entwickelt und auf den Markt gebracht (Endress+Hauser und Knick). Dennoch waren diese Module herstellerabhängige (DIN-Rail) Produkte und keine gängigen I/O's für die SPS. Im Grunde war der Messwertumformer als Hutschienengerät realisiert.

Abb. 4.27 zeigt die Miniaturisierung der Transmitter für die Analysenparameter pH, Leitfähigkeit und Sauersoff auf Basis von Memosens als Hutschienenmodule.

4.7.1.2 Zweiter Schritt: Integration des Transmitters in den pH-Elektroden-Steckkopf [116]

Der Durchbruch in der Analysenmesstechnik bezüglich Integration des Transmitters gelang der Firma KROHNE im Jahr 2016 mit einem pH-Sensor und einem konduktiven Leitfähigkeitssensor: Die Sensoren konnten direkt an die handelsüblichen I/O's der SPS angebunden werden: Die pH-Auswertung und das 4…20 mA HART Kommunikationssignal waren komplett im Steckkopf des pH-Sensors integriert und es wurde kein Transmitter mehr als Bindeglied zur SPS benötigt (Abb. 4.28). Spezielle Hutschienen(-Transmitter) für pH- und Leitfähigkeitsmodule, wie in Abb. 4.27 dargestellt, waren nicht mehr nötig. Auch diese Entwicklung bei der Firma KROHNE fand unter meiner Leitung statt.

Um die direkte Anbindung des pH-Sensors an die SPS zu gewährleisten, war es nötig, die Transmitterelektronik auf eine 9,0 cm × 1,0 cm große Platine zu miniaturisieren

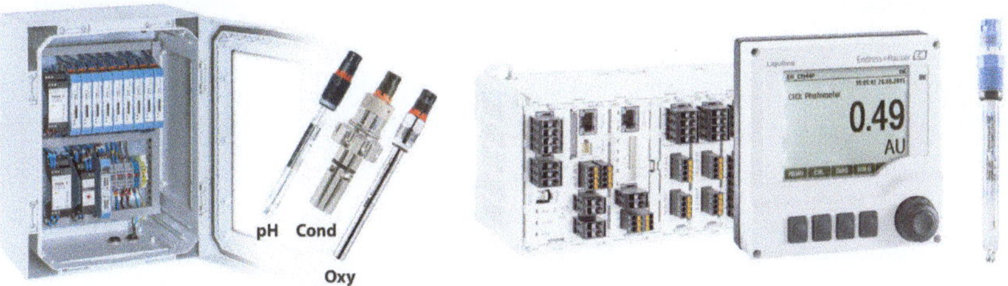

Abb. 4.27 Analysenmesstechnik: Hutschienen- Transmitter für den Schaltschrank. (*Quelle* Knick Elektronische Messgeräte GmbH & Co. KG: MemoRail_A1405Schrank_offen_mit_Sensoren (linkes Bild). *Quelle* Endress + Hauser: CM44P_Hutschiene (rechtes Bild))

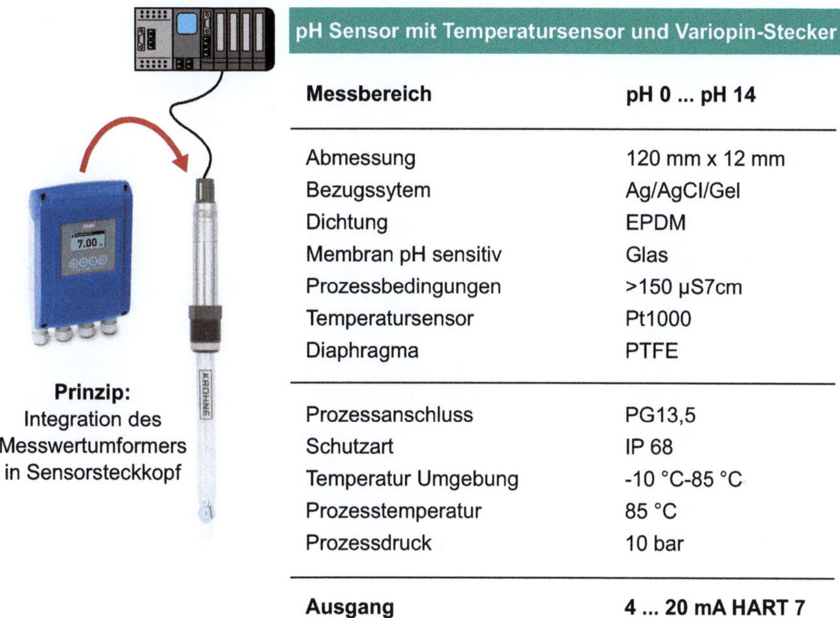

Messbereich	**pH 0 ... pH 14**
Abmessung	120 mm x 12 mm
Bezugssytem	Ag/AgCl/Gel
Dichtung	EPDM
Membran pH sensitiv	Glas
Prozessbedingungen	>150 µS7cm
Temperatursensor	Pt1000
Diaphragma	PTFE
Prozessanschluss	PG13,5
Schutzart	IP 68
Temperatur Umgebung	-10 °C-85 °C
Prozesstemperatur	85 °C
Prozessdruck	10 bar
Ausgang	**4 ... 20 mA HART 7**

Abb. 4.28 SMARTPAT, erster pH Sensor mit 4…20 mA HART 7 Signal direkt an die SPS anschließbar. (*Quelle* KROHNE)

inklusive der auf der Platine integrierten Kommunikationsschnittstelle mfür den 4…20 mA HART 7-Feldbus.

Die beidseitig bestückte Leiterplatte enthielt mehr als 200 Bauteile, teils in den Größen 0201 (0,6 mm x 0,3 mm) und 01005 (0,4 mm x 0,2 mm). Diese Integration stellt eine bis dahin noch nie realisierte Leistung im Abschnitt der Analysemesstechnik dar.

In vergleichbarer Technik folgte dann ein konduktiver Leitfähigkeitssensor, ebenfalls von der Firma KROHNE ca. 1 Jahr später.

In diesem Zusammenhang spielten die Miniaturisierung der µ-Controller für die Entwicklung von Feldgeräten wie z. B. die Ultra-low-power Prozessoren, ARM-Cortex-M33 32 Bit MCU+FPU' der Firma STMicroelectronic [117] eine wesentliche Rolle. Beispielhaft wurden Prozessoren dieser Art bei der Miniaturisierung der Materialanalyse-Sensoren ab 2015 eingesetzt.

Die unmittelbare Anbindung der Sensoren an die SPS/SCADA/HMI-Systeme über die entsprechenden handelsüblichen I/O's oder standardisierte Feldbusse war ein Breakthrough in der Analysenmesstechnik. Es ist zu erwarten, dass die Integration von weiteren Busprotokollen in naher Zukunft vorangetrieben wird.

Abb. 4.29 zeigt zum Abschluss dieses Abschnitt noch einmal den Memosens- und SMARTPAT- pH-Sensor im Vergleich.

Beide Entwicklungen Memosens und SMARTPAT habe ich jeweils persönlich über Jahre hinweg begleitet. Die Umweltbedingungen, die Ex-Fähigkeit, die Miniaturisierung, die Vergussthematik waren in beiden Projekten große Knackpunkte während der Entwicklung. Hinzu kamen die zahlreichen Tests und Validierungen sowohl für Umwelt als auch für die Buskommunikation, welche ebenfalls äußerst aufwendig waren.

Dennoch bin ich der Meinung, dass für viele Messparmeter gerade diese Vorgehensweisen typisch im Zeitalter der voranschreitenden Automatisierung sind.

4.7.1.3 Schichtdickenmessung mit elektromagnetischen taktilen Verfahren

Als weiteres Beispiel hinsichtlich Innovation und Evolution möchte ich noch abschließend in diesem Abschnitt die Schichtdickenmessung und Materialanalyse aufzeigen, die typisch für den weiteren evolutionären Fortschritt der Technik steht:

Dabei wurde die Schichtdicke zunächst noch bis 2016(!) mit magnetisch induktiven und/oder Wirbelstromverfahren gemessen. In der Regel handelte es sich dabei um analoge Sensoren, deren Spannungen und Ströme per Kabel analog in ein Handheld übertragen und dort ausgewertet wurden. Die Energieversorgung der Sensoren war ebenfalls analog. Ausgewertet wurden Betrag und Phase zwischen der Sende- und Empfangsspule.

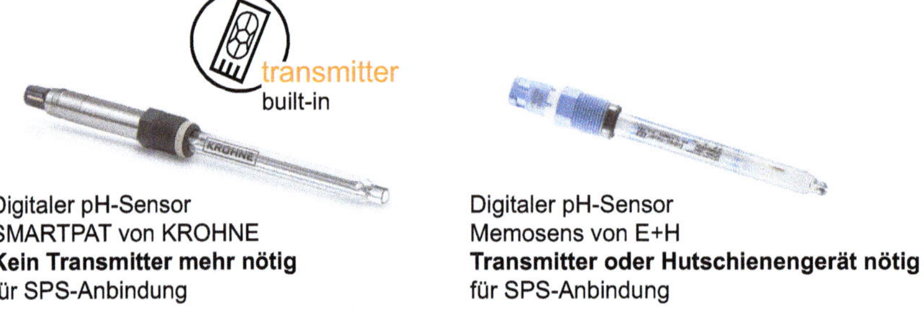

Abb. 4.29 SMARTPAT und Memosens. (Quellen: KROHNE SMARTPAT (links) und Endress+Hauser Memosens (rechts))

Der Innenwiderstand der Sendespule ist jedoch abhängig von der Temperatur, für deren Kompensation in der Regel ein großer Aufwand betrieben werden muss. Weiterhin wurde über Jahre hinweg nur mit *einer* Frequenz gemessen was die Anwendungen stark einschränkte.

Erst 2017 bis 2020 wurde auf Basis der AIS-Technologie (AIS – Analysis of Impedance Signature) und der Nachfolgetechnologie DFA (Deep Field Analysis) von der Firma Picosens [118], ein digitaler Schichtdicken- und Materialanalysensensor mit wireless-Übertragung an iPhone (iOS-Betriebssystem) oder an Galaxy /Samsung (Android-Betriebssystem) entwickelt, der temperaturunabhängig war (siehe Abb. 4.19). Bei diesem Sensor ist die gesamte Elektronik und SW für die Messdatenerfassung und -auswertung einschließlich der drahtlosen Übertragung an übergeordnete Systeme im Sensorgehäuse in miniaturisierter und robuster Form integriert.

Beim DFA-Verfahren (Deep Field Analysis) handelt es sich um eine wirbelstromfreie Messtechnik. Es werden bei diesem Verfahren fundamentale Messwerte über den gesamten Spektralbereich auf direktem Wege gewonnen, ohne dass die Temperatur auf das Spulensystem oder auf die Elektronik einen Einfluss haben. Charakteristisch für dieses Verfahren ist, dass das aus der Messung gewonnene Spektrum für jede Metallart und Legierung eindeutig und vollständig reproduzierbar ist. Für die Klassifikation von Materialien und Legierungen spielt auch hier die Mustererkennung eine zentrale Rolle. Das Einlernen Sensors findet nach den Verfahren der Mustererkennung gemäß Abschn. 2.1 statt.

Abb. 4.30 zeigt das DFA-Sensorsystem mit einem planar gewickelten Spulensystem.

An diesem Beispiel sieht man übrigens sehr schön, wie sich Technologien gewissermaßen Hand in Hand bezüglich Sensortechnologie, Auswerte- und Kommunikationseinheit weiterentwickeln und bedingen: Auf der einen Seite integriert man immer mehr Hardware und Softwaremodule zur Messdatenerfassung, -auswertung bis hin zur drahtlosen Anbindung über WLAN und Bluetooth an Handy, PC oder SPS in den Sensor. Auf der anderen Seite entwickelte man innovativste Spulensysteme (Abb. 4.30), wie im Falle der DFA-Technologie, für höchste Auflösungen sowie für ‚verkippungsfreie‘ und temperaturunabhängige Messungen.

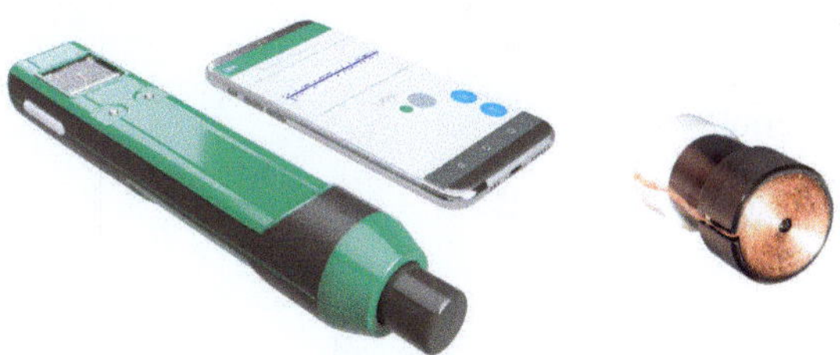

Abb. 4.30 DFA-Wirbelstromfreies und temperaturunabhängiges Schichtdicken- und Materialanalysemessgerät basierend auf elektromagnetischen Prinzipien. (Quelle Picosens GmbH)

Die dadurch entstehenden großen Datenmengen verarbeitet man wiederum mit KI-Methoden, lauffähig auf hochleistungsfähigen Mikrokontrollern im Ultra-Low- Power-Bereich. Echtzeitauswertungen von Datenarrays mit mehreren tausend Messstellen oder Bilder mit 1024 × 1024 Pixeln sind heute die Regel – ein Sachverhalt, der vor 30 bis 40 Jahren aufgrund der vorhandenen Hardware noch nicht möglich war.

Die Entwicklungen in Software- und HW-Bereichen waren im SPS-, SCADA/HMI- und MES-Bereich ähnlich rasant wie für die Instrumentierung der Sensoren in der Fabrik und im Prozess. Auch hier wurden Jahr für Jahr Innovationen auf den Markt gebracht, wie z. B. im Jahr 2017 die IP67-fähige SPS der Firma Pilz oder die immer höheren Verarbeitungsgeschwindigkeiten der µ-Controller und Signalprozessoren. Einhergehend mit den µ- Controller, DSP-, ARM-, FGPA-, ASIC- Entwicklungen wurden die Produkte immer leistungsfähiger und wurden immer mehr an die Anforderungen der Automatisierung angepasst. Auch hier handelte es sich um eine Evolution der Technik angepasst an die Möglichkeiten von Hardware und Software (siehe Kap. 8).

4.7.1.4 Schichtdickenmessung mit photothermischen Verfahren

Doch die Entwicklungen gehen rasant weiter: In den letzten 2 Jahren befassen sich Firmen zunehmend mit berührungsloser photothermischer Schichtdickenmessung, die für Inline- und Online-Messungen bestens geeignet sind. Einsetzbar ist diese Technologie z. B. beim Korrosionsschutz, bei Farblackierungen, Pulverlacke, Klarlacke oder funktionalen Oberflächenbeschichtungen auf allen Kunststoffen, Elastomeren, Keramiken, Verbundstoffen und Metallen. Die Methode basiert auf thermooptischer Interferenz, die seit vielen Jahren bekannt ist. Der photothermische Effekt, der seit ca. 1880 bekannt ist, basiert auf dem Effekt, dass Materialien optische Strahlung absorbieren und in Wärme umwandeln können [119]. Hierzu ist ein Inline-Messsystem der Firma AIM Systems GmbH in Abb. 4.31 gezeigt.

Meiner Erfahrung zu Folge gehört im Zeitalter von Industrie 4.0 und Automatisierung den berührungslosen Sensorverfahren für Inline- und Online-Anwendungen die Zukunft. Besonders sind dabei Verfahren von Bedeutung, die das Anhalten von Produktionsbändern vermeiden. Dazu gehören u.a. Online-Röntgenfluoreszenzgeräte und Betarückstreuverfahren

Abb. 4.31 Photothermische Inline-Schichtdickenmessung eines Gleitlacks auf Gummi. Fördergeschwindigkeit etwa 30m/min. Die Messung erfolgt weitgehend unabhängig von Vibrationen, Abstand, Winkel und Rau heit. (*Quelle* AIM Systems GmbH)

für die Materialanalyse und Schichtdickenmessung, die schon mehrere Jahrzehnte im Einsatz sind. Diese Verfahren besitzen allerdings eine starke Abhängigkeit von Prozessbedingungen und der Stoffzusammensetzung. Organische Schichten sind aufgrund der geringen spezifischen Dichte relative schwierig zu messen. Wegen der ionisierenden Strahlung verlieren diese Verfahren immer mehr Akzeptanz im Markt.

Ein Beispiel für eine neuere Entwicklung ist das Terahertz-TDS-System (Abschn. 7.3) für die Qualitätskontrolle im Automotive. Terahertz-Systeme besitzen eine sehr eingeschränkte Toleranz gegenüber Abstand, Winkel und Vibration, was den Inline-Einsatz erschwert. Für beide Technologien stellt die Photothermie eine robuste und preiswerte Alternative dar.

4.7.2 Smart Manufacturing, Fabrik 4.0 in der Analysenmesstechnik im Jahre 2000

Heute wird im Rahmen von ‚Industrie 4.0‘ und ‚Fabrik 4.0‘ begeistert von ‚Smart Manufacturing‘ gesprochen und sehr viele Experten meinen, dass dies auch etwas ganz Besonderes oder Neues sei. Ich möchte an dieser Stelle erwähnen, dass ich persönlich bereits im Jahre 1998–2004 intensiv mit diesen Themen zugange war.

So zum Beispiel wurde bei der Firma Endress + Hauser unter meiner Regie ein automatisches Umlaufsystem für eine Messwertumformer-Assemblage (Liquiline siehe Abb. 4.19, Abschn. 4.7.1) konzipiert und realisiert oder die pH-Sensorfertigung in weiten Bereichen automatisiert.

Deshalb möchte ich hier auch ein Beispiel zeigen, nachdem wir viel über die pH-Sensoren und die zugehörigen Messwertumformer im letzten Abschnitt gesprochen haben.

Abb. 4.32 zeigt die Art dieser Fertigungen bezogen auf die Automatisierungspyramide.

Es handelte sich um die Assemblage eines Zweidraht-Messwertumformers für die pH-Messtechnik. Es folgte später auch die Assemblage des Multiparametermesswertumformers für die Analysenmesstechnik in dieser Produktionslinie der Firma Endress + Hauser. An der Vorgehensweise hat sich bis heute vom Prinzip her nichts geändert. Die Daten wurden damals direkt aus dem SAP-Auftrag (SAP R3) selektiert und in das Automatisierungssystem übertragen.

Entsprechend dem Auftrag wurden zunächst die Gehäuse und Module, soweit nicht an der Fertigungsstation vorhanden, automatisch aus dem Lager der Fertigungslinie zugeführt. In der Fertigungslinie bekamen die relevanten Fertigungsstationen gemäß Bestellcode die notwendigen Fertigungsparameter, Testroutinen, Fehlerprüfkriterien und Kalibrierprozeduren über die ERP/MES/SCADA/SPS-Systeme überspielt. Der inline arbeitende Roboter setzte entsprechend dem Bestellcode die richtigen Module, Leiterplatten und Bauteile in das Gehäuse.

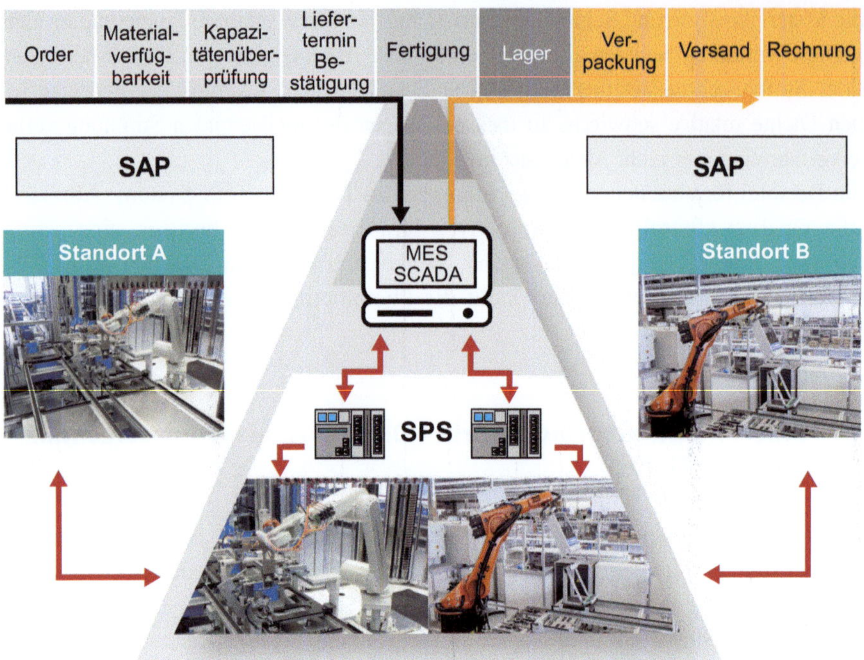

Abb. 4.32 Fabrik 4.0' im Jahr 2000. (*Quelle* Endress+Hauser). Abb. 4.32 zeigt die Ausschnitte der unveränderten Originale

Im folgenden Arbeitsschritt wurden am einzigen manuellen Arbeitsplatz Deckel und Gehäuse montiert (Flachbandkabelverbindung und einige Verschraubungen). Der Rest der Produktionslinie war wiederum voll automatisiert. Nach der mechanischen Montage erfolgte automatisch das Aufspielen der kundenspezifischen Softwarevariante (im Ordercode implementiert) und die anschließende Prüfung der Geräte. Nach erfolgten positiven Tests der Funktionalität und Einhaltung der Toleranzgrenzen wurde vollautomatisch das Typenschild mit Seriennummer und anderen gerätespezifischen Daten (z. B. Ex, CE, UL usw.) mittels ‚Inline' laufendem Laser eingraviert.

Als letzter automatisierter Fertigungsschritt erfolgte das kundenspezifische ‚Printing on Demand' [120] der zum Produkt gehörenden Literatur und der CD-ROM. Printing-on-Demand gab es seit Mitte der 1990er Jahre und basiert auf der Digitaldrucktechnik.

Das Fertigungssystem überwachte den Prozess und kontrolliert den FPY (First Pass Yield), die Fertigungszeit, die Fertigungsauslastung usw. ebenso wie andere qualitätsrelevante Fertigungsparameter. Es konnte somit als MES-System angesehen werden.

Alle Ergebnisse wurden online auf dem Monitor dargestellt, genau wie es heute bei den modernen SCADA/HMI-Systemen passiert. Das so montierte und geprüfte Gerät wurde am Verpackungsplatz versandfertig gepackt oder kam für die Kundenkommissionierung zunächst ins Lager.

Diese Fertigungslinie wurde schon damals quasi als ,One-Piece-Flow' Fertigung realisiert, d. h. der Mitarbeiter hat das Werkstück bis zur Verpackung begleitet.

Zu Beginn war die Planung des Systems und die Realisierung ein wahrer Kraftakt. Zurückblickend war es aber ein Novum in der Analysenmesstechnik, das entscheidende Wettbewerbsakzente im Markt setzte. Es sei betont, dass auch bei dieser Fertigungslinie, obwohl hoch automatisiert, letztlich der Entscheidungsträger und Kontrolleur der Mitarbeiter war, dessen Erfahrungen die Linie effizient am Laufen hielt.

Ein weiteres Highlight für mich war zum damaligen Zeitpunkt die Entwicklung und Fertigung von elektrochemischen Sensoren bei Endress+Hauser. Den Schwerpunkt bildete die hochspezialisierte industrielle Fertigung von pH-Glassensoren, wobei die Glasbaugruppen teilautomatisiert gefertigt wurden und die Kalibration und Funktionalitäts-Tests voll automatisiert durchgeführt wurden, ebenfalls in Abb. 4.32 dargestellt.

Die pH-Sensoren kamen aus der alten traditionellen handwerklichen Glasbläserkunst. In einer Teilautomatisierung innerhalb der Fertigungslinie gelang es sogar teilweise die pH-sensitive Membrankugel automatisch anzublasen. Auch in der pH–Sensoren-Fertigung spielte das SAP für die Fertigung und Auftragsabwicklung vom Kunden zum Kunden eine entscheidende Rolle wie eben zuvor in der Messwertumformer-Assemblage dargestellt.

Die Endkalibrierung und der funktionale Test wurden ebenfalls per KUKA-Roboter durchgeführt. In den Anfängen der Automatisierung 2002/2003 wurden 10 Elektroden (heute sind es 16 Elektroden) parallel automatisch in einem Werkzeugträger in die auf konstanter Raumtemperatur geregelten Flüssigkeiten pH4 und pH7 eingetaucht. Zwischen jedem Kalibrierschritt wurden die Elektroden automatisch gereinigt. Alle Kalibrierdaten wurden im Sensorkopf und in der Datenbank automatisch gespeichert. Der Seriennummern-Druck auf die Elektrode und die speziellen Kenndaten des Sensors erfolgten ebenso wie der Zertifikat-Ausdruck automatisch via Tampondruck in der Fertigungslinie. Alle statistisch relevanten Daten wurden gemonitort.

Auch der Datenaustausch zwischen den beiden Produktionsstandorten erfolgte schon zum damaligen Zeitpunkt automatisch.

Bei aller Euphorie für Industrie 4.0, Fabrik 4.0, Smart Manufacturing oder ,Globaler Kommunikation' zeigt sich, dass solche Ansätze schon lange vor dem Hype ,Industrie 4.0' intensiv Anwendung fanden. Das heute manches noch besser gemacht werden kann liegt eben wie schon mehrfach erwähnt an der Evolution der Automatisierung mit allen ihre Randbedingungen seit 2000.

Literatur

1. Salesjob: Solution Selling als Verkaufsmethode – Definition. https://www.salesjob.de/blog/salestipps/solution-selling/. Zugegriffen: 6. Jan. 2021
2. Pflug, K.: Vertriebstraining, Vertriebstraining, Vertriebscoaching, Consultative Value Selling. https://www.vertriebslexikon.de/consultative-selling.html. Zugegriffen: 6. Jan. 2021

3. Meudt, T., Pohl, M., Metternich, J.: Die Automatisierungspyramide – Ein Literaturüberblick. Hrsg.: TU prints. (tu-darmstadt.de), 7. Juni 2017. http://tuprints.ulb.tu-darmstadt.de/6298/1/2017%20-%20Die%20Automatisierungspyramide%20-%20Ein%20Literatur%C3%BCberblick-2.pdf. Zugegriffen: 6. Jan. 2021
4. Elektronik Kompendium: OSI-Schichtenmodell. https://www.elektronik-kompendium.de/sites/kom/0301201.htm. Zugegriffen: 6. Jan. 2021
5. Schatz, A., Sauer, M., Egri, P.: Open source ERP -reasonable tools for manufacturing SMEs. Hrsg.: Fraunhofer IPA, MTA Sztaki. fraunhofer.de (2011)
6. Über SAP SE: Was ist SAP, Webpage SAP. https://www.sap.com/corporate/de.htmlSAP/. Zugegriffen: 6. Jan. 2021
7. CAS Mittelstand: ASmartCompany of CAS Software AG: Vertrieb 4.0 In fünf Etappen zu mehr Erfolg in der Kundenbeziehung. https://www.cas-mittelstand.de/index.php?id=25077&msclkid=d916faae07931dad7dada50c93993285. Zugegriffen: 6. Jan. 2021
8. Bindel, T.: Dieter Hofmann: R&I Fließschema, Übergang von DIN 19227 zu DIN EN 62424. Springer Vieweg, Wiesbaden. https://www.buecher.de/shop/steuerungs-und-regelungstechnik/ri-fliessschema/bindel-thomas-hofmann-dieter/products_products/detail/prodid/47079753/. Zugegriffen: 2. Jan. 2021
9. Morris, A.S. Measurement and instrumentation principles. Butterworth-Heinemann, S. 328. ISBN 978-0-08-049648-1 (2001)
10. Lunau, S. (Hrsg.). Olin Roenpage, Christian Staudter, Renata Meran, Alexander John, Carmen Beernaert: Six Σ+Lean Toolset: Verbesserungsprojekte erfolgreich durchführen, 2., überarbeitete Aufl. Springer Berlin, Heidelberg New York (2006, 2007). ISBN 3-540-46054-3
11. Norm DIN ISO 22514-2:2015: Statistische Verfahren im Prozessmanagement – Fähigkeit und Leistung – Teil 2: Prozessleistungs- und Prozessfähigkeitskenngrößen von zeitabhängigen Prozessmodellen
12. Norm DIN ISO 3534-2:2013: Statistik – Begriffe und Formelzeichen – Teil 2: Angewandte Statistik
13. Process capability (Cp, Cpk) and process performance (Pp, Ppk) – What is the difference? – iSixΣ. 26. Februar 2010, abgerufen am 14. Oktober 2019 (amerikanisches Englisch). https://www.isixσ.com/tools-templates/capability-indices-process-capability/process-capability-cp-cpk-and-process-performance-pp-ppk-what-difference/. Zugegriffen: 5. Jan. 2021
14. Adams, M.: PSI AG, Wolfgang Kühn, Bergische Universität Wuppertal, Thomas Stör, SIEMENS AG, und Martin Zelm, CIMOSA Association e. V. DIN EN 62264. Die neue Norm zur Interoperabilität von Produktion und Unternehmensführung – Teil 1; Integration von PLS und EDV. atp 49 (2007) Heft 5. https://www.namur.net/fileadmin/media/Pressespiegel/atp/atp_05_2007_DIN_EN_62264.pdf. Zugegriffen: 6. Jan. 2021
15. IEC 62264-5 Ed. 1.0 EN:2020. Enterprise-control system integration-Part 6. https://www.techstreet.com/searches/20817238?searchText=%22IEC+62264-5%22. Zugegriffen: 6. Jan. 2021
16. IEC 62264-1: Enterprise-control system integration – Part 1: Models and terminology (Memento vom 15. Februar 2010 im Internet Archive)
17. IEC 62264-2: Enterprise-control system integration – Part 2: Object model attributes (Memento vom 14. Juni 2011 im Internet Archive)
18. IEC 62264-3: Enterprise-control system integration – Part 3: Activity models of manufacturing operations management (Memento vom 14. Juni 2011 im Internet Archive)
19. Kunbus GmbH: Automatisierungspyramide. https://www.kunbus.de/automatisierungs-pyramide.html. Zugegriffen: 6. Jan. 2021

20. ISA International Society of Automation: ISA95, enterprise-control system integration. https://www.isa.org/standards-and-publications/isa-standards/isa-standards-committees/isa95. Zugegriffen: 6. Jan. 2021
21. Becker, J., Vering, O., Winkelmann, A.: Softwareauswahl und -einführung in Industrie und Handel Vorgehen bei und Erfahrungen mit ERP- und Warenwirtschaftssystemen. Springer, Berlin (2007). 978-3-540-47424-1
22. Winkelmann, A., Knackstedt, R., Vering, O.: Anpassung und Entwicklung von Warenwirtschaftssystemen – Eine explorative Untersuchung. Hrsg.: Becker, J. Handelstudie Nr. 3. Münster (2007). uni-muenster.de
23. Schatz, A., Sauer, M., Egri, P.: Open sERP -reasonable tools for manufacturing SMEs. Hrsg.: Fraunhofer IPA, MTA Sztaki (2011). fraunhofer.de und https://www.ipa.fraunhofer.de/fileadmin/user_upload/Publikationen/Studien/Studientexte/Studie_OpenSource_ERP.pdf
24. Vollmer, S.: Was ist ERP? Einfach und verständlich erklärt, CHIP. https://praxistipps.chip.de/was-ist-erp-einfach-und-verstaendlich-erklaert_45047 (2015). Zugegriffen: 6. Jan. 2021
25. Almajali, D.: Antecedents of ERP systems implementation success: A study on Jordanian healthcare sector. J. Enterp. Inf. Manag. **29**(4), 549–565 (2016). https://doi.org/10.1108/JEIM-03-2015-0024
26. Radovilsky, Z.: Bidgoli, Hossein (Hrsg.). The Internet Encyclopedia, Bd. 1, S. 707. Wiley, Hoboken, NJ (2004). ISBN 9780471222026. https://books.google.de/books?id=ACfBmYiNaTcC&pg=PA707&redir_esc=y#v=onepage&q&f=false. Zugegriffen: 6. Jan. 2021
27. ERP Führer: Eine Übersicht der ERP-Systeme. https://www.erpfuehrer.de/?keyword=erp-syste-me&matchtype=e&campain=erpfuehrer%20de&adgroup=3212360362&creative=72842743167501&network=o&device=c&extension=&search_query=erp-systeme&engine=bing. Zugegriffen: 6. Jan. 2021
28. Adam, R., Kotze, P., van der Merwe, A.: Acceptance of enterprise resource planning systems by small manufacturing enterprises. In: Proceedings of the 13th International Conference on Enterprise Information Systems, edited by Runtong Zhang, José Cordeiro, Xuewei Li, Zhenji Zhang and Juliang Zhang, S. 229–238. SciTePress (2011)
29. Meissner, G.: SAP – die heimliche Software-Macht. Wie ein mittelständisches Unternehmen den Weltmarkt eroberte, 2. Aufl. Hoffmann und Campe, Hamburg (1997). ISBN 3-455-11194-7
30. Schulz, O.: Der SAP-Grundkurs für Einsteiger und Anwender, 1. Aufl. SAP PRESS, Bonn (2011). ISBN 978-3-8362-1682-1
31. SAP Webpage. https://www.sap.com/index.html. Zugegriffen: 2. Jan. 2021
32. Hopp, D.: „Ich habe zu viel angefangen" – Dietmar Hopp wird 75. Computerwoche (2015). Zugegriffen: 1. März 2020
33. Plattner, H.: Hasso Plattner kontrolliert SAP für drei weitere Jahre. Manager Magazin (2019). Zugegriffen: 6. Sept. 2019
34. SAP: Geschichte der SAP. https://www.sap.com/corporate/de/company/history.html. Zugegriffen: 2. Jan. 2021
35. Idw: Ehrendoktorwürde für Hasso Plattner – Festakt am 5. Juli 2002 an der Universität Potsdam. 25.06.2002 11:13 idw, 25. Juni 2002. https://idw-online.de/de/news49845. Zugegriffen: 2. Jan. 2021
36. SAP: SAP S/4HANA: Intelligent EWRP System. https://www.sap.com/products/s4hana-erp.html?btp=99ace872-73e6-49ae-9c2a-4d7953f1a636. Zugegriffen: 2. Febr. 2021
37. Overview of SAP. http://www.fredshack.com/docs/sap.html. Zugegriffen: 2. Jan. 2021
38. PEAK Networks: SAP business one. https://www.peak-networks.de/de/software/erp/sap-business-one. Zugegriffen: 2. Jan. 2021

39. Julian, B.: SAP Business ByDesign, Grundlagen, Mannheim. https://www.dv-treff.de/docs/bradler/whitepaper-sap-business-bydesign-grundlagen.pdf (2013). Zugegriffen: 2. Jan. 2021
40. Horst, K.: ABAP, Die offizielle Referenz. Rheinwerk-Verlag, Bonn (2016). ISBN 978-3-8362-4109-0
41. Horst, K., Sascha, K.: ABAP Objects – ABAP-Programmierung mit SAP NetWeaver. Galileo Press, Rheinwerk Verlag, Bonn (2006). ISBN 3-89842-358-1
42. Infor ERP Usergroup e. V. ehemals Deutsche Baan Usergroup. https://www.infor-erp-user.com/. Zugegriffen: 2. Jan. 2021
43. InLoox: Backlog. Aufgabenmanagement leicht gemacht mit der Projektmanagement-Software InLoox. https://www.inloox.de/projektmanagement-glossar/backlog/. Zugegriffen: 2. Jan. 2021
44. Plattner, H.: Vortrag Ehrenpromotion, KIT; 17.2.2020
45. Salt Solutions, SAP S/4HANA – die Echtzeit-ERP-Suite. https://www.salt-solutions.de/loesungen/erp-plattform/sap-s-4hana.html?pk_cid=364050169&pk_source=bing&pk_medium=cpc&pk_content=&pk_kwd=%2Bsap%20%2Bs4hana&pk_campaign=BA_L%C3%B6sungen&msclkid=e89344e94fe41d355b6b1b1cc3174ecb&utm_source=bing&utm_medium=cpc&utm_campaign=BA_L%C3%B6sungen&utm_term=%2Bsap%20%2Bs4hana&utm_content=SAP_S4_HANA. Zugegriffen: 2. Jan. 2021
46. Salt Solutions: Lünendonk-Studie: Mit s/4HANA in die digitale Zukunft. https://www.salt-solutions.de/akkreditierung.html?file=75087. Zugegriffen: 2. Jan. 2021
47. Raines, G., Pizette, L.: Platform as a service: A 2010 marketplace analysis. 2010-10. https://www.mitre.org/publications/technical-papers. Abrufdatum: 2. Juni 2012. Zugegriffen: 2. Febr. 2021
48. Natis, Y. V., Jones, T., Lheureux, B. J., Iijima, K., Knipp, E., Smith, D. M.: Predicts 2011: Platform as a service: The architectural center of the cloud. Gartner (2010)
49. Is report: SAP revolutioniert Kernprodukt Business Suite. https://www.isreport.de/news/sap-revolutioniert-kernprodukt-business-suite/. Zugegriffen: 2. Jan. 2021
50. MES Dachverband: Effizienzsteigerung mit Maufacturing Execution Systemen-MES. https://mes-dach.de/. Zugegriffen: 2. Jan. 2021
51. Expertsdialog: MES&SAP für die Metallindustrie. Fachlexikon MES+Industrie 4.0, Überarbeitete und erweiterte Aufl., S. 138, 170 x 240 mm, Broschur ISBN 978-3-8007-5344-4. E-Book: ISBN 978-3-8007-5345-1. https://mes-dach.de/fachlexikonmes/. Das Fachlexikon können Sie als Fachbuch sowie als eBook direkt vom VDE Verlag beziehen: https://www.vde-verlag.de/buecher/475344/fachlexikon-mes-industrie-4-0.htm/. Zugegriffen: 2. Jan. 2021
52. Liker, J.K.: The Toyota way. McGraw-Hill, New York (2004). ISBN 0-07-139231-9
53. Sekine, K.: One-piece flow: Cell design for transforming the production process. Productivity Press, Cambridge (1992). ISBN 978-0915299331
54. Arzet, H.: Grundlagen des One-Piece-Flow. Rhombos, Berlin (2005). ISBN 3-937231-97-8
55. Richard, R.: Industrieterminals unterstützen die Armaturenfertigung, Maschinenmarkt 11/2010
56. MESKONTOR: VDI Richtlinie Fertigungsmanagementsysteme MES VDI 5600 Blatt3/VDI 5600 Blatt 2/DIN 5600/VDI Richtlinie 5600 Download&VDI 5600 pdf- Dokumente. https://www.mes-kontor.de/leistungen/vdi-richtlinie-5600.html/. Zugegriffen: 3. Jan. 2021
57. NAMUR: Zugriff auf NAMUR-Empfehlungen (NE) und NAMUR-Arbeitsblätter (NA). https://www.namur.net/index.php?id=63. Zugegriffen: 3. Jan. 2021
58. NAMUR Homepage. Automatisierungstechnik der Prozessindustrie. https://www.namur.net/de/. Zugegriffen: 3. Jan. 2021

59. MES Consult. Die heute 8 besten MES Anbieter aus dem deutschsprachigen Raum. http://www.apriso.com/library/Articles/Articles%20in%20German/MES_Management_Brief_Special_issue_2013.pdf. Zugegriffen: 3. Jan. 2021
60. ANSI Webstore: ANSI/ISA 95.00.05-2007.Integration, Part 5: Business-To-Manufacturing Transactions. https://webstore.ansi.org/Standards/ISA/ANSIISA9500052007/. Zugegriffen: 3. Jan. 2021
61. ANSI: DIN EN 62264-5:2012 DE. https://webstore.ansi.org/Standards/DIN/DINEN622642012DE-1486057/. Zugegriffen: 3. Jan. 2021
62. Weblink: www.isa-95.com und https://isa-95.com/. Zugegriffen: 3. Jan. 2021
63. Schubert, G.: MES (Manufactruing Execution Sytsem). http://www.gerhard-schubert.net/de/mes-manufacturing-execution-system-/31
64. Preactor: Planungs- und Dispositionslösungen: SIMPLAN_ Grobplanung und Feinplanung von Fertigungsprozessen mit SIMATIC. Preactor. https://preactor-aps.de/. (Partner ist SIEMENS). Zugegriffen: 3. Jan. 2021
65. DUALIS: Wir machen die smarte Fabrik planbar. https://www.dualis-it.de/. Zugegriffen: 3. Jan. 2021
66. VDMA 66412-11; VDMA-Einheitsblatt Entwurf, Juni 2020. Manufacturing Execution Systems – Traceability im Fertigungsbereich. http://normung.vdma.org/documents/22594015/47995272/Entwurf%20VDMA%2066412-11_2020-06%20(de)_1586161316860.pdf/a1dbd1a8-db4f-48f9-4043-1b3079c361c1/. Zugriff 3.12021. Dr.-Ing. Robert Patzke1: Interoperabilität, Schnittstelle und Standardisierung im IKTnet des BVMW. https://www.bvmw.de/fileadmin/pdf-archiv/Preko20090304RP.pdf/. Zugegriffen: 25. Jan. 2021
67. Hydrocarbon Processing. Magazin August 2000: The ISA SP95 connection. https://www.hydrocarbonprocessing.com/magazine/2000/august-2000/misc/the-isa-sp95-connection/. Zugegriffen: 6. Jan. 2021
68. ISO: Technical Committees ISO/TC 184-Automation systems and integration. https://www.iso.org/committee/54158.html/. Zugegriffen: 6. Jan. 2021
69. ISO: ICS>25>25.040>25.040.01. ISO 15704:2000-Industrial automation systems-requirements for enterprise-reference architectures and methodologies. https://www.iso.org/standard/28777.html/. Zugegriffen: 5. Jan. 2021
70. Beuth publishing DIN: DIN EN ISO 19440:2009-01; Unternehmensintegration-Konstrukte zur Unternehmensmodellierung (ISO 19440:2007; Englische Fassung ISO 19440:2007. Ausgabe 2009-01. https://www.beuth.de/de/norm/din-en-iso-19440/105733271#:~:text=Unternehmensintegration%20-%20Konstrukte%20zur%20Unternehmensmodellierung%20%28ISO%2019440%3A2007%29%3B,Englische%20Fassung%20EN%20ISO%2019440%3A2007.%20Englischer%20Titel/. Zugegriffen: 5. Jan. 2021
71. Beuth publishing DIN: ISO 16100-1:2009-12: Industrielle Automatisierungssysteme und Integration-Profile von Leistungsmerkmalen für Fertigungssoftware-Teil 1: Rahmenwerk für die Interoperatibilität. Ausgabedatum: 2009-12. https://www.beuth.de/de/norm/iso-16100-1/125041334/. Zugegriffen: 6. Jan. 2021
72. ISO: ICS>25>25.040>25.040.40: ISO 20242-5:2020; Industrial automation systems and integration-Service interface for testing applications-Part5: Application program service interface. https://www.iso.org/standard/69073.html/. Zugegriffen: 6. Jan. 2021
73. Beuth publishing DIN: DIN EN 62264-1:2014-07: Integration von Unternehmenführungs- und Leitsystemen-Teil 1: Modelle und Terminologie (IEC 62264-1:2013); Deutsche Fassung EN 62264-1:2013, Ausgabedatum 2014-7. https://www.beuth.de/de/norm/din-en-62264-1/207270059/. Zugegriffen: 6. Jan. 2021

74. ISO: ICS>25>25.040>25.040.40:ISO 15531-1:2004- Industrial automation systems and integration-Industrial manufacturing data- Part 1: General overview. https://www.iso.org/standard/28144.html/. Zugegriffen: 5. Jan. 2021
75. Beuth publishing DIN: ISO 15745-1:2003-03: Industrielle Automatisierungssysteme und Integration-Rahmenwerk für die Integration von Applikationen in offenen Systemen- Teil 1: Grundlegende Referenzbeschreibung. Ausgabedatum: 2003-03. Englischer Titel: Industrial automation systems and integration – Open systems application integration framework – Part 1: Generic reference description. https://www.beuth.de/de/norm/iso-15745-1/64365712/. Zugegriffen: 6. Jan. 2021
76. DIN: Veröffentlichungen von NA 060-30-05 AA: https://www.din.de/de/mitwirken/normenausschuesse/nam/nationale-gremien/72366/wdc-grem:din21:67537981!search-grem-details?masking=true/ Zugegriffen: 6. Jan. 2021
77. MIMOSA: Open standards for physical asset management. Homepage: https://www.mimosa.org/. Zugegriffen: 6. Jan. 2021
78. COPADATA: Was ist SCADA? https://www.copadata.com/de/produkt/zenon-software-platform-fuer-industrie-energieautomatisierung/visualisierung-steuerung/was-ist-scada/. Zugegriffen: 6. Jan. 2021
79. Joachim Schairer: Verwundbarkeit und Angriffsmöglichkeiten auf SCADA-Systeme. VWEW-Vortrag, Fulda, 17. Oktober 2007, archiviert vom Original am 29. Juni 2016
80. Olof Leps: Der Aufbau von Betriebs- und Steuerungsanlagen. In: Hybride Testumgebungen für Kritische Infrastrukturen. Springer Vieweg, Wiesbaden. ISBN 978-3-658-22613-8, S. 25–39. doi: https://doi.org/10.1007/978-3-658-22614-5_3 (2018). Zugegriffen: 30. Dez. 2018
81. Industry of Thinks: Was ist OPC UA? Definition, Architektur und Anwendung. https://www.industry-of-things.de/was-ist-opc-ua-definition-architektur-und-anwendung-a-727188/. Zugegriffen: 6. Jan. 2021
82. BIGDATA INSIDER: Autor/Redakteur: Dipl.-Ing. (FH) Stefan Luber/Nico Litzel: Was ist eine relationale Datenbank? 13.09.2017. https://www.bigdata-insider.de/was-ist-eine-relationale-datenbank-a-643028/#:~:text=Was%20ist%20eine%20relationale%20Datenbank%3F%201%20Grundlagen%20und,dient%20SQL%20%28Structured%20Query%20Language%29.%20More%20items...%20/. Zugegriffen: 6. Jan. 2021
83. BETWEENMATES: Unterschied zwischen SCADA und HMI – 2021 – Technologie. https://weblogographic.com/difference-between-scada-and-hmi-10237. Zugegriffen: 6. Jan. 2021
84. Kontron, S&T Group: FabLink Suite. DIE UNIVERSELLE SECS/GEM- UND EDA-SCHNITTSTELLE FÜR IHRE MASCHINE. https://kontron-ais.com/produkte/maschinen-integration/fablink/. Zugegriffen: 6. Jan. 2021
85. Hans Berger: Automatisieren mit SIMATIC, 5. überarbeitete und erweiterte Aufl (2012). ISBN 978-3-89578-386-9
86. Kluger, R., Stotz, I.: Die Geschichte der Automatisierung: Mit zündenden Ideen in die Zukunft 1.8.2018/Elektrotechnik/Automatisierung/Vogel. https://www.elektrotechnik.vogel.de/die-geschichte-der-automatisierung-mit-zuendenden-ideen-in-die-zukunft-a-736560/. Zugegriffen: 6. Jan. 2021
87. Allmendinger: SIMATIC S3. https://www.allmendinger.eu/shop/de/hersteller/SIEMENS/SIMATIC/SIMATIC-s3/. Zugegriffen: 6. Jan. 2021
88. Automation, Ausgabe 2/2020: Die unendliche Geschichte der SPS. https://www.automationnet.de/die-unendliche-geschichte-der-sps-69723/
89. ALL ABOUT CIRCUITS: Ladder diagrams. https://www.allaboutcircuits.com/textbook/digital/chpt-6/ladder-diagrams/. Zugegriffen: 6. Jan. 2021
90. telematika ktsu kg: Grundzüge der Programmiernorm DIN EN 61131-3. https://www.google.com/search?client=firefox-b-d&q=DIN+EN+61131-3/. Zugegriffen: 2021

91. Beuth publishing DIN: DIN EN 61131-3:2014-06: Speicherprogrammierbare Steuerungen-Teil 3: Programmiersprachen (IEC 61131-3:2013) Deutsche Fassung EN 61131-3:2013, Ausgabedatum: 2014-06. Englischer Titel: Programmable controllers – Part 3: Programming languages (IEC 61131-3:2013); German version EN 61131-3:2013. https://www.beuth.de/de/norm/din-en-61131-3/201793112/. Zugegriffen: 6. Jan. 2021
92. Fertigungs- und Maschinenautomation: Busklemmensystem. etz Elektrotechnik + Automation (2005)
93. Beckhoff: New automation technology. https://www.beckhoff.de/
94. Beckhoff: Lightbus-Der schnelle Lichtwellenleiter-Feldbus. https://www.beckhoff.de/default.asp?lightbus/default.htm?id=23563577/. Zugegriffen: 6. Jan. 2021
95. ibhsoftec: SoftPLC S7–315. https://www.ibhsoftec.com/SoftPLC-315-Eng/. Zugegriffen: 5. Jan. 2021
96. SPS Forum: Thema SoftPLC. https://www.sps-forum.de/sonstige-steuerungen/100880-softplc.html/. Zugegriffen: 6. Jan. 2021
97. Pilz, Ostfildern, 23.11.2017: PSS67 PLC: Weltweit erste SPS-Steuerung für Sicherheit und Automation mit Schutzart IP67 – Automatisieren außerhalb des Schaltschranks. https://www.pilz.com/de-DE/company/press/messages/articles/193261/. Zugegriffen: 6. Jan. 2021
98. Testo: Praxis-Fibel Leitfaden zur pH-Messtechnik. http://www.pewa.de/DATENBLATT/DBL_TESTO_PH_MESSTECHNIK_FACHAUFSATZ_DEUTSCH.pdf/. Zugegriffen: 6. Jan. 2021
99. NAMUR – German industry standards body defining fault levels for 4–20mA; NAMUR Arbeitsgruppen –20 mA. https://www.namur.net/china/en/working-groups.html/. Zugegriffen: 6. Jan. 2021
100. SAMSON: HART-Kommunikation. https://www.samsongroup.com/document/l452de.pdf/. Zugegriffen: 6. Jan. 2021
101. FieldCommgroup: HART communication protocol. https://fieldcommgroup.org/technologies/hart/hart-technology-detail/. Zugegriffen: 6. Jan. 2021
102. softing: Whitepaper: Leitfaden für die Implementierung von Profibus PA-Geräten. https://industrial.softing.com/fileadmin/secure/Industrial/White_Papers/White_Papers_German/Leitfaden_f%C3%BCr_die_Implementierung_von_PROFIBUS_PA-Feldger%C3%A4ten.pdf/. Zugegriffen: 6. Jan. 2021
103. Profibus Webpage. https://www.profibus.com/. Zugegriffen: 6. Jan. 2021
104. Feldbusse.de: Industrielle Kommunikation im Zeitalter von Industrie 4.0. https://www.feldbusse.de/. Zugegriffen: 6. Jan. 2021
105. Karl Walter Bonfig und 10 Mitautoren: Sensorik, Band 7, Neuro-Fuzzy, Grundlagen in der industriellen Automatisierung Expert Verlag; Abschnitt 4 Neuro-Fuzzy in der Verfahrenstechnik und Analytik (Kläranlage), S. 64–88. ISBN 3-8169-1172-2
106. Endress+Hauser: Wasseranalyse, Messstationen, Probenehmer, Feuchtemesstechnik, Produkte Handbuch PH 003C/07/d (1994)
107. Endress+Hauser: pH/Redox: Systeminformation SI002C/07/d
108. Feldbusse.de: EtherNet/IP. https://www.feldbusse.de/EthernetIP/ethernetip.shtml#:~:text=Das%20Ethernet%20Industrial%20Protocol%20%28EtherNet%2FIP%29%20ist%20ein%20offener,und%20in%20der%20internationalen%20Normenreihe%20IEC%2061158%20/. Zugegriffen: 6. Jan. 2021
109. ITWissen.info: Profibus-FMS (Profibus fieldbus message specification); Veröffentlicht: 26.03.2008. https://www.itwissen.info/Profibus-FMS-Profibus-fieldbus-message-specification.html/. Zugegriffen: 6. Jan. 2021
110. Elektronik Kompendium: IEEE 802.3/Ethernet Grundlagen. https://www.elektronik-kompendium.de/sites/net/0603201.htm/. Zugegriffen: 6. Jan. 2021

111. Rosemount: Innovative Mess- und Analysetechnologien. https://www.emerson.com/de-de/automation/rosemount/. Zugegriffen: 6. Jan. 2021
112. Automation, HCF erweitert Vorstand. https://www.automationnet.de/hcf-erweitert-vorstand-54490/. Zugegriffen: 28. Oct. 2020
113. HOME/IEC-Normen/IEC 61158-1:2019: Industrial communication networks-Fieldbus specifications-Part 1: Overview an guidance fort he IEC 61158 and IEC 61784 series, Ausgabedatum: 2019-04, Edition 2.0, VDE-Artnr: 248484. https://www.vde-verlag.de/iec-normen/248484/iec-61158-1-2019.html. Zugegriffen: 6. Jan. 2021
114. Memosens: Das absolut sichere Stecksystem, für die pH Messung und andere Parameter. https://www.memosens.org/home.html. Zugegriffen: 6. Jan. 2021
115. Modbus – Kommunikationsprotokoll für die Industrie. KUNBUS, abgerufen am 9. September 2020. https://www.kunbus.de/modbus.html. Zugegriffen: 6. Jan. 2021
116. KROHNE: SMARTPAT. http://smartpat.krohne.com/de/orp/smartpat/. Zugegriffen: 6. Jan. 2021
117. STMicroelectronics; Datenblatt STM32L552x; Ultra-low-power ARM-Cortex. https://www.st.com/en/microcontrollers-microprocessors/stm32l5x2.html. Zugegriffen: 6. Jan. 2021
118. PICOSENS: Technologie erforschen. https://picosens.de/. Zugegriffen: 15. Jan. 2021
119. Phillip, B.: AIM SYSTEMS, Application Note AN-; Grundlagen der photothermischen Schichtdickenmessung. https://aimsys.de//. Zugegriffen: 15. Jan. 2021
120. Gerber, T.: Buch 2.0 – wie die Evolution der Digitaldrucktechnik den Buchmarkt revolutioniert. c't 03/2008, S. 85–87

Feldbusse, Kommunikationsprotokolle, Bedienoberflächen, Hardware ASIC's

5

Nachdem wir uns eingehend mit den fünf verschiedenen Ebenen der Automatisierungspyramide beschäftigt haben, werden im Kap. 5 die Kommunikationsstrukturen innerhalb der Automatisierungspyramide erläutert.

Zusammenfassend wird ein Überblick über die heutige Verteilung der Feldbusse und Bussysteme in der Automatisierung gegeben sowie die Kosteneinsparungen durch Einsatz von Bussystemen aufgezeigt (Abschn. 5.1). Insbesondere interessieren dabei die Einsparmöglichkeiten bezüglich Installation und Wartung gegenüber der ursprünglichen Punkt-zu-Punkt Instrumentierung.

Ebenso wird ein Marktüberblick bezüglich Stückzahlen von heute im Markt befindlichen Feldbusgeräten gegeben, deren Entwicklungen ich in den letzten 30 Jahren sorgfältig verfolgt habe.

Es folgt ein historischer Überblick von der Entwicklung und Normierungen (Abschn. 5.2) der Bussysteme und der Gremienbildung, angefangen beim Ethernet (Abschn. 5.2.1), über HART und PROFIBUS bis hin zu den echtzeitfähigen Ethernet-Protokollen EtherNet/IP, EtherCAT und PROFINET mit typischen Feldbustopologien (Abschn. 5.2.2).

Im Überblick erfolgt die Geschichte der Feldbusentwicklung (Abschn. 5.3), welche dann bei der Besprechung der einzelnen Bussysteme vertieft wird.

Vor- und Nachteile (Risiken) von Feldbussen werden aufgezeigt (Abschn. 5.3.1).

Besonders wird die Entwicklung der Gremien im Zusammenhang mit zunehmender Anzahl von Bussystemen und deren Harmonisierungsbestrebungen erläutert.

Aufgezeigt wird im Einzelnen, wie die Normierungs- und Standardisierungsgremien zwangsläufig gegründet werden mussten, um die immer weitere wachsenden Technologien noch kontrollieren zu können und zu harmonisieren und welche Probleme dabei vorhanden waren. Insbesondere wird auch auf die Harmonisierungen zwischen Europa und den USA eingegangen (Abschn. 5.3.2).

W. Babel, *Industrie 4.0, China 2025, IoT,* https://doi.org/10.1007/978-3-658-34718-5_5

Eine besondere Bedeutung in der Automatisierung kommt der PROFIBUS Nutzerorganisation (Abschn. 5.4) zu, da deren Feldbusanteil fast 30 % aller vorhandener Feldbusknoten mit PROFIBUS PA, PROFIBUS DP und PROFINET ausmacht.

Besondere Bedeutung im modernen Assetmanagement kommt dem FDT/DTM™-Konzept (Abschn. 5.5) zu.

FDT/DTM™ ist heute die Schnittstelle in der Automatisierungstechnik zwischen Feldgeräten und Kontrollraum (Leitebene). Auf die Funktionsweise von FDT/DTM™ wird ausführlich eingegangen.

Anschließend folgt die Besprechung der einzelnen Bussysteme und Feldbusse.

Dabei wird die standardisierte Kommunikation sowohl innerhalb einer Ebene als auch zwischen den unterschiedlichen Ebenen der Automatisierungspyramide besprochen. Beispiele für die Kommunikationsarten, insbesondere Feldbusse und Bussysteme von der Feld-Ebene über SCADA/HMI-, MES- Ebene bis hin zur und ERP-Ebene werden aufgezeigt. Basis hierfür ist das bekannte OSI-Modell und die ebenso geläufige Automatisierungspyramide (Abschn. 5.6).

Besonders werden dabei die hierarchischen Zusammenhänge vom ERP-System bis hinunter zu den Feldgeräten, die Kommunikationsebenen und deren typischen Netzwerk-Topologien mit den unterschiedlichen Bussystemen und deren zukünftige Entwicklungen in Beispielen diskutiert.

Im Überblick werden die wichtigsten Bussysteme und Kommunikationsprotokolle in der Automatisierung, beginnend beim Ethernet, bezüglich ihrer Historie, ihren Bezügen zum OSI-Modell, den speziellen Protokollen, den technischen Besonderheiten sowie ihrer Verbreitung in den Märkten erläutert und was man über sie überblicksmäßig wissen sollte.

Näher werden dabei auf folgende Busprotokolle eingegangen:

- Ethernet (Abschn. 5.7)
- Ethernet TCP/IP(Abschn. 5.8)
- EtherNet/IP(Abschn. 5.9)
- EtherCAT (Abschn. 5.10)
- PROFINET (Abschn. 5.11)
- CC-Link (Abschn. 5.12)
- PROFIBUS (Abschn. 5.13)
- HART (Abschn. 5.14)
- WirelessHART (Abschn. 5.15)
- WLAN/Wi-Fi (Abschn. 5.16)
- Bluetooth (Abschn. 5.17)
- Modbus (Abschn. 5.18)
- CAN Bus (Abschn. 5.19)
- IO-Link (Abschn. 5.20)
- OPC UA Abschn. 5.21)

Insbesondere werden für jeden Feldbus und jedes Bussystem die Geschichte, das Protokoll oder der Frame sowie die technischen Besonderheiten diskutiert.

Sicherheitsaspekte werden ebenso wie die hohen Anforderungen an Echtzeitfähigkeit, Ex-Fähigkeit und Umwelttauglichkeit der einzelnen Bussysteme besprochen.

Typische hochintegrierte ASIC's und Hardwarekomponenten für Feldbus- und Bussysteme werden vorgestellt, welche die Komplexität der heute bestehenden Netzwerk-Topologien überhaupt erst gestatteten.

5.1 Verteilung der Feldbusse, Namurstudie, Anforderungen an Feldbusse

Im Jahr 2020 verteilten sich gemäß Abb. 5.1 die Feldbusse und Bussysteme folgendermaßen:

Legt man in Jahre 2019 die Zahl von ca. 30 Mio. PROFINETgeräten zugrunde, so sind heute ungefähr 260–270 Mio. Feldbusknoten ohne den HART Feldbus in der Automatisierung vorhanden. Dabei nimmt die Anzahl der Feldgeräte jährlich mit ca. 6 % der in Abb. 5.1 gezeigten Verteilung sowohl in der Fabrik- als auch in der Prozessautomation stark zu. Nicht zu vergessen sind die immer noch vorhandenen 4…20 mA Geräte, die hier nicht eingerechnet sind, und die im Laufe der Zeit durch Feldbusse ersetzt werden. Industrial Ethernet (EtherNet/IP, EtherCAT, PROFINET, usw.) wächst bezüglich der

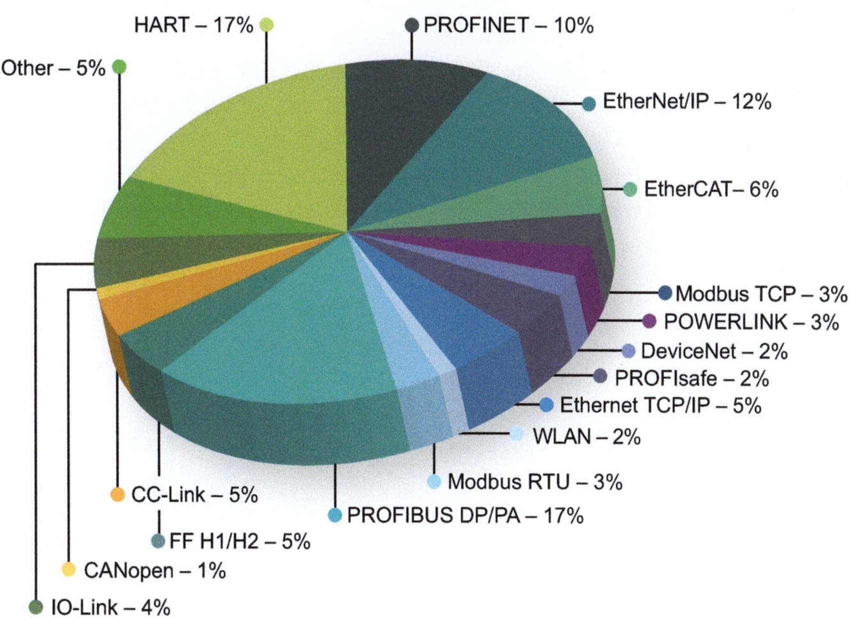

Abb. 5.1 Verteilung von Feldbussen und Bussystemen weltweit

neuinstallierten Knoten so schnell wie die konventionellen Feldbusse. PROFINET, als Nachfolger von PROFIBUS DP, wächst mittlerweile mehr als PROFIBUS DP. PROFIBUS PA hat nach wie vor seine Berechtigung im Markt bezüglich eigensicherer Messknoten. EtherCAT und PROFIsave sind stark wachsend, sind jedoch nicht für den Einsatz in explosionsgefährdeten Umgebungen tauglich. Der Feldbus Modus RTU wächst stärker als der Ethenet basierte Modbus TCP. 2019 wurde Ethernet Advanced Physical Layer (Ethernet APL) durch Pepperl+Fuchs als eigensicherer und ein auf Ethernet basierender Feldbus auf den Markt gebracht. Dieser ist ein direkter Konkurrent zu 4...20 mA HART, PROFIBUS PA und dem Foundation Fieldbus H1 (FF H1). Aufgrund seiner kurzen Markteinführung spielt der Feldbus jedoch statistisch gesehen noch keine Rolle. https://r-stahl.com/de/global/systeme/systemloesungen-fuer-die-automatisierung/ethernet-apl/.

Ethernet Bussysteme (EtherNet/IP, EtherCAT, PROFINET, Modbus TCP usw.) wachsen mit ca. 20 % pro Jahr. Feldbusse (PROFIBUS DP, Modbus RTU, CC-Link usw.) wachsen mit ca. 7 % pro Jahr.

Wireless wächst durch WLAN 6 mit ca. 4 % pro Jahr überproportional.

Welchen Vorteil die Instrumentierung mit Feldbussen gegenüber der herkömmlichen Instrumentierung hatte zeigt in Abb. 5.2 die schon vor 2000 veröffentlichte Studie der NAMUR (Quelle NAMUR-AK 3.5) [1–3]. Bemerkenswert ist, dass sich die damals prognostizierte Kosteneinsparung von ca. 40 % bis heute in etwa so bestätigt.

Für die Automatisierungsindustrie (Automatisierungspyramide) [4], insbesondere von der Feldebene bis maximal zum SCADA/HMI-System (Leitwarte) sind Echtzeit-Busse und Feldbusse für explosionsgefährdete Umgebungen von hoher Bedeutung. In diesem Sinn erfüllen HART [5, 6], PROFIBUS PA [7, 8] und FF H1 [9, 10] (Fieldbus Foundation H1) die Anforderungen in hohem Maße.

Ethernet-basierte Echtzeitsysteme sind in obigem Zusammenhang EtherNet/IP [11], PROFINET [12], EtherCAT [13], Modbus TCP [14] und POWERLINK [15], welcher mittelweile in EtherNet/IP (Die Zykluszeiten liegen im Bereich von im 2–3 ms) integriert ist. Diese Feldbusse haben keine Ex-Zertifizierung im eigentlichen Sinne, dennoch verfügen sie über ein hohe Sicherheitssoftware und werden heute wo immer möglich zunehmend eingesetzt.

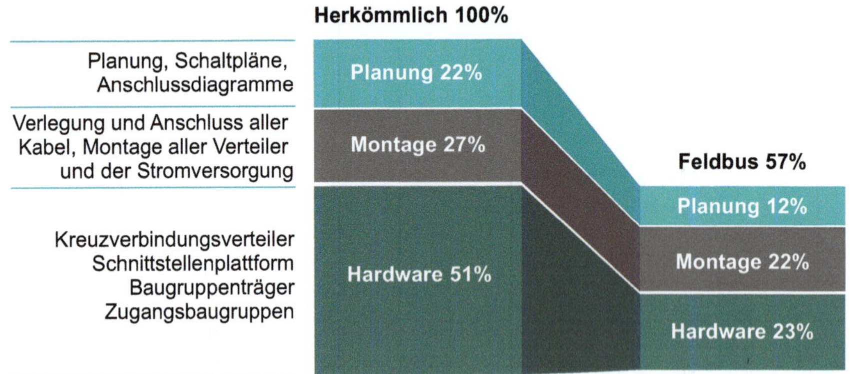

Abb. 5.2 Quelle: NAMUR-AK 3.5 (2000–2007) – Studie zum Vorteil vom Einsatz von Feldbussen gegenüber herkömmlicher Instrumentierung

PROFINET, EtherCAT und POWERLINK sind dabei für harte Echtzeitanforderungen geeignet (Zykluszeiten kleiner 1 ms). Wenn man von Echtzeitbus-Systemen spricht so wird heute zwischen folgenden Kategorien unterschieden:

- Hochdynamische, synchronisierte Prozesse, elektronische Getriebe: Zykluszeit: 1 µs bis 1 ms
- Werkzeugmaschinen, Roboter, Motion ControlZykluszeit: 50 µs bis 75 ms
- Einfache Regelungen, Großteil der Automatisierungen (pH-Messung): Zykluszeit: 1 ms bis 1 s
- Gebäudetechnik, Automationsebene einfache Prozesse, Lagersysteme: Zykluszeit: 25 ms bis > 10 s

Die Einteilung dieser Kategorien erfolgt laut IAONA (Industrial Automation Open Networking Alliance) [16] in USA. Deren Ziel ist es, Ethernet umfassend in der Automatisierung zu etablieren [17].

Beachtlich ist, dass es noch im Jahr 2007 ca. 85 % Feldgeräte gab, die mit 4…20 mA- bzw. 4…20 mA HART-Kommunikation ausgerüstet waren. Ca 12 %–15 % der Geräte hatten zum damaligen Zeitpunkt die Feldbusse PROFIBUS DP und PROFIBUS PA sowie FF H1 und FF H2 implementiert.

Ethernet-Bussysteme kamen in diesem Zeitraum zwischen SCADA-, MES- und ERP-Systemen häufig [18, 19] zum Einsatz.

Trotz aller Euphorie für die neuen Bussysteme wuchs im ersten Jahrzehnt von 2000 in der Automatisierung die Anzahl der digitalen Feldbusse nur sehr langsam. Zu dominant war die installierte Basis mit dem berühmten 4…20 mA-Signal und somit auch die des 4…20 mA HART Feldbusses. Der Grund war, dass sich viele Firmen scheuten, den hohen Kostenaufwand für Umrüstungen zu investieren.

Die ASIC-Entwicklungen für die Feldbusautomatisierungen begannen ca. ab 2000–2010. Sie fanden schwerpunktmäßig parallel zu den Entwicklungen der Feldgeräte mit HART, PROFIBUS, PROFINET, EtherCAT, EtherNet/IP statt. Viele der ASIC-Entwicklungen wurden für die Geräte (Slaves) durchgeführt. Nicht zuletzt deswegen, weil hier eine hohe Anzahl von Geräten vorhanden sind. Ein weiterer Grund für die Entwicklung von ASIC's war, dass man durch die Miniaturisierungen Platz sparte und die funktionale Sicherheit erhöht wurde. ASIC's für die Feldbusprotokolle verwendeten u. a. ARM-Prozessoren oder Intel-Prozessoren.

5.2 Normierungen der Bussysteme

Zunächst sei Einiges zu der generellen Normierung von Feldbussen ausgeführt.

Die einzelnen Bussysteme in der industriellen Automatisierung (Industrie 4.0) werden entsprechend Tab. 5.1 als Communication Profile Families (CPF) in 19 Familien

Tab. 5.1 Die 19 Feldbus-Familien gemäß [20], Spalten ‚Seit', ‚Übertragungsrate', ‚Gerätekonten', ‚Verwendung, Applikation' eigene Ergänzungen

CPF IEC 61784-1		Name	Seit	Übertragungsrate	Geräte- knoten	Verwendung, Applikation
CPF 1		Foundation Fieldbus (FF)	1994			Prozessautomation, auch eigensicher
	V1	FF-H1 (Low Speed-Eigensicher)	1996	31.25 kbit/s	32	eigensicher
	V2	FF-HSE (High Speed Ethernet)	1999	100/1000 Mbit/s verwendet IEEE802.3/ Power over Ethernet		
	V3	FF-H2 (High Speed)		100 Mbit/s		
CPF 2		Common Industrial Protocol (CIP)				
	V1	ControlNet	1997	5 Mbit/s		
	V2	EtherNet/IP	März 2000	10/100/1000 Mbit/s		Protokoll für meist höhere Ebenen (USA)
	V3	DeviceNet	1986	125 kbit/s, 250 kbit/s und 500 kbit/s möglich	64	Can basiertes, höheres Protokoll
		PoE		10 and 100 Mbit/s		
CPF3		Profibus und Profinet- (heute 27 regionale Organsiationen- 1700 Mitglieder)	1987 Initiative von 21 Firmen 13. Seit November 1989: PROFIBUS Nutzerorganisation e. V. (PNO)			PROFIBUS DP, PROFIBUS PA: Prozessautomation: Anlagenbau, Maschinenbau, Roboter (siehe Automotive)
	V1	PROFIBUS DP	1993	12 Mbit/s		

(Fortsetzung)

Tab. 5.1 (Fortsetzung)

CPF IEC 61784-1		Name	Seit	Übertragungsrate	Geräte- knoten	Verwendung, Applikation
	V2	PROFIBUS PA (eigen-sicher)	ca. 1987–1989	31,25 kBit/s		eigensicher
	V3	PROFINET CBA				
	V4	PROFINET IO Conformance Class A	Nachfolger PROFIBUS DP			
	V5	PROFINET IO Conformance Class C				
	V6	PROFINET IO Conformance Class B				
CPF 4		P-NET		76,8 kBit/s		Feldbus für Sensoren und Aktoren
CPF 5		WorldFIP	1996	31,25kbit/s, 1Mbit/s and 2,5Mbit/s		franz. und ital. Feldbus, Konkurrent zu PROFIBUS
CPF 6		Interbus (PHOENIX Contact)	1987	500 kBit/s bzw. 2 MBit/s		Maschinenbau, Anlagen-bau für Sicherheits-technik
CPF 7		SwiftNet				Finanzbereich
CPF 8		CC-Link (Mitsubishi Electric Corp.)	1997	10 Mbit/s	64	Industrielle Anwendungen im asiatischen Raum

(Fortsetzung)

Tab. 5.1 (Fortsetzung)

CPF IEC 61784-1		Name	Seit	Übertragungsrate	Geräte- knoten	Verwendung, Applikation
CPF 9		HART	1985, seit 2007:Teil der Feldbus-Norm IEC 61158	4…20 mA mit FSK	256	Messgeräte für industrielle Applikationen, eigen-sicher, 4…20 mA Basis
CPF 10		VNET/IP (Yokogawa)	2004			Industrielle Anwendungen, haupt-sächlich Japan
CPF 11		TCnet				Telefonie, Internet
CPF 12		EtherCAT (Ethernet for Control Automation Technology; Beckhoff)	IEC-Standard 61158; offengelegtes Protokoll; EtherCAT Technology Group wurde 2003 gegründet	>10 kHz…100 kHz Echtzeit	256 bis 1000	Ethernet basierter Feldbus in der Fabrik- und Prozessautomation
CPF 13		Ethernet POWERLINK B&R Industrial Auto-mation		100 Mbit/s		Ethernet basierter Feldbus für Maschinen und Anlagenbau
CPF 14		EPA (Ethernet for plant Automation)	IEEE-Norm 802.3 (Ethernet) seit 1985 als Standard defiiniert	1, 10, 100 Mbit/s (Fast Ethernet), 1000 Mega-bit/s		Automatiserungstechnik generell in ver-schiedenen Varianten (Industrial Ethernet IE)
CPF 15		Modbus	Seit 2007 ist die Version Modbus TCP Teil der Norm IEC 61158 2007	typ: 19200 Baud		Industrie, Fabrikauto-mation, Prozessauto-mation
	V1	Modbus/TCP	siehe Modbus			
	V2	RTPS				

(Fortsetzung)

Tab. 5.1 (Fortsetzung)

CPF IEC 61784-1		Name	Seit	Übertragungsrate	Geräte- knoten	Verwendung, Applikation
		CAN Bus	1986			Automotive; CANopen
CPF 16		SERCOS	IEC/EN 61491 auf der Basis von Standard-Ethernet IEEE 802.3			Motion Control, Roboter, CNC Maschinen- und Anlagenbau
	V1	SERCOS I	*1995*	2 oder 4 Mbit/s		
	V2	SERCOS II	*1999*	16 Mbit/s		
	V3	SERCOS III	2005		512	
CPF 17		RAPIEnet				
CPF 18		SafetyNET p (Pilz GmbH&Co.KG	2006	Zyklus: 16 kHz		Sicherheitsrelevante Anwendungen (Safety applications) in der Automatisierung: Fabrikautomation, Transport- und Antriebs-technik
CPF 19		MECHATROLINK (Yaskawa Corp.)				Antrieb und Roboter Applikationen
		MECHATROLINK-II		serieller Link (s.RS485) 10 Mbit/s	30	
		MECHATROLINK-II		über Ethernet 100 Mbit/s	60	

Gemäß IEC 617843 Industrial communication networks -profile-part3: Functional safety Fieldbuses – 9 unterschiedliche Protokolle: grau hinterlegt

Tab. 5.2 Profil-Familien entsprechend der IEC-61784 [21]

IEC 61784-1	Profile für kontinuierliche und diskrete Fertigung entprechend dem Feldbus in industriellen Kontrollsystemen
IEC 61784-2	Zusätzliche Profile für ISO/IEC 8802-3 basierte Kommunikationsnetzwerke in **Echtzeit (Realtime Systme)**
IEC 61784-3-x	Profile für System mit funktionalen Sicherheitsanforderungen in Industrienetzwerken (Functional Safe)
IEC 61784-4-x	Profile für sichere Kommunikation (Secure Communication)
IEC 61784-5-x	Installationsprofile für Kommunikationsnetzwerke in industriellen Netzwerken

eingeteilt [20]. *Jede* Profil-Familie kann Feldbusse, Echtzeit-Ethernet-Lösungen, Installationsregeln und Protokolle für funktionale Sicherheit definieren.

Die Feldbusse werden ini der Norm IEC 61158 genormt. Die einzelnen Feldbusse sind in der Norm IEC 61784-1 als Communication Profiles Family (CPF) geführt.

Diese möglichen 19 Profil-Familien (CPF1 bis CPF19) sind entsprechend Tab. 5.2 in der IEC-61784 gefasst. Der Zusammenhang zwischen den Profil-Familie und der IEC-61784 [21] wird später noch genauer erklärt.

Die echtzeitfähigen auf Ethernet basierten Feldbusse werden in der Norm IEC 61784-2 geführt (siehe Tab. 5.2).

Bezüglich Sicherheit definiert die ‚IEC 61784-3-x Industrial Communication networks-profile-part3' die Sicherheitsanforderungen. Dabei geht es um den Schutz des Menschen sowie den Einsatz in explosionsgefährdeten Umgebungen (FF H1, PROFIBUS PA) bis hin zum Safety-Integrity-Level 3 (SIL 3). Beispiel für einen SIL 3-Bus ist der Interbus [22].

Die entsprechend dieser Sicherheitsnorm IEC 61784-3-x definierten Feldbusse sind die Feldbusfamilien CPF1, CPF2, CPF3, CPF6, CPF8, CPF9, CPF12, CPF13, CPF14 in Tab. 5.1 (Siehe hierzu auch Abschn. 3.1.7).

Die Feldbusse im Einzelnen, werden in der Norm IEC 61158 genormt [23]. Dabei ist diese IEC gemäß den einzelnen Schichten (Layer) aufgeteilt, die prinzipiell dem OSI-Modell entsprechen (siehe Abschn. 5.6).

Tab. 5.3 zeigt die Schichten (Layer) der IEC 61158 und ihre Funktionalität.

Es muss bewusst sein, dass jeder Teil der Norm IEC 61158 immer mehrere tausend Seiten umfasst und sehr intensiv für die Anwendung zu studieren ist. Darum hat man diese Teile weiter in Unterabschnitte unterteilt. In diesen Abschnitten sind die einzelnen Protokolle einfach mit einem Typ nummeriert worden. Jeder Protokolltyp hat somit bei Bedarf seinen eigenen Unterabschnitt.

Was heißt das nun beispielsweise für den PROFIBUS DP, von dem weltweit ca. 17 % Knoten existieren: Um die Unterabschnitte der Norm zu finden muss man den Protokolltyp für die bestimmte Familie kennen.

Der PROFIBUS DP gehört entsprechend Tab. 5.1 zur Familie 3. Und hat die Version 1 (CPF3/1).

Tab. 5.3 Schichten (Layer) der Norm IEC 61158 [20, 23]

IEC 61158-1	Einführung; Spezifizierung des generischen Konzepts für Feldbusse
IEC 61158-2	PhL: Physical Layer (Physikalische Schicht)
IEC 61158-3-x	DLL: Data Link Layer Service (Datenverlinkungschicht)
IEC 61158-4-x	DDL: Data Link Layer Protocol (Übertragungsprotokollschicht)
IEC 61158-5-x	AL: Application Layer Service (Anwendungsschicht)
IEC 61158-6-x	AL: Application Layers Protocol (Anwendungsschichtprotokoll)
IEC 61158-7	Netzwerkmanagement

Der Protokollumfang ist in der IEC 61784-1 [21] definiert. PROFIBUS verwendet den Protokolltyp 3. Somit werden folgende Dokumente für die Protokolltypen benötigt: IEC 61158-3-3, IEC 61158-4-3, IEC 61158-5-3 und IEC 61158-6-3. Die physikalische Schnittstelle ist im gemeinsamen Dokument IEC 61158-2 unter Typ 3 festgelegt. Die Installationsvorschriften sind in IEC 61158-5-3 im Anhang A zu finden.

PROFIBUS DP kann zusammen mit der Software ‚FSPC' [24] als PROFIsafe [25], der in IEC 61784-3-3 festgelegt ist, verbunden werden. Ende 2019 waren bereits mehr als 2 % PROFIsafe-Knoten installiert. Die Erstinstallationen von PROFINET fanden bereits ab 2007 statt.

Es ist offenkundig, dass ein ganz schöner ‚Wust' von Normen zu berücksichtigen ist, und das für nur einen Feldbus! An diesem Beispiel wird offensichtlich, welcher Aufwand für die Implementierung eines Feldbusses notwendig ist und vor allem die damit verbundenen Kosten.

Wir werden diesem Sachverhalt noch einmal in den detaillierteren Abschn. 5.7 bis 5.21 der Feldbusse begegnen.

Der Vollständigkeit halber seien auch einige weitere Bussysteme außerhalb der Norm IEC 61784 in Tab. 5.4 zusammengefasst.

Auch für alle diese Bussysteme ist die Literatur ebenso umfangreich wie oben bei den CPF-Busfamilien und macht somit die Entwicklung nicht einfacher.

Persönlich möchte ich unter diesem Aspekt nur auf den Bus für die militärische Luftfahrt MIl-STD-1553 hinweisen, der besonderen Sicherheitsstandards genügen muss.

5.2.1 IEEE 802 (Institute of Electrical and Electronics Engineers)

Das Ethernet ist das älteste Bussystem und hatte seine Anfänge in ca. 1973, deshalb sei hier den Arbeitsgruppen der IEEE als den wesentlichen Begründern des Ethernets ein eigener Abschnitt gewidmet [26–28].

Seit der Einrichtung einer Arbeitsgruppe zur Definition und Einführung für den Standard eines LAN (Local Area Network) und WLAN (WirelessLAN) ist seit 1980 der Name Ethernet das Synonym für alle in der Arbeitsgruppe 802.3 vorgeschlagenen

Tab. 5.4 Bussysteme, die nicht Bestandteile der Norm IEC 61784 sind [20]

ARCNET	Echtzeitfähiger Feldbus für Automotive, Druckmaschinen und Medizintechnik
CANopen	Automotive, Aufzugstechnik, Automatisierung, Medizintechnik, Schiffselektronik
LIN-Bus	Automotive
FlexRay-Bus	Automotive
MOST-Bus	Automotive – Multimedia
MIL-STD-1553	Militärische Luftfahrt
MVB	Schienenfahrzeuge
ARINC 629	Flugzeugindustrie z. B. Einsatz in Boing 777
AS-Intreface	Anschluss Sensoren und Aktoren
BACnet Building Automation & Control Networks	Gebäudeleittechnik
LON	Gebäudeautomatisierung
DALI	Beleuchtung in Gebäudeautomatisierung
SmallCAN	Gebäudeautomatisierung
LCN Local Control Network	Gebäudeleitsystem
EIB	Europäischer Installationsbus für Gebäude
SMI	Elektronische Antriebe für Jalousien
T-Bus	Landwirtschaft
VARAN	Maschinen und Anlagen- Automatisierung
FAIS-Bus	Japanischer Feldbusstandard

und standardisierten Spezifikationen. Die Arbeitsgruppe legt Netzwerkstandards auf den Schichten 1 und 2 des OSI Schichtenmodell fest (Bitübertragungsschicht und Sicherungsschicht, siehe auch Abb. 5.6).

Tab. 5.5 zeigt die heute relevanten Arbeitsgruppen der IEEE bezogen auf die Bitübertragungsschicht und die Sicherungsschicht des Ethernet (gemäß OSI-Modell).

Tab. 5.5 Arbeitsgruppen der IEEE bezüglich Ethernet [27]

<table>
<tr><td rowspan="2">OSI Modell: Sicherungsschicht</td><td rowspan="3">IEEE 802.1 Internetarbeitsgruppe</td><td colspan="3">IEEE 802.2 Sicherungsschicht (Logical Link Control)</td></tr>
<tr><td colspan="3">IEEE 802.1 Zugriffssteuerung (Media Access Control)</td></tr>
<tr><td>OSI Modell: Bitübertragungsschicht</td><td>IEEE 802.3 Ethernet</td><td>IEEE 802.4 Token-Bus</td><td>IEEE 802.11 WLAN</td></tr>
</table>

Ein kurzer Überblick zum Ethernet, das wir noch eingehend in Abschn. 5.7 kennenlernen werden: Ethernet ist eine paketvermittelnde Netzwerktechnik, deren Bitübertragungs- und Sicherungsschicht des OSI-Schichtenmodells [14] die Zugriffkontrolle und die Adressierung auf unterschiedliche Übertragungsmedien wie Kupfer- und Lichtwellenleiter definieren. Die Datenpakete kommen von den darüberliegenden Schichten wie dem TCP/IP. Mit einem Header versehen werden sie im Ethernet-Netzwerk übertragen.

5.2.2 Typische Netzwerk-Topologien von Bussystemen

An dieser Stelle sei auch noch einmal Grundlegendes zur prinzipiellen Verschaltung von Feldbussen gesagt. Es gibt nach Abb. 5.3 folgende grundsätzliche Netzwerk-Topologien, deren Vernetzung u. a. mit den in der Abbildung dargestellten Produkten erfolgen kann:

- Sterntopologie
- Erweiterte Sterntopologie
- Ringtopologie
- Bustopologie

Heute gibt es eine Unzahl von Firmen, die Ethernet-Switches und -Komponenten für Ethernet-Technologien anbieten. Es sei gesagt, dass mittlerweile auch Switches, Repeater und andere Ethernet-Komponenten mit PoE (siehe Abschn. 5.7.6) und IP67 von unterschiedlichen Firmen erhältlich sind. Abb. 5.3 gibt einen minimalen Eindruck dessen, was in den Variationen der Instrumentierung möglich ist.

Abb. 5.4 zeigt beispielhaft eine typische Feldbustopologie in der Prozessindustrie zwischen Ethernet TCP/IP, PROFIBUS DP, PROFIBUS PA und HART. Einzelne Feldbusprotokolle werden durch Koppelelemente, Gateways oder Fieldgates ineinander umgewandelt. Jedes an einen spezifischen Bus angeschlossene Feldgerät muss den Feldbus implementiert haben, um überhaupt kommunikationsfähig zu sein. Entsprechende Zertifikate sind vom Hersteller nachzuweisen. Bei nahezu allen oben genannten Feldbussen der 19 CPF-Familien gibt es die offiziellen Zertifizierungen. durch die Gremien (HART Foundation, PNO usw.).

Im folgenden Abschnitt wenden wir uns der Historie der Feldbusse zu, bevor wir dann auf die wichtigsten Feldbusse der Automatisierungstechnik im Detail eingehen.

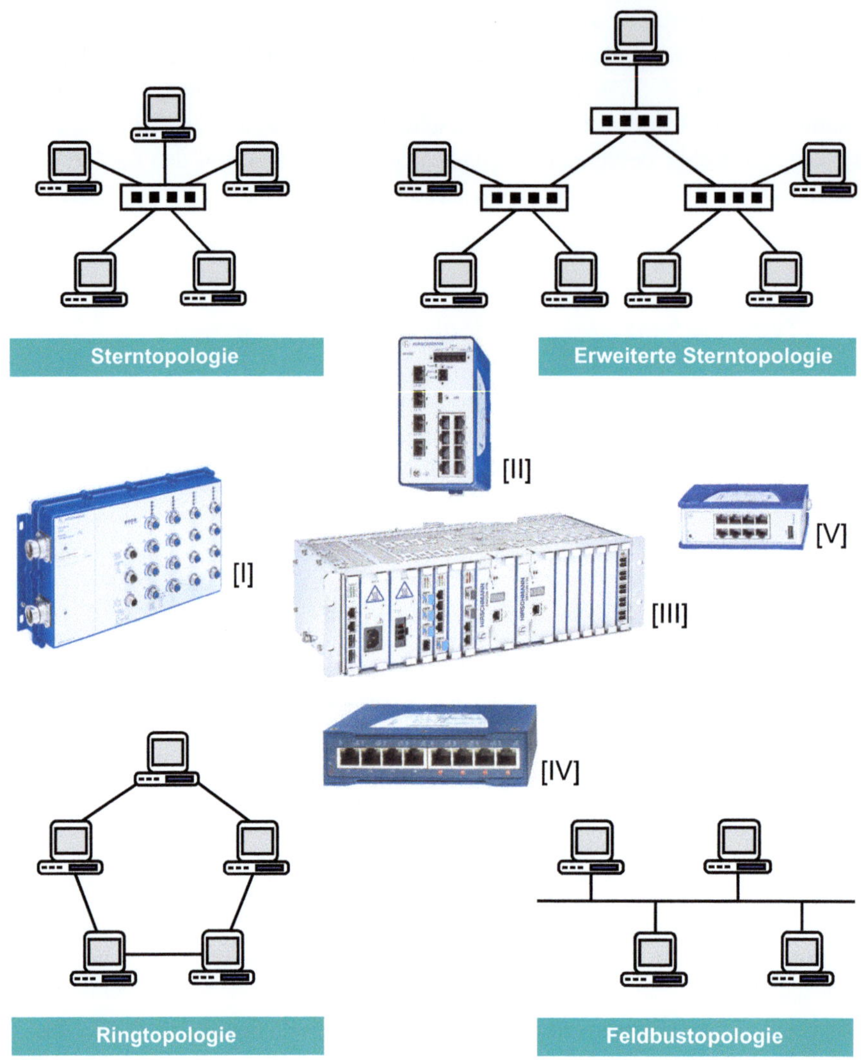

Abb. 5.3 Topologien und Ethernet-Switches Netzwerke. (Quelle: Belden Inc. (Hirschmann) – [I] OS32-081602O6O6TPEPHH – Verwaltet IP67 PoE-Switch, 18 Anschlüsse, Versorgungsspannung 48 VDC, Software L2P (Sterntopolo gien). [II] Hirschmann BRS50-8TX/4SFP Industrial Ethernet Switch (Sterntopologien), 8 × Ports für 10/100/1000 Mbit/s. [III] DRAGON PTN komplett integriertes Ethernet-basiertes Backbone-Übertragungssystem. [IV] Spider II 8TX PoE: Switch mit 8 Ports und Power over Ethernet. [V] OZD Profi 12M G22: Ethernet Glasfaserrepeater für PROFIBUS Netzwerke. werke. Redundanz Redundanz gegenüber Faserbruch (Ringtopologien))

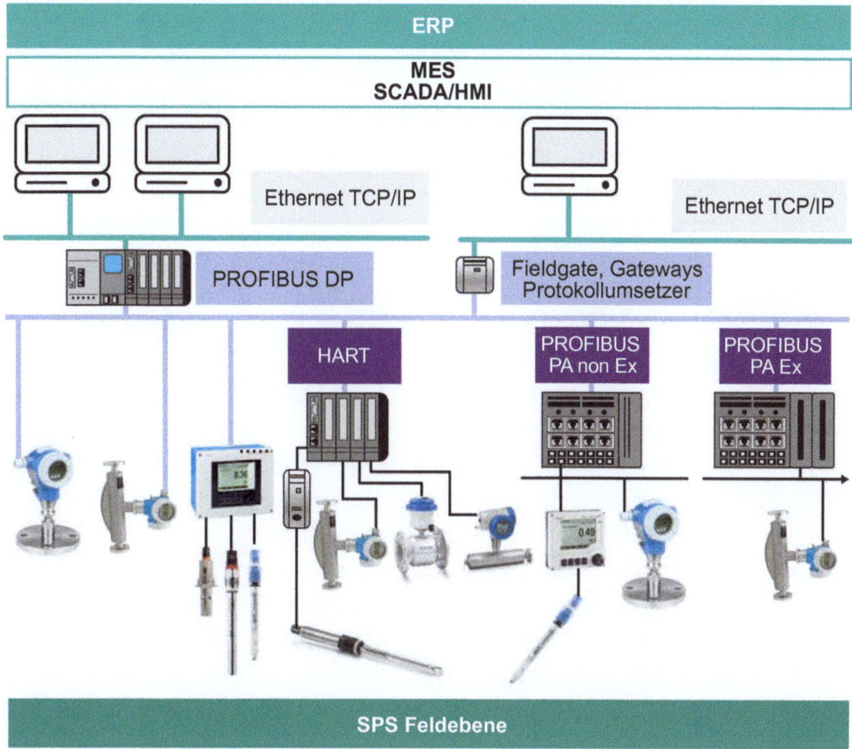

Abb. 5.4 Typische Feldbus Vernetzung mit Ethernet, TCP/IP, PROFIBUS DP und HART (vom Feld ins ERP-System). (Quellen der Geräte Endress+Hauser, Knick Elektronische Messgeräte GmbH & Co.KG, KROHNE)

5.3 Geschichte der Feldbusse und Bussysteme – Ethernet, HART, PROFIBUS, FF und Feldbus-Organisationen

Sieht man heute Industrie 4.0 und hinterleuchtet dieses Thema, so überrascht es immer wieder, welche Entwicklungen die Automatisierung seit nahezu 50 Jahren bis heute durchlebt hat. Das Fazit ist, dass eigentlich alles Wesentliche in der Automatisierungstechnik bereits vor der Proklamation von ‚Industrie 4.0‘ im Gange war. In meinen Augen handelt es sich deswegen umso mehr nur um eine Fortschreibung der Automatisierungstechnik und es ist weit entfernt von etwas Außergewöhnlichem. Alle Themen von Industrie 4.0 waren schon seit mehr als 50 Jahren das Thema schlechthin in der Industrie.

Dieser Sachverhalt lässt sich gut an der Geschichte der Feldbus- und Bussystementwicklung darstellen.

Die Geschichte der Datenübertragungstechnologie und der Vernetzungstopologie ist, wie bereits gesagt, seit dem Beginn der Arbeiten mit Ethernet im Jahr 1973 ein sehr altes Thema.

Die Digitalisierung der Bussysteme stand in engem Zusammenhang mit dem Beginn des µ-Controller Zeitalters (ca. ab 1970). Zu diesem Zeitpunkt begann auch die Entwicklung der ersten digitalen Feldbus-Systeme und Bussysteme [29] über die unterschiedlichen Kommunikationsebenen der Automatisierungspyramide hinweg.

Der Vorteil eines digitalen Feldbusses oder Bussystems ist, dass mehrere Sensoren und Aktoren über dieselbe Leitung kommunizieren können. Dabei galt es zunächst bei Einführung der Bussysteme das Problem der Kennung für die Steuerung der Geräte zu lösen. Kurz ausgedrückt: Wer (Kennung), Was (Messwert, Befehl), Wann (Initiative) innerhalb eine Bussystems sagt. Und für dieses generelle Prinzip wurden vereinfacht ausgedrückt, die normierten Bus-Protokolle definiert.

Das Bussystem Ethernet und die Feldbusse HART (seit 1980), PROFIBUS (Europa; seit 1987), Fieldbus Foundation oder FF (USA, seit 1995) sowie Modbus (Nicht-EX, seit 1979) waren in der Geschichte der Automatisierung sicherlich wegweisende Feldbus-Systeme, die eine lange Historie aufweisen. Interessant ist, wie sich die Feldbus-Systeme in Zusammenhang mit der traditionellen Instrumentierung entwickelt haben.

Ursprünglich kommunizierten die Geräte (Sensoren und Aktoren), wie bereits im Abschn. 4.7.1 ausgeführt, als Punkt-zu-Punkt-Verbindung von der ‚Feldebene' mit dem bekannten analogen 4...20 mA-Signal mit den I/O's der SPS-Ebene, damals zunächst noch festverdrahtete Steuerungen.

Die Anforderungen an die Kabel zur Übertragung (Schirmung usw.) der analogen Signale waren sehr hoch. Oft traf man, wie im Falle der pH-Messung, doppelt geschirmte Kabel an, um eine sichere und genaue Informationsübertragung zu gewährleisten. Bis heute werden in der Feldebene serielle Punkt-zu-Punkt-Verbindungen in Form des 4...20 mA-Signals installiert, obwohl das HART-Protokoll und viele andere Bussysteme mittlerweile seit Jahrzehnten existieren.

Dieser Umstand hat immer noch mit der seit Jahrzehnten alten installierten Instrumentierungsbasis zu tun. Allerdings werden heute, speziell bei Neuinstallationen, zunehmend digitale und echtzeitfähige Ethernet basierte Feldbusse wie z. B. PROFINET (seit 2001 als Ersatz für PROFIBUS DP) und EtherCAT (seit 2003) eingesetzt. Beide Bussysteme werden in den Absch. 5.10 und 5.11 näher erklärt. Diese Feldbusse sind jedoch nicht für den Explosionsschutz ausgelegt. Deswegen haben HART, PROFIBUS PA und FF H1 nach wie vor ihre Berechtigung.

Wie gesagt, seit 1973 haben die Aktivitäten rund um Ethernet begonnen. Somit war Ethernet das erste Bussystem in der Industrie. Ethernet basierte Echtzeit-Bussysteme EtherNet/IP, EtherCAT und PROFINET sowie die klassischen Feldbusse PROFIBUS DP, PROFIBUS PA, FF und HART werden heute für die Kommunikation von der Feldebene über die SPS bis hin zu den SCADA/HMI (Kontrollraum) eingesetzt.

Alle Feldbusse und Bussysteme sind über ‚Gateways' oder ‚Koppler' ineinander umwandelbar. Für diese ‚Komponenten' gibt es zahlreiche Hersteller. Pepperl+Fuchs, ifm, Phoenix, Harting, Rockwell sind einige bekannte Hersteller von Vernetzungskomponenten (siehe Tab. 4.1).

Die Basis für Ethernet basierte Bussysteme sind das Transmission Control Protocol (TCP) und Internet Protocol (IP)- deshalb auch Ethernet TCP/IP [30] – sowie das User Datagram Protocol (UDP) [31] und das Internet Control Message Protocol (ICMP) [32]. Die Protokolle sind für die für die Internetkommunikation die entscheidenden Protokolle.

Bei TCP/IP selbst handelt es sich demnach nicht um eine bestimmte Technik, sondern um die Gruppierung von ausgewählten Protokollen.

TCP/IP funktionieren losgelöst von der Hardware und der zugrunde liegenden Software. Unabhängig vom Betriebssystem und unabhängig vom Gerät im Netzwerk sind TCP/IP so standardisiert, dass sie in jedem Kontext funktionieren. TCP/IP (seit 1978, sei 1981 im weltweiten Einsatz) war somit ein Riesenschritt in der standardisierten Kommunikation. TCP/IP übernimmt direkt die Kommunikation zweier Geräte in einem Netzwerk (siehe Abschn. 5.8).

Das ICPM-Protokoll gehört zwar zum Internetprotokoll (IP), ist aber ein selbstständiges Protokoll, das zur Übermittlung von Statusinformationen und Fehlermeldungen für IP, TCP und UDP dient. ICPM-Meldungen werden zwischen Routern und Rechnern zum Problemaustausch von Datenpaketen benutzt. Es dient somit zur Qualitätserhöhung der Übertragung.

Allen Protokollen gemeinsam ist, dass sie zu Standards bei der Kommunikation in Netzwerken geworden sind.

Die digitalen echtzeitfähigen Feldbusse wurden zunächst Ende der 80er Jahre durch Forschungsprojekte in Deutschland und Frankreich vorangetrieben. In Deutschland war es der PROFIBUS (PROcess FIeld BUS) [33–36], der offiziell seit 1989 vom Bundesministerium für Bildung und Forschung gefördert wurde.

Im Übrigen sei explizit darauf hingewiesen, dass der PROFIBUS nicht mit dem PROFINET, basierend auf dem Ethernet, zu verwechseln ist.

Bevor also die PROFIBUS Geschichte begann, war der HART-Feldbus schon mehrere Jahre im Einsatz!

In Frankreich war es der FIP (Factory Instrumentation Protocol), der ebenfalls staatlich gefördert wurde. Viele Lösungen fanden in der IEC Normung Eingang. Eine Vereinheitlichung beider Busse war jedoch nicht praktikabel. Auch die Kosten ließen keine Vereinheitlichung zu.

Das Hin und Her zwischen Frankreich und Deutschland führte in USA schließlich dazu, dass im Jahr 1995 begonnen wurde einen optimalen Feldbus für die Automatisierungs- und Prozesstechnik zu definieren: Der Foundation Fieldbus (FF) [37] war das Resultat.

FF wurde in USA stark durch die International Society of Automation (ISA) [38] vorangetrieben. Die Europäer hatten nun die Befürchtung, dass ihre Normen nicht in eine internationale Norm übernommen werden und fanden ihren Kompromiss schließlich in der CENELEC (Europäisches Komitee für elektrotechnische Normung) [39]: Diese Organisation fasste alle nationalen Normen in einer Europäischen Norm zusammen. Die Aufgaben für die Normierungen wurden zwischen den Ländern aufgeteilt.

Jeder brachte seinen Part in die europäische Normierung ein. Die UK übernahmen beispielsweise den Part der Amerikaner und brachten den FF, DeviceNet [40] und ControlNet [41] in die Normierung ein.

Die Standardisierung der Feldbusse wurde schließlich nach vielen Hürden in der Norm IEC 61158 [23, 42] (Digital data communication for measurement and control – Fieldbus for use in industrial control systems), siehe auch Abschn. 5.2, für die unterschiedlichen Ebenen der Automatisierungspyramide weltweit festgeschrieben und am 1.1.2000 veröffentlicht [43].

Dies geschah 27 Jahre nach dem Beginn der Arbeiten zu Ethernet und 10 Jahre nach den Arbeiten zu PROFIBUS. Hier zeigt sich deutlich, wie lange solche Technologien an Zeit benötigen, bis sie ‚marktreif' sind und von allen Beteiligten anerkannt und genutzt werden. Beachtenswert ist, dass die aktuelle Version der IEC 61158 seit Ende 2002 gültig ist!

Die Ansammlung dieser Normen taugte jedoch nicht zur Implementierung und musste deshalb durch eine Gebrauchsanleitung ergänzt werden. Diese Anleitung ist die Bauanleitung IEC 61784 [21, 44] (siehe auch Tab. 5.2 und Abschn. 5.5), welche die Teile der Norm IEC 61158 zu einem funktionierenden System zusammenbaut.

Heute sind weltweit die größten Automatisierungskonzerne und alle wichtigen Unternehmen in dem Thema Feldbusnormierung eingebunden. Mit der im Jahre 2002 veröffentlichten Norm hat man auch Ethernet-basierte Lösungen einfließen lassen.

Bereits zu diesem frühen Zeitpunkt war erkennbar, dass Ethernet-basierte Feldbusse für die Zukunft eine sehr wichtige Rolle spielen würden. Noch im Jahr 2002 wurde die Aufgabe für eine Norm für „Echtzeit-Ethernet" definiert. Im Normenantrag waren eindeutige Kriterien, wie Ethernet auf Switch-Basis (also keine ‚Hubs ') und Kriterien für die Echtzeit, vorgeschlagen. Hubs [45] oder Ethernet-Switches sind Geräte, die Netzknoten sternförmig verbinden (siehe auch Abb. 5.3). Ein Hub ist ein veraltetes Gerät, das heute nicht mehr eingesetzt wird, da es zu Daten-Kollisionen führen kann. Hubs wurden als Bitübertragungsschicht-Geräte (Layer 1) verwendet, während Switches in der Sicherungsschicht (Data Link Layer 2) eingesetzt werden und eine kollisionsfreie Datenübertragung gewährleisten.

In der Feldbusnorm IEC 61158 wurde die Sammlung von Ethernet-basierten Lösungen ergänzt und in die Norm IEC 61784-2 integriert.

Dennoch war die Akzeptanz dieser ‚neuen' Busse vom Feld zur SPS seitens der Industrieanwender anfangs gering. Die installierte Basis, welche als Parallelverdrahtung mit dem bekannten 4...20 mA-Signal die Geräte versorgte und die Information übertrug war noch lange Zeit das Maß der Dinge.

Die Umrüstung bei bestehenden Anlagen auf digitale Feldbusse blieb lange aus, da die Kosten einfach zu groß gewesen wären (siehe Abb. 5.2). Bevor man sich entschied einen reinen digitalen Feldbus einzusetzen pochte man noch lange Zeit auf den Feldbus HART.

Ich habe diese Entwicklung über fast zwei Jahrzehnte in der Chemie, Petrochemie und anderen Industrien intensiv miterlebt.

Ganz anders dagegen reagierten die Hersteller der Messtechnik: Da fand in den Jahren 2003 bis 2007 ein regelrechter Hype statt, als PROFIBUS DP, PROFIBUS PA (Europa/SIEMENS) und FF H1, FF H2 (USA/Rosemount (Emerson)) proklamiert wurden.

Dieser Hype war fast vergleichbar mit Industrie 4.0 und KI. Fast alle Messtechnik-Unternehmen schwärmten von der neuen Art der Kommunikation.

Viele Hersteller dachten anfangs, der digitale Feldbus ist die Kommunikationslösung schlechthin, insbesondere deswegen, weil mehrere Sensoren über ein einziges Kabel verbunden werden konnten. Was man bei den Herstellern jedoch nicht richtig gesehen hat, waren die Kosten für eine Umrüstung von traditioneller Kommunikation zu den digitalen Feldbussen. So blieben für die digitalen Feldbusse anfangs nur die Neuanlagen in der Instrumentierung.

Für jeden Hersteller war es damals beinahe schon ein Muss, alle verfügbaren Entwicklungskräfte in der Entwicklung der neuen Feldbusse zu beschäftigten. Dennoch: Der von Rosemount (Emerson) zu Beginn der achtziger Jahre entwickelte 4…20 mA HART-Feldbus (Highway Addressable Remote Transducer) hielt sich hartnäckig.

Denn HART, bereits im Jahr 1989 eingeführt und standardisiert durch die HART Communication Foundation (HCF), galt als der erste industrielle Feldbus und war kompatibel zum traditionellen 4…20 mA-Signal.

Das USP (Unique Selling Proposition oder Herausstellungsmerkmal) [46] vom HART-Bus war, dass die vorhandene 4…20 mA Kommunikationsbasis auf einfache Weise kostengünstig nachgerüstet werden konnte, ohne dabei die Verdrahtungstopologien in ganzen Industrieanlagen ändern zu müssen – eine enorme Kosteneinsparung zum damaligen Zeitpunkt. Ein weiterer Vorteil war beim HART-Bus seine Ex-Fähigkeit, was insbesondere in Chemie, Petrochemie, Bergbau, Oil & Gas und Pharmazie sowie der Holzindustrie von hoher Bedeutung war.

Vorhandene Leitungen der älteren 4…20 mA Vernetzung konnten entweder direkt benutzt oder beide Systeme (HART und 4…20 mA) parallel betrieben werden. Dass HART erst seit 2007 ein Teil der Feldbus-Norm IEC 61158 wurde, erstaunt in diesem Zusammenhang einigermaßen.

Im Übrigen sei der Vollständigkeit wegen erwähnt, dass ebenfalls bereits in 1989 das offene Protokoll ‚Modbus' von der Firma Gould-Modicon [47] (seit 1996 Schneider Electric [48]) eingeführt wurde. Modbus war nicht Ex-fähig und wurde oftmals nur in Anwendungen im mittleren Schwierigkeitsbereich eingesetzt.

Modbus wird heute noch in einfacheren Automatisierungsaufgaben von kleineren mittelständischen Firmen eingesetzt. Persönlich habe ich mit meinem Team noch im Jahr 2015 ein Modbus RTU-Protokoll für einen Chlor-Sensor in der Wasseraufbereitung definiert und umgesetzt (siehe auch Abschn. 5.18).

5.3.1 Vor und Nachteile von Feldbussen

Vom Kostenaspekt waren die Feldbusse günstiger, da sie die parallelen Leitungen durch ein einziges Buskabel ersetzten. Der große Vorteil des Feldbusses ist: Mehrere I/O Module oder I/O Karten können durch ein Businterface ersetzt werden. Dadurch wird viel Platz eingespart, wodurch die Schaltschränke bei den Anwendern kleiner wurden.

Zur Vertiefung sind in Tab. 5.6 noch einmal explizit die Vorteile und Nachteile von Feldbussen gegenübergestellt.

Tab. 5.6 Vor- und Nachteile von Bussystemen. (Quelle Kunbus: https://www.kunbus.de/feldbus-grundlagen.html letzter Zugriff 1.2.2021 und eigene Erfahrungen)

Vorteile von Bussystemen und Feldbussen	Nachteile von Bussystemen und Feldbusse
Geringer Verkabelungsaufwand, vereinfachte Installationen. Twisted Pair oder ‚Klingeldraht' möglich (Memosens, SMARTPAT siehe Abschn. 4.7.1	Aufwendige Messwertumformer und Transmitter, aufwendige Verkabelung zur Leitwarte, zwischen Sensoren und Schaltschränken. Oftmals doppelt geschirmte Kabel notwendig; z. B. pH-Messtechnik
Geringerer Platzbedarf im Schaltschrank durch miniaturisierte I/Os (siehe EtherCAT Abschn. 5.10)	Höherer Preis von Feldgeräten mit Feldbusfunktionalität gegenüber 4...20 mA Signal und/oder 4...20 mA HART Geräten
Erweiterungen oder Änderungen sind durch Standardisierungen einfach durchzuführen. Kommunikationsmodule sind redundant	Welche Feldbusse sich durchsetzen ist unklar. Fehlinvestitonen in F&E sind hohes Risiko. Heute müssen alle renommierten globalen Hersteller i. d. R. viele Feldbusse unterstützen
Bessere Elektromagnetische Verträglichkeit durch Fehlerkorrekturmaßnahmen (Codierverfahren)	Feldbusse sind komplexer und erfordern höher qualifiziertes Personal (siehe auch Industrie 4.0). Vor allem in konservativen Industrien ein großes Generationsproblem
Hohe Zuverlässigkeit und bessere Verfügbarkeit durch kurze Übertragungswege	Lange Entwicklungszeiten, auch durch Zertifizierungen für Exfähigkeit und Sicherheitssoftware DeviceNet, SERCOS I bis SERCOS II etc.
Offene Feldbussysteme sind standardisiert. Datenübertragung und Geräteanschluss sind unabhängig vom Hersteller	Hersteller sind gezwungen, mehrere Feldbusse zu unterstützen und Gremien beizutreten, was hohe Kosten bedeutet (z. T. > 10.000 € pro Feldbus/Jahr!)
Die digitale Übertragung erfordert keine Festlegung von Messbereichen bei Messumformern. Hohe Dezentralität der Applikationen im Feld einfach möglich	Beim zentralen Anbindungsprinzip kann bei einer Busstörung das Leitsystem von allen Sensoren und Aktoren lahmgelegt werden
Komponenten verschiedener Hersteller sind kompatibel und austauschbar	In sicherheitsrelevanten Anlagen sind Redundanzbussysteme und z. T. erhöhter Softwaraufwand notwendig (Ex, SIL)

Allerdings muss erwähnt werden, dass eine bereits installierte Anlage für den Austausch von traditioneller Kommunikation mit Feldbus sehr teuer war und kostenmäßig die Vorteile des Feldbusses in vielen Bereichen nicht nutzen konnte. Deswegen sah man in vielen Anlagen seitens der Betreiber davon ab die installierte Basis zu ändern. Das war wie bereits erwähnt einer der wesentlichen Gründe für den langen Fortbestand des 4...20 mA-Signals!

5.3.2 Gremien und Normierungen von Feldbus- und Bussystemen

Als Bus- und Kommunikationssysteme ab der SPS-Ebene zur SCADA-, MES- und ERP-Ebene wurden bereits ab Beginn der 90er Jahre das Ethernet TCP/IP oder das EtherNet/IP Protokoll (Echtzeit-Ethernet) eingesetzt.

Das Problem für EtherNet/IP war, dass das Protokoll zu diesem Zeitpunkt noch proprietär war und somit lange nicht in der Industrie akzeptiert wurde.

EtherNet/IP [11, 49] wurde von Allen-Bradley (heute Rockwell Automation) in den 80er Jahren als Echtzeit-Ethernet für Automatisierung entwickelt und erst ab 2000 als offener Standard an die Open DeviceNet Vendor Association (ODVA) [50] übergeben:

1998 wurde von einem Arbeitskreis der ControlNet International (CI) [51] ein Verfahren entworfen, mit dem Ziel, das bereits veröffentlichte Applikationsprotokoll ‚Common Industrial Protocol‘ (CIP) auf Ethernetbasis zu konvertieren [50].

Basierend darauf wurde im März 2000 das EtherNet/IP als offener Industriestandard veröffentlicht, was den Durchbruch für EtherNet/IP bedeutete. Beteiligt waren daran die ControlNet International (CI), die Open DeviceNet Vendor Association (ODVA) sowie die Industrial Ethernet Association (IEA) [52].

Seit ca. 1994 wurden auf europäischer Seite der PROFIBUS (DP, PA) durch die PROFIBUS Nutzerorganisation (PNO) [53] und SIEMENS, auf der amerikanischen Seite der Fieldbus FF durch die Fieldbus Foundation und die Firmen Rockwell und Emerson vorangetrieben.

5.4 PROFIBUS, die Dachorganisation, PROFIBUS & PROFINET International (PI)

Da PROFIBUS und PROFINET heute knapp 30 % Marktanteile (siehe Abb. 5.1) haben und zunehmend wachsen, sind an dieser Stelle noch einmal explizit die geschichtlichen Zusammenhänge aufgezeigt.

1989 wurde die PROFIBUS Nutzerorganisation (PNO) gegründet.

Es folgte im Jahr 1995 die Gründung der PROFIBUS & PROFINET International (PI) [54]. PI ist mittlerweile der Dachverband von ca. 30 regionalen PROFIBUS-Organisationen, wie z. B. die PROFIBUS Nutzerorganisation e. V. (PNO).

Die rund 1700 Mitglieder der PI sind Hersteller und Anwender von PROFIBUS und PROFINET. Im Jahr 2006 wurde der Name mit der neuen Technologie zu PROFIBUS & PROFINET International (PI) geändert, ohne dass das Kürzel ‚PI' geändert wurde. Die PI koordiniert die Projekte der Regional PROFIBUS & PROFINET Associations (RPA).

Heute unterstützt die PI die folgenden Technologien [54]:

- PROFIBUS, das Profil für Feldsysteme
- PROFINET, Anbindung von zentraler Peripherie an den Controller mit Echtzeiteigenschaften (PROFIBUS und PROFINET sind unabhängige Protokolle)
- Interbus (ab 2011 in die PNO integriert) [55]
- PROFIenergy, das Profil für Energiemanagement in Produktionsanlagen
- PROFIdrive, das Profil für Antriebsgeräte
- IO-Link [56], Kommunikationssystem zur Anbindung intelligenter kleiner Sensoren (z.B. Lichtschranken) und Aktoren. Wird hauptsächlich in Fabrik-Automatisierungssystemen benutzt. Der IO-Link ist in der Norm IEC 61131-9 unter der Bezeichnung ‚Single-drop digital communication interface for small sensors and actuators' standardisiert [57]
- Device Description Language (EDDL) [58] in Zusammenarbeit mit dem EDDL] Cooperation Team (ECT) [59]
- FDT/DTM™ [60] in Zusammenarbeit mit der FDT-Group [61]
- Wireless Cooperation Team (WCT) [62], bestehend aus Fieldbus Foundation (FF), die HART Communication Foundation und die PROFIBUS Nutzerorganisation e. V. (PNO), entwickelte WirelessHART

PROFIBUS DP/PA und PROFINET, welche derzeit neben HART sowie EtherNet/IP eine der wichtigsten Feldbusse/Bussysteme sind, werden hauptsächlich im europäischen Markt und in einen großen Teil von Asien eingesetzt.

5.4.1 Die verschiedenen PROFIBUS -Kommunikationsprotokolle und Bediensoftware

Die wesentlichen Unterschiede der einzelnen PROFIBUS-Systeme sind in diesem Abschnitt überblicksmäßig wiedergegeben und in Abschn. 5.13 detailliert besprochen. Ebenso wird auf die Bedientools des PROFIBUS eingegangen.

PROFIBUS DP (Dezentrale Peripherie) [34]

PROIFIBUS DP dient zur Ansteuerung von Sensoren und Aktoren durch eine zentrale Steuerung. Es stehen Diagnosemöglichkeiten im Vordergrund. Die Vernetzung von mehreren SPS-Steuerungen untereinander ist Standard.

Die Datenrate beim PROFIBUS DP kann bis 12 Mbit/s auf verdrillten Zweidrahtleitungen oder Lichtwellenleiter (Glasfaser) betragen. Der Einsatz mit Antriebsgeräten ist im Profil PROFIdrive [63] festgelegt.

PROFIBUS-DP-Geräte sind verfügbar als Anbindungen in SPS-Systemen und Prozessleitsystemen, Remote I/Os, Frequenzumrichter, Gateways (z. B. ASI [64], Ethernet), Lichtleiterkomponenten, redundante Komponenten, Ventilinseln, Feldgeräte (Durchfluss, Analyse), Sicherheitskomponenten, Relais, Barcode-Leser und Zubehör, z. B. SCADA-Pakete, Busmonitoren, Kabel, Verteiler, PCMCIA-Karten [65], PC-Karten, DDE-Server (Dynamic Data Exchange oder Dynamischer Datenaustausch), OPC-Server [66].

PROFIBUS* PA *(Prozess-Automation)

PROFIBUS PA wird am häufigsten in der Prozess- und Verfahrenstechnik zur bidirektionalen Kommunikation zwischen Messgeräten sowie Aktoren im Feld und der SPS (PLC) oder dem SCADA/HMI-System (DCS: Digital Control System, Kontrollraum, Leitsystem, Leitwarte sind andere Bezeichnungen) eingesetzt. PROFIBUS PA ist als eigensichere PROFIBUS Variante hauptsächlich in explosionsgefährdeten Umgebungen (siehe Abschn. 3.1.6) eingesetzt und kann bis zu 31,25 kbit/s Daten übertragen. PROFIBUS PA besitzt eine hohe Elektromagnetische Verträglichkeit (EMV) und ermöglicht störungsfreie Übertragungen über lange Datenleitungen.

Über Segment-Koppler oder Gateways werden PROFIBUS PA-Geräte häufig an den PROFIBUS DP angebunden.

Durch das PA-Profil sind die wichtigsten Funktionen der Feldgeräte herstellerübergreifend standardisiert, was ein großer Nutzen für den Anwender ist.

Für alle Sensoren und Aktoren, die mit PROFIBUS PA arbeiten, gibt es eine Profilfestlegung an die sich *alle* Hersteller halten müssen. Somit ist eine übergeordnete Vereinheitlichung im Assetmanagement gewährleistet, wie sie beispielsweise bei FDT/DTM™ und PACTware (siehe Abschn. 5.5) [67] realisiert ist.

***PROFIBUS* FMS**

Der Vollständigkeit wegen sei erwähnt, dass es in den Anfängen der PNO (PROFIBUS Nutzerorganisation) noch den PROFIBUS FMS (Fieldbus Message Specification) [68] gab, vor allem für den Einsatz in komplexen Automatisierungssystemen. Dieser wurde jedoch von PROFIBUS DP ersetzt und ist heute nicht mehr Bestandteil der internationalen Feldbusnorm. Für ein generelle Markteinführung war der Bus einfach zu komplex.

PROFINET

PROFINET ist der offene Industrial-Ethernet-Standard der PROFIBUS-Nutzerorganisation e. V. für die Automatisierung. PROFINET nutzt TCP/IP und IT-Standards.PROFINET ist echtzeitfähig und ermöglicht die Integration von weiteren Feldbus-Systemen. PROFINET ist aufgrund seiner Echtzeitfähigkeit ein stark wachsender Feldbus. Detailliert wird auf diesen Bus in Abschn. 5.11 eingegangen.

PROFIBUS Bediensoftware
PROFIBUS verfügt über folgende Bediensoftware: SIMATIC PDM (SIEMENS) [69], SMART VISION (ABB Automation) [70] und Commuwin II (Endress+Hauser) [71]. Die Softwareversionen sind in unterschiedlichen Tools integriert: SIMATIC PDM ist im Leitsystem SIMATIC PCS7 integriert.

DTM (Device Type Manager, siehe Abschn. 5.5) ist integriert in die Engineering Tools der ABB-Prozessleitsysteme Freelance 2000 (DigiTool) [72] und Symphony Melody (Composer) [73].

Daneben gibt es PACTware von Pepperl+Fuchs und FDT/DTM™ von der FDT Group (siehe Abschn. 5.5).

Die Bediensoftware aller oben aufgeführten Systeme sind in der Regel im SCADA/HMI-System integriert (Kontrollraum, Leitsystem).

PROFIBUS Verfügbarkeit
Mit PROFIBUS sind einige hundert Feldgeräte unterschiedlichster Hersteller, mit FF-Feldbus nur ca. 50–70 Feldgeräte verfügbar. Der FF H2 wurde in Jahr 2000 spezifiziert. Erste Produkte kamen im Jahr 2001 auf den Markt.

PROFIBUS PA (und FF H1) ist heute implementiert in Analysenmessgeräten (pH, Leitfähigkeit) sowie in Druck-, Differenzdruck-, Temperatur-, Durchfluss- (Vortex, Ultraschall, Masse, MID (magnetisch induktiv)), Füllstand- Messgeräten (Hydrostatisch, Ultraschall, Radar). Weiterhin ist der PROFIBUS PA integriert in Regelventile, Ventilanschaltungen, Anschaltungen für binäre Signale und Zubehör (z. B. Kabelarten, T-Stücke, Verteiler, Busabschlüsse, Überspannungsschutz, Segmentkoppler).

Für FF gibt es als separate Tools das National Instruments Tool von National Intruments, das System 302 von Smar (Assetmangement) und die Rockwell Automation FF Configuration Software (entspricht National Instruments Tool).

5.4.2 Zusammenfassung der Historie von Feldbussen

Die Historie der Feldbusse ist umfangreich und sehr heterogen. Im Laufe der letzten 30 Jahre entstanden eine Vielzahl von Bussystemen. Tab. 5.7 zeigt die wichtigsten Feldbusse und Bussysteme in einer groben Übersicht, ohne dabei den Anspruch auf Vollständigkeit zu erheben. Gesondert wurden bereits in Tab. 5.1 die Feldbusfamilien CPF gemäß der Norm IEC 61782-1 vorgestellt, welcher in der Tab. 5.7 noch einmal farblich hinterlegt sind.

Seit Einführung der ersten Feldbusse entstand ab Mitte 2000 ein wahrer Wildwuchs von unterschiedlichsten Bussystemen. Wieviel und intensiv auch an einer Vereinheitlichung und Harmonisierung gearbeitet wurde, letzten Endes hat diese nur bedingt stattgefunden. Denn die mittleren und größeren Hersteller haben sich aus wirtschaftlicher Sicht immer mehr darauf fokussiert, ihre eigenen Bussysteme, Gateways oder Protokollumsetzer für alle Kommunikationsebenen innerhalb der jeweiligen Ebenen als auch zu den darüber liegenden Ebenen zu entwickeln und zu vermarkten.

Tab. 5.7 Wichtige Feldbusse und Bussysteme im Markt – Zusammenfassung

ANYBUS; Entwicklungsprojekt Anbindung an mehrere industrielle Netzwerke	M-BUS – Meter-Bus: Anwendung in Stromzählern, Gas- und Wasserzählern
ARCNET (Attached Resource Computer Network); Vernetzungstechnologie für lokale Netzwerke (LANs). Definition von Kabeln für die Bitübertragungsschicht sowie Paketformate und Protokolle für die Sicherungsschicht (OSI-Modell)	MECHATROLINK; MECHATROLINK I;MECHATROLINKII; offenes Protokoll für die industrielle Automatisierung von Yaskawa (CPF 19)
ARINC (Avionik) Richtlinien für Flugzeugbus- und Datensysteme	MP-BUS; dient im Heizungs-, Lüftung-Klimatechnik-Bereich zur Steuerung von Stellantrieben für Klappen, Regelventile und VAV-Volumenstromregler
ASI: AS-Interface für Aktor-Sensor-Schnittstelle	Modbus RTU, TCP, RTPS (CPF 15)
BACnet (Building Automation and Control Networks) ist ein Netzwerkprotokoll für die Gebäudeautomation	P-NET; multimaster- und multinetfähiges Feldbussystem für verfahrenstechnische Prozesse mit mittleren zeitlichen Anforderungen
CAN Bus (CPF 15)	PROFIBUS DP (CPF 3 V1)
CANopen	PROFIBUS PA ((CPF 3 V2)
CC-Link (CPF 8)	PROFINET CBA (CPF 3 V3)
ControlNet (CPF V1)	PROFINET IO Conformance Class A (CPF3 V4)
DeviceNet (CPF 2 V3)	PROFINET IO Conformance Class A (CPF3 V5)
enocan; batterielose Funktechnologie für Gebäude	PROFINET IO Conformance Class A (CPF3 V6)
EtherCAT von Beckhoff (CPF 12)	PROFIsafe
Ethernet PoE (CPF 2)	P-NET CPF 4
EtherNet/IP (CPF 2 V2)	RAPIEnet (Real-time Automation Protocols for Industrial Ethernet (CPF 17)
Ethernet POWERLINK (CPF13)	SafetyNET p; Standard für die ethernetbasierte Feldbus-Kommunikation in der Automatisierungstechnik mit Zykluszeiten bis 62,5 µs (CPF 18)
FF H1, (CPF1 V1)	SwiftNet; Tekommunikationssystem oder Telekommunikationsnetz (CPF 7)
FF H2 (CPF V2)	SERCOS I, SERCOS II, SERCOS III (CPF 16 V1, V2, V3)
HART (CPF 9)	VARAN (Versatile Automation Random Access) Networkkabelgebundene Datennetztechnik für lokale Datennetze (LAN) mit dem Haupteinsatzgebiet im Bereich der Automatisierungstechnik

(Fortsetzung)

Tab. 5.7 (Fortsetzung)

IO-LINK	TCnet (CPF 11)
Interbus von Sensor/Aktor-Ebene in der Prozess-Automatisierung bis zu Überwachungs-PC und MES-Ebene (CPF 6)	VNET/IP (Yokogawa; (CPF 10). Vnet/IP ist ein 1 Gbit/s Ethernet-echtzeitfähige Feldbus speziell für Automation
IO-LINK	WirelessHART
KNX(Feldbus zur Gebäudeautomation)	WorldFIP; offenes Protokoll gemäß internationalem Feldbus Standard EN50170 zwischen Feldebene und EPS-Ebene (CPF 5)
M-BUS – Meter-Bus: Anwendung in Stromzählern, Gas- und Wasserzählern	WorldFIP; offenes Protokoll gemäß internationalem Feldbus Standard EN50170 zwischen Feldebene und EPS-Ebene (CPF 5)

Besonders schlimm für die Anwender waren dabei die vielen herstellerspezifischen, unterschiedlichen Bedienermenüs und Servicemenüs (HMI oder GUI). Dies traf für alle Ebenen der Automatisierungspyramide zu.

Mir sind immer noch die endlosen Diskussionen beim Kunden, insbesondere in der Chemie, Petrochemie und Nahrungsmittelindustrie über dieses Thema gegenwärtig. Besonders blieb bei mir die Karikatur der NAMUR von einem Servicemanns, der einen ‚Munitionsgürtel' trug, welcher mit vielen Handbediengeräten bestückt war, nachhaltig im Gedächtnis hängen.

Trotz aller Bemühungen kamen die Harmonisierungsvorhaben immer wieder ins Stocken, sodass auch in den Jahren 2005 bis heute weiterhin das 4…20 mA HART-Protokoll seinen Status beibehalten konnte. Ein kleiner Hinweis darauf ist, dass die Firma KROHNE ihren ersten voll integrierten pH- und Leitfähigkeitssensor im Jahr 2014 zuerst für das HART 7-Protokoll entwickelte (Abschn. 2.14).

Ein weiterer Grund war und ist sicher auch, dass der 4…20 mA HART- Bus ein Feldbus für explosionsgefährdete Umgebungen ist. Er ist somit seit jeher ideal für Chemie, Petrochemie, Bergbau, Pharmazie und Umwelt. Weiter kam der Positionierung von HART zugute, dass sich das ab 2007 verfügbare WirelessHART sehr früh gegenüber WLAN etablieren konnte, das erst 2013 in der Automatisierungstechnik Einzug fand.

So war es für mich gemäß meinen Langzeitrecherchen nicht erstaunlich, dass in Summe der Anteil für Feldbusse außer HART noch im Jahr 2014 nur bei 22 %–28 % lag.

Erst innerhalb der letzten 6–8 Jahre konnte ich erkennen, dass sich die digitalen Feldbusse, wie z. B. PROFIBUS PA, FF H1 (beide eigensicher), sowie die Bussysteme PROFIBUS DP, PROFINET, EtherCAT, EtherNet/IP, usw. zunehmend begannen in der Prozess- und Fabrikautomatisierung durchzusetzen, insbesondere in neuen Industrieanlagen.

Eines ist aber ebenso klar: Seit die Vielfalt von Feldbussen und Bussystemen in der Automatisierung stark zunahm, drängten die Anwender berechtigterweise zu einer Standardisierung und Harmonisierung für Schnittstellen und Bedienbarkeit.

Dies traf sowohl für die Bedienbarkeit der Geräte im Feld-Level als auch für das Assetmanagement in der SCADA- und MES-Ebene zu. In diesem Zusammenhang wurde bereits ab 1998 intensiv an einer herstellerunabhängigen Bedienoberfläche gearbeitet, die unter dem Namen FDT/DTM™ -Konzept bekannt wurde und das Thema von Abschn. 5.5 ist.

5.5 FDT/DTM™ und PACTware für Kontrollraum

In diesem Abschnitt widmen wir uns der Geräteintegration in die industrielle Automatisierung, welche die systemweite Interoperabilität, Sicherheit und optimale Anlagenleistung gewährleistet. Dabei spielen PACTware, FDT/DTM™ [60, 78] (Field Device Tool/Device Type Manager) und FDI (Field Device Integration) als herstellerübergreifendes Konzept die wesentliche Rolle.

FDT/DTM™ ermöglicht die Parametrierung von Feldgeräten verschiedener Hersteller mit nur einem Programm.

Das FDT/DTM™-Konzept kommt mittlerweile neben der Prozessautomatisierung zunehmend in der Fabrikautomatisierung zum Einsatz. Wie es zu diesem Konzept kam, sei historisch unter Einbringung meiner persönlichen Erfahrungen aufgezeigt.

Ab 2000 fand eine enorme Zunahme der Feldgeräte und auch Feldgerätehersteller mit immer neuen Bedienvarianten, -strukturen und Busanbindungen statt. Ebenso nahm die Anzahl die Hersteller von SCADA/HMI-Systemen und Leitsystemen drastisch zu.

In diesem Zusammenhang führte ich z. B. in den Jahren 2002/2003 einen Technologietransfer einer ‚Process Control and Automation Platform‘ (heute: System 302) von der brasilianischen Automation-Firma Smar, zu meinem damaligen Arbeitgeber Endress+Hauser durch [74, 75]. Aus diesem System entstanden dann unter meiner Leitung FieldCare [76] (für Asset- oder Anlagenmanagement, azyklische Dienste) und ControlCare [77] (für PROFIBUS und FF, zyklische Dienste). Das ControlCare SFE 240 ist heute nicht mehr in seiner ursprünglichen Form erhältlich, sondern wurde von einer neuen Version ControlCare Field Control (OPC) abgelöst. Beide Systeme sind in der Regel in der SCADA/HMI/MES-Ebene oder im Kontrollraum angesiedelt und oft in einem Computer-System zusammengefasst.

Die stark zunehmende Automatisierung und Vernetzung in der Prozessindustrie und Fabrikautomation erforderte, wie bereits erwähnt, zu diesem Zeitpunkt immer größere und komplexere Vernetzungstopologien. Zunehmend drängten die Feldgeräteanwender der Industrien auf eine herstellerübergreifende Bedienung – allen voran die Chemie, Petrochemie und Pharmazie.

Während sich die namhaften Hersteller der physikalischen Parameter schon intensiv mit dieser Thematik beschäftigten, standen die Flüssigkeitsanalysenmesstechnik und die Materialanalyse wieder einmal hinten an: In der Flüssigkeitsanalyse war man, wie bereits oben ausgeführt, immer noch mit dem Jahrzehnte alten Problem der Hochohmigkeit (Feuchteabhängigkeit) der pH-Messung und getrennten Messstellen zwischen Sensor und Messwertumformer zu Gange, während die renommierten Firmen im Durchfluss, Druck, Füllstand und Temperatur von Beginn an den Harmonisierungsbestrebungen der Bedienstrukturen arbeiteten.

Im Rahmen der allgemein geforderten Harmonisierung stand insbesondere die Software für die Standardisierung von Vernetzungstopologien und der Vereinheitlichung der SCADA/HMI-Ebene im Fokus. Alle Bemühungen resultierten schließlich im FDT/DTM™- und PACTware-Konzept.

Die Einführung von FDT/DTM™ [60, 78–80] und PACTware [67, 81, 82] war dabei ein wesentlicher Bestandteil meiner Arbeiten von 2002 bis 2004.

In diesem Zusammenhang akquirierten wir unter meiner Leitung bei Endress + Hauser zunächst Anteile der Firma CodeWrights in Karlsruhe (weiterer Shareholder war Pepperl + Fuchs) [83], die PACTware (Rahmenapplikation ähnlich wie FDT) und die Erstellung von DTM's in ihrem Portfolio hatte.

Als damaliges Steering-Committee-Mitglied im PACTware Konsortium wirkte ich an der Entwicklung eines neuen offenen Standards zur Bedienung von Feldgeräten mit.

PACTware war zu diesem Zeitpunkt bereits ein herstellerübergreifendes Konzept in der Automatisierungswelt, welches die Parametrierung zwischen unterschiedlichen Feldgeräten und den SCADA/HMI/MES-Ebenen (Kontrollraum, Leitsystem) über unterschiedliche Feldbusse von Herstellern standardisierte.

Zu diesem Zeitpunkt wurde auch mit den Arbeiten zum dem FDT/DTM™-Konzept (Field Device Tool/Device Type Manager) Konzept begonnen, das ich ebenfalls von Beginn an begleitete und das parallel zu PACTware auf internationaler Ebene (siehe unten) entwickelt wurde. FDT/DTM™ ist heute das führende Konzept in der Automatisierungstechnik.

Das FDT (Feldgerätewerkzeug)-Konzept ist ebenso wie PACTware ein herstellerübergreifendes Konzept in der Automatisierungswelt, welches die Parametrierung zwischen Leitsystem und Feldebene über unterschiedliche Feldbusse standardisiert.

Das Konzept erlaubt von der SCADA/HMI-Ebene den Zugriff auf jedes Feldgerät mittels einer gemeinsamen standardisierten Bedienoberfläche. Entscheidend ist dabei, dass die Parametrierung von Feldgeräten unterschiedlicher Hersteller durch *ein einziges* Programm ermöglicht wird.

Bereits ab 1998 wurde basierend auf einer Initiative des ZVEI's (Zentralverband Elektrotechnik- und Elektronikindustrie e. V.) zur Schaffung eines offenen Standards zur Integration von Feldgeräteherstellern in nahezu alle Plattformen begonnen.

Das PACTware Consortium eV. wurde noch im Nov. 2001 gegründet. Diesem Konsortium gehören heute mehr als 25 Unternehmen an. Tab. 5.8 zeigt die wesentlichen PACTware-Mitglieder.

Tab. 5.8 PACTware Mitglieder

BOORST Engineering	nivelco
BOPP & REUTHER MESSTECNIK	P+R electronics
bürkert	Pepperl+Fuchs
CodeWrights (Endress+Hauser)	SAMSON
Foxboro	softing
KSB	Steinbeis
LOTZE SYST. TECHN.	THORSIS
Matsushima	TURCK
Megnetrol	VEGA
Microflex	wetcon
MOORE INDUSTRIES	WIKA

Nach PACTware folgte Ende 2001 der offene Standard Field Device Tool (FDT) sowie der Device Type Manager FDI-DTM [84] der zuerst PROFIBUS- und HART-Protokolle unterstützte. Zunächst gab es die Arbeitsgruppen um Endress+Hauser und Metso Automation sowie ABB, SIEMENS und Invensys, deren FDT Konzepte noch unterschiedlich waren

Anfang 2003 wurde schließlich in der industriellen Automatisierung von ABB, Endress+Hauser, SIEMENS und Metso Automation die ‚FDT Joint Interest Group' (FDT JIG) [85] gegründet, an dessen Steering Committee Sitzungen ich ebenfalls einige Male teilnahm. Zunächst mussten Metso und ABB bezüglich ihrer unterschiedlichen FDT-Ansätze synchronisiert werden, bevor man richtig mit der eigentlichen Standardisierung beginnen konnte. Zu Beginn der Gründung gab es immer wieder unterschiedliche Auffassungen wie eine Standardisierung oder ein offener Standard auszusehen hat, wodurch das Vorankommen stark verzögert wurde. Zu viele einzelne firmenspezifische Interessen waren im Spiel.

Erst 2005 nach der Gründung einer rechtlich unabhängigen Organisation als gemeinnütziger Verein nach belgischem Recht, der ‚FDT Group' [61], kam man entscheidend in der Definition eines offenen Standards voran. Die ‚FDT Group' war ein Zusammenschluss aus Herstellern, Anwendern und Forschungseinrichtungen/Universitäten.

Seit der Gründung hält die FDT ‚Association Internationale Sans But Lucrativ' (kurz: FDT AISBL) [86] das Markenrecht FDT.

Die Organisation pflegt, verwaltet und entwickelt diese Schnittstelle weiter. Die Spezifikation wird kostenfrei zur Verfügung gestellt. Heute sind mehr als 100 Organisationen Mitglieder der FDT Group. Dabei gehören der FDT Group heute weltweit Hersteller von Gebäudetechnik, Fabrikautomation und Prozessautomation an. Wie riesig dieser Verbund bereits im Jahre 2013 war, zeigt Tab. 5.9.

In der FDT-Group wurden auch die Richtlinien des DTM Style Guides (Device Type Manager) erstellt.

Tab. 5.9 FDT-User Group im Jahr 2013, Shanghai-Messe

ABB	ifak system	Rockwell Automation
EPLISENS	JIL	ROTOR
auma	KLAY INSTRUMENTS	SAMSON
azbil	KROHNE	Schneider Electric
BAUMER	KUKA Group	SICK
bürkert	KW software	SIEMENS
CHEVRON	Lange	softing
CodeWrights	M&M	SUPCON
COMSOFT	Magnetrol	Technische Univ. Dresden
DET-TRONICS	Maxonic	TOKYO KEISO
Endress + Hauser	METROVAL	TURCK
EATON	metso	VACON
elster	Microcyber	VEGA
EMERSON	MITSUBISHI ELECTRIC	WAGO
FLOWSERV	OMRON	Weidmüller
HITIS	PENTAIR	withunga
Hollysys	Pepperl + Fuchs	YOKOGAWA
Honeywell	PHOENOX CONTACT	
IBHsoftec	ProSoft	
ICS	Rexroth	

5.5.1 Funktionsweise des FDT/DTM™ Konzepts

Das FDT/DTM™-Konzept bildet die im Messgerät lauffähige embedded Software in einer Hochsprache (C++) vollständig auf dem PC ab, d. h. das Feld-Gerät läuft exakt aber auf virtueller Basis ‚abstrakt' auf dem PC ab.

Unmittelbar im Zusammenhang mit dem FDT/DTM™ steht die EDDL (Electronic Device Description Language): Dabei dient das Feldgerätewerkzeug (Field Device Tool) zur Geräteintegration in den Automatisierungsprozess. Die Basis des FDT wiederum ist das FDI-Gerätepaket. Im FDI-Gerätepaket sind alle standardisierten Elemente in Form der EDDL für die Beschreibung des Feldgeräts in der Anlage enthalten, d. h. das FDI-Gerätepaket enthält alle EDDL zur Verwaltung der Gerätevorgänge und User Interface Plug-in (UIP), um die komplexen Gerätefunktionen wie z. B. eine pH-Kalibration oder die Radarsignaturverläufe zu beschreiben. Somit ermöglicht die (FDI)-DTM-Technik die Unterstützung von FDI-Gerätepaketen in vorhandenen FDT/FRAME-fähigen Computern. EDDL- und UIP-Komponenten innerhalb des FDI-Gerätepakets werden wiederum von der FDI-DTM-Technologie als Device DTM interpretiert. D. h. bei FDT/FRAME-Anwendungen wirkt die FDI-DTM wie eine Device DTM.

Das FDT selbst ist zunächst eine Definition einer reinen Softwareschnittstelle nach der Norm IEC 62453 [87] und ISA 103 [88], die den Datenaustausch zwischen einer SW-Anwendung und Feldgeräten, z. B. pH- und Leitfähigkeitsmessung, Druck, Füllstand, Durchfluss, etc., definiert. FDT ist dabei ein Interface oder eine Schnittstelle! DTM ist der Gerätetreiber.

Bei der Vielzahl von Messgeräten und Messparametern ist es wichtig, die Gerätebedienung einfach zu gestalten. Hierzu besteht die Aufgabe verschiedene Geräte-Software DTM's (Device Type Manager) in eine gemeinsame Rahmenanwendung FDT (Frame Device Tool) zu integrieren.

Das DTM ist als eine Art Treiber zu sehen der dafür zuständig ist, die Daten/Parameter auf dem PC's für das spezifische Feldgerät aufzuarbeiten. Weiterhin ist der Treiber dazu da die Felddaten der Messgeräte so aufzubereiten, dass sie auf dem PC mittels grafischer Benutzeroberfläche (HMI) ausgewertet werden können, bzw. auf die Daten und Ergebnisses des Feldgerätes entsprechend reagiert werden kann. Ein DTM wird typischerweise für eine Gerätefamilie, wie z. B. pH-Messung oder Druckmessung, usw. entwickelt. Im DTM sind alle Funktionen und Strukturen sowie die grafische Benutzeroberfläche einer Gerätefamilie enthalten. Da normalerweise jede Firma ihre eigenen DTM‘s entwickelt muss sichergestellt werden, dass die Schnittstellen zur FDT (Rahmenanwendung) und vor allem zu anderen DTM's (andere Parameter und andere Firmen) eindeutig definiert werden!

Diese Schnittstelle oder Rahmenanwendung ist heute in der Industrie vereinbarungsgemäß FDT! In der Prozessindustrie werden die HMI durch ein Profil definiert, d. h. pH, Leitfähigkeit, Druck, Füllstand, Durchfluss und Temperatur, sind durch *eine* Bedienoberfläche standardisiert.

Für mich war hier immer das Beispiel mit dem Drucker aus Abb. 5.5 hilfreich: Drucker (Feldgerät) und Druckertreiber (Field-Device Treiber) liefert der Hersteller. Der Treiber (DTM) wird z. B. unter Windows (Office Anwendungen) installiert und der Drucker (Feldgerät) kann von der grafischen Benutzeroberfläche (Bildschirm) aus bedient werden. Von der Rahmenanwendung kann somit auf beliebige Feldgeräte zugegriffen werden, solange diese der Schnittstelle (FDT) genügen. Durch diese Standardisierung können die DTMs in verschiedenen Rahmenanwendungen unabhängig vom System benutzt werden.

Heute werden moderne Feldgeräte remote über diese Schnittstelle diagnostiziert.

Wichtig ist, dass der DTM aus zwei Teilen besteht: der DeviceDTM oder Geräte-DTM (vergleiche Gerätetreiber eines Druckers unter Windows) und der CommDTM (‚Kommunikationsprotokoll‘). Der DeviceDTM wird, wie bereits gesagt, vom Gerätehersteller geliefert. Der CommDTM kann von beliebigen Herstellern geliefert werden (z.B. PACTware) [89–91].

Ein CommDTM (Kommunikations-DTM) besteht aus Netzwerkkarten, Kopplern, Gateways und Anschlussgeräten und ermöglicht die Verbindung zu Software-Kommunikationskomponenten (siehe z. B. Datenübermittlung an einen Drucker).

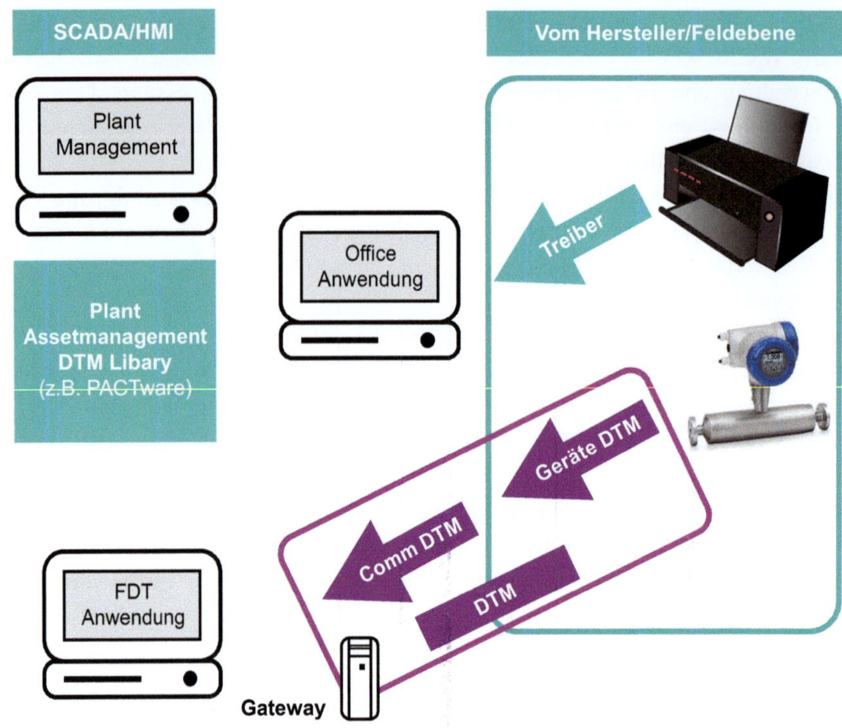

Abb. 5.5 Vergleich FDT/DTM™ mit Drucker. (Quelle: KROHNE – Foto Durchflussgerät)

Zur Sicherstellung der korrekten Ansteuerung und Datenübertragung wurde in 2004–2005 von der FDT Group ein Programm entwickelt, das die Geräte mit ihren Schnittstellen auf verschiedenen Ebenen überprüft. Es wurde im Jahr 2005 von der FDT Group ein umfangreicher Zertifizierungsprozess zur Sicherstellung von Stabilität und Interoperabilität etabliert, bei dem Rahmenapplikationen und DTM's getestet werden.

So entwickelte PACTware zum damaligen Zeitpunkt (2002 bis 2004) den DTMINSPECTOR[92], der zunächst ca. 250 verschiedene Tests für die Schnittstellen, aufgeteilt in ‚good case', ‚bad case' und Robustheit, überprüfte. Erst wenn alle Tests erfolgreich durchgeführt waren, konnte das Gerät zertifiziert werden.

Die Hersteller konnten mit dem von der DTM Group zur Verfügung gestellten Programm weitere Tests definieren und durchführen, um über die Qualität ihrer Geräte zu urteilen. Es muss jedoch betont werden, dass diese Vorgehensweise ein erheblicher Kostenfaktor war und ist, der aber aufgrund der komplexen Vernetzungsstrukturen und Gerätevielfalt aus meiner Sicht gemacht werden sollte.

Die Standardisierung in den DTM's (siehe Abb. 5.6) ist heute schon deswegen wichtig, da die Feldgeräte aufgrund der hohen Rechenleistungen immer mehr Daten und Informationen liefern. Eine einfache und standardisierte Software-Umgebung zur

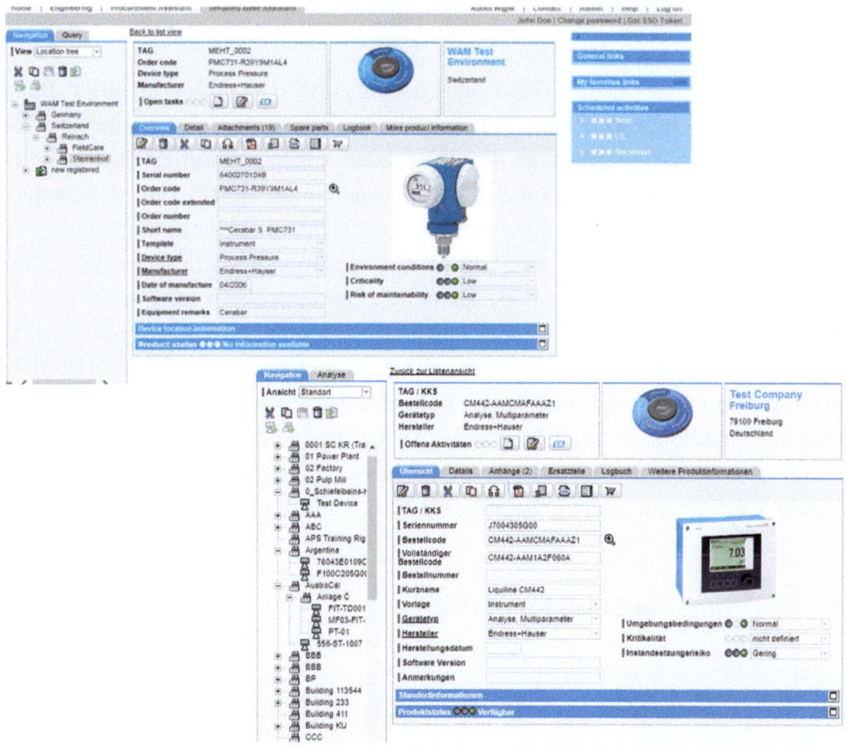

Abb. 5.6 DTM Oberflächen für Druck- und Analysenmesstechnik. (Quelle: Endress + Hauser)

Wartung, Inbetriebnahme *und* Konfiguration ist deswegen von hoher Bedeutung. Deswegen *muss* ein Standard unabhängig vom Hersteller und vom Kommunikationsprotokoll existieren. Einer der wesentlichen Gründe hierfür ist, dass die Endanwender immer in der Lage sein wollen, jeweils das beste Messgerät einsetzen zu können.

Interessant war für mich als wir in der Analysengruppe FA 7 des ZVEI zum ersten Mal diese Profile für pH und Leitfähigkeit kontrovers unter den namhaften Herstellern diskutierten. Denn nicht alle pH- und Leitfähigkeits-Messgeräte hatten dieselben Eigenschaften sowie Merkmale und dennoch musste unter der Forderung für eine Standardisierung jeder Parameter bildlich gesprochen am selben Speicherplatz und Ort der grafischen Bildschirmdarstellung untergebracht sein. D. h. jeder Hersteller musste anwenderspezifisch für die übereinstimmenden Features seiner Geräte im Vergleich mit den Geräten der Wettbewerber denselben Speicherplatz in der SW belegen. Zunächst musste damals im Gremium erarbeitet werden, welche Features im Messgerät Standard und welche ‚Nice to have' waren. Danach mussten für jeden Parameter in Abstimmung die Speicherplätze definiert werden. Es war eine höchst anspruchsvolle Aufgabe, wenn man die Interessen der unterschiedlichen Hersteller zum damaligen Zeitpunkt berücksichtigte. Ein zähes Ringen fand statt: Welche Parameter primär oder sekundär dargestellt werden sollen, wo sie abgelegt werden müssen und wie die entsprechende Grafikoberfläche auszusehen hat (siehe Abb. 5.6).

Die Forderung, dass jeder DTM unabhängig vom Hersteller in *jeder* Rahmenapplikation (FDT) eingesetzt werden konnte, hatte jedoch den entscheidenden Vorteil, dass die FDT-Technologie nicht an die Messgeräte angepasst werden musste, sondern die Hersteller mussten die Funktionalität der Messgeräte der FDT-Schnittstelle anpassen.

Für alle Geräte konnte deswegen auch *ein* Servicetool im Feld eingesetzt werden, das eine Offline-Parametrierung und Offline-Konfiguration durchführen zuließ. Der entsprechende Datensatz konnte dann erst später auf das Gerät übertragen werden.

Ich persönlich war überrascht, nachdem man sich unter den Firmen auf das Profil geeinigt hatte, wie schnell die DTM's für die Analysenparameter pH und Leitfähigkeit entwickelt wurden und somit mittelfristig hohe Kosten eingespart werden konnten.

Es sei hervorgehoben, dass FDT auch für Altanalgen eingesetzt werden kann, ohne die installierten Geräte ändern zu müssen. Es muss lediglich der entsprechende Geräte-DTM und ein entsprechendes FDT-Rahmenprogramm installiert werden.

5.5.2 Zusammenfassung FDT/DTM™

Das FDT/DTM™-Konzept ist generell unabhängig vom Kommunikationsprotokoll, da über die CommDTM entsprechende Gateways [93] von vielen Firmen der Automatisierungstechnik [94] zur Verfügung stehen. Die Vorteile von FDT sind insbesondere, dass auf unterschiedlichen Ebenen der Automatisierungspyramide verschiedene Feldgeräte und Kommunikationsprotokolle von verschiedensten Herstellern eingesetzt werden können und dennoch nur *eine* Rahmenapplikation FDT (Schnittstelle) notwendig ist.

Weiter zeichnet das FDT/DTM™-Konzept aus, dass Wartungstools erstellt werden können, die auf allen Geräten und Systemen angewendet werden können. Hinzukommt, dass der Entwicklungs- und Wartungsaufwand einigermaßen gering ist und sich die Komplexität der Integration von Feldgeräten in Grenzen hält.

Die Konfiguration ist im FDT/DTM™-Konzept trotz hoher Gerätevielfalt innerhalb der gesamten Automatisierungspyramide denkbar einfach. FDT ist unabhängig von den eingesetzten Feldbussen.

FDT/DTM™ unterstützt heute neben den ursprünglichen Feldbussen PROFIBUS DP, PROFIBUS PA, HART und FF H1 und FF H2 (Foundation Fieldbus) heute auch die Busse PROFINET [12], EtherCAT [13], Interbus [22], DeviceNet [40], ControlNet [41], Modbus TCP/RTU/ASCII [47], EtherNet/IP [11], IO-Link [56], ASI- Interface [95], CANopen [96], SERCOS III [97], CC-Link [98].

Insofern ist das FDT/DTM™-Konzept mittlerweile eines der tragfähigsten Schnittstellenkonzepte überhaupt in der Automatisierungstechnik.

Aktuell ist FDT2 [99, 100] im Einsatz, das abwärtskompatibel zu den Vorgängerversionen ist. Alle DTMs und FDTs werden von der FDT Group zertifiziert, wodurch die

Interoperabilität und Versionskontrolle sichergestellt wird. Dabei sollte man wissen, dass der Zertifizierungsaufwand zum Teil einige Monate dauern kann, aber bei der Vielfalt von Möglichkeiten unumgänglich ist!

Die FDT Group zählt momentan mehr als 60 Mio. Mitglieder. Leitsysteme und Feldgeräte profitieren von dem FTD/DTM™-Konzept. Fast alle Hersteller nutzen heute das Konzept und es wird mit Hochdruck an der Weiterentwicklung gearbeitet. Generische DTM's, Profil-DTM's oder herstellerspezifische DTM's zeugen von dieser Entwicklung.

Auch in der Fabrik-Automatisierung kommt zunehmend das FDT/DTM™-Konzept zum Tragen und wird ähnlich wie in der Prozessindustrie nicht mehr aufzuhalten sein. Entstanden ist das Konzept um die Jahrtausendwende und hat sich bis heute evolutionär zu einem der mächtigsten Bedientools in der Automatisierung entwickelt.

Es muss aber nach meiner Erfahrung auch gesagt sein, dass immer noch viele kleinere und mittelständische Unternehmen der Messtechnik nichts von dieser Welt der Automatisierung wissen. Diese Unternehmen wissen auch nicht, dass ihre verkauften Geräte vom Anwender selbst mehr oder weniger automatisierungsgerecht nachentwickelt werden. Ein Umstand, der dann in Servicefällen hochkommt und zu langatmigen Diskussionen bezüglich Produkthaftung führen kann.

5.6 Das OSI-Modell (Open System Interconnection Model)

Haben wir in den bisherigen Abschnitten schon sehr viel von Automatisierung, Vernetzung, Kommunikation, Feldbussen, FDT/DTM™, Standardisierung gesprochen, so möchte ich in diesem Abschnitt das Thema noch weiter vertiefen. Zunächst behandeln wir das OSI-Modell (deutsch: Offenes System für Kommunikationsverbindungen) oder auch häufig als OSI-7-Schichten-Modell bezeichnet [101].

Anschließend besprechen wir gemäß ihrer Entstehungsgeschichte die wichtigsten Bussysteme der Automatisierungstechnik detaillierter. Besonderer Aspekt dabei ist, dass die im Folgenden beschriebenen Feldbusse und Bussysteme Meilensteine in der Automatisierungs- und Kommunikationsgeschichte sind und somit an dieser Stelle nicht fehlen dürfen (siehe auch Kap. 8 Zeittafel).

Wie bereits erwähnt, ist die Datenübertragungstechnologie (Kommunikation) der letzten 40–50 Jahre in der Automatisierung so alt wie die physikalischen Vernetzungstopologien selbst. Dabei ist das OSI-7-Schichten-Modell die Basis schlechthin für die meisten digitalen Übertragungsprotokolle Feldbusse und Bussysteme und auch für die Automatisierungspyramide (siehe Abb. 4.5). Die Entwicklung des OSI-Modells, das die Referenz für Netzwerkprotokolle und Schichtenarchitekturen ist, begann bereits im Jahr 1977/1978.

1983 wurde es von der ITU (International Telecommunication Union) [102] und 1984 von der ISO (International Organization for Standardization) als Standard veröffentlicht. Das OSI-Modell gilt als der Vater aller Kommunikationsprotokolle und umfasst gemäß Abb. 5.7 sieben Schichten (engl.: Layers) mit klaren Schnittstellen.

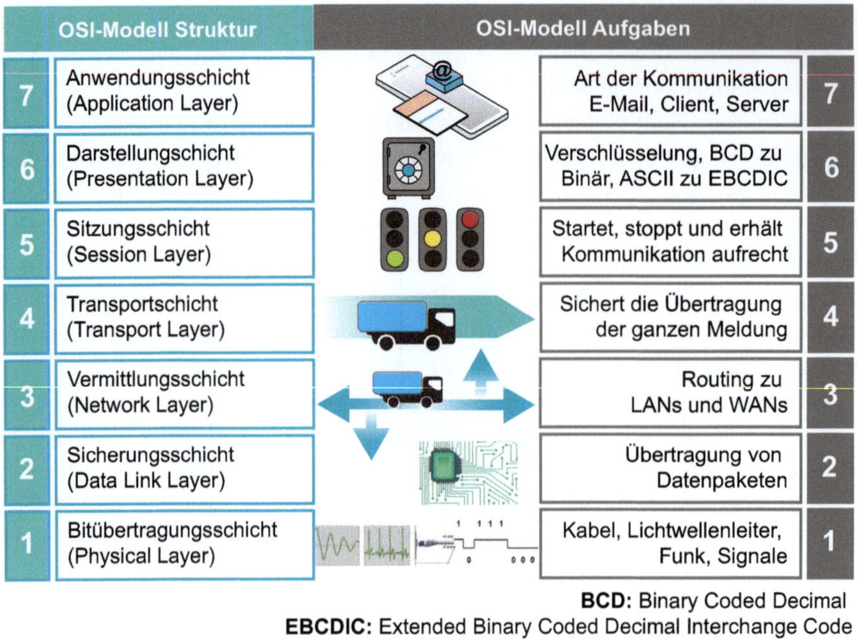

	OSI-Modell Struktur	OSI-Modell Aufgaben	
7	Anwendungsschicht (Application Layer)	Art der Kommunikation E-Mail, Client, Server	7
6	Darstellungschicht (Presentation Layer)	Verschlüsselung, BCD zu Binär, ASCII zu EBCDIC	6
5	Sitzungsschicht (Session Layer)	Startet, stoppt und erhält Kommunikation aufrecht	5
4	Transportschicht (Transport Layer)	Sichert die Übertragung der ganzen Meldung	4
3	Vermittlungsschicht (Network Layer)	Routing zu LANs und WANs	3
2	Sicherungsschicht (Data Link Layer)	Übertragung von Datenpaketen	2
1	Bitübertragungsschicht (Physical Layer)	Kabel, Lichtwellenleiter, Funk, Signale	1

BCD: Binary Coded Decimal
EBCDIC: Extended Binary Coded Decimal Interchange Code

Abb. 5.7 OSI-7-Schichten-Modell (Open System Interconnection Model)

Dabei ordnet das OSI-Modell die in einem Rechnernetzwerk benötigten Hardware- und Softwareteile in insgesamt sieben Schichten ansteigender Komplexität an.

Je höher eine Schicht, desto weniger interessant ist sie für den technischen Ablauf der Datenübertragung und umso mehr ist sie mit dem eigentlichen Inhalt der Daten beschäftigt.

Abb. 5.7 zeigt das OSI-7-Schichten-Modell mit seinen entsprechenden Aufgaben.

Die Prämisse beim OSI-Modell ist, das die Sender- und Empfängerseite nach klaren Regeln arbeiten müssen, um fehlerfrei kommunizieren zu können. Entscheidend ist die Trennung der Schichten mittels klarer Schnittstellen im Sinne von Sicherheit, Zuverlässigkeit und Effizienz geschieht.

Jede Ebene stellt Dienste zu Verfügung, die von der darunterliegenden wie auch der darüberliegenden Schicht genutzt werden. Die 7 Schichten (7 Layers) sind wie folgt definiert [101]:

Schicht 1: Bitübertragungsschicht (Physical Layer)

Die unterste Schicht ist die Hardware im eigentlichen Sinn. Auf der Bitübertragungsschicht wird die digitale Übertragung von Bits auf einer leitungsgebundenen (Kupferkabel, Lichtwellenleiter) oder leitungslosen Übertragungsstrecke, z.B. WirelessHART oder WLAN/Wi-Fi, realisiert. Ferner muss die Steckverbindung definiert sein. Zur Datenübertragung und Mehrfachnutzung (Multiplexen) des Übertragungsmediums muss eine Codierung erfolgen. Typische Komponenten sind die RS-485-Baugruppen oder aber die bereits erwähnten veralteten Hubs, die aus Datenkollisionsgründen so gut wie nicht mehr eingesetzt werden.

Schicht 2: Sicherungsschicht für Daten und Verbindung (Data Link Layer)
Ziel ist es, eine möglichst fehlerfreie Datenübertragung zu realisieren und den Zugriff auf die Bitübertragungsschicht zu gewährleisten. Dazu werden die Bitdatenströme in Blöcke oder Pakete (Frames) unterteilt und Prüfsummen im Rahmen einer Kanalcodierung hinzugefügt. Somit können fehlerhafte Blöcke erkannt und zum Teil sogar korrigiert werden.

Typische Hardware-Komponenten für die Sicherungsschicht sind ‚Brücken' (engl.: Bridges) [103] oder Ethernet-Switches (Abb. 5.3). Bridges können unterscheiden zwischen lokalen und entfernten Daten. Daten, die von einem PC oder Workstation zur anderen im selben Segment übertragen werden, umgehen die ‚Bridges' und die ‚Switches'. Das Ethernet-Protokoll (siehe Abschn. 5.7.3) beschreibt Schicht 1 und 2, wobei in der Regel die Zugriffskontrolle, Mehrfachzugriffe mit Trägerprüfung und Kollisionsprüfung CSMA/CD (Carrier Sense Multiple Access/Collision Detection) [104] zum Einsatz kommen.

Protokolle, die direkt auf der Bitübertragungsschicht (Physical Layer) aufsetzen sind z. B. IEEE 802.11A WLAN, IEEE 802.5 (Token Ring), IEEE 802.4 (Token Bus), usw. (siehe Tab. 5.5: ‚Arbeitsgruppen der IEEE').

Es gibt neben dem Ethernet-Protokoll eine Reihe von weiteren Protokollen, die ebenfalls 2-Schicht-Protokolle sind. Einige seien an dieser Stelle aufgelistet:

HDLC (High-Level Data Link Control) [105] ist ein von der ISO normiertes Netzwerkprotokoll nach ISO/IEC 13239:2002 [106]. Es wird innerhalb des ISO/OSI-Modells in der Sicherungsschicht angewendet.

SDLC (Synchronous Data Link Control oder Synchrone Datenübertragungssteuerung) [107] ist ein herstellerspezifisches bitsynchrones Datenkommunikationsprotokoll für die bitserielle Datenübertragung.

DDCMP (Digital Data Communications Message Protocol) [108] ist ein Netzwerkprotokoll, das von der Digital Equipment Corporation (DEC) im Jahre 1974 entwickelt wurde, um die Kommunikation über Punkt-zu-Punkt-Verbindungen für das DECnet Phase I-Netzwerkprotokoll zu realisieren.

IEEE 802.2 (Ursprünglich ISO/IEC 8802-2) ist der Standard, der die logische Verbindungskontrolle (LCC: Logical Link Control) reguliert. Es betrifft den oberen Teil der Sicherungsschicht (Siehe Tab. 5.5).

ARP (Address Resolution Protocol) [109, 110] ist ein Protokoll, das zu einer Netzwerk Adresse der Internetschicht die Hardware-Adresse der Netzzugangsschicht ermittelt. Diese Zuweisung wird, wenn angewendet, in den so genannten ARP-Tabellen der beteiligten Rechner hinterlegt. Es wird fast ausschließlich im Zusammenhang mit IPv4-Adressierung [111] auf Ethernet-Netzen, also zur Ermittlung von MAC-Adressen, zu gegebenen IP-Adressen verwendet (siehe hierzu auch Abschnitt Ethernet).

RARP (Reverse Address Resolution Protocol) [112] ist ein Netzwerkprotokoll, das die Zuordnung von Hardware Adressen zu Internet-Adressen ermöglicht. Es gehört zur Vermittlungsschicht der gesamten Internetprotokollfamilie.

STP (Spanning Tree Protocol) [113] ist ein zentraler Teil von Switch-Infrastrukturen. Mit Switches können gesamte Rechnernetze aufgebaut werden, die kollisionsfrei arbeiten.

Es zeigt noch einmal eindrucksvoll die Vielfalt und Komplexität von Kommunikationsprotokollen.

In den folgenden Abschnitten werden wir die für die Automatisierung wichtigen 2-Schicht-Protokolle PROFIBUS DP, PROFIBUS PA und PROFINET sowie EtherCAT, unf EtherNet/IP behandeln.

Schicht 3: Vermittlungsschicht (Network Layer)

Diese Schicht ist verantwortlich für das Schalten von Verbindungen und für die Weitervermittlung von Datenpaketen. Die Datenübertragung umfasst das *gesamte* Kommunikationsnetz über alle Schichten und schließt die Wegsuche (engl.: Routing) ein. Wichtige Bestandteile dieser Schicht sind die Bereitstellung netzwerkübergreifender Adressen, das Routing und die Aktualisierung der Routingtabellen. Die Hardware auf dieser Schicht sind die bekannten Router, die jeder von seinem WLAN Router zuhause kennt!

Abb. 5.8 zeigt einen typischen Ethernetswitch/Router SPIDER 5TX, was ein *nicht verwalteter* Industrial Ethernet DIN Rail Mount Switch ist, für Übertragungsraten mit 10/100 Mbit/sec. Dieser Typ von Switch erfordert gegenüber dem *verwalteten* Switch keine Einstellung für die Verwendung. Der verwaltete Switch leitet automatisch den Datenverkehr weiter. D. h. Der Switch weist eine hohe Bedienerfreundlichkeit auf.

Das Internetprotokoll (IP) ist einer der bekanntesten Vertreter der Vermittlungsschicht. Als Netzwerkprotokoll stellt es die Grundlage des Internets dar. Das Internetprotokoll ist die Implementierung der Internetschicht des TCP/IP-Modells bzw. der Vermittlungsschicht (*engl.: Network Layer*) des OSI-Modells.

Aber es gibt auch für diese dritte Schicht zahlreiche andere Protokolle wie z. B.:

Abb. 5.8 SPIDER 5TX – Nicht verwalteter 5-Port-Switch Industrial Ethernet DIN Rail Mount Switch, Speicher- und Vorwärts-Switching-Modus, 5 × 10/100 Mbit/s, RJ45 Stecker https://catalog.belden.com/index.cfm?event=pd&p=PF_943824002/ letzter Zugriff 3.1.2021. (Quelle: Belden Inc. (Hirschmann))

IPSec (Internet Protocol Security) [114] ist eine sog. Protokoll-Suite, die eine gesicherte Kommunikation über das Internet ermöglicht. Hier zeigt sich einmal mehr, welche Bedeutung der Sicherheit in immer größerem Umfang zukommt. Wir werden diesem Sachverhalt noch häufig bei den einzelnen Bus-Protokollen begegnen.

ICMP (Internet:Control Message Protocol) [115] dient in Rechnernetzwerken dem Austausch von Informations- und Fehlermeldungen über das Internet-Protokoll in der Version 4 (*IPv4*). Für *IPv6* (Internetprotokoll Version 6) [116] existiert ein ähnliches Protokoll mit dem Namen *ICMPv6* [116].

IGPM (Internet Group Management Protocol) [117] ist ein Protokoll der Internetprotokollfamilie und dient zur Organisation von Multicast-Gruppen, d. h. Nachrichtenübertragung von einem Punkt zu einer Gruppe. Das IGMP-Protokoll benutzt wie ICMP das Internet-Protokoll (IP) und ist Bestandteil von IP auf allen Hosts, die den Empfang von IP-Multicasts unterstützen.

OSPF (Open Shortest Path First) [118] dient der Auffindung des kürzesten Verbindungsweges. Dieses Protokoll wurde von der IETF (Internet Engineering Task Force) [119] zur Verbesserung des Internets bezüglich Datensicherheit und Datengeschwindigkeit entwickelt.

Die englische Internettechnik-Arbeitsgruppe (IETF) ist eine Organisation, die sich mit der technischen Weiterentwicklung des Internets befasst. Das OSPF ist in der Richtlinie RCF 2328 [120] nach dem Algorithmus von Edsger W. Dijkstra [121] standardisiert.

X.25 ist eine von der ITU-T standardisierte Protokollfamilie [122] für großräumige Computernetze (WANs) über das Telefonnetz. Der Standard definiert die Bitübertragungsschicht, die Sicherungsschicht und die Vermittlungsschicht (Schichten 1 bis 3) des OSI-Modells (siehe Datex-P).

Schicht 4: Transportschicht – Ende zu Ende Kontrolle (Transport Layer)

Die Hauptaufgabe ist die Segmentierung des Datenstroms und die Vermeidung von Staus auf den Übertragungsmedien. Ein Datensegment wird auf der Transportschicht zur Datenkapselung verwendet. Es enthält im Protokoll Elemente für die Steuerungsinformationen. Als Adressierung wird ein Port (eine sog. Schicht 4-Adresse) vergeben. Das Datensegment selbst wird bereits in der Vermittlungsschicht (Schicht 3) in ein Datenpaket gekapselt. Die Schicht 4 bietet somit für die anwendungsorientierten Schichten einen einheitlichen Zugriff, ohne dabei die Eigenschaften des Netzwerkes berücksichtigen zu müssen. Es gibt 5 verschiedene Klassen unterschiedlicher Güte von einfachen bis komfortablen Multiplexmechanismen und Fehlerbehebungsverfahren.

Typische Protokolle für die vierte Schicht sind:

Die TCP/IP-Protokollfamilie (Transmission Control Protocol/Internet Protocol) umfasst folgende Netzwerkprotokolle: Im Kern handelt es sich, wie bereits ausgeführt, um das Internet Protocol (IP), das Transmission Control Protocol (TCP), das User Datagram Protocol (UDP) und das Internet Control Message Protocol (ICMP).

UDP (User Datagram Protocol) [31] ist ein minimales, verbindungsloses Netzwerkprotokoll, das zur Transportschicht der Internetprotokollfamilie gehört. UDP ermöglicht Anwendungen den Versand von Datagrammen in IP-basierten Rechnernetzen. Die Entwicklung von UDP begann 1977 für schnelle Sprachübertragung.

SCTP (Stream Control Transmission Protocol) [123] ist ein zuverlässiges, verbindungsorientiertes Netzwerkprotokoll. Es gehört zur Transportschicht und setzt auf einem Paketdienst auf.

Schicht 5: Sitzungsschicht (Session Layer)
Diese Schicht hat als Aufgabe die Prozesskommunikation zwischen zwei Systemen sicherzustellen. Hier ist das bekannte RPC (Remote Procedure Call) [124] angesiedelt. Die Sitzungsschicht stellt somit die Dienste für einen synchronisierten Datenaustausch zur Verfügung. Maßgeblich hierfür sind die sogenannten Check Points, bei der eine durch einen Ausfall unterbrochene Kommunikation wieder aufgesetzt werden kann, ohne dass man dabei ganz von vorne beginnen zu müssen.

Ein typisches Protokoll hierfür ist das Connection Session Protocol nach ISO/IEC 9548-1:1996 [125].

Schicht 6: Darstellungsschicht (Presentation Layer)
Die Darstellungsschicht setzt systemabhängige Darstellungen (wie z. B. ASCII) in eine systemunabhängige Darstellung um und ermöglicht somit den korrekten Datenaustausch zwischen zwei unterschiedlichen Systemen. Die Darstellungsschicht übernimmt ebenfalls die *Datenkompression* und die gewohnten *Datenverschlüsselungen.*

Diese Schicht stellt unter anderem sicher, dass Daten die von der Anwendungsschicht (Layer 7) eines beliebigen Systems gesendet werden, von der Anwendungsschicht eines beliebigen anderen Systems gelesen werden können.

Die Darstellungsschicht agiert quasi als ein Übersetzer (Dolmetscher). Die Normierung und Protokolle sind in der ISO 8822/X.216 (Presentation Service) und ISO 9548 (Connectionless Service) sowie im ISO 8327/X.226 (Connection oriented session protocol) [126] definiert.

Schicht 7: Anwendungsschicht (Application Layer)
Die Anwendungsschicht stellt zum Einen Funktionen für die Anwendungen zur Verfügung und zum Anderen die Verbindungen zu den darunterliegenden Schichten her. Sie steuert den Netzwerkprozess und regelt die Dienste. Zentral sind dabei die Eingabe und Ausgabe von Daten. Ein typisches Beispiel hierfür ist Google oder Bing.

5.6.1 Zusammenfassung OSI-Modell

Zusammenfassend sei noch einmal gesagt, dass dieses OSI-Modell der Standard für nahezu alle Protokolle ist. Auch Ethernet TCP/IP, das wohl eines der am häufigsten verbreiteten Kommunikationsprotokolle ist, basiert auf dem OSI-Modell. Ethernet TCP/IP ist den meisten von uns aus Büro- und Gebäude- Automatisierung bekannt. Es wird aber auch in der Fabrik- und der Prozessautomation zwischen den oberen Schichten (Leveln) ab dem SCADA-System zum ERP-System verwendet.

Die Ethernet-Entwicklung begann, wie bereits erwähnt 1973 bei Xerox Palo Alto Research durch Mr. Metcalfe noch vor der HART-Entwicklung von Rosemount im Jahr 1979, dem PROFIBUS DP und Modbus RTU. Zur Erinnerung: Die Standardisierung der Automatisierungspyramide war Thema von 1985. Erst 1999 erfolgte die weltweite Normierung aller Feldbusse in der IEC 61158.

Im Jahr 2005 kam das echtzeitfähige EtherNet/IP auf den Markt, bis dahin waren in der Prozessautomation HART und PROFIBUS sowie FF die einzigen Echtzeitfeldbusse.

Im Folgenden vertiefen wir die Protokolle entsprechend ihrer Geschichte und beginnen mit dem Ethernet, dessen Entwicklung 1973 begann.

5.7 Ethernet

Eine wesentliche Anforderung in der Prozess- und Fabrikautomation sind zwischen Feld und der SPS-Ebene die Echtzeitanforderungen. Beim Ethernet-Standard IEEE 802.3 führt der Mechanismus zur Vermeidung von Datenkollisionen zu unregelmäßigen Verzögerungen im Datenverkehr. Somit wird Ethernet TCP/IP in der Regel zwischen SCADA/MES- und ERP-Systemen eingesetzt. Um Echtzeit zu erreichen, sorgen die echtzeitfähigen Ethernet-Protokolle wie EtherNet/IP, EtherCAT und PROFINET dafür, dass Kollisionen mit speziellen Methoden vermieden werden. Diese Protokolle werden überwiegend zwischen der SCADA/HMI-Ebene, der SPS-Ebene und der Feldebene eingesetzt.

Harte Echtzeit wie z. B. EtherNet/IP, PROFINET IRT (Isochronous Real-Time oder Isochrone Echtzeitkommunikation) und EtherCAT, bedeutet zyklischen Datenverkehr mit äquidistanten Zeitintervallen, andernfalls wird eine Störung gemeldet. Das IRT-Protokoll [127] bei PROFINET ist für die Anwendungsklasse C entwickelt, d. h. für Zykluszeiten unter 1 ms und eignet sich beispielsweise bei Roboteranwendungen.

Dabei muss man bei Echtzeit unterscheiden: Für die Analysenmesstechnik z. B. pH-Messung oder Temperaturmessung reichen Zykluszeiten im zweistelligen Millisekunden Bereich aus, während bei digitalen Regelkreisen, wie z. B. Robotern und Werkzeugmaschinen oftmals Zykluszeiten kleiner einer Millisekunde gefordert sind. Als industrielle Ethernets werden heute neben den genannten Bussystemen POWERLINK (ca. 3 % siehe Abb. 5.1) sowie SERCOS III (geringer Marktanteil) im Bereich schneller Antriebssteuerungen eingesetzt [128].

5.7.1 Ethernet Geschichte

Die Geschichte vom Ethernet begann wie schon erwähnt ca. 1973 bei Xerox Palo Alto Research (PARC) [129, 130] durch *Robert Melancton Metcalfe* mit der Definition und

Spezifikation von Hardware und Software für kabelgebundene Datenvernetzung. Das damalige Protokoll war vom funkbasierten ALOHAnet [131] abgeleitet.

Das ALOHAnet wurde mit Mitteln der DARPA (Defense Advanced Research Projects Agency) finanziert und hatte demzugolge seinen Ursprung in der Wehrtechnik. Diese Technologie war in den Anfängen für Lokale Datennetze LANs (Local Area Network) konzipiert. Daher steht LAN auch sehr oft für Ethernet.

Das Ziel der lokalen Netzwerke ist der Datenaustausch als Frames zwischen Computern, Druckern und remote Systemen. Heute benutzt man Ethernet in der Gebäude-, Fabrik- und Prozessautomation meistens ab der SCADA Ebene.

Wie bereits in Abschn. 5.2.1 erwähnt: Ab 1976 begann die IEEE Arbeitsgruppe 802 (Institute of Electrical and Electronic Engineers) ihre Arbeiten zur Definition von Ethernet Standards. 1980/81 traten die IEEE Standards für Token Ring (802.5), Token Bus (802.4) und CSMA/CD (803.3) in Kraft. Seit 1985 ist Ethernet weltweit standardisiert.

Mit der Weiterentwicklung des Ethernets waren auch die kontinuierliche Erhöhung der Datenraten verbunden, zunächst über Kupfer dann auch über Lichtwellenleiter (LWL, oder engl.: Fibre Optics).

1986 wurden Daten im Ethernet Format auf Vierdrahtleitungen der Kategorie CAT 3 (siehe Tab. 5.12) übertragen.

Ab 1990 ist Ethernet die meistverwendete LAN-Technik. Ab 1991 wurde der Standard (10BASE-T) [132] für Twistes Pair-Kabel eingeführt und 1992 erfolgte die Standardisierung von 10BASE-F [133] für Lichtwellenleiter.

1995 wurde der 100 Mbit/s Standard IEEE 802.3u[134] verabschiedet. Befürworter dieses Standards waren ca. 35 Firmen, unter anderem Intel, Sun und Novell. Zu diesem Zeitpunkt wurde auch der Standard für Wireless-LAN 802.11 [135] verabschiedet.

Weitere Standardisierungen und Konsolidierungen hatten zur Folge, dass Ethernet ab 2014 als internationaler Standard IEEE/ISO/DIS 8802/3 [136] für spezielle Übertragungsraten 1 Mbit/s bis 100 Gbit/s definiert wurde.

Im März 2019 wurde zum ersten Mal beim DE-CIX (‚Deutsche Commercial Internet Exchange‘ ist ein Internet-Knoten in Frankfurt am Main) [137] ein 400 GBit/s-Ethernet angeboten.

Unter Industrial Ethernet (siehe oben) im Automatisierungsbereich werden die echtzeitfähigen Protokolle EtherNet/IP (bedingt Modbus TCP), PROFINET, EtherCAT, SERCOS III und POWERLINK zusammengefasst. POWERLINK hat gemäß Abb. 5.1 ca. 3 % Marktanteil. EtherNet/IP hat mit 12 % einen sehr hohen Marktanteil und wird im Wesentlichen ab der SPS/SCADA/HMI-Ebene zur MES-Ebene eingesetzt, während die restlichen Feldbusse im Feld über die SPS bis maximal zum SCADA/(MES)-System zum Einsatz kommen.

Seit der Entwicklung des Ethernets nehmen die Übertragungsgeschwindigkeiten stetig zu, unterstützt auch durch die Einführung des ersten Lichtwellenleiters für 10 Mbit/s im Jahre 1992.

2002 gab es den ersten 10 Gbit/s Lichtwellenleiter (LWL). Mittlerweile arbeitet man am 400 GBit/s-Ethernet. Es ist leicht einzusehen, dass mit der Geschwindigkeitserhöhung auch die Elektroniken, Softwareversionen, Materialeigenschaften einer kontinuierlichen Weiterentwicklung unterzogen sind.

Es gibt momentan für Ethernet-Bussysteme Übertragungsraten von:

- Fast Ethernet: 1 Mbit/s, 10 Mbit/s, 100 Mbit/s
- Gigabit Ethernet: 1000 Mbit/s
- Weitere spezifische Ethernet Varianten sind: 2,5 Gbit/s, 10 Gbit/s, 40 Gbit/s, 50 Gbit/s, 100 Gbit/s, 200 Gbit/s, 400 Gbit/s

Die Übertragungsreichweiten gehen je nach Medium von 100 m (Kupfer) bis 70 km (Glasfaser).

5.7.2 OSI-Modell und Ethernet.

Ethernet lässt sich vollumfänglich auf das OSI-7-Schichten-Modell abbilden, wie in Abb. 5.9 dargestellt.

Folgende Abkürzungen werden in Abb. 5.9 benutzt:

HTTP: Hypertext Transfer Protocol (Hypertextübertragungsprotokoll).

SNMP: Simple Network Management Protocol (Einfaches Netzwerkverwaltungsprotokoll).

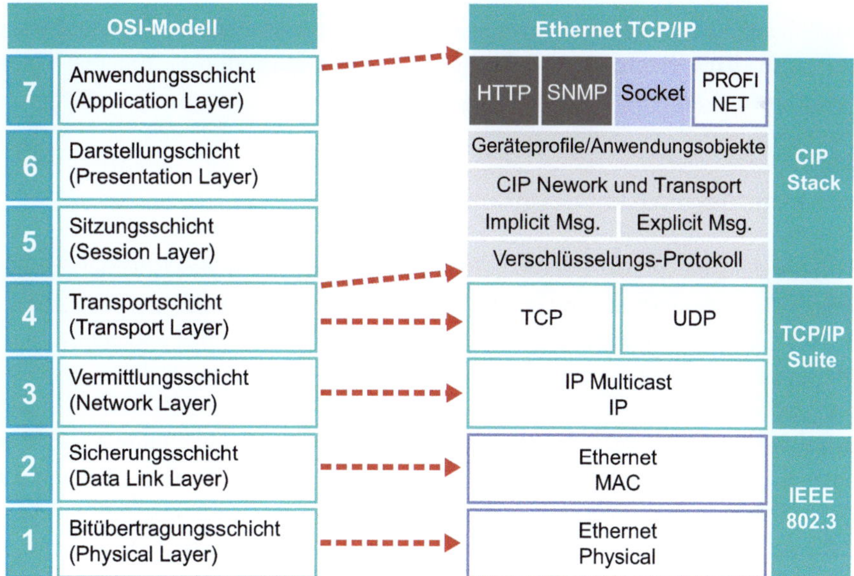

Abb. 5.9 OSI-Modell und das Ethernet TCP/IP

CIP: Common Industrial Protocol für Industrie Automation, von der ODVA unterstützt (Open DeviceNet Vendors Association, Inc.).

Implicit: I/O Scanner (Controller), I/O Adapter (Field Device).

Explicit: Client (Controller) I/O Adapter (Field Device).

UDP: User Datagram Protocol

TCP: Transmission Control Protocol.

Multicast: Kommunikation von Punkt zu Gruppe.

MAC: Media-Access-Control-Adresse.

Die einzelnen oben aufgeführten Protokolle werden im Abschn. 5.8 ‚Ethernet TCP/IP Protokoll' näher diskutiert.

Durch Zusammenfassen der OSI- Sicherungsschicht und OSI-Bitübertragungsschicht (‚Physical Layer' und ‚Data Link Layer') entstand die Ethernet-Schicht (Ethernet-Layer) nach IEEE 802.3 entsprechend Tab. 5.5.

Die OSI-Vermittlungsschicht (Network Layer) entspricht dabei dem Internet Protokoll, die OSI-Transportschicht (Transport Layer) ist das TCP (Transmission Control Protocol). TCP/IP werden in der TCP/IP Suite zusammengefasst.

Der CIP-Stack (Common Industrial Protocol-Stack) umfasst die OSI-Applikationsschicht (Application Layer), OSI-Darstellungsschicht (Presentation Layer) und die Sitzungsschicht (Session Layer).

Ethernet wird auch oft als LAN (Local Area Network) bezeichnet.

Viele bekannte Kommunikationsprotokolle wie ‚Apple Talk' [138, 139], DECnet [140], IPX/SPX [141], oder auch NetBEUI (Microsoft Windows) [142] konkurrierten mit TCP/IP, basierend auf dem Ethernet. So setzte Microsoft erst ab Windows 2000 [143] den Stack TCP/IP ein.

Das Ethernet war in seinen Ursprüngen nur für leitungsgebundene Datenübertragung definiert. Ab 2013 folgte dann mit WLAN/Wi-Fi das drahtlose ‚Ethernet', dessen Ursprünge bereits auf 1997 zurückgehen.

5.7.3 Ethernet-Protokoll (Datenframe)

Wie bereits erwähnt ist eine minimale Framelänge von 64 Byte des Ethernet-Protokolls bei einer Übertragungsrate von 10 Mbit/s und einer maximalen Entfernung zwischen zwei Anschlüssen von maximal 2,5 km notwendig. Da das Ethernet-Protokoll eines der wichtigsten Kommunikationsprotokolle in der Industrie ist, sei es an dieser noch etwas genauer aufgezeigt.

Heute wird die Ethernet-Version-2 oder der Ethernet-II-Datenframe [144] (engl.: Ethernet-II-Frame) oder auch DIX-Frame, der 1982 durch die Firmen DEC, Intel und Xerox definiert wurde, eingesetzt. Seit 1983 entstand der IEEE 802.3 Standard, der für Ethernet steht. Abb. 5.10 zeigt den heute am weitesten Ethernet-Datenframe nach Standard IEEE 802.3.b ‚Tagged MAC Frame' [145]. Der Standard Ethernet I ist veraltet!

Der Aufbau des Ethernet-Pakets sieht gemäß Abb. 5.10 folgendermaßen aus:

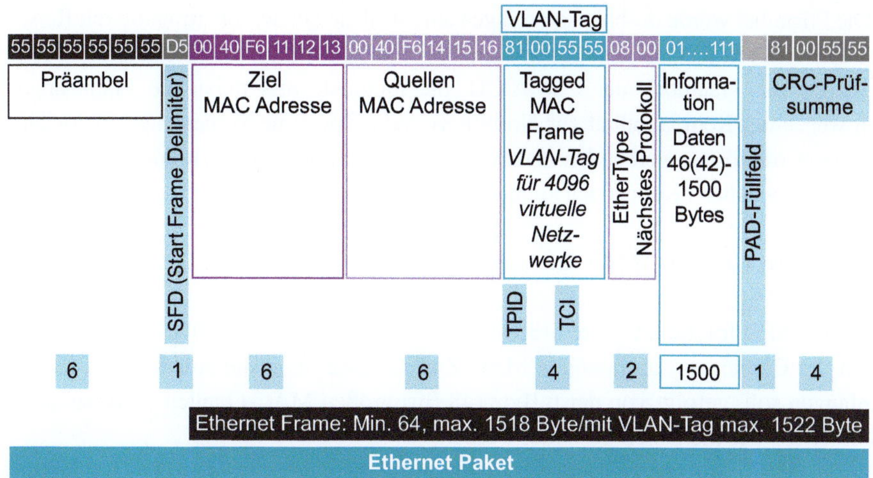

VLAN: Virtual Local Area Network; **PAD:** Padding-Bits (Auffüllen von Bits);
CRC: Cyclic Redundancy Check (Zyklische Redundanzprüfung)
TPID: Tag Protocol Identifier (2 Byte); **TCI:** Tag Control Information (2 Byte)

Abb. 5.10 Ethernet-II-Datenframe nach IEEE 802.3.[145]

Präambel

Ein Ethernet Paket startet mit der Präambel von 7 Byte. Jedes Byte sendet die Codierung 10101010 (mit LSB beginnend) (hexadezimal 55 = 01010101), gefolgt vom Start Frame Delimiter (SFD).

Start Frame Delimiter (SFD) oder Start Of Frame (SOF*)*

Ethernet überträgt die Daten seriell und beginnt jeweils mit dem niederwertigsten Bit. Beispiel der Start Frame Delimiter SDF beträgt 0xD5 (hexadezimal) = 213 (dezimal) = 11010101 (binär) wird beginnend mit dem LSB (Last Significant Bit) versendet, also 10101011.
Alle ‚Big-Endians' [146], wie z. B. die Ziel MAC-Adresse und die Quelle MAC-Adresse, werden mit dem Byte der höheren Wertigkeit übertragen, also gemäß Abb. 5.10 wird die Ziel MAC-Adresse mit 0x0040F6111213 übertragen.

Der SFD ist ein Byte, der das Ende der Präambel anzeigt. Dieser ist der erste Wert des Ethernet-Pakets und hat die binäre Sende-Codierung von 10101011. Die ersten 8 Bytes dienen somit der Bit-Synchronisation. Das alternierende Bitmuster erlaubt eine korrekte Synchronisation auf die Bit-Abstände. Diese Art der Synchronisation ist notwendig für alle Geräte, die mit jedem gesendeten Frame nach einer Unterbrechung die Synchronisation wieder neu aufbauen müssen.

Heute senden Systeme eine kontinuierliche Trägerwelle, die auch eine eventuelle Übertragungspause überbrücken.

Die Präambel wurde deshalb so groß gewählt, weil sie bei der Übertragung mit Repeatern zum Teil verloren geht. Genau genommen sind heute bei modernen Geräten und Systemen die Länge der Präambel, der CSMA/CD, die minimale und maximale Framelänge nur noch wegen der Kompatibilität zur Norm notwendig. Moderne Vernetzungstopologien sind stern- oder ringförmig verbunden und verwenden synchrone Punkt-zu-Punkt-Verbindungen (Multiport-Switches). Kollisionen können somit nicht stattfinden.

Media Access Control (MAC)-Adresse

Nach dem SFD folgt die 6-Byte (48 Bit, d. h. es gibt $2^{48} = 2{,}814749767 \times 10^{14}$ Möglichkeiten der Codierung) umfassende MAC-Ziel-Adresse, d. h. die Adresse, die die Daten empfangen soll, gefolgt von der 6 Byte (48 Bit) großen MAC-Quellen-Adresse, d. h. die Adresse, von der die Daten gesendet werden.
2 Bit der MAC-Adresse werden zur Einteilung verwendet. Das erste Bit hat hinterlegt, ob es sich um eine Unicast (0)- oder Broadcast (1)-Adresse handelt, das zweite Bit hat hinterlegt, ob die Übertragung der verbleibenden 46 Bits lokal (1) oder global (0) ist.

Es ist wichtig zu wissen, dass Ethernet-Produkte eine weltweit eindeutige MAC-Adresse haben, die vom Ethernet-Konsortium *und* den Herstellern verwaltet wird.

VLAN Tag ***(Virtual Local Area*** Network*)*

Die Protokoll-Sicherungsschicht (Frame Data Link Layer) umfasst neben den beiden MAC-Adressen (12 Bytes) den nach IEEE 802.3.1 [147] das optionale VLAN Tag (4 Bytes) und den EtherType (2 Bytes). Somit variiert das Ethernet-Protokoll zwischen max. 1522 und 1518 Byte.
Das 4 Byte große VLAN Tag folgt nach den MAC-Adressen gemäß IEEE 802.1q [148] oder IEEE 802.1p im ‚Tagged MAC Frame'. Dabei werden virtuelle lokale Netzwerke (Virtuel Local Area Networks, VLAN) adressiert. Die ersten beiden Bytes (TPID: Tag Protocol Identifier) enthalten die Konstante 0x8100, die man auch als EtherType für VLAN betrachten kann. In den nächsten 2 Bytes steht dann die Tag Control Information (TCI).

3 Bits charakterisieren die Priorität der Übertragung (000: Niederste Priorität, 111: Höchste Priorität), 1 Bit steht für die Kompatibilität (Canonical Format Indicator: CFI) zwischen Ethernet und Token Ring [149]. Das Bit zeigt an, ob die MAC-Adresse im richtigen Format ist. Ist das CFI Bit 1, so ist die Verbindung vorschriftsmäßig. Die restlichen 12 Bits stehen für die VLAN-ID zur Verfügung.

EtherType

Nach dem VLAN-Tag (4 Bytes) folgen 2 Bytes, die den EtherType charakterisieren und die Auskunft gibt welches Protokoll in der nächsthöheren Ebene verwendet wird. 0x0800 steht dabei für eine IPv4 Paket. IPv4 war die Internet Protokoll Version 4, die als erste Version seit 1981 weltweit eingesetzt wurde. IPv4 hat 2^{32} mögliche eindeutige Adressen.

1998 definierte man das IPv6 Protokoll (EtherType: 0x86DD), das eine 128 Bit Adressierung (d. h. 2^{128} eindeutige Adressen) beinhaltet.

Es ist wichtig, dass IPv4 Und IPv6 nicht zueinander kompatibel sind. Dies ist der Grund, dass beide Protokolle noch lange nebeneinander existieren werden.

Einige wichtige Protokolle (nicht vollständig), die im EtherType Feld (2 Bytes) adressiert werden sind in Tab. 5.10 dargestellt.

Tab. 5.10 vermittelt einen kleinen Eindruck davon, wie viele unterschiedliche Protokolle heute angewendet werden. Von besonderer Bedeutung in der Automatisierung sind dabei z. B. die Echtzeitprotokolle EtherCAT (0x88A4), PROFINET (0x8892), SERCOS III (0x88CD) und POWERLINK (0x88AB).

Datenfeld

Nach der EtherType Codierung folgt im Frame (Byte 9 bis maximal Byte 1518) das maximal 1500 Bytes (12.000 Bit) lange Datenfeld. Das EtherType wird als Big Endian [146] Byte Folge mit dem höherwertigen Byte zuerst übertragen.

Tab. 5.10 Codierung von gängigen Protokollen im EtherType

Codierung Ethertype	Protokolle
0×0800	IP Internet Protocol, Version 4 (IPv4)
0×0806	Address Resolution Protocol (ARP)
0×0842	Wake on LAN (WoL)
0×8035	Reverse Address Resolution Protocol (RARP)
0×809B	AppleTalk (EtherTalk)
0×80F3	Appletalk Address Resolution Protocol (AARP)
0×8100	VLAN Tag (VLAN)
0×8137	Novell IPX (alt)
0×8138	Novell
0×86DD	IP Internet Protocol, Vision 6 (IPv6)
0×8863	PPPoE Discovery
0×8864	PPPoE Session
0×8870	Jumbo Frames
0×8892	Real Time-Ethernet PROFINET
0×88A2	ATA over Ethernet Coraid AoE [5]
0×88A4	Real Time-Ethernet EtherCAT
0×88A8	Provider Bridging
0×88AB	Real Time-Ethernet Ethernet POWERLINK
0×88CD	Real Time-Ethernet SERCOS III
0×8906	Fibre Channel over Ethernet
0×8914	FCoE Initialization Protocol (FIP)

PAD-Feld

Im Datenfeld gibt es das PAD Feld mit den Padding-Bits (Auffüll-Bits, engl.: auffüllen), das zur Auffüllung eines Ethernet Frames auf 64 Byte dient. Präambel und Start Frame Delimiter (SFD) werden beim Frame *nicht* mitgezählt, der VLAN-Tag (4 Bytes) wird mitgezählt. Würde man mit dem PAD Feld nicht auffüllen, so könnte es zu Kollisionen bei der Datenübertragung führen!

FCS Feld (Frame Check Sequence)

Das FCS steht am Ende des Ethernet-Frames und ist 4 Bytes groß. Im Frame Check Sequence Feld befindet sich eine 32 Bit große Prüfsumme. Die FCS wird beim Sender erstellt und an den Frame gehängt. Die Berechnung der FCS beginnt mit der Ziel-MAC-Adresse und endet mit dem PAD-Feld. Die Präambel, der Start Frame Delimiter (SFD) oder Start Of Frame (SOF) und die Frame Check Sequence (FCS) selbst sind darin nicht enthalten. Der Empfänger des Frames macht selbst eine zyklische Redundanzberechnung (CRC: Cyclic Redundancy Check) und vergleicht die beiden Werte. Stimmen diese nicht überein, geht er davon aus, dass die Übertragung fehlerhaft war und verwirft den Datenblock. Nachdem der Datenstrom in Form von Bits zur Verfügung steht werden einige Bits zur Codierung des Übertragungsmediums verwendet. Dabei ist die Taktrückgewinnung des Empfängers miteingeschlossen.

Nachdem wir das Protokoll des Ethernets erläutert haben, sei nun noch auf den CSMA/CD-Algorithmus etwas näher eingegangen. Der Algorithmus wird für Netzwerke eingesetzt, die nicht mit Switches verbunden sind. Der Zweck ist die Verhinderung von Kollisionen.

5.7.4 CSMA/CD-Algorithmus (Carrier Sense Multiple Access/ Collision Detection)

Ethernet hat sich zum Ziel gesetzt, dass Teilnehmer innerhalb eines Netzwerkes ihre Daten mit Hochfrequenz übertragen können, ohne dabei zu kollidieren. Dabei hat jeder Netzwerkteilnehmer eine global eindeutige 48-Bit-Codierung, die als MAC-Adresse (Media Access Control-Adresse) bezeichnet ist.

Die Daten werden auf dem Medium im Basisbandverfahren und im digitalen Zeitmultiplex übertragen.

Für die kollisionsfreie Übertragung in diesen heterogenen Netzwerken wird der CSMA/CD-Algorithmus (Carrier Sense Multiple Access/Collision Detection) [104] angewendet, der auf dem ALOHA-Protokoll basiert. Kollision entsteht immer dann, wenn zwei Netzwerkteilnehmer zugleich anfangen zu senden. Nach der Erkennung einer Kollision, wurde das Senden eingestellt, eine zufällige Zeitspanne abgewartet, bis eine erneute Sender-Wiederholung stattfindet.

Zur Stattfindung einer Kollisionserkennung und Senderwiederholung muss eine Protokollmindestlänge vorhanden sein, die berechnet werden kann: z. B. ist bei einer Übertragungsrate von 10 Mbit/s und einer maximalen Entfernung zwischen zwei Anschlüssen von maximal 2,5 km die Protokolllänge von mindestens 64 Byte zwingend notwendig: 14 Byte Header, 46 Byte Nutzdaten 4 Byte CRC (Cyclic Redundancy Check) [144].

Die zyklische Redundanzprüfung (CRC) ist ein Algorithmus zur Bestimmung eines Prüfwerts für Daten, um Fehler bei der Übertragung oder Speicherung erkennen zu können (Media Access Control-Adresse). Sollte die Datenmenge kleiner als 64 Byte sein, so müssen die Frames aufgefüllt werden (PAD-Feld).

Für das Standard Ethernet bei 10 Mbit/s ist eine maximale Segmentlänge von 100 m sowie 4 Repeatern erlaubt: Die maximale Verbindung beträgt somit 500 m [144].

Bei höheren Übertragungsraten sind weniger Repeater erlaubt. Das ‚CD-Kontrollverfahren' gilt insbesondere für Halbduplexverfahren, d. h. nur eine Seite kann zu gegebener Zeit sprechen. Erst wenn die Daten übertragen sind, kann die andere Seite reagieren. Kommunizieren beide zur gleichen Zeit kommt es zu einer Kollision. Im Alltagsleben kann dies sehr schön bei Nachrichtenkorrespondenzschaltungen oder Sportsendungen beobachtet werden. Das Motto bei den Halbduplexübertragungen: ‚Immer erst aussprechen lassen!'.

Heute wird die Kommunikation bei Ethernet im Vollduplexverfahren (gleichzeitiges Senden und Empfangen) durchgeführt, wodurch keine Kollisionen mehr möglich sind. Somit ist das CD-Verfahren in der Norm IEEE 802.3 überflüssig geworden. Trotzdem blieb das Frame Format von 64 Byte beim Ethernet unverändert.

5.7.5 Ethernet Verbindungen und Vernetzungen, ASIC's

Zu Beginn des Ethernets wurden für die gesamte Kommunikation Koaxkabel verwendet. Alle Computer wurden per T-Stück oder Invasivstecker (Vampirklemme) angeschlossen. Jede ausgesendete Information konnte somit von jedem empfangen werden. Dies hat oftmals zu einem Sicherheitsproblem geführt. Deswegen wurde z. B. die Verschlüsselung (Kryptographie) in der Sitzungsschicht (Session Layer 5) eingeführt, um Missbräuchen vorzubeugen.

Mit zunehmender Verbreitung des Ethernets wurden und werden bis heute in modernen Kommunikationsnetzwerken Switches (Kommunikationsweichen) eingesetzt. Der erste Switch kam 1990 durch die Firma Kalpana [150] auf den Markt. Moderne Switches sind in Abb. 5.3 zu sehen.

Werden als Vernetzung nur Switches verwendet, so kann die gesamte Kommunikation im Vollduplex stattfinden. Über Switches werden die Informationen direkt zwischen Empfänger und Sender ausgetauscht. Weiteren Empfängern werden die Datenpakete nicht zugestellt.

Wie bereits gesagt, ist ein Switch (siehe Abb. 5.3) eine Multiport-Bridge, die als aktives Netzwerkgerät Frames von Informationen aus der Sicherungsschicht (Data Link Layer des OSI-Modells) weiterleitet.

Persönlich habe ich bei der Firma Hirschmann (Belden Inc.) bei der Entwicklung und Vermarktung für eine neue Generation von Switches reichlich Erfahrungen sammeln können:

Generell kann man sagen, dass bei normaler Ethernet-Vernetzung ohne Switches die Chance für eine Kollision proportional mit Anzahl der Sender und der zu sendenden Datenmenge steigt. Deshalb gilt als Faustregel, dass die Auslastung in Zusammenhang mit der zur Verfügung stehenden Bandbreite unter 50 % liegen sollte, ansonsten ist das Netzwerk überlastet und es kommt zu sogenannten Staus [151].

Um Staus zu vermeiden, setzt man teilweise Ethernet flow-control ein; d. h. eine Station kann angeschlossene Gegenstellen auffordern Sendepausen einzulegen. Diese Art der Kommunikation wird insbesondere bei Vollduplex angewendet, bei der auf das CSMA/CD-Verfahren verzichtet wird. Zur weiteren Vertiefung dieser Varianten verweise ich auf die entsprechende Literatur.

5.7.5.1 Verbindungsmöglichkeiten des Ethernets in der Bitübertragungsschicht (Physikalischer Layer)

Vorweggenommen sei, dass die frühere Nomenklatur IEEE 802.3'ay' bis IEEE 802.3'z' etc. mittlerweile teilweise schon in der neuen Nomenklatur durchnummeriert wurden (IEEE 802.3 Clause_{xyz}, xyz = 1...43 usw.) [152, 153].

Die verschiedenen Ethernet-Varianten unterscheiden sich in der Übertragungsrate und in der Verbindungstechnologie. Zunächst wurde Ethernet generell nur für kabelgebundene Systeme definiert. Dies waren zunächst Kupferkabel, später ab den frühen 90er Jahren Lichtwellenleiter (Glasfasern).

Da die Verbindungen von Ethernet sehr vielfältig sind, ist in Tab. 5.11 eine Übersicht der Verbindungen zu sehen, auf die im Folgenden teilweise näher eingegangen wird [154].

Der 64b/66b-Code [155] ist ein verwendetes Codierungsverfahren, der ein 64-Bitwort in ein 66-Bitwort wandelt. Er kommt beim Ethernet 10-Gbit/s-, 40-Gbit/s- und 100-GiBit/s zum Einsatz.

Weiter wird der 8b/10b-Code [156] für das Vollduplex-Verfahren angewendet. Er ist jedoch völlig anders aufgebaut und hat andere spektrale und statistische Eigenschaften wie der 64b/66b-Code.

Es gibt eine große Vielzahl von Kupferkabeln und Lichtwellenleitern für Ethernet. Um den Überblick im Rahmen der Automatisierungstechnik zu wahren, sind in diesem Buch nur die allerwichtigsten Kabel und Stecker und primär diejenigen Verbindungen angegeben, die in der Automatisierungspyramide zwischen den Ebenen und innerhalb der Ebenen eine wichtige Rolle spielen.

Tab. 5.11 Ethernet-Verbindungen: Kupferkabel und Lichtwellenleiter in der Übersicht [154]

Ethernet Standard	Bezeichnung	Seit	Datenrate	Kabeltyp	Kabellänge	Spez
802.3	10BASE5	1983	10 Mbit/s	Koaxialkabel	500 m	
802.3a	10BASE2	1988	10 Mbit/s	Koaxialkabel (BNC)	185 m	
802.3i	10BASE-T	1990	10 Mbit/s	Twisted Pair mit RJ45 Stecker	100 m	
802.3j	10BASE-FL	1992	10 Mbit/s	Glasfaser	850 nm Multimode 2000 m	
802.3u	1000BASE-TX	1995	100 Mbit/s	Twisted Pair mit RJ45 Stecker	100 m	
802.3u	100BASE-FX	1995	100 Mbit/s	Glasfaser	100 m	
802.3z	1000BASE-SX	1998	1000 Mbit/s	Glasfaser	100 m	
802.3ab	1000BADSE-T	1999	1000 Mbit/s	Twisted Pair mit RJ45 Stecker	100 m	
802.3ae	10GBASE-SR	2002	10 Gbit/s	Glasfaser	850 nm bis 65 m, Multimode	64b/66b
	10GBASE-SW	2002	10 Gbit/s	Glasfaser	850 nm bis 65 m, Multimode	64b/66b
	10GBASE-LR	2002	10 Gbit/s	Glasfaser	1310 nm bis 5000 m	64b/66b
	10GBASE-LW	2002	10 Gbit/s	Glasfaser	1310 nm bis 5000 m	64b/66b
	10GBASE-ER	2002	10 Gbit/s	Glasfaser	1550 nm, bis 40 km Monomode	64b/66b
	10GBASE-EW	2002	10 Gbit/s	Glasfaser	1550 nm, bis 40 km Monomode	64b/66b
	10GBASE-LX4	2002	10 Gbit/s	Glasfaser	1350 nm	8b/10b

5.7.5.2 10 Mbit/s-Ethernet mit Kupfer

Das am häufigsten verwendete 10 Mbit/s-Ethernet arbeitet mit Manchestercodierung [157], die je Datenbit zwei Leitungsbits überträgt. Mit dieser Art der Übertragung wird die Gleichspannung unterdrückt und gleichzeitig die Taktrückgewinnung im Empfänger nachgeführt.

Es gibt für das 10 Mbit/s-Ethernet drei Arten von Verbindungen (siehe hierzu auch Tab. 5.11) [158].

- Dünnes Koaxkabel (RG58): 10BASE2, IEEE 802.3 Clause 10 mit 50 Ohm Wellenwiderstand-Abschluss, Anbindung mittels BNC-T Stückes, maximale Länge für maximal 30 Teilnehmer sind 185 m (1 Segment). Über Repeater sind maximal 5 weitere Segmente anschließbar, was eine maximale Ausbreitung von 925 m heißt. Das Problem ist: Wenn ein Teilnehmer ausfällt oder der 50 Ω Widerstand fehlt, fällt das ganze Netzwerk aus
- 10 mm Koaxkabel (RG8): 10BASE5, IEEE 802.3 Clause 8 mit 50 Ω Wellenwiderstand-Abschluss
- Die Verbindung erfolgt mit der sogenannten Vampirklemme, was die Bohrung eines Loches in das Kabel erfordert. Jedes Segment hat eine maximale Kabellänge von 500 m und ermöglicht maximal 100 Teilnehmer. Über Repeater kann der Bus bis maximal 2500 m erweitert werden
- Twistes Pair Kabel, 10BASE-T, IEEE 802.3i (jetzt anstatt ‚i' ‚Clause 14') [159] mit je zwei verdrillten Adernpaare (4 Leitungen). Verwendet werden CAT 3 und CAT 5 Kabel. Zur Kopplung der im Duplex-Verfahren angewendeten Kommunikation werden Switches verwendet und jeder Teilnehmer ist über einen Port angeschlossen (Keine Kollisionen!). Die maximale Länge eines Segmentes ist 100 m. Es werden 8P8C-Stecker verwendet, die weithin als RJ45 Stecker/Buchsen bekannt sind
- In der Prozessautomation kommen oft 2 Drahtleitungen nach IEC 61158-2 [160] Kabeltyp A zum Einsatz. Die Bezeichnung ist 10BASE-T1L IEEE P802.3cg [161]. Die Datenübertragungsrate ist 10 Mbit/s und es wird Vollduplex übertragen. Über das 2-adrige Kabel können die Teilnehmer bis maximal 60 W versorgt werden. Die maximale Länge beträgt 1000 m zwischen den Hauptversorgungskabeln (Trunk-Cable) und den Switches sowie maximal 200 m zwischen Switch und Feldgerät

5.7.5.3 10 Mbit/s-Ethernet mit Glasfaser [162]

Gebräuchliche Komponenten für das 10 Mbit/s Ethernet mit Glasfaser sind:

- Der Fiber-Optic-Inter-Repeater-Link (FOIRL) [163], der dem ursprünglichen Ethernet über Glasfaser entspricht
- 10BASE-FL (IEEE 802.3 Clause 18) [164], der eine revidierte Version des FOIRL Standards ist

Der Vorteil des Glasfaserkabels ist insbesondere die hohe Resistenz gegen EMV-Störungen (siehe auch Abschn. 3.1.2).

FOIRL wurde von 10BASE-FL abgelöst. Die Übertragungsgeschwindigkeit ist 10 Mbit/s für eine sternförmige Verkabelung mit zentralem Switch (siehe Abb. 5.3). Die maximale Länge beträgt bei der Multimode-Glasfaser bei einer Wellenlänge von 850 nm bis zu 2 km, bei einer Wellenlänge von 1300 nm bis zu 5 km. Bei Mono-Glasfaser sind bei einer Wellenlänge von 1300 nm bis zu 20 km Reichweite möglich.

5.7.5.4 100 Mbit/s-Ethernet mit Kupfer

Das Fast Ethernet wird nach IEEE 802.3u [165] mit 100 Mbit/s als 100BASE-T bezeichnet. Die Stationen sind über ‚Twisted-Pair'-Kabel an einen zentralen Switch angeschlossen. Die maximale Entfernung beträgt 100 m (Kabellänge + Patchkabel oder Rangierkabel; früher ca. 0,5 m bis 1,5 m; heute auch 20 m).

Durchgesetzt hat sich über viele Jahre hinweg im 100 Mbit/s-Bereich letztlich der 100BASE-TX, IEEE 802.3u Standard. Er benötigt ein CAT 5 Kabel. Und arbeitet mit je 2 verdrillten Aderpaaren im Vollduplex.

Er verwendet anstatt der bei der 10 Mbit/s-Ethernet-Version üblichen Manchester-Codierung den 4B5B Leitungscode [166].

Der 4B5B-Code ist ein Begriff aus der Telekommunikation, der einen Leitungscode bezeichnet, der eindeutig umkehrbar vier Nutzdatenbits auf fünf Codierbits abbildet. Der Einsatzbereich dieses Codes liegt bei Fast Ethernet 100BASE-TX in Kombination mit einer MLT-3 Leitungscodierung [167] bei Kupferkabeln und einer NRZI Leitungscodierung [168] bei dem Fiber Distributed Data Interface (FDDI).

Beim oben genannten ‚Non Return to Zero Inverted' (NRZI) Codierverfahren wird 1 Bit nicht als High-Signal sondern als Signalwechsel dargestellt. Bei einem 0 Bit erfolgt kein Wechsel.

Der erwähnte MTL-3 Code (Multilevel Transmission Encoding-3 Levels) ist ein Leitungscode, der in der Nachrichtenübertragung verwendet wird. Der Code arbeitet mit drei Spannungspegeln, welche mit den Symbolen (+,0,-) bezeichnet werden.

Durch Einsatz dieser Codierung wird der Gleichspannungsanteil unterdrückt. In der Regel ist eine Punkt-zu-Punkt-Verbindung realisiert. Die Übertragungslänge beträgt 100 m. Die Bandbreite des übertragenen Signals beträgt 31,25 MHz. Das Ethernet-Netzwerk ist sternförmig zusammengeschlossen.

100BASE-T4 ist das Ethernet mit 1100 Mbit/s über UTP-Kabel. Bei UTP-Kabel handelt es sich um ungeschirmte und verdrillte Twisted-Pair Kabel. Es werden alle 4 Adernpaare benutzt.

5.7.5.5 100 Mbit/s-Ethernet mit Lichtwellenleiter

Das 100BASE-FX und 100BASE-SX/IEEE 802.u [165] sind die Ethernetvariante für Multimode- oder Monomode-Glasfaserkabel. Das 100BASE-SX entspricht dem 100BASE-FX mit einer Wellenlänge von 850 nm. Die 100BASE-SX Komponenten sind billiger als die von 100BASE-FX. Die Kabellänge beträgt maximal 300 m.

5.7.5.6 1000 Mbit/s-Ethernet oder 1Gbit/s-Ethernet mit Kupfer

Heute gibt es auch das Gigabit Ethernet 1000BASE-T/IEEE 802.3ab [169] mit 1000 Mbit/s (1Gbit/s) über Twisted-Pair Kabel und einer maximalen Kabellänge von

100 Meter (Sterntopologie). Das 1000BASE-T setzt auf 1000BASE-T4 auf. Dabei werden die 1000 Mbit/s auf die 4 Adernpaare zu je 250 Mbit/s aufgeteilt. Dies entspricht heute der typischen, ‚Arbeitsplatzverkabelung' in der Industrie.

5.7.5.7 1000 Mbit/s-Ethernet mit Lichtwellenleiter

Das 1000BASE-SX und 1000BASE-LX/IEEE 802.3z [169] mit 1000 Mbit/s und einer Wellenlänge von 850 nm erlaubt über Multimode- und Monomode-Glasfaser Kabellängen von 220 m bis 500 m zwischen Switch und Endgerät.

Das Ethernet mit 1000 Mbit/s und einer Wellenlänge von 1300 nm erlaubt über Multimode und Monomode-Glasfaser Kabellängen von 500 m bis 5000 m zwischen Switch und Endgerät.

5.7.5.8 Kupferkabel CAT x

Auch die Ethernet-Kupferkabel sind genau kategorisiert und lassen sich sehr übersichtlich in Tab. 5.12 darstellen. Fast Jeder hat sicherlich schon einmal mit einem CAT 3, CAT 5 oder CAT 7 Kabel zu tun gehabt, sei es im privaten Umfeld, in der Arbeit oder eben auch in der Automatisierung.

Tab. 5.12 Übersicht Ethernet-Kupferkabel CAT x [171]

Kabelkategorie	Übertragungsklasse (nach ISO/EN)	Standard	Länge	Übertragungsfrequenz	Normiert nach TIA/EIA 568/ EN50288
CAT 3	Class C	10BASE-T,100BASE-VG	100 m	2 × 10 MHz	16 MHz
CAT 5		100BASE-TX	100 m	2 × 31,25 MHz	100 MHz
CAT 5		1000BASDE-T	100 m	4 × 62,5 MHz	100 MHz
CAT 5e		1000BASDE-T	100 m	4 × 62,5 MHz	100 MHz
CAT 5e ungeschirmt	Class D		45 m		100 MHz
CAT 5e geschirmt			>45 m		100 MHz
CAT 6e ungeschirmt	Class E		55…100 m		250 MHz
CAT 6e geschirmt		10GBASE-T	100 m	4 × 417 MHz	250 MHz
CAT 6A	Class E_A		100 m		500 MHz
CAT 7	Class F		100 m		600 MHz

5.7.5.9 Lichtwellenleiter

Es gibt mittlerweile auch eine Vielzahl von Glasfaserkabeln [162] oder Lichtwellenleitern, die den Vorteil gegenüber den Kupferkabeln haben, dass kein Übersprechen mehr stattfindet und diese eine hohe EMV Resistenz aufweisen.

Ebenso ist der Vorteil von Glasfaserkabeln, dass höhere Übertragungsraten (bis Tera-Bit/s) und größere Entfernungen möglich sind. Die Übertragung kann bis mehrere hundert Kilometer ohne Zwischenverstärker erfolgen. Außerdem sind sie gewichtsmäßig leichter und benötigen weniger Platz. Zusammengefasst bedeutet dies weniger Installations- und Wartungskosten.

Entscheidende Vorteile von Glasfaserkabeln gegenüber Kupferkabeln sind weiter [162]:

- Hohe Bandbreiten
- Hohe Störsicherheit
- Keine EMV Probleme, deswegen sind Glasfaser auch zusammen mit Hochspannungs-Gleichstrom-Übertragungskomponenten kombinierbar
- Keine Signalstreuungen und kein Übersprechen
- Verwendung in explosionsgefährdeten Umgebungen. Dies ist ein hoher Anspruch in der Prozessindustrie
- Keine Erdung und galvanische Trennung zwischen den verbundenen Netzwerkkomponenten
- Keine Blitzeinwirkung (siehe Maßnahmen zum Blitzschutz in vielen industriell eingesetzten Messwertumformern)
- Geringe Abhörmöglichkeit

Nachteile von Glasfaserkabeln sind [162]:

- Hoher Konfektionieraufwand durch Spleißen
- Hohe Präzision bei der Verlegung und Installation
- Hohe Kosten für die Messgeräte
- Geringere mechanische Belastung
- **Power of Ethernet ist *nicht* möglich**

Es gibt beliebig viel zur Glasfaser, seit ihrer Einführung im Jahr 1992, zu berichten. Ich möchte jedoch dabei auf die entsprechende Literatur verweisen. Im Kontext mit diesem Buch möchte ich hier lediglich noch einmal einige Multimode-Glasfaser-Kabel im Zusammenhang mit den entsprechenden Ethernet-Protokollen und insbesondere ihre möglichen Entfernungen in Tab. 5.13 darstellen. LWL werden eingeteilt nach Kategorien OM1-OM4, die sich durch Farbgebung und Klassifizierung der Glasfasereigenschaften unterscheiden. Typischerweise werden bei der Übertragung mit Glasfaser je nach LED die 3 Wellenlängen 850 nm, 1310 nm und 1550 nm eingesetzt.

Tab. 5.13 Übersicht von Ethernet: Lichtwellenleiter und ihre Übertragungslängen [162]

Übertragungsrate	Ethernet -Typ	Wellenlänge	Reichweite
100 Mbit/s	100BASE-SX	850 nm	300 m
	100BASE-FX	1310 nm	2000 m
1 Gbit/s	1000BASE-SX	850 nm	500 m
	1000BASE-SX	850 nm	1000 m
	1000BASE-LX	1310 nm	550 m
	1000BASE-EX	1310 nm	40 km
	1000BASE-ZX	1550 nm	80 km
10 Gbit/s	10GBASE-SR	850 nm	500 m
	10GBASE-LR	1310 nm	10 km
	10GBASE-ER	1550 nm	40 km
	10GBASE-ZR	1550 nm	80 km
40 Gbit/s	40GBASE-SR4	850 nm	125 m
	40GBASE-LR4	1310 nm	10 km
	40GBASE-ER4	1550 nm	40 km
100 Gbit/s	100GBASE-SR2	850 nm	100 m
	100GBASE-SR4	850 nm	100 m

Neben dem Ethernet gibt es weitere standardisierte Schnittstellen für die Übertragung von Höchstraten wie das *Fibre Channel Protocol (FC-P)* aus dem Bereich der Speichernetzwerke. Ein weiteres Beispiel ist das *InfiniBand*, eine Spezifikation einer Hardwareschnittstelle zur seriellen Hochgeschwindigkeitsübertragung auf kurzen Distanzen mit geringer Latenz (z. B. LINUX). Diese Verbindungen werden bevorzugt in Rechenzentren oder im Kontrollraum (SCADA/MES/ERP) angewendet.

5.7.5.10 8P8C-Stecker und RJ45-Stecker

Abb. 5.11 zeigt zunächst einmal einige der gebräuchlichsten Stecker für die 10 Mbit/s-Übertragungen für Kupferkabel und Lichtwellenleiter.

Die am häufigsten verbreitete Ethernet-Steckverbindung ist jedoch der legendäre 8P8C-Stecker oder RJ45-Stecker (‚Registered Jack').

Die RJ-Steckerverbindungen [170] wurden bereits in den 1970er Jahren von den Bell Laboratories in den USA eingeführt und wenige Jahre später von der FCC (Federal Communications Commission) standardisiert. Es gibt die unterschiedlichen Steckerversionen 4P4C, 6P2C, 6P4C, 6P6C und 8P8C. Die Stecker sind normiert. Zum Beispiel: Es gibt maximal 8 Positionen (P), davon sind 6 (C) bestückt: hierfür ist die Nomenklatur 8P6C. Heute gibt es bereits für Netzwerk-Topologien die Steckerversion 10P10C.

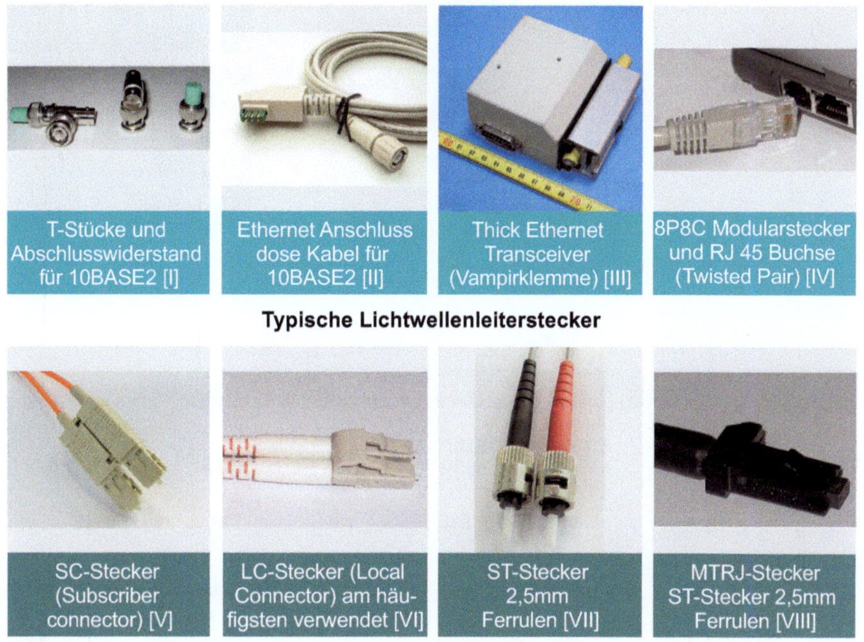

Abb. 5.11 Anschlussverbindungen von Kupferkabeln [I]–[IV] und Lichtwellenleiter [V]–[VIII]. (Quellennachweis [428, I–VIII] – Abb. 5.11 [I]–[VIII] zeigen Ausschnitte der unveränderten Originale)

Die Versionen 4P4C, 6P2C, 6P4C, 6P6C werden meistens in der Telefonie, Faxgeräten und Modems eingesetzt. Beispielsweise benutzen amerikanische Unternehmen aus dem Telefon- und Telekommunikationssektor, wie zum Beispiel Western Electric, die RJ-Steckerverbindungen in hohem Maße.

RJ -Steckerverbindungen sind im USA-Code of Federal Regulations (CFR) für Telekommunikationskabel genormt.

Der in der Automatisierungstechnik am meisten eingesetzte Stecker für Ethernet-Netzwerkverbindungen ist der RJ45- oder 8P8C-Stecker. Er wird mit der Belegung 8P8C für Vollduplex-Übertragung und mit verdrillten Adern-Paaren (Twisted-Pair) verwendet. Den RJ45-Stecker gibt es als geschirmte und als nichtgeschirmte Versionen (EMV und Dichtigkeit!). Er wird von der Feldebene bis zur ERP-Ebene für Ethernet-Anwendungen verwendet.

Aus Abb. 5.12 ist die Belegung des RJ45-Stecker (8P8C-Stecker) in Abhängigkeit der unterschiedlichen Kabelstandards [170] aufgezeigt, die sich in den Farben der Adern unterscheiden. Ebenso sind die wichtigsten Belegungen der Kontakte für Ethernet, GIGABIT Ethernet und Token Ring gezeigt.

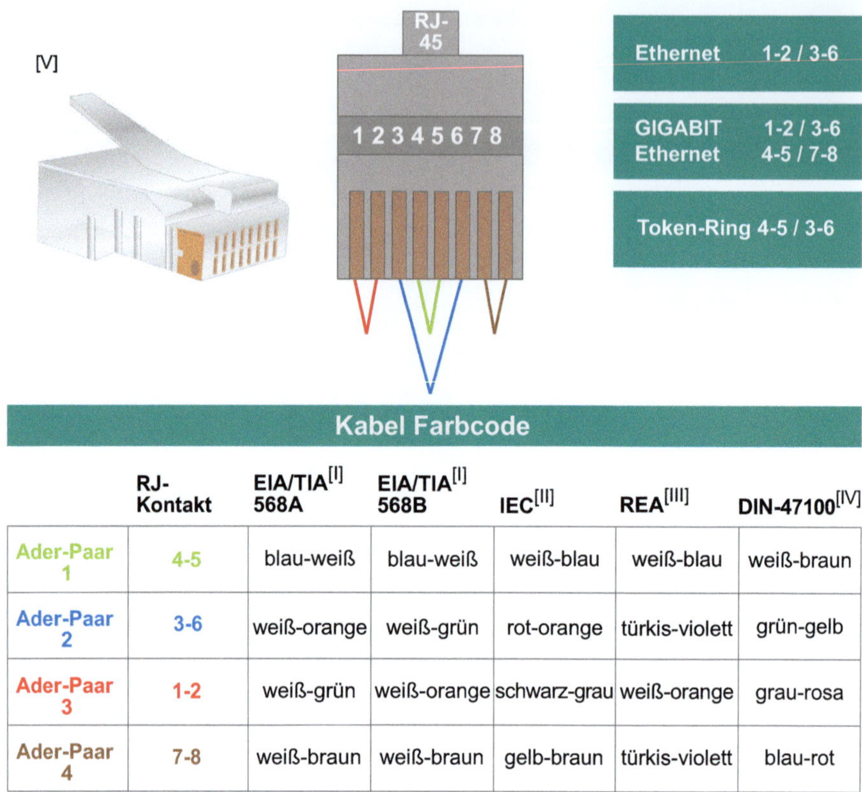

	RJ-Kontakt	EIA/TIA[I] 568A	EIA/TIA[I] 568B	IEC[II]	REA[III]	DIN-47100[IV]
Ader-Paar 1	4-5	blau-weiß	blau-weiß	weiß-blau	weiß-blau	weiß-braun
Ader-Paar 2	3-6	weiß-orange	weiß-grün	rot-orange	türkis-violett	grün-gelb
Ader-Paar 3	1-2	weiß-grün	weiß-orange	schwarz-grau	weiß-orange	grau-rosa
Ader-Paar 4	7-8	weiß-braun	weiß-braun	gelb-braun	türkis-violett	blau-rot

Abb. 5.12 Belegung des RJ-45 Steckers, (8P8C) [170, 171]

Der Unterschied zwischen EIA/TIA 568A und EIA/TIA 568B ist historisch bedingt. Die physikalische Belegung spielt übrigens keine Rolle, solange auf der Anschlussdose und dem Patchfeld die gleiche Belegung vorhanden ist. Zum Beispiel benutzt die EtherCAT Verkabelung die Pins 1+2 sowie 3+6 des RJ45-Steckers und ist kompatibel zum Ethernet-Standard, obwohl es nur 4 Kontakte des RJ-Steckers belegt. EtherCAT erfordert nach EN 50173 mindestens Kabel der Kategorie CAT 5 [171].

5.7.5.11 ASIC's Ethernet für die Bitübertragungschicht

Die ASIC-Entwicklungen für die Feldbusautomatisierungen begannen ab ca. 2000–2010. Sie fanden schwerpunktmäßig parallel zu den Entwicklungen der Feldgeräte mit HART, PROFIBUS und PROFINET, EtherCAT, EtherNet/IP und Ethernet statt. Viele der ASIC-Entwicklungen wurden für die Feldgeräte (Slaves) durchgeführt, nicht zuletzt deswegen, weil hier eine hohe Anzahl von Geräten vorhanden sind. Ein weiterer Grund für die Entwicklung von ASIC's war, dass man durch die Miniaturisierungen Platz einsparte und die funktionale Sicherheit erhöht wurde. Die ASIC's für die Feldbusprotokolle verwendeten z. B. ARM-Prozessoren.

Physical Layer Ethernet ASICs

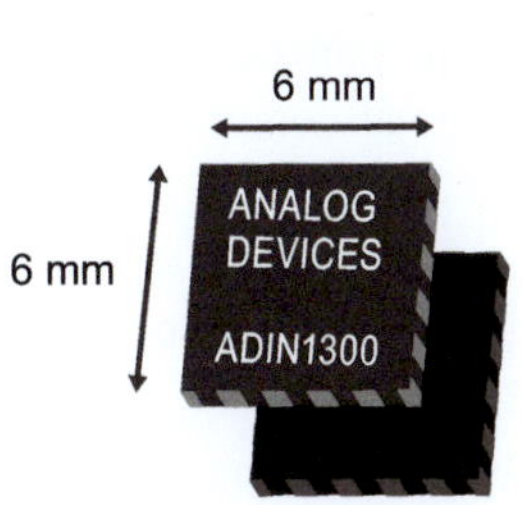

[I] Analog Device: ADIN 1300,
Gigabit-Ethernet-Transceiver

[II] 2 Kommunikationskanäle
für Real-Time-Ethernet mit
PHY/Feldbus mit ARM Prozessor

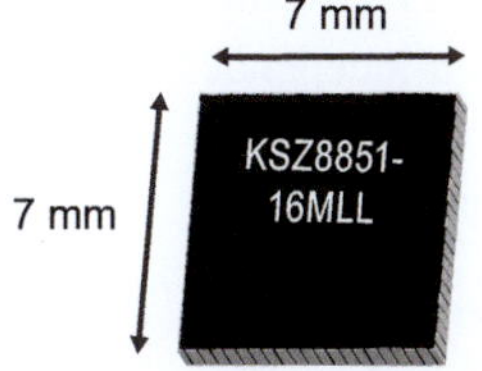

[III] Mikrochip: KSZ8851-16MLL
Low Power 10/100 Mbps

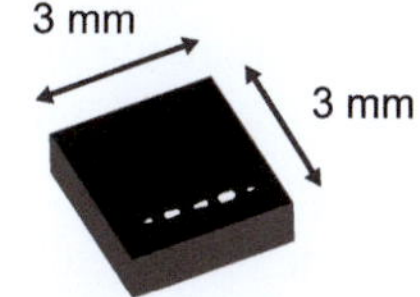

[IV] DP83825I Low Power
10/100 Mbps

Abb. 5.13 Einige Hersteller von Ethernet-ASICs [I] MOUSER Electronics: Analog Devices Inc. ADIN1300 10/100/1000 Gigabit Ethernet PHY; Veröffentlicht: 2019-10-04 | Aktualisiert: 2020-08-27 https://www.mouser.de/new/analog-devices/adi-adin1300/ letzter Zugriff 3.3.2021. [II] Hilscher Gesellschaft für Systemautomation mbH: NETX 52, 2021: Netzwerk-Controller für Feldbus und Real-Time-Ethernet-Slaves; https://www.hilscher.com/de/produkte/produktgruppen/netzwerk-controller/asics/netx-52/ letzter Zugriff 3.3.2021. [III] Micrel Semiconductor: KSZ8851-16MLL Datasheet https://www.digchip.com/datasheets/parts/datasheet/291/KSZ8851-16MLL.php/ letzter Zugriff 3.3.21. [IV] Texas Instruments: DP83825I Kleinster Formfaktor (3 mm × 3-mm), Stromarme 10/100-Mbit/s Ethernet PHY-Transceiver mit 50-MHz; DP83825I data sheet, product information and support | TI.com letzter Zugriff 3.3.21

Für die Bitübertragungsschicht (Physical Layer) von Ethernet gibt es heute eine ganze Reihe von Herstellern. Abb. 5.13 gibt einen groben Überblick von namhaften IC-Herstellern auf diesem Gebiet, von denen im Folgenden 4 namhafte Hersteller näher aufgeführt sind.

Abb. 5.13 [I]–[IV] zeigen Ausschnitte der unveränderten Originale

5.7.5.11.1 Analog Devices: ADIN1300 10/100/1000-Gigabit-Ethernet-PHYGigabit-Ethernet Transceiver [172]

Dieser ASIC ist aufgrund seiner Robustheit besonders gut geeignet für Industrieautomatisierung, Prozesssteuerung, Fabrikautomatisierung, Robotik sowie Gebäudeautomatisierung und Prüf- und Messgeräte für die Automatisierung im Zusammenhang mit IoT.

Aufgrund seines großen Einsatzgebietes sei der Chip etwas detaillierter beschrieben:

Der Chip ist ein stromsparender Gigabit-Ethernet-Transceiver (Sende/Empfänger Chip) mit einem Einfachanschluss, der für Industrieapplikationen ausgelegt ist. Das Design integriert einen energiesparenden Ethernet-PHY-Core sowie alle damit verbundenen analogen Schaltungen, Eingangs- und Ausgangstaktgeber-Buffer, die Verwaltungsschnittstelle und die Systemregister. Ebenfalls integriert ist die MAC-Schnittstelle und die Steuerlogikschaltung von RESET- und Taktsteuerung sowie der Pin-Konfiguration.

Typische Leistungsmerkmale des ASIC sind:

- 10BASE-T/100BASE TX/1000BASE-T IEEE 802.3TM-konfomre MII, RMII und RGMII MAC-Schnittstellen; RMII (Reduced media-independent interface) RGMII (reduced gigabit media independent interface)
- 1000 BASE-T RGMII Latentzeit < 68 ns, RX < 248 ns
- Kleines Gehäuse 6 mm × 6 mm; LFCSP (leadframe chip scale package)
- Großer Temperaturbereich -40°C bis105°C
- Geringer Stromverbrauch: 330 mW 1000BASE-T, 140 mW 100BASE-TX
- 3,3 V/2,5 V/1,8 V MAC-Schnittstelle
- Integrierte Stromversorgungsüberwachung
- Unterstützung der Start Frame Erkennung für IEEE1588 Zeitstempel
- Konfigurierbare LED
- Quarzoszillator 25 MHz Taktgebereingang (50 MHz für RMII)
- 25 MHz/125 MHz synchroner Taktgeberausgang

Insbesondere bezüglich der EMV-Festigkeit (siehe auch Abschn. 3.1.2) ist der Chip hervorzuheben.

Er erfüllt folgende EMV Prüfstandards:

- Überspannungsschutz gemäß IEC 61000-4-5 (±4 kV)
- Schnelle elektrische Transienten (EFT) gemäß IEC 61000-4-4
- IEC 61000-4-2 (±6 kV) Kontaktentladung
- Leitungsgebundene Störfestigkeit (10 V) gemäß IEC 61000-4-6
- EN 55022 ausgestrahlte Emissionen (Klasse A)
- EN 55022 leitungsgebundene Emissionen (Klasse B)

Dieses Beispiel zeigt deutlich welche Anforderungen heute an eine Chip–Entwicklung gestellt werden, um den hohen Standard der Automatisierung zu erfüllen.

5.7.5.11.2 ARM/Hilscher: NETX 52 [173]

Bei diesem ASIC handelt es sich um einen flexiblen high-end Netzwerk Controller mit Host-Interface oder Stand-Alone-Lösung für digitale I/O's für Real-Time-Ethernet. Erweiterte Kommunikationsfunktionen unterstützen auch PROFINET V2.3-Dynamic Frame Packing and IO-Link V1.1.

Weiterhin besitzt der Chip eine zweite RISC-CPU für zeitkritische I/O-Aufgaben (Bewegungssteuerungen).

Einsatzbereich: 2 x 10BASE-T/100BASE TX/Halbduplex-Verfahren und Vollduplex-Verfahren.

Der ASIC besitzt eine hohe Flexibilität und unterstützt die Real-Time Ethernet-Systeme:

- EtherCAT
- EtherNet/IP
- POWERLINK
- Modbus TCP
- PROFINET
- SERCOS III

Weiterhin unterstützt der Chip die Feldbusse

- CANopen (Master and Slave)
- CC-Link (Slave only)
- DeviceNet (Slave only)
- PROFIBUS (Slave only)
- IO-Link

Somit ist der Chip sehr universell einsetzbar. Allerdings ist er von seinen Dimensionen 15 mm × 15 mm im BGA-Gehäuse (Ball Grid Array) mit 244 Pins auch dementsprechend größer.

Der Leistungsverbrauch beträgt 1,5 W!

Der Einsatzbereich geht von −40°C bis 85°C.

Weitere Einzelheiten sind den umfangreichen Datenblättern zu entnehmen [173].

5.7.5.11.3 MICROCHIPTechnology/Micrel: KSZ8851-16 MLL [174]

Ein weiteres Beispiel für einen Ethernet PHY Chip für die Bitübertragungsschicht sei der KSZ8851-16 MLL genannt, der ebenfalls in der Automatisierung eingesetzt wird.

Der Tranceiver ist ebenfalls für das 10BASE-T und 100BASE-TX Ethernet in Anwendung. Er ist für den Voll- und Halbduplex Betrieb geeignet.

Er hat ein LQFP-Gehäuse (Low-profile Quad Flat Package-Gehäuse) mit 48 Pins. Seine Größe beträgt 7 mm × 7 mm.

Seine Betriebsversorgungsspannung liegt bei 1,8 V/2,5 V oder 3,3 V. Der Versorgungsstrom liegt bei 85 mA.

Die maximale Betriebstemperatur beträgt 70°C.

Die Liste für Ethernet PHY ASIC'S und Chips ist beliebig lang. Technisch gesehen können nahezu alle Wünsche bezüglich Größe, Gehäuse und elektrischen Anschlussdaten sowie Umweltbedingungen erfüllt werden.

5.7.5.11.4 Texas Instruments: ASIC DP83825I Low Power [175]

Der Chip hat mit 3 mm × 3 mm im QFN-Gehäuse (Quad Flat No Leads Package-Gehäuse) und 26 Pins den kleinsten Formfaktor.

Er arbeitet mit 3,3 V Spannungsversorgung.

Sein Energieverbrauch ist kleiner/gleich 127 mW. Damit ist er ein extrem stromsparender Prozessor für die Bitübertragungsschicht.

Er kann als Slave und als Master eingesetzt werden. Er besitzt ein MAC-Interface und hat sehr viele gute Diagnosefunktionen. Der Chip unterstützt CAT 5 Kabel bis zu 150 m Länge.

Der Chip verbindet sich automatisch mit Twisted-Pair Medien. Er ist einsetzbar für das 10 Mbit/s/100-Mbit/s-Ethernet gemäß der Spezifikation IEEE 802.3 100BASE-TX.

Der Temperaturbereich geht von −40°C bis 85°C.

Der Chip wird vorwiegend in der Gebäude- und Fabrikautomation sowie in der Consumer-Elektronik eingesetzt.

5.7.6 Ethernet Zukunft – Power over Ethernet (PoE) und Tbit/s-Ethernet

Power over Ethernet (PoE) bezeichnet ein Verfahren mit dem netzwerkfähige Geräte über das achtadrige Ethernet-Kabel mit Strom versorgt werden können. Diese zukunftsweisende Technik hat den Vorteil, dass ein Stromversorgungskabel nicht mehr notwendig ist. Dadurch kommt es zu erheblichen Platzeinsparungen bei der Instrumentierung. Parallel zu den Arbeiten zum PoE werden immer höhere Übertragungsraten realisiert. Die Tbit/s-Technologie ist hier das angestrebte Ziel. Beide Technologien sind absolut zukunftsweisend.

5.7.6.1 Power over Ethernet (PoE)

Die Weiterentwicklung des Ethernets bietet noch viel Potenzial. Während meiner ersten Berufstätigkeit war in der Automatisierung das 4...20 mA Signal mit Energie und analoger Informationsübertragung (aber noch keine digitale Information) das ‚A&O'.

Kurz danach folgte der 4...20 mA HART-Feldbus, welcher einer der am meisten eingesetzten Feldbusse nach wie vor ist. Niemand dachte um die Jahrtausendwende, an Power over Ethernet.

Im Gegensatz zu den Zweidrahtgeräten mit PROFIBUS PA oder HART wird bei PoE das achtadrige Kabel zur Daten– und Energieübertragung für netzwerkfähige Geräte verwendet. Ich beschäftigte mich mit diesem Thema insbesondere bei meinem amerikanischen Arbeitgeber von 2007–2009, bei welchem Power over Ethernet (PoE) [176, 177] ein großes Entwicklungsthema war.

PoE ist definiert unter dem Ethernet-Standard IEEE 802.3af [178].

Das Verfahren beschreibt wie sich Ethernet-fähige Geräte über das Kupfer Twisted-Pair Kabel mit Energie versorgen lassen.

Es gibt dabei 2 Methoden: Die erste Möglichkeit ist, dass man die ungenutzten Adern der Leitung verwendet. Die zweite Möglichkeit ist, dass man gleichzeitig zum Datensignal über die 4 Adern einen Gleichstromanteil überträgt. Ein Schwerpunkt der Entwicklung war: Es musste eine Logik entwickelt werden, die sicherstellte, dass nur PoE-fähige Geräte mit Energie versorgt werden. Dies bedeutet, dass auch in den Empfangsgeräten ein entsprechender Entwicklungsaufwand betrieben werden musste, um diese Forderung sicherzustellen. Es ist im Übrigen ein ähnlicher Sachverhalt wie bei jedem busfähigen Gerät.

Besonderes Entwicklungsthema war die begrenzt zur Verfügung stehende Energie über das Kabel zu transportieren und den Netzwerkgeräten zur Verfügung zu stellen.

Gemäß der IEEE 802.3af_2003 (Spezifikation von 2003), IEEE 802.at_2009 [179] und IEEE 802.3bt_2018 [180] waren die PoE-Entwicklungen für Geräte und Energieversorgung sehr dynamisch bezüglich ihrer Leistungsfähigkeiten. Tab. 5.14 stellt die unterschiedlichen Standards von PoE in ihren wesentlichen Punkten gegenüber.

Mittlerweile hat die PoE Technologie zwischen Aktoren und Sensoren in der Fabrikautomation Einzug gehalten. Auf der Messe Light + Building 2018 stellte die

Tab. 5.14 PoE Standards im Vergleich [178–180]

	PoE	PoE Plus	4-Paar PoE
Technische Beschreibung	IEEE 802.3af-2003	IEEE 802.3at-2009	IEEE 802.3bt-2018
Ausgangsspannung in DC V	36–57	42,5–57	42.5–57
Ausgangsstrom Betrieb in DC mA	350	600	2x960
Ausgangsstrom Startmodus in DC mA	400	400	
Leistung der Versorgung (PSE) in W	max. 15,4	max. 30	45,60,75,90
Leistung am Feldgerät (bzw. DP) in W	max. 12.95	max. 25.5	40,51,75,90
benutzte Adernpaare	2	2	2 und 4
Status	eingeführt	eingeführt	In Arbeit

PSE: Power source Equipment

DP: VoIP-Telefone, WLAN-Access-Points und IP-Kameras.06

euromicron Tochter MICROSENS [181] erstmals den neuen Smart IO-Controller, basierend auf PoE, vor. Ebenso wie die Technik von PoE dynamisch weiterentwickelt wird, verhält es sich bei den Glasfasern ähnlich. Diese werden zunehmend eine immer wichtigere Rolle spielen.

5.7.6.2 Tbit/s-Ethernet: Technologie der Zukunft

Heute finden bereits verstärkte Entwicklungsarbeiten für Tbit/s Ethernet statt. Tbit/s Ethernet-Technologie hatte vor ca. 15 Jahren Niemand im Fokus, einfach weil die technischen Voraussetzungen damals noch nicht vorhanden waren.

Als Terabit/s Ethernet (TbE) werden Standards bezeichnet, die schneller als *100 Gbit/s* arbeiten.

Im März 2013 begann die IEEE-Arbeitsgruppe IEEE 802.3cu [182] mit der Generation ‚400 Gbit/s'. Ein Jahr später im März 2014 wurde die IEEE 802.3bs [183] 400 Gbit/s-Ethernet Task Force gebildet. Im Januar 2016 wurde als Entwicklungsziel 200 Gbit/s hinzugenommen. Im Dezember 2017 wurden die neuen Standards veröffentlicht. Folgende Standards wurden definiert [184]:

- 200 Gbit/s-Ethernet 200GBASE-DR4: 500 m über je vier Monomode-Adern
- 200 Gbit/s-Ethernet 200GBASE- FR4: 2 km über Monomodefasern, je 4 Wellenlängen
- 200 Gbit/s-Ethernet 200GBASE- FL4: 10 km über Monomodefasern, je 4 Wellenlängen
- 400 Gbit/s-Ethernet 400GBASE FR8: 2 km über Monomodefasern, 8 Wellenlängen
- 400 Gbit/s-Ethernet 400GBASE LR8: 10 km über Monomodefasern, 8 Wellenlängen
- 400 Gbit/s-Ethernet 400GBASE DR4: 500 (OM3) über je 4 Monofaser

Das Ziel der Einführung dieser Ethernet-Standards ist bis 2025(!) geplant.

Es ist ersichtlich, wie rasant die Entwicklungen auf diesem Gebiet fortschreiten. Immer größer ist die Datenmenge, die pro Zeiteinheit übertragen wird. Immer mehr Vernetzungsmöglichkeiten und Echtzeitanforderungen auf allen Ebenen bis hin zu prädiktiven Wartung können somit realisiert werden. Dabei ist zu berücksichtigen, dass immer höhere Rechenleistungen erforderlich werden, um die Datenflut zu bewältigen. Unter diesem Aspekt leistete die rasante Entwicklung der Multi-Core-Prozessoren einen relevanten Beitrag (Abschn. 8.1).

Die Datenflut muss erst einmal verarbeitet, verdichtet und in den SCADA/HM/MES/ERP- visualisiert werden. Hierzu werden sowohl in der KI als auch in der Software immer schnellere und intelligentere Algorithmen benötigt. Dieses Thema wird heute unter dem Fokus Industrie 4.0 gehandhabt. Wie bereits mehrfach angesprochen ist in meinen Augen Industrie 4.0 aber eine Evolution, die seit mehr als 50 Jahren in der Automatisierung stattfindet.

Die Roadmap der Ethernet Alliance von 2019 [185] erwartet eine Realisierung von 800 Gbit/s bis 1600 Gbit/s. Der IEEE Standard soll im Jahr 2025 erfolgen, nachdem SerDes (Serialisierer/Deserialisierer) [186] verfügbar ist. SerDes ist dabei ein Paar aus einem Multiplexer und einem Demultiplexer, der zur seriellen Datenübertragung zwischen zwei parallelen Endpunkten genutzt wird. Erwartet wird, dass das 800 Gbit/s- Ethernet in relativ kurzer Zeit realisierbar ist, sobald die 112 Gbit/s verfügbar sind. Das Forum OIF (Optical Internetworking Forum) [187] hat bereits 5 Projekte mit 112 Gbit/s angekündigt, welche die 4. Generation des 100 Gbit/s-Ethernet einläutet.

Im Folgenden werden die wichtigsten Protokolle, Feldbusse und Bussystem besprochen. Dabei werden zunächst die Ethernet-basierten Feldbusse diskutiert, die alle die Bitübertragungs- und Sicherheitsschicht gemeinsam haben.

5.8 Ethernet TCP/IP Protokoll

Das TCP/IP (Transmission Control Protocol/Internet Protocol) ist eine Protokollfamilie für die Vermittlung und Transport von Datenpaketen in einem dezentral organisierten Netzwerk (siehe auch Abschn. 5.6). Es wird im LAN und WLAN verwendet. Die Erfolgsstory von Internet basiert zum großen Teil auf den Protokollen rund um TCP/IP. Das Internetprotokoll (IP) ist auf der Vermittlungsschicht des OSI- Schichtenmodell (Schicht 3), das Transmission Control Protocol (TCP) auf der Transportschicht (Schicht 4) angesiedelt. TCP/IP ist das Rückgrat des DoD- Schichtenmodells (Department of Defense) [188].

Mit der grundlegenden Idee, den physikalischen Layer extrem zu minimieren, konnten später viele Netzwerke zusammengeschlossen werden.

Funktionsmäßig sieht es heute so aus, immer wenn wir uns mit dem Internet verbinden, stellen wir mit wenigen Anweisungen eine Verbindung zwischen Router und Computer (drahtgebunden) oder Handy (drahtlos) her: Die Anmeldung im Netzwerk funktioniert ebenso automatisch wie der Bezug einer individuellen Internetadresse, die für das Empfangen und Senden von Daten benötigt wird. Ermöglicht wird das durch die Zusammenfassung von verschiedenen Internet-Protokollen in der TCP/IP Suite [189].

Die Entwicklung der TCP/IP Suite (offene Architektur) wurde 1972/1973 durch Robert E. Kahn und Vinton Cerf am DARPA Information Technology Processing Office begonnen (DARPA: *Defense Advanced Research Projects Agency*) [190].

Die TCP/IP Suite enthält u. a. folgende wichtige Protokolle für die Automatisierung:

- IP (Internet Protokoll); Liefert Datenpakete vom Sender (Source Host) zum Empfänger (Destination Host)
- HTTP (Hypertext Transfer Protocol) [191]; Einführung 1991; aktuelle Version 2(2015); HTTP ist in der Anwendungsschicht des OSI-Modells angesiedelt
- FTP (File Transfer Protocol) [192] ist in der Anwendungsschicht angesiedelt und führt den Filetransfer zwischen verschiedenen Host Computern durch
- UDP (User Datagram Protocol) [31, 193] ist ein verbindungsloses ungesichertes Protocol für Datentransfer und Multiplexen von Verbindungen

- TCP (Transmission Control Program) ist ein verbindungsorientiertes Protokoll mit kontrollierten Datenaustausch zwischen zwei Computern [194]. TCP befindet sich im OSI-Modell in der Transportschicht und legt fest, wie die im Netzwerk befindlichen Geräte Daten auszutauschen haben
- ICPM (Internet Control Message Protocol) dient zur Detektion und Meldungen von Netzwerkfehlern und legt Funktionalitäten fest. Es befindet sich in der der Internetschicht des OSI-Modells. Es ist sowohl für IPv4 (Internetschicht) als auch für IPv6 (Internetschicht) verfügbar. Über den ICMP-Header werden die Pakettypen definiert [195]
- ARP (Address Resolution Protocol) verbindet Internetadressen mit MAC Adressen und arbeitet auf der Sicherungsschicht (Schicht 2 des OSI-Modells) [196]
- DNS (Domain Name System) unterstützt den direkten Datenverkehr im Internet, indem es Domainnamen mit tatsächlichen Webservern verbindet. Es arbeitet auf der Anwendungsschicht [197]

Über die erste TCP-Entwicklung (1973–74) gelangte man schließlich 1978 zum leistungsstarken und stabilen TCP/IPv4, das heute noch im Internet eingesetzt wird.

Es zeigt sich, wie lange schon an diesen Technologien gearbeitet wurde. Ein erster TCP/IP Dreiländertest (USA, GB, Norwegen) erfolgte bereits im Jahr 1977.

Im März 1982 erklärte das Verteidigungsministerium von USA das TCP/IP-Protokoll als Standard für die militärische Rechnervernetzung, was ich bei meinem ersten Arbeitgeber 1983–1993 während eines USA-Aufenthaltes 1985 miterlebte.

Ab 1985 verbreitete sich das TCP/IP rasant in der Computerindustrie basierend auf einem Workshop mit etwa 250 Anwendern aus der Industrie.

Hier muss gesagt werden, dass TCP/IP zwar universell einsetzbar ist, aber doch einiges Fachwissen für die Konfiguration voraussetzt.

Spätestens jedoch mit dem Interneteinzug ab 1990, das IP-Adressen verlangt, konnte sich das flexible TCP/IP weltweit durchsetzen.

TCP/IP verdrängte parallel mit der Internetverbreitung die Apple- und Windows-Netzwerkprotokolle. Dieser Umstand führte bis hin zur notwendigen manuellen Nachinstallation für ‚Windows for Workgroups‘ [198].

Mit den Betriebssystemen Linux [199] oder ab Windows 2000 und dem Einsatz mit Netzwerkservern wurde die Konfiguration der Protokolle für den Anwender überflüssig, was entscheidend zum Erfolg von TCP/IP beigetragen hat.

Ethernet TCP/IP zählt zu den nicht-echtzeitfähigen Protokollen wie in Abschn. 5.1 definiert.

Nachdem wir die Schichten 1 bis 4 des Ethernet TCP/IP besprochen haben, wenden wir uns nun den auf Ethernet basierenden Echtzeit-Feldbussen EtherNet/IP, EtherCAT und PROFINET zu. Diese haben in der Automatisierung vor allem in der Verbindung vom Feld zu den SPS- bzw. SCADA/HMI-Systemen große Bedeutung.

5.9 EtherNet/IP - ein Ethernet Feldbus

Das EtherNet/IP oder EIP [200] ist auch unter dem Namen Ethernet Industrial Protocol bekannt. Das Protokoll basiert ebenfalls auf Ethernet und ist ein offener Standard für industrielle Netzwerke. EtherNet/IP dient zur Übertragung zyklischer E/A-Daten sowie azyklischer Parameterdaten und war das erste Ethernet-basierte Echtzeitprotokoll [201].

5.9.1 EtherNet/IP Geschichte

Ethernet Industrial Protocol ist ein Echtzeit-Ethernet, vorwiegend für die Automatisierungstechnik. Es wurde von Allen Bradley entwickelt und der ODVA (Open DeviceNet Vendor Association) übergeben. Weitere relevante ODVA Standards in Verbindung mit EtherNet/IP für die Automatisierungstechnik sind, DeviceNet [40], ControlNet [41], CIPMotion™ [202], CIPSafety™ [203], CIPSync™ [204].

EtherNet/IP wurde im März 2000 als offener Industriestandard veröffentlicht. Neben der ODVA waren die CI (ControlNet International) und die IEA (Industrial Ethernet Association) beteiligt. Das Protokoll wird durch mehr als 150 Hersteller unterstützt [205].

Seit 2002 bis heute wurden mehr als 30 Mio. Geräte mit EtherNet/IP vermarktet, das sind ca. 12 % aller Feldbusknoten (Abb. 5.1). Laut HMS ist EtherNet/IP stückzahlmäßig das am weitesten verbreitete Ethernet-Echtzeitbus, gefolgt von PROFINET (ca. 10 %) und EtherCAT [206] (ca. 6 %–7 %).

Von der Funktionalität sind PROFINET und Modbus TCP (ca. 3 %) unmittelbar konkurrierende Feldbusse zu EtherNet/IP für Automatisierung. Modbus TCP ist jedoch von der Verbreitung mit ca. 3 % wesentlich geringer als PROFINET und EtherNet/IP (Abb. 5.1). Mehr als 200 Hersteller unterstützen diese Protokolle. Die Übertragungsmedien sind analog dem Ethernet Twisted- Pair Kabel und Lichtwellenleiter (siehe Abschn. 5.7.5). Die typischen Übertragungsraten für die Automatisierung sind 10 Mbit/s und 100 Mbit/s.

EtherNet/IP Netzwerke nutzen eine Sterntopologie mit einer Punkt-zu-Punkt-Verbindung über Switches. Die Basis für das kollisionsfreie Echtzeitverhalten ist die durchgängige Instrumentierung mit Switches.

5.9.2 OSI-Modell und EtherNet/IP, ControlNet und DeviceNet

Abb. 5.14 zeigt die Zusammenhänge der drei genannten Protokolle mit dem OSI-Modell.

Ein wesentliches Merkmal ist, dass EtherNet/IP, DeviceNet, ControlNet (und CompoNet) das Common Industrial Protocol (CIP) [207] implementiert haben und eine medienunabhängige Kommunikations-Architektur sowie voll umfassende Dienste für

	OSI-Modell	CIP (Common Industrial Protocol)			
7	Anwendungsschicht (Application Layer)	Halb leiter, Ventile, Antriebe, Positions-kontrolle, Sicher heits-profile			CIP Stack
6	Darstellungschicht (Presentation Layer)	CIP Anwendungsschicht*1 CIP Datenmanagement*2			
5	Sitzungsschicht (Session Layer)	CIP Router, Verbindungsmanagement*3 Verschlüsselung			
4	Transportschicht (Transport Layer)	TCP, UDP	ControlNet Transport	DeviceNet Transport	
3	Vermittlungsschicht (Network Layer)	IPv4, IPv6			
2	Sicherungsschicht (Data Link Layer)	Ethernet MAC	ControlNet CTDMA*4	CAN CSMA/NBA*5	
1	Bitübertragungsschicht (Physical Layer)	Ethernet Physical	ControlNet Physical Layer	DeviceNet Physical Layer	
		EtherNet/IP	ControlNet	DeviceNet	

*1 CIP Anwendungsschicht (Application Layer) / (Applications Bibliothek)
*2 CIP Datenmanagement (Data Management Services Explicit Messages, I/O)
*3 CIP Router, Verbindungsmanagement (Messages Routing, Connection Management)
*4 CTDMA (Concurrent Time Domain Multiple Access)-Protocol
*5 CSMA/NBA (Carrier Sense Multiple Access / Non-destructive Bit-wise Arbitration)
Veröffentlicht am November 26, 2013 von plcTutor;
http://www.plctutor.com/CSMA_NBA/ letzter Zugriff 3.4.2021

Abb. 5.14 EtherNet/IP, ControlNet, DeviceNet – wichtige Bussystme für die Automatisierung (OVDA); Carrier Sense Multiple Access/Non-destructive Bit-wise Arbitration (CSMA/NBA); Veröffentlicht am November 26, 2013 von plcTutor; http://www.plctutor.com/CSMA_NBA/ letzter Zugriff 3.4.2021

die Automatisierung bereitstellen: Regelung/Steuerung, Sicherheit, Synchronisation und Information. Eine Integration in die MES- und/oder in die ERP-Ebene ist möglich.

Das CIP ist speziell für die Automatisierungstechnik aufbereitet. Mit CIPSafety™ (Sicherheitsanforderungen), CIPSync™ (zeitliche Synchronisation) und CIPMotion™ (komplexe Echtzeitsteuerungen für Bewegungsabläufe) erfüllt es nach meinen Erfahrungen viele Anforderungen der Automatisierungstechnik.

5.9.3 Technik von EtherNet/IP und TCP/UDP

Basierend auf TCP und UDP unterstützt EtherNet/IP die Durchgängigkeit von Office-Netzwerken und der zu steuernden Anlagen. Die harten Echtzeitanforderungen werden realisiert durch:

- CIPSynch^{TM} zur verbesserten Zeitsynchronisation gemäß Standard IEEE 1588 [208]
- Vor Übertragungsbeginn muss keine Verbindung aufgebaut werden, dadurch schnellerer Datenaustausch
- Einfache Frage-Antwort-Protokolle
- Klein angelegte Wiedergabepuffer
- Keine Erkennungs- und Korrekturmaßnahmen
- Frei wählbares Routing (Später gesendete Daten können früher gesendete Daten überholen)
- Geringe Netzbelastung durch reduzierte Nachrichten
- PTP (Precision Time Control) gemäß IEEE1588- 2008
- Taktsynchronisation im Sub-Mikrosekunden Bereich
- Taktverteilung in Master-Slave Konfiguration
- Synchronisierung über mehrere Netzwerksegmente

Für zeitkritische Anwendungen verwendet EtherNet/IP das UDP-Protokoll (Implizit Messaging) [31] der OSI-Modell Transportschicht 4.

Das User Data Diagramm ist ein minimales, verbindungsloses, *nicht zuverlässiges und ungesichertes* Netzwerkprotokoll, das zur Transportschicht der Internetprotokollfamilie gehört (siehe auch TCP/IP Suite).

Ursprünglich wurde das UDP (User Datagram Protocol) bereits 1977 für Sprachübertragung entwickelt (Echtzeit), das einfacher als das TCP sein musste.

Der Nachteil von UDP ist, dass es keine Garantie gibt, ob Datenpakete ankommen, wie oft sie beim Empfänger ankommen, ob sie verfälscht sind, oder ob Dritte nicht auf die Pakete zugreifen können.

Der azyklische Nachrichtenübertragungsteil nutzt das TCP (explicit Messaging). Beim TCP werden verloren gegangene Pakete erneut angefordert. Somit können Datenpakete praktisch nicht verloren gehen. TCP hat Erkennungskorrekturen und Korrekturmechanismen, was UDP nicht hat. Auch gibt es strenge Vorschriften beim Routen: Später gesendete Daten können früher gesendete Daten nicht überholen.

In der Sicherungsschicht verwendet EtherNet/IP ebenso wie Ethernet als Medienzugriff das schon erwähnte Medium Access Control (MAC) [209]. Es ist eine Erweiterung von der IEEE des OSI-Modells. Somit ist die Sicherungsschicht 2 des OSI-Modells in Media Access Control und Logical Link Control unterteilt.

Die MAC-Schicht Logical Link Control umfasst Netzwerkprotokolle als zweitunterste Schicht und Bauteile für die Regelung – d. h. ein gemeinsames Medium kann nicht gleichzeitig von mehreren Rechnern benutzt werden, sondern es gibt Regeln der Kommunikation. Somit verhindert man Kollisionen und Datenverlust (siehe CSMA/CD Algorithmus, Abschn. 5.7.4).

5.10 EtherCAT- ein Ethernet Feldbus

EtherCAT ist ebenfalls ein auf Ethernet basierender Echtzeit-Feldbus, der die Fabrikautomatisierung im Fokus hat. EtherCAT zielt hauptsächlich auf Fabrikautomation ab und ist nicht für explosionsgefährdete Umgebungen geeignet! Heute liegt der Anteil der EtherCAT Knoten bei ca. 6 %–7 %, d. h. es gibt mehr als 20 Mio. Feldbusknoten mit EtherCAT (Abb. 5.1).

5.10.1 Geschichte EtherCAT

EtherCAT (Ethernet for Control Automation) ist ein von der Firma Beckhoff initiierter offener Echtzeit-Ethernet Feldbus und seit 2003 auf dem Markt [210]. EtherCAT ist in der IEC 61158 standardisiert und ist für harte und weiche Echtzeitanforderungen [211, 212] geeignet.

Die EtherCAT Technology Group (ETG) [213] wurde 2003 gegründet. Sie bietet den Kunden Unterstützung bei Implementierungen und Schulungen an. Die ETG ist heute die wohl größte Nutzerorganisation hinsichtlich des industriellen Ethernets. Es sind heute nahezu alle in Abb. 2.2 aufgeführten Branchen der Fabrikautomation in der ETG vertreten. Sie optimieren das EtherCAT für anspruchsvolle Echtzeitanforderungen. Das von der ETG entwickelte CIT (Conformance Test Tool) stellt die Interoperabilität und Protokollkonformität der EtherCAT Geräte sicher.

Seit 2005 ist EtherCAT in der Norm IEC 61158 integriert. In der IEC 61800-7 (Antriebsprofile und Antriebskommunikation) [214] ist EtherCAT als Kommunikationstechnologie für CANopen-Antriebsprofile und SERCOS-Motion-Control Aufgaben genormt.

Seit 2007 ist EtherCAT SEMI- Standard von Bedeutung: Die E54.20 [210] beschreibt den Einsatz in Halbleiter- und Flachdisplay-Produktionen.

Speziell Echtzeit-Steuerungen und -Regelungen mit hoher Datengüte und Synchronisation sind typische Applikationen für EtherCAT, sowohl in der Fabrik- als auch für die Prozessautomation. EtherCAT arbeitet nach dem Master-Slave-Prinzip und ermöglicht eine Vernetzung von der Feldebene bis hin zum MES-System. EtherCAT ist auch für Sicherheitsanwendungen (Safety applications) entwickelt: Safety over Ethernet (FSoE: Fail Safe over Ethernet) [215] ist seit 2010 in der IEC 61784-3-12 [216] genormt. EtherCAT erfüllt unter anderem auch SIL 3 (Tab. 3.7)!

Über Gateways können z. B. DeviceNet, CANopen und PROFIBUS in EtherCAT integriert werden.

2018 wurde auf der SPS IPC Drives Messe in Nürnberg das EtherCAT G (1Gbit/s) und das EtherCAT 10G (10 Gbit/s) vorgestellt.

Die Codierung im Ethernet Protokoll für den EtherType ist aus Tab. 5.10 ersichtlich: Die Codierung lautet: t0 × 88A4.

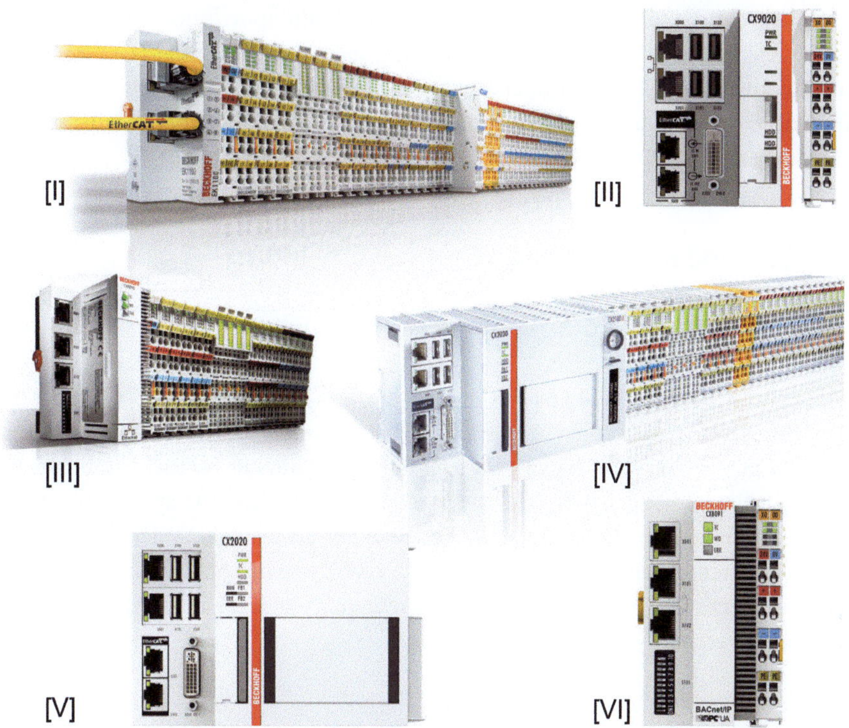

Abb. 5.15 Komponenten für das echtzeitfähiges EtherCAT. (Quelle: Beckhoff Automation GmbH & Co. KG). [I] EtherCAT-Koppler EK1100: Bindeglied zwischen dem EtherCAT- Protokoll auf Feldbusebene und den EtherCAT-Klemmen. Der Koppler setzt die Telegramme im Durchlauf von der Ethernet-100BASE-TX- auf die EtherCAT-Bus-Signaldarstellung um. [II] CX9020 ist eine kompakte, hutschienenmontierbare Ethernet-Steuerung mit 1-GHz-ARM-Cortex™-A8-CPU. Der Anschluss für die Beckhoff-I/O-Systeme ist direkt im CPU-Modul integriert. [III] CX8090 ist ein Embedded-PC mit einem geswitchten Ethernet- Port. Es werden Protokolle, wie Realtime-Ethernet, ADS UDP/TCP, Modbus TCP Client/Server oder eine offene TCP/IP-UDP/IP-Kommunikation, unterstützt. [IV] CX2030-CPU-Grundmodul mit Intel ® -Core™-i7-dual-core-CPU (1,5 GHz Taktfrequenz). Ohne Lüfter. Arbeitsspeicher umfasst standardmäßig 2 GB. [V] CX2020-CPU-Grundmodul verfügt über eine Intel®-Celeron®-CPU mit 1,4 GHz, Taktfrequenz. [VI] Der CX8091 ist eine Steuerung mit einem geswitchten Ethernet-Port. Es wird das Protokoll OPC UA (siehe Abschn. 5.21) unterstützt

Heute ist das EtherCAT Automation Protocol (EAP) in der ETG.1005 genormt. Dadurch bietet EAP Dienste für die Kommunikation in der Leitebene und somit für eine vollständige Fabrikvernetzung, ähnlich wie PROFIBUS PA, PROFIBUS DP und PROFINET. Abb. 5.15 zeigt einige Komponenten und Produkte des echtzeitfähigen EtherCAT von Beckhoff Automation GmbH & Co. KG.

Es ist ersichtlich, wie umfangreich heute ein Produktportfolio sein muss, um den globalen Ansprüchen zu genügen. Persönlich habe ich mit EtherCAT im Rahmen einer Automatisierung zur Materialanalyse Erfahrungen sammeln können. Sehr positiv war dabei die globale Unterstützung seitens Beckhoff hinsichtlich Service und Applikationen.

5.10.2 OSI-Modell und EtherCAT

Der EtherCAT-Master wird als Software auf den Ethernet-MAC's (Media-Access-Control) implementiert. Per Herstellercode kann das Betriebssystem festgelegt werden unter dem der Master lauffähig ist.

Der besondere Unterschied des EtherCAT ist gegenüber dem Ethernet, dass die EtherCAT-Frames von den Slaves im Durchlauf verarbeitet werden; d. h. im Ethernet wird ein Frame sequenziell empfangen, dann ausgewertet und anschließend werden die Daten weiterkopiert. Beim EtherCAT entnehmen die Feldgeräte (Slaves) die für sie bestimmten Daten online und fügen diese auch wieder beim Durchlaufen des Protokolls online ein. Hierzu gibt es im Internet (YouTube) sehr eindrucksvolle Simulationen, die das Prozedere zeigen.

Das EtherCAT unterscheidet:

- Zyklische Übertragung von I/O-Daten
- Azyklische Übertragung von Bedarfsdaten (Parameter, Diagnosen, Geräteidentifikation, ...)

Auch EtherCAT basiert auf dem OSI-Schichtenmodell, wie in Abb. 5.16 dargestellt.

Beim EtherCAT kommen die Schichten 3–6 des OSI-Modells normalerweise nicht zur Anwendung. Der TCP/IP Stack ist für typische Feldgeräte nicht notwendig. Die Sicherungsschicht (Layer 2), Ethernet MAC (Medium Access Control) und die Bitübertragungsschicht (Layer 1) werden ohne Veränderungen übernommen. Die Applikationsschicht (Application Layer) ist komplett auf zyklischen Datenaustausch ausgelegt. EtherCAT ist somit für harte Echtzeitanwendungen besonders gut geeignet.

5.10.3 EtherCAT-Frame

Der EtherCAT-Frame ist in Abb. 5.17 abgebildet und wird in seinen wesentlichen Merkmalen ausgeführt.

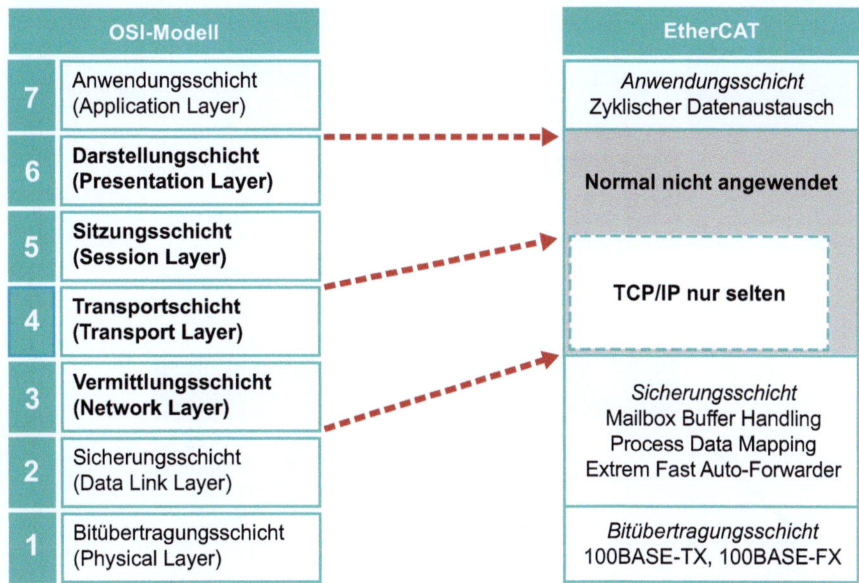

Abb. 5.16 OSI-Modell und EtherCAT

Ethernet Header
Der EtherCAT Frame unterteilt sich in Ziel-Adresse (6 Byte), Ursprungs-Adresse (6 Byte) sowie EtherType (2 Bytes- Codierung für die nächste Kommunikations-Ebene), in Summe 14 Byte.

Der darauffolgende Datenframe ist beim EtherCAT der Daten Header (2 Byte), gefolgt von den n x EtherCAT Datagrams oder Datenpaketen. Im Daten Header steht die Länge der folgenden n Datagrams in 11 Bit codiert, insbesondere der Type ist mit 4 Bit codiert. Dabei bedeutet die Codierung ‚=1‘: EtherCAT Device Protokoll.

Jeder EtherCAT Datagram (1, 2 … n) teilt sich wiederum auf in den Datagram Header (10 Bytes), in dem insbesondere die Slave-Adresse (4 Byte), die Länge der spez. EtherCAT Datagrams (11 Bits) und die Kennung, ob rotierende Daten (1 Bit) folgen und ob weitere Datagrams folgen (1 Bit).

Am Ende jeden Datagrams steht der Working Counter WKC (2 Byte), der die durchlaufenden Slaves zählt und im Master mit dem Sollwert nach jedem Durchlauf vergleicht. Sollten hier Unstimmigkeiten erkannt werden, stoppt die Übertragung.

Maximal stehen somit bei der Übertragung eines Frames 1486 Byte (maximale Anzahl für ein Datagram n = 1!) zur Verfügung. Je nach Anzahl der n übertragenen Datagrams reduziert sich diese Byteanzahl der einzelnen Datagrams entsprechend auf 1486 Byte/n.

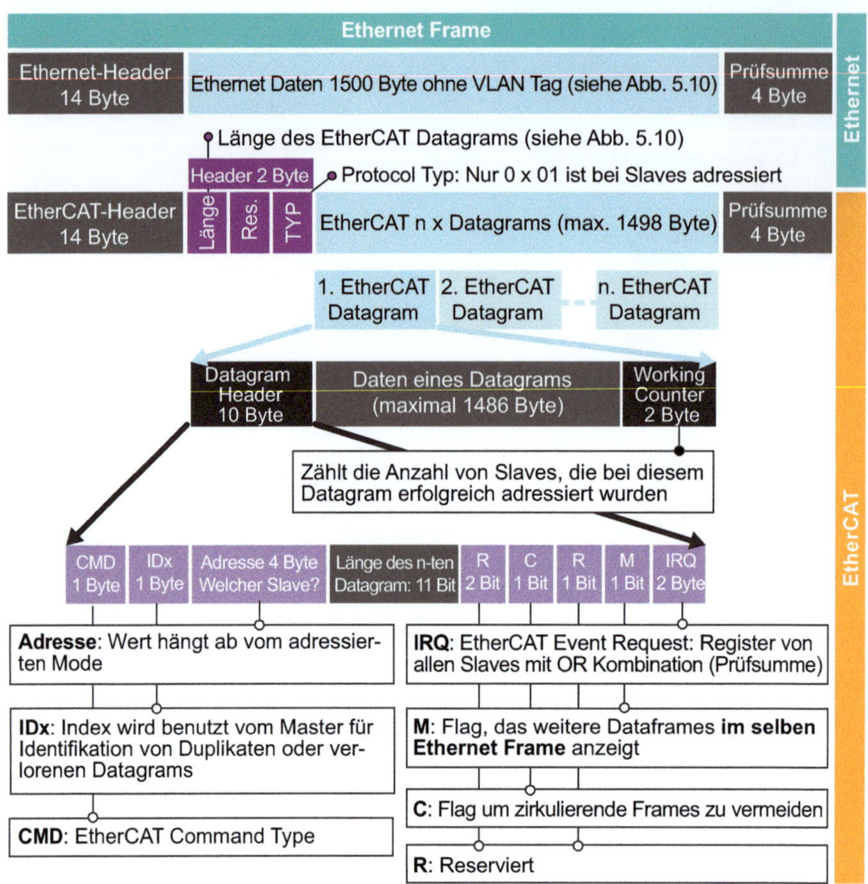

Abb. 5.17 Der EtherCAT-Frame [213]

5.10.4 Technik des EtherCAT

Die Systematik des EtherCAT's bedingt, dass für einen Slave hardwareintegrierte *EtherCAT-Slave Controller* (ESC), notwendig sind. Heute sind die EtherCAT-Slave Controller als ASIC's [217] oder als FGPA's erhältlich. Seit 2012 gibt es Mikroprozessoren mit EtherCAT-Slave-Schnittstelle.

Einfache Geräte benötigen einen µ-Controller. Die Rechenleistung wird von den Slaves erbracht, somit auch das Mapping. Dies hat wiederum zur Folge, dass der CPU-Master nur wenige Anforderungen bezüglich Hardware und Software hat, da er das Prozessabbild bereits fertig sortiert bekommt.

Anwendungen, wie z. B. ‚CAN Applications over EtherCAT' (CoE) [218], benötigen einen Protokollstack, welcher das CoE implementiert hat. Im EtherCAT Product Guide [219] sind diverse EtherCAT-Slave-Stacks von unterschiedlichen Anbietern gelistet.

Tab. 5.15 EtherCAT Leistungsdaten [213]

1 Feldbus Master Gateway je 1486 Byte (1486 Eingangs-/1480 Ausgangsdaten)	Update Zeit 150 µs
256 digitale I/O's	Update Zeit 10 µs
1000 digitale I/O's	Update Zeit 30 µs
200 analoge I/O's	Update Zeit 50 µs bei 20 kHz
100 Servoachsen, je 8 Bit	Update Zeit alle 100 µs
Eingangs- und Ausgangsdaten	

EtherCAT arbeitet im Vollduplex-Mode und ermöglicht alle Kombinationen der Zusammenschaltung. Die maximale Verbindungslänge beträgt 100 m zwischen zwei Feldgeräten. Lichtwellenleiter-Monofaser-Verbindungen können bis zu einer Länge von 20 km zwischen zwei Slaves eingesetzt werden.

Es können bis zu 65.535 Teilnehmer pro Netzwerksegment angeschlossen werden.

Für die Echtzeitanwendung wird die Synchronisation der verteilten Clocks durch die Master-Clock geregelt. Die Information der Master-Clock wird bei den Neben-Clocks laufzeitkompensiert $< 1 \mu s$ nachgeregelt. Weitere Leistungsdaten des EtherCAT sind Tab. 5.15 zu entnehmen:

Standard ISO 61800-7

EtherCAT ist in der IEC 61800-7 [220] für Antriebsprofile und Motion Control Aufgaben spezifiziert.

Die Norm IEC 61800-7 ist die universelle Schnittstelle für Antriebe mit variabler Drehzahl und als ‚Generisches Interface und Benützung von Profilen für Antriebssysteme' (engl.: Generic Interface and use of profiles for power drive systems') definiert. In dieser Norm werden alle echtzeitfähigen Profile von Bussystemen kategorisiert und Netzwerk-Topologien zugewiesen. Tab. 5.16 zeigt in einer Zusammenfassung die generischen Schnittstellen und ihre Anwendungen für Antriebssysteme. Die IEC 61800-7 umfasst im Einzelnen die Profilspezifikationen für CIA 402 [221], CIPMotion [222], PROFIdrive [223, 224] und SERCOS [225].

5.10.5 ASIC EtherCAT von Beckhoff

In Abb. 5.18 ist der ASIC ET 1100 von der Firma Beckhoff gezeigt.

Der ASIC ET1100-0000 [226] ist eine Lösung für einen EtherCAT Slave. Er ist echtzeitfähig, da er das zirkulierende Protokoll hardwaremäßig bearbeitet. Der Chip ist unabhängig von den nachgeschalteten Slave-µ-Controllern.

Tab. 5.16 IEC 61800-7: Profileinteilung und Netzwerktechnologien [220]

IEC 61800-7-1-Interfaces und IEC 61800-200 Profil Spez	CIA 402 [221]	CIP Motion [222]	PROFIdrive [223, 224]	SERCOS [225]
IEC 61800-7	CANopen	DeviceNet	PROFIBUS	SERCOS I + II
Zuweisung von Profilen zu Netzwerktechnik	EtherCAT	ControNet	PROFINET	SERRCOS III
	Ethernet POWERLINK	EtherNet/IP		EtherCAT

CIA [221]	CAN in Automation, Gruppe für CAN Feldbus	gegründet: 1992	ca. 700 Mitglieder
CIP motion [222]	Implementierung von CIP Motion on EtherNet/IP	Cisco systmes	76.000 Mitarbeit. 51,9 MRD. US$
PROFIdrive [223, 224]	PI: Geräteprofil für PROFINET und PROFIBUS/Antrieb (PROFIBUS International)	entwickelt 1990	
SERCOS [225]	Nutzerorganisation SERCOS International e. V	seit 1990	ca 20 Firmen

Der ASIC hat eine Größe von 10 mm × 10 mm und besitzt ein BGA128 Gehäuse (Ball Grid Array-Gehäuse, 128 Anschlüsse). BGA wird auch als Kugelgitteranordnung bezeichnet, bei der die Anschlüsse für die SMD-Bestückung kompakt auf der Unterseite des Bauelements liegen. Durch seine kompakte Bauweise benötigt der EtherCAT Chip nur wenig Platz auf der Platine.

Der ET1100-0000 besitzt ein 8 kByte DPRAM (Dual-Port-RAM) für den Zugriff auf Prozess- und Parameterdaten. Die Anzahl der Sync-Manager beträgt 8 ebenso wie die Anzahl der FMMUs (Fieldbus Memory Management Unit). Eine *FMMU* gehört zur Sicherungsschicht (Data Link Layer 2) und ist in jeder I/O-Klemme zu finden. Es gibt maximal vier EtherCAT Ports. Als Prozessdaten-Interfaces stehen ein 32-Bit-Digital-I/O, ein Serielles Peripheres Interface (SPI: Serial Peripheral Interface) und eine 8-Bit-/16-Bit-µC-Schnittstelle zur Verfügung.

Das ASIC verfügt über ‚distributed Clocks' (64 Bit) mit einer hohen präzisen Synchronisation von < 100 ns.

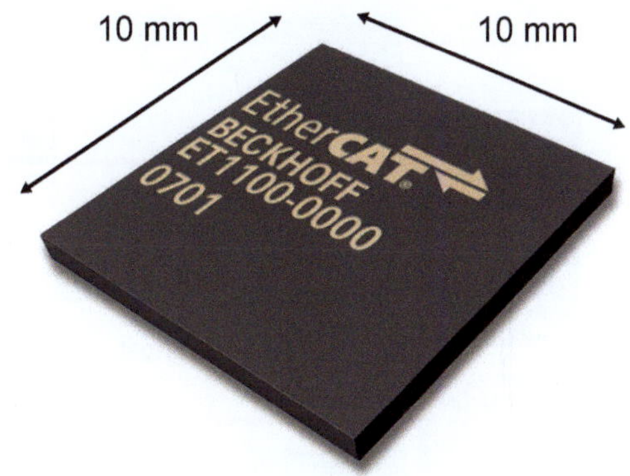

Abb. 5.18 ASIC EtherCAT ET1100-0000 [226]. (Quelle: Beckhoff Automation GmbH & Co. KG)

Der ASIC kann auch ohne µ-Controller arbeiten. In diesem Fall können bis zu 32 digitale Signale angeschlossen werden.

Die Betriebsspannung beträgt entweder 2,5 V, 3,3 V oder 5,0 V.

5.10.6 Zusammenfassung EtherCAT

Zum Abschluss dieses Abschnitts sei noch einmal in Abb. 5.19 eine typische Vernetzungsstruktur mit EtherCAT Vernetzungstopologie, wie sie heute in der Automatisierungspyramide üblicherweise vorkommt, gezeigt.

Persönlich habe ich mit EtherCAT bei meinem letzten Arbeitgeber Erfahrungen gesammelt: Ein Handling-System wurde mit einem Röntgenfluoreszenzmessgerät (XRAY) zur Schichtdickenmessung für die Halbleiterindustrie entwickelt. Dabei regelte die Beckhoff SPS mit EtherCAT das Datenhandling-System im Zusammenspiel mit dem XRAY-Messgerät (SPS-Feld). Die weiterführende Kommunikation zum MES-System wurde über ein Gateway mit ‚PROFINET' realisiert.

Auch bei EtherCAT sei gesagt, dass die Technologie seit schon weit vor der Proklamation von Industrie 4.0 reif war und es seit 2003 schon sehr viele Vernetzungstopologien mit EtherCAT gibt.

Dasselbe lässt sich über PROFINET/PROFIBUS im nächsten Abschnitt sagen, wobei wir zunächst PROFINET diskutieren, der ebenfalls ein auf Ethernet basierender Feldbus ist.

5.11 PROFINET - ein Ethernet Feldbus

PROFINET ist ebenfalls ein echtzeitfähiger Feldbus, basierend auf Ethernet. Er unterscheidet sich grundsätzlich vom PROFIBUS DP und PROFIBUS PA.

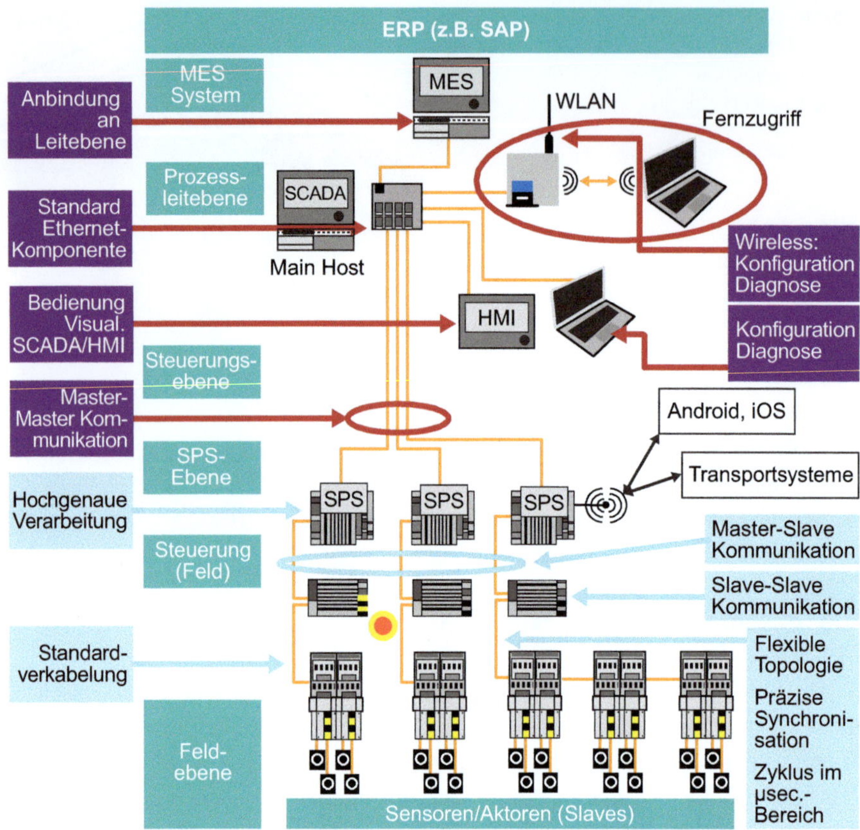

Abb. 5.19 Typische Vernetzungstopologie mit EtherCAT. (Quelle: Beckhoff Automation GmbH & Co. KG)

5.11.1 PROFINET Geschichte

Der Feldbus PROFINET (Process Field Network) [227, 228] war ursprünglich der Industrielle Ethernet Standard der PROFIBUS Nutzerorganisation (PNO), die seit 2006 die PI PROFIBUS & PROFINET International ist.

PROFINET ist ein Ethernet-basierter Feldbus und nutzt die TCP/IP-Suite für Transport- und Network Layer sowie das Ethernet-Protokoll.

PROFINET selbst ist im CIP-Stack angesiedelt. PROFINET benutzt die Bitübertragungsschicht (Physical Layer) und die Sicherungsschicht (Data Link Layer) des Ethernets (siehe Abschn. 5.7, Abb. 5.9).

Bereits im Jahr 2000 haben bei der PNO die Diskussionen über den Nachfolger von PROFIBUS DP begonnen. Doch es benötigte einige Zeit, bis man sich auf PROFINET verständigen konnte.

PROFINET gilt heute als der Nachfolger von PROFIBUS DP und dient zur Anbindung von dezentraler Peripherie an eine Steuerung (SPS) oder an ein SCADA/HMI-System. PROFINET ist aufgrund seines kompakten Protokolls ideal geeignet für zyklischen und echtzeitfähigen I/O-Datenaustausch.

Historisch wurde als Zwischenstufe zum PROFINET in 2002 der PROFIBUS CBA (Component Based Automation) [229] Teil der Norm IEC 61158/IEC 61784-1 [230] auf der HMI vorgestellt. PROFIBUS CBA wurde allerdings ab 2014 wieder aus der Norm genommen.

Im Jahr 2003 wurde die erste Spezifikation von PROFINET IO (Input/Output) [231] publiziert. Dabei wurde der PROFIBUS DP (Dezentrale Peripherie) übernommen und um die Internet-Protokolle ergänzt.

Die Funktionalität von PROFINET wurde um Motion Control [232] und isochroner Übertragung erweitert; d. h. der zeitliche Abstand zwischen zwei übertragenen Bits ist stets gleich groß. Zeitliche Abweichungen werden als Jitter bezeichnet. PROFIsafe [233] wurde für PROFINET angepasst. PROFIsafe ist dabei ein Sicherheitsprofil zur Übertragung von sicherheitsrelevanten Daten über PROFINET und PROFIBUS. Von der Sicherheit her gesehen erfüllt PROFIsafe mit SIL 3 die höchste Stufe von derzeit angewendeten Automatisierungsprotokollen für Echtzeit (siehe Abschn. 3.1.7).

Mit dem klaren Bekenntnis der ‚Automatisierungsinitiative Deutscher Automobilhersteller' (Aida) zu PROFINET (z.B. Daimler) erfolgte der Durchbruch von PROFINET im Jahr 2004 [234]. Zur Aida gehören Audi, BMW, Volkswagen, Daimler und Porsche.

2006 wurde PROFINET IO Teil der Norm IEC 61158/IEC 61784-2.

Von 2007 bis 2019 wurden ca. 30 Mio. PROFINET-Geräte in den Markt verbracht. Die Zahl nimmt derzeit weiter stark zu. Heute beträgt das jährliche Wachstum etwa 18 %. PROFINET gehört in diesem Zusammenhang zu den am meisten verbreiteten Bussystemen in der industriellen Prozess- und Fabrikautomatisierung (z.B. Automotive, Solar-, Halbleiterindustrie).

Im Jahr 2019 wurde PROFINET mit TSN (Time-Sensitive Networking) [235] verabschiedet und in diesem Zusammenhang die Konformitätsklasse CC-D [236] eingeführt. Der TSN-Standard umfasst mehrere Protokolle für die Echtzeit-Übertragung über Ethernet.

PROFINET ist vollkommen modular aufgebaut, ist Echtzeit-Ethernet-fähig und lässt die Integration unterschiedlicher Feldbussysteme zu.

Meines Erachtens ist PROFINET heute neben EtherNet/IP der populärste Echtzeit-Ethernet-Feldbus und ermöglicht die Integration vieler anderer Feldbusse auf einfache Weise.

In der Automatisierungstechnik lösen Ethernet-basierte Echtzeit-Netzwerke immer mehr die Feldbusse PROFIBUS und FF ab. Dies gilt insbesondere für die neu zu installierenden Anlagen. Dennoch haben, wie bereits erwähnt PROFIBUS PA und FF H1 bezüglich ihres Einsatzes in explosionsgefährdeten Umgebungen immer noch ihre Berechtigung!

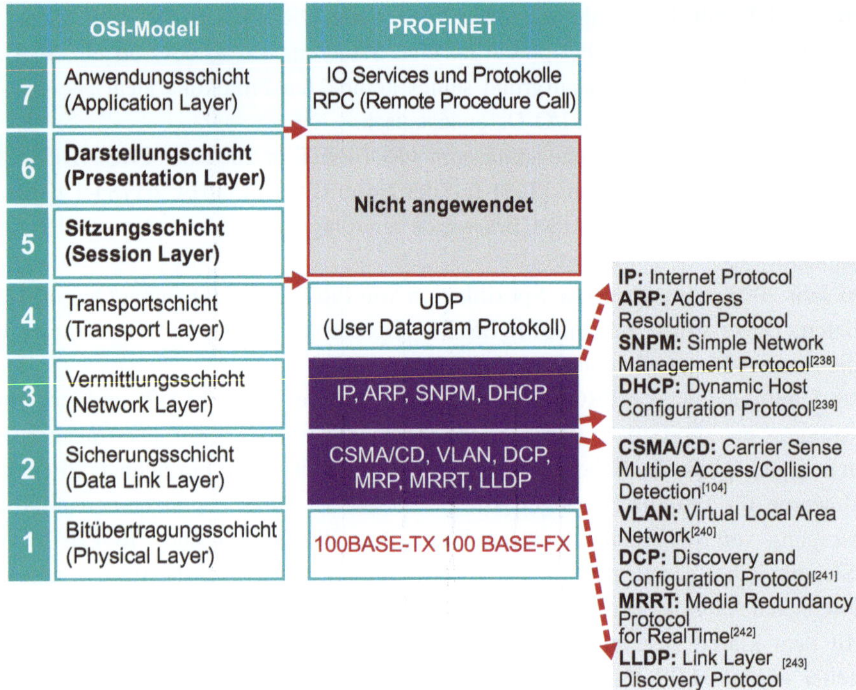

Abb. 5.20 OSI-Modell und PROFINET

Aufgrund der installierten Basen unterschiedlicher Feldbusse ist daher umso wichtiger, dass Ethernet basierte Netzwerk die Möglichkeiten der flexiblen Integration erlauben.

5.11.2 OSI-Modell und PROFINET

In Abb. 5.20 ist der Bezug von PROFINET zum OSI-Modell aufgezeigt.

An dieser Stelle sind noch einmal ein paar Erklärungen zu den in Abb. 5.20 verwendeten Abkürzungen aufgeführt. Einige Abkürzungen wurde zwar schon erklärt, dennoch führe ich diese hier noch einmal kompakt im Zusammenhang mit PROFINET auf.

Anwendungschicht (Application Layer):
RPC: Rem ote Procedure Call (Aufruf einer fernen Prozedur“) [237] erlaubt die Realisierung von Interprozesskommunikation. Sie ermöglicht den Aufruf von Funktionen in anderen Adressräumen. Im Normalfall werden die aufgerufenen Funktionen auf einem anderen Computer als das aufrufende Programm ausgeführt. Eine ähnliche Art der Vernetzung und Funktionsweise ist bei FF (Fieldbus Foundation) gegeben.

In den Anfängen konnte sich diese RPC-Technologie aus Komplexitätsgründen nicht im Markt durchsetzen. So wurde deshalb bis 2006 die PROFIBUS Systematik eingehalten wie auch bei FF, obwohl er weitaus mehr Möglichkeiten bot. Diese Technik der dezentralen Computerverteilung wurde bereits 1976 von James E. White publiziert.

Transportschicht (Transportation Layer):
UDP: User Datagram Protocol, ist ein minimales, verbindungsloses Netzwerkprotokoll, das zur Transportschicht der Internetprotokollfamilie gehört. Siehe auch EtherNet/IP. UDP ermöglicht Anwendungen für den Versand von Datagrammen in IP-basierten Rechnernetzen (siehe auch Abschn. 5.8).

Vermittlungsschicht (Network Layer)
ARP: Address Resolution Protocol [109] ist ein Netzwerkprotokoll, das zu einer Netzwerk Adresse der Internetschicht die physische Adresse der Netzzugangsschicht ermittelt. Die Zuordnung erfolgt in den sogenannten ARP-Tabellen, die in den beteiligten Rechnern hinterlegt sind.

SNMP: Simple Network Management [238] Protocol ist ein Netzwerkprotokoll, das Netzwerkelemente von einer zentralen Station aus überwachen und steuern kann.

DHCP: Dynamic Host Configuration Protocol [239] ist ein Kommunikationsprotokoll in der Computertechnik. Es ermöglicht die Zuweisung der Netzwerkkonfiguration an Clients durch einen Server.

Sicherungsschicht (Data Link Layer)
VLAN: Virtual Local Area Network [240] ist ein logisches Teilnetzwerk innerhalb eines Switches bzw. eines gesamten physischen Netzwerks. Es kann sich dabei über mehrere Switches hinweg ausdehnen.

DCP: PROFINET Discovery and Configuration Protocol [241] ist die Schnittstelle zwischen dem PROFINET IO Controller und dem Engineering Tool. DCP ist obligatorisch für jedes Feldgerät.

MRRT: PROFINET-Media Redundancy for RealTime benutzt PROFINET/RT als Transport-Protokoll (EtherType Codierung: 0xFF60) [242].

LLDP: Link Layer Discovery Protocol [243] wird an die spezielle MAC Adresse 01-80-C2-00-00-0E mit dem EtherType = 0x88CC gesendet.

Bitübertragungsschicht Physical Layer):
Auf der Bitübertragungsschicht nutzt PROFINET das Ethernet-Protokoll von Abb. 5.10!

5.11.3 Technik des PROFINET

PROFINET IO (Input/Output) ist speziell für die Verbindung von dezentraler Peripherie an eine Steuerung (SPS) entwickelt worden. Ein PROFINET IO-System setzt sich wie folgt zusammen:

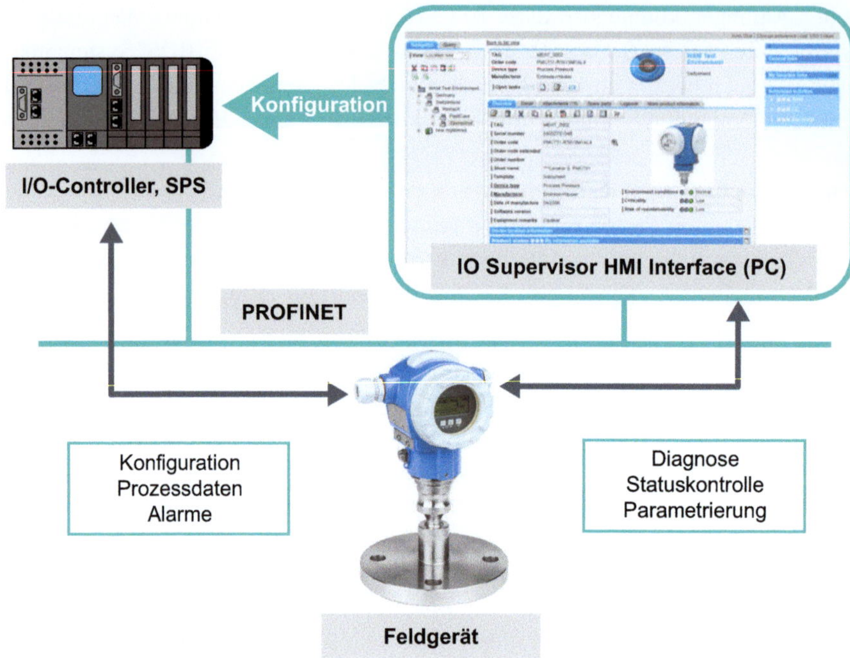

Abb. 5.21 Feldgerät und HMI – Funktion von PROFINET. (Quelle: Endress+Hauser; Druckmessgerät, DTM für Druck)

Die Struktur des PROFINET IO gemäß Abb. 5.21 Geräteklassen:

- *IO-Controller:* In der Regel ist dies eine SPS, in der das Automatisierungsprogramm abläuft. (Verglichen mit PROFIBUS ist es ein Klasse-1-Masters)
- *IO-Supervisor* (z. B. Engineering Station oder PC): Dies ist ein Programmiergerät (PG) oder Human–Machine-Interface-Gerät (PC, HMI) für die Inbetriebsetzung und Diagnose der Feldgeräte
- *IO-Device*: Ein IO-Device ist ein dezentral angeordnetes IO-Gerät, das über PROFINET IO angekoppelt wird. (Verglichen mit PROFIBUS ist das ein Slave)

Für die funktionale Sicherheit und Verfügbarkeit werden die Daten der PROFINET IO Controller und die IO-Devices in regelmäßigen Intervallen über das Hardware-Konfigurationstool im laufenden Betrieb aktualisiert.

Die Länge des Austauschintervalls bestimmt den Prozess. Einfachere Prozesse ermöglichen längere Intervalle als sicherheitsrelevante Anwendungen.

Als Daumenregel gilt, dass das Aktualisierungsintervall der IO Devices mindestens die Hälfte der SPS-Zykluszeit beträgt.

Die Anwendungen mit PROFINET IO sind in vier Konformitäts-Klassen [244] unterteilt:

- Klasse A: CC-A
- Klasse B: CC-B
- Klasse C: CC-C
- Klasse D: CC-D.

In der *Klasse A* sind nur die eingesetzten Feldgeräte zertifiziert. Die Netzwerkstruktur ist meistens herstellerzertifiziert. In der Klasse A ist u. a. der Einsatz von WLAN (siehe Abschn. 5.16) möglich. WLAN war dabei zunächst für die Gebäudetechnik im Einsatz, hat aber mittlerweile (seit 2013) die Robustheit, um in vielen Industrieanwendungen eingesetzt werden zu können. Dies ist vor allem dem WLAN 5 (Wi-Fi 5) gemäß dem Standard WLAN 802.11ac ab 2014 zu verdanken. WLAN 6 (Wi-Fi 6) gemäß dem Standard WLAN 802.1ac 2019 wird weiter dazu beitragen, dass sich die drahtlose Kommunikation in der Automatisierung überproportional stark verbreiten wird.

In der *Klasse B* muss auch die Netzwerkstruktur zertifiziert und nach Richtlinien von PROFINET aufgebaut sein. Geschirmte Kabel werden häufig zur Vermeidung von EMV-Beeinträchtigungen und Übersprechen angewendet, da in der Prozessautomation erhöhte Verfügbarkeit und Systemredundanz gefordert ist.

In der *Klasse C* werden zusätzliche Reservierungen für die Bandbreite vorgenommen und Positioniersysteme (Roboter) realisiert. Eine präzise Synchronisation ist gefordert. Bevorzugt wird diese Klasse für Motion Control Applikationen mit Robotern.

In der *Klasse D* wird PROFINET über TSN (Time Sensitiv Networking) genutzt. Wichtig ist dieser Standard bei z. B. Echtzeitdatenströmen, die in Automobilen, in Flugzeugen oder in Industrieanlagen zur Steuerung verwendet werden.

Prinzipiell können In der Klasse D dieselben Funktionen wie bei Klasse C angewendet werden. Durch die Einführung des Requirement Service Interface (RSI) [245] kann die zyklische und azyklische Kommunikation auf der Ethernet-Sicherungsschicht stattfinden. Somit ist die Klasse D universell einsetzbar. Die Klassen B und D besitzen eine hohe Funktionalität von Systemredundanzen.

Klasse B, Klasse C und Klasse D erfordern die Zertifizierung für Controller, Devices und Netzwerkkomponenten.

Für die Automatisierungstechnik ist die Echtzeit-Kommunikation von besonderer Bedeutung: Zwischen IO Controller und IO Devices gibt es *Record Data CR (Communication Relation)* für den azyklischen Parametertransfer, *IO Data CR* für den zyklischen Datenaustausch sowie das *ALARM CR* für die Anzeige von Alarmen in Echtzeit.

Für den zyklischen Datenaustausch gibt es bei PROFINET ein kaskadierbares Real-Time-Konzept. Der zyklische Datenverkehr zwischen IO Controller, IO Device und Feldgerät benutzt für eine schnelle Verarbeitungszeit nur die MAC-Adressen und *keine* IP-Adressen!

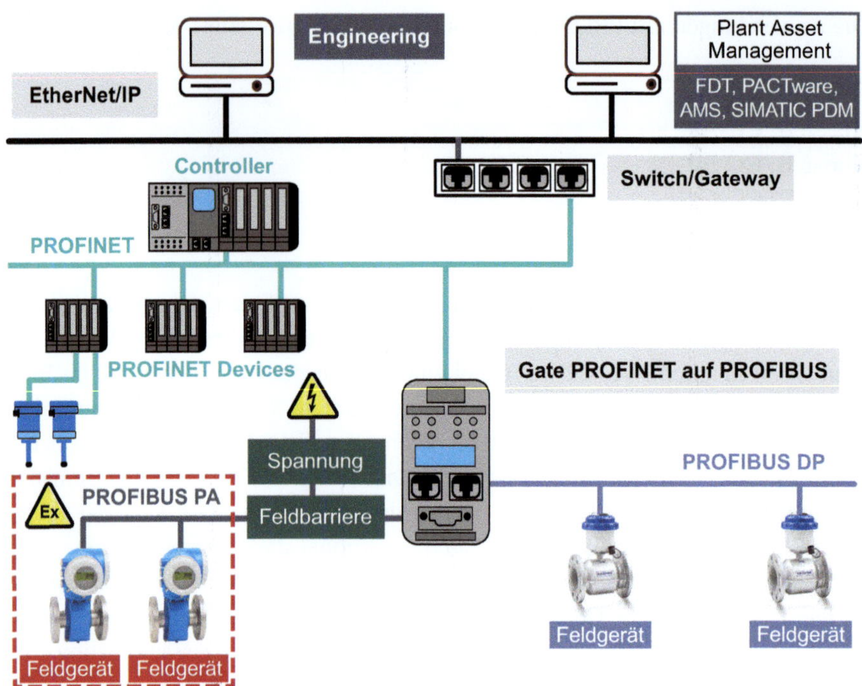

Abb. 5.22 Typische Vernetzungstopologie mit PROFINET/PROFIBUS. (Quellen der Durchflussgeräte Endress+Hauser (links: 2 × Promag P300 links), KROHNE (rechts: 2 × WATERFUX_3070_C_IP6)

Der azyklische Datenaustausch (Assetmanagement, FDT/DTM™) wird für Parametrierung, Konfiguration sowie der Diagnose verwendet.

Alarme sind azyklische Daten und werden wie die zyklischen Daten direkt über Ethernet übertragen.

5.11.4 Zusammenfassung PROFINET

Zusammenfassend zeigt Abb. 5.22 eine typische Netzwerk-Topologie für EtherNet/IP, PROFINET und PROFIBUS. Dabei besteht ein PROFINET IO System aus mindestens einem Controller mit einem oder mehreren Devices, an dem dann die Feldgeräte angeschlossen werden. Die IO-Supervisoren (Systemüberwachung) können zur Konfiguration und Diagnose temporär zugeschaltet werden. Mehrere Controller mit unterschiedlichen Device-Clustern können in einem IP-Netzwerk vorhanden sein.

Obwohl PROFINET stark im Aufwärtstrend ist sei im Abschn. 5.13 noch einmal der PROFIBUS beschrieben, da er von 1986 bis 2010 sowohl in Europa als auch Asien eine dominante Rolle in der Fabrik- und Prozessautomatisierung spielte, während sich im amerikanischen Raum schwerpunktmäßig Feldbus FF etablierte.

5.12 CC-Link – ein Ethernet Feldbus

CC-Link ist mit 1 Gbit/s Datenübertragungsrate ein Echtzeit-Feldbus und basiert ebenfalls auf dem Ethernet. CC-Link wird hauptsächlich in den fernöstlichen Ländern eingesetzt. Stand 2019 existierten ca. 5 % CC-Link Feldbus Knoten (Abb. 5.1).

5.12.1 CC-Link Geschichte

CC-Link ist ein weiterer interessanter Feldbus, dem ich persönlich in China 2018 zum ersten Mal begegnete. Der CC-Link wurde im Jahr 1997 von Mitsubishi Electric Corporation zunächst proprietär entwickelt [246].

Durch massives Drängen der Kunden legte Mitsubishi schließlich den Bus im Jahr 2000 als Standard offen. Ebenso wurde im Jahr 2000 die CLPA (CC-Link Partner Association) [247] gegründet, welche den Feldbus betreut und die CC-Link Mitglieder (Tab. 5.17) unterstützt.

Seit dieser Zeit gewann der CC-Link Feldbus hauptsächlich im japanischen, asiatischen und Südostasien (SEA-Raum) an Bedeutung.

CC-Link hat die entsprechenden Zertifizierungen für diese Regionen. Er ist in der Norm IEC 61158 und Norm IEC 61784 standardisiert.

Im Jahr 2020 sind mittlerweile mehr als 15 Mio. Knoten [248] weltweit im Einsatz. Ungefähr die Hälfte davon ist CC-Link Industrial Ethernet (CC-Link IE).

In China kommt CC-Link IE sehr oft in der Halbleiterindustrie (normiert in im Standard SEMI E54.12 [249]) vor. Hier ist CC-Link als China National Standard Nummer GB/T 1976 und als Information Communication Field Network CC-Link Standard sowie in der Gebäudeautomatisierung zertifiziert.

In Korea ist er als Standard Korean national Standard KSBISO15745-5 [250] eingeführt und in Taiwan ist CC-Link als Taiwan National Standard CNS 1525X6068 [251] standardisiert. Generell kommt er häufig in Netzwerk-Topologien mit der Mitsubishi PLC (SPS) vor.

Zwar ist er in Europa immer noch nicht so populär wie in China, Japan und SEA, aber immerhin gibt es mittlerweile von europäischen Herstellern mehr als 1200 CC-Link kompatible Komponenten in der Automatisierungstechnik.

Tab. 5.17 Einige bedeutende CC-Link Mitglieder

ANALOG DEVICES	HMS
CKD	MITSUBISHI ELECTRIC
FESTO	molex
hilseher	RENESAS
Hirschmann (Belden)	SECURITY MATTER

5.12.2 OSI-Modell und CC-Link

Auch hinter CC-Link ist auf Basis des OSI-Modells entwickelt. Den Bezug des CC-Link zum OSI-Modell zeigt Abb. 5.23.

Für die Bitübertragungs – und Sicherungsschicht wird das Ethernet-Protokoll verwendet.

Die Schichten 4–7 des OSI-Modell sind zusammengefasst.

5.12.3 Der CC-Link Frame

Abb. 5.24 zeigt den Datenframe des CC-Link und erklärt dessen Funktionsweise [252]. Das CC-Link IE (Industrial Ethernet) Field-Netzwerk bietet drei Kommunikationsarten:

- Senden und Empfangen von Datenrahmen für zyklische Übertragung
- Senden und Empfangen von Datenrahmen für transiente Übertragung
- Senden und Empfangen von Datenrahmen, die zur Steuerung der Übertragung verwendet werden können

Die zyklische Übertragung ist die periodische Kommunikation zwischen der Master Station und *allen* Slave-Stationen. Die Slaves senden nur zyklische Daten, wenn sie vom Master dazu aufgefordert werden.

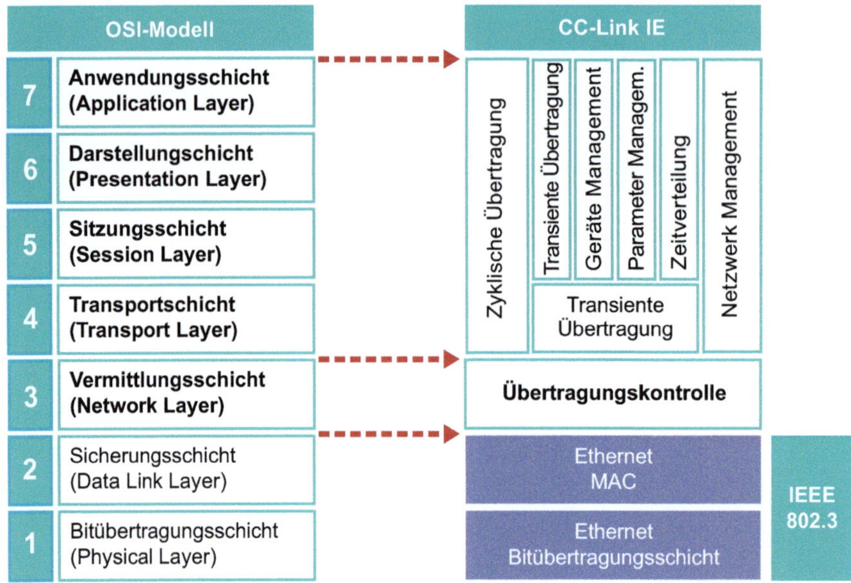

Abb. 5.23 OSI-Modell und CC-Link

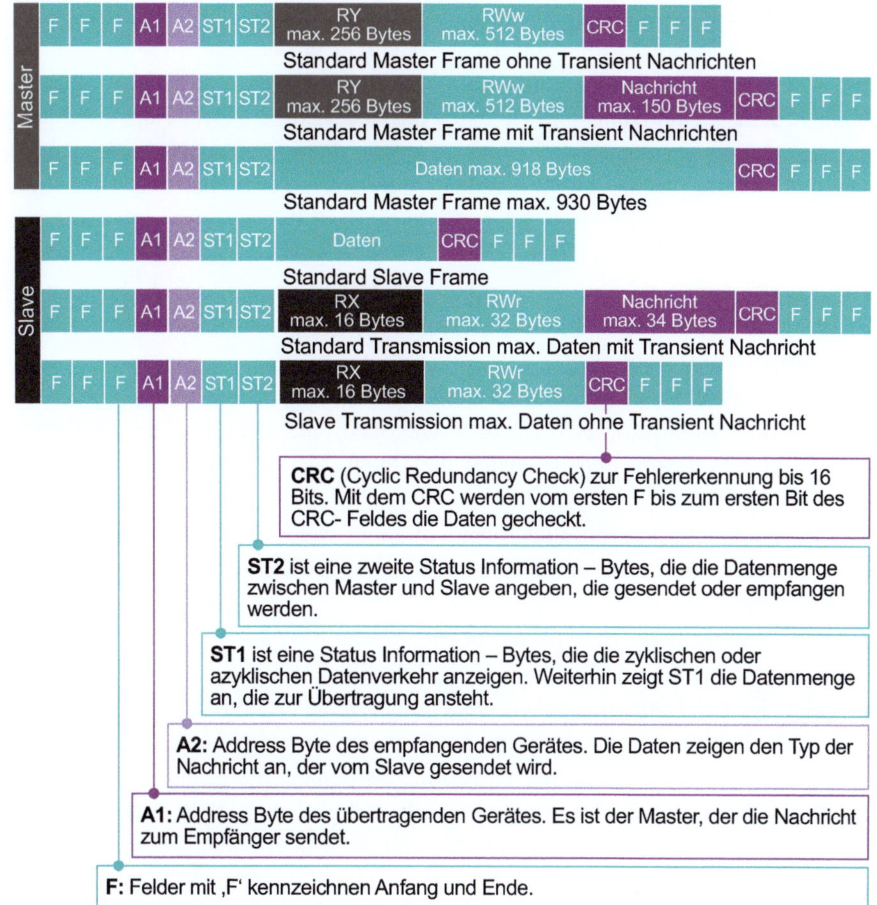

Abb. 5.24 CC-Link Frame [252]

Die transiente Übertragung ist eine Funktion, die eine azyklische Kommunikation nur dann ausführt, wenn eine Anforderung zwischen den Stationen besteht.

Es sind die beiden Fälle ‚Nachrichten vom Master an die Slaves' und ‚Nachrichten von den Slaves an den Master' zu unterscheiden:

Die Übertragung der Daten findet entsprechend Abb. 5.24 wie folgt statt:

Die Master-Station sendet Wort-Daten (RWw) und Bit-Daten (RY) in zyklischen RWw bzw. RY-Datenrahmen an die Slaves. Zusätzlich empfängt der Master von den Slave-Stationen Wortdaten (RWr) und Bitdaten (RX) in zyklischen RWr- und RX-Datenrahmen.

Falls eine Slave-Station mit einer anderen Slave-Station Daten austauschen möchte, benutzt die Slave-Station die transiente Kommunikation, wobei in diesem Fall eine lokale Station verwendet wird.

Etwas detaillierter zum Protokoll:

Gemäß Abb. 5.24 wird beim Master das Datenfeld in maximal 3 Felder geteilt: RY bezieht sich auf die einzelnen Stationen des Masters und umfasst bis zu 256 Bytes Ausgangsdaten. Jede Station kann somit 4 Bytes für Nachrichten haben. Falls die Stationen mehr Infos benötigen, können 4 Stationen zu einer Station zusammengefasst werden. Das Feld RWw ist für die Verschlüsselung der Daten zuständig. Das Feld umfasst maximal 512 Bytes. Somit können jedem Gerät bis zu 8 Bytes zugewiesen werden. Das dritte Feld sind die transienten Daten.

RWw wird vom Feld der spezifischen Nachricht gefolgt. Diese beinhaltet die zyklischen und azyklischen Informationen, welche zum entsprechenden Feldgerät (Slave) transportiert werden.

Der Nachrichtenaufbau des Slave-Frames ist ähnlich den Master-Frames.

Anfangs- und Enddaten zwischen Master und Slave sind identisch. Das RX Feld kann bis zu 16 Bytes umfassen und beinhaltet die Daten, die zum Master zurückgemeldet werden.

Falls die Nachricht nur von einem Gerät stammt, werden lediglich 4 Bytes benutzt. Sind wiederum 4 Geräte zu einem Gerät zusammengefasst, so werden die 16 Bytes komplett benutzt.

Das RWr-Feld dient zur Entschlüsselung der Daten. RWr kann maximal 32 Bytes von lesbaren Daten enthalten und eine Station kann maximal 16 Bytes umfassen.

Im Falle des CC-Link ist sehr gut ersichtlich, welchen Aufwand die Entwicklung eines durchdachten Protokolls erfordert. Insbesondere beim CC-Link Protokoll (Frame) zeigt sich, wie ein leistungsfähiges Protokoll, das dennoch gegenüber vielen anderen Protokollen einfacher ist, die Übertragungsgeschwindigkeiten immens steigern kann.

Zusammenfassend ist der CC-Link-Datenrahmen sehr effizient: Die Standarddatenlänge des Frames beträgt 930 Byte. Es können bis zu 918 Bytes der 930 Bytes verwendet werden. Dadurch kann der CC-Link-Datenrahmen ein Effizienzverhältnis von 98 % erreichen!

Weitere detailliertere Informationen sind in der Literatur [253] nachzulesen.

5.12.4 Technik des CC-Link

Mittlerweile gibt es CC-Link in verschiedenen Formaten wie z. B. CC-Link T (Repeater; passive T-Verzweigung), CC-Link-Safety und CC-Link IE [254], der am häufigsten in Europa in der Automatisierung eingesetzt wird.

Das Netzwerk ist kompatibel mit Robotern, Antrieben, Ventilen, analogen und digitalen I/O-Modulen, Temperatur- und Durchflussmessern sowie Füllstands-Controllern.

Die nach meiner Erfahrung in der Automatisierungstechnik am meisten eingesetzten Protokolle sind CC-Link IE in den Ausprägungen CC-Link IE Control und CC-Link IE Field.

CC-Link IE Control ist dabei ein zweifach redundantes 1 Gbit/s Glasfaser (LWL) oder ein Ethernet-basiertes Netzwerk. Dabei kann ein Netzwerk bis zu 120 Geräte (1 Master und 119 Slaves) umfassen. Die Distanz zwischen den Geräten kann bis zu 550 m betragen und das Netzwerk ist komplett deterministisch.

Der CC-Link IE Field ist ein auf 1 Gbit/s basierendes Echtzeit-Ethernet Netzwerk mit der Ethernet Bitübertragungsschicht und mindestens CAT 5-Kabeln sowie doppelt geschirmten Kabeln. Zwischen den Geräten (Master und Slaves) ist eine Entfernung bis zu 100 m möglich.

Kommt CC-Link-Safety hinzu, so ist die maximale Übertragungsgeschwindigkeit auf 10 Mbit/s begrenzt.

CC-Link-Safety [255] ist unter IEC 61508 für SIL 3 ausgelegt (siehe Abschn. 3.1.7) [43]. Eine typische Anwendung von CC-Link-Safety ist die Steuerung von Robotern.

CC-Link kommt in der Automatisierung schwerpunktmäßig in der Fabrikautomation (Automotive, Halbleiter, usw.) zur Anwendung.

Der Vorteil von CC-Link ist seine hohe Informationsübertragungsrate.

5.12.5 Beispiel einer CC-Link-Safety Anwendung

Zum Abschluss sei noch eine typische CC-Link IE Anwendung einer Roboter-Vernetzung mit CC-Link-Safety in Abb. 5.25 gezeigt.

Während alle bisher besprochenen Bussysteme für die Bitübertragungsschicht und die Sicherungsschicht das Ethernet verwenden, hat PROFIBUS hier eine andere Struktur.

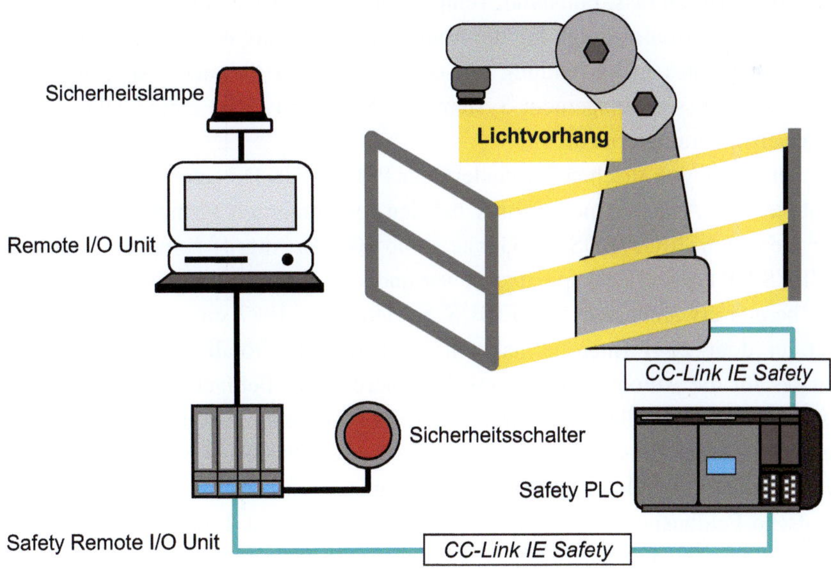

Abb. 5.25 Typische CC-Link-Safety Anwendung [255]

5.13 PROFIBUS

PROFIBUS (PROcess Field BUS) ist ein serieller Bus und mit seinen Versionen PROFIBUS DP und PROFIBUS PA noch immer einer der im Markt am meisten verbreiteten Feldbusse. Dabei erfährt PROFIBUS DP seit 2002 mittlerweile eine zunehmende Ablösung von PROFINET, das zu diesem Zweck von der PI entwickelt wurde. PROFIBUS unterscheidet sich wesentlich von den Ethernet-basierten Bussen und weist gegenüber dem PROFINET eine gemäß OSI-Modell unterschiedliche Bitübertragungsschicht und Sicherungsschicht auf.

5.13.1 PROFIBUS Geschichte

Ungefähr 10 Jahre beschäftigte mich das Thema 4...20 mA HART, PROFIBUS DP und PROFIBUS PA. Zu Beginn war ich unmittelbar in die Entwicklung von 4...20 mA HART für die Analysenmesstechnik beschäftigt. Um die Jahrtausendwende folgte dann unter meiner Entwicklungsverantwortung der Zweileiter-Feldbus PROFIBUS PA und FF H1 (Fieldbus Foundation H1).

Mitte 2002 wurde in der Instrumentierung der Analysenmessgeräte das Thema PROFIBUS DP (Decentralized Peripherals) [256, 257] als schnelle Variante zu PROFIBUS PA und FF H1 für nicht eigensichere Feldgeräte zum Fokus.

Es fanden in den Gremien der Analysenmesstechnik viele Diskussionen zu diesem Thema statt, da man neben dem Feldbusthema auch noch die Standardisierung der PROFIBUS PA-Profile für die Prozessindustrie zusammen mit den physikalischen Parametern Druck, Durchfluss, Füllstand, Temperatur auf der Agenda hatte.

Wie schon mehrmals gesagt, lag die Analysenmesstechnik bezüglich der Entwicklung eines Feldbusgerätes in Verbindung mit dem FDT/DTM™- (siehe Abschn. 5.5.1) und AMS-Konzept (Assetmanagement System von Emerson) [258] einige Jahre hinter den physikalischen Parametern zurück.

War bei den physikalischen Parametern der PROFIBUS DP schon fast selbstverständlich, tat sich die Analysenmesstechnik bei den renommierten Firmen immer noch sehr schwer die ersten PROFIBUS DP Geräte so ab 2003 in Angriff zu nehmen, obwohl der PROFIBUS DP bereits 1993 spezifiziert war und kurz danach im Feldeinsatz war.

Wie bereits erwähnt, war PROFIBUS ab dem Jahr 1987 ein öffentlich gefördertes Projekt an dem 21 Firmen teilnahmen. Ziel war die Realisierung eines digitalen Feldbusses für die Automatisierung mit Normierung der Feldgeräteschnittstelle, sodass unterschiedliche Herstellergeräte über einen Bus kommunizieren konnten. SIEMENS forcierte damals den Einsatz ihres ‚Feldbussystems' als PROFIBUS (L2 -Bus).

1989 wurde die PNO (PROFIBUS Nutzerorganisation) ins Leben gerufen [259] und die deutsche Feldbusnorm DIN EN 19245 Teil 1 [260] und Teil 2 [261] verabschiedet (siehe auch Abschn. 5.3 und 5.3.2). Das zunächst komplexe Kommunikationsprotokoll ‚Fieldbus Message Specification' (FMS) wurde 1993 vom einfacher aufgebauten und daher sehr viel schnelleren PROFIBUS DP (Decentralized Peripherals) abgelöst. 1996 wurde der PROFIBUS europaweit (EN 50170) [262] und im Jahr 2000 international (IEC 61158) genormt. Alle notwendigen Parameter sind dort festgeschrieben.

PROFIBUS wurde zunächst in der Norm IEC 61158 Typ 3:2003 standardisiert, dann aber zurückgezogen und teilweise durch die Normen IEC 61158-3-11:2007, IEC 61158-3-16:2007 sowie IEC 61158-3-17:2007 ersetzt [263]. Es zeigt sich einmal mehr mit welchem Aufwand Bussysteme spezifiziert werden müssen, um allen Anforderungen gerecht zu werden.

Es gibt heute hauptsächlich PROFIBUS DP und PROFIBUS PA. PROFIBUS ist heute trotz PROFINET aufgrund seiner großen installierten Basis immer noch ein führender Feldbusstandard in der Kommunikation der Automatisierungstechnik.

PROFIBUS unterstützt unterschiedliche Geräte in der Feldebene (physikalische, optische und elektrochemische Geräte) über ein Buskabel und besitzt eine hohe Übertragungszuverlässigkeit.

Heute wird PROFIBUS gleichermaßen in der Fabrik- und Prozessautomatisierung eingesetzt. PROFIBUS DP/PA zusammen mit PROFINET haben im Jahr 2020 knapp 30 % Marktanteil (siehe auch Abb. 5.1).

5.13.2 OSI-Modell und PROFIBUS

PROFIBUS basiert ebenso wie alle anderen Feldbusse auf dem OSI-Modell, ist jedoch nicht mit PROFINET zu verwechseln: Während PROFINET auf der Ethernet-Technologie basiert hat PROFIBUS eine andere Bitübertragungs- und Sicherungsschicht.

Die Zusammenhänge zwischen OSI-Modell und PROFIBUS sind im Abb. 5.26 dargestellt.

Entsprechend Abb. 5.26 ist die Anwendungsschicht (Application Layer) in drei Kategorien unterteilt: DP-V0 (im Jahr 1993 definiert), DP-V1, DP-V2 [264].

DP-V0 ist die Basisversion und definiert den zyklischen Austausch von Daten sowie geräte-, modul- und kanalspezifischen Diagnosen zur schnellen Fehlerdiagnose. Diese Anwendung kommt häufig in der Automatisierungstechnik und Maschinensteuerung vor.

DP-V1 definiert zusätzlich zu DP-V0 den azyklischen Datenaustausch und unterstützt Parametrierung, Bedienung, Überwachung, Alarmbehandlung und Wartung. Die Anwendung wird meistens in der Verfahrenstechnik benutzt.

DP-V2 betrifft die folgenden Punkte:

- Isochroner Datenaustausch (ein Signal mit konstanter Periodendauer)
- Master-Slave Kommunikation
- Slave-to-Slave Kommunikation
- Uhrzeitsynchronisation,
- Isochrone Echtzeitfunktionalität (Antriebssteuerung)
- Möglichkeit von Zeitstempeln

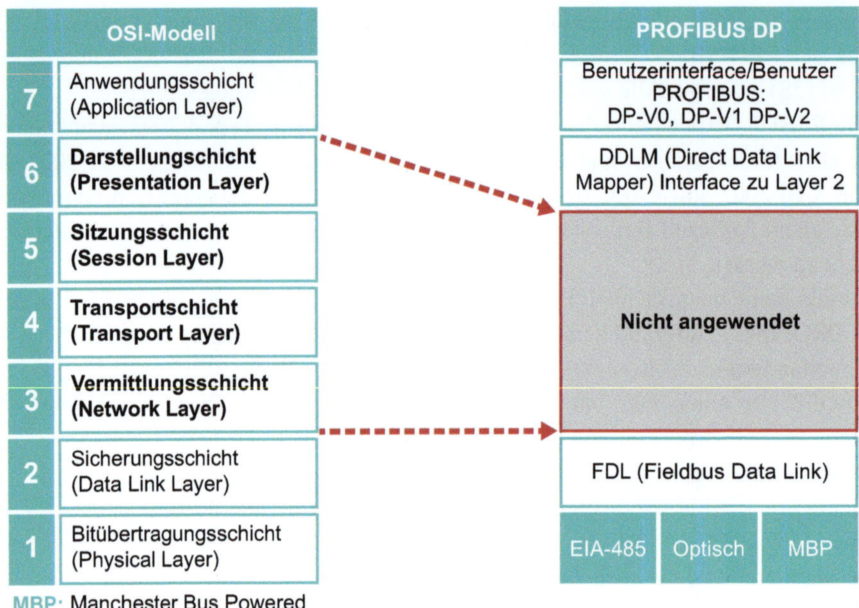

Abb. 5.26 OSI-Modell und PROFIBUS; MBP: Manchester Bus Powered

Mit dieser Kategorie werden die Forderungen aus Fertigungstechnik und Robotersteuerung berücksichtigt.

Der PROFIBUS PA basiert auf der Version PROFIBUS DP-V1.

Der Data Link Layer Mapper (DLLM) in der Anwendungsschicht (Application Layer) bildet die Schnittstelle zur Sicherungsschicht (Data Link Layer).

Im FDL (Fieldbus Data Layer oder Sicherungsschicht) arbeitet man im Toking-Passing-Ring (Kommunikation zwischen den Mastern) und Master–Slave Verfahren. Entsprechend Abb. 5.27 sind die speicherprogrammierbaren Steuerungen (SPS) die Master und die Sensoren/Aktoren entsprechen den Slaves.

Im Mode ‚Toking-Passing‘ mit mehreren Mastern übernimmt immer *ein* Master (Klasse 1) den Vorsitz für die zyklischen Dienste. Die anderen Master sind Master der Klasse 2 und übernehmen die Geräteparametrierung und Diagnosefunktionen. Der Master signalisiert immer den Beginn eines neuen Protokolls mit einer Pause von mindestens 33 Bit (‚1‘ signalisiert Busruhezustand).

Jeder Master, der den Token hat, fragt seine Slaves ab und versorgt diese mit neuen Daten. Slaves sind passiv. Sie warten was der Master fragt und antworten auch nur dann, wenn sie vom Master gefragt wurden.

Der PROFIBUS ist ein serieller Bus. Er verwendet in Verbindung mit der EIA-485 verdrillte Zweidrahtleitungen.

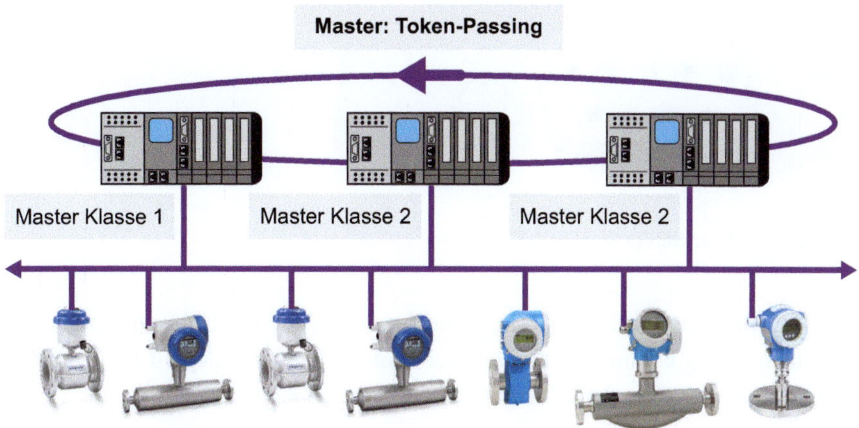

Abb. 5.27 PROFIBUS: Master Token Passing und Slave-to-Slave Kommunikation. (Quelle: KROHNE – links 4 Durchfluss-Feldgeräte: Waterflux, OPTI MAS_1400; Quelle: Endress + Hauser – rechts 2 Durchfluss-Feldgeräte: Promag P300, Promass F 200, 1 Druckgerät)

Dadurch ist das Kupferkabel relativ einfach durch einen Lichtwellenleiter auszutauschen. Es werden zwei Lichtwellenleiter (LWL) benötigt, ein LWL zum Senden, der andere LWL zum Empfangen der Daten.

In der Bitübertragungsschicht (Physical Layer) gibt es 3 Verfahren:

1. *Verfahren*
   Übertragung nach EIA-485 (Electronic Industries Alliance) [265]: EIA-485, auch unter dem Namen RS-485 bekannt, ist ein Industriestandard für eine physische Schnittstelle für die asynchrone serielle Datenübertragung. Fast jeder Techniker ist schon einmal mit der RS-485 beschäftigt gewesen. Zur Übertragung wird ein Twisted-Pair Kabel verwendet.
   Es werden typisch Bitraten von 9,6 kbit/s bis 12 Mbit/s auf Leitungslängen zwischen 100 Meter bis 1200 Meter (zwischen zwei Repeatern) übertragen. Das Verfahren wird vor allem bei PROFIBUS DP eingesetzt.
   Das Kabel Typ A hat die bekannte lila Farbe.
2. *Verfahren*
   Optische Übertragung mit LWL (Lichtwellenleiter). Als Netzwerk-Topologien werden Stern-, Bus- und Ring-Topologien (siehe Abb. 5.3) eingesetzt. Zwischen zwei Repeatern sind Übertragungsstrecken bis 15.000 Meter möglich.
3. *Verfahren*
   Die Manchester Bus Powered (MBP) [266] Übertragung: Über ein Kabel erfolgt die Datenübertragung und die Energieversorgung des Feldgerätes. Die Leistung kann mittels Barrieren so eingeschränkt werden, dass ein Feldgerät mit PROFIBUS PA

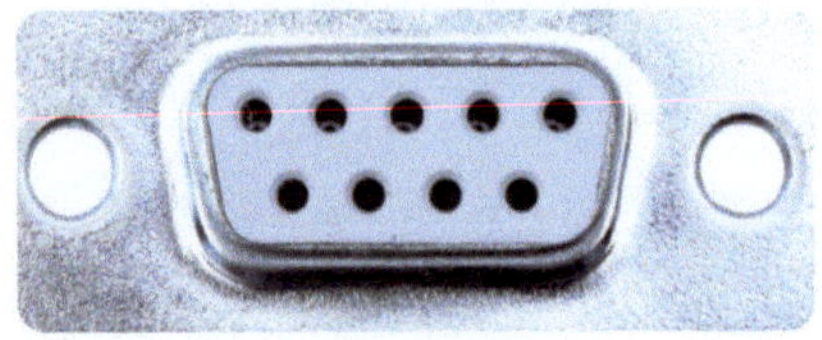
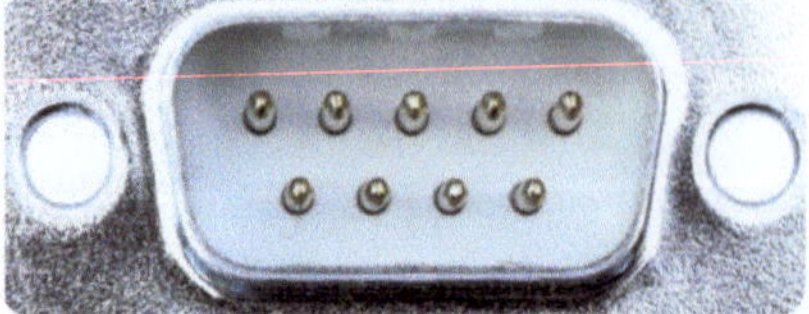

Abb. 5.28 9-poliger Sub D Stecker

auch in explosionsgefährdeten Umgebungen eingesetzt werden kann. Diese Art der Instrumentierung kommt vor allem in der Chemie, Petrochemie, Oil & Gas und Holzindustrie sowie auch in der Schlammaufbereitung bei Kläranlagen vor.

Die für den explosionsgefährdeten Bereich ausgelegten Kabel haben eine blaue Farbe. Das Buskabel kann bis zu 1900 m lang sein. Die Abzweigung zu den eigensicheren Feldgeräten kann bis zu 120 m betragen.

Als Steckersystem wird in der Regel der bekannte und in vielen Varianten aufgelegte 09-polige Sub D Stecker verwendet [267], wie ihn in Abb. 5.28 zeigt. Der Stecker wird von der Norm empfohlen.

5.13.3 Die PROFIBUS Protokolle

Die unterschiedlichen Protokolle von PROFIBUS sind in Abb. 5.29 abgebildet.

Gemäß Abb. 5.29 gibt es beim PROFIBUS DP fünf unterschiedliche Arten von Datenprotokollen, die im Startdelimiter codiert werden.

1) Keine Daten: Codierung SD1 = 0x10
2) Daten variabler Länge: Codierung SD2 = 0x68
3) Daten fester Länge: Codierung SD3 = 0xA2
4) Token: Codierung SD4 = 0xDC
5) Kurzquittung: SD5 = 0xE5

PROFIBUS PA hat dieselben Protokolltypen entsprechend Abb. 5.29, jedoch hat er einen vereinheitlichten Frame. Ein 2 Byte langer CRC (Cyclic Redundancy Check) ersetzt die Frame Check Summe (FCS).

5.13.4 Technik des PROFIBUS

PROFIBUS DP (Decentralized Peripherals)

PROFIBUS DP wird für die dezentrale Ansteuerung von Sensoren und Aktoren in einer Anlage verwendet.

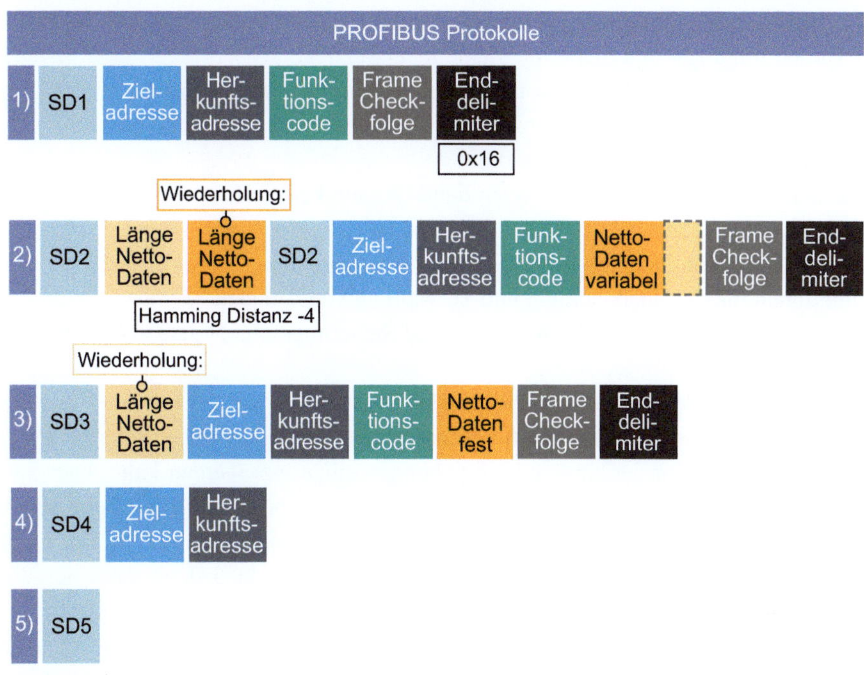

Abb. 5.29 Die fünf PROFIBUS Protokolle

Der Feldbus bietet eine Reihe von Diagnosemöglichkeiten und beinhaltet eine Verbindung von mehreren Steuerungen untereinander (siehe auch Abb. 5.22).

Es sind Datenraten bis zu 12 Mbit/s auf Twisted-Pair Leitungen und auf Lichtwellenleitern möglich. Schon in den neunziger Jahren ging der Trend hin zu immer höheren Datenraten.

Von entscheidender Bedeutung des PROFIBUS DP sind seine Anwendungsprofile in der Prozessautomatisierung (PROFIBUS PA), Fertigungsautomatisierung (PROFIBUS DP), Antriebssteuerung (PROFIdrive: Roboter, Antriebe, Pumpen) und Sicherheitstechnik (PROFIsave: einsetzbar bis SIL 3).

Es gibt auch spezielle Integrationsprofile mit denen HART und der IO-Link integriert werden können.

PROFIBUS PA (Process Automation)

In der Vergangenheit nutzten Feldgeräte in der Prozessautomatisierung beispielsweise die 4…20 mA HART-Technologie zur Kommunikation. Seit ca. 1990 wurden zunehmend Anlagen auf der Basis digitaler Feldbusse realisiert. PROFIBUS kam bereits in den 90er Jahren, zunächst als PROFIBUS FMS, dann als PROFIBUS DP. Ab 1999 kam PROFIBUS PA (SIEMENS) auf den Markt, fast zeitgleich folgte in USA der FF H1 Feldbus (Emerson).

Wichtig ist zu wissen, dass PROFIBUS PA und Fieldbus Foundation H1 (FF H1) dieselbe Bitübertragungs- und Sicherungsschicht verwenden.

Die Vorteile von PROFIBUA PA und FF H1 sind die folgenden Punkte:

- Eigensicherer Feldbus
- Hochauflösende Messung von Werten ohne Genauigkeitsverlust
- Hohe Zuverlässigkeit bei der Datenübertragung
- Unterstützung von Diagnose- und Wartungsmöglichkeiten
- Funktionen für die Überwachung und Verwaltung von Anlagen
- Verwendung derselben Bitübertragungs- und Sicherungsschicht gemäß OSI-Modell

Der entscheidende Vorteil von PROFIBUS PA (und FF H1) ist meines Erachtens jedoch, dass er durch seine Leistungsbegrenzung auch als eigensicherer Feldbus (Schutzart) in explosionsgefährdeten Umgebungen eingesetzt werden kann. Dies ist ein Merkmal, das bis 2019 noch kein Ethernet-basierter Feldbus erfüllt. Mit Ethernet APL (Advanced Physical Layer) kam in 2019 zum ersten Mal ein Ethernet basierter Feldbus für eigensicheren Einsatz durch Pepperl + Fuchs auf den Markt. Jedoch muss sich dieser Feldbus erst bewähren und auch noch stark miniaturisiert werden.

PROFIBUS PA verdrängte bei Neuanlagen zunehmend das 4...20 mA-Signal oder den 4...20 mA HART-Feldbus. Schaltungstechnisch können über einen Segmentkoppler ‚PROFIBUS DP-PROFIBUS PA' mehrere PA-Feldgeräte angeschlossen werden (siehe Abb. 5.22).

Die zweiadrige Busverbindung zwischen PA-Gerät und dem PA-I/O übernimmt, neben der bidirektionalen Informationsübertragung auch die Energieversorgung (siehe hierzu auch 4...20 mA HART Zweidraht-Feldgerät).

Die Datenübertragungsrate von PROFIBUS PA beträgt (ebenso wie bei FF H1) 31,25 kbit/s.

Der digitale Feldbus weist eine hohe Immunität gegenüber EMV-Störungen auf und erlaubt lange Kabelwege. Ebenso von Vorteil ist, dass PROFIBUS PA ein Geräteprofil (PA-Profil) besitzt, in welchem die wichtigen Funktionen der Feldgerätehersteller für die physikalischen *und* elektrochemischen Parameter standardisiert sind.

Gemäß meiner Erfahrung in der Analysenmesstechnik wurde um das Jahr 2002 bei eigensicheren Anwendungen das FISCO-Feldbuskonzept (Fieldbus Intrinsically Safe Concept) angewendet.

Das FISCO-Konzept ist in der Norm DIN EN 60079-11 VDE 0170-27:2012-06 spezifiziert [268].

Dieses Konzept wurde Mitte 1990 von der Physikalisch Technischen Bundesanstalt (PTB), der Firma ABB und der chemischen Industrie sowie der PROFIBUS-Organisation entwickelt. Seit 2001 beteiligt sich auch die Fieldbus Foundation (FF) an diesem Konzept.

Es war gleichermaßen der Durchbruch des PROFIBUS PA bzw. des FF H1 gegenüber dem 4...20 mA HART-Signals.

5.13.5 ASIC PROFIBUS DP

Eine der bekanntesten Halbleiter-Chips für PROFIBUS DP sind der *VPCLS2* und der *VPC3+S*, wie er beispielsweise von den Firmen Yaskawa Profichip GmbH [269] oder SIEMENS gefertigt wird. Beide Chips sind in Abb. 5.30 gezeigt. Ebenfalls in Abb. 5.30 ist ein typisches vereinfachtes Blockdiagramm für einen ASIC für den PROFIBUS DP Slave gezeigt.

5.13.5.1 ASIC VPCLS2

Der ASIC VPCLS2 [270] ist kompatibel mit dem SIEMENS Chip LSPM2 [271] und hat ein Gehäuse (Package) PQFP80 (Plastic Quad Flat Pack mit 80 Pins). Der Chip ist RoHS konform. Der SIEMENS LSPM2 ASIC und der Yaskawa Chip VPCLS2 sind jeweils eine Ein-Chip Lösung für PROFIBUS DP Slaves.

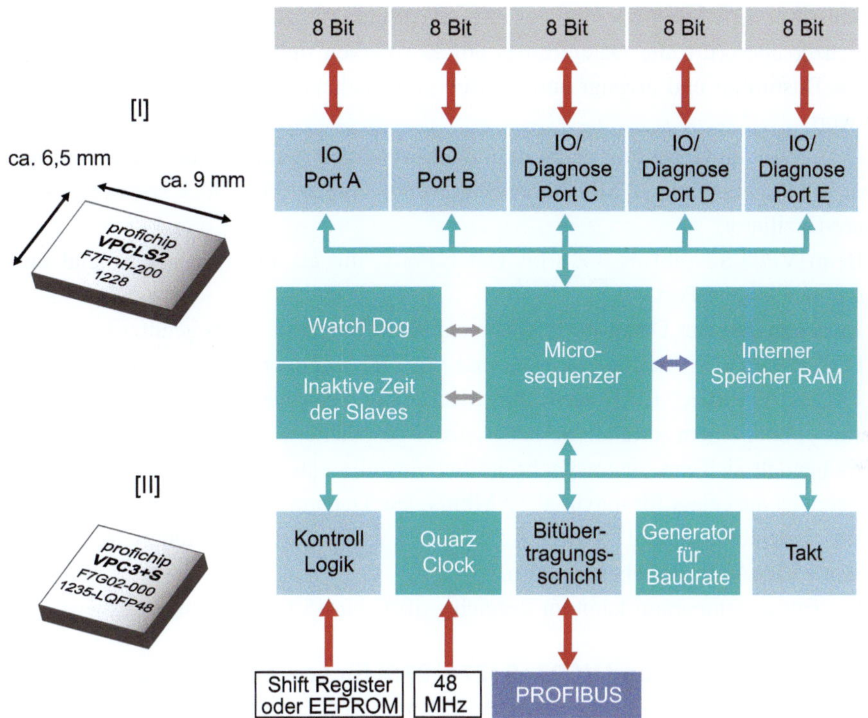

Abb. 5.30 ASIC für PROFIBUS DP Slaves [270, 271, 274, 275]. (Quellen: [I]: Yaskawa: DP Lean Slave VPCLS2; https://www.yaskawa.dk/products/profichip%2520embedded%2520solutions/productdetail/product/dp-lean-slave-vpcls2_970/ letzter Zugriff 8.3.2021. [II]: Microport Computer Electronic Incs: VPC3+S von MPGC-VPC3+S; https://www.microport.com.tw/en/prod/IC-Chips-intergrated-circuit/VPC3-S.html/, letzter Zugriff 8.3.2021)

Der LSPM2-Chip wie der VPLCLS2-Chip haben folgende Kenndaten:

- Gehäuse: PQFP80 (Plastic Quad Flat Pack)
- Temperatur-Bereich: −40°C bis + 85°C
- Versorgungsspannung: 5 V
- Oscillator-Frequenz: 48 MHz (12 Mbps)
- 32 I/O‘s

Beide ASIC’s, der VPCLS2 und der LSPM2 (80 Pins), von Abb. 5.30 sind Chips für die Slaveanwendung. Realisiert ist das PROFIBUS DP-V0 Protokoll. D. h. die ASIC’s behandeln alle Kommunikations- und Diagnosefunktionen. Dabei wird kein zusätzlicher µ-Controller und keine zusätzliche Software benötigt. Alle Timer- und Monitoring-Funktionen sind integriert.

Das Protokoll wird durch den integrierten Microsequenzer gehandhabt, der eine spezielle RISC Struktur (Reduced Instruction Set Computer, Rechner mit reduziertem Befehlssatz) [272] besitzt, die auf die Slavefunktion zugeschnitten ist. Der Microsequenzer überprüft alle Datenframes auf Korrektheit und Plausibilität. Ebenso steuert er das Bustiming und erzeugt automatisch entsprechend dem PROFIBUS-Standard die Antwort.

Der Baudrate-Generator erzeugt alle notwendigen Timings für die Übertragungsraten von 9,6 kbit/s bis 12 Mbit/s, benötigt jedoch eine externe Clock von einem 48 MHz Quarz-Oszillator.

Beim VPCLS2 gibt es 4 × 8-bit Daten-Ports, die als I/O‘s ausgelegt sind und ein Diagnose Eingabe-Port.

Zwei von den vier Daten-Ports können auch als Diagnose-Ports genutzt werden.

Die PROFIBUS-Station-Adresse und die ID-Nummer werden extern in einem EEPROM (E^2PROM [273] steht für Electrically Erasable Programmable Read-Only Memory) oder einem seriellen Schieberegister gespeichert.

Es handelt sich um eine asynchrone Schnittstelle entsprechend PROFIBUS DP. Der Baustein ist ausgelegt für maximal 12 Mbit/s. Die Datenrate wird automatisch erkannt.

Die Betriebsspannung beträgt 4,5 V bis 5 V. Der Stromverbrauch im Busbetrieb beträgt 150 mA, im Ruhebetrieb 65 mA.

Die Einsatztemperatur kann im Bereich −40°C bis 85°C variieren.

5.13.5.2 ASIC VPC3 und VCP3+S [274, 275] für Low Power Bereich

Ein weiteres Beispiel sind die Chips VPC3 und VPC3+S, den es in unterschiedlichen Versionen gibt. Häufig verwendet wird der ASIC für Feldgeräte in den Gehäusen LFBGA48 (Low-Profile Fine Pitch Ball Grid Array mit 48 Pins)/LQFP48 (Low-Profile Quad Flat Package mit 48 Pins) [276]. Der VCP3 und VCP3+S haben ein Serial Peripheral Interface (SPI) [277], welches im Jahr 1987 von Susan C. Hill bei Motorola (heute NXP Semiconductors) entwickelt wurde. Das SPI ist ein standardisiertes Bus-System für einen synchronen seriellen Datenbus, mit dem digitale Schaltungen nach dem Master-Slave-Prinzip miteinander verbunden werden können.

Unterstützt werden die PROFIBUS-Protokolle PROFIBUS DP-0, DP-V1 und DP-V2.

Der Chip wird vor allem im Low Power Bereich eingesetzt. Er ist für den Spannungsbereich 3,3 V entwickelt. Von der Funktion, Hardware- und Software ist er kompatibel mit dem SIEMENS ASIC VPC3-C und SIEMENS ASIC SPC3.

Der Chip ist auch für den Einsatz für Slave-to-Slave Kommunikation geeignet.

Das letzte Software Update ist vom 9.11.2015 in der Version V06.01.14.

Durch das hochflexible Prozessor Interface unterstützt der VPC3+S die Prozessoren von

- Intel: 80C31, 80C51, 80X86
- Derivate von SIEMENS: 80C166/165/167
- Motorola: HC11-, HC16-, HC916
- ARM: Alle ARM Derivate mit SPI oder I^2C-Interface

Der VPC3+S umfasst die Bitübertragungsschicht (Physical Layer) und die Sicherungsschicht (Data Link Layer) vom OSI-Modell, ausgenommen den analogen RS-485 Treiber.

Der ASIC kam als Version V1.00 im Jahr 2009 auf den Markt. Heute ist er in der Version V1.07 von 2009 mit einem neuen Dokumentenformat als V1.08 von 2019 erhältlich. Entsprechend meiner Erfahrungen ist der Chip relativ einfach handhabbar bezüglich der elektronischen Leiterplattenentwicklung.

5.13.6 Zusammenfassung PROFIBUS

PROFIBUS ist der derzeit *immer noch* weltweit führende Standard in der Automatisierungstechnik. Aufgrund seiner Applikationsprofile können vielfältige Aufgaben in der Fabrik- und insbesondere auch in der Prozessautomation gelöst werden. PROFIBUS PA kann auch als einer der wenigen Feldbusse in explosionsgefährdeten Umgebungen eingesetzt werden.

Tab. 5.18 zeigt gibt noch einmal eine Grobübersicht der Anwendungen von PROFIBUS.

PROFIBUS PA wird in der Prozessautomatisierung in explosionsgefährdeten Umgebungen eingesetzt. Hier gibt es nur den FF H1 oder den 4…20 mA HART Feldbus als Alternative. In nicht-Ex Sicherheitsanwendungen wird PROFIBUS DP in Verbindung mit PROFIsave angewendet. Für Echtzeitanforderungen jeglicher Art kommt PROFIBUS DP mi PROFIdrive zum Einsatz.

Tab. 5.18 Verschiedene PROFIBUS Lösungen im Überblick

Marktsegment	Prozessautomatisierung	Fabrikautomatisierung	Sicherheitsrealisierung	Antriebsregelungen
Lösung mit PROFIBUS	PROFIBUS PA	PROFIBUS DP	PROFIBUS PA	Maschinen, Roboter, Pumpen, Ventile
Anwendungsprofil	PROFIBUS PA-Geräte	Feldsysteme, Identsysteme	PROFIsafe	PROFIdrive
Kommunikationstechnologie	PROFIBUS DP, PROFIBUS PA	PROFIBUS DP	PROFIBUS DP	PROFIBUS DP
Übertragungstechnik Bitübertragungsschicht	RS-485/RS-485-IS	RS-485	RS-485	RS-485

5.14 HART (Highway Addressable Remote Transducer)

HART war der erste ‚digitale Feldbus', der dem traditionellen 4...20 mA-Signal überlagert wurde. Er ist heute immer noch in vielen Anwendungen in der Prozessindustrie im Einsatz.

Da HART historisch gesehen entscheidend die Feldbuswelt veränderte und quasi der Vorreiter für die reinen digitalen Feldbusse war, sei ihm an dieser Stelle noch einmal ein etwas ausführlicherer Abschnitt gewidmet.

5.14.1 Geschichte HART

Persönlich sammelte und vertiefte ich Erfahrungen mit dem Feldbus HART während meiner Tätigkeit bei zwei Firmen der Messtechnik für Umwelt und Prozess (Endress + Hauser und KROHNE).

Von 2011 bis 2015 entwickelte KROHNE unter meiner Leitung für pH und Leitfähigkeit einen voll im Steckkopf integrierten 4...20 mA HART 7-Transmitter (siehe Abb. 4.28). Es wurde die Punkt-zu-Punkt-Verbindung wie sie auch im HART Multidrop bzw. der HART- Multiplex realisiert ist. HART 7 kommt seit 2010 zur Anwendung und löste HART 5 ab. Beide Systeme waren nicht miteinander kompatibel. Deswegen war der Wechsel von HART 5 auf HART 7 sehr problematisch. Einer der wesentlichen Unterschiede zwischen HART 5 und HART 7 ist, dass HART 7 einen größeren Adressraum zur Verfügung stellt und WirelessHART miteinschließt.

Es waren zu diesem Zeitpunkt die ersten Kompaktsensoren der Analysenmesstechnik mit integriertem Transmitter und einem Ausgangssignal 4...20 mA HART für den Ex- und nicht Ex-Bereich!

Kritisch waren bei der Entwicklung folgende Punkte:

- Miniaturisierung auf eine ca. 9 cm × 1 cm mehrlagige Leiterplatte, beidseitig mit mehr als 200 Bauteilen bestückt
- Robustheit gegenüber elektromagnetischen Einflüssen (EMV) Umwelttauglichkeit bezüglich EMV
- IP67-Schutzart
- ATEX-Fähigkeit für Zone 0

Zum damaligen Zeitpunkt entschied man sich für die HART-Kommunikation, da immer noch mehr als 85 % der Messgeräte das 4…20 mA HART-Signal besaßen.

Historisch gesehen, begann man in Deutschland erst 1987 mit PROFIBUS einen digitalen Feldbus zu definieren. Das Unternehmen Rosemount hatte schon im Jahr 1980 mit der Definition des HART-Protokolls begonnen. Bei Rosemount (heute Emerson) war bei der Entwicklung die Prämisse, dass die installierte Basis von 4…20 mA-Signalen möglichst einfach nachgerüstet werden konnte. Ein Grundgedanke, der bis heute in den mehr konservativeren Industrien (z.B. Chemie) noch immer in zahlreichen Instrumentierungen ersichtlich ist.

Als der PROFIBUS DP im Jahr 1993 endlich auf den Markt kam, nachdem der PROFIBUS FMS aufgrund seiner Komplexität keine Marktakzeptanz fand, hatte Rosemount schon einen beträchtlichen Marktanteil von 4…20 mA HART Geräten im Markt und konnte gerade in den Anfängen von PROFIBUS DP seine Marktanteile weiter ausbauen.

Der Hauptgrund hierfür war auch, dass das 4…20 mA HART-Signal seit jeher ein eigensicherer Feldbus war, während der digitale PROFIBUS PA und Fieldbus Foundation FF H1 erst in den Jahren 1998/1999 auf den Markt kamen.

Die Gründung der HART Communication Foundation (HCF) [278] erfolgte zwar erst in 1993 (fast zeitgleich mit der PNO), was jedoch die Verbreitung des HART Feldbusses nicht beeinflusste.

Grund hierfür war seine einfache Handhabung und sein Einsatz in explosionsgefährdeten Umgebungen gegenüber allen anderen in der Diskussion befindlichen digitalen Bussystemen, die diese Merkmale zunächst nicht aufwiesen.

Ein Jahr nach der Gründung der HCF erfolgte im Jahr 1994 bereits die Gründung der Fieldbus Foundation (FF) [279].

Mit der Gründung der HCF begann der große Konkurrenzkampf zwischen europäischen und amerikanischen Feldbussystemen. Allerdings benutzten beide Bussysteme, PROFIBUS und FF, dieselbe Bitübertragungsschicht und Sicherungsschicht (OSI-Modell).

Im Rahmen der Harmonisierungsbestrebungen schlossen sich letztendlich die HCF und die FF im Jahr 2014 zur FieldComm Group [280] zusammen.

Beachtenswert ist, dass HART erst 27 Jahre nach seiner Entstehung im Jahr 2007 ein Teil der Feldbusnorm IEC 61158 wurde. PROFIBUS war z. B. bereits seit 1999 in der IEC 61158 aufgeführt.

5.14.2 OSI-Modell und HART

Auch HART basiert auf dem OSI-Modell. Abb. 5.31 zeigt die Zusammenhänge zwischen OSI-Modell und HART sowie WirelessHART.

Dabei sind beim HART-Protokoll nur die Schichten 1,2 und 7 des OSI-Modells implementiert.

Die normalerweise in den Schichten 3–6 angesiedelte Funktionalität wird bei HART von der Anwendungsschicht mit übernommen. Die Bitübertragungsschicht ist eine asynchrone Halbduplex-Schnittstelle, die auf dem 4…20 mA-Stromsignal arbeitet.

HART-Leitungen im Feld bestehen aus verdrillten Leitungspaaren. Zu beachten ist: Werden sehr dünne und/oder lange Kabel eingesetzt, vergrößert sich der Leitungswiderstand und damit die Gesamtbürde. Dadurch erhöht sich die Signaldämpfung und -verzerrung, wodurch die Grenzfrequenz des Übertragungsnetzwerks sinkt (siehe Abschn. 5.14.4).

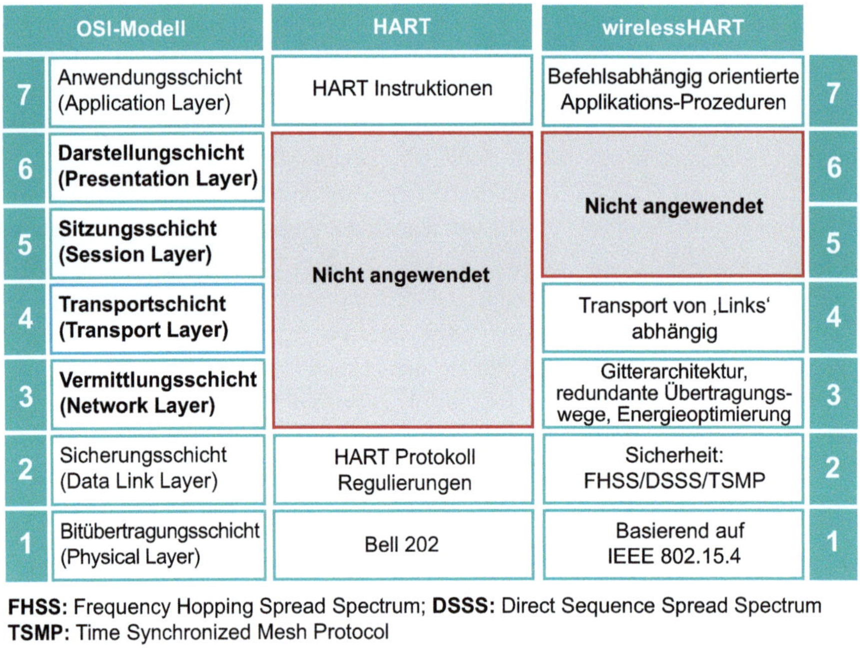

	OSI-Modell	HART	wirelessHART	
7	Anwendungsschicht (Application Layer)	HART Instruktionen	Befehlsabhängig orientierte Applikations-Prozeduren	7
6	**Darstellungschicht (Presentation Layer)**	**Nicht angewendet**	**Nicht angewendet**	6
5	**Sitzungsschicht (Session Layer)**			5
4	**Transportschicht (Transport Layer)**		Transport von ‚Links' abhängig	4
3	**Vermittlungsschicht (Network Layer)**		Gitterarchitektur, redundante Übertragungswege, Energieoptimierung	3
2	Sicherungsschicht (Data Link Layer)	HART Protokoll Regulierungen	Sicherheit: FHSS/DSSS/TSMP	2
1	Bitübertragungsschicht (Physical Layer)	Bell 202	Basierend auf IEEE 802.15.4	1

FHSS: Frequency Hopping Spread Spectrum; **DSSS:** Direct Sequence Spread Spectrum
TSMP: Time Synchronized Mesh Protocol

Abb. 5.31 OSI-Modell und HART/WirelessHART (FHSS, DSSS, TSMP, siehe Abschn. 5.15, WirelessHART)

Für die EMV-Resistenz bei HART sind vor allem für längere Übertragungsstrecken paarweise geschirmte Twisted-Pair-Kabel (bis maximal 1500 m, 0,2 mm^2) nötig. Bei bis zu 3000 m sind paarweise geschirmte Twisted-Pair-Kabel (0,5 mm^2) nötig.

5.14.3 Das HART-Protokoll

Das HART-Protokoll ist entsprechend Abb. 5.32 aufgebaut. Es ist wichtig zu wissen, dass *jedes* Byte als 11 Bit UART-Zeichen (Universal Asynchronous Receiver Transmitter) [281] mit ‚Start = 0', ‚Parität = gerade'; d. h. die Summe der im Byte vorkommenden ‚1' wird im Paritätsbit auf eine 'gerade' Anzahl ergänzt'.

HART 5 und HART 7 unterscheiden sich im Protokoll: Neben der 4 Bit Adressierung der Slaves bei HART 5 wurde für HART 7 ein langes Adressformat mit 36 Bit zur Einbindung mehrerer Teilnehmer sowie für eine erhöhte Sicherheit eingeführt.

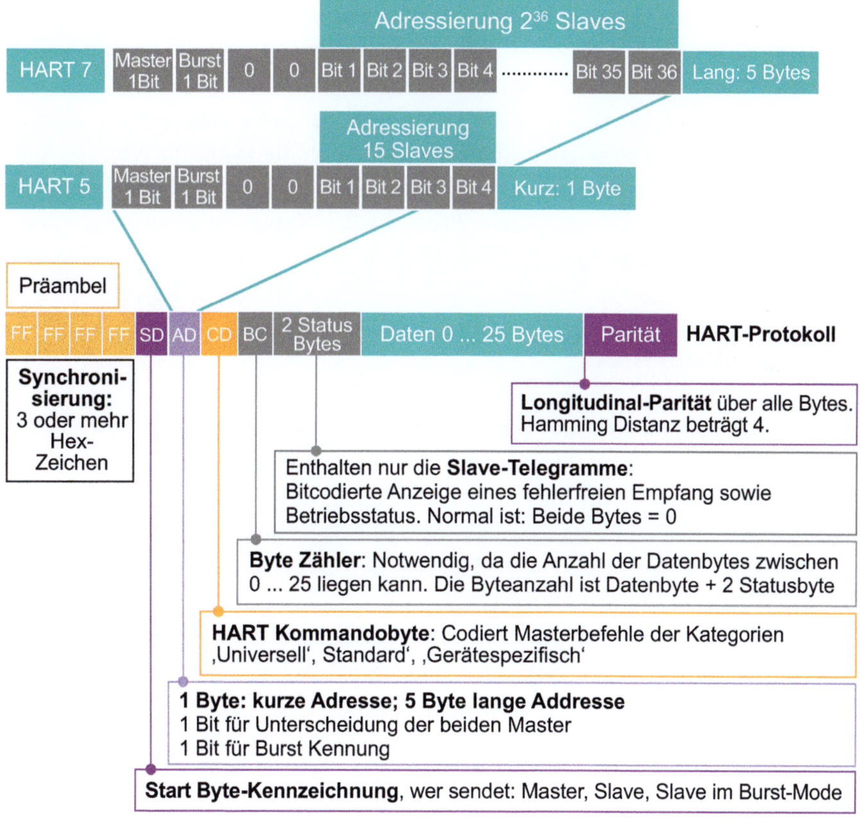

Abb. 5.32 HART 5 und HART 7 Protokoll [284]

Dieses Thema beschäftigte damals viele Unternehmen über mehrere Jahre hinweg bei der Einführung von HART 7, um die Kompatibilität zwischen den Neu- und Alt-Geräten herzustellen.

Die einfachste Kommunikation besteht aus einem Master-Telegramm, an das sich direkt das Antwort- bzw. Bestätigungs-Telegramm des entsprechenden Feldgerätes (Slaves) anschließt. Diese Kommunikationsart wird für den gewöhnlichen Datenaustausch genutzt. Während des Verbindungsaufbaus kann mit dem klassischen HART-Kommando ‚11' über eine Broadcast-Nachricht in allen Geräten die Systemkonfiguration überprüft werden.

Ferner gibt es den BURST-Modus. Dabei setzt ein einziges Feldgerät mit kurzen 75 Millisekunden Pausen zyklisch Nachrichten-Telegramme ab, die von dem ersten und zweiten Master abwechselnd gelesen werden können.

Mit der Erfüllung der Störfestigkeitsnorm gemäß IEC 801-3 und IEC 801-4/Stärke 3 besitzt HART im Einsatz eine hohe Störsicherheit gegenüber eingekoppelten Leitungsstörungen (siehe Abschn. 3.1.2). Ebenso können die Kommunikationsteilnehmer zu jeder Zeit zugeschaltet oder entfernt werden – ohne dabei die übrigen Geräte zu stören. Dies wirkt sich besonders positiv auf den Gebrauch von Bediengeräten (HART-Communicator) aus. Weiter können bis zu 3 fehlerhafte Bits erkannt werden, was einer ‚Hamming Distanz gleich 4' entspricht.

Nicht zu akzeptierende HART-Kommandos oder defekte Geräte meldet jedes Feldgerät (Slave) durch die reservierten Status Bytes. Durch die zyklische Abfrage, um den Status von Hard- oder Software zu ermitteln (IEC 801-3), kennt das Bediengerät (Handheld oder HART Communicator) den Zustand *aller* Kommunikationsteilnehmer und kann entsprechend anwenderspezifisch reagieren.

5.14.4 Technik des HART

Bei der HART-Instrumentierung wird zwischen der klassischen Punkt-zu-Punkt-Verbindung, der Multiplex-Verbindung und der Multidrop-Verbindung unterschieden.

Beim HART-Protokoll wird das 4…20 mA-Signal, das die analogen Messwerte mit überlagerter ‚digitaler' Information überträgt, mittels FSK moduliert. Zugrunde liegt dem HART-Signal entsprechend Abb. 5.33 der Bell-202-Standard [282] und die FSK-Modulation (Frequence Shift Keying) [283].

Das HART-Protokoll kommuniziert mit 1200 Bit/sec und ermöglicht dem Host mehrere Aktualisierungen pro Sekunde. Dabei wird das 4…20 mA-Signal per FSK-Modem moduliert, wobei die ‚1' mit 1200 Hz und die ‚0' mit 2200 Hz codiert wird.

Das FSK-Modem ist bei Feldgeräten und Sensoren (SMARTPAT der Firma KROHNE) integriert. Bei Bedienung über PC wird es über eine serielle Schnittstelle angeschlossen.

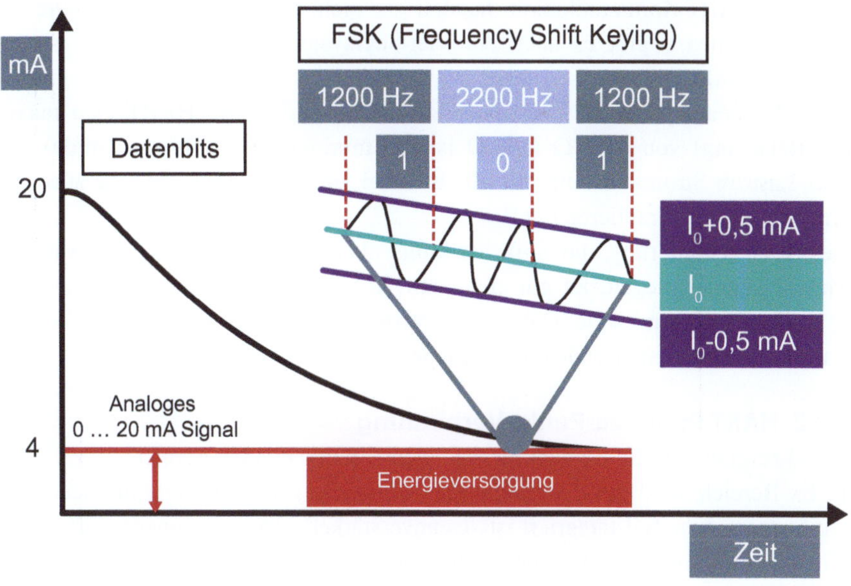

Abb. 5.33 HART Protokoll und 4…20 mA-Signal [284]

5.14.4.1 Datenrate

Der Messwert wird durch das 4…20 mA-Signal übertragen. Mit dem HART-Protokoll werden Parameter, Diagnosedaten, Kalibrierdaten, azyklische Daten ausgetauscht. Neben dem Hauptsignal, z. B. dem pH-Wert oder dem Leitfähigkeitswert, wird über das HART-Protokoll auch noch die Temperatur übertragen (Nebenmesswert).

Es können in einem HART-Protokoll 25 Werte übertragen werden. Bei einer kurzen Adressierung werden 25 Werte und 10 Steuerzeichen, gleich 35 Byte (Abb. 5.32), übertragen. D. h. aufgrund der UART Übertragung werden 35 Bytes * 11 Bits/Byte = 385 Bits übertragen. Dafür werden 0,13 s = 130 ms benötigt.

Die Tab. 5.19 veranschaulicht den Sachverhalt [284].

Man rechnet pro Master-Slave-Telegramm einschließlich Synchronisation und Wartezeit ca. 500 ms (d. h. 2 Aktionen pro sec). D. h. es können maximal 25 Werte in 500 ms übertragen werden.

Tab. 5.19 Beispiel für die digitale HART-Übertragungsgeschwindigkeit [284]

Bytes pro Protokoll	**25 Nachrichten Bytes + 10 Steuerzeichen**	
Telegrammgröße	35 Bytes (Nachrichten) * 11 Bits =	**385 Bits**
Nutzdatenanteil	25 * 8 Bits/385 Bits	**52 %**
Zeit pro Bit im HART	1/1200 Bit/s	**0.83 ms**
Übertragungszeit	385 * 0.83 ms	**0.32 s**
Zeit je Nutzbyte	0.32 s/25 Bytes	**12.83 ms**

Bei der HART-Kommunikation handelt es sich typischerweise um eine Zweileitertechnik. Ebenso gibt es auch ein Vierleitersystem, was jedoch nicht so häufig angewendet wurde.

Beim Zweileitersystem ist prinzipiell zu beachten, dass bei HART eine maximale Bürde (Belastung) von 1100 Ω (230 Ω ist der minimale Wert für die Bürde) für die gesamte Last im Stromkreis, einschließlich Kabel, gefordert wird, um eine zuverlässige Kommunikation zu garantieren [284].

Dies ist eine Forderung, die einfacher klingt als es den tatsächlichen Aufwand in der Entwicklung widerspiegelt: Es gilt allgemein, je höher der elektrische Leistungsbedarf desto größer ist dessen Bürde. Die obere Grenze wird dabei oftmals aus der begrenzten Ausgangsleistung der speisenden Stromquelle vorgegeben.

5.14.4.2 HART Punkt-zu-Punkt-Verbindung

Abb. 5.34 zeigt das HART-System für den Nicht-Ex und den Ex-Bereich

Im Ex-Bereich wird ein Trennverstärker eingesetzt, der bei herkömmlichen Messwertumformern zum Teil integriert ist. Trennverstärker oder Isolationsverstärker werden immer dann zur galvanischen Trennung eingesetzt, wenn diese durch Übertrager (Trafos) nicht möglich oder nicht erwünscht sind. Trennverstärker können im Gegensatz zu Übertragern auch Gleichspannungssignale übertragen. Es gibt heute viele Hersteller von Trennverstärkern für den Ex- und Nicht-Ex-Bereich (z.B. Wago, Phoenix, Knick, usw.).

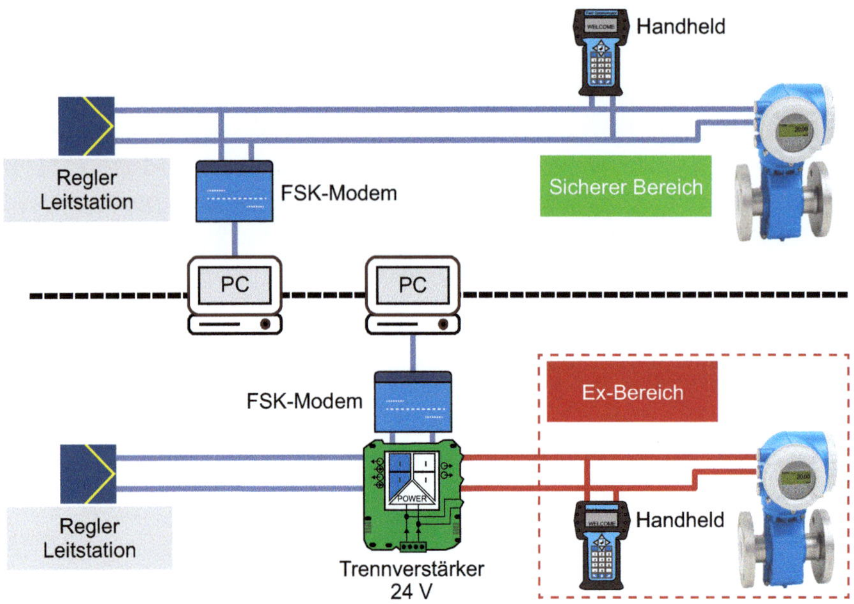

Abb. 5.34 Punkt-zu-Punkt HART Verbindung für den Ex- und Nicht-Ex-Bereich (Quelle: Endress + Hauser Durchflussmesser 2 x Promag P300)

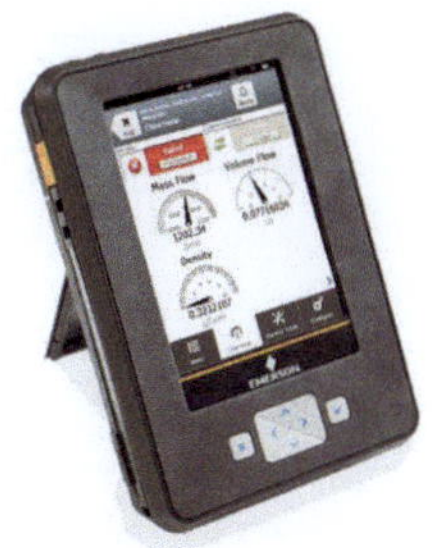

Abb. 5.35 Der historische 475 Field Communicator und sein Nachfolger ab 1.1.2020, der AMS Trex Device Communicator. (Quelle: Courtesy Emerson Electric Co and affiliated)

Zwischen dem PC als Bedienelement (Leitstation) und dem 4…20 mA HART-Gerät wird ein FSK-Modem [285] geschaltet.

Der wohl bekannteste *HART Feldkommunikator 475* (475 Field Communicator) [286] stammt von der Firma Rosemount (typisches Handheld-Gerät oder Bediengerät für HART). Er ist sowohl für den Nicht-Ex-Bereich wie auch den Ex-Bereich einsetzbar. Ab November 2020 erfolgte die Einführung des Feldkommunikator der nächsten Generation *AMS Trex Device Communicator*, den es auch als wirelessHART Version gibt (siehe Abb. 5.35).

Die HART-Bediengeräte können einfach parallel zu den Feldgeräten und Sensoren angeschlossen werden (Abb. 5.34). Dies kann auch im laufenden Betrieb geschehen, da die Stromschleife zum An- oder Abklemmen nicht unterbrochen werden muss. Ein Vorteil, den das Bedienpersonal von Beginn an bei der HART Kommunikation sehr schätzte.

Bei der klassischen Punkt-zu-Punkt-Verbindung muss immer die Geräteadresse ‚Null' eingestellt sein.

5.14.4.3 HART- Multidrop-Verbindung

Das HART-Multidrop-Protokoll in Abb. 5.36 wurde ebenfalls für die Messwertumformer und Kompaktsensoren spezifiziert. Allerdings kommt das Protokoll wenig zum Einsatz. In diesem Fall tauschen die Sensoren, Messwertumformer und I/O's die Daten ausschließlich über das HART-Protokoll aus. Das Analogsignal dient nur noch zur Energieversorgung, so dass in der Anordnung ein 4 mA konstanter Strom vorhanden ist. Beim HART-Multidrop können bis zu 15 Geräte in einer Stromschleife integriert sein, jedoch nimmt die Geschwindigkeit mit zunehmender Geräteanzahl stark ab und das Rauschen zu. Für Stellventile ist diese Art der Instrumentierung nicht möglich, da die digitale Vorgabe von Sollsignalen zu langsam ist. In meiner Praxis habe ich die diese Art von Netzwerk-Topologie nie eingesetzt.

Es gibt auch den sogenannten FSK-Bus (entwickelt von Hartmann & Braun), bei dem bis 100 HART-Geräte eingesetzt werden können. Allerdings ist die fehlerfreie

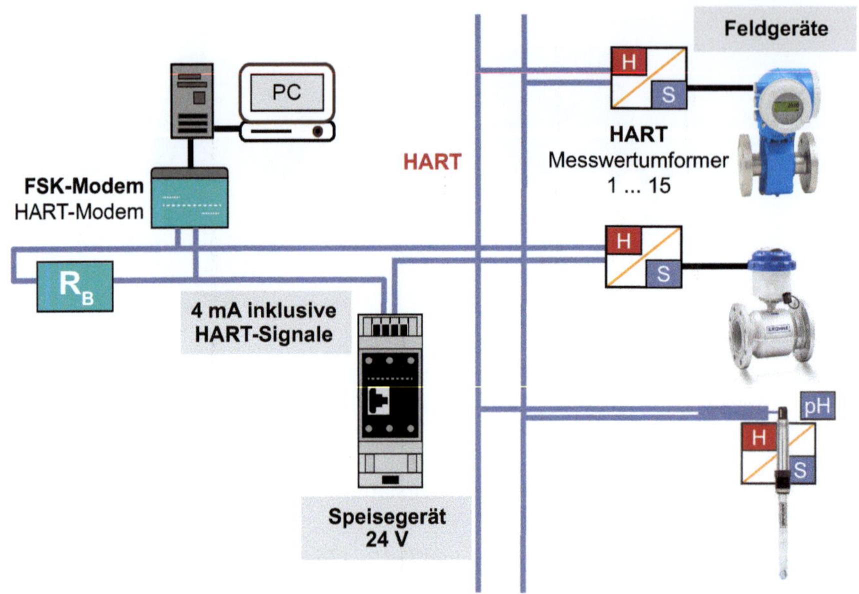

Abb. 5.36 HART-Multidrop [284]. (Quelle: Endress+Hauser: Durchflussgerät Promag P300 (oben); Quelle : KROHNE: Durchflussgerät WATERFLUX und pH Elektrode SMARTPAT mit integriertem Messverstärker und HART 7)

Protokollauswertung mit steigender Teilnehmeranzahl nicht mehr gewährleistet. Aus diesem Grund hat sich dieser Feldbus nicht durchsetzen können.

5.14.4.4 HART-Multiplex-Verfahren

Weit gebräuchlicher ist das HART-Multiplex-Verfahren in Abb. 5.37, bei dem sehr viele HART-Geräte ohne Leistungseinbuße eingesetzt werden können. Der Anwender wählt dabei eine Stromschleife zur Kommunikation aus. Auf diese Art können mehr als 1000 Geräte – alle mit Geräteadresse ‚Null' – eingebunden werden.

Um HART-Geräte mit anderen Bussystemen zu vernetzen, werden Gateways eingesetzt, die die Protokollumwandlungen vornehmen. Dabei kann HART heute in der Automatisierungstechnik mit allen gängigen Bussystemen zusammengeschaltet werden.

5.14.5 HART-Gerätebeschreibung DDL (Device Description Language)

Wer mit HART einmal eine Instrumentierung realisiert hat, musste sich sicher mit der Device Description Language (DDL) [287, 288] beschäftigen. Dabei steht die offene Kommunikation und somit die herstellerunabhängige Austauschbarkeit

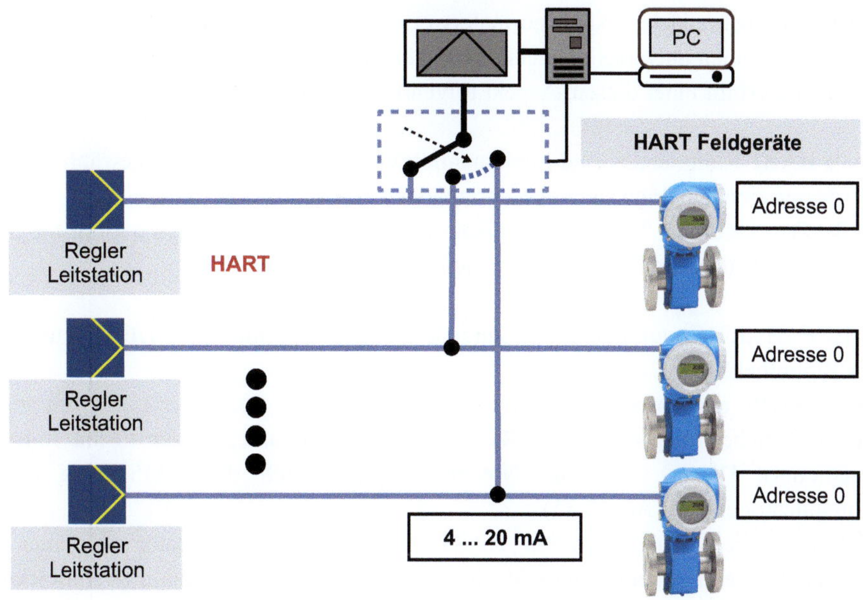

Abb. 5.37 HART Multiplex [284]. (Quelle: Endress + Hauser: Durchflussgeräte Promag P300)

(‚Interchangeability') zwischen Bediengerät (z. B. Handheld und PC) und Feldgerät im Vordergrund. Voraussetzung ist, dass die Feldgeräte ausschließlich mit den Standardkommandos arbeiten. Solange dem Betreiber für Status- und Fehlermeldungen diese Standard-Nomenklatur ausreicht, kann er mit der DDL arbeiten. Möchte der Anwender, dass spezielle Eigenschaften seines Gerätes genutzt werden, müssen neue Komponenten eingebunden werden, deren Bedeutung bekannt sein muss.

Damit die Software nicht permanent wegen neu hinzukommender Elemente geändert werden musste, wurde die DDL entwickelt. Die DDL beschränkt sich nicht auf HART, sondern sie wurde von der IFG (International Fieldbus Group) entworfen.

Mit der DDL lassen sich folgende Merkmale beschreiben:

- Zusatzinformationen zu Kommunikationselement
- Sämtliche Betriebszustände eines Gerätes
- Alle Gerätekommandos und Geräteparameter
- Menüstruktur – Beschreibung, welche dem Anwender sämtliche Bedien- und Funktionsmerkmale darstellt

Die DDL beschreibt das Gerät in einem kurzen binären Code, der von einem Kodierer (Encoder) erzeugt wird und aufgrund seiner Kurzform auch in der Firmware des Gerätes abgespeichert werden kann. Bei einer Parametrierung kann sie entsprechend vom z. B. HART-Handheld ausgelesen werden.

Die Bedienoberflächen sind normalerweise nach der VDI-Richtlinie 2187 [289] definiert, was einen universellen, herstellerunabhängigen Einsatz ermöglicht. Das HART-Bediengerät erfüllt unter diesem Aspekt folgende Voraussetzungen:

- Alle HART Kommandos sind implementiert und können beliebig ausgewählt werden
- Es lassen sich beliebige Gerätebeschreibungen einlesen
- Alle Erweiterungen bez. Kommunikations-, Informations- und Steuerungsmöglichkeiten werden jedem Benutzer permanent zur Verfügung gestellt

Die HCF (HART Communication Foundation) selbst verwaltet die DDL Datensätze in einer Bibliothek!

Wie bereits angesprochen erweist sich als optimales Bediengerät der mit einem 8 Mbyte-Speicher ausgerüstete HART 475 Field Communicator der Firma Emerson (Rosemount). Dieser wurde ab November 2020 durch den AMS Trex Device Communicator ersetzt (Abb. 5.35).

Ich persönlich schätzte diesen HART 475 Field Communicator als eines der leistungsfähigsten Bediengeräte im Markt ein: Wir hatten bei der damaligen Entwicklung des digitalen 2-Leiter 4...20 mA HART 7 pH-Sensors bei KROHNE lange überlegt, ein Handheld selbst zu entwickeln. Dabei wurde uns der Umfang und die Komplexität dieses Gerätes deutlich. Die ROI (Return on Investment) [290] Kalkulationen ergaben schließlich, dass die Eigenentwicklung eines HART Communicators nicht rentabel war.

5.14.6 ASIC HART-Modem

Das HART-Modem als ASIC ist einer der ältesten ASIC's für Feldgeräte, insbesondere auch für die Analysenmesstechnik und die physikalischen Parameter.

Heute gibt es von verschiedenen Firmen HART-Modems als ASIC. Ein typischer ASIC ist das von Analog Devices Inc. produzierte HART FSK-Halbduplex-Modem AD5700-1BCPZ-R5 [291] wie in Abb. 5.38 dargestellt.

5.14.6.1 HART ASIC von Analog Device Inc

Das HART-Modem von Analog Device Inc. gibt es für den Spannungsbereich 2,0 V-5,5 V und ist ein sogenannter Low-Power-IC (Integrated Circuit), das vollkommen die Normen der Bitübertragungsschicht (Physical Layer) erfüllt. Die Schaltung umfasst:

- Filterfunktionen
- Signal Detektion
- Modulation und Demodulation
- Sämtliche Funktionen zum Betreiben externer Signalgenerationen

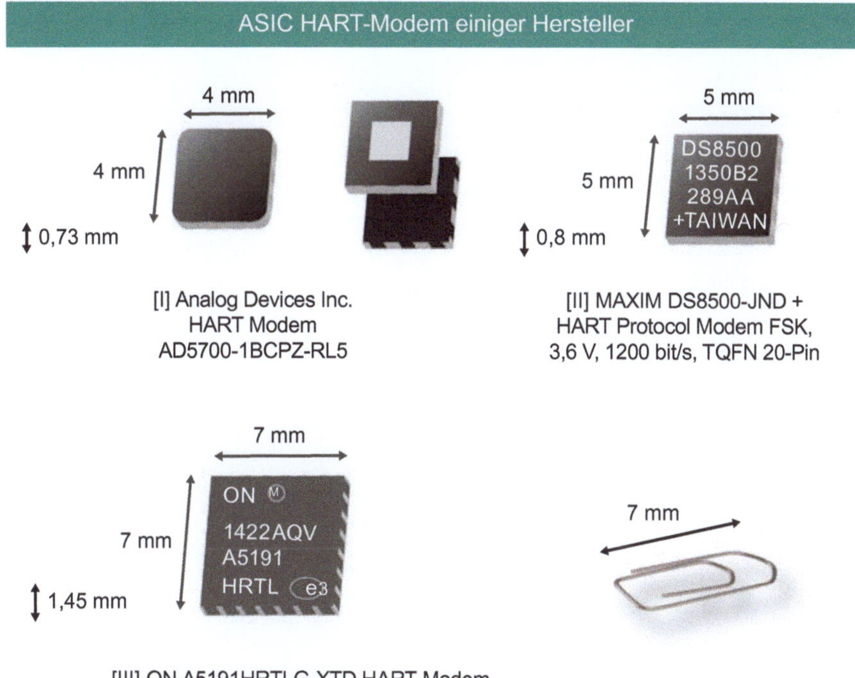

Abb. 5.38 ASIC HART-Modem einiger Hersteller. (Quellen: [291] [I], [293] [II],[295], [296] [III]. Abb. 5.38 [I]–[III] zeigen Ausschnitte der unveränderten Originale)

Der maximale Stromverbrauch beträgt beim Empfang nur 115 µA. Der normale Stromverbrauch ist 464 µA.

Der ASIC ist optimal für den Niedrigenergiebereich (Low Power) und Anwendungen in einer Stromschleife (Loop-powered). Die Schaltung umfasst akkurate Trägererkennung und benutzt das Standard UART Interface (Universal Asynchronous Receiver Transmitter).

Der Chip ist für eine Betriebstemperatur von −40°C…+125°C Temperatur ausgelegt.

Das Gehäuse LFCSP-24 (Lead Frame Chip Scale Package) [292] hat eine Pinanzahl von 24 Pins.

Weitere technische Daten sind:

- 1200 Hz und 2400 Hz Sinus Shift Frequency
- 115 µA im Empfangsmode
- Geeignet für intrinsically safe
- Wenig externe Komponenten nötig
- Ultralow power crystal oszillator

- 8 kV ESD rating (Empfindlichkeiten gegenüber elektrostatischer Entladung)
- Exterene CMOS Clock
- 1,71 V bis 5,5 V Interface
- UART Interface

Der Chip ist feuchtigkeitsempfindlich und benötigt für raue Umgebungsbedingungen in der Regel einen Verguss auf der Leiterplatte oder einen Voll-Verguss im Gehäuse.

5.14.6.2 HART ASIC von MAXIM integrated

Ein weiteres Beispiel für ein HART Modem zeigt Abb. 5.38 den DS8500-Chip [293] von der Firma MAXIM integrated.

Das Packaging ist ein 20 TQFN-EP Gehäuse mit 20 Pins (Thin Quad Flat No-lead Package -Exposed Pad) [294].

Die Abmessungen betragen 5 mm × 5 mm × 0,8 mm.

Der Einsatzbereich dieses Chips liegt bei

- −40°C bis +85°C
- −0,5 V bis 3,6 V

Ansonsten entsprechen die weiteren Merkmale demjenigen vom oben aufgeführten Analog Device Chip.

5.14.6.3 HART ASIC von ON Semiconductor

Ein weiteres Beispiel in Abb. 5.38 ist das HART Modem A5191HRTLG-XTD [295, 296] von der Firma On Semiconductor im LQFP 32 Pin-Gehäuse (Low Profile Quad Flat Package).

Dieser Chip benötigt eine Versorgungsspannung von 3,0…5,5 V. Der Nennstrom liegt bei 330 µA. Der Temperaturbereich beträgt −40°C…+85°C.

Ansonsten hat er dieselbigen Eigenschaften wie die beiden vorher genannten HART-Modems.

Preislich liegen alle Chips unter 10 €.

5.14.7 Zusammenfassung HART

HART ist heute mit ca. 17 % Feldbusknoten immer noch einer der wichtigsten Feldbusse: Nur PROFIBUS weist entsprechend Abb. 5.1 einen ähnlichen Anteil im Weltmarkt auf. Historisch gesehen war HART der erste Feldbus, der wesentlichen Einfluss auf die Entwicklung der Feldbusse insgesamt Einfluss nahm. Entscheidend war beim HART die Idee von Rosemount, das HART Protokoll dem 4…20 mA-Signal per FSK-Modulation zu realisieren.

Dadurch konnten bestehende Anlagen leicht nachgerüstet werden, ohne die Verkabelungen ändern zu müssen. Dieser Sachverhalt führte u. a. dazu, dass viele Anwender bis heute, solange die Anlage nicht grundsätzlich überholt werden muss, den HART Feldbus beibehalten.

Ein weiteres Herausstellungsmerkmal ist die einfache Bedienung von HART mittels den verschiedenen HART-Kommunikatoren: Ein paralleles Einklinken mit dem Kommunikator in den Feldbus ohne etwas zu berücksichtigen müssen, war und ist ein Faktor, den vor allem das Bedienpersonal auch heute noch zu schätzen weiß.

Persönlich habe ich diesbezüglich mit vielen Anlagenbauern diskutiert, als es um die Einführung von PROFIBUS PA ging. Damals war es ein hartes Stück Arbeit den neuen digitalen Feldbus zu promoten. Zum Beispiel waren die konservativen Industrien, wo es in vielen Anwendungen um Explosionsschutz ging, lange nicht davon zu überzeugen vom 4…20 mA HART zum PROFIBUS PA zu wechseln. Viele Firmen sahen dies als ein Generationsproblem bezüglich der Ausbildungen des älteren Bedienpersonals an: Der Mensch ist auf der einen Seite ein ‚Gewohnheitstier' auf der anderen Seite handelten viele nach dem Motto ‚ja nicht die letzten Jahre vor dem Ruhestand etwas anders zu machen, als man über Jahre gewohnt ist'. Erst ab 2010 erlebte ich, wie verstärkt zu digitalen Feldbussen übergegangen wurde.

Es muss aber auch gesagt werden, dass natürlich ein Grund der Ablehnung von digitalen Feldbussen ohne Zweifel seine Komplexität war. Für die Einführung der modernen digitalen Feldbustechnik waren neue technische Kenntnisse notwendig, wobei wir wieder beim Thema Industrie 4.0 sind: Evolutionäre Technologien benötigen evolutionäre Kenntnisse – und der ‚Macher aller Dinge ist wie seit jeher der Mensch'.

Zum Abschluss dieses Abschnitts HART möchte ich noch kurz ein paar Fehlerquellen im Einsatz von HART ansprechen, die mir persönlich bei Kunden aufgefallen sind. Denn auch beim HART Feldbus waren trotz seiner Einfachheit einige Dinge zu berücksichtigen:

- Feldgeräte waren bezüglich der Busadresse nicht richtig eingestellt (!)
- Es gab Geräte im Stromkreis, die nicht HART-kompatibel waren
- Die Leitungslängen und Leitungsquerschnitte entsprachen nicht den Anforderungen
- Größtes Problem: Die Bürde war nicht optimal ausgelegt, d. h. der Regler konnte die Bürde nicht treiben

5.15 WirelessHART

WirelessHART (seit 2007) war die erste drahtlose Netzwerk-Topologie, die in der Prozessindustrie verstärkt zum Einsatz kam, da sie die hohen Sicherheitsanforderungen am besten erfüllen konnte.

5.15.1 WirelessHART Geschichte

Schon um 2000 experimentierte und entwickelte man in der Industrie an Funkübertragungsverfahren wie Bluetooth sowie WLAN/Wi-FI zwischen den Messgeräten, Sensoren und der SPS.

ZigBEE [297] und Bluetooth [298] waren in den Anfängen z. B. in der Analysenmesstechnik von einigen wenigen Herstellern für den Datenverkehr zwischen den Messstellen und/oder Sensoren eingesetzt.

ZigBEE ist normalerweise ein Funkverfahren, das in der Gebäude- und Hausautomation eingesetzt wird.

Bluetooth (BT) verbindet z. B. Smartphone mit der Freisprechanlage im Auto oder die Tastatur sowie die Maus mit dem Computer, usw.. Das Problem bei industriellen Anwendungen waren allerdings bei beiden Verfahren (ZIGBEE und BT) die Reichweite, die Störsicherheit und die Akzeptanz, insbesondere auch in der Automatisierung. Denn von Beginn an stand in der Automatisierungsindustrie das Thema Sicherheit im Fokus.

In meiner Vergangenheit mussten wir zahllose Tests für die unterschiedlichen Funkverfahren durchführen, um Aussagen über die Störsicherheit zu erhalten. Bis heute ist dieses Thema von absolut wichtiger Bedeutung. So konnte sich der Bluetooth im industriellen Umfeld der Automatisierung nicht entscheidend durchsetzen.

Wenn ein Verfahren zur Anwendung kam, war es WLAN [299], da es eine gewisse Störsicherheit beinhaltet. So war ich ab ca. 2005 bezüglich einer Vernetzung von Maschinen in einer Fabrik mit WLAN beschäftigt. Es zeigte sich jedoch deutlich bedingt von Abschattungen und Reflexionen die Problematik für Funksysteme: Um eine störfreie Übertragung für vernetzte Sensoren hinzubekommen, mussten die richtigen Orte für die Aufstellung der Sender und Empfänger gefunden werden. Um in diesem Beispiel eine Vernetzung von mehr als 25 Sensoren erfolgreich zu installieren, waren wochenlange Optimierungsarbeiten notwendig. Die günstigsten Orte für einen einwandfreien Funkverkehr befanden sich oft dort, wo die ‚Funk-Kompaktgeräte' aufgrund ihrer Größe nicht aufgestellt werden konnten. Unter diesem Aspekt entwickelte man Kompaktgeräte, bei denen die Antennen über ein kurzes Leitungsstück abgesetzt montiert werden konnten. Übrigens, dieses Problem gibt es auch heute in der gelobten ‚Digitalisierung', um ein flächenabdeckendes Funknetz im Alltag zu realisieren.

Zum Bluetooth ist zu sagen, dass er bis heute immer noch nicht für den industriellen Einsatz vollkommen akzeptiert ist. Ausnahme sind einige Anwendungen in der Fabrikautomatisierung in Verbindung mit IO-Link. Im Jahr 2019 versuchten wir z. B. einen taktilen Sensor zur Schichtdickenmessung mit Bluetooth in der Automatisierungslinie bei Automobilherstellern zu vermarkten. Dabei war der Sensor an einem Roboter befestigt und sollte u. a. Daten zum Empfangsgerät übermitteln. Die Störungen waren entsprechend hoch und das Übertragungsverfahren fand keine Akzeptanz. Die Folge war, dass verstärkt in Richtung WLAN entwickelt werden musste.

Wie bereits erwähnt beschäftigte sich die Automatisierungsindustrie seit 2000 intensiver mit der Wireless-Datenübertragung.

Auch die HCF (HART Communication Foundation) hatte drahtlose Funkverbindungen sehr früh auf ihrer Agenda. Dabei waren bei WirelessHART [300] die Hauptaspekte insbesondere die Störsicherheit, die Zuverlässigkeit und der Einsatz unter schwierigen Funkumgebungen.

Die Technologie wurde zwar im Laufe der Jahre immer stabiler und konnte permanent verbessert werden, aber erst 2007 wurde von der HCF der neue WirelessHART Standard festgelegt, der auf folgender Technik beruhte:

- Drahtlosen Kommunikationsstandard IEEE.802-15.4 [301]
- ISM-Band
- 2,4 GHz-Frequenzband
- 10-mW-Funktranceiver
- HART 7

WirelessHART [302] war in diesem Zusammenhang im Jahr 2007 das erste Funksystem im industriellen Einsatz. Es erfüllte die Anforderungen an die Störsicherheit, Zuverlässigkeit sowie Latenzzeiten und konnte dieselben Wartungs- und Diagnosewerkzeuge benutzen, wie das kabelgebundene HART.

Dadurch konnten die Installationskosten für WirelessHART als Ersatz für ein kabelgebundenes HART drastisch reduziert werden.

Im Jahr 2016 wurde dann letztlich HART 7 als IEC62591:2010 [303] verabschiedet. Diese Spezifikation beinhaltete auch WirelessHART.

Ab 2009 waren die ersten WirelessHART Geräte im Markt verfügbar.

Geprägt vom Sicherheitsdenken der Anwender war jedoch die Einführung der WirelessHART-Kommunikation sehr zögerlich. Persönlich habe ich das in den Branchen Chemie, Bergbau, Oil & Gas und Pharmazie erfahren.

Erst langsam wurde man in der Industrie mit den Vorteilen der neuen Technik vertraut.

Die Reduktion von Initialkosten, Infrastruktur- und Signalverkabelung sowie die Erhöhung der Flexibilität waren zwar eindeutig, doch konservative Denkweisen verhinderten zunächst den raschen Durchbruch der Wireless-Technologie.

5.15.2 Technik des WirelessHART

WirlessHART hat mit WLAN bezüglich Sicherheit und Funkstandards viele Gemeinsamkeiten. Beide Funkverfahren sind Mesh-Netzwerkfähig (redundant ‚vermaschtes' Netzwerk), auf das wir in diesem Abschnitt näher eingehen werden. Außerdem weisen beide Übertragungsverfahren eine hohe Störsicherheit auf.

5.15.2.1 Funkstandard

Das OSI-Modell und WirelessHART wurden bereits in Abb. 5.31 dargestellt. Daraus geht hervor, dass WirelessHART als Bitübertragungsschicht (Physical Layer) das ISM-Band, 2,4 GHz-Frequenzband gemäß dem Funkstandard IEEE.802-15.4 benutzt. Die Leistung des Funksenders ist in der Norm mit 10mW festgelegt (siehe auch WLAN). Dieser niedere Energieverbrauch ist einer der wesentlichen Vorteile für diese Funkübertragung.

ISM-Bänder (Industrial, Scientific and Medical Band) sind dabei Frequenzbereiche, die durch Hochfrequenz-Geräte in Industrie, Wissenschaft, Medizin, in häuslichen und ähnlichen Bereichen lizenzfrei und meist genehmigungsfrei genutzt werden können. D. h. aber nicht, dass die Geräte mit dieser Funktionalität keine Funkzulassung benötigen!

5.15.2.2 Daten- und Störsicherheit

Das Problem der Datensicherheit und Störresistenz wurde in zweierlei Hinsicht gelöst: Die WirelessHART Kommunikation sieht eine Datenverschlüsselung nach dem Advanced Encryption Standard (AES) 128, d. h. 128 Bit Verschlüsselung [304], vor. AES 128 ist eine Blockverschlüsselung (Blockchiffre), die als Nachfolger für DES (Data Encryption Standard) im Oktober 2000 vom National Institute of Standards and Technology als Standard bekannt gegeben wurde.

Die größte Stärke von WirelssHART aber liegt im TSMP (Time Synchronized Mesh Protocol) [305], welches die Redundanz und Ausfallsicherheit über der Zeit und Frequenz sowie dem Raum in hohem Maße realisierte und dadurch in schwierigsten Funkumgebungen eingesetzt werden kann. TSMP, im Jahr 2007 eingeführt, ermöglicht darüber hinaus Selbstorganisation und intelligentes Mesh-Routing [306].

Beim Mesh-Routing (Vermaschtes Netzwerk) werden ausgefallene Geräte kommunikationsmäßig über andere Geräte ersetzt. TSMP erreicht dadurch eine hohe Punkt-zu-Punkt Netzwerkstabilität, eine einfache Implementierung und eine hohe Energieeffizienz. Folgende Merkmale zeichnen WirelessHART aus:

- Frequenzsprungverfahren FHSS (Frequency Hopping Spread Spectrum) [307]
- Zeitsynchronisierung
- Automatische Netzwerkbildung und Messgeräte- und Maschinenverbindung
- Sichere Nachrichtenübertragung
- Redundantes und automatisches Mesh-Routing im Mesh-Netzwerk

Abb. 5.39 zeigt ein Mesh-Netzwerk (meshed Network) mit WirelessHART. In einem vermaschten Netzwerk ist wie oben dargestellt jeder Netzwerkknoten (Feldgerät) mit mindestens einem oder in der Regel mehreren anderen Feldgeräten verbunden. Die Informationen werden von Knoten zu Knoten weitergereicht, bis sie das Ziel erreichen. Wenn jeder Teilnehmer mit jedem anderen Teilnehmer verbunden ist, spricht man von einem vollständig vermaschten Netzwerk. Dasselbe System gibt es heute auch bei WLAN.

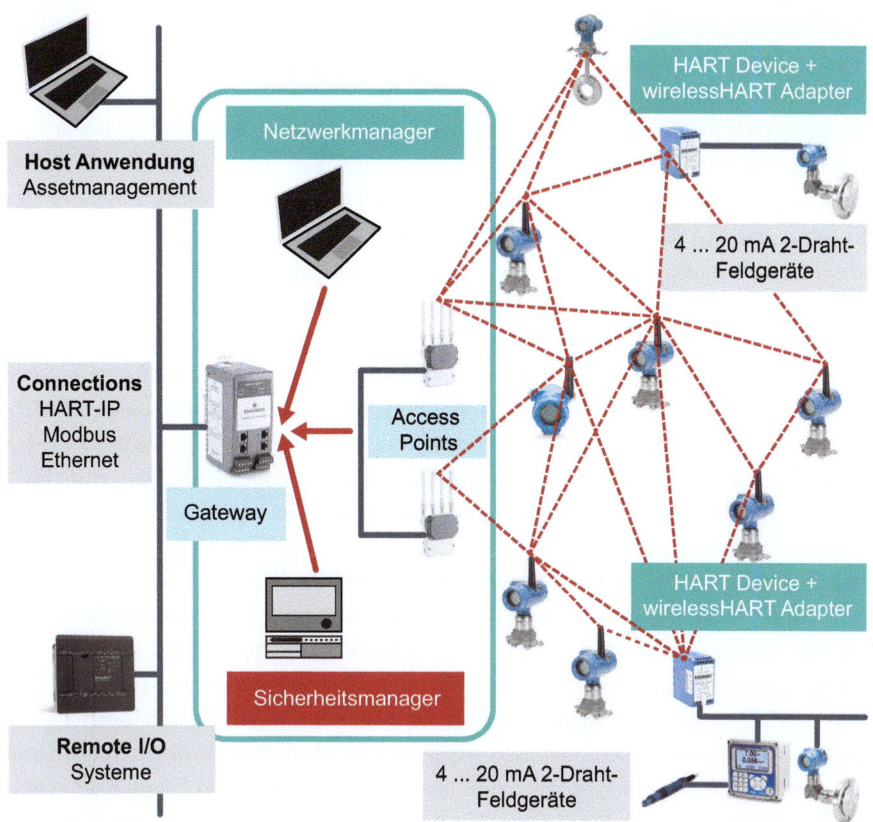

Abb. 5.39 WirelessHART Mesh-Netzwerk (Vermaschtes Netzwerk) – Quelle der Geräte und Netzwerkkomponenten: Courtesy Emerson Electric Co and affiliated

WirelessHART-Systeme bestehen aus Adapter, Endgeräten und Gateways.

Adapter

Der Adapter verbindet ein existierendes HART-Gerät oder auch nicht HART-Gerät mit dem WirelessHART. Er greift das 4…20 mA HART mehrerer Geräte ab, ohne die Funktionalität der Geräte zu beeinträchtigen.

Das WirelessHART-Gerät (Funkgerät) enthält das Funkmodul mit Mess- und Überwachungsfunktionen. Es wird betrieben durch Batterie, Solarzellen oder Netz.

WirelessHART- Gateway

Das WirelessHART-Gateway besteht aus Access Point (Funkmodul zur Verbindung entfernter Messgeräte) und dem Netzwerkmanager (Software) als zentrale Steuerung für das Mesh-Netzwerk.

Der Netzwerkmanager erkennt und steuert die Knoten und ist für die Sicherheit im Netzwerk zuständig sowie dem Gateway, welches das Portal zwischen dem Anlagennetzwerk (Host) und dem WirelessHART-Netzwerk ist.

WirelessHART-Gateways gibt es heute von vielen Firmen. Gateways können je nach Ausführung bis zu 250 WirelessHART-Geräte verbinden.

Einige der Funkmodule können auch die HART-Daten in Modbus TCP oder HART-IP [308] umsetzen. HART-IP ist dabei ein Protokoll, das für die Kommunikation mit dem Ethernet ausgelegt ist. Dadurch ist eine einfache Integration in viele Assetmanagement-Systeme möglich, wie z.B. FDT/DTM™ oder AMS (Firma Emerson).

Jedes Gerät im Netzwerk kennt durch die Zeitsynchronisierung exakt die Zeit und arbeitet somit synchron mit den anderen Geräten. Das Zeitfenster ist für eine kollisionsfreie, skalierbare und energieeffiziente Kommunikation auf 10 ms festgelegt. TSMP legt auch fest, dass jede Übertragung auf jeweils einer anderen Frequenz stattfindet (FHSS). Ebenso wird durch TSMP ein geringer Energieverbrauch kontrolliert, was zum Teil den Einsatz von durch Batterien versorgte Feldgeräte ermöglicht.

5.15.2.3 FHSS-Verfahren (Frequenzsprungverfahren)

Das Frequency Hopping Spread Spectrum (FHSS)-Verfahren (*Frequenzsprungverfahren)*, ist ein von George Antheil und Hedy Lamarr erfundenes Frequenzspreizverfahren für die drahtlose Datenübertragung. Es wird unterteilt in Fast-Hopping und Slow-Hopping [307].

Beim FHSS wird die Frequenz bei jeder Datenübertragung nach einem pseudozufälligen Muster gewechselt. Generell wechselt hier die Trägerfrequenz frequenzmäßig und diskret. Die Sequenz der Frequenzwechsel wird bei Sender und Empfänger synchron durch eine Folge von Pseudozufallszahlen bestimmt. Jeder Sprung (Hopping) ist genau genommen eine Schmalbandübertragung von einigen Millisekunden bevor eine andere Frequenz zur Anwendung kommt. Insofern erreicht man eine Störung nur dann, wenn die gesamte Bandbreite gestört ist, was selten der Fall ist. Ist jedoch nur ein kleiner Anteil des Signals gestört, so hat man die Möglichkeit die Störung über Fehlerkorrekturverfahren zu beheben.

Unterschieden wird zwischen Slow-Hopping, bei dem minimal ein Bit pro Frequenzsprung übertragen wird, also z. B. drei Bits, bevor die Frequenz wechselt. Bei Fast-Hopping wird maximal ein Bit pro Frequenzsprung übertragen. Es können aber durchaus auch drei Frequenzsprünge innerhalb eines Bits stattfinden.

Aus diesem Grund ist das Verfahren ein sehr robustes drahtloses Übertragungsmittel für die Prozessindustrie und Automatisierungstechnik.

Im 2,4 GHz-Frequenzband nutzen Sender und Empfänger 79 Kanäle. Der Mindestfrequenzsprung beträgt 6 Kanäle oder 6 MHz.

Der Frequenzbereich kann von 26 Teilnehmern genutzt werden, ohne dass die Übertragungsrate geteilt werden muss.

FHSS ist sehr robust und wenig störanfällig. Zur Vermeidung von Kollisionen wird das CSMA/CA (Carrier Sense Multiple Access/Collision Avoidance) [357] Verfahren angewendet.

FHSS wird zum Beispiel auch beim alten WLAN gemäß Standard IEEE 802.11 [309] verwendet.

5.15.2.4 DSSS-Verfahren Frequenzspreizverfahren

Zur weiteren Erhöhung der Störsicherheit kommt als Modulationsverfahren das DSSS (Direct Sequence Spread Spectrum) [310] Verfahren (insbesondere auch bei WLAN) nach Standard IEEE 802.11b zum Einsatz, dessen Spektrum vom modulierten Signal genauso groß ist wie das Ursprungssignal selbst. Aufgrund der Kürze einer konstanten Trägerfrequenz erfolgt die spektrale Spreizung nur auf zeitlicher Basis. WirelessHART verwendet eine Mischung aus FHSS und DSSS.

Die Nutzdaten werden in einem ersten Modulator schmalbandig moduliert und dann in einem zweiten Modulator durch einen Frequenz-Synthesizer gespreizt. Auf der Gegenseite wird an den Empfangsmodulator wieder ein Frequenz-Synthesizer angeschlossen, der die Spreizung rückgängig macht und dann konventionell demoduliert.

5.15.2.5 Mesh-Netzwerk Sicherheit

Der große Vorteil von WirelessHART ist wie bereits erwähnt, dass sich die Kommunikation, ein sogenanntes Meshed Network (vermaschtes Netzwerk), selbst konfiguriert und aufbaut. Bei Hinzunahme eines weiteren Feldgerätes muss lediglich ein Passwort eingegeben werden, dann erfolgt der Topologieaufbau selbstorganisierend und automatisch.

Reichweiten zwischen einzelnen Geräten bis zu 250 m sind üblich. Jedes Gerät hat in einem kompletten vernetzten Mesh-Netzwerk mehrere Möglichkeiten der Kommunikation. Die Reichweiten sind sehr groß, da jedes Feldgerät auch als ‚Repeater' und somit als Zwischenteilnehmer eingesetzt werden kann.

Auch hat ein Mesh-Network eine hohe Redundanz: Sollte ein Gerät ausfallen, so wird die Übertragung automatisch von einem anderen Feldgerät im Netzwerk übernommen.

Jedes HART-Gerät kann seine Nachbargeräte erkennen, die Funksignalstärke messen und die Daten für die Synchronisation und Frequenzwechsel ermitteln sowie Verbindungen zu anderen Geräten aufbauen oder unterbrechen. Ein Netzwerk wird über eine eindeutige ID definiert, welche die Geräte, die zu einem Netzwerk gehören, verbindet.

Die Sicherheit des Netzwerkes wird weiterhin durch folgende Maßnahmen erhöht:

Die bereits erwähnte 128 Bit-Verschlüsselung nach AES 128 (Advanced Encryption Standard), das FHHS und das DSSS Verfahren.

Weiter hat das Mesh-Netzwerk eine Lastverteilung und ist vollkommen dezentralisiert und somit sehr leistungsfähig.

Der *Nachteil* jedoch ist der hohe Energieverbrauch, da jedes Endgerät als Router relativ oft im Betriebsmodus arbeitet. Das Routing ist demzufolge sehr komplex. Deswegen sollten die Geräte bei größeren Topologien auch permanent eingeschaltet sein.

Ein großer *Vorteil* beim Einsatz von WirelessHART ist, dass für kabelgebundene und drahtlose Systeme und Geräte dasselbe Wartungs- und Diagnosegerät (z. B. Handheld) eingesetzt werden kann (Kompatibilität).

Der Einsatz von WirelessHART findet heute u. a. bei flächenmäßig großen Tankanlagen z. B. in der Chemie und in der Oil & Gas-Industrie Anwendung. Aber auch in der Energiebranche kommen WirelessHART-Geräte auf rotierenden oder beweglichen Teilen zum Einsatz.

Feldgeräte können nachträglich installiert werden. Bei der Instrumentierung wird jedoch darauf geachtet, dass maximal 100 Geräte in einem Mesh-Netzwerk integriert sind.

Benötigt man mehr Geräte für den Einsatz weicht man auf parallele Mesh-Netzwerke aus. Die Aufteilung auf mehrere Netzwerke bietet den Vorteil der Reduktion der Komplexität, da die Informationen über weniger Knoten zum Gateway oder zum Host gelangen und sich dadurch die Übertragungsgeschwindigkeit erhöht.

5.15.3 Zusammenfassung und Beispiel einer Netzwerk-Topologie mit WirelessHART und HART-IP

WirelessHART ist ein offenes und standardisiertes Verfahren, das von der HCF für alle registrierten Geräte unterstützt wird.

WirelessHART ist momentan eines der sichersten Datenfunkübertragungsnetzwerke in der Automatisierungstechnik, insbesondere in der Prozessindustrie.

Abb. 5.40 zeigt ein Beispiel einer Gesamtvernetzung von HART-IP, PROFIBUS DP, Mesh-Netzwerk WirelessHART und Ethernet/HART-IP mit einem Plant- Asset-Management-System.

Protokoll HART-IP

Das bereits angesprochene HART-IP ist ein weiteres Protokoll, das bereits seit 2012 existiert. Aufgrund des starken Wachstums von EtherNet/IP von 2011 bis 2016 reagierte die HCF mit der Spezifikation des HART-IP Ethernet-Protokolls, das die vertikale Datenintegration vom Feldgerät bis hin zur Leitwarte vereinfachen sollte.

Das Protokoll ermöglicht neben dem Zugriff auf die Prozessvariabeln des Gerätes auch die Geräteparametrierung und erweiterte Diagnosefunktionen. Das Protokoll läuft über IP basierte Netzwerke wie Ethernet und Wireless LAN und arbeitet über TCP und UDP mit IPv4 und/oder IPv6.

An dieser Stelle seien noch einmal ein paar Wort zu den Internet Protokollen IPv4 und IPv6 gesagt: Mit IPv4 lassen sich maximal 2^{32} IP-Adressen ansteuern, was in etwa 4,3 10^{9} verschiedene IP-Adressen bedeutet. Der modernere IPv6-Standard bietet maximal 2^{128} eindeutige IP-Adressen, was 340 * 10^{36} verschiedene IP-Adressen ermöglicht.

IPv4- und IPv6-Datenpakete sind untereinander *nicht* kompatibel. Somit werden beide Standards noch für lange Zeit parallel existieren. Die Vernetzung einer großen Zahl an IoT-Geräten ist nur mit Hilfe des IPv6-Standards sinnvoll möglich.

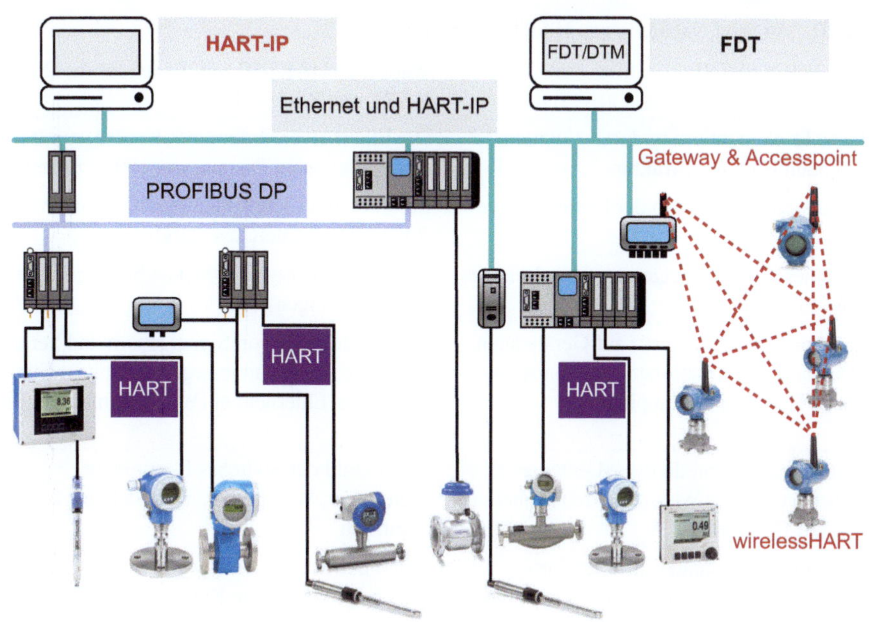

Abb. 5.40 Vernetzungstopologie Ethernet, PROFIBUS DP, HART-IP [311] und WirelessHART. (Quellen: Endress+Hauser, Druckgerät, Durchflussgerät; Liquiline KROHNE, Durchflussgeräte, Courtesy Emerson Electric Co and affiliated, WirelessHART Druck transmitter)

Die HART-IP Anwendungsschicht hat dieselben Befehle wie das 4…20 mA HART und WirlessHART. Als High-Level-Anwendungsprotokoll arbeitet HART-IP mit Standard-Ethernet IEEE 802.3 mit Kupfer und Glasfaser sowie mit dem WLAN-Standard IEEE 802.11.

HART-IP liefert Informationen an SCADA-, MES- und ERP-System unabhängig vom Übertragungsmedium. Allerdings werden auch in Zukunft im Prozess insbesondere die Analysenmessgeräte und Signalgeber der Feldebene keine direkte HART-IP/Ethernet Anbindung haben. Somit ist HART-IP kein vollständiger Ersatz für das 4…20 mA HART und WirelessHART.

Tab. 5.20 zeigt noch einmal die Vorteile und Nachteile von HART-IP auf.

Zusammenfassend lässt sich auch im Abschnitt HART und WirelessHART der Hype um Industrie 4.0 nicht darstellen, da sich die aufgezeigten Technologien parallel zu Ethernet und PROFIBUS entwickelten. Besonders deutlich wird das auch durch WirlessHART, das bereits seit 2000 entwickelt wurde.

Im nächsten Abschnitt beschäftigen wir uns mit Wi-Fi (WLAN), das wiederum Ethernet-basiert ist. Wi-Fi ist mittlerweile durch Wi-Fi 6 in der Prozessindustrie teilweise eine Alternative zu WirelessHART.

Tab. 5.20 Vor- und Nachteile von HART-IP [308]

Vorteile Von HART-IP	Warum ist HART-IP kein Ersatz für 4…20 mA HART und WirlessHART
Einfache Implementierung durch Nutzung der bestehenden Ethernet-Struktur	Die Ethernetverbindung mit Kupfer ist mit einer maximalen Distanz von 100 m zu gering
Standardisierter Einsatz in der Prozessanlage	Ethernet und Lichtwellenleiterbasis unterstützen keine Energieversorgung
Intelligentes Gerätemanagement über Ethernet oder Wi-Fi	Power over Ethernet (PoE) ist bisher immer noch nicht eigensicher
Unternehmensweiter Zugriff auf Gerätedaten und Diagnose-Informationen sowie prozessbezogene Daten ohne Mapping	Es gibt tausende von Signalgebern und Ventilen sowie die Analysenmessegräte, die kein Ethernet haben; Ethernet bei Feldgeräten ist erst im Kommen
Unterstützung von 'predictive Maintenance' und einer proaktiven Wartung durch schnellen Zugriff auf Diagnosedaten	Die Anzahl der Switches für einfache Transducer, Ventile usw. sind noch unwirtschaftlich
Kompatibilität mit standardisierten Verschlüsselungsprotokollen für den Datentransport	Ethernet mit LWL erschwert nach einem Austausch der Geräte die Kalibration
	TCP/IP erfordert hohes Knowhow um Cybersicherheit zu gewährleisten

5.16 WLAN/Wi-Fi

Der WLAN/Wi-Fi Technik kommt in der Automatisierung seit Einführung von WLAN 6 immer mehr Bedeutung zu. Man schätzt, dass es in der Automatisierungstechnik aktuell ca. 4,5 Mio. bis 5,0 Mio. Busknoten gibt. Das sind ungefähr 2 % aller Feldbusknoten. Allerdings wird durch WLAN 5 und seit 2019 durch WLAN 6 das jährliche Wachstum mittlerweile auf größer 30 % geschätzt (Abb. 5.1).

5.16.1 WLAN/Wi-Fi Geschichte

Durch die Auslagerung der Messgeräte aus dem Labor kam neben der traditionellen Verkabelungsthematik auch das Thema ‚wireless‘ oder ‚drahtlose Datenübertragung‘ auf. Nachdem WirelessHART bereits seit 2007 begann, sich in der Prozessautomatisierung zu etablieren, war man mit WLAN/Wi-Fi und Bluetooth in der Automatisierung noch nicht für den industriellen Einsatz bereit.

WLAN (Wireless Local Area Network) bezeichnet ein lokales Funknetz, wobei in der Regel der Standard IEEE-802.11 verstanden wird, der in der Automatisierungstechnik und in der Industrie zum Einsatz kommt. Gemäß diesem Standard wird auch der Begriff

Wi-Fi (Wireless Fidelity) benutzt, der in USA, GB, Kanada, Niederlande, Spanien, Frankreich, Italien sowie Deutschland gebräuchlich ist. WLAN oder Wi-Fi ist uns sicher Allen aus der Telekommunikation bestens bekannt.

Wi-Fi bezeichnet die Zertifizierung durch die Wi-Fi Alliance (IEEE-802.11).

WLAN ist ein Funknetzwerk mit hohen Sendeleistungen. Per WLAN kann man die Endgeräte wie Laptops, Smartphones ohne Kabel zum Internet verbinden.

Wi-Fi dagegen ist ein Markenname. Geräte, die mit Wi-Fi gekennzeichnet sind, können WLAN empfangen. In Deutschland sind beide Begriffe gängig. In den meisten anderen Ländern ist nur Wi-Fi bekannt.

Im Gegensatz zum Wireless Personal Area Network (WPAN) [312] haben WLANs größere Sendeleistungen und Reichweiten und bieten im Allgemeinen höhere Datenübertragungsraten. WLANs erfordern Anpassungen der Bitübertragungs- und Sicherungsschicht des OSI-Modells.

Der Standard IEEE 802.11 wurde im Jahr 1997 verabschiedet. Seine wesentlichen Punkte waren:

- Datenrate: 1 oder 2 Mbit/s (für Nutzdaten und Protokoll-Overhead)
- Frequenzband 2400–2485 GHz (lizenzfrei)
- Modulationsverfahren: FHSS (Frequency Hopping Spread Spectrum) oder (DSSS Direct Sequence Spread Spectrum); siehe auch WirelessHART

Dieser ursprüngliche Standard ist aber mittlerweile *veraltet* und wurde durch neuere Standards ersetzt.

Beispielsweise folgte im Jahr 1999 der Standard IEEE 802.11a [313], indem WLAN für das 5 GHz-Band mit einer theoretischen Übertragungsgeschwindigkeit von 54 Mbit/s definiert ist.

Weitere Normen folgten bis zum Wi-Fi 5 ‚Gigabit-WLAN' mit 433 Mbit/s Datenübertragungsrate, das im *Standard IEEE 802.11ac* [313] für die *Automatisierung* definiert ist. Dieser Standard wurde erst im Jahr 2013 eingeführt und war gleichzeitig der Beginn des drahtlosen WLAN in der Automatisierung.

Seit 2019 ist auch WLAN 6 gemäß dem Standard IEEE 802.11.ax, der maimal ein Datenübertragungsrate 1202 Mbit/s erreicht.

Allerdings erfüllte der Standard IEEE 802.11ac nicht zu 100 % die Anforderungen der Industrie [314].

Der *erste Grund* ist, dass beim Einsatz in der Prozessindustrie aber auch in der Fabrikautomation (z. B. galvanische Fabriken und Umwelt) die WLAN- Geräte genau wie die übrigen Sensoren, Messwertumformer und Antriebe zum Teil den sehr rauen Umgebungsbedingungen mit hohen Temperaturschwankungen, unterschiedlichen klimatischen Bedingungen, Staub, Wasser, elektromagnetischen Einflüssen, Schock und Vibrationen standhalten mussten (siehe auch Kap. 3).

Das bedeutete, es war eine hohe Schutzart gefragt, da die ‚Wireless-Komponenten' außerhalb des Schaltschrankes funktionieren mussten: IP65 war gefragt (siehe

Abschn. 3.1.5)! Daher ist ein robustes Gerätedesign für alle Komponenten im WLAN, besonders auch für die Antennen, gefordert.

Als Beispiel für diese Anforderungen möchte ich noch einmal auf Länder wie Indien, China, SEA, Indonesien verweisen, in denen hohe Temperaturschwankungen und große Luftfeuchtigkeit selbst in Werkshallen der Fabrikautomation vorhanden sind, da sie oftmals nicht klimatisiert sind. Mehrere Male habe ich bei unterschiedlichen Kunden in diesen Ländern miterlebt, wie Geräte ihre Funktion verloren haben, weil sie nicht die entsprechenden Schutzarten erfüllten.

Ein *zweiter Grund* ist die geforderte schnelle Datenübertragung, die WLAN oft an seine Grenzen bringt: Um beispielsweise PROFINET zuverlässig nutzen zu können, müssen die Signale deterministisch und mit Zykluszeiten im Millisekunden-Bereich übertragen werden. Gerade hier liegt aber ein Schwachpunkt von WLAN.

Es ist offenkundig, dass im Wireless LAN, basierend auf dem protokollunabhängigen Standard IEEE 802.11 die Übertragung derselben Information längere Zeit benötigt als im drahtgebundenen LAN.

Wenn im verkabelten LAN die Sendeempfangszeit einer Information unter 1 ms beträgt, kann diese bei der drahtlosen Übertragung mit WLAN bis zu 4 ms betragen. Neben dem größeren WLAN-Protokoll sind die Bitfehlerrate und die größere Verzögerung bei der Übertragung zu nennen. Beides hat auch mit der bereits erwähnten Störanfälligkeit von Funksystemen zu tun.

Ein *dritter Grund* ist nach wie vor, dass WLAN außerhalb und innerhalb des Schaltschrankes einen immer noch zum Teil erhöhten Platzbedarf hat: Montage und hoher Platzbedarf sowie Ersatzteilhaltung sind unmittelbar mit Kosten verbunden. Genauso wie bei allen anderen Messgeräten, Messwertumformern und Sensoren geht der Trend auch bei WLAN eindeutig zu miniaturisierten Komponenten hin, d. h. bis hin zu Hutschienengeräten.

Deshalb muss ein WLAN wie alle anderen Komponenten der Automatisierung für den Industrieeinsatz hardware- und softwaremäßig sowie umweltmäßig spezielle Eigenschaften erfüllen.

Bezüglich der genannten Gründe hat sich bis heute der Einsatz von WLAN immer wieder verzögert. WLAN wird heute immer noch am meisten in der industrienahen Umgebung mit gemäßigten Umweltbedingungen eingesetzt. Montagehallen, Besprechungsräume, Labors, Entwicklungen, Kontrollräume sind typisch Einsatzorte hierfür.

Erst durch WLAN 6 mit seinem robusten Design (siehe Abb. 5.43) änderten sich seit 2019 die Einsatzmöglichkeiten.

5.16.2 OSI-Modell und WLAN/Wi-Fi

Abb. 5.41 referenziert das OSI-Modell zum WLAN/Wi-FI.

Folgende Abkürzungen sind in Abb. 5.41 verwendet:

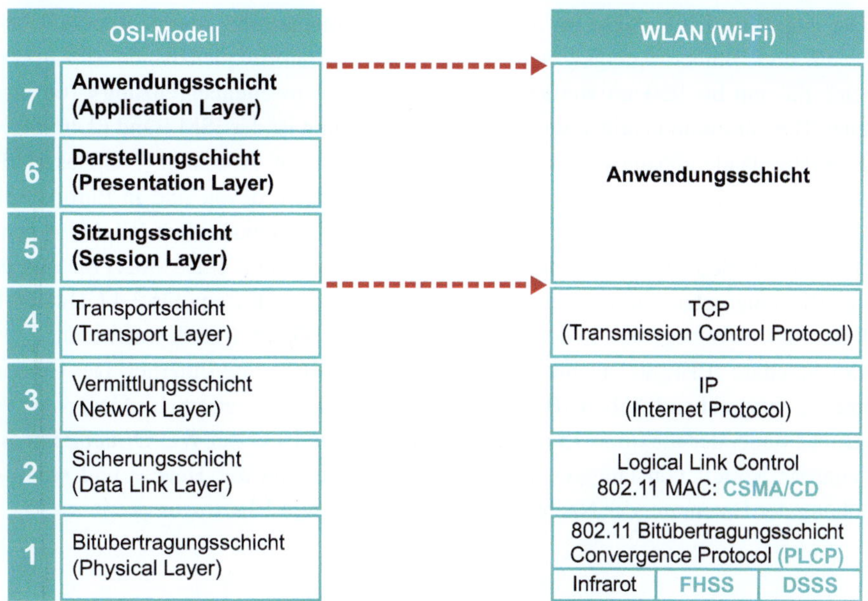

Abb. 5.41 OSI-Modell und WLAN/Wi-Fi

CSMA/CD (Carrier Sense Multiple Access/Collision Detection) ist ein spezielles Zugriffsverfahren von Ethernet, bei dem mehrere Netzwerk-Teilnehmer auf das Übertragungsmedium zugreifen können. Das CSMA/CD-Verfahren prüft jede angeschlossene Station, ob das Übertragungsmedium frei ist, da mehrere Stationen dasselbe Übertragungsmedium nutzen, ansonsten kommt es zu Kollisionen. Das CSMA/CD-Verfahren wird mit dem CSMA/CA (Collission Avoidande) hauptsächlich bei Funkverfahren eingesetzt, da WLAN nicht notwendigerweise Voll-Duplex-fähig ist.

FHSS (Frequency Hopping Spread Spectrum; deutsch: Frequenzsprungverfahren) ist ein von George Antheil und Hedy Lamarr erfundenes Frequenzspreizverfahren für die drahtlose Datenübertragung, um eine höhere Störsicherheit des Signals zu erreichen.

PLCP (Physical Layer Convergence Protocol) ist eine alternative Signalverarbeitung zur Erhöhung der Störsicherheit Methode, um eine Anpassung der Daten an die Übertragungsgeschwindigkeit und die Slots auf der Funkstrecke (Übertragungsmedium) vorzunehmen.

DSSS (Direct Sequence Spread Spectrum) ist ein Verfahren für die Datenübertragung über Funk. Die Idee des DSSS ist ein Sendesignal mittels einer vorgegebenen Bitfolge in ein möglichst breites Frequenzspektrum zu spreizen, dass es störresistenter wird. Das Modulationsverfahren basiert auf dem Standard IEEE 802.11b, was identisch mit WirelessHART ist (siehe Abschn. 5.15).

Der Standard IEEE 802.11ac definiert einen gemeinsamen Media Access Control Layer für drei Bitübertragungsschichten [315]. Zwei Infrarotfrequenzbänder (2 Layer) im Bereich 850 nm bis 950 nm werden aufgrund ihrer Reichweitenbegrenzung < 10m kaum benutzt. Das für die Industrie angewendete Funkverfahren ist das ISM Band (2,4000GHz–2,4835GHz; länderabhängig), das schon vom vorherigen Abschnitt ‚WirelessHART' bekannt ist. Das Frequenzband ist auf 14 Kanäle aufgeteilt, davon sind in Europa 13, in USA 11 und in Japan 14 nutzbar. Industriell wird heute hauptsächlich WLAN 4 gemäß Standard IEEE 802.11n [316] oder WLAN 5 gemäß Standard IEEE 802.11ac aus dem Jahre 2013 eingesetzt. Die isotrope Strahlungsleistung ist in Europa für 2,4 GHz auf 100 mW bzw. 200 mW begrenzt. In der Automatisierung ist WLAN 6 stark wachsend.

Der Standard IEEE 802.11 hat als Basistechnik das bekannte Ethernet. Der Ethernet-Frame ist entsprechend Abb. 5.10 in das WLAN-Protokoll integriert. Im Gegensatz zum Ethernet-Frame, der maximal 1518 Byte enthalten kann, ist er bei WLAN auf 2304 Byte erweiterbar. Vorteil von längeren Frames ist die Reduktion der Header und somit die Erhöhung der Datenrate, der Nachteil ist jedoch die längere Übertragungszeit.

5.16.3 WLAN/Wi-Fi Frame

Abb. 5.42 zeigt den Frame für WLAN/Wi-Fi.

Damit die Datenframes über WLAN übertragen werden können, müssen bis zu 64 zusätzliche Bytes an Header und Prüfsummen hinzugefügt werden und eine Präambel von 20 µsec zur Synchronisation. Der Sequenzzähler ‚IV' in Abb. 5.42 wird bei verschlüsselten Paketen benötigt.

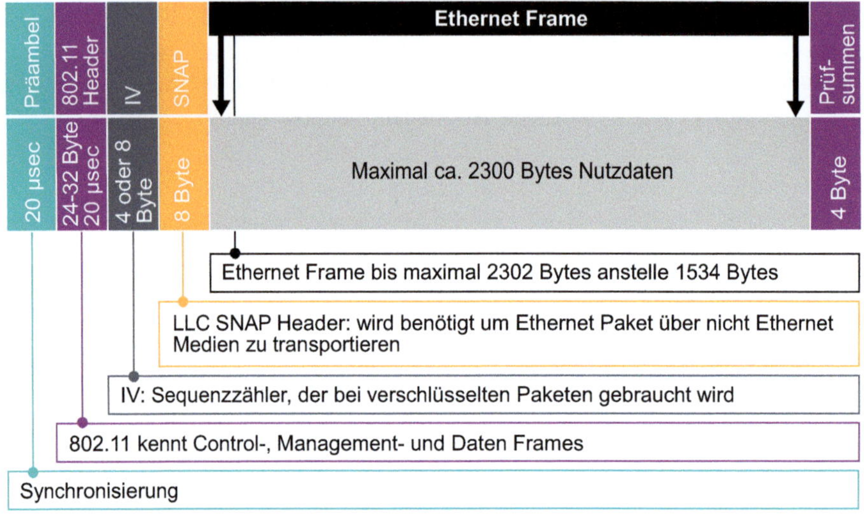

Abb. 5.42 WLAN-Frame [135, 313]

Der LLC-SNAP [313] (Logical Link Control-Subnetwork Access Protocol).

Header ist notwendig, um Ethernet-Frames über nicht Ethernet Medien zu transportieren. Am Schluss des kompletten Ethernet-Frames ist die Prüfsumme mit der Größe von 4 Byte.

5.16.4 Technik des WLAN/Wi-Fi

An dieser Stelle seien noch einige technische Aspekte zu WLAN ergänzt, nachdem schon viele Punkte bei wireleesHART besprochen wurden (siehe Abschn. 5.15.2).

WLAN wird aufgrund seines geringen Energiebedarfs häufig für Geräte mit Akkubetrieb eingesetzt. Dafür werden verschiedene Powermanagement-Verfahren für Strom und Spannung eingesetzt. Vom Access Point werden z. B. regelmäßig sogenannte ‚Beacons' oder DTIMs (Delivery-Traffic-Indicator-Map) [317] in größeren Abständen (wird im Accesspoint vorgegeben) gesendet, welche die Wireless Empfänger ‚aufwecken'.

Zur Datenübertragung wird das ISM-Band bei 2,4 GHz verwendet. Die Kommunikation zwischen zwei Teilnehmern kann direkt als Basisstation (Access Point) oder als Mesh-Netzwerk (siehe auch WirelessHART, Abschn. 5.15) erfolgen.

Die Norm IEEE 802.11a spezifiziert eine weitere Variante der Bitübertragungsschicht, die im 5-GHz-Band arbeitet und Übertragungsraten bis zu 54 Mbit/s ermöglicht.

Der IEEE 802.11ac Standard wird speziell für die Automatisierungstechnik angewendet und nutzt das 5-GHz-Band.

Als Übertragung wird das OFDMA (Orthogonal Frequency Division Multiple Access) [318, 319] Verfahren genutzt, das eine variable Zahl von Unterträgern und individuelle Modulationsstufen zulässt. Im engeren Zusammenhang mit dem OFDMA steht die Quadraturamplitudenmodulation (QAM) [320]: Die zu übertragende Information mit hoher Datenrate wird zunächst auf mehrere Teildatenströme mit niedriger Datenrate aufgeteilt. Diese Teildatenströme werden jeder für sich mit einem herkömmlichen Modulationsverfahren wie der Quadraturamplitudenmodulation mit geringer Bandbreite moduliert und anschließend werden die modulierten HF-Signale addiert. Dabei stehen die Unterfrequenzträger orthogonal zueinander. Diese Information muss der Empfänger zur Optimierung der Nutzauslastung wissen. Vertiefende Literatur hierzu gibt es in der Nachrichtenübertragung-Technik.

5.16.4.1 Zukünftige Entwicklungen

Zukünftige Entwicklungen in der Automatisierungstechnik gehen in die Richtung

- Höhere Bitraten durch höherstufige Modulationsverfahren
- Breitere Funkkanäle, bis 80 MHz (anstelle 20 MHz)
- Höhere Bitraten durch räumlich getrennte Übertragungswege und gleichzeitigem Senden und Empfangen
- Bessere Störresistenz

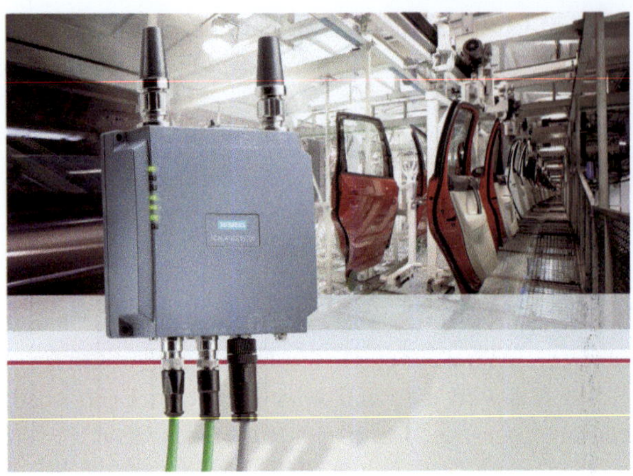

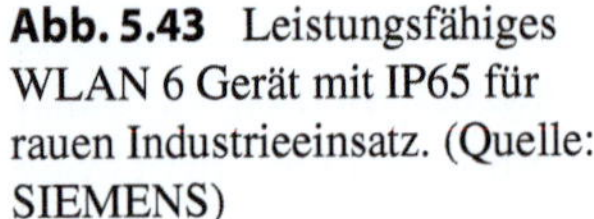

Abb. 5.43 Leistungsfähiges WLAN 6 Gerät mit IP65 für rauen Industrieeinsatz. (Quelle: SIEMENS)

Ende 2019 wurde der Standard Wi-Fi 6E [321] gemäß IEEE 802.11ax [322] verabschiedet, welcher das 6-GHz-Band erschließt. Einer der Gründe hierfür ist, dass seit Einführung der Standards IEEE 802.11n (Wi-Fi 4) und IEEE 802.11ac (Wi-Fi 5) viele Millionen Geräte in Betrieb genommen wurden, die auf denselben Kanälen funken und sich immer wieder gegenseitig stören.

Dadurch werden die Übertragungszeiten immer länger, was kritisch für viele Industrieanwendungen ist. Neben dem 6-GHz Band werden aber das 2,4-GHz und 5-GHz Band weiterhin genutzt. WLAN 6-Router unterstützen das gleichzeitige Empfangen und Senden mehrerer Geräte, wodurch der Datendurchsatz enorm gesteigert werden kann.

Abb. 5.43 zeigt eines der leistungsfähigsten WLAN 6 Geräte der Firma SIEMENS mit der Schutzart IP65 für harte Umgebungsbedingungen im Industrieeinsatz.

5.16.5 ASIC für WLAN/Wi-Fi

Auch für WLAN gibt es mittlerweile ASIC's, von denen im Folgenden einige aufgezeigt sind.

5.16.5.1 ASIC RN1810/RM1810E

Für WLAN sei als typisches Beispiel in Abb. 5.44 der ASIC RN1810/RM1810E von MICROCHIP [323] Technology gezeigt.

Der Chip erfüllt den Funkstandard IEEE 802.11 b/g/n. Er arbeitet im 2,4-GHz-Band und überträgt mit 54 Mbit/s. Er hat eine UART-Schnittstelle [324, 325].

Seine Ausgangsleistung ist 20,7 dBm.

Der ausgehende Versorgungsstrom ist 211 mA, der eingehende Versorgungsstrom beträgt 64 mA.

Die Betriebstemperatur liegt im zulässigen Bereich von −40°C bis + 85°C.

Abb. 5.44 Typischer ASIC RN 1810 für WLAN 2.4 GHz IEEE 802.11b/g/n Wireless Modul [323] [I], [II], Abb 5.44 [I], [II] zeigt Ausschnitte der unveränderten Originale

Der Chip hat einen integrierten Antennenanschluss.

Die Modulationsarten sind:

- 16 QAM, 64 QAM: Quadratur-Amplituden-Modulation.
- BPSK: Binary Phase Shift Keying
- CCK: Complementary Code Keying ist ein Modulationsverfahren, welches beim WLAN gemäß der IEEE 802.11b-Spezifikation eingesetzt wird.
- DSSS: Direct Sequence Spread Spectrum
- QPSK: Quadraturphasenumtastung oder Vierphasen-Modulation (Quadrature-Phase-Shift-Keying oder Quarternary-Phase Shift Keying)

5.16.5.2 Kombinierte Wi-Fi/Bluetooth-PC-Einsteckkarte mit Intel AX200 [326]

Mittlerweile gibt es auch kombinierte WLAN/Wi-Fi 6-Einsteckkarten für PC‘s, die in Kombination mit Bluetooth 5.1 (bis 3000 Mbit/s) arbeiten.

Der Hauptchip ist beispielsweise der Intel AX200, der den WLAN Standard 802.11ax erfüllt.

Diese PCIe-Karte (Peripheral Component Interconnect Express-Karte), kommt in der Automatisierungstechnik zum Teil im SCADA/HMI/MES-System zum Einsatz.

Der Standard 802.11.ax ist für Geschwindigkeiten bis zu 3000 Mbit/s definiert.

Die Wi-Fi 6 PCI-E-Karte erreicht eine Geschwindigkeit von bis zu 2,4 Gbit/s (2402 Mbit/s bei 5 GHz oder 574 Mbit/s bei 2,4 GHz).

Diese Wi-Fi-Karte unterstützt die Betriebssysteme Windows 10 (64-Bit) und Linux (Kernel 5.1+).

Einige technische Details zu dieser Einsteckkarte sind:

- Gewicht: 120 g
- Modell: Ubit-AX200
- Abmessungen: 4,0 × 12,0 × 2,2 cm
- Wireless: 802.11AX Wi-Fi 6 und Bluetooth 5.1
- Graphic Coprozessor: Intel
- Interface Grafik: PCI-E

- WLAN Typ: 802.11a/b/g/n/ac
- Hardware Plattform: PC
- Betriebssysteme: Windows 10, Linux, Google Chrome

Es gibt bezüglich dieser Einsteckkarte viele Varianten unterschiedlicher Hersteller.

5.16.6 Zusammenfassung WLAN/Wi-Fi

Hochangepriesen wird heute in vielen Fachzeitschriften, dass Maschinen und Daten in Industrieanlagen mit mobilen Tablet-PCs und Smartphones, basierend auf iOS (Betriebssystem von Apple) und/oder Android (Betriebssystem der Open Handset Alliance) bedient und parametriert werden können und dabei die drahtlosen Funkverbindungen wie Bluetooth oder WLAN eine wesentliche Rolle bei Industrie 4.0 spielen [327].

Das industrielle WLAN ist mit WLAN 6 sicher ein zukünftiger Trend in der Automatisierung. Dennoch ist meine Erfahrung bis heute, dass nach wie vor die Funkmethoden, je weiter man aus den Labors heraus in Feldebene der Fabrikautomation und vor allem aber in die rauen Umgebungen der Prozessautomation geht, erst im Kommen sind.

Aufgrund von Echtzeitverhalten und Umgebungsbedingungen ist noch ein weiter Weg zu gehen, bevor man wirklich ‚euphorische' Artikel über Wireless in den unteren Ebenen der Automatisierungspyramide verfassen kann.

Immer wieder machte ich Erfahrungen in der Chemie, Petrochemie, Umwelt, Analysenmesstechnik (Schichtdickenmessung, pH, Leitfähigkeit, etc.), Automotive und Energiewirtschaft, dass Smartphone oder Tablets nur selten in automatisierten Umgebungen akzeptiert werden.

Dies gilt insbesondere auch für die Nutzung privater Smartphones. Bluetooth als drahtlose Kommunikation in der Prozessautomatisierung ist mir noch nicht viel begegnet. Nur in wenigen Applikationen der Fabrikautomatisierung sah ich bisher Bluetooth in Verbindung mit IO-Link.

WLAN habe ich des Öfteren gesehen und wenn, dann meistens in der Fabrikautomatisierung. Und hier wiederum am häufigsten von der SCADA-Ebene in die Betriebs-/ERP-Ebene.

Anders verhält es sich bei WirelessHART, wo ich schon mehrere Anwendungen in der Feldebene auch in Zusammenhang mit HART-IP (USA) gesehen habe und dies selbst in konservativen Industrien wie Chemie und Petrochemie.

Die oftmals zum Ausdruck gebrachte Regel, Bluetooth dann einzusetzen, wenn Robustheit und Stabilität die wesentlichen Kriterien sind und WLAN dann anzuwenden, wenn es auf einen hohen Datensatz ankommt, muss sehr sorgfältig und applikationsspezifisch geprüft werden.

Diese Aussage entspricht nicht meiner Erfahrung. Sicherheitsaspekte überwiegen in der Industrieautomatisierung nach wie vor in den meisten Applikationen.

5.17 Bluetooth 1.0 bis Bluetooth 5

Ich möchte dieses drahtloses Kommunikationsverfahren hier einbeziehen, da Bluetooth in der Literatur immer wieder als sehr geeignet für Automatisierungsaufgaben ausgewiesen wird. Nach meinen Erkenntnissen handelt es sich aber um kein richtiges Protokoll im Sinne der Automatisierungstechnik.

Bluetooth wird heute hauptsächlich bei Handys, Computern, Spielgeräten, Gebäudetechnik, Haustechnik und Freisprechanlagen verwendet.

Obwohl oftmals gesagt wird, dass der Bluetooth in der Automatisierung eingesetzt wird, kommt Bluetooth bis heute nicht wie ursprünglich erhofft in den anspruchsvolleren industriellen Applikationen zur Anwendung.

Es sei aber auch gesagt, dass vor allem der Smartphone-Bereich ohne Bluetooth gar nicht mehr möglich wäre. Insofern wird seit 2016/2017 versucht den Bluetooth 5.0 in der Fabrikautomation zwischen Sensoren und Steuerungen (z. B. IO-Link) einzusetzen. Generell ist aber nach wie vor WLAN aufgrund seiner Robustheit und Sicherheit das bevorzugte Übertragungsverfahren gegenüber dem Bluetooth.

Bluetooth- und WLAN- Entwicklung haben zwar sehr viele Gemeinsamkeiten, was den Sicherheitsgedanken, die Störfestigkeit und die Standards anbelangt, dennoch ist WLAN die in meinen Augen bei Weitem die sicherere Technik.

5.17.1 Bluetooth Geschichte

Bluetooth wurde als Industriestandard für die Übertragung über kurze Distanzen entwickelt. Bluetooth wurde in den 90er Jahren durch die Bluetooth Special Interest Group (SIG) [328] als Industriestandard für die Datenübertragung zwischen Geräten über kurze Distanz per Funktechnik definiert.

Der Bluetooth ist als ein Wireless Personal Area Network (WPAN), ein Sonderfall des Personal Area Networks mit einer Reichweite von 0,2 m bis maximal 50 m. Er beinhaltet Kurzstrecken-Funktechnik, die zum Ziel hat, kurze und nicht systematisch verlegte Kabelverbindungen zu vermeiden. Viele kennen diese Übertragung von der Maus und Tastatur zum PC.

Das Funkverfahren wurde von Prof. Jaap Haartsen [329] und Sven Mattisson für die Firma Ericsson mit dem Ziel entwickelt, Kabelverbindungen und Infrarotkommunikation zu ersetzten. 2012 wurde J. Haartsen dafür vom Europäischen Patentamt mit dem ‚Europäischen Erfinderpreis' geehrt.

Über die Bluetooth-Versionen Bluetooth 2.1, Bluetooth 3.0 HS (Highspeed – zusätzliche Unterstützung eines WLAN -Kanals) und Bluetooth 3.0 EDR (Enhanced Data Rate) gelangte man im Jahr 2009 zur Spezifikation der abwärtskompatiblen Version Bluetooth 4.0 [330].

Mit diesem Standard wurde zum ersten Mal der Low Energy Protokollstapel verfügbar. Seitdem kamen immer neue Low Energy Profile hinzu.

Ab 2011 waren die ersten Chips von Atheros (seit 2001: Qualcomm Atheros) [331], CSR [332], Texas Instruments, Toshiba, Nordic Semiconductor und EM Mikroelektronik verfügbar. Ab 2012 waren die ersten Mobiltelefone mit diesen Chips erhältlich.

Bei Bluetooth 4.0 wird eine verbesserte Fehlerkorrektur eingesetzt. Mit der Version Bluetooth 4.0 Low Energy/Smart (nicht abwärtskompatibel) konnte eine Übertragung in weniger als 5 ms aufgebaut und bis zu 100 m Entfernung übertragen werden.

Bluetooth 4.1 [333] wurde 2013 veröffentlicht und in die neuen Handygenerationen von Handy Galaxy Note und Nexus 6 implementiert.

Bluetooth 4.2 Smart [334] wird von Samsung Galaxy und Apple iPhone unterstützt.

Bluetooth 5.0 [335] wurde im Jahr 2016 verabschiedet. Das Handy Samsung Galaxy S8 hatte den ersten Bluetooth 5 integriert.

5.17.2 Bluetooth-Schichtenmodell

Das Bluetooth-Schichtenmodell besteht gemäß Abb. 5.45 aus drei Funktionsebenen [336]. Die Übertragungstechnik wird durch die Funktechnik und die Basisbandtechnik gebildet. Über die Basisbandtechnik erfolgt der Zugriff auf die Luftschnittstelle und den physikalischen Datenkanal. Insofern ist das Schichtenmodell nicht unmittelbar mit dem OSI-Modell kompatibel.

Die untere Schicht beinhaltet Funktechnik und Basisbandtechnik unter Nutzung des 2,402 GHz ISM-Bandes (Industrial, Scientific and Medical Band).

Die mittlere Schicht beinhaltet den Link Manager und das Host Controller Interface, das die Kommunikation mit den höheren Schichten durchführt. Das Link Manager Protocol (LMP) ist für den Verbindungsaufbau und die Sicherheit zuständig.

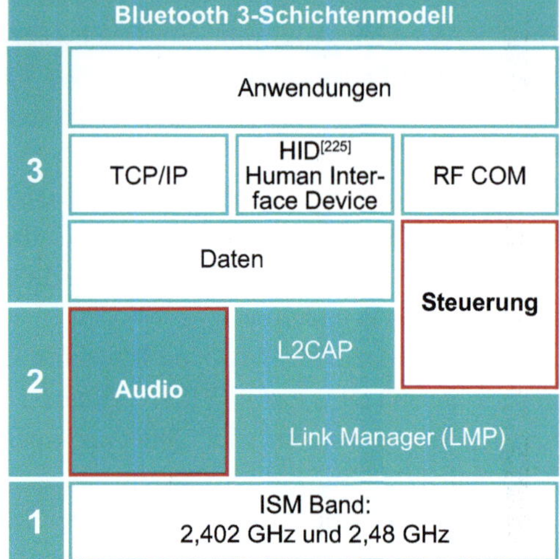

Abb. 5.45 Bluetooth-Schichtenmodell

Das L2CAP-Protokoll (Logical Link Control and Adaption Protocol) [337] verbindet die höheren Schichten des Schichtenmodells mit dem LMP (Link Manager Protocol). Weiterhin übernimmt das L2CAP als Bluetooth-Kernprotokoll, das Multiplexing und die Segmentation And Reassembly-Funktionen (SAR). Es verbindet die höheren Schichten des Bluetooth-Protokoll-Stacks.

Für die Anwendungen sind die Bluetooth-Profile definiert. Nach erfolgtem Verbindungsaufbau werden die Profile ausgetauscht, die festlegen, welche Dienste für eine Kommunikation zwischen den verbundenen Teilnehmern zur Verfügung stehen.

Der Bluetooth-Protokoll-Stack unterstützt die drahtlose Kommunikation und verbindungsorientierte Dienste mit einem Datenkanal und drei Sprachkanälen oder nur einem einzigen Kanal.

5.17.3 Bluetooth Datenpaket

In Abb. 5.46 ist das Bluetooth-Datenpaket Frame angegeben.

Ein Bluetooth-Datenpaket besteht aus dem 72-Bit-Zugriffscode, dem 54-Bit-Header, der sich in Adresse, Typ, Fehlerkorrektur aufsplittet und einem variablen Nutzdatenfeld von 0 Bit bis ca. 2774 Bits. Für Bluetooth 2.0+EDR (Enhanced Data Rate) [338, 339] sind bis zu 8168 Bit Nutzdaten pro Paket möglich.

5.17.4 Technik des Bluetooth

Bluetooth nutzt heute genau wie WLAN das weltweit lizenzfreie ISM-Band zwischen 2,402 GHz und 2,48 GHz.

Störungen bei Bluetooth können durch WLAN, Schnurlostelefone oder sogar Mikrowellenherde ausgelöst werden.

Diese Störanfälligkeit ist eine der Hauptursachen, warum eine weitergehende Verwendung in einer industriellen Umgebung der Automatisierung nur schwer möglich ist. Um die Robustheit zu erhöhen, wird auch beim Bluetooth das bereits bei WLAN und WirelessHART beschriebene FHSS-Verfahren [307] eingesetzt.

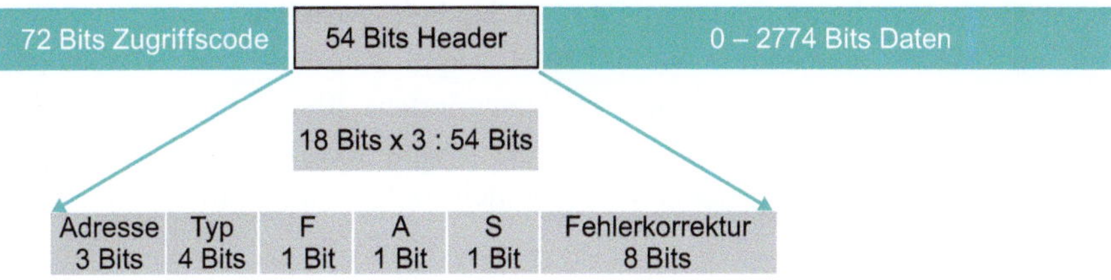

Abb. 5.46 Bluetooth Datenpaket

Die ersten Bluetooth 1.0-Geräte waren noch sehr störanfällig. Sie übertrugen 732 kbit/s. Im Jahr 2004 wurde mit der abwärtskompatiblen Version 2.0+EDR (Enhanced Data Rate) eine dreifach höhere Datenübertragung von 2,1 Mbit/s erreicht. Es konnten aber nur maximal 7 Verbindungen aufrechterhalten werden. Die tatsächliche Reichweite hängt neben der Sendeleistung auch von der Empfindlichkeit des Empfängers sowie der Sende- und Empfangsantennen ab. Man unterscheidet drei Klassen von Sendeleistungen:

- Klasse 1: 100 mW, Reichweite ca. 100 m
- Klasse 2: 2,5 mW, Reichweite 10–50 m
- Klasse 3: 1,0 mW, Reichweite 1–10 m

Das Bluetooth Protokoll unterstützt einen asymmetrischen Datenkanal (Paketvermittlung) mit 732,2 kbit/s in die eine Richtung und 57,6 kbit/s in die Gegenrichtung. Die symmetrische Datenverbindung für die Sprachübermittlung unterstützt 433,9 kbit/s.

Teilnehmeranzahl bei Bluetooth
Die Bluetooth-Systemarchitektur ist ein Piconet und unterstützt bis maximal 8 aktive Teilnehmer. Dabei ist ein Piconet ein Personal Area Network von Endgeräten, die sich über Bluetooth verbinden können.

Die nicht aktiven Teilnehmer können über eine 8-Bit Adresse (255 Teilnehmer, Slaves) im sogenannten Parkmodus die Synchronisation aufrechterhalten. Darüber hinaus kann über zusätzliche 48-Bit die passive Teilnehmeranzahl erhöht werden. Der Master steuert die Vergabe aller Sendezeiten.

Bluetooth wurde wie bei WLAN zur Erhöhung der Datenübertragungsgüte um die Variante des ‚MAC/Physical Layer' gemäß Spezifikation IEEE 802.11 erweitert.

5.17.5 ASIC Bluetooth

Es gibt auch für Bluetooth eine Reihe von Chips in verschiedensten Gehäusen von unterschiedlichsten Anbietern.

Zum Beispiel ist das Bluetooth Low Energy (BLE) System-on-Chip BlueNRG-2 [340] von STMicroelectronics Bluetooth 5.0 zertifiziert.

STMicroelectronics benutzt dabei den Arm® Cortex®-M0 [341], um die stromsparende 32-Bit-Verarbeitungsleistung für den Chip bereitzustellen.

Auf der Messe ‚embedded world' 2019 zeigte Rutronik den RFduino [342], den kleinsten Stand-Alone Computer mit integriertem Bluetooth Low Energy (ca. 4,5 mm × 4,5 mm). Der RFduino, ist von der Firma RFdigital Corp. und basierte ursprünglich auf dem Nordic Semiconductor nRF51822-Chip. Mittlerweile wurde der Chip jedoch abgekündigt.

In einigen Geräten ist auch der Bluetooth-Chip RN4871 BT 4.2[343] mit seinen Abmessungen von 11,5 mm × 9 mm eingesetzt. Im Sende-/Empfangsmodus benötigt er maximal 13 mA, im Ruhemodus 0,3 mA. Hersteller ist die Firma MICROCHIP, die unterschiedliche Bluetooth-Versionen in einer großen Variantenanzahl von Gehäusen herstellen.

Microchip Technology Inc., Texas Instruments Inc. (TI) und Toshiba Corp. sind weitere bekannte Hersteller von Bluetooth-Chips.

5.17.6 Zusammenfassung Bluetooth

Trotz aller Anstrengungen ist Bluetooth bis heute die Funkübertragung mit der geringsten Sicherheit: Viele Anstrengungen werden unternommen, um dieses Manko zu begleichen: PIN-Einsatz, Fehlerkorrektur beim Empfänger, ARQ (Automatic Repeat reQuest: Automatische Wiederholungsanfrage) bei Fehlererkennung sind typische Maßnahmen hierfür.

Weitere Details über die verschiedenen Bluetooth Versionen sind in der einschlägigen Literatur nachzulesen. Die Geschichte von Bluetooth über ca. 20 Jahre ist typisch für viele Entwicklungen in der Technik, die einfach als Evolution zu sehen sind und dementsprechend ihre Zeit benötigen.

Zusammengefasst ist Bluetooth für die Automatisierungstechnik unter den dort geforderten Umwelt- und Sicherheitsbestimmungen nicht problemlos einsetzbar!

5.18 Modbus

Neben all den Feldbusentwicklungen hat es der Modbus geschafft sich in der Automatisierungstechnik zu etablieren. Als nicht ex-fähiger Feldbus ist er sehr kostengünstig und leicht zu implementieren [344]. Der Modbus ist durch seine Client–Server-Struktur für seine einfache Kommunikation zwischen Master- und Slavegeräten bekannt. Der Anteil von Modbus TCP in der Feldbusverteilung beträgt ca. 3 %, von Modbus RTU liegt der Anteil ebenfalls bei ca. 3 % (Abb. 5.1). Weiterhin gibt es noch den Modbus ASCII, der aber in der Automatisierung eine untergeordnete Rolle hat.

5.18.1 Geschichte Modbus

Ursprünglich begann die Firma Gould-Modicon bereits 1979 (!) [345] mit der Entwicklung des Modbus. Das Ziel war, Verbindungen zwischen Sensoren und mehreren speicherprogrammierbaren Steuerungen (SPS) herzustellen, oder verschiedene SPS untereinander zu verbinden.

Somit zählt der Modbus mit seiner Master-Slave- oder Server-Client-Architektur zu den ältesten Feldbussen in der Automatisierungstechnik.

2007 wurde der Modbus TCP [346] von der ISO standardisiert und Teil der Norm IEC 61158.

In diesem Zeitraum hat sich auch der Modbus RTU [347] in der Automatisierungsindustrie zunehmend verbreitet.

Der wichtigste Punkt und wohl auch der Grund für seine schnelle Ausbreitung war, dass es sich bei Modbus um ein offenes Protokoll mit einfacher Implementierung handelte.

Seit 2018 gibt es auch ein Modbus TCP Security Protocol [348]. Dieses Protokoll benutzt digitale Zertifikate zur Authentifizierung. Das Protokoll wird in der ‚Modbus TCP Security Protocol-Specification' beschrieben. Damit wird den immer größeren Anforderungen an die Sicherheit Rechnung getragen.

5.18.2 OSI-Modell und Modbus

In Abb. 5.47 wird der Zusammenhang zwischen OSI-Modell und Modbus [349] gezeigt.

Das Modbus Protokoll ist in der Anwendungsschicht (Application Layer 7) des OSI-Modell implementiert. Es bietet eine Client-/Server-Kommunikation [350] zwischen verschiedenen Geräten, die über verschiedene Busse oder Netzwerke verbunden sind.

Das Protokoll definiert ein Verfahren für den Austausch von Nachrichten und ist unabhängig von den darunter liegenden physikalischen Schichten.

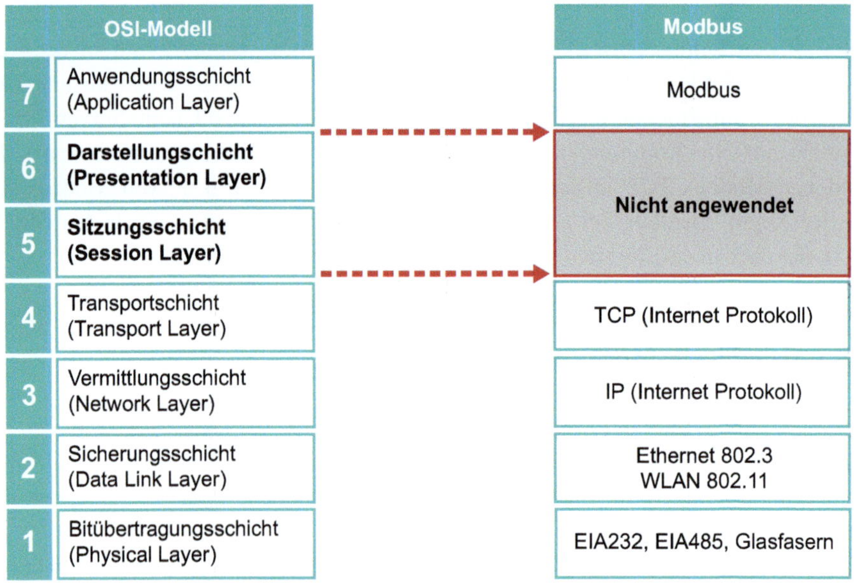

Abb. 5.47 OSI-Modell und Modbus

Es gibt zwei Schnittstellenarten in der Bitübertragungsschicht: Die seriellen Schnittstelle EIA-232 und EIA 485 sowie eine Schnittstelle für Ethernet. Weitere Kommunikationsmedien neben den kupfergebundenen Schnittstellen sind Funkstrecken, Glasfasern oder Mobilfunk.

Innerhalb eines Modbus Netzwerkes fragt prinzipiell der Master den ‚Slave' an und dieser gibt eine Antwort.

5.18.3 Modbus Protokoll

Abb. 5.48 zeigt das Modbus RTU-Protokoll und das Modbus TCP-Protokoll. Diese sind die am häufigsten in der Automatisierung angewendeten Protokolle. Das Modbus ASCII-Protokoll ist mir in der Automatisierung nicht bekannt.

Die Adresse ‚0' (Funktion-Byte) fällt in beiden Systemen einer Broadcast Nachricht zu, d. h. der Master sendet an alle Netzwerkteilnehmer (Feldgeräte).

5.18.3.1 Modbus RTU-Protokoll

In der Automatisierung begegnete ich dem Modbus RTU [347] häufiger als dem Modbus TCP.

Das Modbus RTU-Protokoll basiert auf einer Master–Slave-Architektur, die als auch als Client–Server-Verbindung bezeichnet wird. RTU steht für (Remote Terminal Unit).

Der Master kann z. B. ein PC sein, von dem mehrere Modbus RTU-Slaves bedient werden können.

Es gibt im Wesentlichen vier unterschiedliche Lese- und Schreibzugriffe für die Daten, die in Tab. 5.21 verdeutlicht sind.

Beim Modbus-Protokoll wird ebenfalls die UART-Codierung [281] verwendet, wobei in Abhängigkeit der Stopbits und dem Vorhandensein eines Paritätsbits die Wortlänge 10–12 Bits sein kann.

Der Sendebeginn ist durch eine Pause gekennzeichnet, die mindestens 3,5 Zeichen lang sein muss. Im Adressfeld ist die Zieladresse des Empfängers mit 8 bit angegeben.

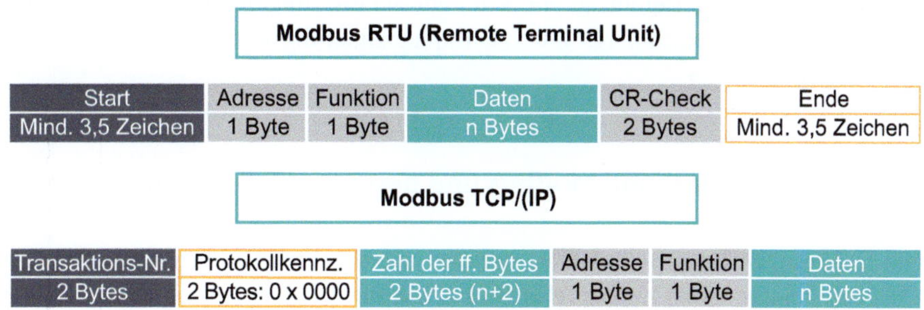

Abb. 5.48 Modbus RTU-Protokoll und Modbus TCP-Protokoll

Tab. 5.21 Modbus Schreib- und Lesezugriffe

TYP	Zugriff	Größe
Einzelner Ein-/Ausgang 'Call'	Lesen und Schreiben	1-bit
Einzelner Eingang 'Discrete Input'	nur Lesen	1 bit
(analoge) Eingänge 'Input Register'	nur Lesen	16 bits
(analoge) Ein-/Ausgänge 'Holding Register'	Lesen und Schreiben	16 bits

Der Slave sendet zuerst diese Adresse an den Master zurück, sodass er weiß, mit wem er kommuniziert.

Das Funktionsfeld, ebenfalls 8 bits, wird zunächst vom Master an den Slave (Feldgerät) gesendet und wird vom Slave an den Master zurückgesendet, wenn die Info korrekt übertragen wurde.

Bei nicht korrekter Übermittlung wird das höchstwertige Bit des Funktion-Bytes auf ‚1' gesetzt. Das Datenfeld des Modbus RTU beinhaltet die Info, welche Daten der Slave auslesen soll und ab welcher Adresse diese beginnen.

Auch die Register werden über eine Adresse gekennzeichnet. Der Slave setzt an der Stelle die Daten ein, an welcher das Register beginnt. Kommt es zu einem Übertragungsfehler, so setzt der Slave anstelle der Daten den Fehlercode ein.

Die Prüfsumme ist 16-Bit lang das Verfahren ist ein CRC-Prüfalgorithmus (Cyclic Redundancy Check). Tritt zwischen 2 Zeichen eine Sendeunterbrechung von > 1,5 Zeichen ein, so muss der Empfänger das Telegramm verwerfen.

5.18.3.2 Modbus TCP-Protokoll

Das Modbus TCP-Protokoll ist dem Modbus RTU-Protokoll sehr ähnlich und ist seit 2007 in der Norm IEC 61158 standardisiert. In der IEC 61784-2 ist er als Feldbusfamilie CPF 15/1 referenziert. Der Unterschied ist, dass TCP/IP-Pakete (siehe Ethernet) verwendet werden. Der TCP 502 Port erlaubt den Zugriff von Internet und ist für Modbus reserviert [351].

Die TCP-Nachricht beginnt mit einer 2-Byte großen Transaktionsnummer. Darauf folgt das Protokollzeichen (0x0000) und die Zahl der folgenden Bytes. Danach folgen die Zieladresse und der Befehl, je ein Byte, am Schluss folgen die n Daten. Es erfolgt keine Checksummenberechnung, was die Implementierung einfach macht. Die Daten werden binär übertragen.

5.18.4 Zusammenfassung Modbus und persönliche Erfahrungen

Meine Erfahrungen mit Modbus RTU beruhen auf den Entwicklungen von Memosens (2000–2007 bei der Firma Endress+Hauser) sowie auf der Entwicklung eines Membran-Chlorsensors mit Messwertumformer für eine kleines Unternehmen der Messtechnik.

Bei Memosens wurde die Information bidirektional vom Messwertumformer zum Sensor übertragen. Das Messwertumformer-Sensor System war ein Vierleitersystem, zwei Leitungen für die Energieversorgung und zwei Leitungen für das Modbus-Protokoll.

Beide Entwicklungen hatten den Vorteil der Benutzung eines offen Feldbusprotokolls.

Beide Projekte basierten auf dem Modbus RTU-Protokoll mit der EIA 485 Schnittstelle.

Zurück zu dem Beispiel des Membran-Chlorsensors, bei dem ich 2014 für die embedded SW-Entwicklung das Protokoll hinsichtlich der relevanten Modbus-RTU Daten Abb. 5.49 (Ausschnitt) definierte.

Generell gilt, dass die grundsätzlich feldbusrelevanten Daten und Parameter zu definieren sind. Diese Daten müssen bezüglich Speicherplatzbelegung strikt eingehalten werden, da man die Kompatibilität gegenüber den Wettbewerbern gewährleisten muss. Relevant sind in diesem Zusammenhang alle Daten, die den Feldbus charakterisieren und bestimmen (blaue Felder/Mandatory in Abb. 5.49). Die Speicherplätze (HEX-Adressen), an denen die Daten und Parameter abgelegt beziehungsweise gelesen werden sind grau hinterlegt. Die rötlichen Felder in Abb. 5.49 sind die im ‚Profil' definierten Parameter, die bereits von anderen Firmen benutzt werden, welche ebenfalls Chlorsensoren herstellen.

Die grünen Felder sind normalerweise frei belegbare Speicherplätze, die bis dato noch nicht genutzt werden und für einen neuen Sensor eines weiteren Herstellers zur Verfügung stehen.

Eine weitere Definition, ähnlich wie in Abb. 5.49 dargestellt, gibt es für die HMI oder GUI und für den Algorithmus zur Auswertung der Spannungs- und Stromwerte für den Chlorgehalt.

Es lässt sich gut erkennen, wie aufwendig allein schon die Entwicklung für einen einzigen Chlorsensor in der Analysenmesstechnik ist und welche Faktoren zu berücksichtigen sind.

Wenn man nun bedenkt, dass z. B. für HART (siehe Abschn. 5.14) ein parameterübergreifendes Profil für Druck, Füllstand, Durchfluss, Temperatur, pH-Messung, Leitfähigkeit, usw. standardisiert ist, dann kann man sich vorstellen, welcher Aufwand in Gremien bei einer Vielzahl von Herstellern aller Produkte für das Gelingen für eine solche Harmonisierung notwendig ist. Ein Fakt der eben auch mit sehr viel Zeit verbunden ist.

Genau diese Arbeiten werden aber in Zukunft bei immer größeren Datenmengen, Herstellern und Produkten für Harmonisierungen notwendig sein, um Systeme für die Betreiber handhabbar zu gestalten und vor allem die notwendige Sicherheit in hohem Umfang zu garantieren!

Spannungs-/Stromversorgung		
Mandatory	Spannung	Strom
	12V	40mA

Modbus Stecker		
Mandatory	Pin2	12V
	Pin3	Masse
	Pin4	RS485 B
	Pin5	RS485A

Modbus Parameter		
RTU Mode	Modbus ID	20
Mandatory	9600 Baud	
	No parity	
	2-Stop	

Modbus Funktionen			
	Addr. Hex		
Mandatory	0x03	Read Holding Register	16 Bit
	0x04	Read Input Register	16 Bit
	0x06	Write Singel register	
	0x10	Write Multiple register	

Sensordaten				
	Addr. Hex	Zugriff	Datentyp	Erklärung/Bezeichnung
im Profil bereits durch Wettbewerb benützt	0x0300	Read only	Char(16)	Sensortype
	0x0308	Read only	float	Hardwareversion
	0x0309	Read only	float	Softwarversion
	0x030A	Read only	Char(16)	Seriennummer
	0x030B	Read only	unsigned long int	
Neu herstellerspezifisc	0x030C	Read only	Char(16)	Gesamtchlor
Werkskalibration	0x030D	Read only	Float	Nullwert
Freie Speicher-	0x030E	Read only	Float	Span
plätze im Profil	0x030F	Read only	unsigned long int	Datum_Uhrzeit_Werk
im Profil bereits durch Wettbewerb benützt	0x0310	Read/Write	Float	Slope_Max
	0x0312	Read/Write	Float	Slope_Min
	0x0314	Read/Write	Float	Null_Max
	0x0316	Read/Write	Float	Null_Min
	0x0318	Read/Write	Integer	i-Days

Gerätedatenmodbus					Wertebereich	Default
im Profil bereits	0x0400	Read/Write	integer	Slave Adresse	1..,127...247 (8 Bit)	Optionen
durch Wettbewerb	0x0401	Read/Write	integer	Baudrate	0,1,2,3	9600 Baud
benützt	0x0402	Read/Write	integer	Parity	0,1,2	no

Prozessdaten						
im Profil bereits	0x0200	Read/Write	Integer	Messeineiheit	0,1,2,3,4,5,6	ppm
benützt	0x0201	Read/Write	Integer	Messbereich	0,1,2,3	0
Neu herstellerspezifisc	0x0203	Read/Write	Integer	Sensorparameter	0.1	Gesamtchl.

Aktuelle Messwerte				
im Profil bereits	0x002	Read only	float	Chlor_komp.Messwert
durch Wettbewerb	0x004	Read only	float	I-Mess in nA (25 Grad C)
benützt	0x006	Read only	float	T_Mess Tmepratur
Neu herstellerspezifisc	0x008	Read only	float	Chlor_Mess unkompens.
zusätzliche Messinfo	0x00A	Read only	float	T_Mess _Max
da freies Chlor mit	0x00C	Read only	float	T_Mess_Min
messbar ist	0x00E	Read only	float	Betriebsstunden

Aktuelle Kalibration				
im Profil bereits	0x206	Read/Write	float	M_Null
durch Wettbewerb	0x208	Read/Write	float	M_Slope
benützt	0x20A	Read/Write	unsigned longint	Datum_Uhrzeit

Zähler alte Kalibration	0x020C	0x020C	integer	I_Cal=1,2,3,4,5,6,7,8,9
I_cal =1	0x0210	0x0210	float	M_Null
im Profil bereits	0x0212	0x0212	float	M_Slope
benützt	0x0214	0x0214	unsigned longint	Datum_Uhrzeit
I_cal =2	0x0216	Read Only	float	M_Null
Neu herstellerspezifisc	0x0218	Read/Write	float	M_Slope
	0x021A	Read/Write	unsigned longint	Datum_Uhrzeit

Abb. 5.49 Beispiel eines Lastenheftes für die SW-Anforderungen eines Chlor-sensors

5.19 CAN Bus

Als weiterer Feldbus wird der CAN Bus vorgestellt, der hauptsächlich in der Fabrikautomation, Automotive und Gebäudeautomatisierung eingesetzt wird. In der Automatisierungstechnik wird in Europa vorwiegend das Kommunikationsprotokoll CANopen angewendet. Das Protokoll dient der Vernetzung von komplexen Maschinen. In Asien und Nordamerika ist der CANopen erst im Kommen.

5.19.1 CAN Bus Geschichte

Der CAN Bus (Controller Area Network) ist ein serieller Feldbus. Er wurde 1983 bei Bosch von Dr. Siegfried Dais und Prof. Dr. Uwe Kiencke erfunden. Beide Erfinder wurden von der Eduard-Rhein-Stiftung erst im Jahr 2008 mit dem ‚Technologiepreis 2008' ausgezeichnet [352]. Der CAN Bus wurde für den Einsatz in Kraftfahrzeugen zur Einsparung von Kabelbäumen (ca. 1,5 km Kabel pro PKW) und Gewicht entwickelt und von Bosch 1986 zusammen mit Intel vorgestellt.

Der CAN Bus ist standardisiert nach ISO 11898 [353]. Ebenso wie bei allen anderen Feldbussen wurde die Bitübertragungsschicht und die Datensicherungsschicht gemäß dem OSI-Modell definiert.

Heute sind vorwiegend der Highspeed-CAN nach ISO 11898-2 [354] und der Lowspeed-CAN nach ISO 11898-3 [355] in der Automatisierung im Einsatz.

Für die Komponenten dieses Feldbusses gibt es zahlreiche Hersteller im Markt wie z. B. die Firmen Motex, NXP, HMS, PEAK, Systec electronic und viele andere.

Die Organisation „CAN in Automation" (CiA) [356] beschäftigt sich mit der kontinuierlichen Weiterentwicklung des CAN-Protokolls und der Spezifikation des CANopen-Anwendungsprotokolls sowie der CANopen-Profile.

Der CAN Bus verbindet mehrere gleichberechtigte Komponenten (Knoten oder engl.: Nodes) über einen 2-Draht Bus plus zusätzlicher Masseleitung miteinander.

Der CAN Bus hat eine große Störsicherheit gegenüber EMV und Übersprechen.

Im Folgenden betrachten wir den High-Speed-CAN Bus, der auch in der industriellen Automatisierung häufiger eingesetzt wird.

5.19.2 OSI-Modell und CAN Bus

Die Abb. 5.50 zeigt den Zusammenhang zwischen OSI-Modell und CAN Bus.

Die Bitübertragungsschicht (Physical Layer) beschreibt die physikalischen Eigenschaften wie z. B. Signalpegel, Übertragungsgeschwindigkeit, Abtastzeitpunkt, Stecker, Kabel, usw.. Sie ist partiell im CAN-Controller und im CAN-Transceiver realisiert. Als Steckverbindung kommt der bekannte 9-polige D-Sub-Stecker zum Einsatz

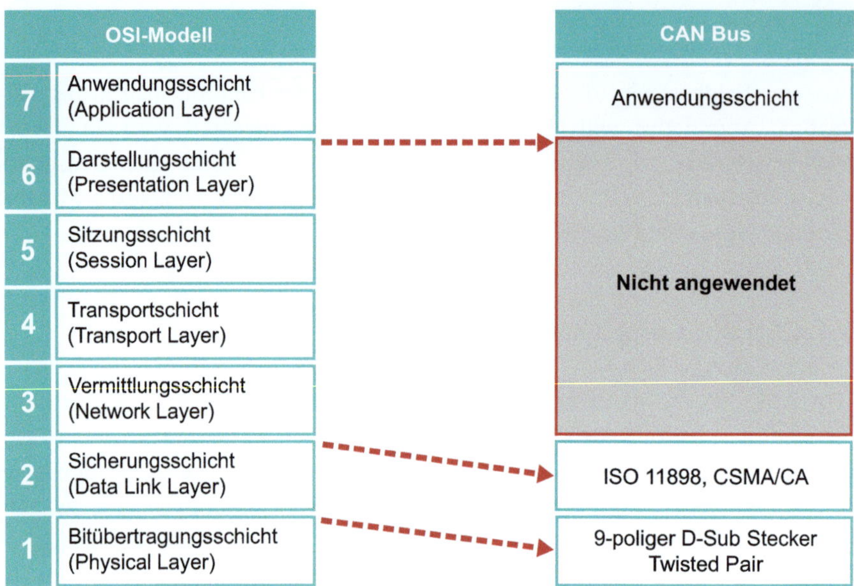

Abb. 5.50 OSI-Modell und CAN Bus

Das CSMA/CA (Carrier Sense Multiple Access/Collision Avoidance)-Verfahren in der Sicherungsschicht [357] bezeichnet ein Prinzip für die Kollisionsvermeidung bei Zugriff mehrerer Netzwerkstationen auf denselben Übertragungskanal. Dieses Verfahren wird, wie bereits erwähnt, auch bei WLAN eingesetzt

In der Sicherungsschicht (Data Link Layer) ist das CAN-Protokoll mit seinen Nachrichtenformaten – Datentelegramme, Remote-Request-Telegramm, Fehlertelegramm und Überlasttelegramm – sowie dem Fehlerverhalten angesiedelt

Die höheren Schichten sind in der Regel nicht explizit ausgewiesen und werden normalerweise in Software auf dem Hostcontroller implementiert. In einigen Branchen sind diese höheren Protokolle standardisiert, z. B. CANopen, DeviceNet, SAE J1939 [358].

5.19.3 CAN Bus Frame

In Abb. 5.51 ist das Protokoll des CAN Bus gezeigt.

Der CAN Bus verbindet mehrere gleichberechtigte Steuerelemente und arbeitet nach dem sogenannten Multi-Master-Prinzip. Abb. 5.51 zeigt die beiden möglichen CAN Bus Protokolle, die Basisversion CAN 2.0A und die erweiterte Version CAN 2.0B. In der Version CAN 2.0A hat der Identifier 11 Bits, während er in der CAN 2.0B 29+2 Bits [359] aufweist.

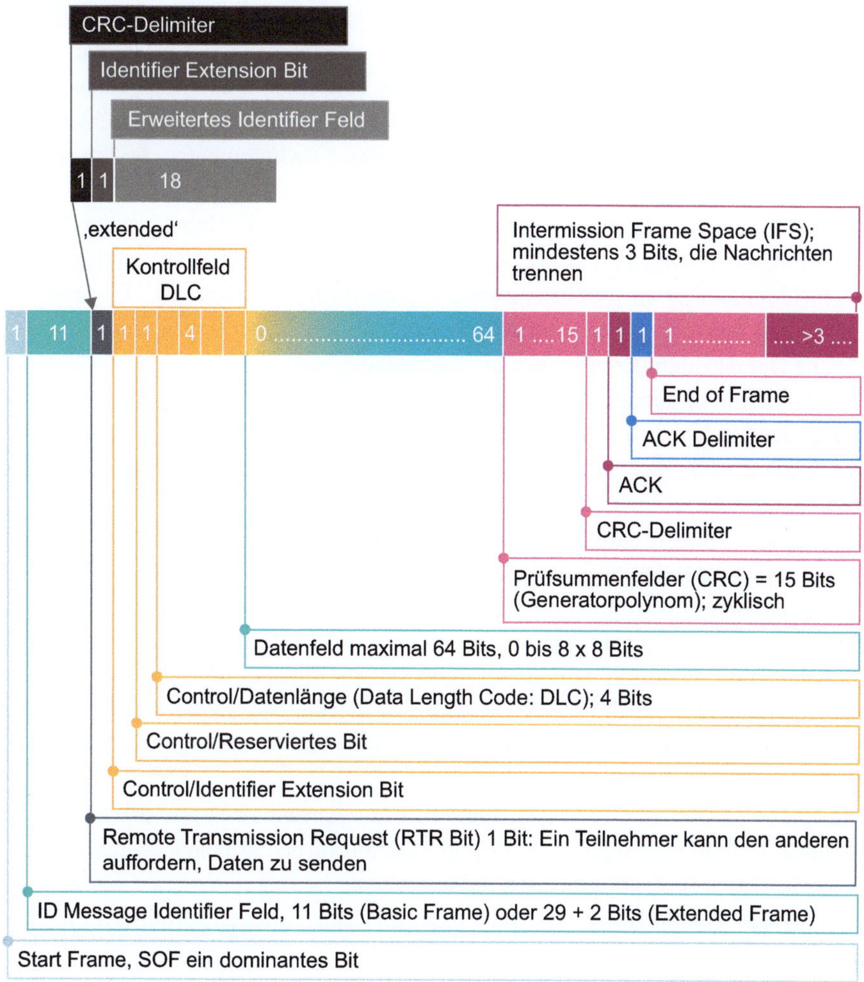

Abb. 5.51 CAN Bus Frame [359]

In der Automatisierungsindustrie kommt in der Regel die Basisversion CAN 2.0A vor.

Der Objekt-Identifizierer kennzeichnet den Inhalt der Nachricht, nicht das Gerät. D. h. in einem Messsystem kann den Messparametern Druck, Durchfluss, Füllstand, pH, Temperatur jeweils ein eigener Identifizierer (Identifier) zugewiesen oder alle Parameter sind in *einem* Identifizierer zusammengefasst werden.

Es gibt im Wesentlichen zwei Übertragungsarten:

- Eine Nachricht wird ohne spezielle Aufforderung gesendet: Data Frame
- Eine Nachricht wird von einem Gerät angefordert – das Gerät, das die Nachricht mit dem angeforderten Identifizierer „besitzt", liefert das korrespondierende Data Frame Remote Transmission Request (RTR)

Die CAN Bus Übertragung ist eine der effizientesten Übertragungsverfahren unter den Feldbussen: Eine Nachricht im mit acht Datenbytes benötigt je nach Format maximal 120 Bits bis 150 Bits. Dabei geht man von einer maximalen Anzahl von 19 ‚Stuff-Bits'und 3 ‚Zwischenraumbits' aus. Bit-Stuffing oder Bitstopfen nennt man, wie erwähnt, das Einfügen von informationslosen Binärelementen in bitorientierten Protokollen zur Unterbrechung langer Null- oder Einser-Bitfolgen [360].

Bei der Datenübertragung in einem CAN Bus werden die Inhalte einer Nachricht (z. B. pH-Wert, Leitfähigkeitswert, Druck, Durchfluss, Temperatur) durch einen eindeutigen Identifizierer im Arbitrierungsfeld gekennzeichnet. Achtung: Es findet keine Adressierung wie bei vielen anderen Busprotokollen statt. Neben der Inhaltskennzeichnung legt der Identifizierer auch die Priorität der Nachricht fest.

Mit der dann folgenden Akzeptanzprüfung stellen alle Stationen nach korrektem Empfang der Nachricht anhand des Identifiziers (ID) fest, ob die empfangenen Daten für sie relevant sind oder nicht. Durch die inhaltsbezogene Adressierung wird eine hohe Flexibilität erreicht.

Der Remote Transmission Request (RTR) dient der Anforderung eines Datenframes von einem anderen Teilnehmer.

Die Datenlänge beträgt maximal 64 Bits und ist im Kontrollfeld (4 Bit) codiert.

Der ACK-Slot wird für die Quittierung eines korrekten Frames codiert. Ist der Frame in Ordnung so wird vom Empfänger der ACK Slot auf einen dominanten Pegel [361]. Im Falle eines Fehlers muss das Gerät ein Errorflag setzen, sodass der Sender vom Übertragungsfehler in Kenntnis gesetzt wird und die im Netzwerk befindlichen Geräte davon informiert werden.

Bei CAN Bus können im Frame keine 5 Bits mit demselben Pegel vorkommen. Sollte es dennoch der Fall sein wird nach 5 Bit ein Bit mit inversem Pegel gesendet (Stuff-Bit oder ‚Stopf Bit') [360]. Es gibt eine Reihe weiterer Bedingungen zur Codierung eines Fehlers und zur Verhinderung, dass der Busverkehr zum Erliegen kommt. Auf diese wird aber an dieser Stelle nicht weiter eingegangen.

Der CAN Bus verfügt auch über eine sehr intelligente Kollisionsprüfung, die verhindert das beim gleichzeitigen Senden von Protokollen der verschiedenen Geräte die Kommunikation einbricht. Wie im speziellen dieser Fall gehandhabt ist, wird im Identifizierer geregelt. Das Verfahren wird bitweise Arbitrierung genannt.

Darüber hinaus gibt es im Protokoll auf Nachrichtenebene drei weitere Fehlererkennungsarten im CAN Bus System, die automatisch erkannt werden und entsprechende Maßnahmen einleiten:

Der CRC (Cyclic Redundancy Check), welcher die Information des Rahmens durch Hinzufügen von sendeseitig redundanten Prüfbits sichert. Empfangsseitig werden diese Prüfbits aus den empfangenen Bits neu berechnet und mit den empfangenen Prüfbits verglichen. Bei Nichtübereinstimmung liegt ein CRC-Fehler vor.

Der *Frame-Check* überprüft die Struktur des übertragenen Rahmens. Die durch Frame-Check erkannten Fehler werden als Formatfehler bezeichnet.

Dies sind einige der wesentlichen Punkte der CAN Bus Übertragung. Weitere Punkte sind der reichhaltigen Literatur zu entnehmen.

5.19.4 Technik des CAN Bus und Störsicherheit

Das Übertragungsverhalten ist von der Bitrate und der Übertragungslänge abhängig. Je höher die Übertragungsrate, desto kürzer ist die Bit-Zeit und desto kürzer die möglichen Leitungslängen. Beispielsweise können bei 1 Mbit/s nur etwa 30–40 m Leitungslänge realisiert werden, während bei 500 kbit/s bis zu 100 m oder bei 125 kbit/s sogar bis zu 500 m Leitungslänge möglich sind.

Mit zunehmender Leitungslänge steigt die Übertragungszeit, deswegen wird im Protokoll auch das ACK (Acknowledgement) Bit gesetzt, was anzeigt, dass der Empfänger die Nachricht auch vollständig empfangen hat. Ebenso muss der Sender eine eventuelle Buspegeländerung vom Empfänger mitbekommen, was in den Arbitrierungsbits (Identifizierung oder Identifier) hinterlegt ist.

Das CAN Bus-Netzwerk besitzt normalerweise gemäß Abb. 5.3 eine typische Feldbustopologie oder Linienstruktur, dennoch ist auch eine Sternschaltung möglich. Letztere wird von zentralen Computern gesteuert. Bei der Linienstruktur hängen alle Steuergeräte parallel an der zentralen Leitung. An jedem Leitungsende der Linienstruktur sollte ein Abschlusswiderstand von 120 Ω sein. Diese Terminierung mit 120 Ω ist auch schon bei kurzen Leitungen mit niedrigen Bitraten zur Vermeidung von Reflexionen notwendig.

Die in der Automatisierungstechnik absolut wichtige elektrische Störsicherheit, wird beim CAN Bus dadurch erreicht, dass ein Bit auf zwei Leitungen ein differentielles Signal bildet, d. h. auf einer zweiten Leitung wird eine redundante invertierte Übertragung des logischen Signals vorgenommen. Dies ist ein Leistungsmerkmal von CAN Bus [361].

Für eine hohe Störsicherheit benutzt der CAN Bus eine Gleichtaktunterdrückung, das sogenannte CMMR -Verfahren (Common Mode Rejection Ratio) [362, 363]: In Leitungen eingestreute Störungen wirken normalerweise in der gleichen Richtung. Da die beiden differentiellen Leitungen jedoch immer entgegengesetzte Pegel haben, bleibt die Differenz der Pegel auch bei Störungen weitgehend erhalten. Die Leitungen CAN-High und CAN-Low enthalten das invertierte und das nicht invertierte serielle Datensignal.

Der CAN Bus arbeitet für dieses Prinzip mit zwei unterschiedlichen Pegeln auf CAN-H > 3.5 V und CAN-L < 1,5 V (Pegeldifferenz: 2,0 V nominal). Dabei entspricht das CAN-H Bit der ‚0' (dominant) und das CAN-L Bit der ‚1'. Der Zustand mit zwei gleichen Pegeln wird als rezessiv bezeichnet (Pegeldifferenz: 0,0 V nominal). Ein dominantes Bit überschreibt stets ein rezessives Bit.

Ein weiteres Mittel zur Erhöhung der Störsicherheit ist die bereits angesprochene NRZ-Codierung [168], d. h. es gibt nicht in jedem Bit einen Flankenwechsel. Um zu vermeiden, dass die Teilnehmer die Synchronisation zum Sender verlieren, wird vom Sender nach fünf Bits gleicher „Polarität“ (rezessiv bzw. dominant) ein Bit der jeweils anderen Polarität eingefügt (Bit-stuffing). Die Empfänger entfernen diese Stuff-Bits automatisch, so dass die gesendete und die zum Hostcontroller weitergeleitete Bit-Sequenz identisch sind.

In der Automatisierung hat sich der von dem Gremium CAN in Automation (CiA) vorgeschlagene 9-polige Sub-D-Stecker (siehe Abb. 5.28) in den meisten Anwendungen durchgesetzt. In den Knoten werden sowohl „weibliche“ wie auch „männliche“ Steckverbinder eingesetzt. Somit können ohne Unterbrechung weitere Knoten in die Busleitung integriert werden („Daisy-chain“-Verdrahtung). Die Steckerbelegung ist eingehend in der Literatur beschrieben.

Die CiA hat auch für den 5-poligen M12-Rundsteckverbinder und den 4- sowie 5-polige „open style“-Stecker, (CiA 303-1) [364] die geometrischen und mechanischen Definitionen festgelegt.

Für die Übertragung von CAN-Signalen ist mindestens ein 3-poliges Kabel mit CAN-High, CAN-Low und Ground erforderlich. Bei größeren Leitungslängen sind im Sinne der Störsicherheit eine Verdrillung des Leitungspaares sowie eine Schirmung zu empfehlen.

5.19.5 CANopen, DeviceNet

Der Vollständigkeit wegen sei auch noch etwas zu CANopen und DeviceNet gesagt. Diese Busse werden vorwiegend in der Fabrikautomation eingesetzt und es handelt sich um relativ einfache Systeme.

5.19.5.1 CANopen

CANopen [365] ist ein auf CAN Bus basierendes Kommunikationsprotokoll der Anwendungsschicht (Layer 7), das primär in der Automatisierungstechnik eingesetzt wird.

Es wurde zunächst in der Automatisierung verwendet, wird aber heute nur noch vorwiegend in Embedded Systemen eingesetzt. CANopen ist als Europäische Norm EN 50325-4 [366] standardisiert.

CANopen wurde von kleinen mittelständischen Firmen in Deutschland initiiert und im Rahmen eines ESPRIT Programmes unter der Leitung von Bosch entwickelt. Seit 1995 wird es von der CiA gepflegt. CANopen kommt vorwiegend in Europa und Asien zur Anwendung.

5.19.5.2 DeviceNet

In Amerika wurde als Pendant zu CANopen das DeviceNet [40] (siehe Abb. 5.14) von Allen Bradley (Rockwell Automation) entwickelt und später als offener Standard an die Open Device Net Vendor Association (ODVA) übergeben.

DeviceNet basiert ebenfalls auf CAN Bus und ist ein Kommunikationsprotokoll in der Anwendungsschicht.

Verbreitet ist DeviceNet bis heute nach wie vor vorwiegend in Amerika.

5.19.6 Zusammenfassung CAN Bus

Anhand der Ausführungen zum CAN Bus ist leicht einsehbar, welches Erfindertum und welcher Aufwand die Entwicklung eines Feldbusses erfordert und vor allem, welcher Aufwand in das Übertragungsverhalten investiert werden muss, um eine relativ sichere Datenübertragung zu gewährleisten.

Seit seiner Einführung zielten die Entwicklungen beim CAN Bus permanent, wie auch bei allen anderen Bussystemen, auf Geschwindigkeitserhöhung und Störsicherheitsverbesserung hin. In diesem Zusammenhang wurde von Bosch im Jahr 2012 der CAN FD (Flexible Data rate) vorgeschlagen. Verkürzen der Bitzeiten und Vergrößerung des Datenfeldes bis zu 64 Bytes ermöglichten einen bis zu 8-fachen höheren Datensatz.

Hinzukommt, dass neben der Einzelfehlerbiterkennung jetzt auch mehrfache Bitfehler erkannt werden können. CAN FD wurde 2015 zum Bestandteil der ISO 11898-1:2015 [367].

CAN Bus ist ein echtzeitfähiger Feldbus, der sehr günstig in den Anschaffungs- sowie Unterhaltskosten ist.

Aufgrund seiner Echtzeitfähigkeit wird der CAN Bus nicht nur in der Fabrikautomatisierung (CANopen) sondern auch in Nutzfahrzeugen, Eisenbahnen und Maschinen eingesetzt, wofür er ursprünglich konzipiert war. Weiter findet er Anwendung in den Branchen Automotive, Schiffsbau, Avionik, Raumfahrttechnik, Sicherheitstechnik und viele andere Branchen.

5.20 IO-Link

Der IO-Link [368, 369] ist ein Kommunikationssystem in der Fabrikautomation für die Feld- und Kontrollebene zur Anbindung intelligenter Sensoren und Aktoren an Automatisierungssysteme [370]. IO-Link ist als offener Standard in der Norm IEC 61131-9 unter SDCI (Single-drop Digital Communication Interface technology for small sensors and actuators) [371] standardisiert. Es ist sowohl die Hardware als auch das Protokoll standardisiert.

5.20.1 Geschichte IO-Link

Entwickelt wurde IO-Link im Jahr 2009. IO-Link ist ein sehr einfacher Feldbus und hat pro Frame eine übertragbare Nutzinformation von nur 4 Bytes [372].

Ich kam zum ersten Mal mit IO-Link im November 2014 auf der Messe SPS-IPC in Nürnberg in Berührung. Zu diesem Zeitpunkt existierten, 5 Jahre nach Erscheinen auf dem Markt, bereits ca. 2,2 Mio. IO-Link Knoten [368].

Viele Firmen, u. a. ifm, Wago, Turck, Balluff, Sick, Pepperl & Fuchs, stellten im Jahr 2014 den IO-Link als das neue ‚Non-plus-Ultra' in der Automatisierung dar.

Ab dieser Messe gelang in Europa der Durchbruch des IO-Links. 2019 waren bereits 11,4 Mio. IO-Link Knoten im Markt [368].

Im Sinne von Industrie 4.0 ist der IO-Link die notwendige Verbesserung der Datenverbindung zwischen Produktion und IT-System (SCADA-/MES-System).

In meinen Augen ist IO-Link die erste weltweite Standardisierung der I/O-Technologie, um mit Sensoren und Aktoren einfach zu kommunizieren – eine Evolution, deren Entwicklung vor Industrie 4.0 stattfand.

5.20.2 Technik des IO-Link und Spezifikationen

Sämtliche IO-Link Spezifikationen [373] und technische Randbedingungen stehen auf der Webseite der IO-Link Community im Download-Bereich kostenlos zur Verfügung. Die Konformität der Implementierung eines Masters oder Devices gemäß IO-Link- bzw. SDCI-Standards erklärt der Hersteller durch seine Unterschrift auf einer Herstellererklärung.

Die nötigen Voraussetzungen hierfür hat die IO-Link Community durch eine IO-Link Testspezifikation und durch die Verfügbarkeit von Master- und Device-Testern geschaffen. Es gibt einige Kompetenzzentren zur Entwicklungsunterstützung. Deren Aufgabe ist es bei der Entwicklung von IO-Link-Geräten beratend als auch entwickelnd tätig zu werden. Die Herstellererklärung ist seit dem 1. Juli 2011 für alle Geräte verpflichtend, die ab diesem Zeitpunkt in Umlauf gebracht wurden. Bei der Implementierung des IO-Link in Feldgeräte ist die Policy der IO-Link Community zu beachten.

Ein IO-Link-System besteht gemäß Abb. 5.52 aus einem IO-Link Master und einem oder mehreren IO-Link Geräten, den Sensoren und Aktoren, aber auch weiteren untergeordneten IO-Link Mastern.

Der IO-Link Master ist die Schnittstelle (Interface) zur SPS [374, 375] (Ebene 2 in der Automatisierungspyramide). Der Master steuert die Kommunikation mit den angeschlossenen IO-Link Geräten.

Die Punkt-zu-Punkt-Kommunikation des IO-Link ist eine 24 V Technologie zwischen Sensoren zum IO Master. Sie basiert dabei auf dem lange im Einsatz befindlichen 3-Leiter Sensor-Aktor-Anschluss ohne zusätzliche Anforderungen an das Kabelmaterial.

Die 24 V IO-Link Technologie basiert auf der IEC 61131-2 [376]:

Die Signalpegel „0" (0 V) bzw. „1" (24 V) zeigten traditionell das Über- oder Unterschreiten eines Schwellenwertes an. Dieser Betrieb wird als „Schalt-Modus" (SIO) bezeichnet. Bei IO-Link kann dieses Schalten (0/1) rasch hintereinander und codiert

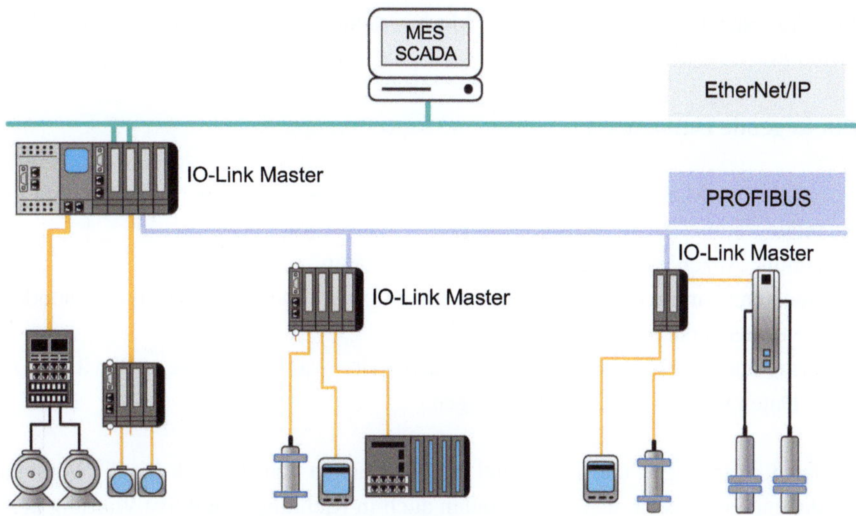

Abb. 5.52 IO-Link System mit typischer Vernetzung

durchgeführt werden. Die Codierung und die daraus folgenden Rahmen und Datenpakete sind im IO-Link Protokoll festgelegt. Das Umschalten vom „Schalt-Modus“ (IO-Link SIO) in den „Datenpaket-Modus" geschieht durch einen vom Master ausgelösten „Wake-up“-Vorgang.

Ein IO-Link Master kann bis zu 8 Geräte steuern (IO-Link-Devices). Es kann sich dabei um Sensoren, Aktoren, Ventile und Antriebe in der Feldebene handeln. Normalerweise werden 3-adrige Kabel verwendet oder auch 5-adrige ungeschirmte Kabel bis maximal 20 m Länge. Der Kabelquerschnitt muss mindestens 0,34 mm^2 sein. Für das Engineering des IO-Links gibt es ein spezielles IO-Tool.

Bezüglich der Datenübertragung weist der IO-Link die Besonderheit auf, dass eine Datenpaket nach Fehlschlagen der ersten Übertragung noch 2 weitere Male wiedergesendet wird. Erst nach dem Fehlschlagen des zweiten Wiederholversuchs erkennt der IO-Link Master einen Kommunikationsabbruch und meldet diesen an die übergeordnete Steuerung.

Beim IO-Link werden folgende Betriebsarten für die Ports unterschieden:

- IO: IO-Link Kommunikationsmode
- DI: Digitaler Eingang
- DQ: Digitaler Ausgang
- Deaktiviert: Unbenutzte Ports

IO-Link-Modus setzt den Port für die IO-Link-Kommunikation. Der DI-Modus setzt den Port ein, um sich als digitaler Input zu verhalten, während DQ-Modus dasselbe als digitale Ausgabe tut. Der deaktivierte Modus dient zur Konfiguration von nicht verwendeten Ports.

Es gibt folgende Datenarten:

- Prozessdaten: Masterabhängige Breite bis 32 Bits, zyklische Übertragung durch Datentelegramm
- Wertstatus: Anzeige der Gültigkeit der Prozessdaten
- Gerätedaten: Parameter, ID- und Diagnoseinformationen, welche eine Besonderheit des IO-Links darstellen
- Fehlermeldungen (Kurzschluss, Drahtbruch) oder Warnungen wie z. B. Überhitzung. Diese Daten werden azyklisch übertragen

Gerätedaten, Warnungen und Fehlermeldungen machen den IO-Link für die Vernetzung der Feldebene interessant, denn diese zielen auch in Richtung prädiktive Wartung ab.

Wie bereits erwähnt, kann ein IO-Link-Gerät ein I/O, ein intelligenter Sensor, Aktor, Hub, Netzteil, Konverter, Sicherheitsrelais, Motorstarter oder Geräteschutzschalter sein.

Intelligent heißt bezogen auf IO-Link, dass ein Gerät Identifikationsdaten, z. B. eine Typbezeichnung, eine Seriennummer oder Parameterdaten besitzt. Diese Daten sind über das IO-Link-Protokoll lesbar. Zusätzlich kann das IO-Link-Gerät (Device) detaillierte Diagnosedaten liefern, die für vorbeugende Wartung und Instandhaltung verwendet werden können. Das Ändern von Parametern kann damit zum Teil im laufenden Betrieb durch die SPS erfolgen.

Die Baud-Rate (Übertragungsrate) des IO-Link gibt es gemäß Version V1.1 in drei Geschwindigkeiten:

- Übertragungsrate 1: 4,8 kBaud
- Übertragungsrate 2: 38,4 kBaud
- Übertragungsrate 3: 230,4 kBaud

IO-Link-Sensoren und Aktuatoren unterstützen nur *eine* Baud-Rate. Der Master hingegen unterstützt Baud-Raten und passt sich automatisch an die Baud-Rate jedes Gerätes an, falls er gemäß der Spezifikation V1.1 arbeitet.

5.20.2.1 IO-Link Anschlusstechnologie

Die Anschlusstechnologie des IO-Links setzt auf die Standardstecker M12, M8, M5 und dreiadrige Kabel. Die Steckverbinder sind als IP65 oder IP67 ausgeführt und entsprechen diesbezüglich den hohen Anforderungen der Umweltbedingungen (siehe Abschn. 3.1.2 und 3.1.5) unter Industriebedingungen.

Die Pin-Belegung der beiden möglichen M12 Stecker ist folgendermaßen:

- Pin 1 = 24 V
- Pin 3 = 0 V
- Pin 4 = Schalt- und Kommunikationsleitung (C/Q)

Bei der ersten Steckerart, dem vierpoligen Port-A-Stecker kann der Pin 2 als ein zusätzlicher Digitalkanal verwendet werden. Bei der zweiten Steckerart, dem fünfpoligen Port-B-Stecker, werden die galvanisch getrennten Pins 2 und 5 für die Spannungsversorgung von Geräten verwendet, die einen erhöhten Strombedarf haben.

Über die drei oben genannten Pins wird auch die Energieversorgung des Gerätes mit mindestens 200 mA realisiert.

Detaillierter kann die in diesem Abschnitt beschriebene Technik in der Systembeschreibung [375] nachvollzogen werden.

5.20.2.2 IO-Link über Single Pair Ethernet (SPE)

Aktuell befasst man sich mit ‚IO-Link over SPE' (Single Pair Ethernet). Dabei wird das IO-Link Protokoll z. B. gemäß Abb. 5.53 in den Ethernet II Frame eingebettet werden. Die Daten des IO-Frame werden im UART-Frame (Ein Start-Bit; 5–9 Datenbits; ein optionales Paritätsbit; ein oder zwei Stop-Bits). Der Master sendet und das Gerät (Slave) antwortet.

Die entsprechende Kennung erfolgt im Ethernet Frame im EtherType. Dabei werden die IO-Link Nachrichten in Ethernet-Frames verpackt und über SPE-Treiber und Twisted-Pair Leitungen ohne TCP/IP übertragen [377–379]. Für die Automatisierungsindustrie ist mittlerweile primär der 10Base-T1 Standard mit 10 Mbit/s TP gemäß

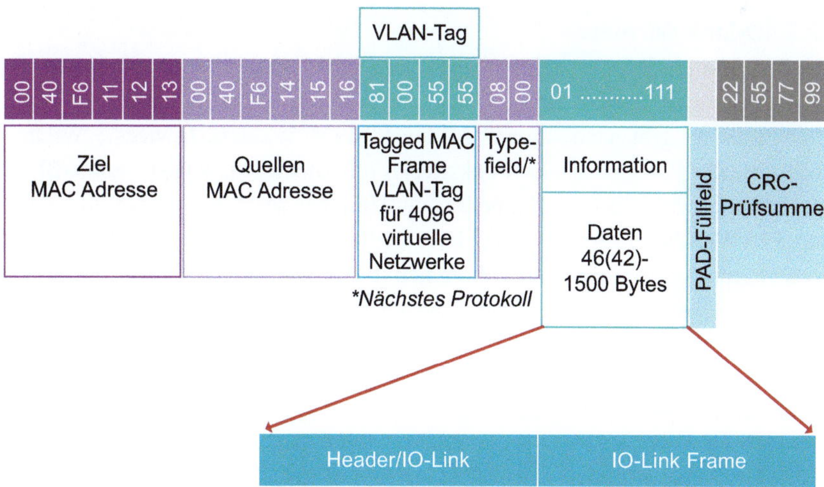

Abb. 5.53 IO-Link via Ethernet (SPE)

Standard IEEE 802.3cg seit Anfang 2020 von Interesse. IEEE 802.3cg ist ein Single-Pair-Ethernet-Standard, der Datenraten bis zu 10 Mbit/s ermöglicht. Zudem erweitert er die Reichweite auf bis zu 1000 m und bietet Multidrop-Funktionen [380].

Ein *Nachteil* des IO-Links ist jedoch, dass er nicht in explosionsgefährdeten Umgebungen eingesetzt werden kann und deshalb sehr selten in der Prozessautomation zum Einsatz kommt! Seine Hauptanwendungen sind in der Fabrikautomation.

5.20.2.3 IO-Link Device Description

Auch beim IO -Link gibt es für jedes Gerät Parameterinformationen in Form einer IODD (IO Device Description) [381] mit der Beschreibungssprache Extensible Markup Language (XML) [382] [408].

Die IO-Link Community stellt Schnittstellen zu einem "IODD Finder" zur Verfügung, der von Engineering- oder Master-Tools genutzt werden kann, um zu einem Device die passende IODD zu präsentieren. Ansonsten sind die Merkmale der Device Description ähnlich den DDL (Data Definition Language; deutsch: Datendefinitionssprache) anderer Geräte.

5.20.2.4 IO-Link Safety

Genauso wie bei anderen Bussystemen spielt auch bei IO-Link die Sicherheit eine große Rolle. Deswegen wurde der IO-Link Safety entwickelt, der eine zusätzliche Sicherheit-Kommunikationsschicht auf den vorhandenen Master- wie auch auf den Device-Schichten vorsieht.

Bei der Implementierung sind die Sicherheitsregeln der IEC 61508 [383] und/oder EN ISO 13849 [384] zu beachten.

Es sei noch einmal betont, dass der IO-Link nicht Ex-fähig ist und somit in seinen Einsatzmöglichkeiten eingeschränkt ist.

5.20.2.5 IO-Link Wireless

IO-Link Wireless [385] ist eine Erweiterung von IO-Link auf der physikalischen Ebene. Zum übergeordneten System verhält sich ein IO-Link Wireless Master ("W-Master") wie ein Master. Es gibt nach "unten" zu den IO-Link Wireless Devices ("W-Devices") nur noch virtuelle Ports über eine Funkstrecke mit Bluetooth. Wegen seiner Bluetooth-Eigenschaften ist der IO-Link in gewissem Umfang zusätzlich eingeschränkt (siehe Abschn. 5.16 WLAN und Abschn. 5.17 Bluetooth).

Zur Sicherung der Übertragung kommen beim IO-Link, wie bei Bluetooth und WLAN, das Frequency Hopping-Verfahren zum Einsatz.

5.20.3 Zusammenfassung IO-Link

IO-Link ist eine feldbusneutrale vereinheitlichte Punkt-zu-Punkt-Verbindung. Der Marktdurchbruch gelang 2014 auf der SPS-IPC Drive. Es ist eine einfache

Master- Slave-Struktur, wobei mit einem Master 8 Slaves vernetzt werden. Es können in einem Telegramm 4 Bytes Daten versendet werden.

IO-Link ist heute als Feldstandard anerkannt und kann über Gateways mit allen namhaften Feldbussen und Bussystemen, wie z. B. Ethernet (SPE), PROFINET, PROFIBUS, EtherNet/IP, EtherCAT, ASI, SERCOS und POWERLINK, vernetzt werden [388].

Aufgrund seiner Standardisierung schlossen sich sehr viele Firmen mittlerweile dieser Technologie an, wie in Tab. 5.22 [386, 387] zu sehen ist.

Aktuell wird IO-Link von vielen Unternehmen als Tor zur Industrie 4.0 bezeichnet, was nach meinem Empfinden etwas hoch gegriffen klingt. Zweifelsohne gibt es aber, wie in Tab. 5.22 gezeigt, kaum mehr Unternehmen in einem Konsortium als beim IO- Link.

Meiner Meinung nach ist der IO-Link in großem Stil die erste Standardisierung von der Feldebene zur Kontroll-Ebene. Der IO-Link ist die Konsequenz aus der von Anwendern strikt geforderten Weiterentwicklung in Richtung Harmonisierung und Standardisierung, passend zu den Anforderungen in der Automatisierungspyramide.

5.21 OPC UA (OPC Unified Architecture)

Wenn man über Industrie 4.0 spricht, gehört natürlich auch das Thema OPC UA [389] und Cloud Computing dazu. OPC UA rundet die beschriebenen Feldbusse und Bussysteme ab und zählt mittlerweile zu den modernsten Protokollstack's in der Automatisierungstechnik. Dabei sei insbesondere die generelle Einsetzbarkeit hinsichtlich des globalen Cloud Computing sowie seiner horizontalen und vertikalen Kommunikationseigenschaften bezüglich der Automatisierungspyramide hervorgehoben.

5.21.1 Geschichte OPC UA

Die Grundvoraussetzung für OPC UA ist, dass es eine auf dem Internet-Protokoll basierende Architektur hat! Wer also ‚Industrie 4.0 fähig' sein will, muss OPC UA fähig sein!

OPC UA der Open Platform Foundation (OPF) [390] wurde als offener Standard für eine plattformunabhängige und serviceorientierte Architektur bereits im Herbst 2006 verabschiedet. Zu diesem Zeitpunkt war bereits mehrere Jahre an diesem Thema entwickelt worden und es gab einen Prototyp.

Eine Revision des Standards erfolgte im Februar 2009. Das Thema von OPC UA lautet einfach ausgedrückt: ‚Vom Feldgerät bis in die Cloud'. Die Vermarktung begann Anfang 2010.

Bei OPC UA handelt es sich einerseits um einen Datenaustausch ‚von Maschine-zu-Maschine' und andererseits von ‚SPS/SCADA/HMI/MES-zu-Maschine'.

Damit ist gemeint, dass OPC UA Maschinendaten (Mess-, Regelgrößen, Parameter usw.) transportieren und auch maschinenlesbar semantisch beschreiben kann.

Mit OPC UA schließt sich der Kreis vom IoT (Abschn. 2.1.3) über Industrie 4.0 (Abschn. 2.1.1) und ‚Made in China 2025' (Abschn. 2.1.2), denn der sichere

Tab. 5.22 IO-Link Konsortium – Beteiligte Firmen

afag	elobau	KUNBUS	OPTEX FA	WANDFLUH
Mada	EUCHNER	LANBAO	OTT	Weidmüller
ARGO HYTOS	FAS	LARSYS	Parker	wnglor
ASA-RT	FESTO	Lenze	PENTRONIC	WIKA
Anywire	POSITAL FRABA	LINAK	Pepperl + Fuchs	WNK
ASIX	GEFRAN	LOTZE	PEWATRON	XECro
ATK	GHMGROUP	MSYSTEM	Piab	YUKEN
B&PLUS	GIMATC	IPF ELECTRONIC	PNEUMAX	rt:labs
DANNER	gneuß	ISAC	PRODOC	sttID
Baumer	halstrup walcher	JRC	PULS	SCHLEGEL
Beckhoff	HEIDELBERG	JUMO	ROEMHELD	SCHREAPP Electr
BERNSTEIN	HMS	K.MECS Co.Ltd	RAFI SYSTEC	sell
BLOCK	HOSTA	Kawasaki	REER	SENSE
Autonics	HTM	KEYENCE	SIGNAL	SENSOPAR
AVENTICS	HYDAC	KISTLER	SICK	SENSTRONIC
azbil	IBS japan	KOGAN	Sika	GSEE TECH
BALLUFF	IDEC Coperation	KROHNE	SITOMATIC	TURCK
Barksdaler	ifm	LAPP	SPXFLOW	utthunga
BDSENSORS	evopro	M2M craft	Parker TAIYO	W.E.S.T. Elektr
Bihl + Wiedemann	FEIG	MegaChips	TE	WEG
rexroth	fiatec GmbH	METALWORK	PHOENIX CONTACT	WEISS ROBOTICS
bürkert	Fraunhofer	MüEps	PILZ	WERMA
CKD	GEMÜ	M&M	POWERTRONIC	wöhner
COMTROL	GERMBEDDED	MISUMI	promesstec	Zimmer
cosys	GICAM	molex	RAFI	
DATALOGIC	GMN	MÜLLER	RECHNER SENSORS	
dialog	HAEHNE	CONVUM	RENESAS	
DUOmetric	KMT	Micro Detectors	Rockwell Automat	
E-T-A	HOMAG	NAGANO KEIKI	SIEMENS	
ELCO	HSD	NORGREN	SIKC	
elmos	Huba Control	NXP	SMC	

(Fortsetzung)

Tab. 5.22 (Fortsetzung)

afag	elobau	KUNBUS	OPTEX FA	WANDFLUH
embeX	ASB Hydro-technik	ONSOON	SONTEC	
Endress + Hauser	IC Haus	Otennlux	SVLEC	
BUXBAUM	IDT	Panasonic	TAKEX	
CAPTRON	IMI NORGREN	PATLITE	TEConcept	
CEC	IMS	MACOME	rrumba	
CloudRAIL	IQ^{2}Development	MRVTEC	SAMSON	
codewerk	Göhringer	meister	SATRON	
CONTRINEX	JSL Technology	MESCO	SCHILD-KNECHT	
COYAL	JVL	Metrol	SCHMALZ	
di-soric	Kübler	microsonic	Schneider Electric	
DIANA	KEB	MITSUBISHI Electr	SCHUNK	
DIMETRIX	KELLER ITS	MTS	SENSIRION	
DUPLOMATIC	Kirchgaesser	MURR Elektr	TEXAS INSTRUMENTS	
E+E	KITA	NBK	TRsystems	
EGE	KRACHT	Nanotec	UNIVER	
ELGO	KOBOLD	OMRON	VEGA	

Informationsaustausch zwischen Geräten, Maschinen und Diensten aus unterschiedlichen Industrien auf globaler Basis ist das Thema aller drei Programme.

Es ist anzumerken, dass das ‚Reference Architecture Model for Industrie 4.0' (RAMI 4.0) [391] durch den ZVEI und seine Partner bereits im April 2015 entwickelt worden war und bereits damals zur Norm IEC-62541 [392] wurde. OPC UA war 2015 übrigens die einzige Empfehlung für eine Umsetzung von offenen standardisierten Kommunikationssystemen.

Auf der Messe OPC UA DevCon [393] wurden im Oktober 2005 die ersten Prototypen von OPC UA von der Firma ascolab GmbH [394] präsentiert:

- Unter anderem wurde die Interoperabilität zwischen einem Windows/.NET UA Client und einem Linux UA Server gezeigt
- Die Firma Beckhoff präsentierte OPC UA auf einer Beckhoff SPS, basierend auf Windows XP embedded (siehe Abb. 5.15)
- Das Unternehmen EUROS Embedded Systems GmbH zeigte ebenfalls eine OPC UA Server Implementierung auf dem Echtzeitbetriebssystem EUROS

Die im Jahr 2009 veröffentlichte Version OPC UA [395] kompensierte weitestgehend die Nachteile des Vorläufers DCOM (Distributed Component Object Model) [396] oder auch unter dem Namen OLE (Object Linking and Embedding) [397, 398] bekannt. OLE ist ein von Microsoft entwickeltes Protokoll, das die Zusammenarbeit unterschiedlicher Applikationen und damit die Erstellung heterogener Verbunddokumente ermöglicht.

Insbesondere wurden mit dem neuen Kommunikationstack OPC UA in der Version 2009 die Unabhängigkeit vom Betriebssystem Microsoft Windows realisiert sowie gegenüber dem COM/DCOM die Sicherheitsschwächen, die Nachvollziehbarkeit der Fehlerquellen und die bessere Bedienbarkeit erreicht.

Im Einzelnen werden durch OPC UA die AINSI-C, C++ und Java-Implementierungen unterstützt. Weiter kann der Kommunikationsstapel (Stack) für ,mehrfachbedrohten (multithreaded) und einfach bedrohten (singlethreaded) Betrieb [399] kompiliert werden und er verfügt über eine eigene Sicherheitsimplementierung.

Weitere Feature von OPC UA sind Redundanz, Verbindungsüberwachung in beiden Richtungen bezüglich ‚Client/Server' und Datenpufferung, so dass es nun nicht mehr wie früher zu Datenverlusten kommt.

OPC UA wurde als Normenreihe IEC 62541 [400, 401] veröffentlicht. Bisher liegen Teil 1, 2, 13 und 100 als Ed. 1.0 und Teil 3 bis 10 als Ed. 2.0 vor. Teil 12 wurde noch nicht in die IEC-Normenreihe aufgenommen. Von 2010 bis 2019 wurden 15 Teile der Norm veröffentlicht. Dabei handelt es sich übersichtsmäßig um [401]:

- Konzepte; IEC/TR 62541-1
- Sicherheitsmodell für IT; IEC/TR 62541-2
- Adressierungsraum-Modell; IEC 62541-3
- Dienste; IEC 62541-4
- Informationsmodell; IEC 64541-5
- Protokollabbildungen; IEC 62541-6
- Profile; IEC 61541-7
- Datenzugriff; IEC 61541-8
- Alarme und Konditionierungen; IEC 61541-9
- Programme; IEC 61541-10
- Historischer Zugriff IEC 61541-11
- Discovery; IEC 61541-12
- Berechnungen; IEC 61541-13
- PubSub: IEC 61541-14
- Geräte; IEC 61541-100

5.21.2 OSI-Modell und OPC UA

Auch OPC UA basiert gemäß Abb. 5.54 auf dem bekannten OSI-Modell [400] [402].

OPC UA basiert auf der Ethernet-Technologie und dementsprechend liegt das Ethernet-Protokoll von Abb. 5.10 zugrunde.

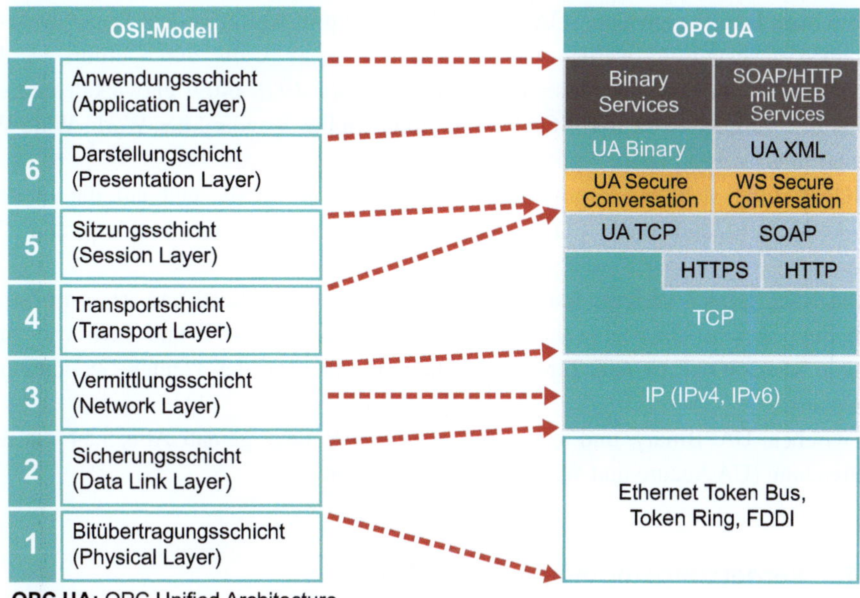

Abb. 5.54 OSI-Modell und OPC UA

Der Standard definiert zwei Arten von Codierung: OPC UA Binary and OPC UA XML [402].

Das UA Binary Protokoll ist zwingend vorgeschrieben und hat die beste Leistung sowie fast keinen Overhead. Das Protokoll basiert auf TCP. Es verbraucht die wenigsten Ressourcen, da das Protokoll folgende Merkmale aufweist:

- Kein XML-Parser [403]. Ein Parser ist ein Programm, das ein Dokument "durchliest", und die enthaltenen Informationen den darüberliegenden Schichten der Anwendung in irgendeiner Form zur Verfügung stellt
- Kein SOAP wird verwendet (Simple Object Access Protocol) [404] (siehe unten)
- Kein http ist notwendig benötigt

Somit ist das Protokoll auch für embedded Anwendungen sehr gut verwendbar. OPC UA Binary [405] hat eine gute Operabilität und weniger Freiheitsgrade wie UA XML.

Es gibt auch noch die Variante OPC UA Binary über HTTPS (Hypertext Transfer Protokoll Secure) [406]. Diese Möglichkeit bedeutet ebenfalls weniger Aufwand als XML-SOAP (Simple Object Access Protocol) [402], [406], [408] und ist firewall-freundlich: Port 443 (https) [407] funktioniert ebenso wie beim XML-SOAP ohne weitere Konfiguration. Diese Codierung vereinigt somit die Vorteile der erst genannten Codierungen.

Das oben bereits genannte SOAP ist ein Netzwerkprotokoll, mit dem Daten zwischen Systemen ausgetauscht werden und Remote Procedure Calls durchgeführt werden. SOAP wurde von Dave Winer und Microsoft im Jahr 1998 [409] entwickelt und entsprach den Vorgaben von IoT. SOAP ist ein industrieller Standard des World Wide Web Consortiums (W3C) [410].

SOAP stützt sich zur Repräsentation von Daten auf XML und auf die Internetprotokolle IvP4 und IvP6. SOAP wird häufig in Kombination mit http und TCP angewendet.

Die XML-SOAP-Variante [411] hat einen größeren Overhead und ist somit in der Codierung wesentlicher langsamer. XML-SOAP kann aus.NET und Java verwendet werden. XML-SOAP ist zwar Firewall freundlich, findet aber bei kleinen Geräten wenig Akzeptanz.

Zwischen UA Binary und UA XML und SOAP liegt gemäß Abb. 5.54 die Verschlüsselung (UA Secure und WS Secure Conversation).

5.21.3 Vernetzungstopologie von OPC UA

Abb. 5.55 vermittelt einen Eindruck, wie OPC UA bezüglich der Automatisierungspyramide in der Kommunikation eingesetzt werden kann. Grundsätzlich sind vom ERP bis zur Steuerungsebene (SPS oder PLC) alle Systeme über OPC UA vernetzbar und können miteinander kommunizieren.

OPC UA ist mittlerweile der internationale Standard für vertikale und horizontale Kommunikation in der Automatisierungspyramide. Dabei ist die OPC UA Architektur insbesondere auch für die globale Kommunikation zwischen Fabriken und Unternehmen via Cloud Computing geeignet.

OPC UA wird häufiger auch als Industrie 4.0 bezeichnet, was den Sachverhalt aber wiederum nur teilweise trifft. Zweifelsohne ist OPC UA einer der bedeutendsten Fortschritte in der horizontalen und vertikalen Vernetzungstopologie und gewinnt in Verbindung mit Cloud Computing zunehmend an Bedeutung. OPC UA wurde weit vor Industrie 4.0 eingeführt!

5.21.4 Cloud Computing

Cloud Computing [412] ist eine IT-Infrastruktur, die über das Internet verfügbar gemacht wird. D. h. Rechnernetze werden dem Anwender zur Verfügung gestellt ohne dass sie bei ihm auf einem lokalen Computer installiert werden müssen. Angebote und Nutzung erfolgen durch technische Schnittstellen und Protokolle, wie z. B. beim OPC UA, die Webdienste über HTTP/SOAP/ UA XML. Die Cloud umfasst dabei Applikationen, Plattformen und Infrastruktur (z.B. Datenbanken und Speichermedien, usw.).

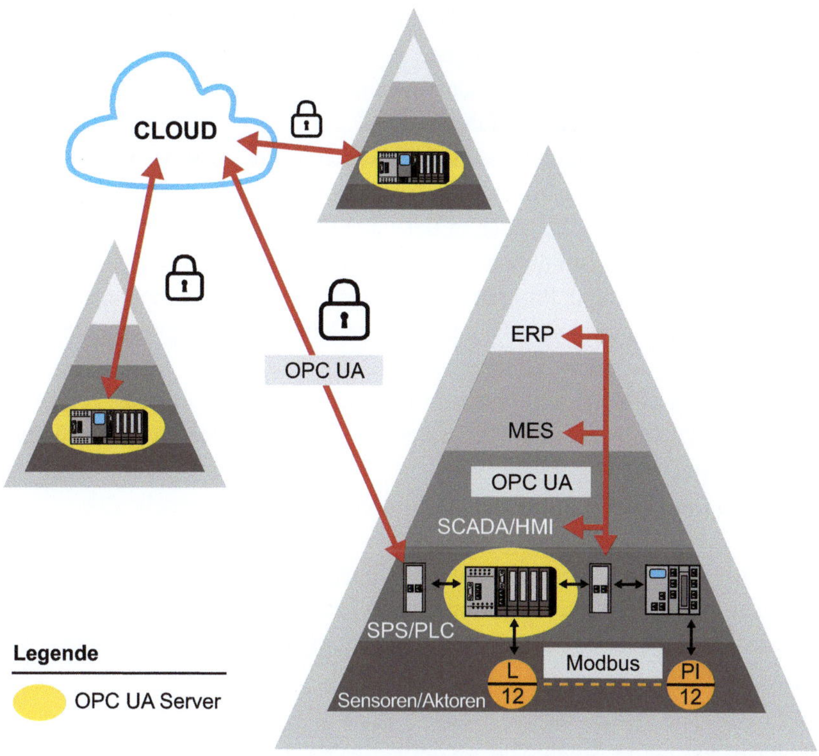

Abb. 5.55 OPC UA im Bezug zur Automatisierungspyramide und Cloud Computing zwischen verschiedenen Standorten

Remote Service und Wartung spielen hier eine wichtige Rolle im Rahmen der prädiktiven Wartung von Anlagen und Maschinen. Mittlerweile überlassen einige Unternehmen aus unterschiedlichen Branchen das Monitoring ihrer Anlagen (Assetmanagement) remote den Herstellern ihrer Messgeräte.

Die Cloud wurde von der NIST (National Institute for Standards and Technology) [413] im Jahr 2011 definiert und veröffentlicht. Somit ist dieses Thema auch nicht unmittelbar durch Industrie 4.0 bedingt und erst recht nicht eine bahnbrechende Erfindung von Industrie 4.0. Vielmehr handelt es sich beim Cloud Computing einmal mehr um eine technische Evolution und eine standardisierende Fortschreibung des Themas ‚Vernetzungstopologien ‘. Das Cloud-Modell fand in Verbindung mit OPC UA von Beginn an hohe Akzeptanz. Doch bereits 1990 gab es die ersten Ansätze für diese Technologien. 1995 stellte das Fraunhofer Institut das BSCW ‚Basic Support for Cooperative Work‘ (deutsch: „grundlegende Unterstützung für Zusammenarbeit) [414] vor, welches man heute als Cloud bezeichnen würde.

Cloud Computing wurde bereits ab 2004 durch die typischen Internetfirmen Amazon, Google und Yahoo vorangetrieben und geprägt. Das Geschäftsmodell von diesen Firmen war Rechenleistungen und Speicher den Anwendern virtuell zur Verfügung zu stellen, um schwankende Spitzenlasten abzufangen.

Mit Zunahme der Übertragungsgeschwindigkeiten wuchs auch das Cloud Computing extrem an. Heute merkt der Anwender beispielsweise nicht mehr, wo individuelle Anforderungen tatsächlich lokal oder in der Cloud berechnet und gespeichert werden. Die Architektur der Cloud ist ähnlich einem Computer: Es gibt Prozessorkerne, Arbeitsspeicher, eine Festplatte und Programme. Bei der Cloud ist die immense Skalierbarkeit der Unterschied zum lokalen Computer oder Server. Die Kapazitäten sind nahezu unbegrenzt.

Die Vorteile von Cloud Computing sind große Kosteneinsparungen gegenüber den lokalen Systemen (Software und Hardware) und den skalierbaren Anwendungen bei z. B. Spitzenlasten.

Es gibt beim Cloud Computing drei unterschiedliche Servicemodelle:

- Software as a Service (SaaS-Software Sammlungen und Anwenderprogramme)
- Platform as a Service (PaaS-Programmierungs- und Laufzeitumgebungen)
- Infrastructure as a Service (IaaS-Nutzung von Computerhardwareressourcen, Rechner, Speicher) [415, 416]

Man unterscheidet Public Cloud (für die Öffentlichkeit), Private Cloud (für eine Firma) und Hybrid Cloud (kombinierter Zugang zu virtuellen Infrastrukturen). Weitere Unterscheidungen sind gegeben mit Community Cloud, Virtuell private Cloud und Multi Cloud.

Die NIST bietet folgende wesentliche Arten für Cloud Computing:

- On-demand self-service: Leistungen aus der Cloud stehen bedarfsweise zur Verfügung
- Broad network access: Cloudleistungen werden über Standards erreicht
- Ressource pooling: Teilung von Rechenleistung, Speicher und Netzwerk
- Rapid elasticity: Automatisierte Anpassungen an Lastveränderungen
- Measured Service: Überwachte und messbare Ressourcenmessung für z. B. Rechnungen

Cloud Computing in Zusammenhang mit OPC UA wird heute beispielsweise in der Flugzeug-, Schiffsbau-, Automotive-Industrie sowie im Gebäude genutzt. Einzelne Komponenten des Flugzeuges, Schiffes oder Fahrzeuges sowie Gebäude werden global an unterschiedlichen Orten entwickelt und produziert. Unter dieser Zielsetzung kann es der Fall sein, dass bei Flugzeugen der Rumpf von Deutschland, die Flügel aber aus USA oder Frankreich kommen oder dass ein Gebäude in USA geplant, die Komponenten in Israel, China und Indien gefertigt sowie über Deutschland logistisch in USA zusammengeführt werden. Bei jeder dieser Anwendungen muss sichergestellt sein, dass die Teile bei der Endmontage millimetergenau zusammenpassen. Mit Cloud Computing kann sichergestellt werden, dass in 3-D Modellen online ein Abgleich mit Konstruktionsplänen erfolgt. D. h. das dreidimensionale Abbild des Flugzeugs, Schiffs, Fahrzeuges und Gebäudes muss in allen Einzelteilen jederzeit und an jedem Ort der Welt zugänglich sein. Jeder Standort im Verbund eines einzelnen Projektes dieser Dimension kann die synchronisierten Daten abrufen und weiterverarbeiten. Jede Veränderung der Komponenten am Standort A ist in Echtzeit am Standort B und Standort C verfügbar und umgekehrt.

In diesem Zusammenhang wurde 2018 beispielsweise das Joint Venture 3D.aero GmbH von Pepperl+Fuchs und Lufthansa gegründet, um solche innovative Automatisierungslösungen für die Flugzeugindustrie voranzutreiben.

So gut wie das Alles klingen mag muss dennoch bedacht werden, dass der größte Nachteil und die höchsten Risiken von Cloud Computing in der Absicherung gegen Zugriffe und Hacking bei der Kommunikation zwischen lokalen Kunden und entfernten Servern liegen. Wir hören fast monatlich darüber in den Medien. Zur Absicherung gegen Hacking und Angriffe von Dritten werden aktuell immense Summen für Softwarenentwicklungen investiert.

5.21.5 Beispiel einer OPC UA Struktur in der Solarindustrie

Von der SPS- zum MES-System gibt es viele Kommunikationsmöglichkeiten: PROFIBUS DP, EtherNet/IP und weitere Protokolle haben wir bereits kennengelernt, ein weiteres Beispiel eines Protokolls ist SECS/GEM [417], das unter anderem in der Halbleiter-, Leiterplatten-, Display- und Solarindustrie häufig verwendet wird.

Im Folgenden wird ein Beispiel in der Solarindustrie gezeigt, welches die Vernetzungstopologie zwischen OPC UA und SECS/SEM vom Feld ins MES zeigt.

5.21.5.1 SECS/GEM und Anwendungen

Das SECS/GEM-Protokoll (SEMI Equipment Communications Standard/Generic Equipment Model) wurde speziell von der Organisation Semiconductor Equipment und Materials International (SEMI) für Kommunikation zwischen SPS und MES-System branchenspezifisch entwickelt.

SECS/GEM berücksichtigt die Besonderheiten in der Halbleiter- und Solarindustrie. Natürlich könnte dieses Protokoll ebenso durch PROFIBUS DP, EtherNet/IP oder ein anderes Protokoll ersetzt werden. Gerade dieses Beispiel eines Protokolls zeigt u. a. auch, dass es selbst bei allen Harmonisierungsbestrebungen in großen Industrien noch immer zu individuell geprägten Entscheidungen kommt.

Das Protokoll wurde bereits 2008 von der Voltaik-Industrie eingeführt, aber erst im Jahr 2017 als Standard SEMI E30 [417], [418] veröffentlicht.

Persönlich habe ich Erfahrungen in China während der letzten Jahre mit dem SEGS/GEM Protokoll in mehreren Applikationen in der Halbleiterindustrie und in der Solarindustrie gesammelt.

Eine Applikation war das Zusammenspiel eines Handling-Systems mit einem Röntgenfluoreszenz-Messsystem mittels Beckhoff SPS. Eine weitere Anwendung war die Einbindung eines Schichtdickenmessgerätes auf Röntgenfluoreszenzbasis in einen CIGS [419] (Kupfer-Indium-Gallium-Diselenid)-Prozess, wobei der Hauptcontroller ein OPC UA Server war.

Für mich ist erwähnenswert, dass in allen Anwendungen in China die Service-Einsätze, die geleistet werden mussten, um die Kommunikation im laufenden Prozess zu gewährleisten, ein hohes Maß an Management erforderten. Ein Grund war u. a., dass beispielsweise in einem Fall der Service in China von Drittfirmen aus USA in Anspruch genommen werden musste. Kosten und Zeitüberschreitungen explodierten regelrecht durch das permanente Pendeln zwischen USA und China. Hier sieht man deutlich, wie wichtig bei Automatisierungslösungen die Kundennähe und die unmittelbare Erreichbarkeit ist. Es zeigt weiterhin, wie wichtig die strategische Fokussierung des Themas ist und genau überlegt werden muss, wie man sich im Lösungsgeschäft aufstellt (siehe hierzu insbesondere Abschn. 4.1).

Hier sei aus eigener Erfahrung gesagt, dass das Bedientool für SECS/GEM nicht gerade einfach zu erlernen ist. Der Aufwand mit SECS/GEM darf also nicht unterschätzt werden: Sollte man in der Serviceverantwortung für eine mit SECS/GEM inline vernetzten Automatisierungslösung sein, empfiehlt es sich das Knowhow für SECS/GEM im eigenen Hause aufzubauen.

Anstelle SECS/GEM würde ich persönlich PROFIBUS, PROFINET, EtherNet/IP oder HART-IP einsetzen.

Bevor ich hier auf ein Beispiel für eine SEGS/GEM-Kommunikation vom Feldgerät zum MES-System eingehe, noch ein paar Worte zur CIGS-Herstellung.

5.21.5.2 CIGS- Solarzelle

Die CIGS, [Cu(In,Ga)Se_2]-Solarzelle [420] ist ein spezieller Typ einer Solarzelle, deren Absorber aus dem Werkstoff Kupfer-Indium-Gallium-Diselenid (CIGS) besteht. CIGS-Solarzellen besitzen im Gegensatz zu kristallinen Silizium-Solarzellen einen Absorber, der einen höheren Absorptionskoeffizienten hat und Licht wesentlich besser absorbiert.

CIGS-Absorber, die in Dünnschichttechnologie gefertigt werden, sind je nach Hersteller nur 1 µm–2,5 µm dick. In Dickschichttechnologie gefertigt sind die CIGS-Absorber bis ca. 150 µm dick. Dickschicht-Solarzellen auf Siliziumbasis sind mindestens 150 µm dick sind. Die Dünnschichttechnologie ermöglicht, deutlich weniger Halbleitermaterial zu verwenden und somit Kosten einzusparen. Abb. 5.56 zeigt den prinzipiellen Aufbau einer CIGS-Solarzelle mit den entsprechenden Schichtdicken.

Die Grafik zeigt einen schematischen Querschnitt einer Cu(In,Ga)Se_2-Solarzelle mit den entsprechenden Schichtdicken. Bisher wird meist noch Glas als Substrat verwendet. Das Substrat wird mit Molybdän (Mo) beschichtet, das als Rückkontakt dient.

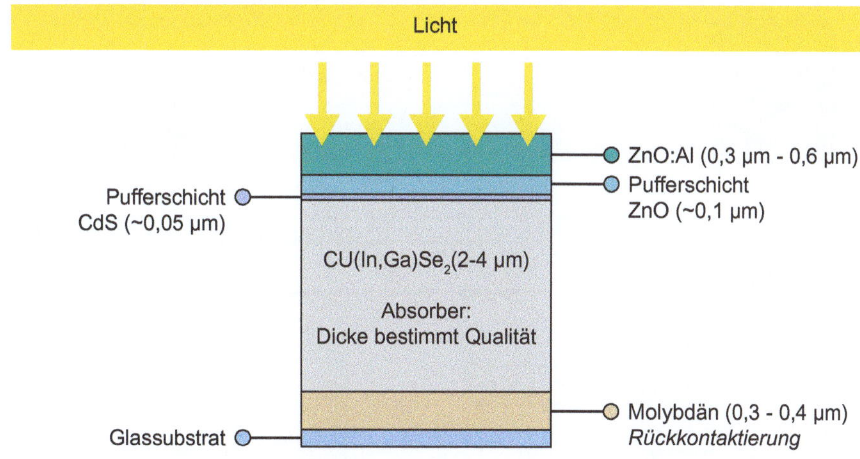

Abb. 5.56 Aufbau einer CIGS-Solarzelle

Der namensgebende Halbleiter Cu(In,Ga)Se_2 wird auch als Absorber bezeichnet, da hier ein Großteil des eingestrahlten Lichts aufgenommen wird.

Die Wirkungsgrade von CIGS-Zellen sind heute im Bereich 20 % bis 24 %. Das Problem bei der Herstellung ist, dass der Rohstoff Indium sehr knapp ist und auch bei anderen Produkten, z. B. Flachbildschirmen verwendet wird. Außerdem ist die Entsorgung bei CIGS Zellen aufwendiger als bei kristallinen Solarzellen, da das Materialgemisch toxisch ist.

Kurz gesagt, wohin soll man das gealterte Material entsorgen. Wieder einmal mehr haben wir hier den Fall, dass man neue Technologien euphorisch promotet, aber einen entscheidenden Aspekt wie beispielsweise ein durchdachtes Entsorgungskonzept nahezu außer Acht lässt.

Hierfür gibt es weitere signifikante Beispiele, so auch die Luft- und Raumfahrttechnik mit ihren in den Orbits kreisenden und nicht mehr funktionsfähigen Satelliten im vierstelligen Bereich, mit den vielen abgebrochenen Raketenteilen oder dem Weltraumschrott [421].

5.21.5.3 Prozess zur Herstellung einer CIGS-Solarzelle – Lösungsgeschäft

Abb. 5.57 zeigt den aufwendigen Herstellungsprozess der CIGS -Solarzelle, den ich China 2018 und 2019 begleitete. In zwei Automatisierungsprojekten war ich für Integration der Qualitätskontroll-Module in die ‚CIGS'-Fertigungslinien verantwortlich.

Für die Qualitätsprüfung der einzelnen Schichtdicken kam Röntgenfluoreszenzmesstechnik zur Anwendung. Derartige ‚Inline'-Anlagen zur Messung der Schichtdicken wurden mit zwei renommierten deutschen Anlagenbauern, die mittlerweile teilweise von chinesischen Energiekonzernen übernommen wurden, instrumentiert. Beginnend beim

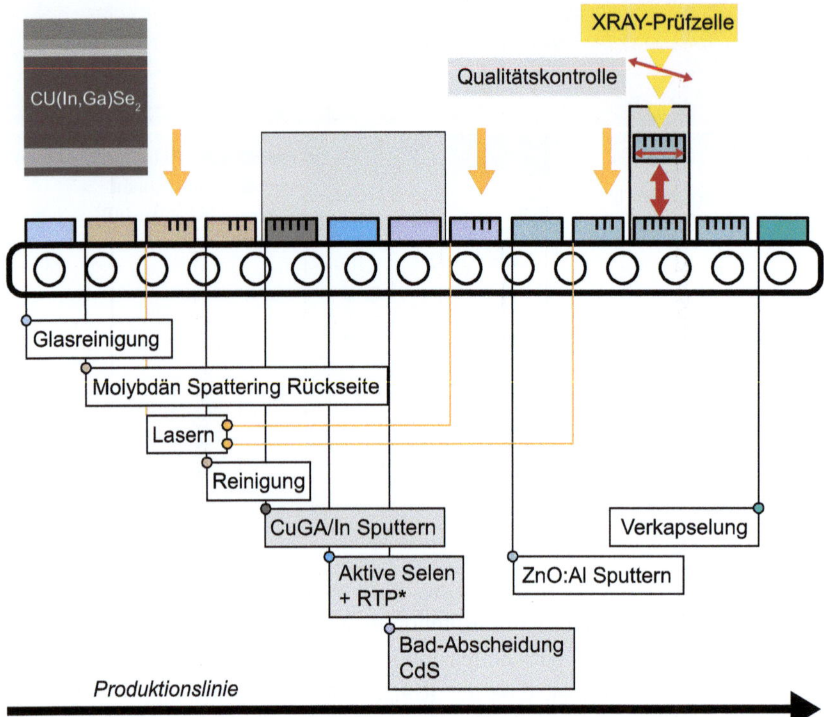

Abb. 5.57 Solarzellenfertigung mit Röntgenfluoreszenz-Qualitätsprüfung

Basic Engineering bis hin zum Factory Acceptance Test habe ich beide Projekte sehr intensiv miterlebt (siehe Abschn. 4.1).

Bei der Auslegung der geplanten ‚Inline'-Messung, war die Bandgeschwindigkeit bezüglich der Messanforderungen des Kundens zu optimieren: Beleuchtungszeit des Prüflings in Bezug zur möglichen Messpunkteanzahl für eine vorgegebene Geometrie waren mit einer 100 % Kontrolle bei gegebenem Kostenrahmen des Kunden nicht möglich. Der Kompromiss bestand letzten Endes darin, dass nur jedes zehnte CIGS Panel automatisch geprüft werden konnte. Dies war jedoch ein wesentlicher Fortschritt gegenüber der früheren Qualitätsprüfung mittels SPC (Statistische Prozess Kontrolle) im Labor!

Sehr interessant war dabei die Vernetzung des Inline-Schichtdickenessgerätes mit PROFINET, SEGS/GEM und OPC UA. Abb. 5.58 zeigt den prinzipiellen Aufbau dieser Anwendung:

Der OPC UA Server ist die zentrale Komponente, die mit dem MES- und SCADA-System verbunden ist und die Kommunikation regelt. Die Auswertung des XRAY's findet ebenfalls auf dem OPC Server statt. Die Steuerung der kompletten Produktionslinie

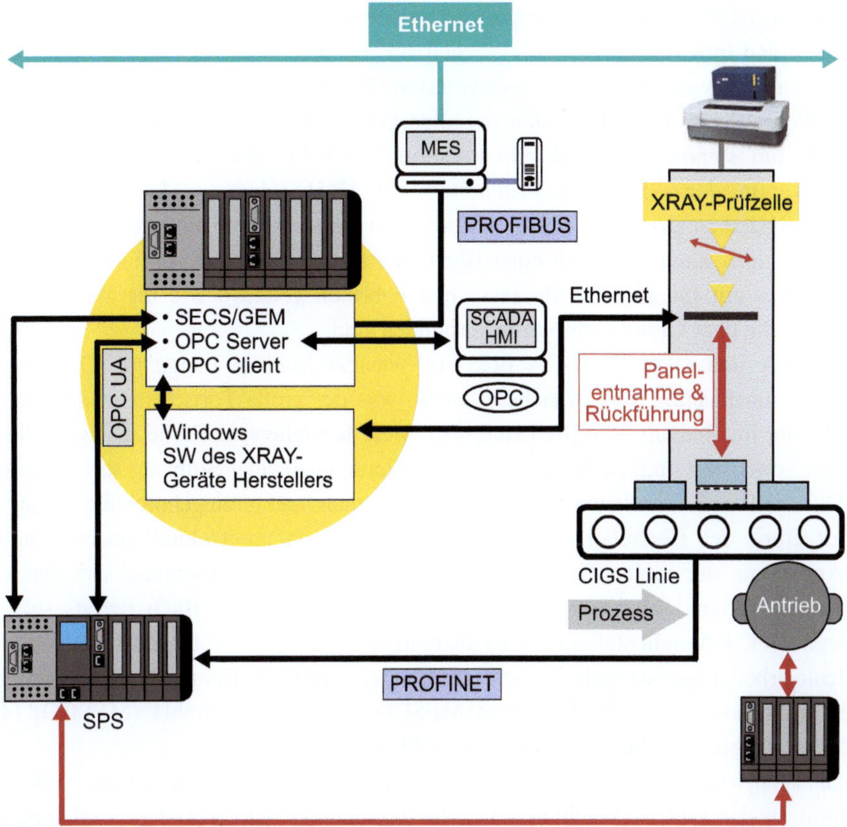

Abb. 5.58 Solarzellenfertigung mit Vernetzungstopologien OPC UA, PROFINET und Röntgenfluoreszenzgerät XRAY FT 160 (Beispiel). (Quelle: XRAY © images courtesy of Hitachi High-Tech Corporation)

Bandanlage erfolgt über den echtzeitfähigen Bus ‚PROFINET'/'Profidrive'. PROFINET regelt auch das Ausphasen der Panels in das Modul ‚XRAY- Qualitätsprüfung' (XRAY Kabinett).

5.21.6 Zusammenfassung OPC UA

OPC UA gilt derzeit als internationaler Standard für vertikale und horizontale Kommunikation und ermöglicht somit semantische Interoperabilität (Fähigkeit von Computersystemen die Daten mit eindeutiger, gemeinsamer Bedeutung auszutauschen) in der Automatisierungspyramide sowohl innerhalb einer Produktionsanlage aber auch im Zusammenspiel globaler Produktionsanlagen [422]. Auf Neudeutsch spricht man auch von ‚Cyber Physical Systems' [423]. Dabei handelt es sich einfach ausgedrückt um die Verbindung von mechanischen Komponenten über Netzwerke und moderne

Informationstechnik. Sie ermöglichen die Steuerung und die Kontrolle von komplexen Systemen und Infrastrukturen. Dies ist auch ein grundlegender Aspekt von Industrie 4.0, der sogenannten vierten industriellen Evolution (Revolution).

Im Wesentlichen handelt es sich bei allen OPC Standardisierungen vereinfacht ausgedrückt um standardisierte Kommunikationsprotokolle, die dazu dienen, um Echtzeitdaten von den SPS (PLC)-Einheiten auf HMI (Human Machine Interfaces), SCADA-Systemen und MES-/ERP-Systemen zu transportieren und darzustellen (OPC DA) [424], aber auch innerhalb einer Ebene die standardisierte Kommunikation sicherstellen. Dies gilt für einzelne Prozesse und Fabriken genauso wie für global verteilte Standorte, die über Cloud Computing verbunden sind.

OPC UA und OPC XLM-DA [425] (eXtensible Markup Language- Data Access) sind heute unabhängig von Betriebssystemen, was der große Fortschritt in der Industrie ist. Obwohl im Bereich SCADA heute noch viele herstellerspezifische und geschlossene Systeme vorhanden sind, ist der Trend zu herstellerunabhängiger Software sehr gut erkennbar. Offenen Protokollen sowie Software- und Systemarchitekturen gehören die Zukunft.

Der Trend der Hersteller, von der Entwicklung von unterschiedlichsten Gateways zur Anpassung der vielen Bussysteme, geht immer mehr in Richtung von herstellerunabhängiger Standardisierung. Darüber haben wir in diesem Buch bereits sehr viel erfahren. OPC UA steht stellvertretend als markantes Beispiel für diesen Trend.

Heute arbeiten bereits viele Firmen auf den Gebieten OPC UA und Cloud Computing. Eine Firma davon ist z. B. die Firma MESCO Engineering GmbH (MESCO) [426], welche umfangreiche Dienstleistungen für OPC UA anbietet.

Dabei entwickeln diese Firmen embedded-Hardware und -Software vollständig konform zu den OPC UA-Schnittstellen für bestehende Industrieanlagen oder Neuentwicklungen. Ebenso bieten diese Firmen Technologieintegration des Industrial Ethernet an. MESCO bietet in diesem Zusammenhang u. a. auch den miniaturisierten MESCO OPC UA Nano Stack mit minimalem Platzbedarf an.

Einige Firmen beschäftigen sich hinsichtlich OPC UA in der Automatisierung sehr intensiv mit Implementierungen von Geräteprofilen zur Parametrierung sowie von Gateway-Entwicklungen. Dabei gewinnt das Thema Sicherheit gemäß SIL 3 sehr stark an Bedeutung.

Trotz aller Möglichkeiten und Bestrebungen mit OPC UA muss insbesondere beim Cloud Computing das Sicherheitsrisiko durch Hackerangriffe erwähnt werden, die ein zunehmendes Problem darstellen:

Für Verschlüsselungsverfahren werden und müssen immer größere Summen an Geld investiert werden. Zum Teil helfen zwar die zunehmend besser werdenden Codierungs- und Verschlüsselungsverfahren, wie beispielsweise die TLS -Verschlüsselung (Transport Layer Security) [427] im Internet, aber die hundertprozentige Sicherheit gibt es nicht!

Auch die Verschlüsselung in den Datenbanken und die Zugriffsmöglichkeiten der Cloud Anbieter stellen weitere Risiken dar. Heute wird sehr intensiv an diesen Themen gearbeitet. Dennoch wird es auch zukünftig eine große Herausforderung sein, bei immer größeren Datenfluten, Rechner- und Netztopologien, die Sicherheit beherrschbar zu machen oder auf einem hohen Niveau zu garantieren.

Wie gesagt, die Abhängigkeit von den Cloud Anbietern, deren Schnittstellen herstellerspezifisch sind, stellt ein weiteres großes Risiko für die Sicherheit dar: Dazu muss man sich nur eine Frage stellen, was passiert beispielsweise mit den Daten, wenn ein Cloud Anbieter insolvent wird?

Eines ist klar: Je mehr Cloud Computing eingesetzt wird, desto mehr Aufwand ist zukünftig auch in die Sicherheitssoftware zu investieren!

Literatur

1. NAMUR: https://www.namur.net/de/fokusthemen/automatisierung-modularer-anlagen.html/. Zugegriffen: 6. Jan 2021
2. Softing: White Paper: Leitfaden für die Implementierung von PROFIBUS PA-Feldgeräten; https://industrial.softing.com/uploads/softing_downloads/WhitePaper_PROFIBUSPA_FieldDevice_DE.pdf. Zugegriffen: 2021
3. NAMUR: Zugriff auf NAMUR-Empfehlungen (NE) und NAMUR-Arbeitsblätter (NA). https://www.namur.net/index.php?id=63. Zugegriffen: 6. Jan 2021
4. Meudt, T., Pohl, M., Metternich, J.: Die Automatisierungspyramide – Ein Literaturüberblick. Hrsg.: TU Prints. (tu-darmstadt.de [PDF]), 7. Juni 2017. http://tuprints.ulb.tu-darmstadt.de/6298/1/2017%20-%20Die%20Automatisierungspyramide%20-%20Ein%20Literatur%C3%BCberblick-2.pdf. Zugegriffen: 6. Jan 2021
5. SAMSON: HART-Kommunikation. https://www.samsongroup.com/document/l452de.pdf. Zugegriffen: 6. Jan 2021
6. FieldCommgroup: HART Communication Protocol. https://fieldcommgroup.org/technologies/hart/hart-technology-detail. Zugegriffen: 6. Jan 2021
7. softing: Whitepaper: Leitfaden für die Implementierung von Profibus PA-Geräten. https://industrial.softing.com/fileadmin/secure/Industrial/White_Papers/White_Papers_German/Leitfaden_f%C3%BCr_die_Implementierung_von_PROFIBUS_PA-Feldger%C3%A4ten.pdf. Zugegriffen: 6. Jan 2021
8. Profibus Webpage. https://www.profibus.com/. Zugegriffen: 6. Jan 2021
9. Fieldbus Foundation, Homepage. http://www.fieldbus.org. Zugegriffen: 6. Jan 2021
10. Visaya: FOUNDATION Feldbus-Kommunikationsprotokoll: Alles. Was Sie wissen müssen über H! und HSE Feldbus. https://visaya.solutions/de/article/alles-was-sie-ueber-das-kommunikationsprotokoll-foundation-fieldbus-wissen-muessen+/. Zugegriffen: 6. Jan 2021
11. Feldbusse.de: EtherNet/IP. https://www.feldbusse.de/EthernetIP/ethernetip.shtml#:~:text=Das%20Ethernet%20Industrial%20Protocol%20%28EtherNet%2FIP%29%20ist%20ein%20offener,und%20in%20der%20internationalen%20Normenreihe%20IEC%2061158%20/. Zugegriffen: 6. Jan 2021
12. SIEMENS: PROFINET. https://new.SIEMENS.com/global/de/produkte/automatisierung/industrielle-kommunikation/PROFINET.html. Zugegriffen: 6. Jan 2021
13. EtherCAT Technology Group: EtherCAT für die Fabrikvernetzung. https://docplayer.org/8024303-Ethercat-fuer-die-fabrikvernetzung-ethercat-automation-protocol-eap.html. Zugegriffen: 6. Jan 2021

14. Feldbusse.de: OSI-Modell und Modbus -Modbus TCP. https://www.feldbusse.de/ModbusTCP/modbustcp.shtml. Zugegriffen: 6. June 2021
15. br-automation (ABB): Ethernet POWERLINK. https://www.br-automation.com/de-de/technologie/POWERLINK/. Zugegriffen: 6. Jan 2021
16. IAONA – Kriterien: INDUSTRIE-GERECHTE ETHERNET-VERKABELUNG. https://www.all-electronics.de/wp-content/uploads/migrated/article-pdf/40016/bf0d06f2b5d.pdf. Zugegriffen: 6. Jan 2021
17. automation: IAONA- was ist das? https://www.automationnet.de/iaona-was-ist-das-74843. Zugegriffen: 6. Jan 2021
18. Feldbusse.de: Ethernet TCP/IP. https://www.bing.com/search?q=Ethernet+TCP%2FIP&cvid=7698e7464d094dd286ea25cd4f9234b2&FORM=ANAB01&PC=U531. Zugegriffen: 6. Jan 2021
19. Digital Guide IONOS: TCP/IP– einfach erklärt. https://www.ionos.de/digitalguide/server/knowhow/tcpip-vorgestellt/. Zugegriffen: 6. Jan 2021
20. Feldbusse.de: Definition der Protokollfamilien. https://www.feldbusse.de/Normung/protokollfamilien.shtml. Zugegriffen: 6. Jan 2021
21. IEC Webstore: IEC 61784-1:2019. https://webstore.iec.ch/publication/59887. Zugegriffen: 6. Jan 2021
22. http://interbus.de/dl/Dok_interbus_bASIC's_de.pdf/. Zugegriffen: 6. Jan 2021
23. Felser: Dokumentensammlung IEC 61158 Fieldbus. https://www.felser.ch/download/iec_61158_fieldbus.html/. Zugegriffen: 6. Jan 2021
24. The Knights Of Columbus: FSPC 3.55. https://fspc.software.informer.com/. Zugegriffen: 6. Jan 2021
25. PI PROFIBUS & PROFINET International seit 1989- PROFIsave. https://www.profibus.com/technology/profisafe/. Zugegriffen: 6. Jan 2021
26. OVERVIEW AND GUIDE TO THE IEEE 802 LMSC. https://grouper.ieee.org/groups/802/802%20overview.pdf/ (Sept 2004). Zugegriffen: 6. Jan 2021
27. Elektronik Kompendium: IEEE 802.3/Ethernet Grundlagen. https://www.elektronik-kompendium.de/sites/net/0603201.htm/. Zugegriffen: 6. Jan 2021
28. IEEE Webpage; https://www.ieee.org/#. Zugegriffen: 6. Jan 2021
29. Elektronik Kompendium: Netzwerk Topologien. http://www.elektronik-kompendium.de/sites/net/0503281.htm. Zugegriffen: 6. Jan 2021
30. Digital Guide IONOS: TCP/IP– einfach erklärt!; 2.9.2020. https://www.ionos.de/digitalguide/server/knowhow/tcpip-vorgestellt/. Zugegriffen: 6. Jan 2021
31. Elektronik Kompendium: UDP – User Data Protoco. https://www.elektronik-kompendium.de/sites/net/0812281.htm/. Zugegriffen: 6. Jan 2021
32. Elektronik Kompendium: ICMP – Internet Control Message Protocol. https://www.elektronik-kompendium.de/sites/net/0901011.htm/. Zugegriffen: 6. Jan 2021
33. Felser, M.: PROFIBUS Handbuch: Eine Sammlung von Erläuterungen zu PROFIBUS Netzwerken. Epubli, ISBN 978-3-7375-5470-1
34. Popp, M.: Profibus-Dp/DPV1 Grundlagen, Tipps und Tricks für Anwender. Hüthig. ISBN 3-7785-2781-9
35. Diedrich, C.: PROFIBUS PA – Instrumentierungstechnologie für die Verfahrenstechnik. Oldenbourg. ISBN 3-8356-3056-3
36. Schnell G., Wiedemann, B.: Bussysteme in der Automatisierungs- und Prozesstechnik. Vieweg + Teubner Verlag, Wiesbaden (2008). ISBN 978-3-8348-0425-9
37. Fieldbus Foundation. http://www.fieldbus.org/. Zugegriffen: 4. Feb 2020
38. Elektronik Kompendium: ISA – Industrial Standard Architecture https://www.elektronik-kompendium.de/sites/com/0310071.htm/. Zugegriffen: 6. Jan 2021
39. CENELEC: https://www.cenelec.eu/. Zugegriffen: 4. Nov 2020

40. Feldbusse.de: DeviceNet – das universelle Netzwerk für die Feldebene. https://www.feldbusse.de/DeviceNet/DeviceNet.shtml/. Zugegriffen: 4. Nov 2020
41. KUNBUS: Das ControlNET. https://www.kunbus.de/controlnet.html/. Zugegriffen: 6. Jan 2021
42. VDE Verlag: IEC 61158-6-10:2019, 2019-06; VDE Nr.: 247753. https://www.vde-verlag.de/iec-normen/247753/iec-61158-6-10-2019.html/. Zugegriffen: 6. Jan 2021
43. Feldbusse.de: Entwicklung der Felsbusnormen. https://www.feldbusse.de/Normung/geschichte.shtml/. Zugegriffen: 6. Jan 2021
44. HOME/IEC-Normen/IEC 61158-1:2019: Industrial communication networks-Fieldbus specifications-Part 1: Overview an guidance fort he IEC 61158 and IEC 61784 series, Ausgabedatum: 2019-04, Edition 2.0, VDE-Artnr:248484. https://www.vde-verlag.de/iec-normen/248484/iec-61158-1-2019.html/. Zugegriffen: 6. Jan 2021
45. Uni Leipzig: Hub. Abgerufen am 15. Mai 2019. https://www.informatik.uni-leipzig.de/~meiler/Schuelerseiten.dir/MSchmidt/Hub.html/. Zugegriffen: 10. Feb 2020
46. Reeves, R.: Reality in Advertising. Knopf, New York (1961). ISBN 978-0-394-44228-0
47. KUNBUS: Modbus; Modbus – Kommunikationsprotokoll für die Industrie. KUNBUS, abgerufen am 9. September 2020. https://www.kunbus.de/modbus.html/. Zugegriffen: 10. Feb. 2020
48. Scheider Electric Homepage. https://www.se.com/de/de/. Zugegriffen: 6. Jan 2021
49. Library Automation Direct: EtherNet/IP. Implicit vs. explicit messaging. https://library.automationdirect.com/ethernetip-implicit-vs-explicit-messaging/. Zugegriffen: 6. Jan 2021
50. ODVA: The Common Industrial Protocol (CIP™). https://www.odva.org/Technology-Standards/Common-Industrial-Protocol-CIP/Overview/. Zugegriffen: 6. Jan 2021
51. ControlNet International (CI) Homepage. http://www.connet.com.tw/en/. Zugegriffen: 6. Jan 2021
52. KUNBUS: Warum Industrial Ethernet? Abschnitt Einheitlicher Standard https://www.kunbus.de/industrial-ethernet-warum-i.htm/. Zugegriffen: 6. Jan 2021
53. PROFIBUS Nutzerorganisation: PROFIBUS Nutzerorganisation e.V. (PNO). https://www.md-automation.de/buyers-guide/profibus-nutzerorganisation-ev-pno/. Zugegriffen: 6. Jan 2021
54. PI: About PI (PROFIBUS & PROFINET International (PI)). https://www.profibus.com/pi-organization/about-pi/. Zugegriffen: 6. Jan 2021
55. PHOENIX Contact: Interbus. https://www.phoenixcontact.com/online/portal/de?1dmy&urile=wcm:path:/dede/web/main/products/subcategory_pages/INTERBUS_P-08-12-06/a20f6e69-4460-457b-9267-2aea300acd7c/. Zugegriffen: 28. Okt 2020
56. I/O-Link: IO-Link Systembeschreibung. https://IO-Link.com/share/Downloads/At-a-glance/IO-Link_Systembeschreibung_dt_2018.pdf/. Zugegriffen: 6. Jan 2021
57. Beuth publishing DIN: DIN EN 61131-9:2015-02;VDE 0411-509:2015-02 VDE 0411-509:2015-02. Speicherprogrammierbare Steuerungen – Teil 9: Schnittstelle für die Kommunikation mit kleinen Sensoren und Aktoren über eine Punkt-zu-Punkt-Verbindung (IEC 61131-9:2013); Deutsche Fassung EN 61131-9:2013. Englischer Titel: Programmable controllers – Part 9: Single-drop digital communication interface for small sensors and actuators (SDCI) (IEC 61131-9:2013); German version EN 61131-9:2013. Ausgabedatum:2015-02. https://www.beuth.de/de/norm/din-en-61131-9/225404745/. Zugegriffen: 22. Okt 2020
58. Riedl, M., Naumann, F.: EDDL. Electronic Device Description Language. Oldenbourg Industrieverlag, München (2011). ISBN 978-3-8356-3106-9 (englisch)
59. Automation.com: EDDL Cooperation Team expands. https://www.automation.com/en-us/articles/2009-2/eddl-cooperation-team-expands. Zugegriffen: 5. Jan 2021
60. Kunbus GmbH: FDT/DTM™. https://www.kunbus.de/FDT/DTM.html/. Zugegriffen: 6. Jan 2021
61. FDT Group Website. https://www.fdtgroup.org/. Zugegriffen: 6. Jan 2021

62. CHEManager: Keyword: Wireless Cooperation Team. https://www.chemanager-online.com/wireless-cooperation-team/. Zugegriffen: 2. Jan 2021
63. Systembeschreibung PROFIdrive. PROFIBUS Nutzerorganisation e.V. https://doczz.com.br/doc/1075774/profidrive-systembeschreibung/. Zugegriffen: 22. Okt 2020
64. Kriesel, W., Madelung, O. (Hrsg.): ASI – Das Aktuator-Sensor-Interface für die Automation. Hanser Verlag, München (1994). ISBN 3-446-17825-2. 2. Auf (1999). ISBN 3-446-21064-4
65. Elektronik Kompendium: PCMCIA/PC-Card. http://www.elektronik-kompendium.de/sites/com/0311061.htm/. Zugegriffen: 6. Jan 2021
66. hsniederrhein.de: OLE und DDE. In: IT-Online. Hochschule Niederrhein, abgerufen am 27. Sept 2020
67. PACTware Consortium e.V.: Configure Automation better with PACTware. https://pactware.com/fileadmin/user_upload/Brochures/2019-03-28__PACTware-Brochure-en.PDF/. Zugegriffen: 6. Jan 2021
68. ITWissen.info: Profibus-FMS (Profibus fieldbus message specification). https://www.itwissen.info/Profibus-FMS-Profibus-fieldbus-message-specification/. Zugegriffen: 6. Jan 2021
69. SIMATIC PDM- Der Process Device Manager; Technische Broschüre 2008. https://www.automation.SIEMENS.com/w2/efiles/pcs7/pdf/00/prdbrief/kb_pdm_de.pdf/. Zugegriffen: 5. Jan 2021
70. software.informer: SMART VISION 4.3 (ABB Automation). https://smart-vision.software.informer.com/. Zugegriffen: 4. Jan 2021
71. software.informer: Commuwin 2.0; Developed by Endress+Hauser. https://commuwin.software.informer.com/. Zugegriffen: 6. Jan 2021
72. ABB Freelance 2000 Manual, Download. https://www.manualslib.com/manual/1191481/Abb-Freelance-2000.html/. Zugegriffen: 2. Jan 2021
73. ABB: Symphony Melody: (Process Control System). https://new.abb.com/power-generation/systems/power-plant-automation/melody/. Zugegriffen: 2. Jan 2021
74. smar, Technology Companie Website. https://www.smar.com/en/. Zugegriffen: 2. Jan 2021
75. smar: Process Control and Automation Platform, System 302. https://www.smar.com/en/system302/. Zugegriffen: 2. Jan 2021
76. Endress+Hauser: FieldCare SFE 500. https://www.de.endress.com/de/messgeraete-fuer-die-prozesstechnik/software-loesungen-process-automation/geraete-konfiguration-fieldcare-sfe500/. Zugegriffen: 2. Jan 2021
77. Endress+Hauser: ControlCare: SFE 240. https://www.bing.com/search?q=E%2BH+ControlCare&qs=n&form=QBRE&sp=-1&pq=e%2Bh+controlcare&sc=0-15&sk=&cvid=9935FFCEC95E4B558C92D15E9D7ACBC3/. Zugegriffen: 2. Jan 2021
78. Yokogawa: FDT/DTM™ Framework For New Field Device Tools. https://www.yokogawa.com/de/library/resources/yokogawa-technical-reports/FDT/DTM-framework-for-new-field-device-tools/ (2007). Zugegriffen: 2. Jan 2021
79. KUNBUS: FDT/DTM™. https://www.kunbus.de/FDT/DTM.html/. Zugegriffen: 2. Jan 2021
80. FDT Group: Components FDT DTM. https://www.fdtgroup.org/technology/components/FDT/DTM/. Zugegriffen: 2. Jan 2021
81. Prozesstechnik Online: PACTware Consortium e.V. gegründet. https://prozesstechnik.industrie.de/allgemein/pactware-consortium-e-v-gegruendet/. Zugegriffen: 2. Jan 2021
82. Pepperl+Fuchs: PACTware. https://www.pepperl-fuchs.com/global/de/classid_163.htm/. Zugegriffen: 2. Jan 2021
83. CodeWrights homepage. https://www.codewrights.de/. Zugegriffen: 2. Jan 2021
84. FDT Group: FDI-DTM: FDI Device Packages in FDT Host. https://www.fdtgroup.org/fdi-dtm-fdi-device-packages-in-fdt-host/. Zugegriffen: 2. Jan 2021

85. ARC Advisory Group: FDT Joint Interest Group. https://www.arcweb.com/associations-and-organizations/fdt-joint-interest-group/. Zugegriffen: 2. Jan 2021
86. Elektronik Praxis: FDT Group AISBL. https://www.elektronikpraxis.vogel.de/fdt-group-aisbl-c-244339/. Zugegriffen: 2. Jan 2021
87. IEC Webstore: IEC 62453-1:2016: Field device tool (FDT) interface specification- Part 1: overview and guidance. https://webstore.iec.ch/publication/31126/. Zugegriffen: 3. Jan 2021
88. ISA (International Society of Automation): ISA 103, Fild Device Tool Interface. https://www.isa.org/standards-and-publications/isa-standards/isa-standards-committees/isa103/. Zugegriffen: 3. Jan 2021
89. softing: CommDTM PROFIBUS DP-V1. https://industrial.softing.com/uploads/softing_downloads/CommDTM_PB_DP_V1_U_DE_01.pdf/. Zugegriffen: 2. Jan 2021
90. CodeWrights : FF CommDTM (FDT1.2). https://www.codewrights.de/de/produkt/ff-commdtm-fdt-1-2. Zugegriffen: 3. Jan 2021
91. CodeWrights: HART CommDTM. https://www.codewrights.de/de/produkt/hart-comm-dtm-fdt2/. Zugegriffen: 3. Jan 2021
92. FDT Group: FDT GROUP RELEASES DTMINSPECTOR4 TES TOOL. April 18. https://www.fdtgroup.org/fdt-group-releases-dtminspector4-test-tool/ (2016). Zugegriffen: 3. Jan 2021
93. Elektronik Kompendium, 19.11.2020: Gateway. http://www.elektronik-kompendium.de/sites/net/0901111.htm/. Zugegriffen: 3. Jan 2021
94. induux: IoT- Gateways-Hersteller: Aktuelle zu IoT-Gateways. https://www.induux.de/hersteller/iot-gateways/. Zugegriffen: 3. Jan 2021
95. Kriesel, W., Madelung, O.W. (Hrsg.): ASI – The Actuator-Sensor-Interface for Automation. Hanser, München (1995). ISBN 3-446-18265-9, 2. Auf. (1999), ISBN 3-446-21065-2
96. Holger Zeltwanger, CIA: CANopen. https://www.can-cia.org/can-knowledge/canopen/canopen-history/. Zugegriffen: 4. Jan 2021
97. SERCOS, the automation bus: Die Sercos Technologie: bewährt, schnell, einfach, offen. https://www.sercos.de/technologie/sercos-iii/. Zugegriffen: 4. Jan 2021
98. feldbusse.de: CC-Link. https://www.feldbusse.de/CCLink/cclink.shtml/. Zugegriffen: 6. Jan 2021
99. YOKOGAWA: Yokogawa FiledMate and Device DTM Comlpiance with FDT2. https://www.yokogawa.com/de/library/resources/media-publications/yokogawa-fieldmate-and-device-dtm-compliance-with-fdt2/. Zugegriffen: 6. Jan 2021
100. FDT Group: Scalable integration solutions for the new era of industrial automation. https://www.fdtgroup.org/. Zugegriffen: 6. Jan 2021
101. Elektronik Kompendium: ISO/OSI-7- Schichtenmodell; https://www.elektronik-kompendium.de/sites/kom/0301201.htm/. Zugegriffen: 6. Jan 2021. SelfLinux: Das OSI-Referenzmodell. https://www.selflinux.de/selflinux/html/osi.html/. Zugegriffen: 6. Jan 2021
102. ITU Homepage: Committed to connection the world. https://www.itu.int/en/Pages/default.aspx/. Zugegriffen: 6. Jan 2021
103. IEEE: 802.1D – MAC bridges. https://www.ieee802.org/1/pages/802.1D.html/. Zugegriffen: 6. Jan 2021
104. Digital Guide IONOS: CSMA/CD Erklärung des Verfahrens. https://www.ionos.de/digitalguide/server/knowhow/csmacd-carrier-sense-multiple-access-collision-detection/. Zugegriffen: 6. Jan 2021
105. RFC 4349 High-Level Data Link Control (HDLC). https://tools.ietf.org/html/rfc4349/. Zugegriffen: 5. Jan 2021

106. Beuth publishing DIN: ISO/IEC 13239: 2002-07: Informationstechnik-Telekommunikation und Informationsaustausch- HDCL-Verfahren. Englischer Titel: Information technology – Telecommunications and information exchange between systems – High-level data link control (HDLC) procedures Ausgabedatum. 2002–07. https://www.beuth.de/de/norm/iso-iec-13239/59171156/. Zugegriffen: 6. Jan 2021
107. Margaret Rouse: SDLC (Synchronous Data Link Control); ComputerWeekly.de. https://www.computerweekly.com/de/definition/SDLC-Synchronous-Data-Link-Control/. Zugegriffen: 5. Jan 2021
108. DECNET. http://decnet.ipv7.net/docs/dundas/aa-d599a-tc.pdf/. Zugegriffen: 5. Jan 2021
109. Address Resolution Protocol (arp). https://erg.abdn.ac.uk/users/gorry/course/inet-pages/arp.html#:~:text=Address%20Resolution%20Protocol%20%28arp%29%20The%20address%20resolution%20protocol,between%20the%20OSI%20network%20and%20OSI%20link-%20layer/. Zugegriffen: 5. Jan 2021
110. David. C. Plummer (DCP@MIT-MC), Network working Goup. November 1982: An Ethernet Address Resolution Protocol or Converting Network Protocol Addresses to 48.bit Ethernet for Transmission on Ethernet Hardware. https://www.ietf.org/rfc/rfc826.txt/. Zugegriffen: 5. Jan 2021
111. tutorialspoint; IPv4-Adressierung. https://www.tutorialspoint.com/de/ipv4/ipv4_addressing.htm#:~:text=IPv4%20-%20Adressierung%201%20Unicast%20Adressierung%20Modus.%20In,alle%20Hosts%20im%20Segment%20bestimmt.%20More%20items...%20/. Zugegriffen: 5. Jan 2021
112. Finlayson, R., Mann, T., Mogul, J., Theimer, M.: A Reverse Address Resolution Protocol; Networking Group, Computer Science Department Stanford University. https://tools.ietf.org/html/rfc903/ (June 1984). Zugegriffen: 4. Jan 2021
113. Dipl.-Ing. (FH) Stefan Luber: Was ist STP (Spanning Tree Protocol)?; IP-Insider. https://www.ip-insider.de/was-ist-stp-spanning-tree-protocol-a-664041/. Zugegriffen: 6. Jan 2021
114. Doraswamy, N., Harkins, D.: IPSec. The New Security Standard for the Internet, Intranets, and Virtual Private Networks, 2. Aufl. Prentice Hall PTR, Upper Saddle River (2003). ISBN 0-13-046189-X
115. Internet Control Message Protocol (ICMP) Parameters. IANA, 15. Juni 2018, abgerufen am 9. Dezember 2018 (englisch). https://www.iana.org/assignments/icmp-parameters/icmp-parameters.xhtml/. Zugegriffen: 6. Jan 2021
116. Dipl.-Ing. (FH) Stefan Luber/Dipl.-Ing. (FH) Andreas Donner: Was ist IPv6?; IPINSIDER; 01.08.2018. https://www.ip-insider.de/was-ist-ipv6-a-642703/. Zugegriffen: 4. Jan 2021. Synopsys: ICMPv6 Data Sheet; Test Suite ICPMv6; Direction Server. https://www.synopsys.com/software-integrity/security-testing/fuzz-testing/defensics/protocols/icmpv6.html. Zugegriffen: 6. Jan 2021
117. Dipl.-Ing. (FH) Stefan Luber/Dipl.-Ing. (FH) Andreas Donner: Was ist IGMP (Internet Group Management Protocol)? IPINSIDER, 25.02.2020. https://www.ip-insider.de/was-ist-igmp-internet-group-management-protocol-a-905663/. Zugegriffen: 6. Jan 2021
118. Dipl.-Ing. (FH) Stefan Luber/Dipl.-Ing. (FH) Andreas Donner: Was ist OSPF (Open Shortest Path First)?; IPINSIDER, 19.2.2020. https://www.ip-insider.de/was-ist-ospf-open-shortest-path-first-a-905626/
119. IETF Homepage: IETF 109. https://www.ietf.org/. Zugegriffen: 6. Jan 2021
120. .Moy, J.: OSPF Version 2; Network Working Group; Ascend Communication Group, Inc. (April 1998). https://tools.ietf.org/html/rfc2328/. Zugegriffen: 6. Jan 2021
121. Dijkstra, E.W.: A Disciplinie of Programming (Prentice-Hall Series in Automation Computation (1. Juni 1976)

122. ITU (International Telecommunication Union): X.25 : Interface between Data Terminal Equipment (DTE) and Data Circuit-terminating Equipment (DCE) for terminals operating in the packet mode and connected to public data networks by dedicated circuit. https://www.itu.int/rec/T-REC-X.25-199610-I/. Zugegriffen: 6. Jan 2021
123. Digital Guide IONOS: Stream Control Transmission Protocol (SCTP). https://www.ionos.de/digitalguide/server/knowhow/sctp-stream-control-transmission-protocol/. Zugegriffen: 6. Jan 2021
124. Microsoft: Remote Procedure Call; 05/31/2018. https://docs.microsoft.com/en-us/windows/win32/rpc/rpc-start-page#:~:text=Remote%20Procedure%20Call%201%20Purpose.%20Microsoft%20Remote%20Procedure,Windows%20Software%20Development%20Kit%20%28SDK%29.%20Weitere%20Artikel...%20/. Zugegriffen: 6. Jan 2021
125. ISO, ICS>35>35.100>35.100.50: ISO/IEC 9548-1:1996; Information technology-Open Systems Interconnection-Cenctionless Session protocol: Protocol specification; https://www.iso.org/standard/17293.html/. Zugegriffen: 5. Jan 2021
126. LINUXMAKER: Darstellungschicht (OSI-Modell). https://www.linuxmaker.com/netzwerke/osi-referenzmodell/darstellungsschicht.html/. Zugegriffen: 5. Jan 2021
127. PI: PROFINET System Description-Technology and Application. https://www.profibus.com/index.php?eID=dumpFile&t=f&f=51714&token=4ea5554cbb80a066e805a879116ead2a759c23c3/. Zugegriffen: 5. Jan 2021
128. Industrial Ethernet Facts; systemvergleich: Die 5 wesentlichen Systeme 3rd Edition. file:///C:/Users/Wolfgang%20Babel/Downloads/EPSG_IEF3rdEdition_de.pdf/. Zugegriffen: 5. Jan 2021
129. PARC homepage, a Xerox Company: https://www.parc.com//. Zugegriffen: 5. Jan 2021
130. Hiltzik, M.A.: Dealers of Lightning: Xerox PARC and the Dawn of the Computer Age. HarperCollins, New York (1999).ISBN 0-88730-989-5
131. ITWISSEN.info: Alohanet, 20.7.2011. https://www.itwissen.info/Alohanet-Alohanet.html/. Zugegriffen: 5. Jan 2021
132. IPINSIDER: Was sind 10Base-T und 100Base-T? https://www.ip-insider.de/was-sind-10base-t-und-100base-t-a-868671//. Zugegriffen: 5. Jan 2021
133. ITWISSEN.info: Was sind 10Base-F. https://www.itwissen.info/10Base-F-IEEE-802DOT-3-10Base-F.html/. Zugegriffen: 6. Jan 2021
134. Elektronik Kompendium: Fast-Ethernet/IEEE 802.3u. https://www.elektronik-kompendium.de/sites/net/1404191.htm//. Zugegriffen: 6. Jan 2021
135. tutorialspoint: Wireless LAN and IEEE 802.11. Wireless-LAN 802.11. https://www.tutorialspoint.com/Wireless-LAN-and-IEEE-802-11/. Zugegriffen: 6. Jan 2021
136. Beuth publishing DIN: ISO/IEC/IEEE 8802-3:2017-03; Informationstechnik – Telekommunikation und Informationsaustausch zwischen Systemen – Lokale und regionale Netze – Spezifische Anforderungen – Teil 3: Standard für Ethernet. Englischer Titel:Information technology – Telecommunications and information exchange between systems – Local and metropolitan area networks – Specific requirements – Part 3: Standard for Ethernet. Ausgabedatum 2017-03. https://www.beuth.de/de/norm/iso-iec-ieee-8802-3/272586715/. Zugegriffen: 6. Jan 2021
137. DE-CIX Homepage. https://www.de-cix.net//. Zugegriffen: 6. Jan 2021
138. DELL Technologies: Macwelt;Moderne IT- Der Schlüssel zur digitalen Transformation. https://www.macwelt.de/news/Glossar-Appletalk-Appletalk-3139860.html/. Zugegriffen: 6. Jan 2021
139. Sidhu, G.S., Andrews, R.F., Oppenheimer, A.B.: Inside AppleTalk, Second Edition. Hrsg.: Apple Computer, Inc., 2. Aufl. Addison-Wesley (1990). ISBN 0-201-55021-0 (englisch)
140. Malamud, C.: Analyzing DECnet/OSI Phase V. Van Nostrand Reinhold (1991). ISBN 0-442-00375-7

141. Elektronik Kompendium: IPX/SPX – Internetworking Packet Exchange/Sequence Packet Exchange. http://www.elektronik-kompendium.de/sites/net/0907231.htm#:~:text=IPX%2FSPX%20-%20Internetworking%20Packet%20Exchange%2FSequence%20Packet%20Exchange%201,der%20Netzwerktechnik%2C%20%C3%9Cbertragungstechnik%2C%20TCP%2FIP%2C%20Dienste%2C%20Anwendungen%20und%20Netzwerk-Sicherheit./. Zugegriffen: 6. Jan 2021
142. Elektronik Kompendium: NetBEUI – NetBIOS Extended User Interface. https://www.elektronik-kompendium.de/sites/net/0907211.htm/. Zugegriffen: 6. Jan 2021
143. CHIP: Microsoft Windows 2000. https://www.chip.de/downloads/Microsoft-Windows-2000_12996785.html/. Zugegriffen: 6. Jan 2021
144. Elektronik Kompendium: Ethernet-Frame (Rahmenformat). http://www.elektronik-kompendium.de/sites/net/1406191.htm/. Zugegriffen: 5. Jan 2021
145. Digital Guide IONOS by 1&1: Was ist ein Ethernet-Frame? Definition, Aufbau und Varianten; 11.3.20. https://www.ionos.de/digitalguide/server/knowhow/ethernet-frame/. zugegriffen 4. Sept.2021
146. ITWissen.info Big-Endian-Format, Veröffentlicht: 10.07.2019. https://www.itwissen.info/Big-Endian-Format-big-endian.html/. Zugegriffen: 6. Jan 2021
147. IEEE SA: IEEE 802.3.1-2013- IEEE Standard for Management Information Base (MIB) Definitions for Ethernet. https://standards.ieee.org/standard/802_3_1-2013.html/. Zugegriffen: 6. Jan 2021
148. Elektronik Kompendium: VLAN – Virtual Local Area Network/IEEE 802.1q. https://www.elektronik-kompendium.de/sites/net/0906221.htm/. Zugegriffen: 6. Jan 2021
149. Göhring, H.-G., Kauffels, F.-J.: Token Ring: Grundlagen, Strategien, Perspektiven. Datacom (1990). ISBN 3-89238-026-0
150. Kalpana (Firma) Hersteller von Computernetzwerkgeräten im Silicon Valley. https://de.qaz.wiki/wiki/Kalpana_(company)/. Zugegriffen: 6. Jan 2021
151. Rügheimer, H.: Ethernet: Alles, was Sie über die Netzwerk-Technik wissen müssen, 8.10.2018. https://www.connect.de/ratgeber/ethernet-vernetzung-netzwerk-technik-tipps-geraete-praxis-3198923.html/. Zugegriffen: 6. Jan 2021
152. IEEE 802.3: Clause Status. http://grouper.ieee.org/groups/802/3/status/1100_clause_status.pdf. Zugegriffen: 6. Jan 2021
153. ITWissen.info: IEEE 802.3/Ethernet Grundlagen. https://www.itwissen.info/IEEE-802DOT-3-802DOT-3.html. Zugegriffen: 6. Jan 2021
154. Kompendium: KUPFER UND LICHTWELLENLEITER – ÜBERTRAGUNGS MEDIEN. https://kompendium.infotip.de/uebertragungsmedien-kupfer-und-lichtwellenleiter.html. Zugegriffen: 5. Jan 2021
155. 64b/66b encoding. https://wikimili.com/en/64b%2F66b_encoding. Zugegriffen: 6. Jan 2021
156. E4.5 Vollduplex Übertragung 4.4 8B/10B-Code. http://www.informatik.uni-hamburg.de/TKRN/world/abro/LFF/gigether08.pdf. Zugegriffen: 6. Jan 2021
157. ITWissen.info: Manchester-Codierung. https://www.itwissen.info/Manchester-Codierung-Manchester-encoding.html. Zugegriffen: 5. Jan 2021
158. ITWissen.info: 10Base T. https://www.itwissen.info/10Base-T-IEEE-802DOT-3-10Base-T.html. Zugegriffen: 6. Jan 2021
159. IEEE SA: 802 3i-1990-IEEE Standard for Local and Metropolitan Area Network system Consideration for Multisegment 10Mb/s Baseband Networks (Section 13) and Twisted-Pair Medium Attachment Unit (MAU) and Baseband Medieum, Type 10BASE-T (Section 14). https://standards.ieee.org/standard/802_3i-1990.html. Zugegriffen: 2. Jan 2021

160. VDE-Verlag: IEC 61158-2:2014; Industrial communication networks-Fieldbus specifications -Part 2: Physical layer specification and service definition. Ausgabedatum 2014-07, Edition 6.0; VDE-Artnr.: 220971. https://www.vde-verlag.de/iec-normen/220971/iec-61158-2-2014.html. Zugegriffen: 6. Jan 2021
161. George Zimmerman (Chair)/CME Consulting Peter Jones (Ad Hoc Chair)/Cisco Systems Jon Lewis (Recording Secretary)/Dell EMC Piergiorgio Beruto/CanovaTech Steffen Graber/Pepperl+Fuchs Heath Stewart/Analog Devices Long Beach, CA, USA January 16th 2019: IEEE P802.3cg 10Mb/s Single Pair Ethernet: A guide; IEEE P802.3cg 10Mb/s Single Pair Ethernet: A guide
162. Schäfter+Kirchhoff: Fibre Cable BASIC's. https://www.sukhamburg.com/support/technotes/fiberoptics/cablebasics.html. Zugegriffen: 27. Jan 2021
163. ITWissen.info: FOIRL (fiber optic inter repeater link), 22.07.2003. https://www.itwissen.info/FOIRL-fiber-optic-inter-repeater-link.html. Zugegriffen: 6. Jan 2021
164. ITWissen.info: 10Base-FL. https://www.itwissen.info/10Base-FL-IEEE-802DOT-3-10Base-FL.html. Zugegriffen: 6. Jan 2021
165. Elektronik Kompendium: Fast Ethernet/IEEE 802.3u. https://www.elektronik-kompendium.de/sites/net/1404191.htm. Zugegriffen: 6. Jan 2021
166. netzikon: Code 4B5B. https://netzikon.net/lexikon/c/4b5b.html. Zugegriffen: 6. Jan 2021
167. LinkFang:MLT-3-Code. https://de.linkfang.org/wiki/MLT-3-Code. Zugegriffen: 6. Jan 2021
168. Univie.ac.at/video: NRZI-Codierung. https://www.univie.ac.at/video/grundlagen/signal-codierung.htm. Zugegriffen: 6. Jan 2021
169. Elektronik Kompendium/Gigabit-Ethernet/1GBase-T/1000Base-T/IEEE 802.3z/IEEE 802.3ab. https://www.elektronik-kompendium.de/sites/net/1404201.htm. Zugegriffen: 6. Jan 2021
170. Elektronik Kompendium: Belegung RJ45-Stecker für Ethernet (Netzwerkkabel EIA/TIA 568A/568B). https://www.elektronik-kompendium.de/sites/net/0510151.htm. Zugegriffen: 5. Jan 2021. [I] ITWissen.info: EIA/TIA 568. https://www.itwissen.info/EIA-TIA-568-568.html/. Zugegriffen: 6. Jan 2021. [II] ITWissen.info: EN 50173 oder ISO/IEC 11801. https://www.itwissen.info/50173-EN-50173.html. Zugegriffen: 10. Feb 2020. [III] ELDIREKT.se: REA Kabel. https://www.eldirekt.se/elmaterial/kabel/rea-kabel/. Zugegriffen: 6. Jan 2021. [IV] Beuth publishing DIN: DIN 47100:197911; Fernmeldeschnüre – Kennzeichnung der Adern, Farben der Außenhüllen ;Englischer Titel: Cords for telecommunication – Code of insulated conductors, colour of sheath; Ausgabedatum 197911. https://www.beuth.de/de/norm/din-47100/1648128/. Zugegriffen: 6. Jan 2021. [V] CONRAD: Modularstecker Stecker, gerade RJ45 Pole: 8P8C P 129 Transparent Lumberg P 129 1 St. https://www.conrad.de/de/p/modularstecker-stecker-gerade-rj45-pole-8p8c-p-129-transparent-lumberg-p-129-1-st-738610.html?ref=list/. Zugegriffen: 6. Jan 2021. Bestell-Nr.:738610 – YS Hst.-Teile-Nr.:P 129 EAN: 205000041380. ITWissen. Info: RJ-45 Stecker, Deutsch: RJ45-Stecker, Englisch: RJ45 male connector – RJ45, Veröffentlicht: 08.11.2016. https://www.itwissen.info/RJ45-Stecker-RJ45-male-connector-RJ45.html
171. Beckhoff-EtherCAT-Verkabelung. https://infosys.beckhoff.com/index.php?content=../content/1031/ax2000-b110/html/bt_ec_wiring.htm&id=/. Zugegriffen: 2. Jan 2021. Yannick Börner, CHIP, 13.11.2020 13:51 CAT 5, CAT 6, CAT 7 und CAT 8: Das sind die Unterschiede CAT 5, CAT 6, CAT 7 und CAT 8: Das sind die Unterschiede – CHIP. Zugegriffen: 27. Jan 2021
172. ANALOG DEVICES: ADIN1300 10/100/1000-Gigabit-Ethernet-PHY. https://www.mouser.de/new/analog-devices/adi-adin1300/?gclid=EAIaIQobChMI_PHvrsaD6gIV24BQBh3ozwJ9EAAYASAAEgIz_PD_BwE. Zugegriffen: 6. Jan 2021
173. Hilscher: NEXT 52 Datenblatt. https://www.hilscher.com/fileadmin/cms_upload/en-US/Resources/pdf/netX_52_Datasheet_2014-11_EN.pdf. Zugegriffen: 6. Jan 2021

174. MICROCHIPTechnology/Micrel: KSZ8851-16MLL. https://www.mouser.de/ProductDetail/Microchip-Technology-Micrel/KSZ8851-16MLL?qs=kh6iOki%2FeLF1HaNUSBRheA==&vip=1&gclid=EAIaIQobChMI2MChyOGD6gIVS7DtCh32xQ6rEAQYAiABEgKemfD_BwE. Zugegriffen: 6. Jan 2021
175. Texas Instrumentss: DP83825I Low power 10/100 Mbps Ethernet Physical Layer Transceiver (Rev A). https://www.ti.com/document-viewer/DP83825I/datasheet/features-x7011#x7011. Zugegriffen: 6. Jan 2021
176. ITWissen.info: Power over Ethernet. https://www.itwissen.info/PoE-power-over-Ethernet-PoE-Architektur.html/. Zugegriffen: 5. Jan 2021
177. Huser, A.: Effiziente Stromversorgung mittels Power over Ethernet (PoE) (März 2005). https://nanopdf.com/downloadFile/poe-bundesamt-fr-energie-bfe_pdf nanopdf.com [abgerufen am 28. August 2019] im Auftrag des Bundesamtes für Energie (CH)
178. Luber, S.: Was ist 802.3af (PoE)?, IPINSIDER. https://www.ip-insider.de/was-ist-8023af-poe-a-884455/. Zugegriffen: 6. Jan 2021
179. IEEE SA: IEEE 802.3at-2009-IEEE Standard for Information technology—Local and m etropolitan area networks—Part 3:CSMA/CD Access Method and Physical Layer Specification Amendment 3:Data Terminal Equipment (DTE) Power via the Media Dependent Interface (MDI). https://standards.ieee.org/standard/802_3at-2009.html. Zugegriffen: 6. Jan 2021
180. IEEE SA: IEEE 802.3bt:IEEE 802.3bt-2018-IEEE Standrad for Ethernet Amendment 2: Physical Layer and Management Parameters for Power over Ethernet over 4 pairs. https://standards.ieee.org/standard/802_3bt-2018.html. Zugegriffen: 6. Jan 2021
181. MICROSENS: Smart Building Solutions; IP-basierte Gebäudeautomation. https://www.microsens.com/de/. Zugegriffen: 22. Dec 2020
182. IEEE 802.3cu 100Gb/s and 400 Gb/s over SMF at 100 Gb/s per Wavelength Task Force. https://grouper.ieee.org/groups/802/3/cu/index.html. Zugegriffen: 22. Dec 2020
183. IEEE SA: IEEE 802.3bs-2017 – IEEE Standard für Ethernet-Änderung 10: Medienzugriffssteuerungsparameter, physikalische Schichten und Verwaltungsparameter für 200 Gb/s und 400 Gb/s Betrieb. https://standards.ieee.org/standard/802_3bs-2017.html. Zugegriffen: 22. Dec 2020
184. ITWissen.info: 400-Gigabit-Ethernet; Veröffentlict: 21.07.2017. https://www.itwissen.info/400-Gigabit-Ethernet-400-gigabit-Ethernet-400GbE.html. Zugegriffen: 22. Dec 2020
185. Ethernet Alliance Hompage. https://ethernetalliance.org/. Zugegriffen: 22. Dec 2020
186. ITWissen.infoSerDes (serializer/deserializer). https://www.itwissen.info/SerDes-serializer-deserializer.html. Zugegriffen: 22. Dec 2020
187. ITWissen.info: OIF (optical internetworking forum). https://www.itwissen.info/OIF-optical-internetworking-forum.html. Zugegriffen: 22. Dec 2020
188. Elektronik Kompendium: DoD-Schichtenmodell. http://www.elektronik-kompendium.de/sites/net/0907011.htm#:~:text=DoD-Schichtenmodell%201%20Anwendungsschicht%20Application%20Layer.%20In%20der%20Anwendungsschicht,an%20das%20%C3%9Cbertragungssystem%20angepasst%20%28Fragmentierung%29.%20More%20items...%20. Zugegriffen: 22. Dec 2020
189. TCP/IPSuite. https://study-ccna.com/tcpip-suite-of-protocols/. Zugegriffen: 22. Dec 2020
190. DARPA: breakthrough technologies and capabilities. https://www.darpa.mil/. Zugegriffen: 5. Jan 2021
191. Elektronik Kompendium: HTTP – Hypertext Transfer Protokoll. https://www.elektronik-kompendium.de/sites/net/0902231.htm/. Zugegriffen: 22. Dec 2020
192. Digital Guide IONOS: FTP: Das File Transfer Protocol erklärt. https://www.ionos.de/digitalguide/server/knowhow/ftp-file-transfer-protocol. Zugegriffen: 22. Dec 2020

193. Luber, S.: Was ist UDP (User Datagram Protocol)?, IPINSIDER. https://www.ip-insider.de/was-ist-udp-user-datagram-protocol-a-789006/. Zugegriffen: 5. Jan 2021
194. Digital Guide IONOS: TCP (Transmission Control Protocol) – das Transportprotokoll im Porträt. https://www.ionos.de/digitalguide/server/knowhow/tcp-vorgestellt/. Zugegriffen: 5. Jan 2021
195. Luber, S.: IPINSIDER; Was ist ICMP (Internet Control Message Protocol)? https://www.ip-insider.de/was-ist-icmp-internet-control-message-protocol-a-808956/. Zugegriffen: 6. Jan 2021
196. Elektronik Kompendium: ARP – Address Resolution Protocol. https://www.elektronik-kompendium.de/sites/net/0901061.htm. Zugegriffen: 6. Jan 2021
197. Kinsta: Was ist DNS? Domain Name System erklärt. https://kinsta.com/de/wissensdatenbank/was-ist-dns/. Zugegriffen: 6. Jan 2021
198. Winhistory.de: Windows for Workgroups 3.1 und 3.11. https://www.winhistory.de/more/win311.htm. Zugegriffen: 5. Jan 2021
199. LINUX Community: LINNUX 2000. https://www.linux-community.de/magazine/linuxuser/2000/10/. Zugegriffen: 6. Jan 2021
200. Dr. Leonhard Stiegler Automation: Industrielle Bussysteme: EtherNet/IP; DHBW Stuttgart. http://wwwlehre.dhbw-stuttgart.de/~srupp/IBS/07_EtherNet-IP.pdf. Zugegriffen: 6. Jan 2021
201. Dopatka, F.: Ein Framework für echtzeitfähige Ethernet-Netzwerke in der Automatisierungstechnik mit variabler Kompatibilität zu Standard-Ethernet; Vom Fachbereich Elektrotechnik und Informatik der Universität Siegen zur Erlangung des akademischen Grades Doktor der Naturwissenschaften (Dr. rer. nat.); file:///C:/Users/Wolfgang%20Babel/Downloads/dopatka.pdf. Zugegriffen: 20. Dec 2020
202. ODVA: CIPMotion™. https://www.odva.org/technology-standards/distinct-cip-services/cip-motion/. Zugegriffen: 6. Jan 2021
203. ODVA: CIPSafety™. https://www.odva.org/technology-standards/distinct-cip-services/cip-safety. Zugegriffen: 6. Jan 2021
204. CIPSynch™. https://www.odva.org/technology-standards/distinct-cip-services/cip-sync/. Zugegriffen: 6. Jan 2021
205. OVDA: "List of ODVA members". ODVA. https://marketplace.odva.org/organizations#?technologies=none&view=members. Zugegriffen: 5. Jan 2021
206. Anybus by HMS NETWORKS: HMS Industrial Networks. https://www.anybus.com/about-us/news/2018/02/16/industrial-ethernet-is-now-bigger-than-fieldbuses. Zugegriffen: 6. Jan 2021
207. PLC-Handbuch: Gemeinsames Industrieprotokoll (CIP). http://www.plcmanual.com/common-industrial-protocol#:~:text=Common%20Industrial%20Protocol%20%28CIP%29%20Common%20industrial%20protocol%20%28CIP%29,all%20the%20machines%20and%20processes%20through%20the%20computers. Zugegriffen: 6. Jan 2021
208. IEEE SA: IEEE 1588-2008 – IEEE Standard für ein Präzisionstaktsynchronisationsprotokoll für vernetzte Mess- und Steuerungssysteme (engl.: 1588-2008 IEEE Standard for a Precision Clock Synchronisation Protocol for Networked Measurement and Control Systems. https://standards.ieee.org/standard/1588-2008.html. Zugegriffen: 5. Jan 2021
209. ScienceDirect: Medium Access Control. https://www.sciencedirect.com/topics/engineering/medium-access-control. Zugegriffen: 6. Jan 2021
210. Beckhoff: Durchgängiges Highspeed-Ethernet. https://www.beckhoff.de/default.asp?highlights/ethercat/default.htm?pk_campaign=AdWords-AdWordsSearch-EtherCAT_DE&pk_kwd=ethercat. Zugegriffen: 6. Jan 2021. Semi: SEMI E54.20 – Spezifikation für Sensor/Aktuator Netzwerkkommunikation für EtherCAT. https://store-us.semi.org/products/e05420-semi-e54-20-specification-for-sensor-actuator-network-communications-for-ethercat. Zugegriffen: 6. Jan 2021

211. Kerkommer, G.: EtherCAT zielt auf Fabrikvernetzung, 25.November 2009 8:44 Uhr; COMPUTER & AUTOMATION; Industrial Ethernet. https://www.computer-automation.de/feldebene/vernetzung/ethercat-zielt-auf-fabrikvernetzung.71424.html. Zugegriffen: 6. Jan 2021
212. Jasperneite, J.: Echtzeit-Ethernet im Überblick. In: Automatisierungstechnische Praxis (atp). Nr. 3, S. 29–34. ISSN 0178-2320 (2005)
213. EtherCAT Technology Group;: Homepage; EtherCAT Technology Group I HOME. https://www.ethercat.org/default.htm. Zugegriffen: 6. Jan 2021. EtherCAT – der Ethernet Fieldbus. https://www.ethercat.org/en/technology.html#:~:text=EtherCAT%20embeds%20its%20payload%20in%20a%20standard%20Ethernet,a%20standard%20Ethernet%20frame%20(according%20to%20IEEE%20802.3)/. Zugegriffen: 20. Jan 2021
214. IEC Webstore: IEC 61800-7-201:2015:Adjustable speed electrical power drive systems – Part 7-201: Generic interface and use of profiles for power drive systems – Profile type 1 specification; IEC 61800-7-201:2015 I IEC Webstore I pump, motor, water management, smart city. https://webstore.iec.ch/publication/23753. Zugegriffen: 6. Jan 2021
215. KEB Technology: What is Safety over EtherCAT, FSoE;What is Safety over EtherCAT, FSoE? I KEB (kebamerica.com). https://www.kebamerica.com/blog/what-is-failsafe-over-ethercat-fsoe/. Zugegriffen: 6. Jan 2021
216. Beuth publishing DIN: DIN EN 61784-3-12:2012-03: Industrielle Kommunikationsnetze – Profile – Teil 3–12: Funktional sichere Übertragung bei Feldbussen – Zusätzliche Festlegungen für die Kommunikationsprofilfamilie 12 (IEC 61784-3-12:2010); Englische Fassung EN 61784-3-12:2010. Englischer Titel:Industrial communication networks – Profiles – Part 3–12: Functional safety fieldbuses – Additional specifications for CPF 12 (IEC 61784-3-12:2010); English version EN 61784-3-12:2010; Ausgabedatum 2012-03; DIN EN 61784-3-12 – 2012-03 – Beuth.de
217. EtherCAT Technology Group: EtherCAT ASIC ET1100. https://www.ethercat.org/de/products/682E293139E94770BC45422386A6C432.htm. Zugegriffen: 6. Jan 2021
218. Beckhoff System Information: CANopen over EtherCAT. https://infosys.beckhoff.com/english.php?content=../content/1033/ax2000-b110/html/ax2000-b110_canopen.htm&id=. Zugegriffen: 5. Jan 2021
219. EtherCAT Technology Group: EtherCAT Product Guide. https://www.ethercat.org/en/products.html. Zugegriffen: 6. Jan 2021
220. Beuth publishing DIN: DIN EN 61800-7-301:2016-11: Elektrische Leistungsantriebssysteme mit einstellbarer Drehzahl – Teil 7–301: Generisches Interface und Nutzung von Profilen für Leistungsantriebssysteme (PDS) – Abbildung von Profil-Typ 1 auf Netzwerktechnologien (IEC 61800-7-301:2015); Englische Fassung EN 61800-7-301:2016. Englischer Titel: Adjustable speed electrical power drive systems – Part 7–301: Generic interface and use of profiles for power drive systems – Mapping of profile type 1 to network technologies (IEC 61800-7-301:2015); English version EN 61800-7-301:2016. Ausgabedatum: 2016-11;DIN EN 61800-7-301 – 2016-11 – Beuth.de
221. CAN in Automation; CAN knowledge; CiA 402 series :CANopen device for profile for drives and motion control. https://www.can-cia.org/can-knowledge/canopen/cia402/. Zugegriffen: 6. Jan 2021
222. Cisco: CIPMotion ; Implementierung in EtherNet/IP; https://www.cisco.com/c/en/us/td/docs/solutions/Verticals/CPwE/CPwE_DIG/CPwE_chapter8.html. Zugegriffen: 6. Jan 2021
223. PI international: Systembeschreibung PROFIdrive. https://felser.ch/download/pno/4321_apr07.pdf. Zugegriffen: 6. Jan 2021
224. PI: PROFIdrive Systembeschreibung PROFIdrive & Encoder (profibus.com; https://www.spshaus.ch/files/inc/Downloads/Lernumgebung/Downloads/Kurs-Modelle/PI_PROFIdrive_DE_v_web_02.pdf). Zugegriffen: 6. Jan 2021

225. Nutzerorganisation Sercos International e. V. :SERCOS. https://www.sercos.de/. Zugegriffen: 6. Jan 2021
226. Beckhoff: ASIC ET1100, Hardware Datenblatt. https://www.datasheets360.com/pdf/8599142465919467036. Zugegriffen: 6. Jan 2021
227. SIEMENS ingenuity for life: PROFINET. https://new.SIEMENS.com/global/de/produkte/automatisierung/industrielle-kommunikation/PROFINET.html. Zugegriffen: 6. Jan 2021
228. SIEMENS ingenuity for life: Industrial Ethernet. https://new.SIEMENS.com/global/de/produkte/automatisierung/industrielle-kommunikation/industrial-ethernet.html. Zugegriffen: 6. Jan 2021
229. KUNBUS gmbH: Funktionsblöcke und ihr Einsatz am Beispiel PROFINET CBA. https://www.kunbus.de/PROFINET-cba.html. Zugegriffen: 6. Jan 2021
230. VDE-Verlag IEC 61784-1:2019: Industrial communication networks – Profiles Part 1: Fieldbus profiles; Ausgabedatum: 2019-04;Edition: 5.0; Sprache: EN-FR – zweisprachig englisch/französisch; Seitenzahl: 716 VDE-Artnr.: 248616. https://www.vde-verlag.de/iec-normen/248616/iec-61784-1-2019.html. Zugegriffen: 5. Jan 2021
231. Feldbusse.de: PROFINET IO- Grundlagen. https://www.feldbusse.de/PROFINET/grundlagen.shtml. Zugegriffen: 5. Jan 2021
232. Fritz Kübler: Industrial-Ethernet-Drehgeber für Echtzeit-Anforderungen; Automatisierung Sensoren, 08.11.2020. https://www.all-electronics.de/industrial-ethernet-drehgeber-fuer-echtzeit-anforderungen-von-fritz-kuebler/. Zugegriffen: 6. Jan 2021
233. Bihl+Wiedemannn: PROFIsafe Safety Protokoll. https://www.bihl-wiedemann.de/de/unternehmen/technologische-grundlagen/bussysteme/profisafe.html. Zugegriffen: 6. Jan 2021
234. openautomation ; Fachmagazin für Manager: Aida: viele Projekte mit PROFINET. https://www.smart-production.de/open-automation/news-detailansicht/nsctrl/detail/News/aida-viele-projekte-mit-PROFINET-20091034/np/2/. Zugegriffen: 6. Jan 2021
235. ITWissen.info: TSN (time-sensitive networking). https://www.itwissen.info/TSN-time-sensitive-networking-TSN-Netz.html. Zugegriffen: 6. Jan 2021
236. Support: PROFINET Conformance Class. https://www.indu-sol.com/support/glossar/conformance-class/. Zugegriffen: 6. Jan 2021
237. Margaret Rouse: Remote Procedure Call, WhatIs.com/de. https://whatis.techtarget.com/de/definition/Remote-Procedure-Call-RPC. Zugegriffen: 6. Jan 2021
238. Elektronik Kompendium: SNMP – Simple Network Management Protocol. https://www.elektronik-kompendium.de/sites/net/0902011.htm#:~:text=SNMP%20-%20Simple%20Network%20Management%20Protocol%201%20Netzwerk-Management.,abgelegt%20und%20gespeichert%20werden.%20Dazu%20dient%20die%20MIB. Zugegriffen: 6. Jan 2021
239. Elektronik Kompendium: DHCP – Dynamic Host Configuration Protocol. https://www.elektronik-kompendium.de/sites/net/0812221.htm. Zugegriffen: 6. Jan 2021
240. Digital Guide IONOS: VLAN – Was ist ein Virtual Local Area Network? https://www.ionos.de/digitalguide/server/knowhow/vlan-grundlagen/. Zugegriffen: 6. Jan 2021
241. PROFINET UNIVERSITY: DCP – Discovery and Configuration Protocol. https://PROFINETuniversity.com/naming-addressing/PROFINET-dcp/. Zugegriffen: 5. Jan 2021
242. manualslib: Media Redundancy Protocol Und Isochronous Real-Time Parametrieren – SIEMENS KP8 Betriebsanleitung. https://www.manualslib.de/manual/131941/SIEMENS-Kp8.html?page=94. Zugegriffen: 6. Jan 2021
243. Dipl.-Ing. (FH) Stefan Luber/Dipl.-Ing. (FH) Andreas Donner, 13.05.2020 Autor/Redakteur, 13.05.2020: Was ist LLDP (Link-Layer Discovery Protocol/802.1AB)? IPINSIDER. https://www.ip-insider.de/was-ist-lldp-link-layer-discovery-protocol-8021ab-a-928511/. Zugegriffen: 6. Jan 2021

244. PROFINET Conformance Classes www.feldbuss.de: Konformitätsklassen. https://www.feldbusse.de/PROFINET/conformance.shtml. Zugegriffen: 5. Jan 2021
245. Abbreviation Finder: RSI: Anforderung-Services-Schnittstelle. https://www.abbreviationfinder.org/de/acronyms/rsi_requirement-services-interface.html. Zugegriffen: 6. Jan 2021
246. CLPA (CC-Link Partner Association): CLPA strengthens industry cooperation by signing an MoU with AutomationML e.V. https://eu.cc-link.org/en/news_events/386/CLPA%20strengthens%20industry%20cooperation%20by%20signing%20an%20MoU%20with%20AutomationML%20e.V. Zugegriffen: 6. Jan 2021
247. CC_Link Partner Association: CC_Link Partner Association-Global Website. https://www.cc-link.org/. Zugegriffen: 6. Jan 2021
248. Kunbus: CC-Link Protokoll. https://www.kunbus.com/cc-link-data-frame.html. Zugegriffen: 6. Jan 2021
249. semi-dev SEMI E54.12 – Specification for Sensor/Actuator Network Communications for CC-Link. https://semi-dev.myshopify.com/products/e05412-semi-e54-12-specification-for-sensor-actuator-network-communications-for-cc-link. Zugegriffen: 6. Jan 2021
250. CC-Link Industrial Networks: infogalactic. https://infogalactic.com/info/CC-Link_Industrial_Networks. Zugegriffen: 6. Jan 2021
251. MOEA: CNS CATALOG; ISSN:1561-8668, 2017. https://www.bsmi.gov.tw/wSite/public/Data/f1498186033168.pdf. Zugegriffen: 2. Jan 2021
252. kunbus: The CC-Link Data Frame and its format; https://www.kunbus.com/cc-link-data-frame.html letzter Zugriff 2.1.2021
253. CCLink IE www.feldbusse.de: CC-LINK IE Kommunikation. https://www.feldbusse.de/CCFlink-IE/CClinkIE.shtml. Zugegriffen: 2. Jan 2021
254. Feldbusse.de: CC-Link. https://www.feldbusse.de/CCLink/cclink.shtml#:~:text=CC-Link%2FLT%20basiert%20auf%20der%20Technologie%20von%20CC-Link.%20CC-Link,einem%20erkannten%20Kommunikationsfehler%20schnell%20in%20einen%20sicheren%20Zustand. Zugegriffen: 2. Jan 2021
255. CLPA Home: CC-Link-Safety. https://www.cc-link.org/en/cclink/cclinksafety/index.html. Zugegriffen: 2. Jan 2021
256. Gilgamo.com: Was ist Profibus. http://www.gilgamo.com/WasIstProfibus/Was%20ist%20Profibus.htm. Zugegriffen: 2. Jan 2021
257. visaya: Alles über das PROFIBUS Netzwerkkommunikationsprotokoll. https://visaya.solutions/de/article/alles-was-sie-ueber-das-profibus-netzwerkkommunikationsprotokoll-wissen-muessen/. Zugegriffen: 6. Jan 2021
258. Emerson: AMS (Asset Management); Vorhersage und Schutz beim Management von Produktionsanlagen System. https://www.emerson.com/de-de/automation/ams. Zugegriffen: 3. Jan 2021
259. PI: Organisationsstruktur (PNO). https://de.profibus.com/community/die-profibus-nutzerorganisation/organisationsstruktur. Zugegriffen: 3. Jan 2021
260. Beuth publishins DIN: DIN 19245-1:1991-04: Messen, Steuern, Regeln; PROFIBUS; Process Field Bus; Übertragungstechnik, Buszugriffs- und Übertragungsprotokoll, Dienstschnittstelle zur Anwendungs-Schicht, Management. Englischer Titel:Measurement and control; PROFIBUS; Process Field Bus; data transmission technic, medium access methods and transmission protocol, service interface to the application layer, management. Ausgabedatum1991–04; (zurückgezogen). https://www.beuth.de/de/norm/din-19245-1/3182728/. Zugegriffen: 6. Jan 2021

261. Beuth publishing DIN: DIN 19245-2:1991-04 : Messen, Steuern, Regeln; PROFIBUS; Process Field Bus; Kommunikations-Modell, Dienste für die Anwendung, Protokoll, Syntax, Codierung, Schnittstelle zur Schicht 2, Management. Englischer Titel: Measurement and control; PROFIBUS; Process Field Bus; communication-model, services for user application, protocol, specification, coding, data link layer interface, management; Ausgabedatum 1991-04; DIN EN 19245 (zurückgezogen). https://www.beuth.de/de/norm/din-19245-2/3182764/. Zugegriffen: 6. Jan 2021
262. Beuth publishing DIN: DIN EN 50170/2:1997-07: Universelles Feldkommunikationssystem; Englische Fassung EN 50170:1996 Band 2/3 PROFIBUS. Englischer Titel: General purpose field communication system; English version EN 50170:1996 Volume 2/3 PROFIBUS; Ausgabedatum:1997-07, https://www.beuth.de/de/norm/din-en-50170-2/3007158. Zugegriffen: 10. Feb 2020
263. IEC Webstore: IEC 61158-3:2003 Zurückgezogen; teilweise durch IEC 61158-3-11:2007 IEC 61158-3-16:2007 IEC 61158-3-17:2007 I ersetzt. https://webstore.iec.ch/publication/19178&preview=1. Zugegriffen: 6. Jan 2021
264. SIEMENS: Difference between DP V0, DP V1, DP V2. https://support.industry.SIEMENS.com/tf/ww/en/posts/difference-between-dp-v0-dp-v1-and-dp-v2/73263?page=. Zugegriffen: 5. Jan 2021
265. Janitza electronics: Kommunikation über die RS485 Schnittstelle. https://www.janitza.de/kommunikation-ueber-die-rs485-schnittstelle.html. Zugegriffen: 6. Jan 2021
266. RN-Wissen, die Wissenbasis der Roboternetz Community (Stand 2020). https://rn-wissen.de/wiki/index.php?title=Manchester-Codierung. Zugegriffen: 6. Jan 2021
267. reichelt elektronik: D-SUB BU 09 D-SUB-Buchse, 9-polig, Lötkelch. https://www.reichelt.de/de/de/d-sub-buchse-9-polig-loetkelch-d-sub-bu-09-p6948.html?r=1. Zugegriffen: 3. Jan 2021
268. VDE Verlag: Norm DIN EN 60079-11 VDE 0170-27:2012-06; (FISCO). https://www.vde-verlag.de/normen/0170098/din-en-60079-27-vde-0170-27-2008-12.html. Zugegriffen: 22. Dec 2020
269. YASKAWA: VPCLS2-Brochure. https://www.profichip.com/fileadmin/Data_sheets/2019_11_YASKAWA_Broschuere_PROFICHIP_VPCLS2_web.pdf. Zugegriffen: 5. Jan 2021
270. profichip: VPCLS2 User ManualRevision 1.04. https://www.profichip.com/fileadmin/Data_sheets/technical_datasheet/VPCLS2/VPCLS2_User_manual.pdf. Zugegriffen: 5. Jan 2021
271. SIEMENS: (procentec.com). https://procentec.com/products/ASIC's/profibus-ASIC's-and-development-kits/SIEMENS/lspm2-single-chip-profibus-dp-protocol-asic/. Zugegriffen: 5. Jan 2021
272. Bernd Leitenberger: CISC und RISC – Die Gegensätze der Rechnerarchitekturen. https://bernd-leitenberger.de/cisc-risc.shtml/. Zugegriffen: 5. Jan 2021
273. STORAGE INSIDER: Was ist ein EEPROM? https://www.storage-insider.de/was-ist-ein-eeprom-a-831590/. Zugegriffen: 5. Jan 2021
274. profichip: Profibus DP Slave Controller with serial interface VPV3+S. https://www.profichip.com/fileadmin/Data_sheets/Profichip_VPC3_S_09_2016_ENG_web.pdf. Zugegriffen: 5. Jan 2021
275. profichip: VPC3+S User manuel. https://www.intex.com.pl/wp-content/uploads/2015/11/VPC3-S_UM107.pdf/. Zugegriffen: 5. Jan 2021
276. ELNEC: Device: SST32HF402 [LFBGA48]. https://www.elnec.com/en/device/SST/SST32HF402+%5BLFBGA48%5D/. Zugegriffen: 5. Jan 2021
277. WayBackMachine: SPI – Serial Peripheral Interface. https://web.archive.org/web/20190116220910/http://www.mct.de/faq/spi.html. Zugegriffen: 5. Jan 2021

278. FieldComm Group. https://fieldcommgroup.org/. Zugegriffen: 5. Jan 2021
279. Fieldbus Foundation: Fieldbus Homepage. https://fieldcommgroup.org/. Zugegriffen: 5. Jan 2021
280. wirauotmatisierer.de: FieldComm Group gegründet, 17. Oktober 2014. https://wirautomatisierer.industrie.de/ressort-beitragsart/branchennews/fieldcomm-group-gegruendet/. Zugegriffen: 5. Jan 2021
281. mikrocontroller.net: UART. https://www.mikrocontroller.net/articles/UART. Zugegriffen: 5. Jan 2021
282. Electron 18, www.softelectro.ru 2010: Bell 202 Schnittstellenspezifikation zur Übertragung von Binärdaten durch Frequenzmanipulation FSK. http://www.softelectro.ru/bell202_en.html. Zugegriffen: 5. Jan 2021
283. Yannick Börner, CHIP, 11.06.2018: Was bedeutet FSK? Verständlich erklärt. https://praxistipps.chip.de/was-bedeutet-fsk-verstaendlich-erklaert_45850. Zugegriffen: 5. Jan 2021
284. Samson. HART-Kommunikation. https://www.samsongroup.com/document/l452de.pdf. Zugegriffen: 7. Jan 2021
285. tams.informatik.uni-hamburg: FSK modem (modulator and demodulator). https://tams.informatik.uni-hamburg.de/applets/hades/webdemos/45-misc/40-modem/fsk-modem.html. Zugegriffen: 7. Jan 2021
286. EMERSON: Feldkommunikator 475. https://www.emerson.com/de-de/catalog/ams-475-field-communicator-de-de. Zugegriffen: 7. Jan 2021
287. Automation.Formum.Co: What is DDL (Device Description Language)? https://automationforum.co/what-is-ddl-device-description-language/. Zugegriffen: 7. Jan 2021
288. FieldComm Group; 9430 Research Blvd, Suite 1-120, Austin, TX 78759, United States: revised HART DD releases – 2017 HART DD library release 1. https://fieldcommgroup.org/posts/revised-hart-dd-releases-2017-hart-dd-library-release-1. Zugegriffen: 7. Jan 2021
289. VDI: VDI/VDE Richtlinie 2187. https://www.vdi.de/fileadmin/pages/vdi_de/redakteure/richtlinien/inhaltsverzeichnisse/9254216.pdf. Zugegriffen: 7. Jan 2021
290. IONOS: ROI – Berechnung des Return on Investment. https://www.ionos.de/startupguide/unternehmensfuehrung/return-on-investment-roi/. Zugegriffen: 7. Jan 2021
291. ANALOG DEVICES: HART Modem ASIC AD5700-1BCPZ-RL7 HART Modem ASIC AD5700-1BCPZ-R5. https://www.mouser.de/ProductDetail/Analog-Devices/AD5700-1BCPZ-R5?qs=NmRFExCfTkF%2FjBcY9o%252BJBg%3D%3D&vip=1&gclid=EAIaIQobChMI2Oi59LaD6gIVYIBQBh0VXw_IEAQYAiABEgJBe_D_BwE. Zugegriffen: 7. Jan 2021. Abb. 5.37 [I] : https://media.digikey.com/Renders/Analog%20Devices%20Reners/AD5700BCPZ-R5TR-ND.jpg/. Zugegriffen: 28. Dec 2020
292. ITWissen.info: LFCSP (leadframe chIPscale package). https://www.itwissen.info/LFCSP-leadframe-chip-scale-package-LFCSP-Package.html. Zugegriffen: 7. Jan 2021
293. MAXIM integrated: HART Modem ASIC. https://www.maximintegrated.com/en/products/interface/current-loop-products-4-20ma/DS8500.html. Zugegriffen: 7. Jan 2021. [II] DS8500-JND+ HART Protocol Modem Modem FSK, 3,6 V, 1200bit/s, TQFN 20-Pin RS Best.-Nr.: 103-9922, Herst. Teile-Nr.: DS8500-JND+; Hersteller: Maxim Integrated. https://www.google.com/search?q=DS8500-JND%2B+HART+Protocol+Modem+FSK&client=firefox-b-d&source=lnms&tbm=isch&sa=X&ved=2ahUKEwi60ISr977uAhWB3YUKHZmUCFAQ_AUoAXoECAcQAw&biw=1536&bih=708&dpr=2.5#imgrc=mWyPlgn1XT5DMM/. Zugegriffen: 28. Jan 2021
294. Mouser Electronics: Maxim Integrierte TQFN-EP-20 Analogschalter-Ics. https://www.mouser.de/Semiconductors/Switch-ICs/Analog-Switch-ICs/_/N-7590c?P=1yzuv5t. Zugegriffen: 7. Jan 2021

295. On Semiconductor: NCN5192 HART Modem. https://www.onsemi.com/pub/Collateral/NCN5192-D.PDF. Zugegriffen: 7. Jan 2021. [III] ON Semiconductor A5191HRTLG-XTD, Modem HART Protokoll Modem FSK, → 5,5 V, 1200bit/s, 32-Pol, LQFP; RS Lager-Nr.: 773-7608; Mfr. Artikel-Nr.: A5191HRTLG-XTD; Marke: ON Semiconductor. https://uk.rs-online.com/web/p/modem-ics/7737608//. Zugegriffen: 28. Jan 2021
296. ON Semiconductor: HART Modem A5191HRTLG-XTD. https://de.rs-online.com/web/p/modem-ics/7737608?cm_mmc=DE-PLA-DS3A-_-google-_-CSS_DE_DE_Halbleiter_Whoop-_-(DE:Whoop!)+Modem+ICs-_-7737608&matchtype=&aud-772940708119:pla-541167229357&gclid=EAIaIQobChMI5J_fhLuD6gIVlYBQBh38rwJUEAYYASABEgL-vfD_BwE&gclsrc=aw.ds. Zugegriffen: 7. Jan 2021
297. homeandsmart: Was ist ZigBee und welche Geräte sind ZigBee kompatibel? https://www.homeandsmart.de/zigbee-funkprotokoll-hausautomation. Zugegriffen: 7. Jan 2021
298. Netzwelt: Bluetooth. https://www.netzwelt.de/bluetooth/index.html/. Zugegriffen: 29. Jan 2021
299. Microsoft Bing:WLAN. https://www.bing.com/news/search?q=WLAN&qpvt=WLAN&FORM=EWRE. Zugegriffen: 7. Jan 2021
300. Pepperl+Fuchs: WirelessHART. https://www.pepperlfuchs.com/germany/de/10028.htm. Zugegriffen: 7. Jan 2021
301. ITWissen.info: IEEE 802.15.4. https://www.itwissen.info/IEEE-802DOT-15DOT-4-802DOT-15DOT-4.html. Zugegriffen: 7. Jan 2021
302. Garrot Schmidt, Phoenix Contact: WirelessHART- Whitepaper; Einführung in Technologie und Anwendung; 2015- vor Industrie 4.0. https://www.itwissen.info/IEEE-802DOT-15DOT-4-802DOT-15DOT-4.html. Zugegriffen: 7. Jan 2021
303. VDE Verlag: IEC 62591:2010; IEC 62591:2016. https://www.vde-verlag.de/iec-normen/222660/iec-62591-2016.html. Zugegriffen: 7. Jan 2021
304. Dipl.-Ing. (FH) Stefan Luber/Peter Schmitz Autor, Redakteur, 23,02.2018: Securityinsider: Was ist AES (Advanced Encryption Standard)? https://www.security-insider.de/was-ist-aes-advanced-encryption-standard-a-688378. Zugegriffen: 7. Jan 2021
305. Kristofer S. J. Pister, Lance Doherty, (Authors), University of California, Berkeley, January 2008:TSMP. https://people.eecs.berkeley.edu/~pister/290Q/Papers/Pister%20TSMP%20DSN08.pdf. Zugegriffen: 7. Jan 2021
306. ANALOG Devices: SmartMesh WirelessHART Solutions. https://www.analog.com/en/applications/technology/smartmesh-pavilion-home/smartmesh-wirelesshart.html. Zugegriffen: 7. Jan 2021
307. TechTarget; Frequence-Hopping-Spread-Spektrum. https://www.translatetheweb.com/?from=en&to=de&ref=SERP&refd=www.bing.com&dl=de&rr=UC&a=https%3a%2f%2fsearchnetworking.techtarget.com%2fdefinition%2ffrequency-hopping-spread-spectrum. Zugegriffen: 7. Jan 2021
308. Softing: HART-IP ein Protokoll von vielen?; https://industrial.softing.com/fileadmin/sof-files/pdf/de/ia/Articles/FA-HART-IP_Computer_Automation-2014-11.pdf. zugegriffen am 7.1 Jan.2021
309. CHIP: Hoheimer M.: WLAN Standards - die Unterschiede im Überblick, 8.9.2018, 14:40. https://praxistipps.chip.de/wlan-standards-die-unterschiede-im-ueberblick_31063. Zugegriffen: 5. Sept 2021
310. ComputerWeekly.de: Direct Sequence Spread Spectrum oder DS-CDMA. https://www.computerweekly.com/de/definition/Direct-Sequence-Spread-Spectrum-DSSS-oder-DS-CDMA/. Zugegriffen: 7. Jan 2021

311. Hilz, T.: Computers & Automation,2014. https://www.computer-automation.de/feldebene/vernetzung/was-steckt-hinter-hart-ip.114308.2.html. Zugegriffen: 7. Jan 2021
312. Grasreiner, S.: WPAN (Wireless Personal Area Network), 11.12.2017 CCM; wpan-wireless-personal-area-network. https://de.ccm.net/contents/203-wpan-wireless-personal-area-network. Zugegriffen: 7. Jan 2021
313. Elektronik Kompendium: IEEE 802.11a/IEEE 802.11h/IEEE 802.11j. https://www.elektronik-kompendium.de/sites/net/0907041.htm. Zugegriffen: 7. Jan 2021;
314. Elektronik Kompendium; Wi-Fi 5/IEEE 802.11ac/Gigabit-WLAN. https://www.elektronik-kompendium.de/sites/net/1602101.htm/. Zugegriffen: 29. Jan 2021
315. CCM: Einführung in Wi-Fi (802.11). https://de.ccm.net/contents/104-einfuehrung-in-wi-fi-802-11/. Zugegriffen: 29. Jan 2021
316. Elektronik Kompendium: Wi-Fi 4/IEEE 802.11n/WLAN mit 150 Mbit/s. https://www.elektronik-kompendium.de/sites/net/1102071.htm/. Zugegriffen: 29. Jan 2021
317. ITWissen.info: DTIM (delivery traffic indication message); 05.05.2014. https://www.itwissen.info/DTIM-delivery-traffic-indication-message.html/. Zugegriffen: 29. Jan 2021
318. Fitzgibbons, L.: OFDMA (Orthogonal Frequency-Division Multiple Access). https://www.computerweekly.com/de/definition/OFDMA-Orthogonal-Frequency-Division-Multiple-Access. Zugegriffen: 29. Jan 2021
319. ITWissen.info: OFDMA (orthogonal frequency division multiple access). https://www.itwissen.info/OFDMA-orthogonal-frequency-division-multiple-access.html. Zugegriffen: 7. Jan 2021
320. Elektronik Kompendium: QAM Quadratur Amplituden Modulation. https://www.elektronik-kompendium.de/sites/kom/1304151.htm
321. wirautomatisierer.de; Anreas Gees stv Chefredakteur elektro AUTOMATION: WLAN 6 wir eine entscheidende Rolle spielen. https://wirautomatisierer.industrie.de/wireless/wlan-6-entscheidende-rolle-automatisierung/. Zugegriffen: 7. Jan 2021
322. Patrick Skoruppa, Computerbild, 3.10.2020: Wi-Fi 6 (IEEE 802.11ax): Alle Infos zum neuen WLAN-Standard. https://www.computerbild.de/artikel/cb-News-DSL-WLAN-Wi-Fi-6-IEEE-802.11ax-19690321.html. Zugegriffen: 7. Jan 2021
323. Microchip: WLAN ASIC. https://www.microchip.com/design-centers/wireless-connectivity/embedded-wi-fi. Zugegriffen: 7. Jan 2021. [I] Anja Schaal 24. März 2016, Wireless Technologies, WLAN/Wi-FI Technolo gies, IEEE 802.11 bgn, microchip, RN1810, RN1810E, RN1811, RN1811E, Wi-Fi,0 RN1810/RN1810E – Neue Wi-Fi IEEE 802.11 b/g/n Module. https://rutronik-tec.com/rn1810//. Zugegriffen: 29. Jan 2021. https://www.bing.com/images/search?view=detailV2&ccid=aB5B3iQ8&id=2AEAA0D349EC72BC2185DC41F8CB13AB77EED002&thid=OIP.aB5B3iQ8FIJKpmmuC_T2XAHaEQ&mediaurl=https%3a%2f%2frutronik-tec.com%2fwp-content%2fuploads%2f2016%2f03%2fRN1810.jpg&exph=294&expw=511&q=RN+1810+&simid=608010010763265027&ck=2F5EC9A076B0F5561CE5E7BF89CF293C&selectedIndex=4&FORM=IRPRST&ajaxhist=0. Zugegriffen: 29. Jan 2021. [II] TEM Electromnic Components: RN1810-I/RM110 MICROCHIP TECHNOLOGY; Moduł: Wi-Fi; IEEE 802.11b/g/n; UART; SMD; 27x18mm; 54Mbps; 246/64mA WYPRZEDAŻ Symbol TME: RN1810-I/RM110; Oznaczenie producenta: RN1810-I/RM110; Producent: MICROCHIP TECHNOLOGY. https://www.tme.eu/pl/details/rn1810-i_rm110/moduly-iot-wifi-bluetooth/microchip-technology//. Zugegriffen: 13. Feb 2021
324. Autor: Microchip Technology Inc., 2017. Titel: RN1810/RN1810E 2.4 GHz IEEE 802.11b/g/n Wireless Module Data Sheet. https://www.mouser.de/datasheet/2/268/50002460A-890249.pdf. MICROCHIPTechnology: RN1810/RM110-Wifi Chip 802.11 b/g/n. https://www.amazon.de/Wifi-Karte-Bluetooth. Zugegriffen: 13. Feb 2021

325. MICROCHIPTechnology: RN1810/RM110. https://docs.rs-online.com/28b2/0900766b814df463.pdf. Zugegriffen: 7. Jan 2021
326. Amazon.de : Computer und Zubehör; Wi-Fi 6 Karte für PC/Drahtlose WLAN PCIe Wifi-Karte/bis zu 3000 Mbit/s mit Bluetooth 5.1/Intel AX500 Chip, MUMIMO,OFDMA/IEEE 80211AX Dualband-PCI-E-Karte Adapter. https://www.amazon.de/s?k=wlan+pci+karte&hvadid=79920783823572&hvbmt=bp&hvdev=c&hvqmt=p&tag=hyddemsn-21&ref=pd_sl_9jmtt754l_p. Zugegriffen: 7. Jan 2021
327. Michael Volz Elektronik: Funk statt Kabel, 17.8.2016. https://www.elektroniknet.de/automation/funk-statt-kabel.133195.html. Zugegriffen: 7. Jan 2021
328. Bluetooth® Technology Website: Bluetooth® Technology Reliable by Design. https://www.bluetooth.com/. Zugegriffen: 7. Jan 2021
329. Europäisches Patentamt: European Inventor Award 2012 Industry Nominee: Jaap Haartsen; Bluetooth technology. https://www.epo.org/news-events/events/european-inventor/finalists/2012/haartsen_de.html. Zugegriffen: 7. Jan 2021
330. Thomas Rau: Das bringt Bluetooth 4.0, 28.3.2012; PC WELT. https://www.pcwelt.de/ratgeber/Nicht-nur-fuer-Notebook-und-Smartphone-Das-bringt-Bluetooth-4-0-5626378.html. Zugegriffen: 7. Jan 2021
331. Qualcomm Webpage. https://www.qualcomm.com/. Zugegriffen: 7. Jan 2021
332. SOFTPEDIA: CSR Drivers. https://drivers.softpedia.com/get/BLUETOOTH/CSR/. Zugegriffen: 7. Jan 2021
333. Geiger, J.: Bluetooth 4.1: Alle Neuerungen im Detail, CHIP; 20.8.2014. https://www.chip.de/artikel/Bluetooth-4.1-Alle-Neuerungen-im-Detail_139953283.html. Zugegriffen: 7. Dec 2021
334. Seibt, R.: Bluetooth 4.2 erklärt: Das kann die nächste Version; PC -Magazin, 15.9.2015. https://www.pc-magazin.de/ratgeber/bluetooth-4-2-features-version-neuerungen-hintergrund-3194962.html. Zugegriffen: 7. Jan 2021
335. Lohmann S.: 16.3.2018, MACWELT: Bluetooth 5: Was Sie wissen müssen. https://www.macwelt.de/a/bluetooth-5-was-sie-wissen-muessen,343871. Zugegriffen: 7. Jan 2021
336. ITWissen.info: Bluetooth Schichtenmodell. https://www.itwissen.info/Bluetooth-Schichtenmodell-Bluetooth-layer-model.html. Zugegriffen: 7. Jan 2021
337. ITWissen.info: Logical link control and adaption protocol (L2CAP). https://www.itwissen.info/L2CAP-logical-link-control-and-Adaption-protocol-L2CAP-Protokoll.html. Zugegriffen: 7. Jan 2021
338. ACADEMIC. https://deacademic.com/dic.nsf/dewiki/181852/335294. Zugegriffen: 7. Jan 2021
339. Elektronik Kompendium: Bluetooth 2.0/2.1. http://www.elektronik-kompendium.de/sites/kom/1010121.htm#:~:text=%20Bluetooth%202.0%20%2F%202.1%20%201%20%C3%9Cbertragungsgeschwindigkeit.,bietet%20gegen%C3%BCber%20den%20Bluetooth-Ger%C3%A4ten%20mit%20der...%20More%20. Zugegriffen: 7. Jan 2021
340. DigiKey: BlueNRG-2 Bluetooth Low Energy Wireless System-on-Chip. https://www.digikey.com/en/product-highlight/s/stmicroelectronics/bluenrg-2-bluetooth-low-energy-wireless-system-on-chip#:~:text=%20STMicro%27s%20BlueNRG-2%20is%20a%20very%20low%20power,or%2026%20GPIOs%2010%2010-bit%20ADC%20More%20. Zugegriffen: 7. Jan 2021
341. STMicroelectronics:Arm® Cortex®-M0 in a nutshell. https://www.st.com/content/st_com/en/arm-32-bit-microcontrollers/arm-cortex-m0.html. Zugegriffen: 7. Jan 2021
342. sparkfun; RFduino – DIP. https://www.sparkfun.com/products/retired/13208. Zugegriffen: 7. Jan 2021

343. MICROCHIP: RN4871 Bluetooth Low Energy ModuleModule. https://www.microchip.com/wwwproducts/en/RN4871. Zugegriffen: 7. Jan 2021
344. kvm-Concepts: Modbus. https://www.kvm-concepts.de/wiki/m/modbus/. Zugegriffen: 7. Jan 2021
345. Schneider Electric: Modicon is now Schneider Electric. https://www.se.com/uk/en/about-us/company-profile/brands/modicon.jsp. Zugegriffen: 7. Jan 2021
346. Feldbusse.de: Modbus TCP. https://www.feldbusse.de/ModbusTCP/modbustcp.shtml/. Zugegriffen: 8. Jan 2021
347. Kunbus: Modbus RTU Grundlagen. https://www.kunbus.de/modbus-rtu-grundlagen.html/. Zugegriffen: 8. Jan 2021
348. perle: Modbus zu Ethernet Konverter und Gateways. Verbinden Modbus RTU- oder ASCII-Geräte mit Modbus/TCP-Netzwerken. https://www.perlesystems.de/lp/modbus-to-ethernet.shtml?msclkid=b79a691dea0e1d1f3c8c36e585777047&utm_source=bing&utm_medium=cpc&utm_campaign=Germany%20Servers&utm_term=modbus%20zu%20ethernet&utm_content=modbus. Zugegriffen: 8. Jan 2021
349. feldbusse.de: OSI-Modell und Modbus TCP. https://www.feldbusse.de/ModbusTCP/modbustcp.shtml/. Zugegriffen: 8. Jan 2021
350. auma: Modbus TCP. https://www.auma.com/de/produkte/kommunikationssysteme/industrial-ethernet/modbus-tcp/. Zugegriffen: 8. Jan 2021
351. SIEMENS: SIMATIC Modbus/TCP redundant communication via the integrated PN interface of H-CPUs. https://cache.industry.SIEMENS.com/dl/files/202/103498202/att_111036/v1/ModbusTCP_PN_CPU_Red_Deutsch.pdf. Zugegriffen: 8. Jan 2021
352. Otterbach, B.: Bosch-Technologiepreis für Entwickler, Redakteur 24.11.2008. https://www.automobil-industrie.vogel.de/technologiepreis-fuer-entwickler-a-155209/. Zugegriffen: 8. Jan 2021
353. softing: CAN-ISO 11898. https://automotive.softing.com/de/standards/bus-systeme/can-iso-11898.html. Zugegriffen: 8. Jan 2021
354. ISO: ICS>43>43.040>43.0.40.15: ISO 11898-2:2003: Road vehicles-Controller area network (CAN)-Part2: High-speed medium access unit. https://www.iso.org/standard/33423.html. Zugegriffen: 8. Jan 2021
355. ISO: Road vehicles — Controller area network (CAN) — Part 3: Low-speed, fault-tolerant, medium-dependent interface. https://www.iso.org/obp/ui/#iso:std:iso:11898:-3:ed-1:v1:en. Zugegriffen: 8. Jan 2021
356. CiA (CAN in Automation) Webpage. https://can-cia.org/. Zugegriffen: 8. Jan 2021
357. Elektronik Kompendium: CSMA/CA – Carrier Sense Multiple Access/Collision Avoidance. https://www.elektronik-kompendium.de/sites/net/1712071.htm. Zugegriffen: 8. Jan 2021
358. Voss, W.: Serial Control and Communications Vehicle Network; esd electronics, Inc., 525 Bernardston Road Greenfield, MA 01038: SAE J1939. http://read.pudn.com/downloads617/doc/comm/2510832/SAE%20J1939.pdf. Zugegriffen: 8. Jan 2021
359. Wedemeyer, T.: „Grundlegende Informationen zum CAN-Bus". https://www.thomas-wedemeyer.de/uploads/file/CAN.PDF. Zugegriffen: 8. Jan 2021
360. IT-Wissen.info: Bit Stuffing. https://www.itwissen.info/Bit-Fuellung-bit-stuffing.html. Zugegriffen: 8. Jan 2021
361. Lawrenz, W. (Hrsg.): CAN Controller Area Network – Grundlagen und Praxis, 5. Aufl. VDE, Berlin (2011). ISBN 978-3-8007-3332-3
362. Wellach, I.: Praxisbuch EEG, 2. Aufl., S. 71–73. Thieme, Stuttgart (2015). ISBN 978-3-13-153922-9

363. ITWissen.info: Gleichtaktunterdrückungsverhältnis (CMRR). https://www.itwissen.info/Gleichtaktunterdrueckungsverhaeltnis-common-mode-rejection-ratio-CMRR.html. Zugegriffen: 8. Jan 2021
364. CiA: CiA® 303 series: CANopen recommendation. https://www.can-cia.org/can-knowledge/canopen/cia303/. Zugegriffen: 8. Jan 2021
365. kfztech.de: CAN Grundlagen 3 – Bits und Bytes. https://www.kfztech.de/kfztechnik/elo/can/bits.htm#:~:text=Da%20bei%20CAN%20kein%20Takt%20%C3%BCbertragen%20wird%2C%20wird,werden%2C%20erscheint%20auf%20dem%20Bus%20der%20Low-%20Pegel. Zugegriffen: 8. Jan 2021
366. Beuth publishing DIN: DIN EN 50325-4:2003-07: Industrial communications subsystem based on ISO 11898 (CAN) for controller-device interfaces – Part 4: CANopen; German version EN 50325-4:2002, text in English. German title: Industrielles Kommunikationssubsystem basierend auf ISO 11898 (CAN) – Teil 4: CANopen; Deutsche Fassung EN 50325-4:2002, Text in Englisch; Publication date: 2003-07. https://www.beuth.de/en/standard/din-en-50325-4/64002929/. Zugegriffen: 8. Jan 2021
367. Beuth publishing DIN: ISO 11898-1:2015-12: Straßenfahrzeuge – CAN-Bus – Teil 1: Sicherungsschicht und physikalische Datenübertragung. Englischer Titel: Road vehicles – Controller area network (CAN) – Part 1: Data link layer and physical signaling: Ausgabedatum: 2015-12. https://www.beuth.de/de/norm/iso-11898-1/247965941. Zugegriffen: 8. Jan 2021
368. Fluid Power: IO-Link. https://fluidpowerjournal.com/IO-Link-step-toward-smart-manufacturing/. Zugegriffen: 8. Jan 2021
369. Uffelmann, J.R., Wienzek, P., Jahn, M.: IO-Link. Brückentechnologie für Industrie 4.0, 2. Aufl. Deutscher Industrieverlag, Essen (2018). ISBN 978-3-8356-7377-9
370. Wienzek, P., Uffelmann, JR.: IO-Link. Intelligente Geräte brauchen einfache Schnittstellen. Oldenbourg Industrieverlag, München (2010). ISBN 978-3-8356-3115-1
371. VDE Verlag: IEC 61131-9-2013. https://www.vde-verlag.de/iec-normen/220207/iec-61131-9-2013.html. Zugegriffen: 8. Jan 2021
372. IO-Link: IO-Link Systembeschreibung. https://IO-Link.com/share/Downloads/At-a-glance/IO-Link_Systembeschreibung_dt_2018.pdf/. Zugegriffen: 8. Jan 2021
373. IO-Link: IO-Link Spezifikationen. https://IO-Link.com/de/Download/Download.php. Zugegriffen: 8. Jan 2021
374. IO-Link: Was ist IO-Link. https://IO-Link.com/de/Technologie/Was_ist_IO-Link.php. Zugegriffen: 8. Jan 2021
375. IO-Link: IO-Link Systembeschreibung. https://www.google.com/search?client=firefox-b-d&q=IO+Link+Systembeschreibung. Zugegriffen: 8. Jan 2021
376. VDE Verlag: IEC 61131-2:2017: Industrial-process measurement and control – Programmable controllers – Part 2: Equipment requirements and tests. Ausgabedatum: 2017-08; Edition: 4.0; Sprache: EN-FR – zweisprachig englisch/französisch; Seitenzahl: 227 VDE-Artnr.: 224820. https://www.vde-verlag.de/iec-normen/224820/iec-61131-2-2017.html. Zugegriffen: 8. Jan 2021
377. Lindenthal, H., Gringauz, D., Moritz, F., Witte, F.-O.: Fachartikel all-electronics.de: Warum IO-Link over SPE interessante Potenziale bietet, 8.10.2020. https://www.all-electronics.de/warum-IO-Link-over-spe-interessante-potenziale-bietet/. Zugegriffen: 8. Jan 2021
378. ifm: IO-Link Systembeschreibung Technologie und Anwendung Vorteile IO-Link. https://www.ifm.com/download/files/IO-Link%20Handout%20DE_allg%20V1/$file/IO-Link%20Handout%20DE_allg%20V1.7.pdf/. Zugegriffen: 8. Jan 2021

379. Juschkat, K.: Redakteur, 6.11.2020; Elektrotechnik Automatisierung: Single Pair Ethernet (SPE) Neuer Arbeitskreis für IO-Link over SPE gegründet; https://www.elektrotechnik.vogel.de/neuer-arbeitskreis-fuer-IO-Link-over-spe-gegruendet-a-977756/. Zugegriffen: 8. Jan 2021. Wirautomatisierer.de: IO-Link-over-SPE als Konzeptstudie der Profibus-Nutzerorganisation,18. September 2020; https://wirautomatisierer.industrie.de/industrial-ethernet/IO-Link-over-spe-als-konzeptstudie-der-profibus-nutzerorganisation/. Zugegriffen: 8. Jan 2021
380. Jacobs, D.: ComputerWeekly.de: 802.3cg: Mehr Reichweite und Tempo für Single-Pair Ethernet; 4.8.2020. https://www.computerweekly.com/de/feature/8023cg-Mehr-Reichweite-und-Tempo-fuer-Single-Pair-Ethernet. Zugegriffen: 8. Jan 2021
381. IO-Link Homepage: IODD. https://IO-Link.com/de/index.php/. Zugegriffen: 8. Jan 2021
382. CHIP: XML. https://praxistipps.chip.de/xml-was-ist-das-einfach-erklaert_47836/. Zugegriffen: 8. Jan 2021
383. Pilz: EN 61508: Funktionale Sicherheit von Steuerungssystemen. https://www.pilz.com/de-DE/support/knowhow/law-standards-norms/functional-safety/en-iec-61508. Zugegriffen: 8. Jan 2021
384. Beuth publishing DIN: DIN EN ISO 13849-1:2016-06: Sicherheit von Maschinen – Sicherheitsbezogene Teile von Steuerungen – Teil 1: Allgemeine Gestaltungsleitsätze (ISO 13849-1:2015); Deutsche Fassung EN ISO 13849-1:2015. Englischer Titel: Safety of machinery – Safety-related parts of control systems – Part 1: General principles for design (ISO 13849-1:2015); German version EN ISO 13849-1:2015; Ausgabedatum 2016-06. https://www.beuth.de/de/norm/din-en-iso-13849-1/230387878/. Zugegriffen: 8. Jan 2021
385. KUNBUS: IO-Link Wireless. https://www.kunbus.de/IO-Link-wireless.html#:~:text=%20Die%20neue%20Generation%20von%20IO-Link%20%201,Wireless%20verschiedene%20L%C3%B6sungen%3A%20Einfache%20und%20schnelle...%20More%20/. Zugegriffen: 8. Jan 2021
386. FLUIDPOWER Journal: IO-Link: A Step Toward Smart Manufacturing. https://fluidpowerjournal.com/IO-Link-step-toward-smart-manufacturing/. Zugegriffen: 8. Jan 2021
387. IO-Link.com: Herstellerübersicht IO-Link. https://IO-Link.com/de/WirUeberUns/Hersteller.php?thisID=25/. Zugegriffen: 8. Jan 2021
388. Bihl+Wiedemann: IO-LINK mit Bihl+Wendermann. https://www.bihl-wiedemann.de/de/applikationen/IO-Link.html?utm_source=bing&utm_medium=cpc&utm_campaign=DE%20-%20SEA%20-%20Generic&utm_term=IO-Link&utm_content=IO-Link/. Zugegriffen: 8. Jan 2021
389. Industry of Thinks: Was ist OPC UA? Definition, Architektur und Anwendung. https://www.industry-of-things.de/was-ist-opc-ua-definition-architektur-und-anwendung-a-727188//. Zugegriffen: 8. Jan 2021
390. OPC Foundation Homepage. https://opcfoundation.org//. Zugegriffen: 8. Jan 2021
391. ZVEI: Das Referenzarchitekturmodell RAMI 4.0 und die Industrie 4.0-Komponente, 10.4.2015. https://www.zvei.org/themen/industrie-40/das-referenzarchitekturmodell-rami-40-und-die-industrie-40-komponente//. Zugegriffen: 8. Jan 2021
392. VDE Verlag: IEC-62541-Standard (OPC UA). https://www.vde-verlag.de/iec-normen/221588/iec-62541-5-2015.html/. Zugegriffen: 8. Jan 2021
393. OPCconnect.com: OPC Unified Architecture. https://www.opcconnect.com/ua.php/. Zugegriffen: 8. Jan 2021
394. ascolab Homepage: OPC UA Workshop. https://www.ascolab.com//. Zugegriffen: 8. Jan 2021
395. Mahnke, W., Leitner, S.-H., Damm, M.: OPC Unified Architecture (Englisch). Gebundene Ausgabe – 19. März 2009. Springer-Verlag, Berlin (2009). ISBN 978-3-50-68899-0; https://doi.org/10.1007/978-3-540-68899-0; e-ISBN 978-3-540-68899-0 1. https://www.amazon.de/

OPC-Unified-Architecture-Wolfgang-Mahnke/dp/3540688986/ref=sr_1_1?ie=UTF8&s=books&qid=1209506074&sr=8-1/. Zugegriffen: 8. Jan 2021

396. VARONIS: Was ist ein DCOM (Distributed Component Object Model)? https://blog.varonis.de/ist-ein-dcom-distributed-component-object-model//. Zugegriffen: 8. Jan 2021
397. Iwanitz, F., Lange, J.: OPC: Grundlagen, Implementierung und Anwendung. Hüthig, Heidelberg. ISBN 3-7785-2903-X
398. TechTarget: OLE (Objektverknüpfung und Einbettung). https://searchwindowsserver.techtarget.com/definition/OLE-Object-Linking-and-Embedding#:~:text=OLE%20%28Object%20Linking%20and%20Embedding%29%20%20%20,server%20applicati%20...%20%2010%20more%20rows%20/. Zugegriffen: 8. Jan 2021
399. Tutorialspoint: Single-threaded and Multi-threaded Processes. https://www.tutorialspoint.com/single-threaded-and-multi-threaded-processes/. Zugegriffen: 8. Jan 2021
400. IPCOMM, Protokolle: OPC UA. https://www.ipcomm.de/protocol/OPCUA/de/sheet.html/. Zugegriffen: 8. Jan 2021
401. VDE Verlag: IEC 62541-5: OPC Unified Architecture – Part 5:2020 Information Model, Ausgabedatum: 2020-7, Edition: 3.0. Sprache: EN-FR – zweisprachig englisch/französisch. Seitenzahl: 371 VDE-Artnr.: 248956. https://www.vde-verlag.de/iec-normen/248956/iec-62541-5-2020.html/. Zugegriffen: 8. Jan 2021
402. ascolab: OPC UA Protokolle http://www.ascolab.com/de/unified-architecture/protokolle.html/. Zugegriffen: 8. Jan 2021
403. < X M L / > Extensible Markup Language: XML-Parser. http://www.uzi-web.de/parser/parser_was.html/. Zugegriffen: 8. Jan 2021
404. ITWissen.info: SOAP (simple object access protocol); html. https://www.itwissen.info/SOAP-simple-object-access-protocol-SOAP-Protokoll.html/. Zugegriffen: 8. Jan 2021
405. OPC Foundation: OPC UA Binary Schema for Data Types | OPC UA Implementation: Stacks, Tools, and Samples | Forum. https://opcfoundation.org/forum/opc-ua-implementation-stacks-tools-and-samples/opc-ua-binary-schema-for-data-types//. Zugegriffen: 8. Jan 2021
406. ascolab: OPC UA Protokolle; Punkt 3.: Hybrid (UA-Binary über HTTPS); https://www.ascolab.com/unified-architecture/protokolle.html?lang=de/. Zugegriffen: 8. Jan 2021
407. Nicholas Congleton, updated on September 21,2020: What Is Port 443?; Lifewire. https://www.lifewire.com/what-is-port-443-4690657/. Zugegriffen: 8. Jan 2021
408. Winer, D.: Scripting news in XML. In: Scripting News. 15. Dezember 1997. Abgerufen am 31. Oktober 2006
409. Winer, D.: InfoWorld auf SOAP,, Sonntag, 14. Juni 1998. http://www.translatetheweb.com/?ref=SERP&br=ro&mkt=de-DE&dl=de&lp=EN_DE&a=http%3a%2f%2fscripting.com%2fdavenet%2f1998%2f06%2f14%2finfoWorldOnSoap.html/. Zugegriffen: 8. Jan 2021
410. World Wide Web Consortium: W3C. https://www.w3.org//. Zugegriffen: 8. Jan 2021
411. FAX.de: XML/SOAP Schnittstellenbeschreibung, Rev. 2.51. https://www.fax.de/download/XML-SOAP-DE.pdf/. Zugegriffen: 8. Jan 2021
412. novadex: Glossar: Definition Cloud Computing – Was ist Cloud Computing? https://novadex.com/de/glossar-artikel/definition-cloud-computing-was-ist-cloud-computing/#:~:text=Definition%20Cloud%20Computing%20%E2%80%93%20Was%20ist%20Cloud%20Computing%3F,Rechenleistung%20oder%20Anwendungssoftware%20als%20Service%20%C3%BCber%20das%20Internet/. Zugegriffen: 8. Jan 2021
413. Nist Homepage: National institute of Standards and Technology. https://www.nist.gov//. Zugegriffen: 8. Jan 2021
414. Universität Köln: BSCW – Basic Support for Cooperative Work. https://rrzk.uni-koeln.de/daten-speichern-und-teilen/bscw/. Zugegriffen: 8. Jan 2021

415. Metzger, C., Villar, J.: Cloud-Computing. Chancen und Risiken aus technischer und unternehmerischer Sicht. Hanser, München (2011). ISBN 978-3-446-42454-8
416. COMPUTERWOCHE: Cloud Computing – SaaS, PaaS, IaaS, Public und Private. https://www.tecchannel.de/a/cloud-computing-saas-paas-iaas-public-und-private,2030180,6/. Zugegriffen: 8. Jan 2021
417. Kontron S&T Group, Olwig, R.: Die universelle SECS/GEM und EDA- Schnittstelle für ihre Maschine. https://store-us.semi.org/products/e03000-semi-e30-specification-for-the-generic-model-for-communications-and-control-of-manufacturing-equipment-gem/. Zugegriffen: 8. Jan 2021
418. PEERGROUP: SECS/GEM; Communications between factory host and production equipment. https://www.peergroup.com/expertise/resources/semi-standards/secs-gem//. Zugegriffen: 8. Jan 2021
419. (energie-experten.org) Besonderheiten von CIGS-Zellen & -Modulen; Aktuaölisierung am 26.11.2020. https://www.energie-experten.org/erneuerbare-energien/photovoltaik/solarmodule/cigs. Zugegriffen: 8. Jan 2021
420. energie-experten.org: Besonderheiten von CIGS-Zellen & -Modulen; Update vom 26.11.2020. https://www.energie-experten.org/erneuerbare-energien/photovoltaik/solarmodule/cigs#:~:text=Tabelle%201%3A%2Chronologie%20ausgew%C3%A4hlter%20Wirkungsgrad-Weltrekorde%20von%20CIGS-Solarzellen%20,der%20Puff%20...%20%201%20more%20rows%20/. Zugegriffen: 8. Jan 2021
421. BR Wissen: Weltraumschrott: Rasend schnell und sehr gefährlich Stand: 01.12.2020. https://www.br.de/wissen/weltraumschrott-satelliten-bruchstuecke-100.html/. Zugegriffen: 30. Jan 2021
422. Burke, T.J., President und Executive Director OPC Foundation, OPC Unified Architecture: Wegbereiter der 4. industriellen (R)Evolution. https://opcfoundation.org/wp-content/uploads/2014/03/OPC_UA_I_4.0_Wegbereiter_DE_v2.pdf/. Zugegriffen: 8. Jan 2021
423. Luber. S. (Hrsg.), Litzel., N.: Was ist ein Cyber-physisches System (CPS)? https://www.bigdata-insider.de/was-ist-ein-cyber-physisches-system-cps-a-668494//. Zugegriffen: 8. Jan 2021
424. kepware: OPC DA Client. https://www.kepware.com/de-de/products/kepserverex/drivers/opc-da-client//. Zugegriffen: 8. Jan 2021
425. OPCconnect.com: OPC XML-DA. https://www.translatetheweb.com/?from=en&to=de&ref=SERP&refd=www.bing.com&dl=de&rr=UC&a=https%3a%2f%2fwww.opcconnect.com%2fxml.php/. Zugegriffen: 8. Jan 2020
426. MESCO. https://mesco-engineering.com/de-de/. Zugegriffen: 19. Feb 2021
427. Microsoft: Aktivieren von TLS 1.2, 13.12 2019. https://docs.microsoft.com/de-de/mem/configmgr/core/plan-design/security/enable-tls-1-2/. Zugegriffen: 8. Jan 2021
428. Abb. 5.11: Quellen. [I]: Foto: Romantiker (Wikipedia User); Titel: T-Stücke und Abschlusswiderstände für 10BASE2. https://de.wikipedia.org/wiki/Ethernet#/media/Datei/. Zugegriffen: 20. Dec 2020. BNC-Technik.jpg. Lizenzvermerk: CC BY-SA 3.0. https://creativecommons.org/licenses/by-sa/3.0//. Zugegriffen: 20. Dec 2020. [II]: Foto: Rainer Knäpper, Titel: EAD-Kabel für 10BASE2. https://de.wikipedia.org/wiki/Ethernet#/media/Datei:EAD_cable.jpg/. Zugegriffen: 20. Dec 2020. Lizenzvermerk: CC BY-SA 2.0 DE. https://creativecommons.org/licenses/by-sa/2.0/de/deed.en. Zugegriffen: 20. Dec 2020. [III]: Foto: Alistair1978, Ali@gwc.org.uk; Titel: Thick Ethernet Transceiver. https://de.wikipedia.org/wiki/Ethernet#/media/Datei;ThicknetTransceiver.jpg/. Zugegriffen: 20. Dec 2020. Lizenzvermerk: CC BY-SA 2.5. https://creativecommons.org/licenses/by-sa/2.5. Zugegriffen: 20. Dec 2020. [IV]: Foto: Clemens Pfeiffer, Wien. [V]: Foto: Adamantios (Wikipedia-User); Titel: SC optical

fiber connector. https://de.wikipedia.org/wiki/Datei:SC-optical-fiber-connector-hdr-0a.jpg. Zugegriffen: 20. Dec 2020. Lizenzvermerk: CC BY-SA 3.0. https://creativecommons.org/licenses/by-sa/3.0/. Zugegriffen: 20. Dec 2020. https://de.wikipedia.org/wiki/Datei:SC-optical-fiber-connector-hdr-0a.jpg/. Zugegriffen: 20. Dec 2020. [VI]: Foto: Marco Götze; Titel: LWL LC Stecker. https://de.wikipedia.org/wiki/Datei:LWLLCSTECKER.jpg. Zugegriffen: 20. Jan 2020. Lizenzvermerk: CC BY-SA 3.0. https://creativecommons.org/licenses/by-sa/3.0/. Zugegriffen: 8. Jan 2020. [VII]: Foto: Adamantios (Wikipedia-User); Titel: ST optical fiber connector. https://de.wikipedia.org/wiki/Datei:ST-optical-fiber-connector-hdr-0a.jpg. Lizenzvermerk: CC BY-SA 3.0. https://creativecommons.org/licenses/by-sa/3.0/. Zugegriffen: 8. Jan 2021. [VIII]: Foto: Shh (Wikipedia-User); Titel: MTRJ-Stecker für Glasfaserkabel. https://de.wikipedia.org/wiki/Datei:Lwl_mtrj.jpg. Zugegriffen: 20. Jan 2021

Historie von kleineren Firmen hinsichtlich Industrie 4.0, China 2025, IoT

6

In diesem Kapitel geht es um das Vorgehen von kleineren mittelständischen Unternehmen in der Automatisierung. Dabei werden die Gründe und Versäumnisse vieler Firmen der letzten Jahrzehnte in der Automatisierung aufgezeigt. Insbesondere wird in einem typischen Beispiel auf Fehler eingegangen, die in der Vergangenheit bezüglich der Automatisierung von vielen Firmen gemacht wurden und wie diesen Schwachstellen zukünftig begegnet werden kann. Es werden die Schwierigkeiten der Globalisierung ausgeführt, die heute bei einigen kleinen mittelständischen Betrieben immer noch präsent sind. Sie sind beispielsweise nicht in der Lage eine Matrixorganisation für Produkt- und Lösungsvertrieb umzusetzen.

Ein weiterer Abschnitt beschäftigt sich damit, wie ältere Gerätegenerationen für die Automatisierung unter dem Aspekt der Inline- und Online-Qualitätskontrolle nachgerüstet werden können.

6.1 Mittelstand und Automatisierung

Leider ist die Entwicklung der Automatisierung an vielen kleineren Mittelständler [1] über Jahre hinweg vorbeigegangen. Der Einstieg in Industrie 4.0 im Zusammenhang mit der Automatisierung ist selbst im Jahr 2021 vielen Unternehmen noch immer kein Begriff.

Viele kleinere mittelständische Unternehmen verharren nach wie vor aufgrund ihres Wohlstandes auf alter Technologie und haben den Zug der Automatisierung verpasst.

Zweifelsohne konzentrieren sich ältere Unternehmen der Messtechnik zum Teil immer noch auf die statistische Qualitätskontrolle in Laboren und Behörden. In diesem Sinn haben viele Unternehmen beispielsweise in den 50er bis 80er Jahren innovative Erfindungen gemacht und haben damit quasi in einer Monopolstellung bezüglich ihrer Produkte sehr gut gelebt und verdient.

W. Babel, *Industrie 4.0, China 2025, IoT,* https://doi.org/10.1007/978-3-658-34718-5_6

Dabei haben viele dieser Firmen folgende Trends außer Acht gelassen:

- Komplexere Technologien
- Miniaturisierungen der Elektronik
- Schnellere μ-Controllern
- Schnellere Signalprozessoren
- FGPAs
- Multicore-Prozessoren
- Neue Softwarearchitekturen
- Immer höhere Übertragungsraten
- Neue Vernetzungstopologien
- Verbesserte Schnittstellen und Interfaces
- Standardisierungen und Harmonisierungen
- Gesetzliche Auflagen (EMV-Festigkeit, Schutzart, CE-Konformität)

Die Folgen sind, dass die Produkte in der Zwischenzeit weder technologisch noch kostenmäßig den aktuellen Marktanfordernissen entsprechen.

Typische Beispiele hierfür sind Firmen in der Analysenmesstechnik für Flüssigkeits- und Gasanalyse, optische Messtechnik, Schichtdickenmessung, Materialanalyse und Materialprüfung: Die Geräte und Messtechnik dieser Unternehmen wurden lange Zeit nur in Laboren unter klimatisierten Bedingungen als ‚Stand-alone'-Geräte eingesetzt. Das bedeutet, diese Messgeräte haben keine Vernetzung zu übergeordneten Systemen noch genügen sie Schutzarten, die für den Einsatz in der Automatisierung geeignet sind.

Bedingungen und Anforderungen an Vernetzung, Echtzeit, Schutzanforderungen, hohe EMV-Resistenz und Umweltkompatibilität, Produkthaftung sowie in der Komplexitätspyramide in Abschn. 3.1 waren und sind nicht in der Strategie oder der Denke solcher Firmen präsent.

Weiterhin hatten und haben bis heute viele Unternehmen nur ein sehr vages Wissen über Automatisierung, ob Inline-, Online- oder Offline-Automatisierung spielt dabei keine Rolle.

Viele Firmen waren oder sind noch immer der Meinung, dass der Stillstand einer Produktionslinie anders zu sehen ist, wenn ihr Messgerät Inline oder Offline (SPC) arbeitet, aber Stillstand ist eben Stillstand. Dabei spielt es gemäß meinen Erfahrungen hinsichtlich der Produkthaftung keine Rolle, ob eine falsche Diagnose per Messgerät im Labor (SPC) oder in der Produktionslinie (Inline) zum Stillstand der Produktionslinien führt.

So glauben noch immer viele Firmen, wenn sie nicht in der automatisierten Produktionslinie integriert sind, haben sie keine Haftung für einen Stillstand der Linie zu verantworten. Hierzu erlebte ich im Laufe meines Berufslebens einige Fehleinschätzungen der Thematik.

Hinzukam, dass viele deutsche ‚Mittelständler' relativ spät mit der Globalisierung konfrontiert wurden, da sie in vielen Fällen als Zulieferer, z. B. der deutschen

Anlagenbauer in Energietechnik, Solarindustrie sowie der Automobilindustrie usw., tätig waren oder sind.

Viele dieser Firmen waren in der Regel nicht für die Globalisierung organisiert und zeigten sich in den Anpassungen an verschiedene Vertriebsstrukturen wenig flexibel. So konnten sie im Zusammenhang mit der Automatisierung den Spagat zwischen Produkt- und Lösungsvertrieb in einer Matrixorganisation nicht bewerkstelligen. Sie verharrten auf den tradierten Linienstrukturen und schafften somit nicht den notwendigen Ansatz einer globalen Automatisierungsstruktur gegenüber der länderspezifischen Vermarktung.

Dazu muss auch gesagt werden, dass selbst im Jahr 2021 noch viele mittelständische Firmen mit den internationalen notwendigen Organisationen zur Bewältigung der Kulturen, Technik sowie Regularien kämpfen. Teilweise haben sie immer noch aufgrund hochbetagten Managementstrukturen signifikante Probleme bei der Einführung von neuen Organisationen, z. B. ein Mix aus Linien- und Matrixorganisationen, geschweige denn ein Verständnis für internationale ‚Spielregeln'. Es sei gesagt, dass diese Gegebenheiten und Kulturunterschiede nicht erlernbar sind, indem man, wie einige Manager glauben, kurzfristig ein Land wie beispielsweise Russland, Indien, China, SA, SEA, USA Indien oder SEA besucht. Zu unterschiedlich sind Kulturen, Sprachen und Verhaltensweisen. Dementsprechend eng damit verbunden sind die Vorgehensweisen in den verschiedenen Regionen wie beispielsweise das Produkt- und das Lösungsgeschäft zu tätigen ist. Erfolgreich ist daher der Einsatz von Mitarbeitern, die aus den jeweiligen Kulturen stammen und die aber aus unserer Sicht in Deutschland gelernt, studiert oder bereits gearbeitet haben. Aber selbst diese Vorgehensweise ist heute noch einigen Firmen fremd. Aus meiner positiven Erfahrung heraus kann ich diese Vorgehensweise nur nahelegen, um schnell die Globalisierung in den Griff zu bekommen. Letztendlich sind für den Erfolg der Automatisierung in der Globalisierung die entsprechenden Organisationen anzupassen.

Doch wie bereits gesagt, waren in den Anfängen nur wenige dieser hoch spezialisierten kleineren Firmen für die Messtechnik in der Qualitätskontrolle mit Online- und Inline-Automatisierung in der Fabrik oder der Prozessindustrie beschäftigt. Nur einige größere Mittelständler in der Messtechnik, die nicht unmittelbar mit der Automatisierungstechnik selbst beschäftigt waren, bewältigten das Thema.

Den kleineren Firmen in der Messtechnik, insbesondere in der Analysenmesstechnik und Materialanalyse, muss allerdings zugutegehalten werden, dass bei den vielen Automatisierungsbestrebungen in den größeren Betrieben die Inline-100 % Qualitätskontrolle eine der letzten Automatisierungsschritte in einer Produktionslinie sind (siehe auch Abschn. 4.1). Dazu sei Folgendes gesagt:

Anwender in nahezu allen Branchen hatten bereits ihre Fertigungslinien in hohem Maße automatisiert, wie z. B. Leiterplatten-, Solarzellen-, Steckerkontakte-Herstellung, Autokarosseriebau, Leiterplattenbestückung, Elektronikassemblagen, Medikamentenherstellung in der Pharmazie sowie Düngemittelherstellung in der Chemie, um nur einige zu nennen. Die Qualitätskontrolle jedoch fand nach wie vor in den Laboren oder neben den Produktionslinien Offline statt: Statistische Prozesskontrolle (engl.: SPC: Statisic Process Control) war an der Tagesordnung.

Vor allem wenn es sich um komplexere Verfahren der Qualitätskontrolle handelte, wurde lange Zeit nicht über Inline- oder Online-Automatisierung nachgedacht. Erhöhter Ausschuss oder erhöhter Materialeinsatz, wie am Beispiel der Goldbeschichtung bei Steckverbindungen in Abschn. 4.1.1 gezeigt, waren die Folge. Dies lag zum Teil an der Komplexität der Verfahren aber auch am Bewusstsein oder Kenntnisstand der Firmen.

Selbst die batchweise mögliche automatische Offline-Kontrolle wurde nicht in Betrachtung gezogen. Das heißt die Möglichkeit die Prüflinge (Samples) batchweise in ein Magazin abzulegen und Offline über Nacht automatisch zu prüfen, war lange Zeit nahezu unbekannt. Wobei diese Art der Kontrolle nach meiner Erkenntnis auch nicht gerade optimal ist, denn die unmittelbare Einflussnahme auf den Prozess ist nicht gegeben. Diesbezüglich muss gesagt werden, dass heute beträchtliche Summen investiert werden, um automatische Systeme zu konzipieren, welche zum Teil hunderte von gefertigten Produkten automatisch mittels Roboter aus der laufenden Produktionslinie ausphasen und in einem Magazin ablegen, welches dann Offline über Nacht vermessen wird. Beispiel hierfür sind die Leiterplatten-, Solarpanel-, Elektronik- und Wafer-Industrie. Ob das sinnvoll ist, darüber möge sich der Leser seine eigenen Gedanken machen. Ich jedenfalls habe darüber viele Diskussionen mit Kunden in Fernost und Amerika geführt.

Wie in Abschn. 4.7 erläutert, setzte so ab 1990 dann der Trend bei größeren Mittelständlern und vor allem große Firmen ein, dass man versuchte, die Qualitätskontrolle in der Analysenmesstechnik wie z. B. Flüssigkeits- und Gasanalyse, Schichtdickenmessung, Materialanalyse vom Labor ins Feld zu verlagern und zu automatisieren.

Ab ca. 2010 setzten einige Hersteller die Online-Schichtdickenmessung und Materialanalyse für Steckersysteme und Online-Leiterplattenkontrolle in der Fabrikautomation ein, was ein erster großer Meilenstein der Qualitätskontrolle aus dem Labor heraus in die Fertigungslinie war.

In diesen Fällen wurde das Messsystem direkt über der Produktionslinie montiert und inspizierte die Produkte bei laufender Produktion Online. Die gemessenen Daten wurden entweder direkt Vorort ausgewertet oder in den Kontrollraum (SCADA/HMI) übertragen, ohne dabei direkten Eingriff auf den Prozess über die SPS vorzunehmen. Siehe hierzu das Beispiel aus Abschn. 4.1.1.

Bei Vorortauswertung wurden die Potentiometer der Beschichtungsanlage manuell eingestellt. Im Kontrollraum ausgewertet (SCADA/HMI) wurden die Daten visualisiert und der Mitarbeiter steuerte über Parametereingaben den Prozess im Feld. D. h. der Mensch stand nach wie vor im Mittelpunkt der Entscheidung und regelte aus dem Kontrollraum interaktiv.

Ganz allgemein muss ich sagen, dass in vielen galvanischen Betrieben rund um den Globus der Mensch auch heute noch den Prozess direkt an der Linie nachjustiert und die entsprechenden Prozessparameter manuell einstellt, was einen hohen Personaleinsatz bedeutet.

Mit zunehmender Rechenleistung, höheren Datenübertragungsraten aber auch mit voranschreitender Technologie in der modernen Regelungstechnik fand immer mehr der Übergang von der Online-Prozesskontrolle zur Inline-Prozesskontrolle statt, d. h. es wurden die speicherprogrammierbaren Steuerungen direkt mit den für die Qualitätskontrolle verantwortlichen Sensoren, Messgeräten und Antrieben sowie den Stellgliedern verbunden und die Regelung fand nach Vorgabe der SPS-Parameter aus dem Kontrollraum automatisch zwischen Feldgeräten, Sensoren und SPS statt (siehe Beispiel Solarzellenproduktion, Abschn. 5.21.5).

Die Ergebnisse der Inline-Qualitätskontrolle wurden direkt in die SPS eingespeist und dort in die entsprechenden Regel- und Steuerfunktionen mit direkter und unmittelbarer Einflussnahme auf den Prozess verarbeitet.

Bei komplexeren Qualitätsprüfungen wie z. B. in der Solarpanelproduktion, der Leiterplattenherstellung und der Bestückungsbranche gibt es heute erste Ansätze für batchweise automatische Offline-Qualitätskontrolle. Beispielsweise stellen Firmen in der Schichtdickenmessung und Materialanalyse ein automatisiertes Offline-Messsystem zur Verfügung, das für die Qualitätskontrolle von Mikrostrukturen bei komplexen 2D/3D-Packaging-Anwendungen in der Halbleiterindustrie entwickelt wurde und bis zu 100 Wafer über Nacht kontrollieren kann. Wenn auch diese Art der Offline-Kontrolle wie bereits erwähnt nicht gerade ideal ist, einen Vorteil hat diese Methode, indem sie Beschädigungen am teuren Wafer-Material verhindert.

Ein weiteres Beispiel sind automatisierte Systeme für die Leiterbahnenkontrolle auf produzierten Leiterplatten oder für die Solarpanelherstellung zur Prüfung der CIGS-Schicht (Abschn. 5.21.5). Hierfür werden aus der laufenden Produktion jede n-te Leiterplatte für die Qualitätskontrolle ausgephast, vermessen und wieder in die Produktionslinie eingeschleust. Ähnliche Vorgehensweisen sind heute im Automotivbereich bezüglich Messverfahren zur Ermittlung der Lackierungsgüte in der Entwicklung vorhanden: Auch hier müssen die Autos aus der Lackierstraße ausgefast und geprüft werden, da das laufende Band für die Prüfung durch das Schichtdickenmessgerät (physikalisch bedingt) zu schnell läuft. Ähnlich verfährt man bei der Herstellung von Leiterplatten mit der Messung der Kupferdicke von Leiterbahnen.

Ein weiteres Problem, das ich in der in der Messtechnik von kleineren Firmen feststellen konnte, war folgendes: Selbst im Jahr 2021 verkaufen Unternehmen ihre Produkte, ohne zu wissen in welche Anwendungen diese eingesetzt werden.

So traf ich beispielsweise in China und USA immer wieder auf Unternehmen, die mit den eingekauften Messgeräten und Sensoren von unterschiedlichen Herstellern ihre eigenen Automatisierungen realisiert hatten, ohne aber eine standardisierte Vernetzung zu beachten. Beispielhaft steht für mich in einer Firma die Qualitätsüberprüfung für Batteriezellen im fernen Osten von Abb. 6.1.

Acht parallele analoge taktile Sensoren wurden zur Qualitätskontrolle in einem Werkzeugträger montiert, der die Schichtdicke von Batterien automatisch prüfte. Die Sensoren waren an je ein Handmessgerät zur Auswertung angeschlossen. Die Messdaten wurden über ein RS-232-Interface zu einer Mitsubishi SPS übertragen und wurden an

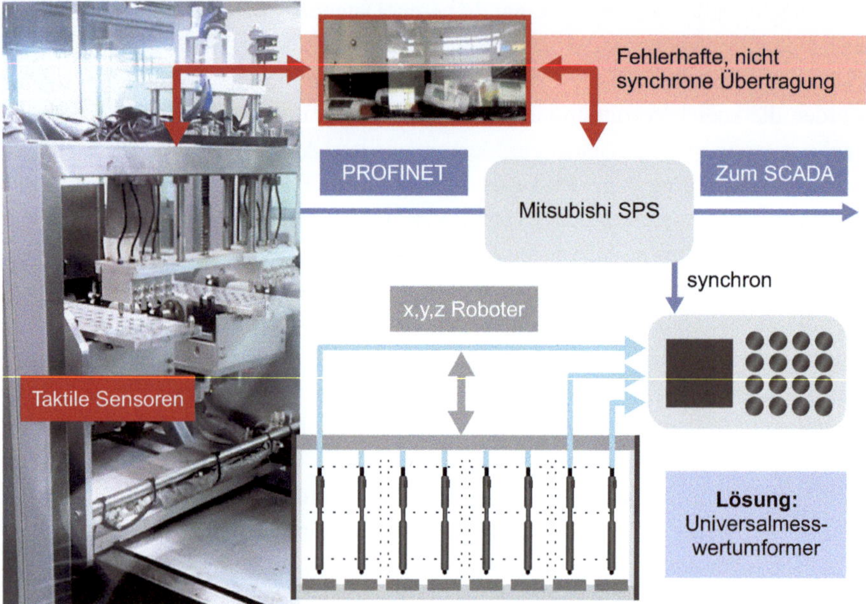

Abb. 6.1 Qualitätsprüfung von Batterie-Kopfzellen mit nicht standardisierter Schnittstelle

das SCADA-System mit CC-Link (siehe Abschn. 5.12) weitergeleitet. Die Datenübertragung war immens gestört, da die Handmessgeräte nicht den Anforderungen einer synchronisierten Schnittstelle mit einer SPS genügten. Nur durch die Verwendung der geeigneten SPS-konformen Schnittstelle, einer bidirektionalen Kommunikation mit Statusmeldungen im Multimesswertumformer, konnte das Problem behoben werden.

Dazu waren aber beim Hersteller der Messgeräte beträchtliche Entwicklungsarbeiten zu leisten. Leider ist dieses Beispiel heute kein Einzelfall. Oft führen solche Umstände zum Verlust eines Kunden, ohne dass man die Hintergründe erfährt. Deshalb ist empfehlenswert, dass die Vertriebsmitarbeiter über den Einsatz ihrer Produkte informiert sein sollten. Dies ist aber bei zunehmendem Verkauf über Internet immer weniger möglich. Deswegen ist es ratsam sich sehr sorgfältig zu überlegen, was man über das Internet verkauft.

Mittlerweile werden zunehmend bei funktionierendem Inline-Betrieb in Fertigungsprozessen immer mehr Anwendungen über intelligente Regelalgorithmen direkt mit dem Prozess ohne weiteres Zutun des Menschen geregelt. Die relevanten Soll-Regelparameter werden allerdings kontinuierlich zwischen SCADA-System (Kontrollraum) und SPS ausgetauscht. Die SPS führt dabei die Regelung aus.

In der Qualitätskontrolle bedeutet dieser Übergang von Online- zu Inline-Automatisierung einen großen Umbruch in der Regelstrategie bezüglich der immer noch häufig verankerten Denkweise ‚statistische Prozesskontrolle' (Statistic Process Control).

Natürlich ist ein Fertigungsstillstand ein Risiko bezüglich entstehender Kosten. Wie bereits im Abschn. 4.1.1 ausgeführt, ist es bei Inline-Prozessen umso wichtiger, die Frage nach der Produkthaftung, Strafzahlungen und Versicherungen vertraglich zu regeln. Andrerseits sollte eine Produktionslinie aufgrund einer fehlerhaften Auswertung im Labor gestoppt werden, ist man mit denselben Problemen konfrontiert. Hier habe ich im Laufe der Jahre wie gesagt einige Erfahrungen gesammelt.

6.2 Modernisierung von älteren Gerätegenerationen bezüglich der Automatisierungsschnittstelle

Aufgrund der in Abschn. 6.1 genannten Gründe stehen ‚Mittelständler' bezogen auf die Automatisierung heute oft vor dem Problem, ihre Produkte kompatibel zu den geforderten Automatisierungsschnittstellen hardware- und softwaremäßig nachzurüsten.

Dabei ist das Nachrüsten von Altgeräten konform zur ‚neuen' Welt der Automatisierung für kleinere Firmen ebenso eine Herausforderung wie die Entwicklung von Neuprodukten.

Aktuell stehen viele kleinere Hersteller von Messtechnik in der Qualitätskontrolle vor der Aufgabe, dass sie ihre Messinstrumente in die vorhandenen existierenden Anlagen der Kunden automatisierungsgerecht integrieren müssen.

Viele dieser alten Messgeräte sind nicht echtzeitfähig und/oder basieren noch auf nicht synchronisierter RS-232 / RS-485-Technologie.

Verbindet man eine SPS mit einem nicht dafür ausgelegten Messsystem, so besteht das Problem, dass die einzuhaltenden synchronisierten Statusbedingungen nicht synchron von SPS zum Messgerät oder umgekehrt übertragen werden können. Das bedeutet, wenn eine SPS eine Information gesendet hat, bekommt sie keine Bestätigung vom Messgerät oder Sensor zurück und umgekehrt. Eine vom Messgerät gesendete Information wartet nicht auf eine Bestätigung der SPS, sondern arbeitet einfach nicht synchronisiert weiter. Die Misskommunikation ist somit vorprogrammiert und der Systemabsturz die Folge.

Ein weiteres Problem ist, dass heute beispielsweise Bedienungen (HMI/GUI) und Algorithmen in der Windowswelt existent sind. Auch hier ist die asynchrone Datenübermittlung zwischen SCADA und Messgerät über die SPS und somit das Fehlschlagen der Kommunikation die Folge, wenn man nicht die richtigen Vorkehrungen trifft.

Ich musste immer wieder feststellen, dass eine vereinheitlichte Parametrierung oder Profile für vereinheitlichte Bedienung (z. B. FDT/DTM™ Konzept) auch heute noch vielen mittelständischen Unternehmen aus der Messtechnik (Qualitätssicherung) kein Begriff ist – oder wenn, dann nur sehr vage.

Ein weiteres Problem in der Analysenmesstechnik ist, dass Algorithmen unter Windows laufen, aber aufgrund fehlender Synchronisation nicht echtzeitfähig sind. Typische Beispiele hierfür sind Röntgen- und Röntgenfluoreszenzmessgeräte sowie Spektrometer im Infrarot- und UV- Bereich von vielen Herstellern.

Auch die Terahertz-Anwendungen von Abschn. 7.3 zählen zu dieser Kategorie von Messgeräten.

Um dieses Problem in den Griff zu bekommen wird an dieser Stelle ein Weg beispielhaft für ein Schichtdicken- und Materialanalysengeräte aufgezeigt, wie man sich hier mit seinen älteren Produkten in die Welt der Automatisierung integrieren kann.

Abb. 6.2 zeigt hierzu eine mögliche Lösung auf.

Vereinfacht ausgedrückt, ist eine der möglichen Maßnahmen, dass man mittels einem Feldbus-Industrie-PC (IPC) [2], der in das Messgerät integriert ist, zwischen der Auswertesoftware des Röntgenfluoreszenzgerät (Software-Algorithmus) die unter Windows läuft und der Feldbussoftware eine sogenannte Middleware schreibt (Feldbusbox), welche die gewünschten XRAY-Informationen schnittstellengerecht in den gewünschten Feldbus transformiert. Im IPC werden die zu übermittelnden Informationen in ein übliches Feldbusformat konvertiert, welches diese Information dann an eine SPS des Kunden überträgt. Von da ab ist man in der Kommunikationsplattform des Kunden.

Der Vollständigkeit wegen sei erwähnt, dass ein typischer Vertreiber dieser Middleware-Software beispielsweise die Firma Anybus [3] aus Schweden ist, die sich seit mehreren Jahren auf diese Interfaces spezialisiert. Persönlich habe ich in den letzten 15 Jahre sehr gute Erfahrungen mit dieser Firma gemacht.

Eine weitere Variante ist, dass man neben der Middleware zusätzlich eine SoftPLC [4] (Software einer SPS, lauffähig auf dem IPC) mit dem entsprechenden I/O auf dem IPC zu integriert. In diesem Fall kann beispielsweise von einem Röntgenfluoreszenz- oder Materialanalysegerät aus direkt ein Antrieb oder ein Ventil (Aktor) mit den standardisierten Feldbussen gesteuert und geregelt werden.

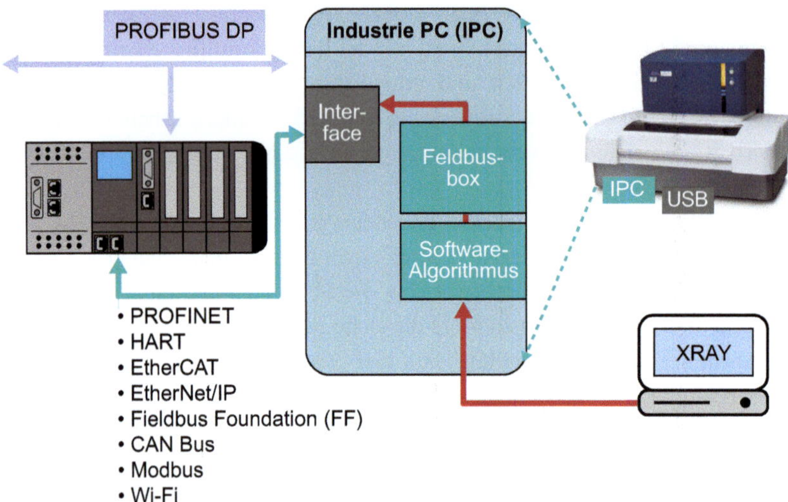

Abb. 6.2 Upgrade von älteren Messgeräten auf die Anforderungen von Industrie 4.0. (Quelle: XRAY-Gerät ©images courtesy of Hitachi High-Tech Corporation, Röngtenfluoreszenzgerät FT 160 (mögliches Beispiel))

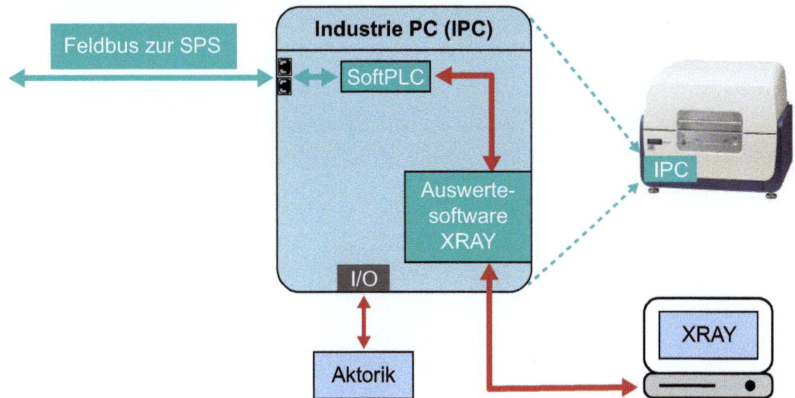

Abb. 6.3 Upgrade für Materilaanalysegerät für Industrie 4.0. (Quelle: ©images courtesy of Hitachi High-Tech Corporation, Röntgenfluoreszenzgerät EA 1400 (mögliches Beispiel))

Die beiden aufgezeigten Vorgehensweisen eignen sich besonders gut auch dann, wenn die Auswertesoftware für Materialanalyse oder Ähnlichen auf einem PC unter einem Betriebssystem wie z. B. Windows abläuft.

Wie gesagt, bei zukünftigen Entwicklungen sollte man jedoch darauf bestrebt sein, die Auswertesoftware immer direkt im Messgerät auf dem IPC zu implementieren. Dadurch erhöht man die Störsicherheit und Robustheit und spart Platz. In Abb. 6.3 ist ein entsprechendes Beispiel schematisch gegeben.

Prinzipiell sind auf diese Art und Weise die bekanntesten Feld- und Fabrikbusse realisierbar. Diese Art der Nachrüstung empfiehlt sich vor allem bei teuren Geräten, etwa ab ca. 10.000 € aufwärts.

Bei neuen Plattformkonzepten hingegen muss diese Art im Rahmen der Automatisierung einfach von Beginn an mit im Design (Lastenheft, Anforderungsprofil) berücksichtigt werden.

Literatur

1. Prof. Dr. Henning Klodt, Autor; Institut für Weltwirtschaft; Leiter des Zentrums Wirtschaftspolitik: Mittelstand • Definition | Gabler Wirtschaftslexikon. https://wirtschaftslexikon.gabler.de/definition/mittelstand-40165
2. Bitzer B.: Prozeßvisualisierung mit dem Industrie-PC, Würzburg 1991, ISBN 3–8023–0486–1 https://www.anybus.com/de/produkte/embedded-index/. Zugegriffen: 29. Jan. 2021
3. Anybus: Anybus verbindet alle!; https://www.anybus.com/de/. Zugegriffen: 11. Jan. 2021
4. ibhsoftec: SoftPLC S7–315. https://www.ibhsoftec.com/SoftPLC-315-Eng/. Zugegriffen: 11. Jan. 2020

7 Automatisierung der Automobilbranche im Zeitraffer – Robotik

In diesem Kapitel möchte ich noch gesondert den Automotive-Bereich hinsichtlich der Automatisierung beleuchten, da diese Industrie in jeder Zeitepoche die Automatisierung an vorderster Front der Technik geprägt und vorangetrieben hat. Dies trifft für den Einsatz von Robotern und die Modernisierung der Vernetzungstopologien mit den entsprechenden Feldbussen (PROFINET, PROFIBUS) in den letzten Jahrzehnten zu. Dabei liegt der Fokus sowohl auf der Geschichte der Automobilindustrie als auch auf der rasanten Entwicklung der Robotertechnik in dieser Branche.

Es sei vorweggenommen, dass heute alle renommierten Automobilhersteller weltweit auf einem vergleichbaren technischen Stand sind und in der Regel die jeweiligen optimalen Lösungen bezüglich ihrer Fertigungen und Vernetzungen nutzen. Besonders beeindruckend waren für mich in den letzten Jahren die automatisierten Fertigungsstraßen unserer deutschen Automobilhersteller im Inland und Ausland weltweit. Aber auch die jeweiligen ausländischen Automobilhersteller automatisieren ihre Fertigungsstraßen mittlerweile auf höchstem Niveau. Dabei ist bei nahezu allen Herstellern der Karosseriebau mit Robotern vollautomatisiert, während bei der Assemblage der unterschiedlichsten Modelle noch sehr viele manuelle Arbeitsschritte zu sehen sind. Beispiele hierzu gibt es in Mexiko, Indien, China, Südostasien, Japan, Korea und USA zur Genüge zu besichtigen.

7.1 Geschichte der Automobilindustrie

Als Geburtsstunde der neueren Automatisierung, wie schon im Abschn. 2.1 gesagt, wird die Einführung der Fließbandproduktion gesehen. Henry Ford griff diese Idee einer Fließbandproduktion bei Westinghouse zur Herstellung kleiner Gussteile [1] auf. Ein Band kuppelte separierte Tische einer Fertigungsanlage durchgehend zusammen.

W. Babel, *Industrie 4.0, China 2025, IoT*, https://doi.org/10.1007/978-3-658-34718-5_7

Henry Ford entwickelte diese Idee weiter bis zur ersten Fließbandfertigung im Jahr 1913 für sein legendäres ‚Model T'.

Diese Fertigung gilt heute als die Keimzelle der modernen Automatisierung und setzte den Anfang in der Automobilbranche, die bis heute eine der innovativsten Kraft in der Automatisierung ist.

Es folgten hydraulisch und mechanische angetriebene Bänder. Immer mehr Arbeitsschritte konnte man konstruktiv in die Bandstraßen implementieren. Pneumatische Steuerungen wurden entwickelt. Die Entwicklung von der mechanischen zur elektrischen Automatisierung war eng an die Geburtsstunde der verbindungsprogrammierten Steuerungen (VPS) geknüpft[2].

Zunächst gab es jedoch die sogenannten Verknüpfungssteuerungen. Dabei werden Verknüpfungssteuerungen durch Anwendung von boolescher Algebra programmiert. Während eines Bearbeitungszyklus werden alle Verknüpfungen der Steuerungen bearbeitet und ausgeführt.

Auch hier war es die Automobilindustrie, welche die ersten Steuerungen in der Automatisierung einsetzte.

Weiterentwicklungen von Schaltkreisen, Halbleitern sowie integrierten Schaltkreise führten bereits 1958 zu Verbindungsprogrammierten Steuerungen (VPS oder engl. hardwired programmed logic controller) wie der SIMATIC/Version G[3]. Die VPS wurde als festverdrahtete Steuerung oder Logik für steuerungs- und regelungstechnische Automatisierungsaufgaben vor der Einführung der SPS verwendet.

Bereits zu diesem Zeitpunkt übernahm die Automobilindustrie diese VPS-Schaltungen zur Automatisierung ihrer Produktionsbänder. Die SIEMENS-Steuerung SIMATIC steht als Synonym der Automatisierung schlechthin.

Die Zukunft hieß SPS. Da aber die Speichermedien in den Anfängen zu teuer waren dauerte es bis 1973, bis die SIEMENS SIMATIC S3 marktreif erschien.

1979 kam die SIMATIC S5[4, 5] mit großem Erfolg auf den Markt. Diese wurde kontinuierlich weiterentwickelt, wobei alle Weiterentwicklungen auch in die Automobilbranche Eingang fanden. Noch heute ist die SIMATIC S5 in Automatisierungslösungen eingesetzt, obwohl sie seit 1994 bereits durch die SIMATIC S7 abgelöst wurde.

Der Durchbruch für die SPS-Welt gelang 1984 mit der vereinheitlichten Programmiersprache. Mit der S5 waren somit der Automatisierung in der Automobilindustrie wie auch in allen anderen Industrien nahezu keine Grenzen mehr gesetzt.

Die Ablösung der VPS durch die SPS erfolgte sehr schnell.

Vergleichsweise war man zunächst im amerikanischen Automobilbau gegenüber dem deutschen Automobilbau technisch weiter, da man hier bereits Jahre vorher vereinfachte SPS-Versionen einsetzte (siehe Abschn. 4.6.1).

Das Novum gegenüber der amerikanischen SPS-Welt an der SIMATIC S5 war, dass zum ersten Mal die in der Automatisierung so wichtigen Elemente wie Anweisungsliste, Funktionsplan und Kontaktplan in *einem* Anwenderprogramm vorhanden waren.

Mit dem PC waren Mitte der 80er in der Automatisierung immer größere Möglichkeiten geboten. Die Geschichte der Automatisierung (OSI-Modell, Automatisierungspyramide, usw.) nahm ihren Gang, insbesondere auch in der Automobilindustrie.

7.2 Roboter

Wo Automatisierungen vorgenommen werden, darf der Roboter natürlich nicht fehlen: Das gilt ebenso oder erst recht für die Automobilindustrie, in der die ersten Industrieroboter zum Einsatz kamen.

Die Geschichte des Roboters begann 1954 [6, 7]. George Devol entwickelte den ersten Roboter 1956 in Form eines ‚menschlichen' Arms (G. Devol nannte ihn *Unimate*). Auf einer gemeinsamen Cocktailparty trafen damals die Herren Engelberger und Devol zusammen und tauschten ihre Pläne bezüglich Robotik aus: Die Stunde des modernen Roboters war gekommen. Engelberger, der später als der eigentliche Vater der Robotik galt, überzeugte 1957 den CEO von der Firma Consolidated Controls Corp. den ersten Industrieroboter zu finanzieren.

Zwei Jahre später präsentierten Engelberger und Devol den ersten industrietauglichen *Unimate,* einen mechanischen Arm, der mehrere Befehle ausführen konnte, die auf einem Magnettrommelspeicher gespeichert waren.

Und wieder einmal waren es die Amerikaner: Im Jahr 1961 installierte General Motors in der Automobilindustrie den ersten Roboter in die Fertigungsstraße. Dieser Roboter schweißte Druckgussteile für KFZ- Karosserien.

Engelberger und Devol gründeten die Firma Unimation zum Vertrieb ihres Roboters. Bereits ab 1966 (!) konnten die Roboter lackieren und punktschweißen.

Dann folgten die Japaner, welche die Robotertechnik in Japan ebenfalls im Automobilbau vorantrieben. Als Ersatz von mangelnden Fachkräften auf dem Arbeitsmarkt integrierten sie Roboter in die Fertigungslinie.

Kawasaki erhielt die Lizenz von der Firma Unimation (Engelberger und Devol), um die Roboter ‚Unimate' in Japan zu produzieren. Im Folgenden wurden in Japan ab 1967 die ersten Industrieroboter mit hydraulischen Antriebswellen eingesetzt.

Ab 1970 wurden hydraulische Roboter in Deutschland bei Mercedes Benz eingesetzt. Heute arbeitet Daimler in vielen Bereichen in den gesamten Fahrzeug-Karosserie- und Assemblage-Fertigungslinien mit KUKA-Robotern, vernetzt mit z. B. PROFINET.

Allerdings war die Einführung aufgrund hoher technischer Anforderungen bezüglich Nutzlast nicht einfach. Deswegen unterstütze zum damaligen Zeitpunkt der Augsburger Robotik Pionier KUKA [8] als deutscher Händler die Firma Mercedes, indem er die amerikanischen Roboter Unimate für hohe Lasten tauglich aufrüstete. Mit diesem Ereignis fiel in Deutschland der Startschuss für die Roboterentwicklung.

1973 baute KUKA den ersten Industrieroboter mit 6 elektro- mechanisch angetriebenen Achsen. Bereits 1974 stelle Asea (heute ABB) seinen Roboter IRB 6 [9–11] vor, der weltweit der erste vollständig elektrische Roboter mit Mikroprozessorsteuerung war. Der IRB

6 wurde von Björn Weichbrodt, Ove Kullborg, Bengt Nilsson und Herbert Kaufmann konstruiert.

1982 wurde der IRB 90 speziell für das Punktschweißen entwickelt.

Ebenfalls 1974 installierte Fanuc (Japan) [12] den ersten Industrieroboter in Japan. Die Automobilindustrie wurde zum Innovationstreiber weltweit. Ein Status, den sie bis heute beibehalten hat.

Yaskawa (Japan) führte 1977 den ersten Gelenkroboter mit fünf Gelenkachsen ein. Mit der Bewegung um fünf Achsen war der Motoman L10 [13], [14] damals das Vorzeigemodell der Branche.

Die Automobilindustrie zählte von Beginn an zu den absoluten Hauptabnehmern dieser Roboter.

Zu diesem Zeitpunkt, im Jahr 1977, begann auch das Zeitalter der Vernetzungstopologie. Das OSI-Modell von 1978 war der Anfang. Feldbustechnologien, SPS, intelligente Algorithmen (KI bereits in 1985), System-Software, Vernetzungstopologien, neue Übertragungsmedien und schnellerer Datenverkehr entwickelten sich mit den Robotertechnologien Hand in Hand. Die (R)Evolution von Industrie 4.0 hatte begonnen.

Klar war bereits im Jahr 1982 erkennbar, dass der Roboter die Fertigungsstraßen aller Automobilfirmen und vieler weiterer Industrien weltweit erobern wird. Noch in den 80er Jahren fand der Roboter nahezu in allen Branchen gemäß Abb. 2.2 Einzug.

Wie sehr sich Datengeschwindigkeit und Datenberechnungen in den letzten Jahrzehnten verändert haben, konnte man im Jahr 2019 auf der Hannovermesse HMI und in Shanghai auf der Messe PCB (Elektronik- und Leiterplattenmesse) sehen: Dort waren Roboter mit ‚künstlicher Intelligenz' zu sehen: Auf dem Stand Omron [15] konnte ich einen Tischtennisroboter bestaunen, der die Flugbahnen der Aufschläge seines Gegenübers mit 80 Trajektorienberechnungen pro Sekunde vorhersagen konnte und jeden Ball konterte. Er war nicht zu schlagen. Ähnliches erlebte ich in Indien auf einer Messe, bei der man versuchen konnte im 7-m-Schießen, einen Torwart (Roboter) zu besiegen: Es war kaum möglich.

Man sollte dabei aber nicht vergessen, dass die Algorithmik vom Menschen programmiert war. Nur die extremen Prozessorleistungen von Sechsfach- und Achtfachkernprozessoren von heute ermöglichen es, mit den vom Menschen geschaffene Algorithmen, solche Showeffekte zu realisieren.

Weltmarktführer für Roboter waren bereits im Jahr 2009/2010 mit 20 % Marktanteil die Japaner Fanuc und Yaskawa. KUKA hatte damals ca. 10 % Marktanteile. Im Jahr 2010 wurden 120.000 Industrieroboter verkauft, 2015 waren es bereit 240.000. Das Umsatzvolumen betrug ca. 135 Mrd. USD.

Nach diesem Exkurs der Robotik kommen wir zurück zur Automobilindustrie.

Bandstraßen in der Automobilbranche wie in Abb. 7.1 sind weltweit zur Gewohnheit geworden und deren Einführungen fanden lange vor Industrie 4.0 statt. Die Weiterentwicklungen bis heute war eine stetige Evolution.

© "KUKA Group", SmartProduction

Abb. 7.1 Roboterfertigung in der Automobilindustrie. (Quelle: ‚KUKA Group‘)

Roboter werden im Karosseriebau, in der Lackierung, beim Punktschweißen, beim Montieren, bei der Assemblage der Windschutzscheibe und des Armaturenbrettes und bei vielen anderen Tätigkeiten eingesetzt. Die Roboter sind heute in den Fertigungsstraßen beispielsweise mit PROFINET (SIMATIC S7) und EtherNet/IP zum SCADA- (Kontrollraum) sowie MES-System durchgängig bezüglich der Kommunikationstopologie vernetzt. Bei fast allen Autoherstellern kann man sich heute ein Bild über den Stand der Automatisierung machen. Daimler, Porsche, VW, Audi, BMW, Honda, Toyota, Kia, Mahindra, General Motors sind Fertigungen, die mich allesamt faszinierten. Alle diese Fertigungen weisen eine beispielhafte Durchgängigkeit in der Automatisierung auf wie kaum irgendwo in anderen Industrien zu sehen ist.

Doch bei diesen automatisierten Fertigungslinien in den verschiedensten Industrien, speziell auch in der Automobilindustrie, war folgender Sachstand: Was fehlte war bis ca. 2018 die automatisierte Inline-Qualitätsendkontrolle in den Lackierstraßen. Die Gründe hierfür sind im Kap. 3 (Automatisierung und Qualitätskontrolle in Industrie 4.0) eingehend behandelt. Die Messtechnik war in der Regel nicht für den Einsatz im ‚Feld‘ ausgelegt.

Beim Automobilbau sind Korrosionsschutz und Farbgebung beim Lackieren entscheidende Faktoren, die während der laufenden Fertigung zu kontrollieren sind.

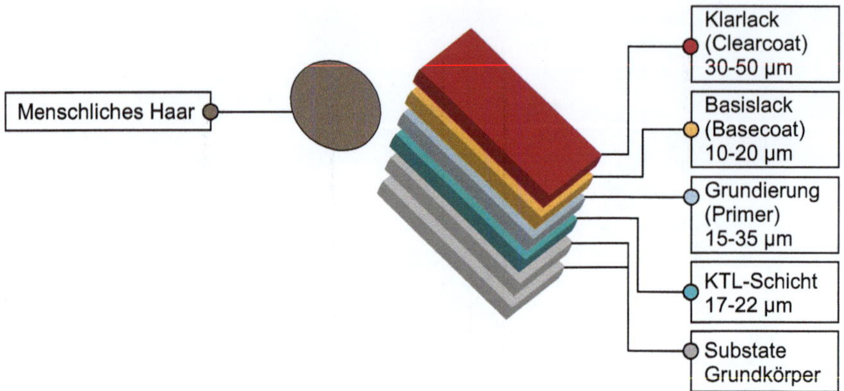

KTL: Kathodische Tauchlackierung elektrophoretische Abscheidung: Kolloidale Partikel werden unter dem Einfluss eines elektrischen Feldes auf der Elektrode abgeschieden (Auto)

Abb. 7.2 Lackierschichten bei der Autolackierung

Abb. 7.2 zeigt die verschiedenen Lackierungsschichten, die während einer Fahrzeuglackierung auf die Karosserie aufgetragen werden.

Die Lackierung eines Fahrzeuges ist in der Regel mindestens 4-schichtig. Man tendiert mittlerweile bei einigen Autofirmen bis zu sechs Lackierschichten. Die Schichtdicken der Lacke müssen genau kontrolliert werden, um dem Fahrzeug ein homogenes farbliches Aussehen zu verleihen. Aber auch die Kriterien für den Korrosionsschutz sind einzuhalten.

Für die Lackschichtenüberprüfung wird heute weitestgehend immer noch die manuelle statistische Prozess Kontrolle angewendet: Viele Mitarbeiter sind in der Prüfzelle und vermessen die Schichtdicken mit Handmessgeräten, basierend auf elektromagnetischen Prinzipien. Oftmals werden erst nach dem Lackiervorgang die Teile zur Analyse ins Labor gebracht. Generell werden mit taktilen Handmessgeräten in der Regel nur der Klarlack vermessen, maximal aber zwei Schichten.

Diese Qualitätsuntersuchungen reichen heute von taktiler Messtechnik mit magnetisch induktiven Verfahren (bis ca. 100 Hz) und Wirbelstromverfahren (ab ca. 100 Hz ca. 16 MHz) [16, 17] bis hin zu zerstörenden Prüfungen mittels Schliffbildern oder chemischen Abtragungserfahren (Coulometrie) [18]. Die Coulometrie ist eine Methode der Elektrochemie, um die quantitative Stoffmenge einer oxidierbaren oder reduzierbaren Verbindung zu ermitteln.

Ein weiteres Verfahren zur Ermittlung von Schichtdicken oder Wanddicken ist Ultraschall, der auch eine taktile Messung ist. Zur Prüfung von Oberflächen der Lacke wurden aber auch Methoden der ‚Nanointendation‘ [19] angewendet. Dabei ist die Nanoindentierung eine Methode der Werkstoffprüfung zur Bestimmung der Härte von Materialien an dünnen Schichten. Oftmals habe ich selbst erlebt, wie Prozesse in der Fertigung aufgrund dieser Prüfvorgänge erheblich verlangsamt wurden, da diese Messmethoden im Labor Offline durchgeführt werden müssen.

7.2.1 Taktile Messtechnik und Roboter

Üblich sind selbst noch im Jahr 2021 taktile Messungen mit Handmessgeräten, an welche Sensoren angeschlossen sind. Die Messprinzipien arbeiten nach elektromagnetischen Verfahren. Das magnetisch-induktiv oder das Wirbelstromverfahren erfordern einen metallischen Untergrund. Das ebenso eingesetzte Ultraschallverfahren benötigt zwar keinen metallischen Untergrund, ist aber in der Handhabung wesentlich schwieriger, da es ein feuchtes Kontaktmittel benötigt. Leider lassen diese Verfahren in der Regel nur maximal die Dicke der Lackschicht und der darunterliegenden Schicht erkennen. Meistens wird jedoch *nur* die Lackschichtdicke gemessen.

Hinzu kommt, dass die Verfahren als taktile Anwendungen *nicht berührungsfrei* und im Falle der elektromagnetischen Verfahren *keine Lacke auf Kunststoffen* messen können. Seit ca. 2017 versuchte man die taktilen Sensoren in die Produktionsstraße inline zu implementieren. Die Probleme konnten allerdings bisher nicht zur Zufriedenheit der Kunden gelöst werden, da die Geräte bezüglich Umweltverträglichkeit und elektromagnetischer Verträglichkeit (EMV) von vielen Herstellern nicht robust genug waren: Permanent haben die Magnetfelder des Roboters die Messgeräte erheblich gestört. Außerdem ist das Aufsetzverfahren der Sensoren am Roboter auf das Messobjekt oft nicht optimal.

7.3 Problem von Kunststoff-Karosserien für die Materialanalyse – Lösung mit Terahertz

Eines der großen auf uns zukommenden Probleme in der Schichtdickenmessung und Materialanalyse von Lacken auf Automobilen ist, dass zukünftig die Fahrzeugkarosserien zunehmend aus Kunststoffen hergestellt werden, wo man mit den oben genannten taktilen Sensoren nicht messen kann. Denn wie gesagt, die elektromagnetischen Prinzipien wie die magnetisch induktive Messung (bis 100 Hz Messfrequenz) oder das Wirbelstromverfahren (bis 16 MHz Messfrequenz) benötigen zur Bestimmung der Lackschichtdicke als Grundmaterial Eisen/Stahl oder elektrisch leitendes Nichteisenmaterial wie Kupfer, Aluminium, Zink, Nickel, Blei, Magnesium (Gold und Silber). Letztere werden Im Fachjargon auch als NE-Metalle bezeichnet. Weiterhin: Es genügt heute zunehmend in vielen Bereichen auch nicht mehr nur die Gesamtschichtdicke einer mehrschichtigen Lackierung zu erfassen, sondern es werden insbesondere im Bereich Automotive und Flugzeugbau die Dicken der Einzelschichten der Lackierung vom Kunden gefordert.

Darauf müssen sich die Hersteller von Messtechnik für den Bereich Automotive und Flugzeugbau bereits heute zunehmend einstellen: Stoßstangen, Kotflügel, Armaturen werden heute bereits bei renommierten Automobilfirmen weltweit aus Kunststoffen hergestellt. In Indien habe ich die erste Fabrik im Entstehen gesehen, welche die gesamte

Fahrzeugkarosserie in ca. 2–3 Jahren in Kunststoff spritzen wird. Das Werkzeug und die Spritzmaschine haben gigantische Ausmaße.

Seit ca. 5–8 Jahren evaluieren die Automobilindustrie zusammen mit Messtechnikherstellern alternative Technologien zur Vermessung von Metallen und Lacken auf Kunststoffträgern. Eine dieser Technologien ist die Terahertz-Technik [20, 21]. Auch optische Inlineverfahren in den Lackierstraßen werden mittlerweile während der Nassphase der Lackierung evaluiert.

Die Terahertz-Technologie ist eine zerstörungsfreie und berührungslose Messtechnik und misst Beschichtungen auf Metall- *und* Kunststoffkarosserieteilen. Die Terahertz-Messtechnik basiert auf elektromagnetischen Wellen (siehe Abb. 7.3), deren Frequenzen zwischen Mikrowelle und Infrarot angesiedelt sind. Dadurch besitzen die Terahertz-Wellen eine ausreichende Eindringung in elektrisch nichtleitende Materialen bei gleichzeitiger akzeptabler Ortsauflösung. Im Gegensatz zur Röntgentechnologie (XRAY) sind beim Einsatz der Terahertz-Technik keinen besonderen Strahlenschutz-Maßnahmen notwendig.

Sehr prominente Anwendungen der Terahertz-Messtechnik sind die Personenscanner am Flughafen (z. B. R&S®QPS Quick von ROHDE & SCHWARZ GmbH & Co. KG) und die Briefscanner zur Detektion von Sprengstoffen und Drogen (T-COGNITION® von HÜBNER GmbH & Co. KG).

Prinzip und Einlernverfahren von Mustern

Das Messprinzip basiert auf einer Laufzeitmessung und ist in Abb. 7.4 [22] dargestellt: Ein Terahertz-Puls trifft auf eine Grenzfläche, an der er zum Teil reflektiert wird und zum Teil weiter in das Material eindringt. Trifft letzterer auf eine weitere Grenzfläche so wiederholt sich der Vorgang. Die Signalstärke des reflektierten Anteils ist abhängig vom Kontrast der angrenzenden Materialien (genauer gesagt: von der Änderung der jeweiligen Brechungsindices).

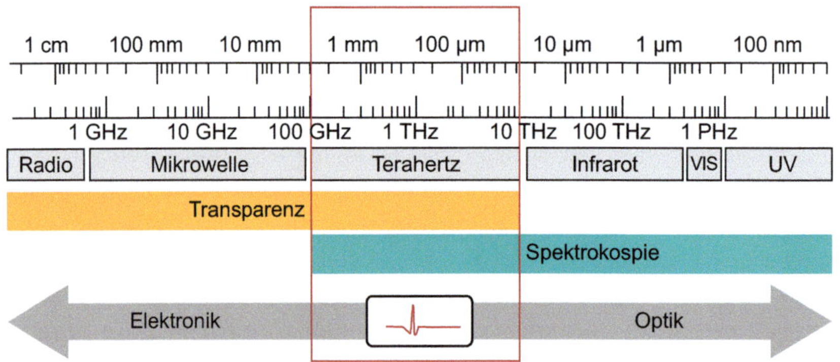

Abb. 7.3 Terahertz-Spektralbereich. (Quelle: Fraunhofer ITWM ©)

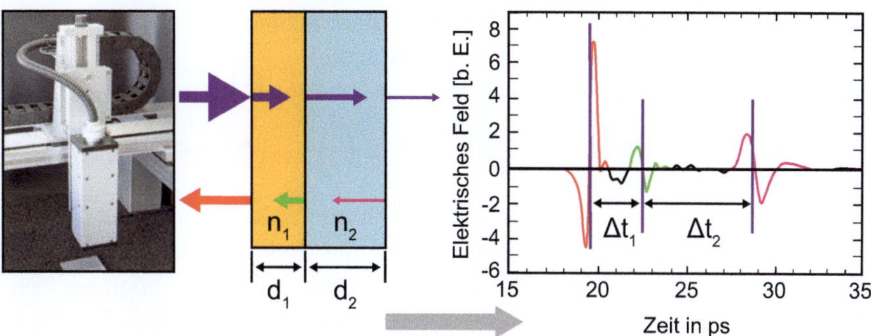

Abb. 7.4 Berührungslose Messung der Lackierschichten auf Kunststoff oder Metall mit Tera hertz. (Quelle: Fraunhofer ITWM ©)

Gemessen wird ein Zeitsignal, dass alle reflektierten Anteile der einzelnen Grenzschichten, wie in Abb. 7.4 zu sehen ist. Dieses Zeitsignal enthält die gewünschten Laufzeitinformationen.

Die in Abb. 7.4 gezeigte Messung wurde an einer zweilagigen Kunststoffprobe durchgeführt, bei der die Dicken der Einzelschichten einige 100 µm sind. Somit können die reflektierten Signale im Zeitsignal gut getrennt werden. Je dünner die zu unterscheidenden Schichten sind, desto näher rücken die Pulse zusammen, bis sie schließlich nicht mehr getrennt werden können. Je nach zeitlichem Abstand der reflektierten Signale werden unterschiedliche Auswertetechniken angewendet, wobei die Übergänge von dem einen zum anderen Auswerteverfahren fließend sind. Abb. 7.5 unterscheidet drei unterschiedliche Auswertebereiche [23]:

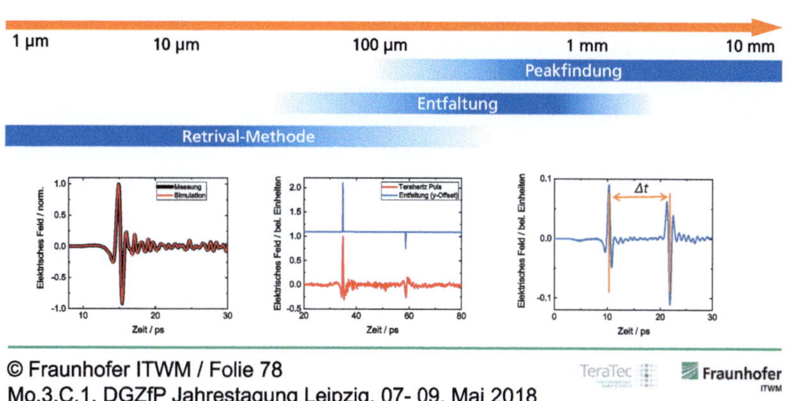

Abb. 7.5 Auswertetechniken in Abhängigkeit der Schichtdicke. (Quelle: Fraunhofer ITWM ©)

Schichtdicken zwischen ab 200 μm bis 10 mm: Peakfindung
Schichtdicken zwischen 100 μm bis 1 mm: Entfaltung
Schichtdicken zwischen 1 μm bis 50 μm: Retrieval-Methode [24]

Da die Fahrzeugschichten gemäß Abb. 7.2 bis 50 μm sind wendet man hier am häufigsten die Retrieval-Methode an.

Innerhalb des Retrieval-Verfahrens geht es um ein Wahrscheinlichkeits-Modell, in dem man im Vektorraummodell versucht, über das Relevanz-Feedback-Modell ein gemessenes Muster einem in der Datenbasis eingelernten Muster möglichst nahe zu kommen. Im Prinzip kann man bei dieser Art der Verarbeitung von einer Suchmaschine oder einem ‚Expertensystem' sprechen, das im Sinne des minimalen Fehlerquadrates das Muster dem eingelernten System zuordnet (siehe Abschn. 2.2).

Dahingehend gibt es zwei Möglichkeiten: Entweder man verwendet das klassische Expertensystem mit den ‚if–then' Abfrage-Entscheidungen oder man bedient sich eines mathematischen Sensormodells (Übertragungsfunktion), das man aufgrund der Messungen optimiert (siehe auch Abschn. 2.2.1). Ähnlich verfährt man in der Materialanalyse oder Schichtdickenmessung mit der Auswertung von Röntgenfluoreszenzmessungen, indem man z. B. die gemessenen Muster mittels Fundamentalparameteranalyse zuordnet [25, 26].

Beide oben genannten Verfahren zählt man heute modernerweise zu den KI-Methoden, obwohl sie schon mehrere Jahrzehnte angewendet werden.

Wie man auch erkennen kann, ist die Auswertung solcher Terahertz-Signale in der Automobilbranche sehr aufwendig. Es müssen alle unterschiedlichen Farben und Lacke bezüglich zugehöriger Schichtdicken eingelernt werden.

Für die Modellbildung eines Terahertz-Sensors spielen die beiden Parameter Extinktionskoeffizient e [27] und Refraktionsindex n [28] des Materials die entscheidende Rolle. Beide Materialparameter müssen in intensiven Laboranwendungen für die unterschiedlichen Farben und Lacke bezüglich Farbe und Dicke ermittelt und Schritt für Schritt in einer Datenbank abgespeichert werden.

Es ist offenkundig, wie umfangreich der Prozess der automatischen Erkennung wird, da jedes Automobilunternehmen zum Teil hunderte von Farben dem Kunden zur Auswahl anbietet: Jede dieser Beschichtungen muss vor dem Einsatz in der Produktionsstraße dem Terahertz-System eingelernt werden.

Alternativ versucht man heute den Ansatz über Künstliche Neuronale Netzwerke (KNN): In diesem Zusammenhang werden die empfangenen Zeitsignale ins Spektrum tranformiert und dort einem KNN zum Einlernen zugeführt. Ist das Netzwerk spezifisch eingelernt, erfolgt die Auswertung in der Produktion online. D. h. das Netzwerk berechnet im Millisekunden-Bereich das Ergebnis (siehe Abschn. 2.2).

Heute werden mit Terahertz-Systemen bereits bei einigen Fahrzeugherstellern weltweit intensive Versuche zur Automatisierung gefahren wie in Abb. 7.6 dargestellt. Entscheidend ist dabei die Erstellung der Datenbasis. Diese muss für alle zu prüfenden Lacke und Dicken durch viele Messungen aufgebaut werden. Erst wenn der

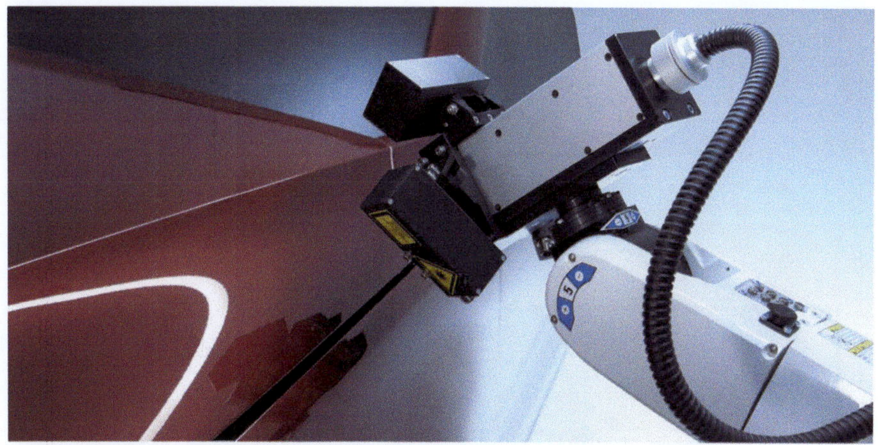

© Dr. Jonuscheit, Fraunhofer ITWM

Abb. 7.6 Terahertz-System Berührungslose Messung der Mehrfach-Lackierschichten auf Kunststoff. (Quelle: Fraunhofer ITWM ©)

Refraktionsindex und der Extinktionskoeffizient und die zugehörigen Modellparameter für alle in der Linie zu vermessenden Lackierungen bestimmt sind, können die Parameter in das SCADA-System geladen werden und stehen der Online-Prüfung in der Produktionsstraße zur Verfügung.

Wird beispielsweise ein Fahrzeug mit einer bestimmten Lackierung per Ordercode im ERP-System (z. B. SAP-System) beauftragt, werden die zugehörigen Terahertz-Parameter aus der Datenbasis des SCADA/MES-System in die Roboter geladen und vermessen dann entsprechende durchlaufende in der Produktion befindliche Automobile. Aufgrund der Komplexität der Vermessung kann heute noch nicht mit einem Terahertz-System jedes Fahrzeug in der Produktionslinie vermessen werden.

Deshalb werden aus der laufenden Produktion Fahrzeuge, so wie in Abb. 7.7 dargestellt, in eine Messzelle (Messkäfig) ausgeschleust und dort mit den Terahertz-Systemen vermessen. Ziel ist es jedoch in den nächsten 2–3 Jahren die Terahertz-Messungen als Inline-Messungen durchführen zu können und/oder die Stückzahl der zu prüfenden Fahrzeuge zu erhöhen.

Es bleibt noch zu erwähnen, dass bei Terahertz-Anwendungen eng mit den Lackherstellern zusammengearbeitet werden muss, da einzelne Farben für das Terahertz-System unter Umständen nicht transparent sind. Nur durch Zumischung von Ingredienzien (Zusatzstoffe) werden z. T. die Farben für Terahertz transparent. Dieses Vorgehen zwischen Messtechnik-, Lack- und Automobilherstellern zeigt momentan gute Fortschritte.

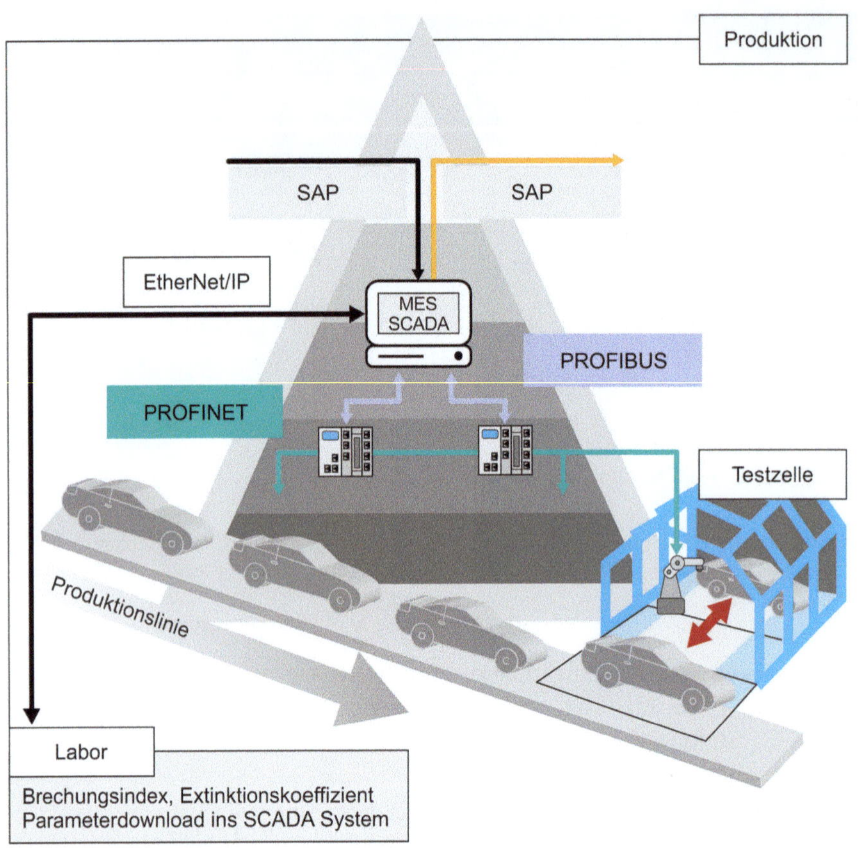

Abb. 7.7 Automatisierte Fertigung und Qualitätskontrolle mit Terahertz- System in der Automobilfertigung

Da die Einlernphasen der Lacke und Farben sehr zeitintensiv sind, gehen die Überlegungen der Automobilhersteller dahin, dass sie dieses Einlernen an Drittfirmen in Form eines Remote-Services auslagern. Für das Einlernen selbst versucht man mit Methoden der Prädiktion das Datenaufkommen erheblich zu minimieren.

Dennoch kann eines mit Sicherheit gesagt werden, aufgrund der Möglichkeit Lacke auf Kunststoffkarosserien ohne Berührung mehrschichtig und gefahrlos zu messen, gehört dem Terahertz-Verfahren im Automobilbau meines Erachtens mit großer Wahrscheinlichkeit die Zukunft. Eine weitere Möglichkeit könnten die photothermischen Inline-Verfahren sein. Doch auch hier sind physikalische Gegebenheiten bezüglich Absorption und Reflektion stark zu beachten.

Literatur

1. George, H.: Damman: Illustrated History of Ford. Crestline Publishing, Sarasota FL (1970), ISBN 0-912612-02-9
2. Reinhard Kluger, Ines Stotz: Die Geschichte der Automatisierung: Mit zündenden Ideen in die Zukunft 1.8.2018 /Elektrotechnik/Automatisierung/Vogel
3. Hans Berger: Automatisieren mit SIMATIC 5.überarbeitete und erweiterte Auflage, 2012, ISBN 978–3–89578–386–9
4. Hans Berger: Automatisieren mit SIMATIC S7 -1200. 2. überarbeitete und erweiterte Auflage , 2013, ISBN 978–3–89578–384–5
5. Hans Berger: Automatisieren mit SIMATIC S7 –400 im TIA Portal. 2012, ISBN 978–3–89578–403–3
6. GeVestor: Roboter erobern weltweit die Fabriken; https://www.gevestor.de/details/roboter-erobern-weltweit-die-fabriken-diese-5-aktien-profitieren-779353.html/. Zugegriffen: 11. Jan. 2021
7. keNEXT: Die Geschichte der Robotertechnik begann 1954; https://www.ke-next.de/robotik/die-geschichte-der-robotertechnik-begann-1954-108.html/. Zugegriffen: 11. Jan. 2021
8. LinkFang: KUKA: https://de.linkfang.org/wiki/KUKA_(Unternehmen)/. Zugegriffen: 11. Jan. 2021
9. Ennsen: ABB ASEA IRB 6/2,9. September 2019; https://www.roboterforum.de/roboter-forum/thread/16151-abb-asea-irb-6-2/. Zugegriffen: 11. Jan. 2021
10. DAVID MARSHALL, NICK CHAMBERS: Roboter auf Erfolgskurs; 40 Jahre Industrieroboter von ABB; https://library.e.abb.com/public/a4454a76420f8307c1257d2000591aea/24-31%20 2m433_DE_72dpi.pdf/. Zugegriffen: 11. Jan. 2021
11. ABB: Übersicht Industrieroboter; https://new.abb.com/products/robotics/de/industrieroboter/. Zugegriffen: 11. Jan. 2021
12. Fanuc: Vom kleinsten bis zum stärksten Roboter der Welt; https://www.fanuc.eu/de/de/roboter/. Zugegriffen: 11. Jan. 2021
13. IndustryArena: Gelenkroboter; https://de.industryarena.com/wiki/Gelenkarmroboter/. Zugegriffen: 11. Jan. 2021
14. Tateishi K.: Unternehmensevolution. Eine japanische Firmenphilosophie, ECON Verl. 1992, ISBN 3–430–19045–2
15. OMRON: History; https://www.omron.com/global/en/about/corporate/history/. Zugegriffen: 11. Jan. 2021
16. Qnix: Schichtdickenmessgerät für die zerstörungsfreie Messung – die QNix®-Baureihe https://www.q-nix.com/de/schichtdickenmessgeraete/. Zugegriffen: 11. Jan. 2021
17. PTB: Schichtdicke und kristalline Normale; Arbeitsgruppe 5.13; https://www.ptb.de/cms/ptb/fachabteilungen/abt5/fb-51/ag-513/methoden-der-schichtdickenmessung.html/. Zugegriffen: 11. Jan. 2021
18. CHEMIE.DE: Coulometrie; https://www.chemie.de/lexikon/Coulometrie.html/. Zugegriffen: 11. Jan. 2021
19. nanoScience: Nanoindentation; https://www.nanoscience.com/techniques/nanoindentation/. Zugegriffen: 11. Jan. 2021
20. Fraunhofer/BlackValue: blackValue – Sortieren schwarzer Kunststoffe im industriellen Maßstab; https://www.blackvalue.de/de/radar-grundlagen/thz-technologie.html/. Zugegriffen: 11. Jan. 2021
21. Fraunhofer ITWM: Schichtdickenmessung mit Terahertz; https://www.itwm.fraunhofer.de/de/abteilungen/mc/schichtdickenmessung-terahertz.html/. Zugegriffen: 11. Jan. 2021

22. Messe & Prüfen: Zerstörungsfreie Mehrschichtanalyse; https://www.itwm.fraunhofer.de/content/dam/itwm/de/documents/MC_Infomaterial/mc_paper_zerstoerungsfreie_mehrschicht-analyse.pdf/. Zugegriffen: 11. Jan. 2021
23. Dr. Joachim Jonuscheit, Autor: Schichtdicken inline prüfen; MESS- Und PRÜFTECHNIK Terahertz-Technik; https://www.itwm.fraunhofer.de/content/dam/itwm/de/documents/MC_Infomaterial/mc_paper_schichtdickenmessung_kunststoffe_2019_10_DE.pdf/. Zugegriffen: 11. Jan. 2021
24. Christopher, D.: Manning, Prabhakar Raghavan. Introduction to Information Retrieval, Cambridge University PressCambridge University Press, 2008, ISBN 0521865719
25. Rene BÖTTCHER u. Lothar SPIESS: Bestimmung von Werkstoffkennwerten mit Ultraschallverfahren – ist der„Goldbarren" echt?Technische Universität Ilmenau Institut für WerkstofftechnikGustav-Kirchhoff-Str. 5; 98693 Ilmenau * lothar.spiess@tu-ilmenau.de; http://jt2014.dgzfp.de/portals/jt2014/BB/p50.pdf/. Zugegriffen: 11. Dez. 2021
26. Spieß, L., Teichert, G.; Wilke, Marcus Die Materialcharakterisierungsverfahren Röntgenfluoreszenzanalyse (RFA) und Glimmentladungsspektroskopie (GDOES) im Alltag eines Werkstoffprüflaborsilmedia; https://www.db-thueringen.de/servlets/MCRFileNodeServlet/dbt_derivate_00035971/ilm1-2016200121.pdf/. Zugegriffen: 11. Jan. 2021
27. studyflix: Extinktionskoeffizient; https://studyflix.de/chemie/extinktionskoeffizient-1601
28. Die Chemie-Schule: Brechungsindex n: https://www.chemie-schule.de/KnowHow/Brechzahl/. Zugegriffen: 11. Jan. 2021

Zeittafel der Automatisierungstechnik seit 1970

8

Nachdem im Verlaufe des Buches viele Einzeldaten und Zusammenhänge aufgezeigt werden, befasst sich Kap. 8 noch einmal mit einer Zusammenstellung der wichtigsten Daten in der Geschichte der Automatisierung seit 1970 in Form einer Zeittafel. Dabei wird das Zeitgeschehen in folgende Abschnitte eingeteilt (Abb. 6.1 bis Abb. 6.6):

- KI, Neuronale Netze, Programmiersprachen – Von der Robotik über die Automatisierungspyramide bis Industrie 4.0, Made in China 2025, IoT, heute auch IIoT (Industrial Internet of Things) genannt (Abb. 8.1)
- Feldbus- und Bussysteme – vom Ethernet zu OPC UA (Abb. 8.2)
- Gremiengründungen – vom Ethernet IEEE bis zu EtherCAT Technology Group (Abb. 8.3)
- Feldgeräte und Automatisierung – von der SIEMENS S. 3 bis zur Pilz SPS mit IP67 (Abb. 8.4)
- Hardwareentwicklung und ihr Einfluss auf die Automatisierung – vom Intel 8080 bis zum ARM A76 (Abb. 8.5)
- Großrechner, Workstations und PC – von der PDP-1 bis zum Apple iMac (Abb. 8.6)

Der Fokus der Zeittafel ist insbesondere die Entwicklung von Hardware, μ-Controller, Signalprozessoren, FPGA's, ASIC's und Multi-Core-Prozessoren und deren Einflussnahme auf die verschiedenen Zeitabschnitte der Automatisierung. Besonders wird dabei dem Aspekt der Evolution der Automatisierung im Gegensatz zum Hype Industrie 4.0 und Künstliche Intelligenz Rechnung getragen.

Es ist klar aufgezeigt, wie sich die zeitliche Evolution der Automatisierung gegenüber der Einführung Industrie 4.0, ‚Made in China 2025' und IoT widerspiegelt und dass die grundlegenden Technologien, mit denen heute bei Industrie 4.0 Werbung gemacht wird, eigentlich eine jahrzehntelange Entwicklungsgeschichte weit vor Industrie 4.0 hinter sich haben.

W. Babel, *Industrie 4.0, China 2025, IoT*, https://doi.org/10.1007/978-3-658-34718-5_8

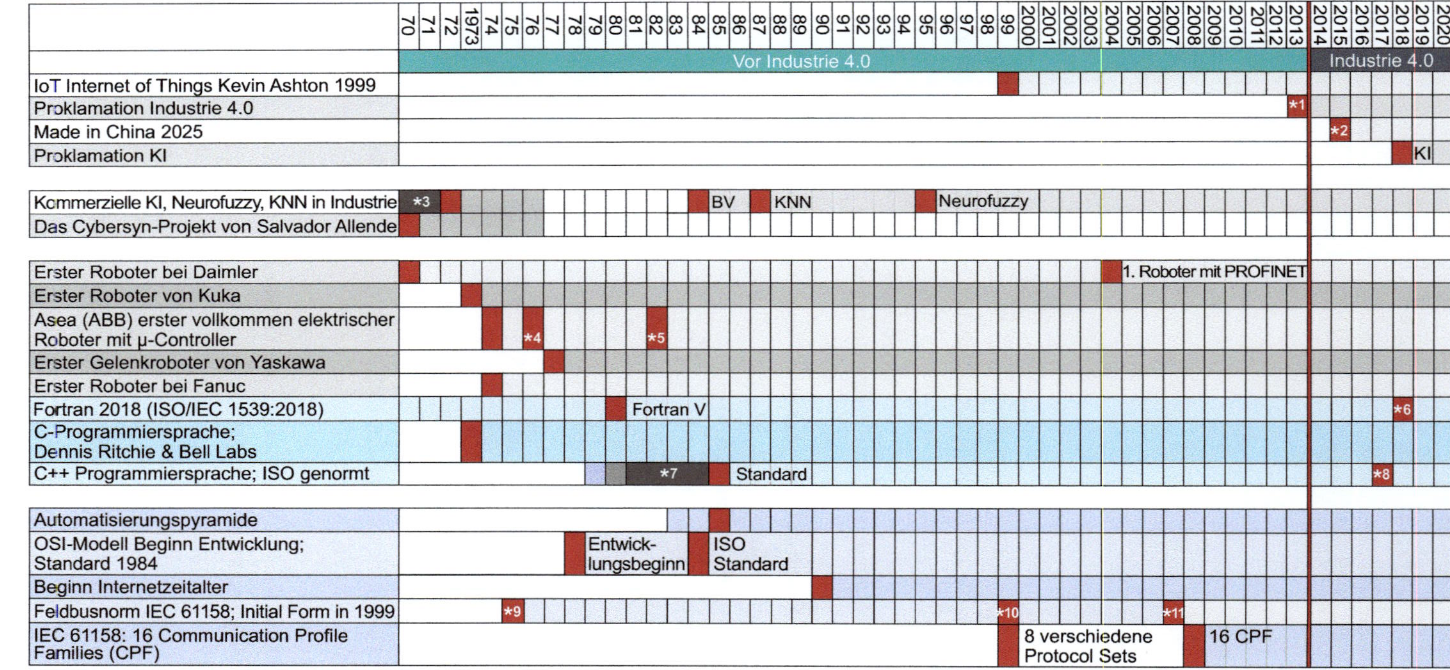

Abb. 8.1 KI, Neuronale Netze, Programmiersprachen – von der Robotik über die Automatisierungspyramide bis Industrie 4.0, Made in China 2025, IoT (IIoT)

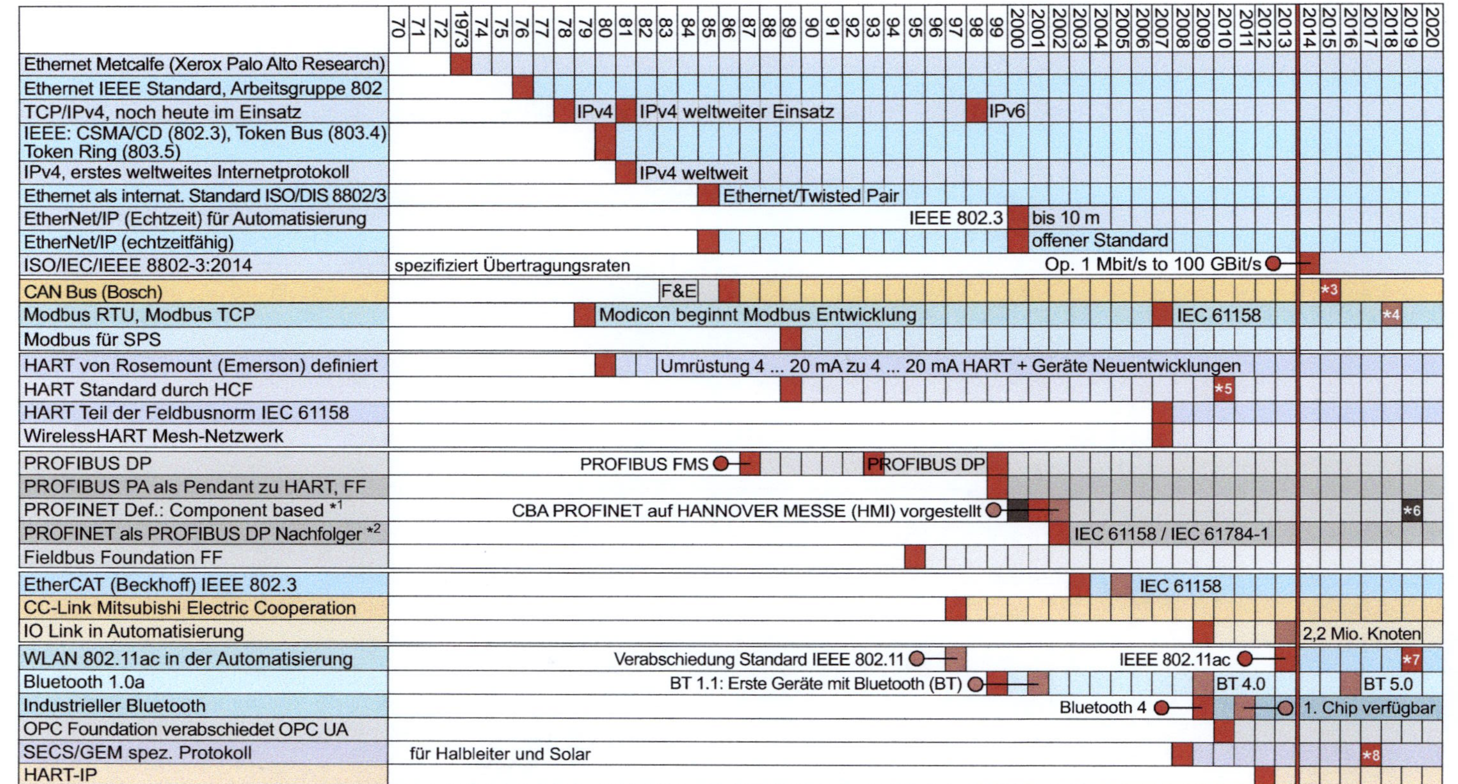

Abb. 8.2 Feldbus- und Bussysteme – vom Ethernet zu OPC UA

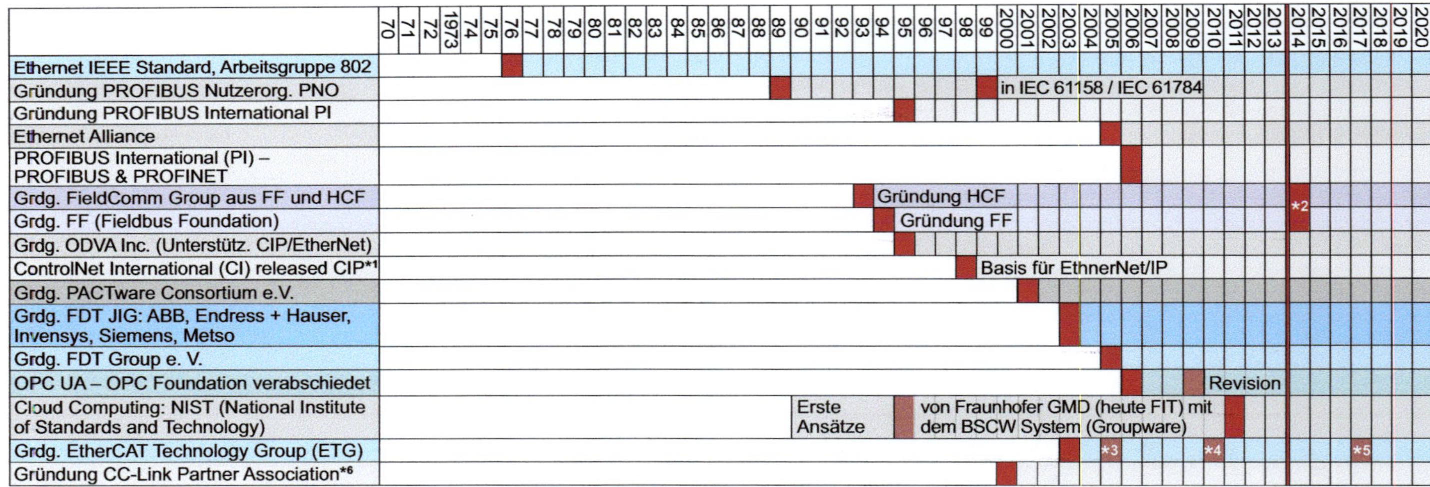

*1 Common Industrial Protocol (CIP)
*2 Field Comm Group
*3 EtherCAT IEC-Norm *4 FSoE: Fail Safe over Ethernet *5 EtherCAT 1 G; 10 G
*6 CC-Link Partner Association (CLPA)

Abb. 8.3 Gremiengründungen- vom Ethernet IEEE bis zu EtherCAT Technology Group

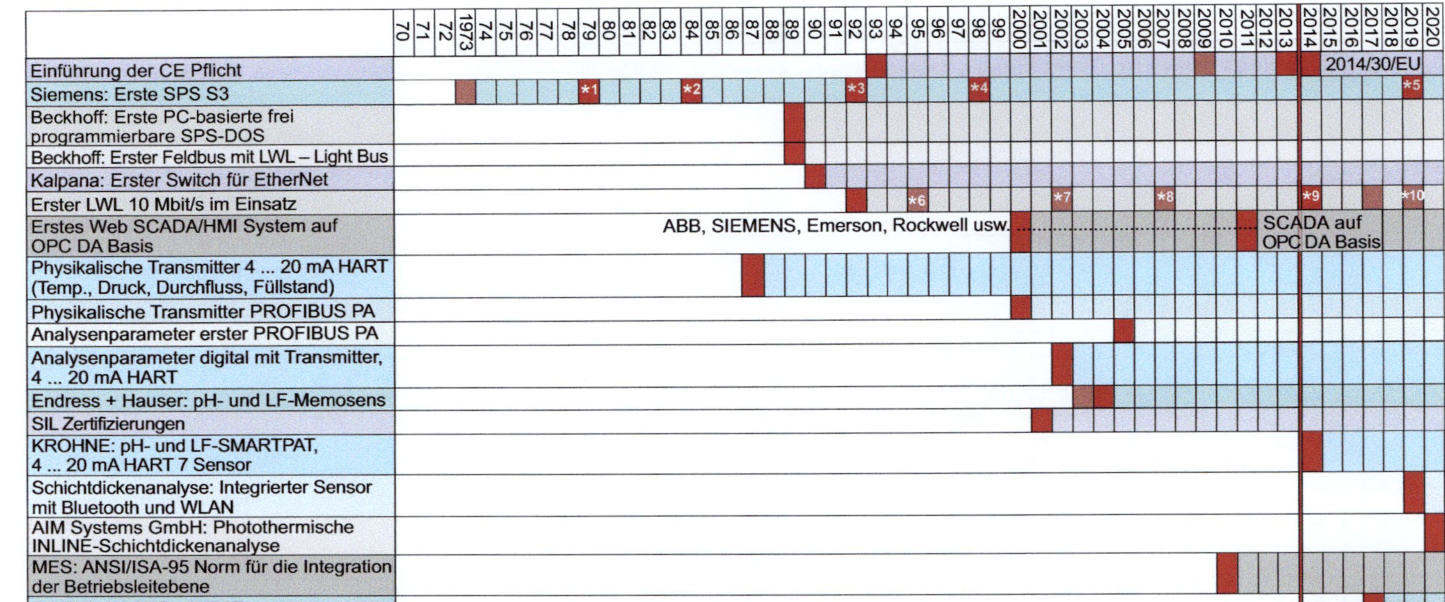

*1 S5 *2 Durchbruch der SPS *3 S5/DOS 5.0 *4 S7, immer besser werdende SPS werden auf den Markt gebracht
*5 Sinumerik One im TIA (Totally Integrated Automation) Portal, SPS Messe 2019, Halle 11
*6 Erstes Gbit/s Twisted Pair *7 Erstes 10 Gbit/s LWL *8 100 Gbit/s *9 400 Gbit/s Definition *10 200 Gbit/s

Abb. 8.4 Feldgeräte und Automatisierung – von der SIEMENS S. 3 bis zur Pilz SPS mit IP67

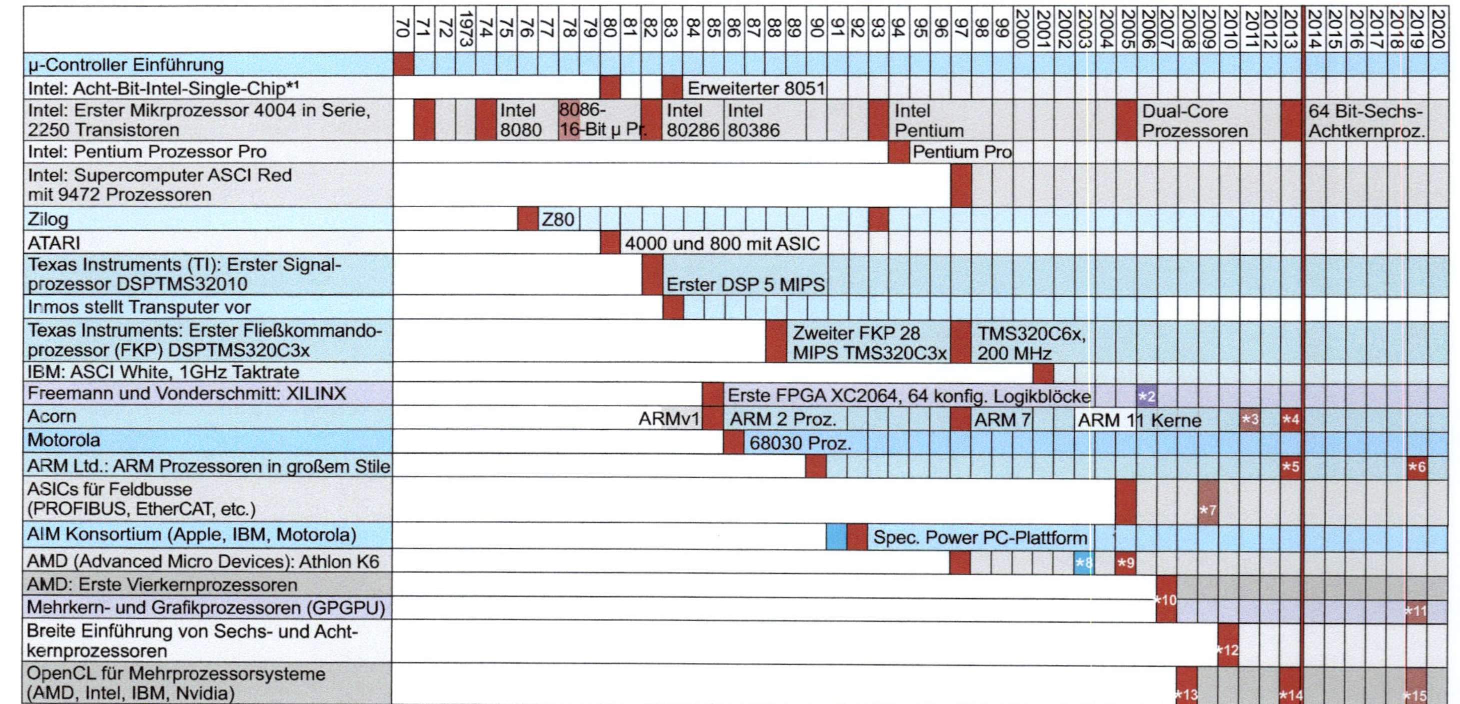

Abb. 8.5 Hardwareentwicklung und ihr Einfluss auf die Automatisierung – vom Intel 8080 bis zum ARM A76

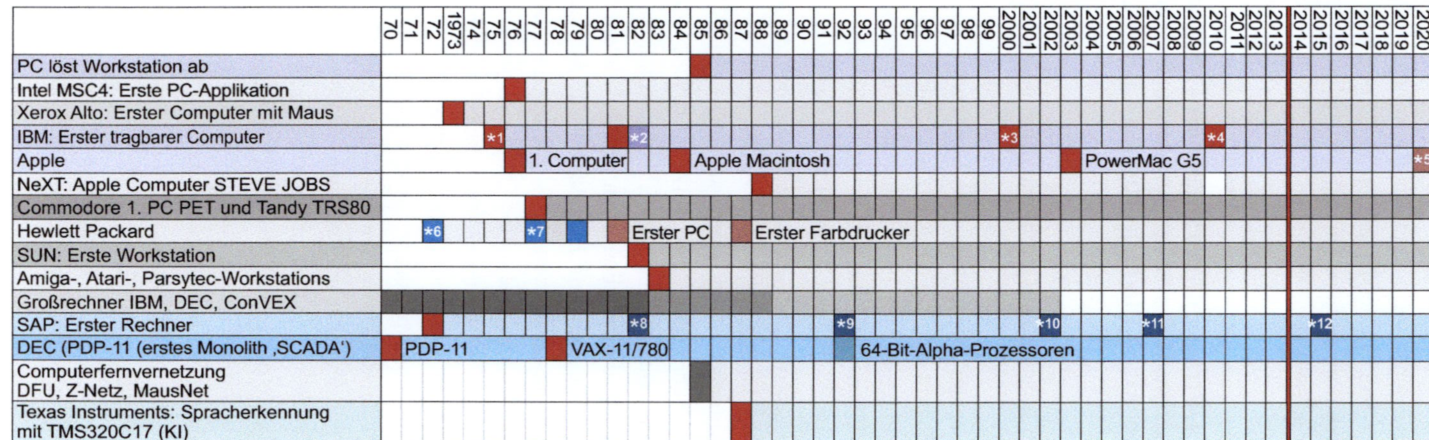

*[1] Erster tragbarer Computer *[2] Schaffung Industriestandard x 86 Prozessoren *[3] ASCI White SP Power3 *[4] IBM Power7
*[5] ARM Cortex F76
*[6] Erster Taschenrechner *[7] Erster Tischrechner
*[8] SAP R2 *[9] SAP R3 *[10] Business all-in-One *[11] Business byDesign *[12] SAP S/4HANA

Abb. 8.6 Großrechner, Workstations und PC – von der PDP-1 bis zum Apple iMac

Industrie 4.0 ist so gesehen ein Hype, der offenbar sein musste, um einen gewissen Fokus auf das Thema in der Gesellschaft zu bekommen. Dass heute immer noch viele das Thema anders verstehen, liegt wohl in der Natur der Sache und dem Kenntnisstand unterschiedlichster Gruppen. Einen Beitrag diese Themen von Industrie 4.0 etwas zu entmystifizieren trägt dieses Kapitel in kompakter Weise bei.

8.1 KI, Neuronale Netze, Programmiersprachen – von der Robotik über die Automatisierungspyramide, Feldbusse und Gremien bis hin zu IoT (IIoT), Industrie 4.0 sowie ‚Made in China'

Die Zeittafeln Abb. 8.1 bis Abb. 8.6 fassen die Geschichte der Automatisierung seit 1970 in einer Zeittafel zusammen.

‚Schuster, bleib bei deinen Leisten' besagt ein altes Sprichwort, das viel Wahrheit beinhaltet. Das gilt auch für Industrie 4.0, China 2025, IoT und KI, alles Schlagworte der Neuzeit, von Politik und Industrie zum Hype erkoren. Alle Begriffe verkörpern aber so gesehen nur das, was schon viele Jahrzehnte zuvor für bestehende Technologien praktiziert und Bestand hatte. So begann dieses Buch in der Einleitung. In diesem Abschnitt ist noch einmal alles das in einer Zeittafel zusammengefasst, was in den vorangegangenen Kapiteln und Abschnitten besprochen wurde.

Das Zeitalter der modernen Automatisierung wurde seit 1970 von KI-Methoden wie Expertensystemen, Künstlichen Neuronalen Netzwerken (KNN), Fuzzy-Systemen, modernen Verfahren der Mustererkennung und der Robotik kontinuierlich begleitet. Dabei kamen zu jedem Zeitabschnitt die Möglichkeiten der vorhandenen Technologien in Hardware und Software voll umfänglich zum Einsatz. Für die Automatisierung sind Hardware und Software die treibenden Faktoren. Dies gilt für die Automatisierungs-Komponenten, die Vernetzungstopologien sowie die Feldmesstechnik gleichermaßen.

Hinzukommt für alle Geräte die notwendige Robustheit gegenüber unterschiedlichsten Umweltbedingungen (Kap. 3). Generell kann gesagt werden, je mehr man von oben nach unten in der Automatisierungspyramide in Richtung Feldebene geht, desto härter werden die Anforderungen an die Umweltverträglichkeit der Geräte und an die Echtzeit (Realtime). Umgekehrt gilt, je weiter man von unten nach oben in der Pyramide zur ERP-Ebene geht, desto mehr Daten müssen verdichtet, ausgewertet und dargestellt werden, je weniger spielen gewisse Aspekte der Umweltverträglichkeit eine Rolle.

Die Zeittafeln Abb. 8.1 bis Abb. 8.6 sind grob unterteilt in Meilensteine der Automatisierung, Robotik, Feldbusse, Instrumentierung in Fabrik und Prozess, Harmonisierung und Standardisierung, Hardware- und Software-Entwicklungen sowie Rechnerarchitekturen (vom Großrechner zum PC).

Es sei gesagt, dass sich alle in der Zeittafel aufgeführten Firmen in der Mechatronik technologisch kontinuierlich weiterentwickelt haben. Das betrifft die Hardware genauso wie die Software und die Mechanik sowie die gesamten Vernetzungstopologien und System-Komponenten.

Um die Abfolge herauszuarbeiten und die Sache einigermaßen übersichtlich zu halten, sind in der Zeittafel im Wesentlichen die Erfinder, die eine Technologie und/oder Produkt zuerst in den Markt gebracht haben, aufgeführt. Ebenso angegeben sind die wichtigsten Versionen von Produkten, die entscheidend Einfluss auf die Automatisierung nahmen.

Viele Firmen sind in jedem technologischen Teilgebiet in den letzten 50 Jahren neu entstanden, hinzugekommen oder wurden von anderen Firmen übernommen und integriert. Auffällig ist dabei, dass gerade im letzten Jahrzehnt sehr viele Firmen und Firmenanteile von China übernommen wurden.

Die Innovationen haben bezüglich der Leistungsfähigkeit und Vernetzungstopologien aufgrund zunehmend leistungsfähigerer Computer, Elektroniksystemen, Miniaturisierungen sowie Softwarearchitekturen permanent zugenommen.

Aufgrund der Bedeutung der Chip- und Computerentwicklung [1–3], welche einer der treibenden Kräfte für die moderne Automatisierungstechnik ist, wird sie in diesem abschließenden Abschnitt schwerpunktmäßig mit einbezogen und diskutiert.

Aus den Zeittafeln von Abb. 8.1 bis Abb. 8.6 wird sehr schnell deutlich, was mit der Aussage gemeint ist: Schon lange bevor die Schlagwörter Industrie 4.0, ‚Made in China 2025 ‘, IoT, KI (wieder) publiziert wurden, ging die Automatisierung ihren evolutionären Gang seit 1970. Gegenüber der Automatisierungstechnik ist Industrie 4.0 ein relativer kleiner Zeitabschnitt.

‚Hyper Physic System‘ ist ein Schlagwort mit dem Wenige etwas anfangen können. Letztlich ist es eine Technikbezeichnung die sich über Jahrzehnte seit Beginn der 3. Technischen (R)Evolution (ab 1970) entwickelt hat. Siehe hierzu auch Kap. 1 den Abschnitt über Salvador Allende und sein Cybersyn-Projekt System [4], welches im Grunde ein Expertensystem der heute publizierten neuen ‚KI-Welt‘ ist.

Zu diesem Zeitpunkt im Jahre 1970 waren die Roboter bereits erfunden und leisteten ihre Dienste in der Automatisierung. Insbesondere die Automobilindustrie gilt hier als Vorreiter.

Die Ära der modernen Automatisierungstechnik beginnt aus meiner Sicht mit der Einführung des µ-Controller. Sehr schnell brachte SIEMENS bereits 1973 ihr erste SPS S3 auf den Markt. Der Erfolg blieb aber zunächst aus.

Mit der industriellen Automatisierung wurden ab etwa 1980 in großem Stil die Automatisierungskonsortien und Feldbusgremien gegründet, da die Standardisierung und Harmonisierung zum wichtigen Thema wurden.

Hardwaremäßig kamen ab den 80ern die ersten Signalprozessoren, leistungsfähige µ-Controller sowie erste FPGA's und ASIC's auf dem Markt und wurden in das Design der Feldgeräte und Komponenten für die Automatisierung kontinuierlich einbezogen. Viele Firmen entwickelten dabei zunächst proprietäre Messgeräte und Komponenten sowie Bussysteme und verfolgten ihre eigenen Vermarktungsstrategien. Nur langsam öffneten sich zum Teil die Hersteller von Messtechnik und Feldbusprotokollen unter erheblichen Druck der Anwender und machten ihre Technologie allgemein zugänglich.

Wie gesagt, die µ-Controller läuteten in den frühen 70er Jahren, von ca. 1973 an, das Zeitalter der PC's (ab 1973) und der Workstations (1982: SUN: Erste Workstation) ein, welche zunehmend die Großrechner verdrängten.

Die PC-Geschichte begann hardwaremäßig nach der Einführung der µ-Controller mit Intel bereits 1973, gefolgt von IBM [5] (1975), Apple [6, 7] (1976) und Hewlett Packard (1980) [8]. Obwohl noch 1977 Ken Olson, Präsident und Gründer der DEC behauptete ‚Es gibt keinen Grund, warum irgendjemand einen Computer in seinem Haus bräuchte' [9], war der PC das Maß aller Dinge und führte mit zunehmender Leistungsfähigkeit der Prozessoren sehr schnell zur Ablösung der Workstations. SUN [10] (seit 2010: ORACLE), ATARI [11] und viele andere Hersteller von Workstations waren davon ab 1995 betroffen.

Im Übrigen wird die Aussage von Ken Olsen immer gern als Paradebeispiel dafür genannt, wie falsch man die Computertechnik in der zweiten Hälfte des 20. Jahrhunderts eingeschätzt hatte. Dazu sollte man auch wissen, dass Olsen selbst zu Hause Rechner hatte. Durch immer besser werdende Workstations und vor allem später PC's entstand eine rasche Stagnation bei den Großrechnern.

Durch den Beginn des Internetzeitalters im großen Stil ab 1990 verbreitete sich der PC sehr schnell in Millionen von Haushalten und wurde zur Selbstverständlichkeit genauso wie das Automobil. Das Internet begann genau genommen aber bereits 1969 als Arpanet. In den Jahren 1973 und 1974 entwickelten Vinton G. Cerf und Robert E. Kahn eine Vorversion des heutigen TCP, um unterschiedliche Netzwerke zu verbinden. In vielen Weiterentwicklungen entstand daraus das heutige TCP/IP, wobei das Protokoll IPv4 (seit 1978) nach wie vor gegenüber dem IPv6-Protokoll (definiert im Jahr 1995) dominant ist.

Zunächst verdrängten die Workstations zunehmend die Großrechner (IBM, DEC, Convex), bis sie dann selbst wiederum durch die PC's ersetzt wurden. Die Ablösung der Workstations (z. B. von Sun, Atari usw.) nahm ihren Lauf.

ERP- und MES-System wurden zunehmend von Großrechnern auf Workstations verlagert (SAP ist ein typisches Beispiel), später auf den PC. Dasselbe galt für Designtools CAE (Computer Aided Engineering) [12], CAD (Computer Aided Design) [13], CIM (Computer Integrated Manufacturing) [14], usw.

Entscheidend für diese Trends waren zum damaligen Zeitpunkt die immer leistungsfähigeren Chips. So erschien im Jahr 1982 von Texas Instruments (TI) [15] die erste Serie von 5 MIPS Digitalen Signalprozessoren (DSP). 1985 folgten dir ersten FPGA's von XLINX [16].

Weiter folgten dann im Jahr 1982 Intel [17] mit dem Intel 2028 sowie im Jahr 1985 die leistungsstarken ARM-Prozessoren von Arcon [18] (ARMv1, ARM2).

1986, nur ein Jahr danach, folgten die 68030 Motorola 32-Bit Prozessoren [19–21].

Ab 1985 nahm die Zahl der Workstations signifikant ab und der PC begann seinen Siegeszug.

Persönlich arbeitete ich mit ARM- und Motorola-Prozessoren in meiner ersten Firma von 1983–1993 in verschiedenen Projekten der industriellen Bildverarbeitung und Mustererkennung. In dieser Zeit überschlugen sich die Chiphersteller förmlich und überschwemmten den Markt mit ihren Produkten. In dieser Zeit, 1983, wurde auch der Transputer [22] von der Firma Inmos [23] eingeführt, mit dem ich im Jahr 1990 selbst Untersuchungen bezüglich der Leistungsfähigkeit für den Aufbau von neuronalen Netzwerken durchführte.

Ebenso entwickelten wir in meiner ersten Firma (1983–1992) einen miniaturisierten Hochleistungscomputer, bestehend aus mehr als 20 Transputern in 1,5 l Volumen integriert. Transputer wurden zum damaligen Zeitpunkt in Atari-Workstations, in Parallelrechnern von Parsytech [24, 25] und in Amiga- Workstations [26] integriert.

Abb. 8.5 und 8.7 zeigen in einer Zusammenfassung Meilensteine der µ-Controllerentwicklung in der Automatisierungstechnik.

In diesem Zusammenhang spielte die Miniaturisierung der µ-Controller für die Entwicklung von Feldgeräten (siehe Abb. 4.19 Entwicklung der Analysenmesstechnik vom Labor ins Feld) eine wichtige Rolle.

Der in Abb. 8.7 aufgeführte STM32L552RC ist ein Prozessor der Ultra-Low-Power-Mikrocontroller-Familie (STM32L5-Serie), die auf dem leistungsstarken ARM-Cortex-M33 32-Bit-RISC-Kern basiert. Sie arbeiten mit einer Frequenz von bis zu 110 MHz. [28]. Dieser Prozessor spielte beispielsweise eine wesentliche Rolle für die Integration von miniaturisierten Elektroniken in die Sensoren der Analysenmesstechnik. Besonders attraktiv ist er auch deswegen, da er im Schlafmodus nur ca. 20nA Strom benötigt. Seine Leistungsdaten sind hier beispielhaft angegeben [28], da er aufgrund seiner Größe in Sensoren mit einem Durchmesser < 1,2 cm integriert werden konnte. Die wesentlichen Leistungsdaten für diesen Prozessor sind:

- 165 DMIPS
- bis zu 512 KB Flash Speicher
- 256 KB SRAM, SMPS
- 1,7 V – 3,6 V Spannungsversorgung
- 17 nA – 22 nA im Shutdown-Mode und
- 106 µA im Running-Mode
- Größe im UFBGA132 (Ultra Thinfine Pitch Ball Grid Array, Abstände: 0,65 mm-Anschlussabstände, 132 Pins), (7 mm × 7 mm), LQPF64 (10 mm × 10 mm); Low Profile Quad Flat Package (Gehäuse) mit 64 Pins

In der Fabrik- und insbesondere in der Prozess-Automatisierung waren in der Feldebene bis zum Jahr 1980 kaum Ansätze von digitaler Technologie erkennbar. Immer noch dominierte das 4…20 mA Signal. Rosemount (Emerson) arbeitete ab 1980 bereits intensiv am 4…20 mA HART und war im Begriff den ersten Hybridfeldbus 4…20 mA HART (analoge Messwerte mit FSK modulierten Diagnosefunktionen) einzuführen.

Das OSI-Modell wurde als spätere Grundlage aller Bus-Systeme hinsichtlich der Kommunikationsschichten im Jahr 1979 veröffentlicht, aber erst im Jahr 1984 zum

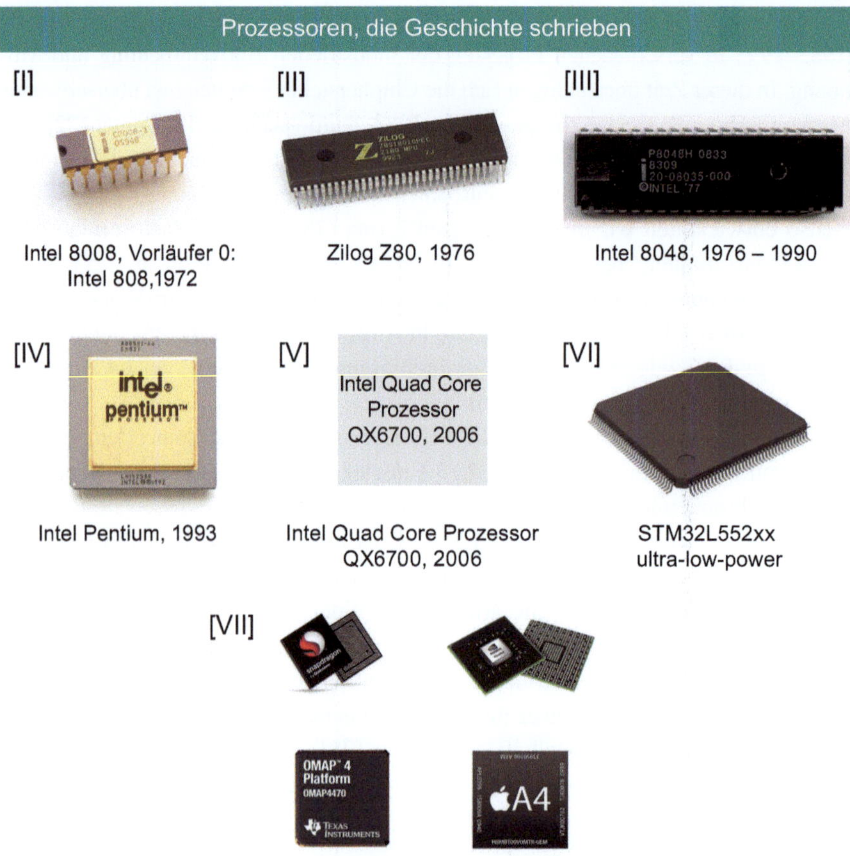

Abb. 8.7 Prozessoren, die Geschichte schrieben. Abb. 8.7 [I]–[VI] zeigen Ausschnitte der unveränderten Originale. (Quellennachweis siehe [27])

Standard erklärt. Ein Jahr später erfolgte 1985 die Definition der heute bekannten Automatisierungspyramide, die auf dem OSI-Modell basiert und die Grundlage für die horizontalen und vertikalen Vernetzungstopologien in der Automatisierungstechnik bildet.

Von den Kommunikationsbussen war zunächst von 1972 bis 1980 Ethernet das große Entwicklungsthema, allerdings zunächst für Gebäude- und Bürotechnik.

1973 begann die Ethernet-Historie mit der Definition von Mr. Metcalfe (Xerox Palo Alto Reserach). Bereits 1976 wurde die Arbeitsgruppe IEEE 802.3 ins Leben gerufen, nach der heute der Ethernet-Layer 1 und Ethernet-Layer 2 (Bitübertragungs- und Sicherungsschicht) gemäß dem OSI-Modell [29] standardisiert ist.

Im Jahr 1978 wurde das Internetprotokoll IPv4 [30] mit 32 Bit Adressraum und das TCP für die Transportschicht (Layer 4) sowie für die Netzwerk-Schicht (Layer 3) definiert. Beide Standards sind heute in Anwendung. Das damalige Ethernet TCP/IP war nicht echtzeitfähig und somit noch nicht für die harten Anforderungen der Automatisierungstechnik im Feld geeignet.

Seit 1998 gibt es das Internetprotokoll IPv6 [31] mit 128 Bit Adressraum. Zunächst wurde Ethernet hauptsächlich für die Infrastruktur von Gebäuden eingesetzt, u. a. in der Vernetzung von PC's in den 80ziger Jahren.

1982 brachte SAP bereits sein ERP-System SAP R2 auf den Markt und eroberte sukzessive die Welt der ERP-Systeme (Enterprise Resource Planning).

Somit hat die Automatisierungspyramide (OSI-Modell) [32] in der fünften Kommunikationsebene mit SAP einen namenhaften Hersteller, der seine Marktposition mit SAP R3 (1992), mit Business all-in-One (2002), Business ByDesign (2007) und SAP S/4HANA (2015) nachhaltig ausbauen konnte – und das basierend auf der Idee von 1972, Lochstreifen und Bedienung von Großrechnern durch Visualisierung über Bildschirmterminals abzulösen. 1972 sprach SAP von einem Echtzeitsystem, was aber in Realität kein Echtzeitsystem im Sinne der Automatisierungstechnik der Feldebene war.

Ab 1984 begann dann die eigentliche intensive Automatisierungsphase in den Fabriken und in der Prozessindustrie.

Es war auch der Zeitpunkt, an dem das echtzeitfähige EtherNet/IP (1985), sowie Ethernet allgemein als internationaler Standard ISO/IEC 8802-3 [33] veröffentlicht wurde (1985).

Wie bereits erwähnt, brachte im Jahr 1984 die Firma XLINX den ersten FGPA auf den Markt, Motorola sowie ARCON führten ihre hochleistungsfähigen 68.030 bzw. ARM2x Prozessorfamilien ein und SIEMENS gelang mit der SPS SIMATIC S5 der Durchbruch auf der Kontrollebene der Automatisierungstechnik. Es war ein sehr bewegtes Jahr in der Automatisierungstechnik.

Die Weiterentwicklungen der SPS wurde von vielen Firmen vorangetrieben, allen voran SIEMENS, die heute mit der speicherprogrammierbaren Steuerung SIMATIC S7 [34] eine der leistungsfähigsten SPS im Markt besitzt und die mit der Software STEP 7 auf dem neuesten Hardware- und Softwarestand ist.

Bereits ab 1984 begann Rosemount vehement die 4…20 mA Basis durch 4…20 mA HART abzulösen. Das Zeitalter der digitalen Instrumentierung im Feld und in der Fabrik war eingeläutet. Die Alleinstellungsmerkmale oder USP‘s (Unique Selling Proposition) von 4…20 mA HART waren seine einfache Nachrüstung bei der installierten 4…20 mA Basis sowie sein Einsatz in explosionsgefährdeten Umgebungen.

1986 brachte Bosch den CAN Bus heraus, der ebenfalls teilweise Einzug in der Automatisierung fand, obwohl er primär für Fahrzeuge zur Reduktion der Kabelbäume erfunden wurde.

Im selben Zeitraum begannen namhafte Hersteller in der Messtechnik ihre Geräte mit 4…20 mA HART zu entwickeln, allen voran waren die Messgeräte für die physikalischen Parameter Temperatur, Füllstand, Durchfluss und Druck.

1988 kam dann von Texas Instruments der erste Fließkommaprozessor der TMS320C3x [35], auf den Markt, den ich persönlich im Zeitraum bis 1993 in einigen industriellen Projekten der Bildverarbeitung einsetzte.

Der Digitale Signalprozessor (DSP) fand kurz danach in vielen anderen Komponenten der Automatisierungstechnik Verwendung. Er wurde meistens dort eingesetzt, wo komplexere Algorithmen mit hoher Geschwindigkeit abgearbeitet werden mussten (z. B. bei Fouriertransformationen, Polynom-Klassifikatoren, Bildverarbeitung). Im Vordergrund standen dabei die Transmitter oder Messwertumformer der physikalischen und chemisch-physikalischen Parameter.

Texas Instruments selbst arbeitete mit dem Prozessor TMS320C3x zu diesem Zeitpunkt in der Sprachverarbeitung.

1989 folgte der Modbus, der als offener Standard in der Feldebene in Verbindung von Sensoren und Aktoren große Akzeptanz erfuhr. Die Modbus-Entwicklung begann bereits im Jahr 1979! Seit 2007 ist die Version Modbus TCP Teil der Norm IEC 61158. Allerdings fehlte dem Feldbus der Einsatz in explosionsgefährdeten Umgebungen.

Ebenfalls im Jahr 1989 wurde HART zum Standard durch die HCF erklärt.

Mit der sich ab den 90er Jahren schnell ausbreitenden Feldbustechnologie in der Automatisierung kamen immer mehr Hersteller von proprietären Automatisierungskomponenten und Feldbussen auf den Markt. Die Anwender forderten von den Herstellern nachhaltig Vereinheitlichung, Harmonisierungen, Standardisierungen, Normen und Unterstützung in Installation und Service, sowie Pflege der Feldbusversionen.

Unter diesem Druck der Anwender begann die Zeit der Gründung von meist gemeinnützigen Organisationen zur Harmonisierung und Vereinheitlichung der Systeme. 1989 wurde die PNO (PROFIBUS Nutzerorganisation) [36] gegründet, 1993 folgte die HCF (HART Communication Foundation) [37] und 1994 die FF (Fieldbus Foundation). Die beiden Letzteren schlossen sich erst 2014 zur FieldComm Group [38] zusammen.

1995 wurde die ODVA [39] gegründet, die das CIP/Ethernet (Common Industrial Protocol/Ethernet) unterstützte. Ebenfalls wurde die PROFIBUS & PROFINET International (PI) [40] ins Leben gerufen.

1997 brachte der japanische Hersteller Mitsubishi [41] den CC-Link (siehe Abschn. 5.12) – Feldbus auf den Markt, der im Wesentlichen für den asiatischen Raum rasch an Bedeutung gewann, insbesondere für die Kommunikationsverbindung der Sensoren /Aktoren zur Mitsubishi SPS (PLC).

Der CC-Link wurde weniger in Europa eingesetzt, da hier PROFIBUS dominant war. Zu dem Zeitpunkt war immer noch die speicherprogrammierbare Steuerung SIMATIC S5 von SIEMENS die gebräuchlichste SPS in Europa, während sich in den USA die Firma Rockwell (Allen Bradley) [42] und Emerson (Rosemount) bezüglich der SPS-Entwicklung etablierten und die Technologie vorantrieben.

Doch bereits 1998 führte SIEMENS die hochleistungsfähige SPS ‚SIMATIC S7‘ ein, die bis heute mit inzwischen stattgefundenen Upgrades ein Maßstab im Markt und in der Automatisierungsbranche ist.

Wie bereits erwähnt wurde beim Internet 1998 das Internetprotokoll IPv6 für Ethernet zum neuen Standard im Markt, besonders was die Ethernet-Kommunikation anbelangte. Leider sind die Internetprotokolle IPv4 und IPv6 nicht kompatibel und so werden beide Protokolle noch lange im Markt koexistieren.

Ebenfalls im Jahr 1997/1998 brachte AMD ihren neuen Hochleistungsprozessor Athlon K6 [43] heraus, der eine neue Leistungsklasse in der Automatisierungswelt darstellte.

Historisch gesehen wurde bereits im Jahr 1999 auch IoT oder das ‚Allesnetz' proklamiert (Heute auch: IIoT, das ‚Industrial Internet of Things' genannt). Es war ein Sammelbegriff für Technologien einer globalen Infrastruktur von Informationsgesellschaften, die es möglich machte, physische und virtuelle Gegenstände zu vernetzen und mit Informations- und Kommunikationsmethoden die Zusammenarbeit ermöglicht. Eine grundlegende Idee wie sie auch u. a. Industrie 4.0 und ‚Made in China 2025' zum Inhalt hat.

Als ein weiterer Meilenstein in der Automatisierungsgeschichte war der PROFIBUS PA von 1999 zu sehen (siehe Abschn. 5.13), der erstmals zu 4…20 mA HART als eigensicherer Bus mit Zweileiterbetrieb (ATEX, IEC) eine wirkliche Konkurrenz zu HART darstellte. Noch im Jahr 2000 wurde bei allen namhaften Messgeräteherstellern begonnen, den eigensicheren Feldbus für die Prozesstechnik in ihre Messgeräte zu implementieren.

Je mehr die Feldbusaktivitäten in der Fabrikautomation und in der Prozessindustrie zunahmen, desto höhere Anforderungen wurden an die Hersteller der Messtechnik gestellt: Schutzarten, EMV, SIL, Echtzeitanforderungen, Miniaturisierung, Umwelttauglichkeit (Kap. 3). Generell stieg die Verbringung der Messgeräte aus dem Labor ins Feld im Zusammenhang mit den oben genannten technologischen Faktoren exponentiell an.

Bei der Verbringung der Messgeräte aus dem Labor ins Feld waren die physikalischen Parameter (z. B. Druck, Füllstand, Durchfluss, Temperatur) den Analysenparametern (z. B. pH, Leitfähigkeit, Trübung, Chlor, Sauerstoff, Optische Spektrometer) um ca. 3–5 Jahre in der Instrumentierungstechnologie voraus. In der Materialanalyse und Schichtdickenmessung befasste man sich sogar erst ab ca. 2014 mit der Integration in die Automatisierung.

Fast zeitgleich zum PROFIBUS PA entstand in den USA der FF H1. Beide Feldbusse haben die Bitübertragungs- und Sicherungsschicht gemeinsam.

Zum ersten Mal experimentierte man mit Bluetooth (siehe Abschn. 5.17) im Jahr 2000 bezüglich kurzer Funkverbindungen zwischen Messwertumformer und Sensoren in der Automatisierung. Es war ein langer Weg in der Geschichte des Funkverfahrens bis heute, wo man Bluetooth in einigen Applikationen der Fabrikautomatisierung in Verbindung mit IO-Link einsetzt.

Intel brachte 1997 den Supercomputer ASCI Red [44] mit 9427 Prozessoren. 3,5 Jahre hielt er sich mit rund 10.000 Pentium-Pro-Overdrives (333 MHz Pentium II Deschutes) an der Spitze der 16ten Top500-Liste [45].

Im Jahr 2000 wurde er durch den IBM ASCI White SP Power3 (8192 Power3 Prozessoren mit 375 MHz) deutlich übertroffen. Dieser Computer hatte die doppelte Rechenleistung. Stand 2020 wächst aber die Leistung moderner Supercomputer langsamer als in den vergangenen Jahren zuvor. Das legt die 56. Ausgabe der Top500-Liste nahe.

AMD brachte im Jahr 2000 den Nachfolger der AMD-K6 Prozessorfamilie auf den Markt. Im Jahr 2003 folgte der AMD Athlon 64 als Nachfolger der AMD K8-Generation.

Im Jahr 2000 gab es dann das echtzeitfähige EtherNet/IP und den echtzeitfähigen PROFINET CBA (Component based Automation) als offene Protokolle, die zweifelsohne entscheidende Meilensteine in der Geschichte der Automatisierung waren.

Ethernet basierte Echtzeit-Kommunikation vom Kontrollraum bis hin zum Feld (basierend auf IEEE 802.3) mit EtherNet/IP war ein Durchbruch in der Historie der Kommunikationstopologien.

Während sich die Messgerätehersteller der physikalischen Parameter (Druck, Durchfluss, Temperatur, Füllstand), Komponentenhersteller von I/Os, Gateways sowie SPS sofort den neuen Themen widmeten und ihre Ressourcen in den Entwicklungen darauf fokussierten, löste die Firma Endress+Hauser in der Analysenmesstechnik von 2001–2005 zunächst das jahrhundertalte Problem der Feuchtigkeitsproblematik bei der pH-Messung mit dem induktiven Sensor ‚Memosens'.

Bei den Messwertumformern für die Analysenparameter kämpfte man zu diesem Zeitpunkt immer noch mit Ex-fähigen 4…20 mA HART Geräten und man begann sich erst langsam mit PROFIBUS PA zu befassen.

Ab 2001 wurde von der PI (PROFIBUS & PROFINET International: Dachverband von 27 regionalen PROFIBUS-Organisationen) begonnen, PROFINET als echtzeitfähigen Ethernet-Feldbus intensiv zu vermarkten.

Ab 2002 kamen die ersten Glasfaserkabel mit größer 10 Gbit/s auf den Markt, gefolgt von 100 Gbit/s ab dem Jahr 2007.

Zu diesem Zeitpunkt wurde die Standardisierung in den Kommunikationsschichten oberhalb der Kontrollebene (SCADA/HMI), MES) immer wichtiger. Vor allem bei der Geräte- und Herstellervielzahl von Feldgeräten, SCADA/HMI- und MES-Systemen wurde seitens der Anwender immer mehr auf einen Standard gedrängt. Dies galt insbesondere in Verbindung mit den aufkommenden Möglichkeiten für das Assetmanagement.

Ich selbst führte damals in den Jahren 2002/2003 bei meinem damaligen Arbeitgeber mittels eines Technologietransfers von einer brasilianischen Firma ein Assetmanagement und Control-System ein und musste mich mit den Gegebenheiten und Anforderungen intensiv befassen. Es war damals ein immenser Definitionsaufwand erforderlich um die gerade entstehenden oder bereits bestandenen Standards salopp ausgedrückt unter einen Hut zu bringen.

Im Jahr 2001 wurde im Rahmen von übergreifenden Bedienphilosophien das PACTware Konsortium [46] gegründet und im Jahr 2003 wurde die FDT JIG [47] ins Leben gerufen. Beide setzten sich zum Ziel einen Industriestandard umzusetzen, der heute hauptsächlich in der Prozessindustrie unter dem Namen FDT/DTM™ bekannt ist. 2005 entstand daraus die FDT Group e. V. [48]. Auch in der Fabrikautomation gewinnt das FDT/DTM™ Konzept zunehmend an Bedeutung.

Im Jahr 2003 wurde die ETG (EtherCAT Technology Group) [49] gegründet, die schwerpunktmäßig die Kommunikation zwischen Feldebene und SCADA/HMI-Ebene mit dem echtzeitfähigen EtherCAT-Protokoll zum Arbeitsinhalt hatte. 2006 wurde EtherCAT zur IEC Norm.

2005 bis 2007 war die Zeit der Dual Core Prozessoren (Int[el und AMD). Intel brachte den Core-2-Quad Prozessor (Intel) [50] auf den Markt und AMD konnte im Jahr 2007 mit dem ersten Vierkernprozessor [51] aufwarten. An dieser Stelle seien einmal ein paar Worte zu Technik und Preis gesagt: Die seit Beginn 2008 laufende 45-nm-Fertigung bei AMD verhalf den K10-Vierkernen zu nie zuvor erreichten Taktfrequenzen: Der ab rund 230,00 € erhältliche Prozessorchip Phenom II X4 965 Black Edition läuft nominell mit 3,4 GHz.

Mit den Dual Core Prozessoren und den Vierkernprozessoren begann für mich die dritte Periode der Hardwareentwicklung in der Automatisierungsgeschichte (siehe Tab. 8.1).

Ein wesentlicher Schritt in der Hardwareentwicklung war, dass AMD 2007 den ersten Vierkernprozessor und XLINX den Parallelrechner VIRTEX 2 Familie auf den Markt brachte.

Bis 2010 stellten mehrere Firmen Sechs- und Achtkernprozessoren vor. Beispiel sei wiederum einer der leistungsfähigsten Prozessoren, der AMD Prozessor ‚AMD Ryzen 7 3700‘, seit Juli 2019 erhältlich. Andere Hersteller waren beispielsweise IBM mit dem ‚Power 7‘, Intel mit dem ‚Xeon 6500/7500‘, Sun mit dem ‚UltraSPARC T1‘ Und ‚UltraSPARC T2‘ und Fujitsu mit dem ‚SPARC 64 VIII‘ (siehe Tab. 8.1) [52].

Mehrkernprozessoren (Multi Core Processors), Grafikprozessoren und der breite Einsatz von Tablet Computern waren in den letzten Jahren der Trend.

Seit den 80er Jahren bis 2015 stiegen die Taktfrequenzen der Controller von wenigen MHz auf ca. 4 GHz!

In den Letzten Jahren war eine Steigerung der Taktrate kaum noch möglich. Die höhere Rechenleistung wurde stattdessen erreicht, indem man durch Prozessorkerne vergrößerte Busbreiten realisierte. Mittlerweile werden Mehrkernprozessoren in Verbindung mit Grafikkarten zur weiteren Ausreizung der Leistungsfähigkeit in spezifischen Applikationen entwickelt.

Beim Durchgehen der jeweiligen Firmengeschichten von Prozessorherstellern und den Prozessoren-Datenblätter habe ich einmal versucht, die in diesem Abschnitt gemachten Aussagen bezüglich der Zeittafel Abb. 8.5 und den Mehrkernprozessoren in einer Tab. 8.1 zusammenzufassen. Dabei ist die Leistungsfähigkeit und das entsprechende Erscheinungsjahr der Prozessoren von Zweikernprozessoren aufwärts aufgeführt und da wiederum auch nur eine Untermenge gegenüber der den Markt überflutenden Prozessorvielfalt.

Tab. 8.1 Multi-Core-Prozessoren : Überblick über Hersteller, Typen und Erscheinungsjahr

	Dual-Core Zweikern-prozes.		Tri-Core Drei-kern-prozess.		Quad-Core Vierkern-prozess.		Hexa-Core Sechshern-prozess.		Octa-Core Achtkern-prozess.		>8 Quad Mehrkern-prozess.	
		seit		seit		seit		seit		seit		seit
AMD	AMD Athlon 64 X2	I/2005	AMD Phenom X3	4/2008	AMD Opteron (K10)	9/2007	AMD Opteron	6/2009	AMD Ryzen 1700	Q1/2017	AMD Ryzen Threadripper 1920X	8/2017
	AMD Athlon 64 FX	1/2006	AMD Phenom II X3	2/2009	AMD Phenom X4	11/2007	AMD FX-6xxx	Q4/2011	AMD Ryzen 1800X	Q!/2017	AMD Ryzen Threadripper 2920X	10/2018
	AMD Athlon II	6/2009	AMD Athlon II X3	10/2009	AMD Phenom II X4	1/2009	AMD Ryzen 1600	4/2017	AMD Ryzen 7 2700	4/2008	AMD Ryzen 2950X	8/2018
					AMD A6	10/2011	AMD Ryzen 5 2600x	8/2018	AMD Ryzen 7 3700	7/2019	AMD Ryzen 9 3900X	10/2019
					AMD A10	Q4/2012	AMD Ryzen 5 3600x	7/2019			AMD Ryzen 9 3950X	10/2019
					AMD Ryzen 1200	7/2017						
					AMD Ryzen 1400	4/2017						
ARM	ARM -Architektur	2006			Nvidia Tegra 3 ARM-Cortex-A9 MPCore	11/2011			ARMv6 & ARMv8 Serie 64 Bit; angewendet von Appl4, Samsung, Motorola, Quakcomm, Nvidia	2013		

(Fortsetzung)

Tab. 8.1 (Fortsetzung)

	Dual-Core Zweikern-prozes.		Tri-Core Drei-kern-prozess.		Quad-Core Vierkern-prozess.		Hexa-Core Sechshern-prozess.		Octa-Core Achtkern-prozess.		>8 Quad Mehrkern-prozess.	
Hewlett Packhard	PA-8900	2005										
IBM	IBM Power 5	9/2004	Espresso	11/2012	IBM Power5+	10/2005			IBM Power 7	1/2010	IBM 64-BitPower-PC-Kern	11/2006
	IBM Power5+	10/2005	Xenon	11/2005	IBM Power 6	6/2007						
Intel	Intel Core Duo	1/2006			Intel Core 2 Extreme	11/2006	XEON Dunninton	9/2008	Intel XEON 6500/7500	1/2010	Intel XEON E7	6/2011
	Intel Pentiu Dual Core	6/2007			Intel Core 2 Quad	1/2007	i-series Gulftown	3/2010			Intel Core i7 6950X	
	Intel-Core-i-Serie	11/2008			Intel Core i7	11/2008						
Sun Micro-systems	Sun Ultrasparc iV+	9/2005			Sun UlltraSPARC T1	12/2005			Sun UltraSPARC T2+	4/2008		
Fujitsu	SPARC64 iV	4/2007			Fuijitsu SPARC64 VII	8/2008			Fuijitsu SPARC64 VIII	2009		
Samsung Electronics									Exynos 5 Octa-Core-Proz. Mit 2 Qaud-Core-Prozessoren			

Dies gibt einen relativ guten Überblick über die ganze Vielfalt der Prozessoren, ohne dabei den Anspruch auf Vollständigkeit zu erheben [52].

Zu Tab. 8.1 sei folgendes zusammenfassend gesagt:

- Bei den aufgeführten Prozessoren der Firmen gibt es sehr oft viele Zwischennummern oder Spezialversionen
- AMD ist sicher einer der führenden Hersteller von Multi-Core-Prozessoren, gefolgt von Intel
- IBM war bei Einführung neuer Multi-Core Prozessoren immer mit vorne dabei
- ARM Prozessoren sind wenige gelistet aufgrund des Lizenzmodells

Vielleicht noch ein paar Worte zu ARM- Prozessoren [53], die in Tab 8.1 nicht besonders auffallen. Laut Angaben zufolge, wurden bis heute ca. 25 Mrd. ARM-Chips hergestellt. ARM produziert seine Chips nicht selbst. Die Firma aus Cambridge in UK macht ausschließlich CPU-Entwicklungen und lizensiert diese ‚Bauanleitungen'. Intel, Apple, Nvidia, Nintendo, Motorola, HP und Samsung (siehe auch Abb. 8.8) zählen neben vielen anderen zu den Kunden von ARM. Einige von diesen Firmen dürfen die Chips hinsichtlich ihrer eigenen Anforderungen modifizieren. ARM-Chips sind deswegen so gefragt, weil sie gegenüber den meisten Chips einen relativ geringen Energieverbrauch haben und in vielen Anwendungen ohne Lüfter funktionieren.

Ergänzend zu Tab. 8.1 und Abb. 8.5 sei auch einmal die Leistungssteigerung der Prozessoren seit 1974 bezüglich MIPS und Taktfrequenzen gezeigt [54].

Abb. 8.8 spiegelt diesen Sachverhalt sehr eindrucksvoll. Zu beachten ist, dass in der oberen Hälfte der Abbildung die Anzahl MIPS durch den Faktor 100 (MIPS/100) geteilt ist!

Eine signifikante Steigerung der Leistungsfähigkeit von µ-Controllern und Prozessoren bezüglich der MIPS (Mega Instructions Per Second) und den zugehörigen Taktraten ist ersichtlich. Auch wenn der Vergleich reiner MIPS Zahlen nicht notwendigerweise aussagekräftig ist, da sie von den unterschiedlichen Rechnerarchitekturen und den zugehörigen Befehlssätzen stark abhängig ist, gibt Abb. 8.8 dennoch ein Gefühl für die rasante Prozessoren-Entwicklung. Vielleicht zur Abrundung noch: Scherzhaft wird MIPS oft als ‚Meaningless Indicator of Processor Speed' (Bedeutungslose Angabe zur Geschwindigkeit eines Mikroprozessors). Hierzu ein Beispiel: Eine Multiplikation des Intel 8080 benötigt eine 8 bit $\times$ 8 bit $=$ 16 bit Operation, beim Intel icor xx jedoch eine 64 bit $\times$ 64 bit $=$ 128 bit Operation, die wiederum auf einem Intel 8080 über 10.000 Takte dauern würde. Dennoch lassen MIPS für gewisse Funktionen, wie Router, Datenbank, Server und auch Smartphones grobe Näherungen zu.

Hinzukommt, dass es jede Menge von Benchmarks gibt die Prozessoren in gewissen Rahmen vergleichbar machen, z. B. Dhrystone-Test [55]. Wie immer man die Angelegenheit betrachtet, so vermittelt Abb. 8.8, wie ich meine, doch ein Gefühl dafür,

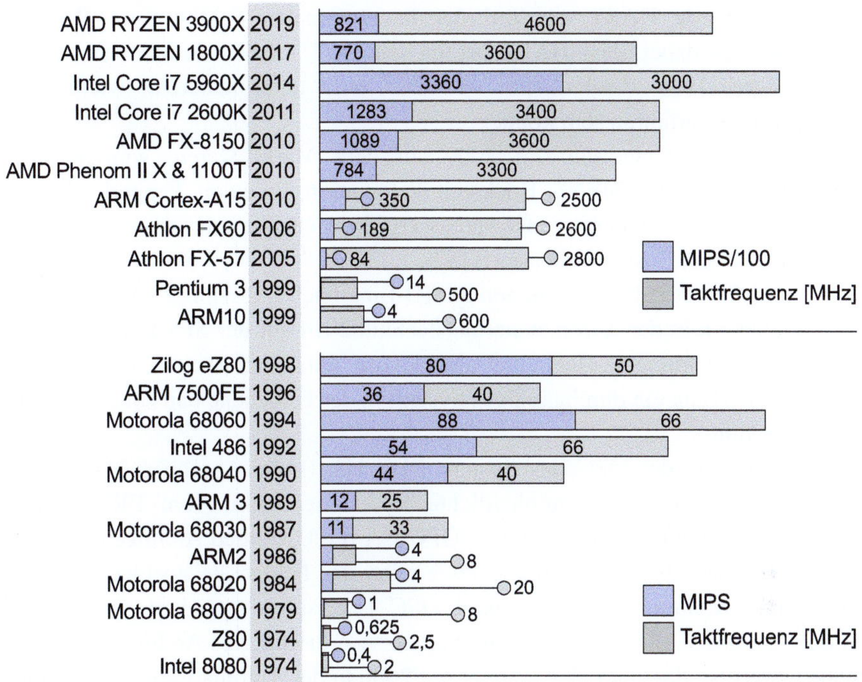

Abb. 8.8 Entwicklung von MIP's und Taktfrequenzen von 1974 an

wie sich die Rechenleistungen über die Jahre zu immer größeren MIPS und Taktraten weiterentwickelt haben.

Die Software-Schnittstelle für diese Art von Multicore- Rechnern und -Prozessoren ist OpenCL (Open Computing Language) [56]. Es ist eine Schnittstelle insbesondere für uneinheitliche Parallelrechner mit Haupt-, Grafik- und/oder DSPs.

Die eigentliche Programmiersprache für OpenCL ist ‚C'. Die Firmen AMD, IBM, Intel und Nvidia entwickelten OpenCL, das von Apple bei der Khronos Gruppe zur Standardisierung eingereicht wurde. 2008 wurde die Version OpenCL 1.0 und in 2013 als OpenCL 2.0 veröffentlicht. 2015 erschien dann OpenCL 2.1 und in 2016 OpenCL 2.2. Es folgte im Jahr 2019 die aktuelle Version OpenCL 2.2–11. Am 30. September 2020 erfolgte das Release der finalen Spezifikation der OpenCL 3.0. OpenCL wird mittlerweile von mehr als 100 renommierten Herstellern verwendet [56]! Wesentlich ist, dass OpenCL plattformunabhängig ist und mit C und C++programmiert werden kann. In diesem Beispiel zeigt sich auch sehr gut wiederum die Evolution der Technik bezüglich weiterentwickelter HW- und SW-Versionen, unabhängig von Industrie 4.0.

Nach diesem etwas detaillierten Ausführungen zur Hardware- und Prozessorentwicklungen wieder zurück und zu den Feldbussen und deren Standards:

Erst 2007 wurde HART ein Teil der internationalen Feldbusnorm IEC 61158. Beachtenswert ist dabei, dass HART bereits seit 1982 auf dem Markt war und bereits seit 1989 durch HCF standardisiert war. Das zeigt unter anderem, wie langwierig Standardisierungsverfahren sein können.

SCADA/HMI-Systeme, die seit 2000 auf dem Markt waren, wurden von den Herstellern, wie z. B. SIEMENS, Rockwell Automation, Emerson, Pepperl + Fuchs und vielen anderen Firmen immer weiter verbessert. 2011 erschien das erste SCADA/HMI-System auf OPC DA Basis (Webbasiert) [57].

2009 wurde in der Fabrikautomation der IO-Link (siehe Abschn. 5.20) eingeführt, der seinen Durchbruch in der Automatisierungstechnik 2014 auf der SPS Drive in Nürnberg erfuhr, wo ihn zahlreiche Hersteller als Novum unter Industrie 4.0 proklamierten. Immerhin ist IO-Link ein durchgängiges System in der Feldebene und somit ideal für die Fabrikautomation.

2010 wurde von der OPC das System OPC UA (siehe Abschn. 5.21) vermarktet, das zum ersten Mal eine vereinheitlichte Systemarchitektur vom ERP-System bis hinunter in die Feldebene repräsentierte. OPC UA (OPC Unified Architecture) ist somit für die horizontale als auch vertikale Integration der Feldgeräte geeignet. Das offene standardisierte Kommunikationsprotokoll OPC UA ist ein Standard für den Datenaustausch und als plattformunabhängige, service-orientierte Architektur realisiert. Bemerkenswert ist, dass OPC UA bereits seit 2006 in der Automatisierungspyramide als plattformunabhängige Architektur verwendet wurde. Mit der Revision im Jahr 2009 war OPC UA insbesondere im Datenaustausch zwischen globalen größeren Unternehmen sehr gut einsetzbar. OPC UA wird heute häufig auch als Kommunikationsmittel für das Cloud Computing eingesetzt.

2010 wurde dann endlich für MES Betriebssysteme die erste Norm ANSI/ISA-95 [58, 59] eingeführt. Somit waren alle Schichten der Automatisierungspyramide vom Feld bis hin zum ERP zum ersten Mal standardisiert. Es sei erwähnt, dass wir uns zu diesem Zeitpunkt immerhin noch 4 Jahre vor der Proklamation von Industrie 4.0 befanden!

Noch in den Jahren 2010/2011 wurde das Cloud Computing (siehe Abschn. 5.21.4) durch die NIST (National Institute of Standards and Technology) [60] intensiv promotet, obwohl die Anfänge schon auf die 90er Jahren zurückgingen. Grund für diese lange Entwicklungszeit waren die Rechnerleistungen bezüglich Geschwindigkeit und Speichermöglichkeiten. Nachdem hardwareseitig nun kaum wesentliche Einschränkungen mehr gegeben waren, konnte diese Technologie fokussiert angegangen werden.

Ab 2010 begann in der Automatisierung auch das Zeitalter der Funkkommunikationen.

Als Vorreiter in diesem Thema wurde HART 7/WirelessHART ab 2007 sehr schnell zum Standard in der Automatisierung (siehe Abschn. 5.15). Es wurden die ersten Mesh-Netzwerke erprobt.

2013 begann die Ära WLAN in der Automatisierungstechnik, das in vielen Fällen dem Bluetooth vorgezogen wird, der bis heute immer noch nicht entscheidend in der Automatisierungstechnik etabliert ist. Die heute seit 2019 aktuelle Version WLAN 6 besitzt mittlerweile ein hohes Maß an Sicherheit und Robustheit gegenüber Umwelteinflüssen (siehe Abschn. 5.16.4).

Ebenfalls im Jahr 2013 führte Intel wie erwähnt seine ARMv8 Serie 64 Bit Sechs-Achtkernprozessoren ein (Tab 8.1). Zusammen mit ARM Ltd. (früher Arcon) eroberte Intel sehr rasch den Markt. STMicroelectronics kam mit seinen Ultra-Low-Power auf ARM basierten Controllern auf den Markt. Diese Prozessoren eigneten sich hervorragend für noch weitere Miniaturisicrungen in den Elektroniken. Ein Beispiel hierfür ist der erste voll integrierte digitale Sensor mit Bluetooth/WLAN in Verbindung in der Materialanalyse und Schichtdickenmessung (Abb. 5.19).

8.2 Zusammenfassung des Zeitgeschehens

Nachdem wir nun eingehend die letzten 50 Jahre der Automatisierung hinterleuchtet haben, möchte ich an dieser Stelle noch einmal eine Darstellung für die Automatisierungstechnik geben, welche die Haupttrends in einfacher Weise aufzeigen.

Zunächst sei noch einmal generell gesagt, dass die Fabrikautomation der Prozessautomation immer eine gewisse Zeit voraus war. Ähnlich wie bei den Feldgeräten waren hierfür die einfacheren Umweltbedingungen und die z. T. einfachere Kommunikationstechnik im Feld ein wesentlicher Grund.

Abb. 8.9 fasst die Zeittafeln von Abb. 8.1, 8.2, 8.3, 8.4, 8.5 und 8.6 in einer fokussierten Übersicht zusammen.

Voran gingen allen technologischen Entwicklungen in der Automatisierung, jeweils die Hardwareentwicklungen, wobei Rechenleistung, Speicher und Low-Power sowie Robustheit die Hauptrichtungen der Entwicklungen waren. Gefolgt waren diese Entwicklungen von den Übertragungsmedien hin zu immer schnellerer Übertragung und größeren Datenmengen. Kupfer-, Lichtwellenleiter und Funkverfahren waren die einzelnen Evolutionsstufen der Nachrichten- und Datenübermittlung. Diese Entwicklungen übten eine gewaltige Sogwirkung auf den Fortschritt der Automatisierungskomponenten aus, insbesondere aber auch auf die Feldgeräte. Dabei gibt es aus meiner Sicht gemäß Abb. 8.9 drei signifikante Entwicklungszeiten bezüglich der speicherprogrammierbaren Steuerungen, Gateways und Feldbusse im Zusammenhang mit µ-Controllern, Digitalen Signalprozessoren, FPGA's und ASIC's.

Workstations und PC's führten zu erheblichen Fortschritten in der Entwicklung von SCADA/HMI-Systemen und ERP-Systemen. In der Feldebene war das 4…20 mA-Signal dominant. Ethernet übte, da zunächst nicht echtzeitfähig, noch keinen großen Einfluss in der Automatisierung bezüglich der Feldebenen aus. Deshalb waren Ethernet-Anwendungen fast ausschließlich nur zwischen ERP-, MES- und SCADA-Systemen anzutreffen.

Zunächst war mit der ersten Hardwaregeneration das Thema, die Transmitter und Messwertumformer zu digitalisieren. Erst als ab ca. 1985–1990 die echtzeitfähigen Busse wie 4…20 mA HART, PROFIBUS, PROFINET und EtherNet/IP auf dem Markt

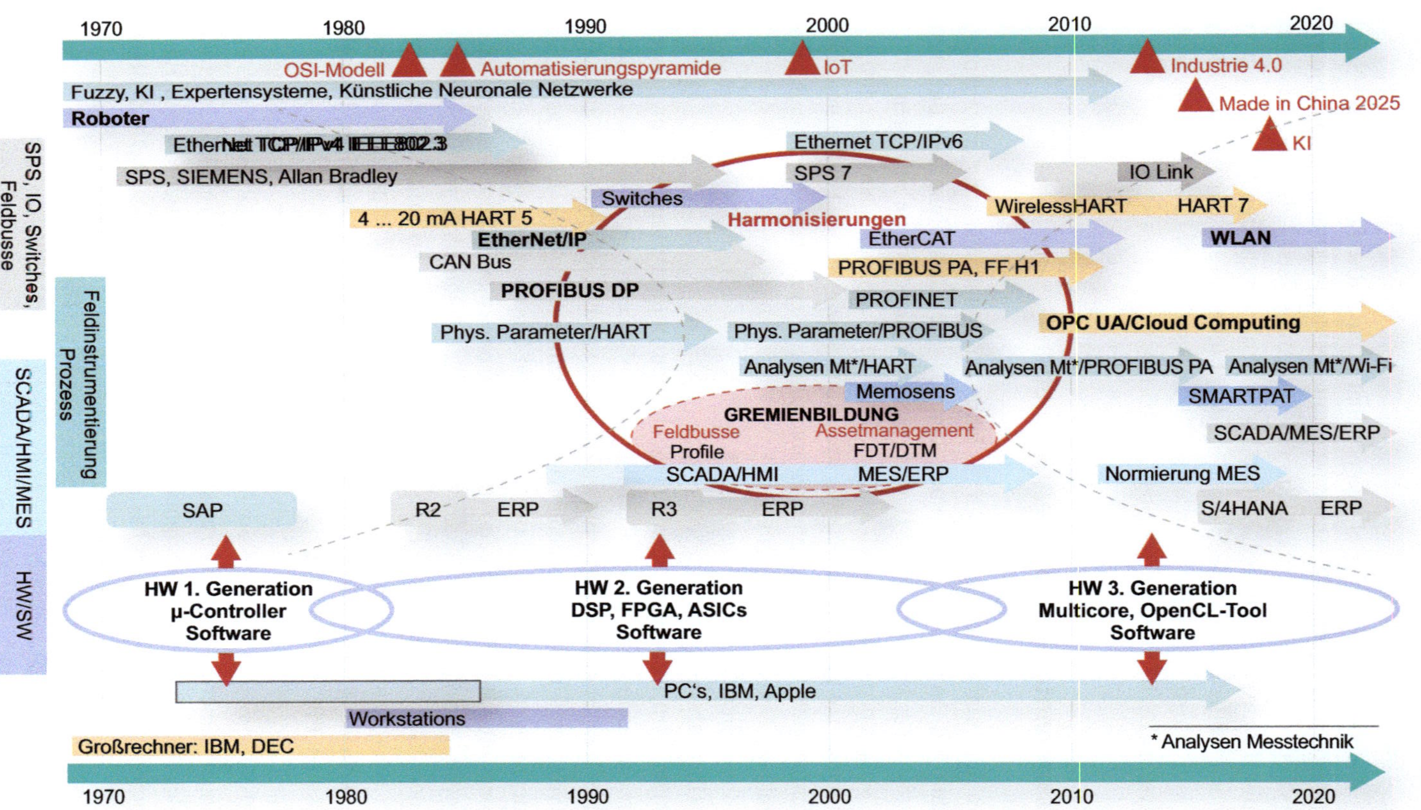

Abb. 8.9 50 Jahre Automatisierung im Überblick

waren, wurde es in der Automatisierung zwischen SCADA/HMI-, SPS- und Feldebene richtig lebhaft. Hinzu kam im Jahr 1990 die neue Welt des Internets, das u. a. großen Einfluss auf die Globalisierung hatte. Ab 1995 hielt die Glasfasertechnologie in die Datenübertragung Einzug, wobei die Datenraten und -mengen sprunghaft anstiegen.

Die Datenverdichtung und -darstellung erforderten auf der SCADA/MES-Ebene immer intelligentere Algorithmen und Vorgehensweisen.

Die zweite Hardwaregeneration verhalf nun zu einem entscheidenden Technologieschub in der Fabrik- aber insbesondere auch in der Prozessautomation. Leistungssteigerungen in den Algorithmen und Echtzeitregelungen in der Online/Inline-Automatisierung nahmen in allen Industrien stark zu. KI-Methoden, Künstliche Neuronale Netzwerke, Mustererkennung und Regelalgorithmen erfuhren eine gewaltige Leistungssteigerung.

So ab den 90ern begann man z. B. die Messtechniken für Überprüfung und Qualitätskontrollen aus dem Labor in die rauen Umweltbedingungen zu überführen (siehe Kap. 3). In diesem Zeitraum bis 2000 entstanden immer bessere Hardware Elektroniken, immer höher integrierte Prozessoren und Funktionalitäten; immer mehr Möglichkeiten der Kommunikationsvernetzungen durch Chip-On-Board-Technologie (COB) 61 oder auch ‚Nacktchipmontage' waren verfügbar. COB ist dabei ein Verfahren zur Direktmontage von ungehäusten Halbleiter-Chips auf Leiterplatten zu einer elektronischen Baugruppe.

Einhergehend mit diesem Trend kamen zunehmend Messtechnikhersteller auf den Markt: Komponenten, SPS, Gateways und Feldgeräte boomten. Immer wieder neue proprietäre Systeme erschienen. Die Anwender hatten bald keinen Überblick mehr und drängten massiv auf Konsolidierung, Harmonisierung, Vereinheitlichung in Bedienerführung und Servicekonzepten.

Die Industrie wurde zum globalen Markt für die Hersteller der Automatisierungsprodukte, zunächst aufgeteilt zwischen Europa und den USA. Die Folgen waren zahlreiche Gremienbildungen, die sich im folgenden Jahrzehnt immer weiter konsolidierten. Es sei gesagt, dass der mittlere und ferne Osten stark die Technologien in HW, SW und Kommunikation von den USA und Europa, speziell Deutschland übernahm. Auch hinsichtlich aller Normierungen, angefangen vom CE-Zeichen und der damit verbundenen EMV-Konformität, über Schutzarten bis hin zu Regularien für explosionsgefährdete Umgebungen wurden vom fernen Osten geringfügig modifiziert übernommen (Kap. 3).

Aufgrund des technologischen Fortschrittes der Produkte in allen Ebenen der Automatisierungspyramide erfolgt eine Zusammenfassung oder Aufgabenverschiebung bestimmter Funktionalitäten von der Feldebene bis hin zu den oberen Ebenen –

ERP/MES/SCADA/HMI/SPS-Systemen – aber auch in umgekehrter Richtung.

Die Feldgeräte wurden immer intelligenter, ebenso die SPS- und SCADA-Systeme: MES-Funktionalitäten wurde z. T. bis hinunter in die SPS-Ebene verlagert.

MES-System und ERP-System wurden immer mehr zusammengefasst, besonders was die Verwendung *einer* einzigen Datenbank anbelangt.

Übergreifende Profile in der Assetmanagement-Ebene (SCADA/MES oder Kontrollraum) wie z. B. PACTware, FTD/DTM^{TM}, AMS (Emerson) waren gefordert, ebenso wie eine klare Aufgabentrennung zwischen ERP-System und MES-System, wenn nicht ohnehin schon zusammengefasst.

Die offene Plattformarchitektur OPC UA, OPC DA wurde um 2010 definiert und wurde im Zusammenhang mit Internet die Basis für das Zeitalter des ‚Cloud Computing' wichtig. Mit dem Cloud Computing stiegen die Anforderungen an sicherheitsrelevanter SW enorm an. Das ‚Hacking' erfuhr einen negativ zu sehenden Schub.

Die dritte Generation der Hardware war mit den Mehrkernprozessor-Systemen der Garant für alle diese Neuerungen. Schließlich begann ab 2010 das Zeitalter der drahtlosen Übertragung, WirelessHART im Prozess, WLAN generell und z. T. Bluethooth für kurze Distanzen in der Fabrik in Verbindung mit dem IO-Link und dessen einfachen Protokoll fassten Fuß in der Automatisierungstechnik. Bluetooth wurde jedoch aufgrund seiner Eigenschaften nur sehr begrenzt eingesetzt. Mit WLAN 6 ab 2019 gelang in der drahtlosen Kommunikation in vielen Gebieten der Automatisierung der Durchbruch.

Das Softwaretool OpenCL war das neue standardisierte Hardwarekonfigurationstool für Multicore Prozessoren auf dem neuesten Stand der Technik.

Es ist selbstverständlich, dass auch alle KI-Methoden ebenso die neuesten Technologiestände der Hardware- und Software-Entwicklungen über der gesamten Zeitschiene nutzten: Wo früher aufgrund begrenzter Rechenleistungen über Merkmalsextraktion zur Datenreduktion gebrütet wurde, gibt man heute 1024×1024 Pixel Bilder auf Klassifikationsnetzwerke und lernt diese einfach ein.

Nach allen diesen Entwicklungen wurde schließlich im Jahr 2014 endlich die Industrie 4.0 mit ‚Cyber Physischen Systeme', ‚IoT' (mit Industrie 4.0 zu ‚IIoT' aufgewertet) und ‚Vernetzte Systeme' auf der Messe HMI in Hannover ausgerufen.

Ein Großereignis für Politik und Wirtschaft. Was immer sich der Einzelne unter ‚Hyper Physics Systems' oder ‚Cyber Physics Systems' vorstellte, Industrie 4.0 oder IIoT wurden ab 2016 ein richtiger Hype.

Denn man konnte sich alles darunter vorstellen und jeder hatte so seine eigenen Vorstellungen: ‚Alles geht jetzt ohne Menschen', ‚Selbstlernende Roboter' bis hin zu ‚SAP ist Industrie 4.0' alles schwirrte durch den Äther. Selbst zahlreiche einfache und ‚umständliche' Servicetools wurden auf Kongressen oftmals als Industrie 4.0 vorgestellt. Vor allem in China habe ich mich bei den Vorträgen zu Industrie 4.0 oftmals gefragt, was denn nun Industrie 4.0 wirklich ist.

Nur die wenigsten konnten den Begriff sachlich einordnen. Mystik gepaart von Nichtwissen umgarnt bis heute Industrie 4.0. Kaum einer bekam 2015 die Proklamation ‚Made in China 2025' so richtig mit: Ein Wirtschaftsprogramm, das zwar Industrie 4.0 als einen Grundgedanken implizierte, aber im Prinzip viel breiter ausgelegt war: Ein Programm, das China bis 2040 zur Nummer 1 in der Weltwirtschaft machen soll. Auch IoT, nunmehr IIoT (Industrial Internet of Things) genannt, wurde neu aus der Taufe gehoben, obwohl es bereits auf das Jahr 1999 zurückgeht, aber in Industrie 4.0 erst an Bedeutung gewann.

Endlich hatte die 50-jährige Geschichte der Automatisierung seit der dritten industriellen Revolution einen neuen Namen: Industrie 4.0 – die vierte industrielle Revolution. Selbst im Jahr 2019 war ich immer wieder auf den Kongressen und Messen in China, USA und Europa erstaunt über die kursierenden Meinungen zu diesen Themenkomplexen. In vielen Podiumsdiskussionen erlebte ich die Unkenntnis, die sich hinter diesen Begriffen verbarg.

Ich frage mich immer wieder, was war denn jetzt neu? War es die von Pilz im Jahr 2017 eingeführte SPS mit IP67 oder die mehr als 10. Version von der SPS-Programmiersprache STEP 7. Vielleicht war es Bluetooth 5.0 im Jahr 2016 oder WLAN 6 im Jahr 2019, EtherCAT 1G oder EtherCAT 10G? Oder war Industrie 4.0 der Grund, dass PROFINET die 26 Mio.-Gerätegrenze bereits im Jahr 2019 überschritten hat oder der erste Lichtwellenleiter mit 10 Gbit Einzug hielt?

War Industrie 4.0 der Grund, dass man aktuell am 400 Tbit/s Ethernet oder PoE (Power over Ethernet) arbeitet? Oder vielleicht, dass man jetzt prädiktive Wartung (Predictive Maintenance) als das neue Tool für Assetmanagement proklamiert! Oder sind es gar die Roboter, die immer mehr leisten können aufgrund verbesserter Hardware, Software und Algorithmik, aber schon seit den 70ger Jahren im Einsatz sind?

War es vielleicht das neueste Release von OPC UA oder OpenCL in der Version 2.2–11 oder der Version 3.0. Oder war es das im Jahr 2014 erschienene 100 Gbit/s Ethernet oder sogar das SAP S/4HANA?

Vielleicht war es auch, dass die Systeme ERP/MES/SCADA immer mehr in eine Einheit zusammengefasst wurden aufgrund fortschreitender Rechner- und Speicherverbesserungen und -innovationen.

Ich kann es nicht genau sagen!

Während ich bis heute über die Einführung von Industrie 4.0 in vielen Fachdiskussionen involviert war, wurde von Politik und Wirtschaft 2018 auch noch die seit mehr als 50 Jahren bestehende KI (Künstliche Intelligenz- oder engl.: Artificial Intelligence) neu erfunden: ‚Künstliche Neuronale Netzwerke können das Gehirn nachbilden', Maschinen denken wie Menschen', ‚Roboter mit Gefühlen' ‚Roboter lösen alles', ‚Autonomes Fahren – endlich' hieß es damals wie heute. Es war so zusagen der Hype[2] wie ich ihn gerne bezeichne.

Ich frage mich aber langsam auch, ob KI die totale Überwachung des Menschen mit womöglich desaströsen Falschentscheidungen bezüglich seines sozialen Verhaltens, seiner Bedürfnisse ist. Ist KI ‚Alexa' (‚sprich mit mir') oder ‚Siris'? Was heißt denn selbstlernende Algorithmen: Das ‚Matching' von abertausenden Informationen von sozialen Plattformen und die daraus resultierenden umfassenden Manipulationen des Menschen in seinem Verhalten durch gezielte Suggestion von Werbung und Medien? Ist KI die Überwachung und Manipulation des Menschen und seiner Emotionen mittels dreidimensionaler Bildverarbeitung? An all diesen Projekten wird heute intensiv gearbeitet, ohne dass es den Meisten von uns bekannt ist!

Oder ist KI das, was man vor 20 Jahren in Unwissenheit belächelte oder als Science Fiction abwertete? Soll das wirklich KI sein? Wer mehr in diese Richtung erfahren will, dem empfehle ich die Bücher von Nick Bostrom „Superintelligenz“ [62] oder ‚BIG BROTHER IS WATCHING YOU‘ von George Orwells aus dem Jahr 1984 [63].

Ganz nebenbei möchte ich in diesem Zusammenhang noch einmal an das in der Einleitung erwähnte Expertensystem ‚Cybersyn‘ von Salvador Allende von 1970 oder das SafeGuard-Programm der Amerikaner zur Abwehr von Interkontinentalraketen erinnern, ebenfalls von 1970!

Das neue Wundermittel war geboren, um den Menschen dem Anschein nach endlich in Produktion und Arbeit völlig ersetzen zu können. Jetzt hatte man Industrie 4.0, Digitalisierung und KI endlich unter einem Dach vereint!

Obwohl nun Alles definiert schien, haben wir bis heute immer noch alle Probleme dieser Welt:

- Umständliche Bedienerführungen in allen Lebensbereichen
- Nicht standardisierte Netzwerk-Topologien
- Ignoranz der Automatisierungstechnik
- Verpasste Trends im Markt
- Autonomes Fahren, die Never Ending Story
- Nicht einwandfrei arbeitenden Algorithmen im Abstandsradar, in der Verkehrsschildererkennung,
- Eine nur sehr begrenze Spurhaltungskontrolle
- Fehlerhaften Spracherkennungs-Systemen beim Navi
- Fehlende flächendeckende Kommunikation seit *GSM* (System for Mobile Communications, 2G, Übertragungsrate: 14,4 Kbit/s, Sprachtelefonie, seit 1990), *UMTS* (Universal Mobile Telecommunications System, 3G, Übertragungsrate: normal max. 384 kbit/s, 42 Mbit/s mit HSPA+, seit ca. 2005), *LTE* (Long Term Evolution, 4G, Übertragungsraten max. 50 Mbit/s upstream, max. 150 Mbit/s bis 650 Mbit/s downstream, seit 2010), LTE-Advanced 4G+, bis 5G (fünfte Generation des Mobilfunks, Übertragungsraten: 500 Mbit/s bis 1500 Mbit/s, seit 2019 in 2022 mit 2 -5 Gbit/s prognostiziert)
- Digitalisierung, wo Viele noch nicht einmal Internetzugang haben
- Digitaler Impfpass, Corona-App’s

Es gibt noch beliebig viele Punkte in diesem Sinn und trotzdem glauben wir, dass wir nahezu alles gut beherrschen und propagieren dies auch noch aus vollem Munde!

Und wie sieht es heute im Zusammenhang mit der weltweiten Pandemie seitens der Politik mit dem Hype DIGITALISIERUNG aus: Eingeschränkte Videokonferenzen mit Sprach- und Bildunterbrechungen, Funklöcher ‚en masse‘ beim mobilen Telefonieren durch ein nicht flächendeckendes Telefonnetz, keine nur annähernd funktionierende Digitalisierung in einer Epidemie. 5G ein Traumnetz, worüber man seit Anfang 2020 (!) mittlerweile fast 1 Jahr darüber intensiv spricht, ohne eine wirklichen konsequenten Durchbruch zu erzielen, und, und, und…..

Jeder kann sich das vor Augen halten und darüber nachdenken, wo wir heute technologische stehen und was noch getan werden muss, um der Idealwelt nahezukommen, falls es diese überhaupt gibt.

Ob nun das 5G-Netz kommt und vor allem, wann und ob es dann das Problem löst, man muss abwarten. Heute haben wir jedenfalls nach GSM und UMTS noch weitgehend die dritte Generation von LTE (Long Term Evolution) auch 3,9G-Netz genannt, wobei man immer noch vielerorts intensiv an LTE-Advanced bzw. am 4G-Netz arbeitet.

Auch, dass es in Krisenzeiten wie heute bei Corona in hoch industrialisierten Gegenden in Deutschland, wie zum Beispiel im nahen Umland um Stuttgart, immer noch Ortschaften gibt, die kein Internet haben und Kinder somit an keinem Homeschooling teilnehmen können, wirft viele Fragen auf und man kommt ins Spekulieren.

Die Liste, die es noch zu bewältigen gibt, im Zeitalter der ‚Hyper Physics Systems' ist beliebig erweiterbar.

Was ich persönlich sehe ist, dass die technologischen Evolutionen in der Industrie der Vergangenheit in allen Bereichen seit 2014 kontinuierlich fortgesetzt und weiter ausgebaut wurden. Und was noch erkennbar bleibt und für mich das Wichtigste ist, wie wichtig der Mensch bei allem Fortschritt ist: Der Mensch, der den Fortschritt treibt und ohne den auch heute noch der intelligenteste Roboter nicht weiß, was er tun soll, wenn er nicht vom Menschen selbst die notwendigen Algorithmen eingehaucht bekäme, ist das Maß der Dinge. Das gilt auch für die ambitionierten KI-Aussagen für die künftigen Weltraummissionen im kommenden Jahrzehnt zum Mars. Auch hier müssen die Aussagen bezüglich eigenständiger denkender Computer sehr relativiert werden. Was auch zukünftig geschieht, es obliegt wie seit jeher dem Denkvermögen des Menschen und seinen Fähigkeiten. Ich bin jedenfalls sehr froh darüber!

Mit diesem Sachverhalt sind wir wieder bei der Einleitung dieses Buchs angekommen, der evolutionären Entwicklung der Automatisierung, bei Industrie 4.0, Made in China 2025, IoT.

Aber kaum ist man im Begriff Industrie 4.0 zu verstehen und richtig einzuordnen, so wird bereits jetzt über Industrie 5.0 [64], die fünfte industrielle Revolution, fleißig gesprochen und geschrieben. Ein neuer Hype? Hype^3?

Der Begriff Industrie 5.0 bezeichnet ‚momentan' die direkte Zusammenarbeit zwischen Menschen und Robotern bzw. intelligenten Maschinen. Es geht darum, dass Roboter Menschen dabei *helfen,* schneller und besser zu arbeiten. Es kommt plötzlich eine persönliche, menschliche Note zu den Statements der Industrie 4.0 und KI — Automatisierung mit Effizienz und mit dem Menschen!

Aber ganz ehrlich, was ist denn daran nun wieder neu? Will man jetzt eine Abkehr von den Postulaten von KI und Industrie 4.0 ‚alles geht ohne den Menschen' oder will man nur etwas von diesen übertriebenen Statements ‚zurückrudern'? Denn alles, was ich in Industrie 5.0 bisher gelesen habe, ist wiederum nichts Neues, sondern schon immer die tradierte Vorgehensweise hinsichtlich Leistungssteigerungen in allen Gebieten mit immer moderner werdenden Technologien. Ein Paradebeispiel hierfür sind die

Fertigungen ‚Factory 56‘ von Daimler mit der neuen S-Klasse [65] und von Porsche mit dem Taycan [66].

Ich hoffe, dass ich mit diesem Buch die Mystik dieses Themas etwas entmystifizieren kann, und dass es mir gelungen ist, etwas mehr Klarheit in dieses Thema ‚Industrie 4.0‘, ‚Made in China 2025‘, (I)IoT und KI zu bringen. Insbesondere dahingehend, wie sich Technologien über Jahre evolutionär entwickelten und diese den Fortschritt von der ersten industriellen Revolution bis zur vierten (fünften) industriellen Revolution systematisch prägten. Ich bin jedenfalls sehr gespannt, was die Zukunft und Industrie 5.0 technologisch gesehen als Nächstes mit sich bringt!

Ob Industrie 4.0 oder Industrie 5.0 nun wirklich etwas Neues, ein Hype ist oder war in der Welt einer evolutionären Technik, das möge nun jeder für sich entscheiden, wenn er an dieser Stelle des Buches angelangt ist.

Wolfgang Babel

Literatur

1. Bruderer H.: Meilensteine der Rechentechnik. Bd. 1: Mechanische Rechenmaschinen, Rechenschieber, historische Automaten und wissenschaftliche Instrumente, 2., stark erweiterte Aufl. Walter de Gruyter, Berlin (2018), ISBN 978–3–11–051827–6
2. Berkeley, Edmund C.: Giant Brains or Machines That Think. 7. Auflage. John Wiley & Sons 1949, New York 1963 (die erste populäre Darstellung der EDV, trotz des für moderne Ohren seltsam klingenden Titels sehr seriös und fundiert – relativ einfach antiquarisch und in fast allen Bibliotheken zu finden)
3. Friedewald, M.: Der Computer als Werkzeug und Medium. GNT-Verlag, Die geistigen und technischen Wurzeln des Personalcomputers (2000) ISBN 3-928186-47-7
4. Borchers, D.: Das Cybersyn-Projekt; C’t Retro-Ausgabe 1/2018; http://www.heise.de/ct/inhalt/2018/27/77?wt_mc=app.ct.ios.mail.Das%20Cybersyn-Projekt/. Zugegriffen: 12. Jan. 2021
5. Autoren: Klaus Philippscheck/Susanne Schmidt (unter Verwendung der Daten der „Kleinen Chronik der IBM Deutschland“): Die Geschichte der IBM im Kreis Böblingen : https://zeitreise-bb.de/ibm//. Zugegriffen: 12. Jan. 2021
6. Mauerer, J.: Die Geschichte von Apple, 26.9.2015, Profi-IT, PC-Welt; https://www.pcwelt.de/ratgeber/Vom-Apple-I-bis-zum-iPad-Die-Geschichte-von-Apple-6199352.html/. Zugegriffen: 12. Nov. 2021
7. Isaacson, W.: Steve Jobs, Die Autobiografie des Apple-Gründers, Verlagsgruppe C.Bertelsmann, München, 2011, 2. Auflage; ISBN 978–3–570–10124–7; www.bertelsmann.de
8. TonerPartner: geschicht der HP; https://www.tonerpartner.de/geschichte- firma-hp/#:~:text=Geschichte%20der%20Firma%20HP.%20Die%20Gr%C3%BCndung%20der%20Firma,den%20Firmennamen%20festzulegen%20%28Hewlett%20Packard%20oder%20Packard%20/. Zugegriffen: 11. Jan. 2021
9. Cloer, T.: DEC-Grüner Ken Olsen ist tot; Computerwoche, 8.2.2011; https://www.computerwoche.de/a/dec-gruender-ken-olsen-ist-tot,2364154/. Zugegriffen: 13. Jan. 2021
10. SUN Microsystems: Company Facts; https://web.archive.org/web/20060828042628/http://sun.com/aboutsun/company/facts.jsp/. Zugegriffen: 13. Jan. 2021

11. ATARI Museum: Die Geschichte von ATARI; https://web.archive.org/web/20060828042628/http://sun.com/aboutsun/company/facts.jsp/. Zugegriffen: 13. Jan. 2021
12. SIEMENS: Computer Aided Engineering (CAE); https://www.plm.automation.SIEMENS.com/global/de/our-story/glossary/computer-aided-engineering-cae/13112/. Zugegriffen: 13. Jan. 2021
13. CAD.DE: Die CAD-CAM-CAE Communitiy; https://ww3.cad.de//. Zugegriffen: 13. Jan. 2021
14. INFORMATIK VERSTEHEN: Computer Integrated Manufacturing (CIM); https://www.informatik-verstehen.de/lexikon/computer-integrated-manufacturing/. Zugegriffen: 13. Jan. 2021
15. 8-Bit-Museum:Texas Instrumentss: https://8bit-museum.de/heimcomputer/texas-instruments/. Zugegriffen: 13. Jan. 2021
16. Stefan Beiersmann, AMD kündigt Übernahme von Xilinx für 35 Milliarden Dollar an28. Oktober 2020: https://www.zdnet.de/88389183/amd-kuendigt-uebernahme-von-xilinx-fuer-35-milliarden-dollar-an/. Zugegriffen: 13. Jan. 2021
17. Leitenberger, B.: Die Intel Story: https://bernd-leitenberger.de/intelstory.shtmlhttps://www.bing.com/search?q=https%3A%2F%2Fbernd-leitenberger.de%2Fintelstory.shtml&form=ANSPH1&refig=7214cf63283049ca9567e6eab16449e5&pc=U531&sp=-1&pq=https%3A%2F%2Fbernd-leitenberger.de%2Fintelstory.shtml&sc=0-46&qs=n&sk=&cvid=7214cf63283049ca9567e6eab16449e5/. Zugegriffen: 13. Jan. 2021
18. ACORN: ARM; Electronics Weekly in April 1998, https://web.archive.org/web/20080515051755/http://atterer.net/acorn/arm.html/. Zugegriffen: 13. Jan. 2021
19. LARS SCHWICHTENBERG: Motorolas Handy-Geschichte, CHIP, 08.08.2006; https://www.chip.de/artikel/Motorolas-Handy-Geschichte_139956754.html/. Zugegriffen: 13. Jan. 2021
20. HARALD: Motorola: eine 83 Jahre dauernde (Erfolgs)Geschichte; 22. DEZEMBER 2011; https://androidmag.de/report/motorola-eine-83-jahre-dauernde-erfolgsgeschichte//. Zugegriffen: 13. Jan. 2021
21. Werner H., Anton N.: M68000 Familie Teil 1 Grundlagen und Architektur, te-wi (1984), ISBN 3–921803–16–0
22. Transputer: https://ww.my-greenday.de/145569/1/transputer.html/. Zugegriffen: 13. Jan. 2021
23. McClean, M., Rowland T.: 1986. Die Inmos Saga. Quorumbücher. ISBN978–0–89930–165–5
24. Parsytec: https://www.wallstreet-online.de/diskussion/500-beitraege/900572-1-500/parsytec-weltmarktfuehrer-vor-comeback. Zugegriffen: 13. Jan. 2021
25. Parsytec Homepage; https://www.isra-parsytec.com (isra-parsytec.com). Zugegriffen: 13. Jan. 2021
26. Amiga Land: Amiga-Geschichte; https://amigaland.de/amiga-geschichte/. Zugegriffen: 13. Jan. 2021
27. Abb. 8.7 Quellennachweise: [I] Autor: Konstantin Lanzet Titel: CPU Intel C8008–1 URL: https://en.wikipedia.org/wiki/Intel_8008#/media/File:KL_Intel_C8008-1.jpg/ Zugegriffen:13.2.2021 Lizenzvermerk: CC BY-SA 4.0, https://creativecommons.org/licenses/by-sa/4.0/, Zugegriffen:13.2.2021 [II] Autor: Konstantin LanzetTitel: CPU Zilog Z8S180URL: https://commons.wikimedia.org/wiki/File:KL_Zilog_Z180_DIP.jpg/ Zugegriffen:13.2.2021Lizenzvermerk: CC BY-SA 3.0, https://creativecommons.org/licenses/by/3.0/deed.en/ Zugegriffen:13.2.2021 [III] Autor:Kazans Arashijin Land:Zentralafrikanische Republik Sprache:Englisch (Spanisch) Genre:Video Veröffentlicht (Zuletzt):23. September 2017 Seiten:338 PDF-Dateigröße:7,48 Mb ePub-Dateigröße:11.55 Mb Isbn:447–9–84532–517–6 Downloads:71756 Uploader:Mirisar INTEL 8048 DATENBLATT PDF,22. März 2020 https://biz-sugimoto.info/intel-8048-datasheet-55// Zugegriffen: 13. Febr. 2021 [IV] Die verlinkte Website des inceni Blogs führt ihrerseits als Quelle die Wikimedia an, daher:

Autor: Konstantin Lanzet Titel: CPU Intel Pentium A80501 with GoldCap, 66 MHz, Vcore = 5V, SX837 = with FDIV-Bug URL: https://commons.wikimedia.org/wiki/File:KL_Intel_Pentium_A80501.jpg/ Zugegriffen: 13. Febr. 2021 Lizenzvermerk: CC BY-SA 3.0, https://creativecommons.org/licenses/by-sa/3.0/deed.en/. Zugegriffen: 13. Febr. 2021 [V] Thomas Hübner, Bild erschienen in Computer Base, Intel Core 2 Extreme QX6700 im Test: 1, 2 und 4 Kerne, 2. November 2006. Titel: Intel Core 2 Extreme QX6700 Quad-Core-Prozessor URL: https://www.computerbase.de/2006-11/test-intel-core-2-extreme-qx6700/18/. Zugegriffen: 13. Febr. 2021[VI]Autor: Digi-Key Corporation, Titel: Digi-Key: STM32L552ZET6Q URL: https://www.digikey.at/product-detail/de/stmicroelectronics/STM32L552ZET6Q/497-STM32L552ZET6Q-ND/11591222#gallery/. Zugegriffen: 13. Febr. 2021[VII]Steffen, Zellfelder, Bild erschienen in PC Welt, Die wichtigsten ARM-Prozessoren, Titel: Mit der ARM-Lizenz kocht jeder sein eigenes Süppchen: Chips verschiedener Hersteller mit ARM-Kern. URL: https://www.pcwelt.de/ratgeber/Die-wichtigsten-ARM-Prozessoren-4159343.html/. Zugegriffen: 13. Febr. 2021

28. STM32L552RC: ACTIVE Education: Ultra-low-power with FPU Arm Cortex-M33 with Trust Zone, MCU 110 MHz with 256 kbytes of Flash memory https://www.st.com/en/microcontrollers-microprocessors/stm32l552rc.html/. Zugegriffen: 13. Jan. 2021
29. Elektronik Kompendium: IEEE 802.3/Ethernet Grundlagen; https://www.elektronik-kompendium.de/sites/net/0603201.htm/. Zugegriffen: 13. Jan. 2021
30. tutorialspoint; IPv4-Adressierung; https://www.tutorialspoint.com/de/ipv4/ipv4_addressing.htm#:~:text=IPv4%20-%20Adressierung%201%20Unicast%20Adressierung%20Modus.%20In,alle%20Hosts%20im%20Segment%20bestimmt.%20More%20items...%20/. Zugegriffen: 13. Jan. 2021
31. Dipl.-Ing. (FH) Stefan Luber / Dipl.-Ing. (FH) Andreas Donner: Was ist IPv6?; IPINSIDER; 01.08.2018; https://www.ip-insider.de/was-ist-ipv6-a-642703/
32. Meudt,T., Pohl, M., Metternich, J.: *Die Automatisierungspyramide – Ein Literaturüberblick.* Hrsg.: TU Prints. (tu-darmstadt.de [PDF]), 7.Juni 2017. http://tuprints.ulb.tu-darmstadt.de/6298/1/2017%20-%20Die%20Automatisierungspyramide%20-%20Ein%20Literatur%C3%BCberblick-2.pdf/. Zugegriffen: 13. Jan. 2021
33. ICS>35>35.110: ISO/IEC/IEEE 8802–3:2014; Standard for Ethernet — Part 3: https://www.iso.org/standard/64882.html/. Zugegriffen: 13. Jan. 2021
34. Berger, H.: Automatisieren mit SIMATIC S7 -1200. 2. überarbeitete und erweiterte Auflage , 2013, ISBN 978–3–89578–384–5
35. Texas Instrumentss – DSP (Digital Signal Processors): TMS320C3x Floating Point; https://www.digikey.com/catalog/en/partgroup/tms320c3x/13899/
36. PROFIBUS Nutzerorganisation: PROFIBUS Nutzerorganisation e. V. (PNO); https://www.md-automation.de/buyers-guide/profibus-nutzerorganisation-ev-pno/. Zugegriffen: 13. Jan. 2021
37. automation, HCF erweitert Vorstand; https://www.automationnet.de/hcf-erweitert-vorstand-54490. Zugegriffen: 13. Jan. 2021
38. Electro automation; wirauotmatisierer: FieldComm Group gegründet;https://wirautomatisierer.industrie.de/ressort-beitragsart/branchennews/fieldcomm-group-gegruendet//. Zugegriffen: 13. Jan. 2021
39. ODVA: The Common Industrial Protocol (CIP™); https://www.odva.org/Technology-Standards/Common-Industrial-Protocol-CIP/Overview/. Zugegriffen: 13. Jan. 2021
40. PI PROFIBUS & PROFINET International seit 1989- PROFIsave: https://www.profibus.com/technology/profisafe//. Zugegriffen: 13. Jan. 2021
41. Mitsubishi Electric: Geschichte der Mitsubishi Gruppe; https://de.mitsubishielectric.com/de/about/global/history/overview/group_history/index.html#:~:text=%20Geschichte%20

der%20Mitsubishi%20Gruppe%20%201%20Der,Eines%20von%20Iwasakis%20 Dampfschiffen%2C%20der%20Raddampfer...%20More%20/. Zugegriffen: 13. Jan. 2021

42. Rockwell Automation: Über uns- Innovation, Produktivität und Nachhaltigkeit beginnen hier https://www.rockwellautomation.com/de-ch/company/about-us.html. Zugegriffen: 13. Jan. 2021
43. Amd athlon k6: https://dokuhl.de/amd-athlon-k6//. Zugegriffen: 13. Jan. 2021
44. Birkle, C.: Supercomputer: Dauerspitzenreiter ASCI Red verliert Führung (Update); 3.11.2000 13:25 Uhr; https://www.heise.de/newsticker/meldung/Supercomputer-Dauerspitzenreiter-ASCI-Red-verliert-Fuehrung-Update-35042.html/. Zugegriffen: 13. Jan. 2021
45. Beiersmann, S. 14:16 UhrTop500-Liste: Rechenleistung von Supercomputern wächst nur langsam; 18. November 2020 , 14:16 Uhr https://www.zdnet.de/88389855/top500-liste-rechenleistung-von-supercomputern-waechst-nur-langsam//. Zugegriffen: 13. Jan. 2021
46. PACTware Consortium e. V.: Configure Automation better with PACTware; https://pactware.com/fileadmin/user_upload/Brochures/2019-03-28__PACTware-Brochure-en.PDF/. Zugegriffen: 13. Jan. 2021
47. ARC Advisory Group: FDT Joint Interest Group; https://www.arcweb.com/ja/node/3586/. Zugegriffen: 13. Jan. 2021
48. PRODUCTS FDT DTM: https://www.fdtgroup.org/products/FDT/DTM//. Zugegriffen: 13. Jan. 2021
49. EtherCAT Technology Group Homepage; https://www.ethercat.org/default.html. Zugegriffen: 13. Jan. 2021
50. RANKO KRVAVAC: Im Test: Intel Core 2 Quad Q6600; 10.01.2007; CHIP; https://www.chip.de/artikel/Im-Test-Intel-Core-2-Quad-Q6600_139975431.html#:~:text=Bild%3A%20 intel.%20Mit%20dem%20%22Core%202%20Quad%20Q6600%22,Prozessorkerne%20 arbeiten%20%E2%80%93%20genauer%20gesagt%20zwei%20Core-2-Duo-Kerne%20nebeneinander/. Zugegriffen: 13. Jan. 2021
51. Windeck, C.: AMD-Vierkernprozessor mit 3,4 GHz; 13.08.2009 15:38 Uhr; https://www.heise.de/newsticker/meldung/AMD-Vierkernprozessor-mit-3-4-GHz-751185.html/. Zugegriffen: 13. Jan. 2021
52. Elektronik Kompendium: Multi-Core / Mehrkern-Prozessoren: https://www.elektronik-kompendium.de/sites/com/1203171.htm/. Zugegriffen: 13. Jan. 2021
53. TechTarget : ARM-Prozessor (Advanced RISC Machines); https://whatis.techtarget.com/de/definition/ARM-Prozessor#:~:text=%20Die%20Features%20des%20ARM-Prozessors%20sind%20unter%20anderem%3A,H%C3%B6chstleistung%3B%206%20 Unterst%C3%BCtzung%20f%C3%BCr%20Hardware-%20Virtualisierung.%20More%20. Zugegriffen: 13. Jan. 2021
54. https://de.wikipedia.org/wiki/Instruktionen_pro_Sekunde#:~:text=Instruktionen%20 pro%20Sekunde.%20Die%20Instruktionen%20pro%20Sekunde%20%28kurz,die%20 Rechenleistung%20von%20Computern%2C%20dabei%20insbesondere%20die%20 Leistungsf%C3%A4higkeit/. Zugegriffen: 13. Jan. 2021
55. ITWissen.info: DMIPS (Dhrystone MIPS) https://www.itwissen.info/DMIPS-Dhrystone-MIPS.html/. Zugegriffen: 13. Jan. 2021
56. KHRONOS GROUP: OpenCL™ OPEN STANDARD FOR PARALLEL PROGRAMMING OF HETEROGENEOUS SYSTEMS ttps://www.khronos.org/opencl//. Zugegriffen: 13. Jan. 2021
57. Matrikon OPC: OPC Data Access (OPC DA) – Versionen und Kompatibilität; Was ist OPC DA? https://www.matrikonopc.de/opc-server/opc-data-access-versions.aspx/. Zugegriffen: 13. Jan. 2021
58. weblink: www.isa-95.com (http://isa-95.com/). Zugegriffen: 13. Jan. 2021

59. ISA: ISA95, Enterprise-Control System Integration https://www.isa.org/standards-and-publications/isa-standards/isa-standards-committees/isa95/. Zugegriffen: 13. Jan. 2021
60. NIST (National Institute of Standards and Technology); U.S. Department of Commerce), Homepage: https://www.nist.gov//. Zugegriffen: 13. Jan. 2021
61. TE connectivity; First sensor: Chip-On-Board-Technologie; https://www.first-sensor.com/de/kompetenzen/leistungselektronik/chip-on-board-technologie/. Zugegriffen: 13. Jan. 2021
62. Bostrom N. (Author), Strasser, J.-E (Übersetzer): Superintelligenz: Szenarien einer kommenden Revolution (Deutsch); 10. November 2014; https://www.amazon.de/Super-intelligenz-Szenarien-einer-kommenden-Revolution/dp/3518586122/. Zugegriffen: 13. Jan. 2021
63. Orwell, G. 1984: BIG BROTHER IS WATCHING YOU; Übersetzung: Walter, Michael; https://www.buecher.de/shop/science-fiction/1984/orwell-george/products_products/detail/prod_id/05292550//. Zugegriffen: 30. Jan. 2021
64. GxP Lifeline: James Jardine, Staff Writer, MasterControl; Industrie 5.0: Die 3 wichtigsten Fakten, die Sie kennen müssen; Juli 30, 2020; https://www.mastercontrol.com/de/gxp-lifeline/industrie-5.0-die-3-wichtigsten- fakten-die-sie-kennen-m%C3%BCssen/. Zugegriffen: 12. Jan. 2021
65. CIO: Digitalisierte „Factory 56“ in Sindelfingen Neue Mercedes-Benz S-Klasse baut Daimler in Hightech-Fabrik; 03.09.2020; https://www.cio.de/a/neue-mercedes-benz-s-klasse-baut-daimler-in-hightech- fabrik,3641612/. Zugegriffen: 20. März 2021
66. Michelsen, J.: Porsche Taycan: So entsteht der Elektro-Sportwagen in Stutt gart: Computer Bild, 11.03.2020, 17:00 Uhr; Porsches erstes vollelektrisches Auto ist seit Anfang September 2019 in der Produktion. Das deutsche Unter nehmen zeigt jetzt, wie diese funktioniert; https://www.computerbild.de/artikel/cb-News-Connected-Car-Porsche-Taycan-Elektro-Sportwagen-Produktion-Video-25309589.html. Zugegriffen: 20. März 2021

Glossar

20 TQFN-E	20 Pins Thin Quad Flat No-lead Package -Exposed Pad
ABAP	Advanced Business Application Programming
AES	Advanced Encryption Standard
AI	Artificial Intelligence
AIDA	Automatisierungsinitiative Deutscher Automobilhersteller
AIS	Analysis of Impedance Signature
AIS	AIS – Analysis of Impedance
ANN	Artificial Neural Network
ARP	Address Resolution Protocol
ARQ	Automatic Repeat Request
ASIC	Application Specific Integrated Circuit
AU	Auftragsabwicklung
Baan	ERP System
BDE	Betriebsdaten- und Produktionsdatenerfassung
BPSK	Binary Phase Shift Keying
BSCW	Basic Support for Cooperative Work (deutsch: „grundlegende Unterstützung für Zusammenarbeit")
CAD	Computer-Aided Design
CAE	Computer-Aided Engineering
CAN	Controller Area Network
CAN FD	CAN Flexible Data rate
CCK	Complementary Code Keying
CENELEC	Europäisches Komitee für elektrotechnische Normung
CFI	Canonical Format Indicator
CFR	(USA) Code of Federal Regulations
CI	ControlNet International
CiA	CAN in Automation
CIM	Computer-Integrated Manufacturing

W. Babel, *Industrie 4.0, China 2025, IoT,* https://doi.org/10.1007/978-3-658-34718-5

CIT	Conformance Test Tool; von der ETG für EtherCAT entwickelt
CLPA	CC-Link Partner Association
CMMR	Common Mode Rejection Ratio
COB	Chip-On-Board-Technologie
CoE	CAN Applications over EtherCAT‘
CPF	Communication Profile Families
CR	Communication Relation
CRC	Cyclic Redundancy Check
CSMA/CD	Carrier Sense Multiple Access/Collision Detection
DARPA	Defense Advanced Research Projects Agency
DCOM	Distributed Component Object Model
DCP	PROFINET Discovery and Configuration Protocol
DCS	Digital Control System (z. B. DeltaV™ von Emerson US)
DDCMP	Digital Data Communications Message Protocol
DDL	Device Description Language
DDLM	Data Link Layer Mapper
DE-CIX	Deutsche Commercial Internet Exchange
DES	Data Encryption Standard
DHCP	Dynamic Host Configuration Protocol
DKE	Deutsche Kommission Elektrotechnik Elektronik Informationstechnik
DSP	Digital Signal Processor
DSSS	Direct Sequence Spread Spectrum
DTIMS	Delivery-Traffic-Indicator Map
E/A (I/O)	Eingang/Ausgang (Input/Output)
ECT	EDDL Cooperation Team
EDDL	Electronic Device Description Language
EEPROM	Electrically Erasable Programmable Read-Only Memory
EIA-485	Electronic Industries Alliance-485
EMC	Electro Magnetic Compatibility
ERP	Enterpise-Resource-Planning
ESC	EtherCAT- Slave Controller
ETG	EtherCAT Technology Group
EtherCAT	Ethernet for Control Automation
Ethernet APL	Ethernet Advanced Physical Layer
EVA	Eingabe-Verarbeitung
ex	explosionsgefährdeter Bereich der Zonen 0,1,2
FAT	Factory Acceptance Test
FAUF	Fertigungsauftrag

FCC	Federal Communications Commission
FC-P	Fibre Channel Protocol
FDL	Fieldbus Data Layer oder Sicherungsschicht
FDT AISBL	Association Internationale Sans But Lucrativ
FDT JIG	FDT Joint Interest Group
FDT/DTM™	Field Device Tool/Device Type Manager
FF	Foundation Fieldbus
FFT	Final Function Test
FGPA	Field Programmable Gate Array
FHSS	Frequency Hopping Spread Spectrum
FISCO	Fieldbus Intrinsically Safe Concept (Eigensicheres Feldbuskonzept)
FMMU	Fieldbus Memory Management Unit
FO	Fibre Optic (LWL)
FOIRL	Fiber-Optic-Inter-Repeater-Link
FPY	First Pass Yield
FSK	Frequence Shift Keying
GSM	System for Mobile Communications
GUI	Grafical User Interface
HART	Highway Addressable Remote Transducer
HCF	HART Communication Foundation
HDCL	High-Level Data Link Control
HMI	Human Machine Interface
HTTPS	Hypertext Transfer Protokoll Secure
IAONA	Industrial Automation Open Networking Alliance
ICMP	Internet Control Message Protocol
IEA	Industrial Ethernet Association
IEC	International Electrotechnical Commission
IEEE	Institute of Electrical and Electronic Engineers
IETF	Internet Engineering Task Force
IFG	International Fieldbus Group
IGPM	Internet Group Management Protocol
IODD	IO Device Description
IoT	Internet of Things
IIoT	Industrial Internet of Things
IPC	Industrial Personal Computer
IPO	Input-Processing-Output
IPsec	Internet Protocol Security
IPX/SPX	Internetwork Packet Exchange/Sequenced Packet Exchange.
IPxy	International Protection

ISA	International Society of Automation
ISM	Industrial, Scientific and Medical Band
ISO/TC 184/SC 4	international standards organization responsible for industrial data. ISO/TC 184/SC 4 develops and maintains ISO ISO 8822/X.226 Connection oriented session protocol
ITU	International Telecommunication Union
KAUF	Kundenauftrag
KI	Künstliche Intelligenz
KNN	Künstliches Neuronales Netz
KPI	Key Performance Indicator
L2CAP	Logical Link Control and Adaption Protocol
LAN	Local Area Network
LFCSP-24	Lead Frame ChipScale Package – 24 Pins
LIBS	Laser-Induced Breakdown Spectroscopy oder laser-induzierte Plasmaspektroskopie
LLC-SNAP	Logical Link Control-Subnetwork Access Protocol
LLDP	Link Layer Discovery Protocol
LMP	Link Manager Protocol
LQFP	Low profile Quad Flat Package
LTE	Long Term Evolution
LWL	Lichtwellenleiter
MAC	Media Access Control
MAC-Addr.	Media-Access-Control-Addresse; 48 > Bit Codierung
MBP	Manchester Bus Powered
MBP cable	Manchester Bus Powered; MBP type A cable – not the same as RS-485 type A cable
MDE	Maschinendatenerfassung
MES	Manufacturing Execution System
MESA	Manufacturing Enterprise Solutions Association
MIMOSA	Open Standards for Physical Asset Management
MRP	Material Request Planning; Materialbedarfsplanung
MRRT	PROFINET-Media Redundancy for RealTime
MTBF	Mean Time Between Failures
NAMUR	internationaler Verband der Anwender von Automatisierungstechnik und Digitalisierung der Prozessindustrie.
nicht-ex	nicht explosionsgefährdeter Bereich (normal: Zone 2)
NIST	National Institute for Standards and Technology
Norm IEC 61131-9	‚Single-drop digital communication interface for small sensors and actuators'

NRZ	Non-Return-to-Zero und Non-Return-to-Zero-Inverted bzw. Wechselschrift
OFDMA	Orthogonal Frequency Division Multiple Access
OIF	Optical Internetworking Forum
OLE	Object Linking and Embedding (entwickelt von Microsoft)
OLTP	Online Transaction Processing
OPC DA	Open Platform Communication Data Access
OPC UA	Open Platform Communication Unified Architecture
OpenCL	Open Computing Language
OPF	Open Platform Foundation
OSI-Modell	Open System Interconnection Modell
OSPF	Open Shortest Path First
P&ID	Piping and Instrumentation Diagram
PaaS	Platform as a Service
PAT	Preliminary Acceptance Test
PCI Express oder PCI-E	„Peripheral Component Interconnect Express“, abgekürzt PCIe oder PCI-E
PDE	Personaldatenerfassungen
PI	PROFIBUS & PROFINET International
PLC	Programmable Logic Controller
PNO	PROFIBUS Nutzerorganisation
PoE	Power over Ethernet
PPI	Process Performance Indicator z. B. Auftragsabwicklungszeit.
PPS	Produktionsplanungs- und Systemsteuerungssystem-Gruppe
PROFIBUS	PROcess FIeld BUS
PROFIBUS DP	PROFIBUS Decentralized Peripherals
PROFIBUS FMS	PROFIBUS Fieldbus Message Specification
PROFIBUS PA	PROFIBUS Process Automation
PROFINET	PROcess FIeld NETwork
PROFINET IRT	PROFINET Isochronous-Real-Time
PTB	Physikalisch Technischen Bundesanstalt
QAM	Quadratur-Amplituden-Modulation
QPSK	Quadraturphasenumtastung oder Vierphasen-Modulation (Quadrature Phase-Shift Keying oder Quaternary Phase-Shift Keying)
R&I	Rohrleitungs- und Instrumentenfließschema
RAMI 4.0	Reference Architecture Model for Industrie 4.0
RARP	Reverse Address Resolution Protocol
RFID	Radio Frequency Identification
RISC	Reduced Instruction Set Computer

RJ	Registered Jack
ROI	Return on Investment
RPC	Remote Procedure Call (Aufruf einer fernen Prozedur)
RSI	Remote Service Interface
RTR	Frame Remote Transmission Request
RTU	Remote Terminal Unit (Fernbedienungsterminal)
SAP	Systeme, Anwendungen, Produkte
SAP PLM	SAP Product-Lifecycle-Management
SAP SCM	SAP Customer-Relationship-Management
SCADA	Supervisory Control And Data Acquisition
SCTP	Stream Control Transmission Protocol
SDCI	Single drop Digital Communication Interface for small sensors and actuators
SDLC	Synchronous Data Link Control
SECS/GEM	SEMI Equipment Communications Standard/ Generic Equipment Model
SEMI	Organisation: Semiconductor Equipment und Materials International
SIG	Bluetooth Special Interest Group
SIL	Safety Integrity Level
SIO	Schalt-Modus IO
SNMP	Simple Network Management
SOA	Service-Oriented Architecture
SOAP	Simple Object Access Protocol
SoftPLC	SPS als Software auf dem PC lauffähig
SPC	Statistical Process Control
SPI	Serial Peripheral Interface
SPS	Speicherprogrammierbare Steuerung
STP	Spanning Tree Protocol
TCI	Tag Control Information
TCP/IP	Transmission Control Protocol/Internet Protocol
TSMP	Time Synchronized Mesh Protocol
TSN	Time-Sensitive Networking
UDP	User Datagram Protocol
UMTS	Universal Mobile Telecommunications System
Unimate	erster Roboterarm
USP	Unique Selling Proposition oder Herausstellungsmerkmal
VDI	Verein Deutscher Ingenieure
VDMA	Verband Deutscher Maschinen- und Anlagenbau e. V.
VLAN	Virtual Local Area Network
VPN	Virtual privat network
VPS	Verbindungsprogrammierte Steuerung

W3C	World Wide Web Consortiums
WAN	Wide Area Network
WCT	Wireless Cooperation Team
Wi-Fi	Wireless Fidelity
WLAN	Wireless Local Area Network (IEEE-802.11)
WPAN	Wireless Personal Area Network
X.25	X.25 ist eine von der ITU-T standardisierte Protokollfamilie
XML	Extensible Markup Language
ZVEI	Zentralverband Elektrotechnik- und Elektronikindustrie e. V.

Stichwortverzeichnis

W. Babel, *Industrie 4.0, China 2025, IoT,* https://doi.org/10.1007/978-3-658-34718-5

D

F

G

L

M

P

S

T

V

W

MIX
Papier aus verantwortungsvollen Quellen
Paper from responsible sources
FSC® C105338

If you have any concerns about our products,
you can contact us on
ProductSafety@springernature.com

In case Publisher is established outside the EU,
the EU authorized representative is:
Springer Nature Customer Service Center GmbH
Europaplatz 3, 69115 Heidelberg, Germany

Printed by Libri Plureos GmbH
in Hamburg, Germany